普通高等教育农业部“十二五”规划教材
全国高等农林院校“十二五”规划教材
全 国 高 等 农 林 院 校 教 材 名 家 系 列

农业机械化生产学

上 册

第二版

李洪文 主编

中国农业出版社

内容简介

本教材是面向21世纪课程教材《农业机械化生产学》的修订版，分上、下两册。上册修订后的主要内容包括我国农业机械化基本概况（绪论），机械化农业生产基础（机组和农业机器作业工艺），区域农业机械化生产技术（北方旱地雨养农业机械化和华北平原灌溉地农业机械化），棉花、北方水稻、花生、马铃薯、蔬菜、果园、牧草等典型作物农业机械化技术。

下册修订后的主要内容包括两部分：第一部分为水稻生产机械化，内容有水稻生产的特点和对机械化的要求、水田动力机械与行走机构，水田耕作、水稻种植、水稻田间管理、水稻收获和收获后处理机械化技术；第二部分为其他作业机械化，内容有油菜生产、甘蔗生产和养殖生产机械化及设施农业技术。

本书可作为高等院校农业机械化及其自动化专业农业机械化生产学或近似课程的教材，也可供农业机械化生产和管理方面的专业技术人员参考。

第二版编写人员

主　　编　李洪文

副 主 编　李问盈

编　　者　（以姓名笔画为序）

王光辉（中国农业大学）

王庆杰（中国农业大学）

刘俊峰（河北农业大学）

刘彩玲（中国农业大学）

李问盈（中国农业大学）

李汝莘（山东农业大学）

李洪文（中国农业大学）

连政国（青岛农业大学）

张东兴（中国农业大学）

尚书旗（青岛农业大学）

曹卫彬（石河子大学）

第一版编审人员

主　　编　高焕文

编　　者　高焕文　李洪文　徐丽明

　　　　　洪添胜　张东兴　王春光

　　　　　汪裕安

主　　审　华国柱

第二版前言 FOREWORD TO THE SECOND EDITION

进入21世纪以来，农业、农村、农民越来越受到党和国家的重视，连续十多年的中央1号文件均以“三农”工作为主题，其中农业机械化成为重点发展的内容之一。2004年开始实施农业机械购置补贴政策，2010年国务院发布了《关于促进农业机械化和农机工业又好又快发展的意见》，等等。一系列政策、措施的实施，使我国农业机械化事业进入了健康、稳定发展时期，农业机械装备数量快速增长、结构不断优化、作业水平持续快速提升，社会化服务也得到了快速发展。截至2015年，全国农机总动力达11.17亿kW，拖拉机拥有量达2 310.41万台，拖拉机配套农具4 003.51万部，全国主要农作物耕种收综合机械化程度达63.82%。新的历史形势给农业机械化及其自动化专业人才提供了新的机遇和挑战，农业机械化及其自动化专业课程内容也要适应新的形势要求。

农业机械化及其自动化专业是一个专业性强的应用型专业，旨在充分利用物理、生物等基础科学与机械、电子等工程技术紧密结合的多学科交叉优势，以先进的科学知识和工程、工业技术手段，为实现农业生物的繁育、生长、转化和利用的机械化提供科技支撑。它是实现农业现代化的重要物质基础和科技保障，更是建设现代农业和社会主义新农村关键的科学技术领域之一。农业机械化的发展在促进农业生产方式以及农民生活方式的转变，保护生态环境，高效、集约、安全、节约地利用自然资源和生产要素，实现经济社会可持续发展等方面均具有不可替代的重要作用。

农业机械化生产学是农业机械化及其自动化专业的主要专业课之一。课程的主要任务是通过学习，了解我国农业机械化发展的历程、现状、特点；熟悉我国典型的机械化农业生产工艺体系及其基本配套机具；掌握农业机械化生产体系的有关概念与基本计算；获得评价、选择农业机械化生产与加工工艺及机具的基本能力。本课程的主要内容包括相关概念、农业机械化工艺基础、北方旱地雨养农业机械化、华北平原灌溉农业机械化、南方水田农业机械化和典型作物生产机械化等。因此，本教材的编写思路是先介绍农业机械化工艺基础（机组和作业工艺），再介绍区域农业机械化，最后过渡到典型作物生产机械化，具体内容包括农艺要求、生产工艺、配套机具等。教学过程中建议紧密结合机械化农业生产实际，除理论教学外，应结合课程内容通过课堂讨论、参观了解、录像和专家讲座等形式和方法，以实现农业机械化生产学课程的教学效果。

本次修订对部分内容进行了更新，上册增加了机组、农业机械化作业工艺、北方水田农业机械化、马铃薯生产机械化等内容，取消了种子加工机械化等章节。下册增加了激光平地、水稻机械化直播、航空植保技术、油菜生产机械化等内容。各使用院校在教学过程中可根据具体情况进行取舍。

上册修订人员分工：李洪文任主编，负责组织讨论、确定全书架构；李问盈完成绪论、第三章和第九章，并完成全书统稿；王庆杰完成第一章和第二章；刘彩玲完成第五章；张东兴完成第六章；王光辉完成第十一章；李汝莘完成第四章；曹卫彬完成第七章；尚书旗和连政国完成第八章；刘俊峰完成第十章。

下册修订人员分工：华南农业大学罗锡文任主编，负责组织讨论、确定全书架构，并编写第一、二章；广东省农业科学院陆华忠编写第三章；华南农业大学区颖刚编写第十章并与华南农业大学胡炼合编第四章；华南农业大学马旭和王在满合编第五章；华南农业大学杨丹彤和周志艳合编第六章；江苏大学李耀明编写第七章；华南农业大学李长友编写第八章；华中农业大学廖庆喜编写第九章；中国农业大学李保明编写第十一章并与浙江大学朱松明合编第十二章。

另外，中国农业大学高焕文教授、王德成教授、宋建农教授、何进教授，河北农业大学张晋国教授，山西农业大学崔清亮教授，石河子大学陈永成教授，内蒙古农业大学崔红梅副教授、华南农业大学臧英教授、江苏大学叶章颖副教授和季明东博士等，多次参与《农业机械化生产学》修订内容的研讨、修改等工作，在此一并感谢！

本教材虽是修订版教材，但由于涉及面广，加之，近年我国农业机械化发展迅猛，许多内容是首次编入，因此，难免有不足之处甚至错误，欢迎广大读者批评指正。

编　者

2017年10月

第一版前言 FOREWORD TO THE FIRST EDITION

农业机械化生产学是农业机械化专业的主要专业课之一，与农业机械化管理学等一起构成革新后该专业的特色课程。经过几十年曲折而艰巨的发展，机械化生产已成为我国农业生产中最重要而有活力的组成部分，对农民增产增收、农村社会发展和生态环境保护起着愈来愈大的作用。同时，农业机械化在我国又处于发展过程中，还存在着许多有待解决的问题。本书总结了多年来农业机械化生产方面的科研成果、先进经验、存在问题和发展探索；吸收了一部分国外的先进经验与技术，并对有关的原理、概念与计算做了阐述，是用以学习、研究我国不同类型区主要作物的生产条件、作业工艺体系、作业机具系统的专业著作。通过学习不同区域及作物的机械化生产工艺与机具，机械化体系的特点和适应性，结合有关的分析、计算方法，初步掌握选择、评价农业机械化生产工艺与机具、组织农业机械化生产的基本能力。

本教材作为农业机械化专业的专业课教材，分上、下册，上册主要反映农业机械化的概念、理论与计算，北方旱地雨养农业机械化，华北平原灌溉农业机械化，棉花和花生生产机械化，蔬菜生产加工贮藏机械化，水果生产机械化，牧草与青饲收获机械化，种子加工机械化等内容。下册分为两部分，第一部分为水稻生产机械化，内容有水稻生产的特点及对机械化的要求、水田动力与行走机构、水田耕作机械化、水稻种植机械化、水稻田间管理机械化、水稻收获机械化和收获后处理机械化；第二部分为其他作业机械化，内容有甘蔗生产机械化、设施农业技术，养殖生产机械化。每章都包括对各种作业机械化的农业技术要求和适应现代农艺要求的机械化技术。

本教材可作为农业机械化、农业机械设计制造、农学等相关专业本专科生教材，也可作为农业机械化生产、管理、科研人员，农场农村科技人员的参考书。

本教材上册由中国农业大学高焕文主编，并编写第一至第四章、李洪文编写第五章、徐丽明编写第六章、华南农业大学洪添胜和中国农业大学张东兴合编第七章，内蒙古农业大学王春光编写第八章，中国农业大学汪裕安编写第九章。本教材下册由华南农业大学罗锡文主编，并编写绪论及第一章，陆华忠编写第二章，区颖刚编写第三章及第八章，李志伟编写第四章，杨丹彤编写第五、六章，李长友编写第七章，谢小妍、陈联诚编写第九章，周学成编写第十章，周学成、马瑞俊、张亚莉、贾瑞昌参加了部分整理工作。本教材由中国农业机械化科学研究院华国柱教授主审。

本教材出版前，虽然已经以讲义形式经过几轮教学试用，但由于涉及面广，兼之许多内容是首次编入，不足之处甚至错误在所难免，欢迎读者指正。

编　者

2002年3月

目 录 CONTENTS

绪　论

第一节　农业机械化的定义与基本内容

《中华人民共和国农业机械化促进法》对农业机械化的定义是：运用先进适用的农业机械装备农业，改善农业生产经营条件，不断提高农业的生产技术水平和经济效益、生态效益的过程。

农业机械化是农业现代化的重要组成部分，其根本任务是用各种动力和配套农机具装备农业，从事农业生产，以提高农业劳动生产率、土地产出率、资源利用率，保护生态环境，减轻农民劳动强度，促进农村经济繁荣、技术进步和社会发展。

农业机械化的基本内容包括农业机械的设计制造、试验鉴定、销售推广、运用维修，农业机械化生产和农业机械化微观与宏观管理。农业机械化生产一般是指种植业的机械化生产，广义地，则包括农、林、牧、渔各业生产过程及产前准备和产后农副产品加工、贮藏和运输等的机械化。因此，农业机械化生产学是农业机械化及其自动化专业的主要专业课程之一。

第二节　农业机械化的发展历程

一、世界农业机械化发展历史的简要回顾

人类从事农业生产已有近万年的历史，其中有 4 000～5 000 年基本没有工具或仅有简单的人力工具。公元前 3000 年左右，在埃及等地开始用牛拉犁耕地，从而进入人力、畜力耕作的时代。此后，人力、畜力农具得到不断改进和发展，但直到 18 世纪以蒸汽机为代表的工业革命出现，农业生产的历史才发生又一次重大的变化。1855 年，美国的赫西（Obey Hussey）发明了蒸汽犁，使蒸汽机开始用于田间作业。1873 年美国制成以蒸汽为动力的履带式拖拉机，1892 年美国的弗罗希利奇（John Froehlich）制成以汽油为动力的拖拉机。20 世纪初，装备内燃机的拖拉机开始得到推广应用，40 年代到 50 年代，在美洲、欧洲、大洋洲的许多国家和地区，拖拉机及其他机电动力已经成为农业生产中的主要动力。20 世纪 70 年代以后，以水稻生产为主的日本、韩国基本实现了水田作业机械化，北美和欧洲的一些经济发达国家，农业生产进入了高度发展的全面机械化阶段。在发展中国家，农业机械化起步较晚，目前大都还没有实现全面机械化。

20世纪是农业机械化大发展的时代，农业机械化改变了整个人类社会的生产活动，被美国工程院评为20世纪最伟大的工程成就之一。

二、我国农业机械化的发展历程

19世纪末和20世纪初，一些外商和民族资本家开始兴办碾米、磨面、制茶、轧花等农产品加工作坊，并在一些地方开设农事试验场和垦殖公司，引进并使用农业机械。同时一些工厂开始仿制和少量生产小型动力机、水泵和农产品加工机械。20年代末至40年代，在上海、南京、苏州等地建立农具制造厂，生产手动喷雾器和犁、播种机、中耕机等新式畜力农具。40年代后期试办了少数抽水机站。在东北、河北、山东、河南等地，还创办了查哈阳、九三、冀衡等机械化农场。我国有计划大规模地发展农业机械化始于1957年。1949—1956年主要是制造、补充旧式农具，恢复生产和在农村实现合作化。发展农业机械化的背景，是国家实行第一个五年计划，开始了工业化大建设，需要更多的农产品；同时农村实现了集体化，需要进一步发展生产力来巩固集体化。在农业问题上提出的根本路线是第一步实现集体化，第二步实现机械化和电气化，并提出了用25年时间，即到1980年基本实现农业机械化。采用以集体投入为主、国家支援为辅的方针。国家成立了农业机械部、国务院农业机械化领导小组，建设起成套的农机工业体系和一大批国营拖拉机站、国有农场、农业机械化试点县。取得了明显的成绩，农机总动力由1957年的200万kW增加到1980年的14 000万kW，增长70倍，大中型拖拉机由1.3万台增加到65万台，机耕面积由占总耕地面积的2%上升到42%，机械排灌面积由1.2%上升到41.6%，分别增长49、20和30多倍。

但是由于与整个国民经济的发展不协调，农村经济还没有发展到相应程度，富余劳力不能转移出来，农民劳均负担面积很小，增产不增收，得不到农民的欢迎，终于导致1979年停止“1980年基本实现农业机械化”的口号，农机化出现大滑坡。1982年开始的农户联产承包责任制，把农业生产转移到以农户为主的基础上，农机的投资和经营实行以农户为主，调动了农民的积极性，从而使农业生产获得极大发展，适合农户的小型农机具发展也方兴未艾。但国家和集体投入减少，大中型机具销量下降，田间机械化水平下降。到1985年以后，乡镇企业崛起，农村经济快速发展，务农劳力转移和民工潮兴起，发达农村开始实行规模经营，农业机械化又发展起来。与20世纪六七十年代的发展不同之处，一是农业机械化已由集体、国家投资为主转为农民个人和集体投资为主；二是小型拖拉机空前增加，1990年已达750万台，农用汽车64万辆。农民根据自己生产需要或增加收入需要，自发地购买机具，比第一次农机化高潮的政府购买更加合理。但也存在一定问题，如十多年来小拖拉机多了，大中型拖拉机却减少了，配套农具减少了。农机总动力虽然增加了1倍，但田间机械化作业程度基本未提高。

1994年下半年开始的第三次农机化热有着更深远的背景。一方面是各级政府根据工业化社会粮食消费上升、土地资源减少的严重形势，加大了对农业投入，农业机械化被各级政府排上了议事日程。另一方面是随着社会主义市场经济建立，市场机制促进了农业机械化的发展：①市场导向促进了效益更好的蔬菜、水果、养殖、饲料等生产领域的发展，于是农机化服务领域由单一的大田粮食生产扩展到了菜、果、畜牧等行业。②市场效益使农民由产品生产投向加工、运输、贮存、销售各个增值环节。农业生产向产业化迈进，于是农业机械化与产业化在相互推动中发展。新的热点如农用运输车的大发展，1995 年前还没有列入统计项目的农用运输车（三轮、四轮），因为合乎市场需求，经过短短几年就和小拖拉机一样多，1998 年发展到 1 000 万辆。③在市场竞争的形势下，农民正以不同形式走向联合，走向专业化。农业规模化经营为机械化提供了更好的发展条件。④激发新的经营形式，创造出更大的效益。例如，联合收获机“南征北战”、跨区作业，一举摆脱了联合收获机年利用率低、运营亏损的局面。联合收获机的经营利润促进了农民个人购买农机具，使 1994 年全国联合收获机不足 0.3 万台的销售量，1995 年猛增到上万台，1996 年增到 2.4 万台，1997 年增到 3 万台，短短几年时间，联合收获机保有量上升 1 倍，机收面积增加 2 倍。

进入 21 世纪以来，我国农业机械化发展步入良性发展阶段，尤其是从 2004 年开始的农机购置补贴政策的实施，到 2013 年的十年间，国家财政投入的补贴资金超过 962 亿元人民币，带动我国农业机械总动力、大中型拖拉机保有量、田间机械化作业面积等大幅度提升，农业机械化的瓶颈环节不断打破，如玉米机收、水稻机插、棉花机采等。

表 0－1 和表 0－2 为 1957—2000 年全国主要农业机械拥有量和主要田间作业农业机械化程度；表 0－3 为 2000—2013 年我国农业机械拥有量发展情况，图 0－1 为 2004—2013 年我国主要田间作业综合机械化程度。

表 0－1　1957—2000 年主要农业机械拥有量

项　目	1957	1965	1970	1980	1986	1992	1994	1997	2000
农机总动力/百万 kW	2	10.9	21.6	140	167.6	303.3	315.5	400	523
大中型拖拉机/万台	1.3	7.2	12.5	65	87.1	75.8	72.4	68	97
小型拖拉机/万台	—	0.4	7.8	196	450	750	817	938	1 276
大型农具/万台	4.0	25.8	34.6	137	101.3	104.3	99.4	120	139.9
联合收获机/万台	—	0.67	0.8	2.7	3.1	5.1	6.3	13	26.5
农用载重汽车/万辆	—	—	0.46	3.8	49.4	63.3	68	86	112

表 0－2　1957—2000 年主要田间作业农业机械化程度

项　目	1957	1965	1970	1980	1986	1992	1994	1997	2000
机械耕整/%	2.4	15	18	42.4	40.85	53.9	55	59.6	65.2
机械播种/%	—	—	3	10.9	9.12	17.7	20	23.7	25.8
机械收割/%	—	—	1	3.1	3.41	9.7	11	14.1	18.3
机械灌溉/%	1.2	24.5	41.6	56.6	58	58.8	58.9	59.5	60.1

表 0-3　2000—2013 年我国农业机械拥有量发展情况

年　份	农机总动力/万 kW	大中型拖拉机/万台	小型拖拉机/万台	大型农机具/万台	联合收获机/万台
2000	5 2316.79	75.78	1 276.74	139.87	26.52
2001	55 041.72	82.99	1 322.54	148.04	28.38
2002	57 906.46	90.35	1 355.73	157.88	31.21
2003	60 386.5	98.06	1 377.71	169.84	36.5
2004	64 140.92	111.56	1 468.03	189.03	40.66
2005	68 549.35	139.56	1 539.81	226.73	47.7
2006	72 635.96	167.63	1 560.71	264.26	56.78
2007	76 878.65	204.79	1 629.52	309.99	63.24
2008	82 190.41	299.52	1 722.41	435.36	74.35
2009	87 496.1	350.52	1 750.9	542.06	85.54
2010	92 780.48	392.17	1 785.79	612.86	99.21
2011	97 734.66	440.64	1 815.22	698.95	113.37
2012	102 558.96	485.24	1 797.23	763.52	127.88
2013	103 906.75	527.02	1 752.28	826.62	142.1

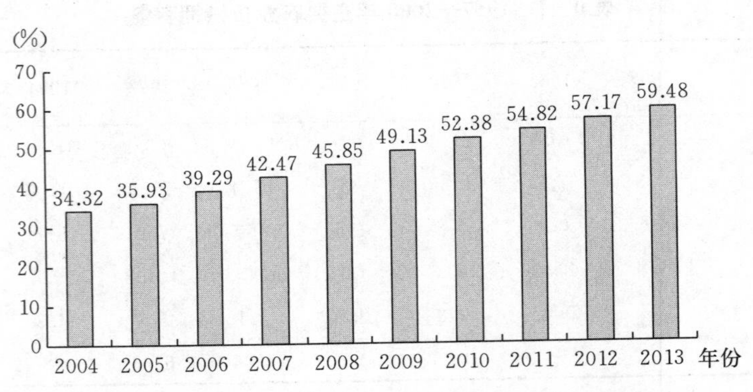

图 0-1　2004—2013 年主要田间作业综合机械化程度

主要田间作业机械化程度在 2010 年超过了 50%，意味着我国农业生产中 50%以上的田间作业由机械完成。

从主要农作物生产过程来看，到 2013 年年底，我国小麦耕种收综合机械化程度超过 93%，进入了全面实现机械化阶段，玉米、水稻耕种收综合机械化程度超过 70%，基本实现了机械化；大豆、油菜、马铃薯、花生、棉花等作物生产机械化程度也有了很大的提升，耕种收综合机械化程度分别达到了 62.93%、39.38%、37.34%、50.49%和 61.09%。

我国幅员辽阔，各地自然条件和经济水平相差很大，农业机械化也呈不平衡发展。2013 年农业机械化发展较快、综合农业机械化程度已超过或接近70%的依次为新疆生产建设兵团(91.54%)、黑龙江(88.99%)、天津(82.62%)、新疆(81.06%)、山东(78.30%)、河南(73.49%)、内蒙古(73.12%)、北京(70.49%)、吉林(69.63%)、辽宁(69.45%);贵州、重庆和福建的综合农业机械化程度仅分别为16.67%、33.05%和33.46%。

第三节 我国农业机械化的特点

我国幅员辽阔，北起寒温带，南至赤道带，陆地总面积960万km^2，占世界陆地面积的1/15，居世界第三位。

从农业自然资源看，我国处于北纬20°～50°的中纬度地带，总体光热条件比较好；水分条件差异很大，东南部雨量充沛，西北部干旱少雨；山地多，平地少；水土资源总量大，人均占有量少；人均耕地仅0.1 hm^2，为世界平均的27%；人均地表水资源2 700 m^3，不足世界平均的1/4。随着人口的增加，土地和水资源不足的矛盾还将加剧。

从农耕历史看，我国有着几千年精耕细作的传统，积累了丰富的农艺经验，农业生产达到了较高的水平。另外，建立在人畜力基础上的传统农业，由于劳动生产率低，农民收入微薄，抗御自然灾害能力弱和不利于新技术推广，不能适应国家工业化发展和人民生活水平提高的要求。传统农业需要技术改造，要实现机械化，但是面对广阔的国土和复杂的自然条件，大量劳力需要转移就业，要克服土地细碎的格局，难度大，进展速度不可能很快。这些都将在不同程度上影响我国农业机械化的发展。

一、我国农业机械化面临的问题

(1) 人多地少，农产品特别是粮食的供给紧张，提高农业单产至关重要，机械化要为提高劳动生产率和土地生产率两个目标服务。目前我国人均0.1 hm^2 耕地，劳均0.40 hm^2 左右，仅从提高劳动生产率的意义上说，我国农业劳力总体不缺，还相当富裕。除新疆、黑龙江、内蒙古等边远省、自治区，人少地多，必须靠机械化种地外，大多数省区应该说对机械化要求不迫切。但由于粮食形势严峻，迄今我国还是一个粮食进口国家，因而与世界上许多国家发展农业机械化的目标不同，我国发展机械化，不仅要提高劳动生产率，要增加农民收入，还要为提高单位面积产量服务。

(2) 农户经营面积少，作业地块小，农业机械化必须有适当的经营管理和组织形式。我国户均耕地规模不足0.5 hm^2，因种植不同作物需要或分配需要，一户的土地又分成几块，从而形成更为狭小的作业地块。据调查，处于中等水平的河北平原地区，面积为0.12～0.4 hm^2 的地块占60%以上，而从机器合理使用观点，在河北平原用国产大中型机具作业，合适的地块面积至少要0.8～1.3 hm^2，一套大中型农机具合理负担面积为33～66 hm^2。因此，我国农机化经营形式，与世界上许多农业机械化发达国家不同，主要是双层经营形式，即农户承包经营土地、乡村农机站或农机专业户经营农业机械为农户提供有偿的机械作业服务。为提高机械生产率，许多乡村采用了“耕地、整地、播种”三统一、四统一、五统一（包括植保、收获等）的服务形式。土地是各户的，但耕作时打破地界统一进行，作业后再由各户分散管理。这种形式，比较有效地协调了小地块与大机器、小农户与大生产之间的矛盾，从而促进了机械化农业的发展。但是机械经营和土地经营分离又存在许多弊病，因此有条件的地方，仍要发展机农结合的经营形式。目前，我国机农结合的乡村集体农场、农业合作社，主要在少数大中城市郊区（如北京市顺义区）和发达的农村，而机农结合的国有农场、为数不多的家庭农场则主要分布在人少地多的边远地区。

（3）幅员辽阔，自然和经济条件差异大，决定了我国农业机械化不能按一种模式，或相同速度发展。必须采用因地制宜、分类指导的发展方针。总体看，在机械化发展速度上：人少地多的地区（黑龙江、新疆、内蒙古等边远地区）快于人多地少地区；经济发达地区（大中城市郊区，东部江苏、浙江、山东、广东等沿海地区）快于西部经济欠发达地区；平原地区快于山区；旱地快于水田地区。

在发展模式上：在经济发达的农村，以乡村集体农场、专业户规模承包加社会化服务的机械化模式较多。在人少地多地区，以机农合一的农场模式和专业大户的模式较多。而在广大经济欠发达的农村，则以机农分离的双层经营模式较多。

（4）人均资源短缺，经济力量薄弱，必须实行节水、节能、节本、保护地力的机械化。水资源短缺已经成为我国经济发展中的大问题，在没有灌溉条件的旱作农区，要发展保水、保土的保护性耕作机械化，逐步取代跑水、跑土、跑肥的传统翻耕机械化。在灌溉地区，要发展机械化喷灌、滴灌，代替大水漫灌、减少灌水量，扭转地下水位不断下降的局面，保持水分供需平衡。

为抢农时、提高复种指数、增加作物产量，导致我国不少地区，农业机器超量配备。2014年，全国平均百亩*耕地拥有的农机动力已超过60 kW，部分农业机械化发展水平高的省区百亩耕地拥有的农机动力超过100 kW，农业机械年使用率很低。如拖拉机一年作业不到一个月，资源闲置浪费、作业成本上升。

归结起来，我国农业机械化具有下述4个特点：①目标上要为劳动生产率和土地生产率提高服务。②经营管理形式上，以机农分离的双层经营，作业上以统分结合的形式为主。③发展模式上，不搞全国统一，发展速度和方式因地制宜。④作业方法上，普遍采用机械化流水作业法。

二、农业机械化的增产作用

多年的实践已经证明，我国的农业机械化不仅减轻了农民的体力劳动，增加了农民的收入，而且提高了土地产出率。农业机械化的增产作用可以体现在下述7方面：

（1）开垦荒地和中低产田改造。这些工作很大程度上要靠机械措施才能实现，如机修梯田（图0-2）、推土平地、开沟挖渠、深翻深松都要有机械才能进行，人畜力很难完成。

---

* 亩为非法定计量单位，1亩≈666.67 m^2。——编者注

（2）提高抗御自然灾害能力。如机械排灌可抗御旱涝灾害，机械喷药可以及时控制杂草、防治病虫害（图 0-3）。

图 0-2　拖拉机推土修梯田

（3）提高复种指数。依靠品种、灌溉、机械化等措施，特别是机械化的作用，我国成功地把大量历史上一年一熟的地区，改成了两年三熟或一年两熟，从而成倍地提高了产量。如北京地区，年降水量只有 600 mm，年有效积温仅 4 600 ℃，1950 年前基本是一年一熟，产量 2 t/hm²。即使在今天，世界上同样条件的地区也都是一年种一季作物。但是依靠高度机械化，北京实现了一年两熟，产量达到 15 t/hm²。图 0-4 为河北廊坊地区收获小麦后，立即机械化免耕播种玉米，缩短三夏作业期，为下茬玉米的成熟创造了条件。

图 0-3　机械化喷药除草

图 0-4　小麦茬地上免耕播种玉米

（4）抢农时。在不需要改变复种指数的地区，通过机械化作业抢农时，可以延长生育期，或换用高产品种。如 1993 年前北京地区靠机械化已经实现一年两熟，取得公顷产粮 10～12 t（小麦 4.5～5 t，玉米 5～6 t）的好收成。但夏玉米是生育期为 90 d 的早熟品种，产量不高、品质不好。通县张辛庄通过三夏机械化免耕播种，秋季玉米用联合收割及耕整地一条龙作业，合理推迟小麦机播日期等，争得 15～20 d 生长期，于是把早熟的夏玉米换为生育期为 105～110 d 的中熟品种，夏玉米公顷产粮即可提高到 8～9 t，1994 年开始实现公顷产粮 15 t，类似方法全国许多地区都在推广。

（5）提高播种质量，加强田间管理。如采用机械化精量播种，既节约种子，又培育壮苗增加产量。田间管理主要指杀虫、灭草、喷施微肥、化控素以及追肥等。人工喷施慢、喷洒不匀，重喷、漏喷严重，极大地制约了施用效果。而机械化喷洒均匀、准确，可以及时完成。

（6）推广使用高新技术方面。农业增产增收，最终要依靠科学技术，其中许多农业先进科学技术的使用都是以机械化为载体实现的。有的本身就是先进的机械化技术。如寒冷地区的铺膜种植技术，可以增温保墒，延长生育期，大幅度提高产量（图0－5）；特别干旱地区，机械化坐水播种可以保证适时出苗（图0－6）；化肥深施、秸秆还田等都是行之有效的稳产增产措施，但离开机械化是难以推行的。工厂化设施农业、精确农业等农业生产高新技术，也是以机械化为前提的。

图0－5　东北冷寒区铺膜播种

图0－6　小拖拉机带的坐水式播种机

（7）减少粮食收后损失。据估计，我国粮食收后因不能及时处理造成霉烂、变质而损失的量，占总量的10％～15％，一年达4 000万～6 000万t，大大高于联合国粮农组织规定的损失率5％的标准。如能把损失率降低5％，就等于每年增产2 000万t粮食。措施主要是推广机械化晒场，使用低温及高温干燥技术和与之配套的机械化清选、装运、贮存技术。

三、流水作业法与分段作业法

流水作业法是在我国许多地区机械化作业中采用的一种作业方法，它指在农户的土地上，不等第一项作业结束，第二项作业就开始进行，像流水一样一项接着一项开始。相对应的是国外普遍使用的分段作业法，它是指第一项作业完成后，才开始第二项作业的方法。以北京郊区三夏收小麦、浅耕整地、播玉米三项作业安排为例，流水作业法如图0－7（a）所示。由于流水作业法可能有几项作业同时进行，因而需要多个机组、多个驾驶员。分段作业如图0－7（b）、（c）所示，每一时刻只有一个机组作业，配2名驾驶员。采用不同作业法所需机器、驾驶员、作业期、农耗和成本等见表0－4。

当作业期没有严格限制时（如国外一年一熟地区），分段作业法［图0－7（b）］单机完成的作业量最多，投资与成本最低。但对北京郊区的夏收夏种阶段而言，17 d作业期，特别是11 d农耗太长了，为北京郊区作业所不允许，因而不得不采用限制作业期（约8 d）的分段作业法［图0－7（c）］，其机器利用率就大大降低。相比之下，流水作业法比有限期分段作业法可节省机器投资44％，作业成本下降41％。我国既要抢农时，又要提高机器利用率，降低成本，因而大量采用这种方法。流水作业法的另一优点是能抢墒播种，这对东北、西北干旱地区的春播和华北地区的夏播都有重要意义。

国外以家庭农场为主，很难同时有多名（3～6 名）驾驶员，因之无法采用流水作业法，加之作业期比较宽松，如北京这样的光温条件，只种一季，因而多采用只需一名驾驶员的分段作业法。

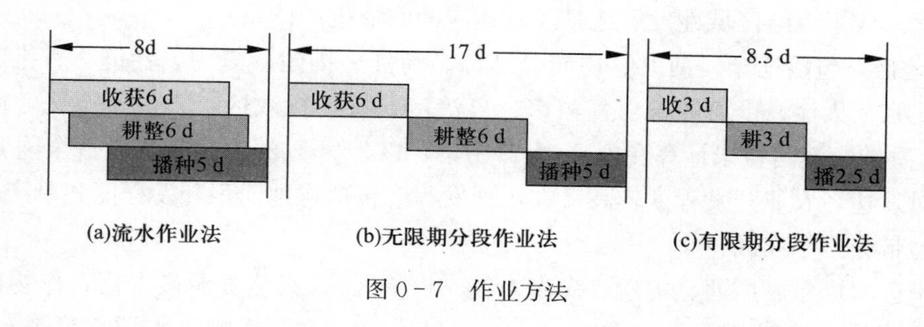

图 0-7 作业方法

表 0-4 京郊 80 hm^2 小麦、玉米农场不同作业法的三夏作业效果对比

作业方法	驾驶员/人	收获机/台	拖拉机/台	犁耙/台	播种机/台	作业期/d	农耗/d	机械投资比/%	折旧与工资比/%
无限期分段作业法	2	1	1	1	1	17	11	100	100
有限期分段作业法	4	2	2	2	2	8.5	5	200	200
流水作业法	6	1	2	1	1	8	2	117	116

第四节 我国典型的机械化农业生产体系

与机械化农业生产体系有关的自然因素是作物、土壤、水分、气候，社会因素是经济、人口、政策等。

一、农作物及作业面积情况

2012 年统计，我国耕地总面积为 1.2 亿 hm^2，农作物总播种面积为 16 341.6 万 hm^2。其中：粮食 11 120.5 万 hm^2，占 68.05%；油料 1 393 万 hm^2，占 8.52%；棉花 468.8 万 hm^2，占 2.87%；蔬菜（含瓜类）2 035.3 万 hm^2，占 13.93%；水果 1 214 万 hm^2，占 7.43%；其他还有烟、糖等。

粮食作物包括三大粮食作物（稻谷、小麦、玉米）、豆类和薯类。其中稻谷、小麦和玉米播种面积分别为 3 013.7 万 hm^2、2 426.8 万 hm^2 和 3 503 万 hm^2，占农作物总播种面积的 18.44%、14.86%和 21.44%；豆类 970.9 万 hm^2、薯类 888.6 万 hm^2，分别占农作物总播种面积的 5.94%和 5.44%。

二、区域性气候、地理、人口、经济情况

我国区域性变化的总趋势是：气温由南向北降低；降水由东南向西北减少；东南湿润向西北干旱过渡；地理上西南多山向东北、华北平原过渡；人口密度和劳动力素质由东向西降低；经济富裕程度由东南向西北递减。

以上因素形成了3个区域性发展地带及其相应的农业生产体系。

1. 东部地带 包括辽宁、河北、山东、江苏、浙江、福建、海南、台湾、香港、澳门、广东、广西、北京、天津、上海等省、直辖市、自治区、特别行政区，人口4.5亿，面积149万km^2（台湾、香港、澳门暂未计算在内）。人口密集，以15.5%的土地居住着占全国41.6%的人口，经济相对发达，农业开发程度较高。农业开发程度包括耕地面积开发程度和单产面积产量开发程度。该地带分三个亚区：

（1）华南区（广东、广西、福建、海南4省、自治区）。水热资源最丰富，作物四季均可生长。粮食平均一年两熟至三熟。人均耕地不足0.07 hm^2，主要作物为水稻、热带水果、橡胶，是稻-稻一年多熟区。

（2）长江下游区（江苏、浙江、上海3省、直辖市）。土地肥沃平坦，水热资源条件好，是主要稻麦商品粮基地，为稻-麦一年两熟区。

（3）渤海区（辽宁、山东、河北、北京、天津5省、直辖市）。土地资源较多，人均耕地0.12 hm^2，盛产小麦、玉米、棉花、花生。有小麦-玉米、小麦-棉花、小麦-花生一年两熟和两年三熟种植制度。

2. 中部地带 包括黑龙江、吉林、山西、内蒙古、安徽、河南、湖南、湖北、江西9省（自治区）。人口3.8亿，占全国总人口的35%，面积270万km^2，占国土面积的28%。包括“三江平原”“黄淮平原”“松辽平原”在内，是国家的主要粮仓。该地带分三个亚区：

（1）北部黑吉区（黑龙江、吉林及内蒙古自治区东四盟）。地域辽阔，可垦地面积大，地势平坦利于机械化，但有效积温低。广阔的松辽平原主产玉米、大豆，一年一熟。

（2）中部豫皖晋蒙区（河南、安徽、山西及内蒙古自治区西四盟），是小麦、棉花、大豆产区。黄淮平原地势平坦，土层深厚。有玉米一年一熟、麦-豆和麦-棉一年两熟或两年三熟。

（3）南部湘鄂赣区（湖南、湖北、江西三省）。气候温和、人口密集、人均耕地0.07 hm^2左右，是商品粮棉基地、水产品基地、传统水稻区，稻-稻一年两熟。

3. 西部地带 包括陕西、甘肃、宁夏、青海、新疆、四川、重庆、贵州、云南、西藏10个省、直辖市、自治区，2.5亿人口，占全国总人口的23%，541万km^2土地，占国土面积的56.4%。自然条件差，一是干旱，年降水400 mm以下；二是多山，海拔1 000～4 000 m；三是积温低，年有效积温2 000～3 000 ℃以下；四是植被覆盖率低，仅7.5%，其中甘肃、宁夏、青海、新疆4省、自治区仅0.3%～3.9%。人均土地多达2.2 hm^2，人均耕地0.1 hm^2。分四个亚区：

（1）甘新区（新疆、甘肃河西走廊、宁夏中部）。属干旱沙漠区，没有灌溉就没有农业，畜

牧业发达，农产品有棉花、麦、豆等，一年一熟或两年一熟。

（2）青藏区（西藏、青海、甘肃南部、四川西部、云南西北部）。属高寒区，有高原牧场，农业上以耐寒作物青稞、豌豆、马铃薯为主。一年一熟或几年一熟。

（3）黄土高原区（陕西中部和北部、甘肃中部、宁夏南部、青海东部）。它是中华民族的摇篮，土地资源丰富，人均 0.2 hm^2 耕地，土层厚而肥沃，但坡地多，水土流失严重，产量不高。种植麦、豆为主，一年一熟。其次是马铃薯、油料。

（4）西南区（陕南、甘东南、四川、重庆、云南、贵州）。属热带亚热带，丘陵多山，年降水量不少，但月、季分配不匀。生产水稻、小麦、油菜、甘蔗、烟叶等，一年两熟。

三、典型的机械化农业生产体系

机械化农业生产体系是作业工艺与机器系统的组合，反映了不同区域的自然条件、社会经济情况，不同作物的生产特点，是多年生产实践选择的结果。掌握机械化农业生产体系是制定机械化生产方案的基础。

1. 北方旱地一年一熟机械化生产体系　在中部和西部的黑龙江、吉林、山西、内蒙古、新疆、青海、宁夏、陕西、西藏等地。主要有旱地春玉米机械化生产体系、旱地冬小麦机械化生产体系和旱地春小麦（春杂粮）机械化生产体系等。

春作物为春种秋收。开春化冻后播种，秋天上冻前收获，冬季休闲。冬小麦为秋天播种，麦苗休眠过冬，第二年春返青生长，6 月收获，6 月至 9 月夏休闲。耕、播、管、收等环节的机械化技术上基本解决了。目前需要解决的问题是机械化生产如何更好地实现保墒、减少蒸发和控制水土流失。

目前以作物秸秆覆盖、深松和免耕为核心的保护性耕作体系及配套机具已基本研制成功。适合旱地春玉米、冬小麦、春小麦种植。保护性耕作地上免耕覆盖播种玉米见图 0－8，保护性耕作地上收获小麦见图 0－9。

图 0－8　保护性耕作地玉米免耕覆盖播种（山西寿阳）

图 0－9　保护性耕作地小麦机械收获（山西临汾）

2. 华北灌溉地一年两熟间套作机械化生产体系 在东部的河北、山东，中部的河南、安徽等地有少量应用，主要有小麦-玉米一年两熟间套作机械化生产体系、小麦-棉花一年两熟间套作机械化生产体系和小麦-花生一年两熟间套作机械化生产体系。

图 0-10 小麦玉米间套作

华北灌溉地间套作生产体系有小麦玉米、小麦棉花、小麦花生等。小麦玉米间套作农业生产体系见图 0-10。它是在有效积温和水分一年种一季作物有余、种两季作物不足的地区，利用间套作增加后熟作物的生长期，实现一年两熟的作业体系。具体是在夏收作物收获前套种秋作物，两茬作物共生一段时间，待秋作物出苗后，再收获夏作物。间套作的套种、套收机械化虽然经过十几年的攻关研究，目前仍未解决，所以只能是部分机械化，需要人力较多。由于间套作能延长作物生育期，缓解三夏劳动强度，对经济水平不高的地方比较适用。将来的发展，还要看机械化间套作解决的情况。

3. 华北灌溉地一年两熟平作机械化生产体系 在北京、天津、河北、山东、河南与晋东南的部分地区，主要有冬小麦-夏玉米一年两熟平作机械化生产体系和冬小麦-夏大豆一年两熟平作机械化生产体系。

北京通过十几年的研究，已实现小麦机收和夏玉米免耕播种为关键技术的小麦玉米一年两熟全过程机械化，研制出了成套机具，是对我国农业机械化的重大贡献。北京市的单位面积粮食产量从 1950 年到 1994 年增加了 10 倍。进入 21 世纪以来，华北灌溉地一年两熟区已实现超吨粮田（即亩产冬小麦 500 kg 以上、夏玉米 600 kg 以上）。其中三成的作用归于灌溉，三成归品种和化肥，四成应归于实现了一年两熟全过程机械化。

北京、天津、河北等地采用带秸秆粉碎的小麦联合收获机、玉米免耕播种机、机械喷雾机、玉米摘穗收获机，完成了小麦-玉米一年两熟全过程机械化，大大提高了劳动生产率和土地产出率。采用新型贴茬免耕播种机在麦茬地上播玉米（图 0-11），新疆- Y2 型联合收获机收玉米见图 0-12。

图 0-11 贴茬免耕播种机在小麦茬地上播玉米

图 0-12 新疆- Y2 型联合收获机收获玉米

4. 华北灌溉地两年三熟机械化生产体系　两年三熟是一年一熟和一年两熟之间的一个体系，以适应华北某些生长期长的作物生长，或水资源不够一年两熟需要、一年一熟又有富裕时的一种生产安排。

（1）冬小麦-夏水稻-春玉米两年三熟机械化生产体系。两年中收获一季冬小麦、一季夏水稻和一季春玉米。在夏水稻 11 月收完后，休闲 4 个月，至第二年 4 月中播玉米。

（2）冬小麦-夏玉米-棉花两年三熟机械化生产体系。两年中收获一季冬小麦、一季夏玉米和一季棉花。夏玉米 10 月收完后，休闲 5 个月，第二年 4 月播棉花。

（3）冬小麦-夏大豆-春玉米两年三熟机械化生产体系。热量资源可以一年两熟，水资源不足，为节省水资源而采用两年三熟。

由于两年三熟相对能节约水资源、休闲土地、提高机器利用率、降低作业成本，作为华北灌溉地一种可持续农业模式正被考虑在部分地区代替一年两熟。但它会降低产量，采用时要慎重。

5. 南方水稻-小麦一年两熟机械化生产体系　在江苏、浙江、上海、湖北、江西等省、直辖市，主要是冬小麦-夏水稻一年两熟机械化。

6 月份收小麦后，旋耕土地、灌水泡田、耙烂耙平、插秧、放水晒田、收水稻、旋耕或翻耕，播小麦，或免耕播小麦。

田地要有相应的排灌系统，可以及时排水和灌水。为少占耕地和便于机械化作业已发展出用鼠道犁开挖的暗排系统等。当然，暗排系统的造价和维护费用要高一些。另外，该体系因要配备旱作和水作两套机具，投资较高，目前稻地小麦播种机，麦稻两用联合收获机等还有待完善。

图 0－13 所示为南方典型的独轮水耕机在稻茬田进行翻耕整地作业，图 0－14 所示为插秧机作业。

图 0－13　水田耕整地作业

图 0－14　水稻插秧机作业

机械化生产体系

6. 北方水稻一年一熟机械化生产体系　秦岭、淮河以北为北方稻区，范围涉及 17 个省份。

北方稻区种植面积 400 万 hm^2 以上，主要为一年一熟种植。相比南方稻区，因地块大，人均面积多，故机械化程度高，但由于生产环节多，技术措施复杂，相比小麦和玉米两大作物，北方水稻种植的综合机械化程度最低，近年来随着政策扶持等，北方水稻生产机械化程度迅速提高。

北方水稻一年一熟机械化生产体系因种植模式的不同而不同。主要分移栽与直播两大类：移栽中以插秧为主，另有少量抛秧、摆秧等；直播则与旱作物种植基本相同。

主要作业项目有耕整地（旱整后灌水或灌水后水整）、插秧、植保、收获等。

7. 经济作物（棉花、花生为代表）**机械化生产体系**　棉花收获机械化见图0－15。

8. 蔬菜机械化生产加工体系。

9. 水果坚果采收加工机械化体系。

10. 青饲、牧草机械化生产体系（图0－16）。

图0－15　大型棉花收获机械

图0－16　牧草收获打捆机作业

除以上十项主要田间作业的机械化生产体系外，还有属于产前作业的种子加工机械化体系，属于产后作业的农产品干燥机械化体系、饲料加工机械化体系，属于畜牧业生产的畜牧生产机械化体系、废弃物处理机械化体系等。

第五节　农机农艺融合

农机与农艺是相互影响、相互联系的一对矛盾的两个方面，二者的矛盾运动过程就是农业技术进步的过程。不同技术水平的农业生产工具必然与一定的农业生产技术相适应，而不同的农业生产技术必然需要一定的生产工具所支撑。农艺技术的不断进步，必然要求相应地革新生产工具；而新的生产工具的出现，又使农艺得到革新、完善和提高，推动农业生产向前发展。在传统的小农经济的农业生产中，生产工具与农艺技术的结合比较简单。农艺技术主要表现为代代相传的实践经验，有较大的随意性和可变性，没有严格的作业规范；所用的手工工具和畜力农具有较大的灵活性和适应性。在现代化的市场经济农业生产中，生产工具与农艺技术的结合比较复杂，农艺技术升级为精确的完整体系，农事作业有严格准确的技术规范，对农业机械性能有着很强的依赖性，且所用的农业机械有较高的技术性能和经济性能。

以棉花为例。棉花全程机械化的发展，正是在农机与农艺相互联系、相互影响，二者的矛盾不断被解决，在相互适应中发展起来的。棉花实现全程机械化，除引进或研制出实用的、先进的机械设备外，还必须有生长集中而又成熟度一致的高产、结铃部位较高等特征的棉花品种和新的农艺栽培模式。所以，棉花全程机械化充分体现了农机支持农艺、农机协调农艺、农机带动农艺的农机农艺相互融合，促进了农业技术的发展。

1. 品种的培育　在传统的以手工摘棉、人力为主的种植模式中，对品种的选择上，要求发挥棉花的单体优势，单株结桃越多，结铃部位越靠下越好。但对于棉花全程机械化，实现机械采棉模式中，由于受采棉机结构的限制，棉花品种的选择上与传统的农艺要求不同，农艺上应选育下部结铃高度大于 20 cm，抗虫、抗病、抗倒伏，产量高，中部结铃好，吐絮集中，铃壳开裂性好的品种。此外，为了提高采棉机的生产率，还应当适度选种一些早熟品种，实行早、中熟品种搭配种植。

2. 合理配置株、行距　实践表明，采用带状播种方式比较合理。传统的手工摘棉一般采用 30 cm＋60 cm 模式，实行机采后，需要采用 66 cm＋10 cm 或 68 cm＋8 cm 的模式，这种由实行机械采摘棉花的需要而发展的株、行距配置模式，在实践中发现由于平均行距缩小，增加了保苗株数，棉花单产比传统的株、行距配置模式有所增加，而行距进一步扩大，由 60 cm 增加到66～68 cm，利于大型机械作业。

3. 栽培管理技术与灌溉方式　在机采棉的灌溉方式上采用滴灌技术最为理想。通过采用滴灌技术，不仅能使整个棉田灌水均匀、节约用水，而且更有利于棉花的施肥和化调、化控。在栽培管理技术上，通过加强管理，精耕细作，把握好各项栽培技术措施，适时施肥、灌水，合理化调、化控，及时打顶整枝，使整个棉田的棉花长势均匀，株高适宜（最适宜机械采棉的棉花株高为 70～80 cm)，成熟一致，以便于机采。

4. 脱叶催熟技术　脱叶催熟技术对提高机采棉的采摘质量影响很大，脱叶催熟效果越好，采净率就越高；脱叶催熟效果越差，采净率就越低，并且还会造成脱叶素对棉花的污染。脱叶催熟效果与喷施脱叶剂的时间、外界气温、脱叶剂的用量有直接关系。脱叶剂喷施时间过早会影响棉花品质，过晚又会影响脱叶效果。最佳喷施时间是：田间棉花自然吐絮率达到 30%～40%，外界日平均气温连续 7～10 d 在 20 ℃以上喷施脱叶剂效果最好（新疆南疆地区一般在 9 月 10～15 日，北疆地区一般在 8 月 20～30 日喷施为好）。脱叶催熟作业在棉花生长的后期，这时棉花的植株高、枝叶密度大，对喷雾的要求较高，传统的喷雾机满足不了喷洒脱叶催熟剂的需要。农机部门根据需要研制开发了适应棉田后期作业的高架拖拉机、穿透力强的袖筒风幕式高架喷雾机，在满足农艺要求的同时，促进了植保机械的发展。

第六节　我国农业机械化发展前景展望

经过 60 多年的发展，我国农业机械化从无到有逐步壮大，建立了比较完整的农业机械制造、科研、推广、服务体系；田间农业机械化程度达到 60%以上（2014 年），相当一部分省区已经实现基本机械化；取得了一大批研究成果，为全面实现农业机械化奠定了坚实基础。

我国粮食总产从2013年起迈上6亿t台阶，从2004年开始到2014年，已经实现粮食产量“十一连增”，对此，农业机械化功不可没。但是，从总体看，我国粮食安全问题仍然严峻，粮食进口量一直居高不下。

从农业生产上看，尽管我国有精耕细作的传统，有庞大的农业从业人员，但由于规模化程度低，农业效益不能充分体现；农民文化程度低导致对农业新技术的应用迫切程度不高等，使我国虽然粮食总产位居世界首位，但单产水平与我国农业大国的身份不符。

2010年我国粮食单产比1978年增加了96.83%，比1990年增加了26.47%。表面上来看，数字喜人。一般认为，组织制度、市场化，通过农业基础设施建设，人工及物质投入、技术手段改善均是使我国粮食增产的原因。但更重要的直接原因，则是化肥和农药的使用量的增加。2010年我国化肥使用量为5 561万t（纯折），比1978年增加了529.07%；农药使用量为171.2万t，比1978年增加了229.23%。

我国水稻、小麦、玉米平均单产分别是单产排名前10位国家平均水平的75%、70%、65%。水稻、小麦、玉米的单产水平分别排在世界的第13位、第20位和第21位。除此之外，国内同一种植区域的同一作物，省际单产差距也较大。

我国耕地面积增加潜力较小，要保证粮食安全，主要出路就在于提高单产，而提高单产，必须下大力气研究、推广、应用农业新技术，包括农业机械化技术，尤其是近年来劳动力成本的不断上升，导致各地对农业机械化的需求也越来越迫切，这也是我国农业机械化快速发展的机遇。

我国农业机械化发展前景展望：

1. 发展不同类型区的全过程机械化 农业机械化分三个阶段：单项机械化—基本机械化—全过程机械化。我国已搞了几十年单项机械化，实施选择性机械化战略，人畜机并举，来减轻农民繁重的体力劳动及获得部分增产增收效益。到20世纪末才有部分省、直辖市实现了基本机械化。经验证明，只有实现全过程机械化，才能彻底解决人畜力和人机重复配置的格局、减少浪费，才能大幅度提高劳动生产率，才有利于系统提高资源利用率和环境保护。

我国地域辽阔，自然条件和经济水平差别很大，各地区全过程机械化的难点、重点问题不同。21世纪初期将集中精力，因地制宜地解决好各个机械化作业体系中存在的技术难题，随着国民经济的发展，逐步实现我国农业的全过程机械化。

2. 发展精细化、自动化的高水平机械化作业技术 利用信息技术和自动化技术的先进成果，将至少可以在如下3方面提高我国农业机械化的作业水平：

（1）机械化精细作业方面。如精细播种、施肥、喷药、灌水，从而大幅度地提高水、化肥、种子、农药、能源等资源的利用率。

（2）优化机器操作方面。如优化拖拉机、收获机、插秧机的作业速度，优化作业深度、作业幅宽等，提高机器生产率、劳动生产率，降低消耗。

（3）自动化作业方面。如自动驾驶、自动监测、自动调整、自动补偿，大幅度地改善作业质量、提高作业精度、提高生产效率、减轻驾驶员劳动强度。

3. 发展应用计算机信息系统和网络技术的先进管理技术 我国的农业机械化是在农户经营规模小、机器作业要求规模大、两者不相适应的情况下进行的。为了解决这对矛盾，几十年来各地创造了许多良好的组织形式和经营管理形式。如机器统一作业、土地分散管理形式，联合收获机异地作业形式等，这些管理服务对推动机械化农业生产起到了很好的作用。但是组织管理工作基本是靠人工进行的，费时费力、调度不及时、生产率低，还难免出错。应用现代管理与计算机技术，可以大大提高服务质量和服务效率。

建立计算机信息库和专家决策系统，可以实现面向农户的农机化计算机咨询服务，为各类农机化企业的生产与经营提供服务，如机器配备系统优化、机器作业计划与调度、机器销售与库存等。

4. 农业机械化要为农业的可持续发展服务 分析影响农业可持续发展的自然资源、社会经济、生态环境各方面因素，大部分与农业机械化作业有关。

（1）自然资源方面，包括土壤、水、空气和非再生能源。

土壤资源方面：

a. 耕地减少：包括工业和民用占用耕地；水蚀风蚀引起可耕地的耕层变薄，直至不能种植；耕地盐碱化；耕地沙漠化等。

b. 耕地退化：包括土壤肥力降低；土壤压实、板结；土壤污染（农药、化学物质污染、塑料薄膜碎片污染）。

水资源方面：

a. 水资源减少：大量井灌引起的地下水位下降；引水和抽水导致的河流、湖泊径流减少、枯竭。

b. 水资源污染：农药、化肥污染。

非再生能源方面：钢铁、石油、煤炭等非再生能源的消耗，目前影响最大的是石油能源消耗。

（2）社会经济方面，包括农业产投比、农民收入和社会支持力等。

a. 农业生产的投入产出比必须达到一定比值，人们才愿意向农业投资，推动农业发展。

b. 农民的收入，首先要能够维持再生产，进一步能达到与其他行业相近的水平，农业生产才能后继有人。

c. 社会对农业的支持能力，包括兴修水利工程，支持农业科研、推广、培训，对农民购置农业装备的贷款等。

（3）生态环境方面，包括大气环境、地面环境、水环境等。

a. 沙尘暴。

b. 空气污染，如烧秸秆造成的浓烟、喷农药时的漂移、排泄物与废弃物的臭气等影响人类生活质量或社会发展环境。

c. 废弃物堆积、污染。

d. 河流浑浊、泛滥。

以上12个因素中，除了社会对农业的支持能力和废弃物堆积、污染方面外，其他都直接或间接与机械化有关。因此，今后机械化的发展必须结合农业可持续发展来考虑。事实上，资源与环境的恶化，也是在推行了以机械化和化学化为基础的现代农业生产后，才更加严重起来的。澳大利亚100年来的机械翻耕，使人们惊异地发现，本来就不厚的土层被水土冲失得只剩20～30 cm，再继续翻耕几十年，将会无可耕之地。我国内蒙古草原、河北农牧交错带开荒种粮，植被破坏，引起沙尘暴愈刮愈烈。美国大型机械的采用，出现土壤压实的恶性循环，机器愈重，压实层愈深。为了消除压实层而需要耕作层更深，从而需要机器功率更大，导致机器更重。但是，要解决这些问题，又只有通过工程的措施、机械化的措施才能实现。例如，修建水平梯田以减少水土流失，采用固定道作业解决机器压实问题，用保护性耕作、作物残茬覆盖减少沙尘暴，都要机械化的手段才能实现。有些同样是机械化技术，但通过提高科技含量，就可以克服不可持续的因素。如采用超低量喷雾、精密喷雾技术来减少农药的污染。有的则需要研究新的机具，来解决机械化作业引起的问题，如机械化铺膜种植后的残膜污染问题，要依赖于开发适用的残膜回收机来解决。农业机械化是一项既可能破坏生态环境，又可以保护生态环境、促进农业可持续发展的技术。问题在于用什么样的机械化技术，如何运用。这就给农业机械化工作者提出了一项艰巨的任务，即在农业机械化试验研究、选型应用中必须坚持既增加农作物产量、降低生产成本，又能保护生态环境、促进农业的可持续发展的原则。只注意增加产量，忽视了生态环境的农业机械化，是没有生命力的。

复习思考题

1. 我国1957—1980年非常重视农业机械化，但为什么又没有达到1980年基本实现农业机械化的目标？主要的经验教训是什么？

2. 为什么我国农业机械化作业多采用流水作业法？该法有什么优缺点？

3. 为什么我国农机经营管理形式以双层经营，即机械统一作业与农户分散管理为主？该形式有什么优点、缺点？

4. 从可持续观点，今后在农业机械化发展中要注意什么问题？

5. 我国有哪些典型的机械化农业生产体系？

6. 北京郊区在相同的自然经济条件下，为什么会出现一年两熟和两年三熟机械化生产体系？各有何优缺点？

7. 为什么要强调农机农艺融合？

知识拓展

农业机械化促进法　　农业机械化发展

第一章 机 组

机器用于农业作业时，以机组或机器系统为基本运用单元。

农业机组是在一定条件下的具有一定作业任务和期限的动力系统、传动系统、作业系统及其操作系统的有机组合。所谓“有机组合”，以拖拉机组为例，是指具体条件下机组各组成部分互相协调并与环境、作业对象相适应。即发动机以一定工况，拖拉机以一定速度与牵引力规范，农具以一定挂接方式、幅宽和作业规范，操作者按预定的程序和规范操纵，只有组合起来才能完成相应的作业；条件改变时，组合也就变化或分解；需要进行其他作业，则需要重新组合。农业机组的任务和期限是由农业生产的季节性特点决定的。机组作业量的大小或者说作业任务期限的长短，对机组组成有重要影响。机组不限于完成一种农业工序，只要当时当地条件下某些作业的农业作业期有重叠，就有可能编制包含多种作业机的复式机组，或采用由不同作业部件组成的通用式联合作业机组。有些机组组成考虑了综合利用和组合方式多样化，如自走式联合收获机组，它以发动机、脱谷和清选及行走传动系统为基本部分，可以配用不同的“工作部件”（各种专用的收割台或捡拾器），以适用于多种作物和不同收获方式。拖拉机液压悬挂系统的采用，可以使驾驶员的任务扩展到整个机组的操纵，控制升降或调节作业规范，由此又导出包括两个以上动力源（串联或并联）的复式动力机组，依靠地面值反馈实现作业高度的仿形调节，以及利用电子技术对排种实现自动监控等，操纵系统的作用日益突出。

第一节 机组动力性能的利用

机组以拖拉机或自走式机器上的柴油机为动力源，一般需要转换为四种形式的动力：牵引动力、旋转动力、液力动力和电力动力。

牵引动力由拖拉机牵引或悬挂装置的挂接点引出，用于克服以速度 v 行驶的农业机械阻力 R，其牵引功率 N_T 为

$$N_T=\frac{Rv}{3\ 600}\ (\text{kW}) \tag{1-1}$$

式中 R——沿行驶方向作用于挂接点的农业机械作业阻力（N）；

v——作业速度（km/h）。

旋转动力由拖拉机动力输出轴或直接由发动机引出，用于克服以转速 n 旋转的农业机械阻扭矩 M_c。其旋转功率 N_c 为

$$N_c = \frac{2\pi M_c n}{60} \text{ (kW)} \tag{1-2}$$

式中 M_c——作用于引出端的农业机械阻扭矩（kN·m）；

n——转速（r/min），标准动力输出轴转速为 540 r/min 和 1 000 r/min。

液力动力由液压泵或控制油缸引出，提供直线运动或旋转运动的液力动力（在 14 kPa 时其输出可达 15 kW），用于克服机组操纵部分的运动阻力，控制农具工作部件升降并调节作业深度或相对高度。其液压功率 N_y 为

$$N_y = pQ \text{ (W)} \tag{1-3}$$

式中 p——压力（kPa）；

Q——流速（L/s）。

电力动力由发电机或蓄电池引出，用于机组中的电动机、监视器和控制器，间歇功率输出可达 1.2 kW。用电设备的电功率 N_D 为

$$N_D = IE\phi \text{ (W)} \tag{1-4}$$

式中 I——电流（A）；

E——电压（V）；

ϕ——功率因数。

农田作业机组利用的液力和电力通常功率不大，持续时间较短，不是机组动力的主要利用形式。在实际作业中，机组动力利用形式不外下列三种：单纯的牵引工作、牵引同时驱动工作，以及主要用于固定作业的单纯驱动工作。

（1）单纯牵引工作。发动机有效功率 N_e 经驱动装置传递，由挂接点给农具提供牵引功率 N_T，传递过程中功率损失于齿轮或带传动、轴、轴承间的摩擦、滚动阻力和驱动装置滑转。机组作业时的牵引效率 η_T，即作业工况下拖拉机牵引功率 N_t 与相应的发动机有效功率 N_e 之比，即

$$\eta_T = \frac{N_T}{N_e} \tag{1-5}$$

也可以表示为该作业工况下的传动效率 η_m、滚动效率 η_f 和滑动效率 η_δ 的乘积，即

$$\eta_T = \eta_m \eta_f \eta_\delta \tag{1-6}$$

牵引效率是评价机组动力性能利用的重要指标。在各种运用条件和不同作业工况下提高机组作业时的牵引效率，是改善机组动力利用的关键。

（2）牵引同时驱动工作。发动机有效功率 N_e 分成两部分传递，除向农具提供牵引功率 N_t 外，同时还经动力输出装置向农具工作部件提供旋转功率 N_c。用于驱动农具工作部件的功率，是由动力输出装置直接传递的，没有滚动与滑动功率损失，因此，其传动效率 η_c 通常高于牵引

效率 η_T。用于牵引和驱动的两部分有效功率 N_{eT} 和 N_{ec} 可以表示为

$$N_{eT}=\frac{N_T}{\eta_T},\ N_{ec}=\frac{N_c}{\eta_c}$$

设用于驱动的有效功率 N_{ec} 与相应的 N_e 的比值为 C，则 $N_{ec}=CN_e$，$N_{eT}=(1-C)N_e$。在牵引同时驱动作业时，机组功率利用的效率成为全效率 η，可表示为

$$\eta=\frac{N_T+N_c}{N_e}=\frac{N_{eT}+\eta_c}{N_e} \quad (1-7)$$

整理可得

$$\eta=(1-C)\eta_T+C\eta_c \quad (1-8)$$

式（1-8）成为机组动力利用的全效率公式。当驱动农具工作部件的有效功率所占比例 C 较小时，η 略高于 η_T；当 C 较大时，则 η 接近于 η_c，具有较高的效率。农田作业中，自走式机组以及由拖拉机动力驱动的农业机械日益增多，从改善动力利用效率来看，这是一种合理的发展趋向。

（3）单纯驱动工作。发动机有效功率 N，经动力输出装置向农具提供旋转功率 N_m，其效率即为该驱动工况下的传动效率 η_m。当拖拉机用于固定作业时，发动机功率应与固定式农业机械所需功率相匹配。当 N_m 为已知时，所需 N_e 由下式确定：

$$N_e=\frac{N_m}{\eta_m} \quad (1-9)$$

式中 η_m——根据传动装置确定的传动效率值。

各装置的传动效率见表 1-1。多级传动的效率为每对传动副传动效率的乘积。可根据装置的技术状态取值，良好取上限值，较差取较低值。

表 1-1 各装置的传动效率概值

传动副类型	传动效率	传动副类型	传动效率
一对圆柱齿轮	0.95～0.98	平皮带传动	0.92～0.98
一对圆锥齿轮	0.93～0.97	三角带传动	0.90～0.92
蜗轮蜗杆	0.83～0.87	链传动	0.92～0.96

进行定性分析时，式（1-8）可适用于机组动力利用的所有形式。单纯的牵引工作时，$C=0$，则 η 即为 η_T；单纯的驱动工作时，$C=1$，则 η 即为 η_c。进行定量计算时应根据具体的作业工况对效率值做出估计，在不同运用条件和作业工况下 η_T 和 η_c 都将不同。

第二节 发动机有效功率的利用

机组作业可能受发动机功率范围的约束。在运用条件下，保持发动机标定转速时的最大有效功率（即标定功率），合理确定发动机负荷程度和工作转速规范，提高标定功率利用率，是合理利用发动机动力性能的关键。

一、发动机的标定功率

在标定转速下发动机出厂时达到的最大有效功率称为标定功率。拖拉机发动机以允许连续负荷运转 12 h 的最大有效功率作为标定功率。发动机标定功率 N_{en} 可表示为

$$N_{en}=\frac{M_n n_n}{9\,549.3}\ (\mathrm{kW}) \tag{1-10}$$

式中　M_n——发动机曲轴上的标定扭矩（N·m）；

n_n——发动机曲轴的标定转速（r/min）。

由于出厂的每台发动机最大有效功率值不可能是一致的，因此，各厂家均规定实际最大有效功率应稍高于标定功率值。

新发动机在使用初期（正常试运转后 500～700 h），最大有效功率一般可能提高 1%～3%；在使用初期中，最大有效功率逐渐下降，下降速度取决于设计制造以及使用维护状况。在实际工作中，功率下降的具体原因很多，例如喷油提前角、喷油量和进气阻力的改变等，如果多种原因同时作用，功率下降和耗油率增大将很显著。所以，必须坚持正确使用，坚持技术维护制度，并定期检查发动机最大有效功率，以便及时采取技术措施。有些驾驶员为了得到更高的最大有效功率而自行调整发动机转速和供油量，结果不但耗油率大幅增加，也加剧了技术状态恶化的速度，这样做是不合理也不合算的。

在海拔较高的地区工作时，由于气压降低，空气密度减小，使充气量下降，发动机功率降低。海拔高度每增加 1 000 m，功率下降 10%左右，如果已知发动机在正常大气条件下（大气压 101.325 kPa，大气温度 15 ℃）的有效功率 N_e^0，则某一海拔高度条件下发动机的相应有效功率 N_e^B 即可算出。

对于汽油机：

$$N_e^B=N_e^0\,\frac{545}{530+t_B}\times\mu \tag{1-11}$$

式中　t_B——该条件下的平均气温；

μ——气压比，即该条件下的大气压力（kPa）与海平面大气压力（101.325 kPa）之比。

对于柴油机：

$$N_e^B=N_e^0\,\frac{[1.4\,\mu+0.4\,\mu\,(\alpha_0-\alpha_B)\,-0.4\sqrt{\beta_t}]}{\sqrt{\beta_t}}\times\mu \tag{1-12}$$

式中　α_0、α_B——该发动机在海平面上和该条件下的空气过量因数；

β_t——气温比，即该条件下的平均气温 t_B 与海平面大气温度（15 ℃）之比。

不同海拔高度下的大气压力和平均温度及空气密度见表 1-2。在海拔高度为 2 500 m 时，普通发动机功率下降 25%，而采取增压措施后，功率下降仅 5%。我国高原地区面积占全国总面积的 1/4，在这些地区应采取发动机增压措施，提高充气系数，同时还要解决水温、油温和排气温度高的问题。

表 1-2 海拔高度、大气压力和平均温度与空气密度的关系

海拔高度/m	大气压力/kPa	气压比	平均温度/℃	空气密度/(kg/m³)	密度比
0	101.325	1	15	1.225 5	1
1 000	90.419	0.892	8.5	1.112 0	0.907
2 000	79.487	0.784	2	1.006	0.821
3 000	70.101	0.692	−4.5	0.909 4	0.742
4 000	61.635	0.608	−11	0.819 3	0.668
5 000	54.009	0.533	−17.5	0.736 3	0.601

在作业过程中，机组的阻力或阻扭矩是波动的，导致作用于发动机曲轴上的负荷不稳定，这将引起曲轴角速度不稳定，调速与供油波动以致燃烧过程受到影响，致使发动机最大有效功率实际上达不到发动机台架试验测定值，也往往低于标定功率值。其下降程度与曲轴的平均负荷、阻扭矩的波动幅度与周期成正比，与曲轴平均转速、调速器不灵敏及机组对曲轴的转化惯矩成反比。据理论分析与试验结果，发动机实际最大有效功率低于标定功率 3%～10%，在某些情况下可达到 15%～20%（与具体的作业负荷特性有关）。

在定期检查发动机功率时通常以标定功率为参照标准。如上所述，在海拔较高地区以及检测现场的气温、气压条件下，必须考虑有关因素对检测结果的影响，才能恰当地推断发动机的技术状况。

发动机标定功率是一项重要的动力指标，常用作参照标准，以评价机组动力利用情况，并作为农机管理的重要参数。

二、发动机负荷程度与有效功率利用率

实际被利用的发动机有效功率，取决于机组作业中所消耗的能量的强度，即农业机械的阻力或阻扭矩、机组作业速度或转速。机组作业时，发动机在不同负荷、转速下即不同工况下运转，可分为下列 3 种工况：无负荷空转、在调速转速规定下负荷运转和在非调速规范下超负荷运转。

为便于参照，将发动机实际被利用的有效扭矩 M 和标定工况下的标定扭矩 M_n 之比，称为发动机负荷程度，即

$$\xi_M=\frac{M}{M_n} \tag{1-13}$$

同样，将发动机实际被利用的有效功率 N_e 与标定功率 N_{en} 之比称为有效功率利用率，即

$$\xi_N=\frac{N_e}{N_{en}} \tag{1-14}$$

在调速转速规范下负荷运转时，发动机转速 n 随外负荷变化呈线性变化，且接近于标定转速 n_n，因此，在正常负荷工况下为

$$\xi_N=\frac{Mn}{M_n n_n}=\xi_M\frac{n}{n_n} \tag{1-15}$$

由于发动机实际工作转速与标定转速之比接近于1，所以 ξ_M 值与 ξ_N 值也较接近。

不同作业机组的农业机械阻力或阻扭矩是不同的，在较宽的范围内分布。拖拉机用于多种作业时，显然将具有不同的发动机负荷程度和有效功率利用率，或者说拖拉机发动机的负荷谱也是较宽的。同时，在机组作业过程中其阻力或阻扭矩具有波动的特性，也将引起发动机负荷程度和有效功率利用率的波动。在具体条件下，既充分利用发动机动力性能，又使发动机特性与机组负荷特性相协调，应该成为确定合理负荷程度的准则。

无负荷空转工况下，发动机输出为零，即 $n=0$，$n_n=0$，发动机在该供油位置的最大转速下运转，发动机温度低，长期空转将降低润滑质量，增加机件磨损，造成非生产性的燃油浪费。因此，在作业过程中由于操作或检视的需要，不可避免地会产生短期空转，但应尽量减少次数和时间。

在非调速规范下超负荷运转时，发动机所承受的阻扭矩大于标定扭矩，$\xi_M>1$，发动机转速急剧降低，故 $\xi_N<1$。超负荷运转时，汽油机将产生爆燃和过热；柴油机工作粗暴性加剧，产生浓烟并大量积炭；润滑条件变坏，加速机油老化和零件磨损；同时在非调速规范下，外负荷的变化不但使有效功率下降，而且发动机转速极不稳定，降低了机组作业速度，并影响机组作业质量，严重时甚至发生发动机熄火。超负荷运转时，发动机有效功率耗油率陡然增加，机油也将超耗。因此，不允许发动机长时间超负荷运转。在作业过程中由于阻力或阻扭矩暂时增长而出现较长时间超负荷时，必须采取降低发动机负荷程度的措施。

优秀驾驶员延长机器正常寿命的重要措施之一，就是不让机器长时间超负荷运转。

从发动机特性分析，在标定工况下运转较为理想，不但发动机被利用的有效功率最大，而且有效功率油耗也较低或最低，发动机热状况也最佳。但是，机组负荷的波动性，使发动机不能稳定在标定工况下运转。为避免长时间在超过标定扭矩的情况下工作，有必要适当降低负荷程度，使发动机在调速转速范围规范下接近 ξ_M 和 ξ_N 等于1的工况下，即接近满负荷情况下工作。当阻力或阻扭矩呈暂时增长的波动时，发动机短暂的超负荷运转，依靠非调速规范下的有效扭矩储备来克服困难。而在其他波动情况下，仍能获得较高的负荷程度与有效功率利用率，即能充分地利用动力性能。应当认为，这种状态下的负荷程度是合理的负荷程度：绝大多数时间接近满负荷，但又有短暂的超负荷。合理负荷程度的值取决于具体的运用条件下作业负荷的波动特性，因此因机组作业不同而有不同数值。当机组阻力和阻扭矩波动严重、发动机适应系数（最大扭矩与标定扭矩的比值）较小以及机组转化惯量也较小时，ξ_M 和 ξ_N 应低些，反之则应高些。

在实际生产中，除自走式机械外，不可能为每一种作业机械配套一台拖拉机，而只能要求拖拉机尽可能综合利用。这样，对于一台拖拉机，全年进行各种作业的累积时间内，其功率利用率的分布是分散的。表1-3是美国学者研究的结果，表明拖拉机大部分作业时间功率利用率较低。

表1-3　拖拉机全年功率利用率分布

占最大功率/%	80以上	80～60	<60～40	<40～20	20以下
占总时间/%	16.8	23.9	22.6	17.5	19.2

第三节　农机具牵引阻力与阻扭矩

机组作业时，农机具完成工艺过程和移动必须消耗一定的功率，以克服牵引阻力或阻扭矩。单纯牵引工作时，农机具对土壤、作物等加工对象进行加工，或通过农机具地轮驱动器工作机构与部件，其牵引阻力包括完成工艺过程的阻力和农机具自身移动的阻力两部分。牵引同时驱动工作，农机具完成工艺过程的能量或者由单独发动机供给，如牵引式谷物联合收获机，或者由动力输出轴供给，如牵引式玉米或水稻收获机，其牵引阻力只包括农机具的移动阻力，牵引阻力的构成要素在机组作业时和空行时基本相同。阻扭矩包括完成工艺过程和工作机构空转两部分。单纯驱动工作时机组功率用于克服农机具阻扭矩。至于自走式机器，其自身移动与完成工艺过程所需能量完全由其发动机供给，不单独计算其牵引阻力。

一、牵引阻力

农机具牵引阻力的构成差别较大，但一般可用下式表示：

$$R=R_f+R_d+R_v+R_F\pm R_h+R_t \tag{1-16}$$

式中　R_f——农机具的滚动阻力（N）；

R_d、R_v、R_F——农机具工作部件使加工对象变形、运动及相互摩擦的阻力（N）；

R_h——农机具坡度阻力（N）；

R_t——农机具传动系数的摩擦阻力（N）。

农机具因类型不同而各有其牵引阻力构成项目。例如，有壁犁在4.3～5.4 km/h时，滚动阻力R_f约占总阻力的10%，使土垡变形的阻力R_d占65%～74%，使土垡运动的阻力R_v占16%～25%；对于牵引式谷物联合收获机，则R_f是主要构成项目。从机具牵引阻力构成来看，影响因素是很多的。如农机具质量、构造与技术状态，农机具承载的物质（如种子、肥料、收获物等）的质量，加工对象的物理机械性质和状态，土壤性质、湿度与地面状态，以及机组作业速度等。

牵引式农机具的空行阻力即R_f可表示为

$$R_f=G_m(f_M\pm i)\quad (N) \tag{1-17}$$

式中　G_m——农机具所受重力（N）；

i——坡度值；

f_M——由农机具支持轮类型确定的滚动阻力因数，如轮胎在茬地上的滚动阻力因数为0.08～0.10，拖车可按轮胎的f值选取。悬挂式农具在运输状态时的空行阻力，计算时可按拖拉机驱动行走装置选取滚动阻力因数。

为便于估算农机具的工作阻力，可将其划分为滚动阻力（当空行阻力计算）和完成工艺过程的阻力。对于播种机、中耕机等，其完成表土加工的阻力可表示为ank_d，a为工作深度（cm），n为开沟器或锄铲等工作部件数，k_d为每个工作部件加工土壤每厘米深度的阻力（N/cm，见

表1－4）。对于地轮驱动的收获机械，其切割作物植株的阻力可表示为收获机工作幅宽与单位幅宽的阻力的乘积，因作物密度、湿度以及茎秆结构与粗细而不同，约为每米幅宽400 N。

表1－4　每个工作部件加工每厘米深度的阻力（N/cm）

工作部件	阻力	工作部件	阻力
圆盘式开沟器	13～20	除草锄铲	20～30
锚式开沟器	11～17	深松土铲	50～120
松土锄铲	40～50		

二、作业比阻

通常在平地上测定农机具工作时的牵引阻力，并将其与工作幅宽之比值称为农机具作业比阻。作业比阻K可表示为

$$K=\frac{R}{B_p}\quad (\mathrm{N/m}) \tag{1-18}$$

式中　R——农机具平均工作阻力（N）；

B_p——农机具平均工作幅宽（m）。

对于犁及深松机械，耕深较大，其阻力与土壤性质关系密切，一般可用犁耕比阻K'表示，即

$$K'=\frac{R}{aB'_p}\quad (\mathrm{N/cm^2}) \tag{1-19a}$$

或

$$K'=\frac{R}{aB'_p}\times 10\quad (\mathrm{kPa，即\ N/cm^2}) \tag{1-19b}$$

式中　a——犁或深松的深度（cm）；

B'_p——犁或深松的平均工作幅宽（cm）。

如已知农机具幅宽，可利用表1－5和表1－6所列的比阻值计算农机具工作时的牵引阻力。

表1－5　农机具作业比阻K的概值（N/m）

机　　具	作业比阻	机　　具	作业比阻
钉齿耙	500～650	起垄培土器	1 500～2 000
耢	400～600	镇压器	500～1 000
弹齿耙	1 000～1 800	松土机深松	8 000～13 000
圆盘耙（轻型）	2 000～3 000	水田耙	900～1 500
圆盘耙（中型）	3 000～4 000	牵引式割晒机	1 200～1 500
圆盘耙（重型）	6 000～7 000	悬挂式割晒机	800～1 200
锄铲式中耕机（行间中耕）	1 200～1 800	割草机	700～1 400
锄铲式中耕机（全面中耕）	1 400～2 600	搂草机	500～1 000
圆盘开沟器播种机	1 000～1 200	玉米联合收获机	1 500～1 700
窄行圆盘开沟器播种机	1 400～1 700	马铃薯挖掘机	5 800～8 500

表 1-6　旱地、水田的犁耕比阻 K' 的概值（kPa 或 kN/m^2）

旱地土壤	犁耕比阻	水田土壤	犁耕比阻
沙土	20～30	沤田、湖田	－20
沙壤土	30～40	轻质土壤	20～30
壤土	40～60	中质土壤	30～50
黏壤土	60～80	重质土壤	50～60
黏土	80～100	水耕	20～60
重黏土	100～150	旱耕	60～110

由表 1-6 可见，各田间作业的比阻值分布范围很宽，任一作业的比阻均在一定范围内变化，不同土壤类型的犁耕比阻差别显著。图 1-1 表示土壤湿度对犁耕比阻影响较大，重黏度土壤含水量 20%左右的较窄范围内犁耕比阻较小，轻质土壤的犁耕比阻最小值出现在较低的湿度下且范围较大，这说明应注意掌握适耕期，以降低比阻值；在土壤湿度超过适耕湿度后，犁耕比阻增大；如继续增大土壤含水量，水分对工作部件有润滑作用，土壤内聚力下降，犁耕比阻趋于下降。水田耕作应注意利用土壤含水量趋于饱和的情况，这时比阻较小。此外，试验资料表明，农机具技术状态对比阻的影响亦不可忽视。例如耕熟地时犁铲刃口厚度由 1 mm 增厚到 3 mm 时，犁耕比阻将增大 57%，4 mm时则增大 1 倍。而且耕深宽度变小了，因此应及时磨锐、延展或更换犁铲。

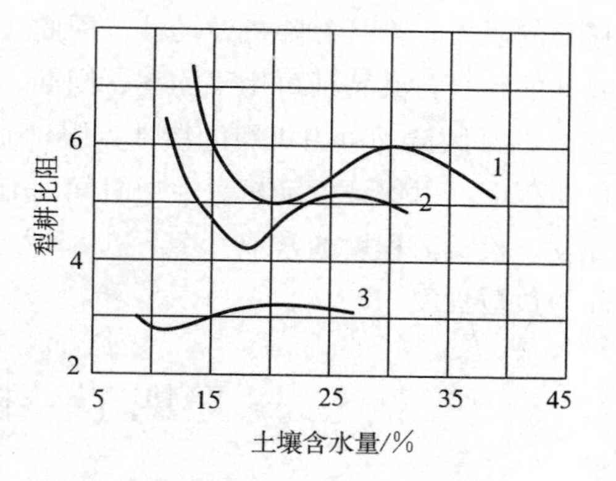

图 1-1　犁耕比阻与土壤含水量的关系

1. 重黏土　2. 黏土　3. 沙壤土

机组作业速度对作业比阻有较大影响。在通常作业速度下确定的作业比阻概值大体适合 5 km/h以下的速度，此后速度每增加 1 km/h，作业比阻增长的速率 ΔK（%）为：开荒与重黏土壤耕地 5%～7%；壤土耕地 3%～5%；轻质土壤耕地 2%～3%；播种为 1.5%～3.0%；灭茬、中耕为 2%～3.5%；钉齿耙、镇压为 1.5%～2.5%。一般情况下，作业比阻增长的速率可按 3%估算，可见，对某些提高速度可改善作业质量的作业，适当提高速度是可取的。

三、单位作业面积的能量消耗

机组完成单位作业面积所需消耗的机械能量，可以用牵引功率小时计量。

设已知作业比阻 K 在作业过程中为常数，机组工作幅宽平均值 B_p，则当完成每公顷作业面积的工作行程 s_p 时，所做功 A_T 可表示为

$$A_T=\frac{K}{1\,000\times 60^2}\times B_p s_p=\frac{K}{1\,000\times 60^2}\times B_p\times\frac{10^4}{B_p} \tag{1-20}$$

即得

$$A_T=\frac{K}{360}\ (\mathrm{kW\cdot h/hm^2})$$

由式可见，以牵引功率小时计量的单位作业面积能量消耗，采用实测作业比阻即可求出。应该注意，若要估算单位作业面积的有效功耗 A_e，将牵引效率代入式（1-20）可得

$$A_e = \frac{K}{360\eta_T} \quad (kW \cdot h/hm^2) \tag{1-21}$$

由式（1-21）可见，降低有效功率能耗量的途径包括减少作业比阻和提高牵引效率两个方面。

四、阻扭矩

机组作业时所需克服的农机具工作阻力、驱动农机具工作部件所需克服的阻力矩以及拖拉机移动的阻力，都具有随机波动性。因此，作用于发动机曲轴的阻扭矩的波动是这些阻力或阻力矩波动的综合，其特征可用不均率、周期、频率和暂时增长系数表示。试验研究表明，周期小于1～2s的高频波动可由机组的惯性克服，而大于2s的低频波动以及暂时增长则需稍稍降低发动机负荷程度，以保证发动机只在短时间内非调速范围工作，而大部分时间功率利用都比较充分。国外发动机负荷程度通常取0.75～0.85为合理值。我国农用发动机的耐用水平较低，不宜选用过高的负荷程度。

第四节　机组运动性能的利用

完成田间作业时机组要走很长的路程，以耕地为例，每耕100 hm^2 机组要走600～750 km。机组完成作业过程中的运动规律，称为行走方法。实现生产过程的田间作业机组的运动在一定地块上有序地重复，规律性较强，因各作业质量要求不同而有所不同；辅助过程如机组转弯空行和转移地块等，其行走方法比较零散多变，规律性不强。

机组是在一定土壤、地区、气候等条件下，在一定的地块上以一定的行走方法对土壤和作物进行加工的。机组行走方法是生产工艺方法的组成部分，对作业质量、机组生产率和机具的安全与磨损，以及燃料、动力和人工的消耗，都有重要的直接影响。因此，必须根据具体情况研究作业中各种因素间的相互联系和相互制约的关系，因人、因地、因机组、因作业目的和因作物制宜地选择适宜的行走方法。

一、机组运动

1. 地块　机组在田间作业的场所，统称为地块。作业前通常将地块划分为工作区段和地头。工作区段又可根据需要分为若干宽度和长度相同的小区，逐个进行作业。地头分布在地块的两端，是完成工作区段作业时机组的转弯地带，在完成工作区段作业后（如耕地、播种等）或以前（如收获）也要进行作业，因此有时在工作区段外划出两侧的地边，使地边宽度和地头宽度相等并为机组作业幅宽的整数倍，以便同时完成地头地边的作业。

机组由工作区段或小区的一端出发行进到另一端称为工作行程，一般均为直线移动。在地头

进行转弯以及出入小区或地块间转移，机组通常不作业，这些空行常包括直线和曲线移动两部分。

2. 行走性能　机组在地面行走及作业的可能性与土壤及驱动行走装置的性质有关，土壤坚实度高，平均接地压力低，则机组通过性较好。表 1-7 所列是各种车辆与人、畜的平均接地压力。它是评定车辆在松软地面的行走性的一个标准。在松软地面上，履带下陷量较小，由履带产生的推进力可得到较大的牵引力，而且，在不平地面上行驶的平顺性较好。

在潮湿松软的土壤上作业时，驱动轮、连接器和农具的行走轮都要进行防御改装，加大接地面积减少下陷量，否则滚动阻力增加，转弯阻力矩也增大。在驱动轮上加装履带和支重轮系，通常称为半履带，因为前轮仍保持不变，转向较为灵活。在具有相同接地面积的情况下，宽度较大而接地长度较小的履带的滚动阻力较大，但接地长度过大则会增大转向阻力矩，对运动性能产生不良影响。

表 1-7　各种车辆与人、畜的平均接地压力（kPa）

类别	接地压力	类别	接地压力
人脚	39～49	轮式耕耘机	39～98
履带式拖拉机	39～59	水稻自走式联合收获机	20～49
轮式拖拉机	78～147	水田农机具	1
载客汽车	118～245	载重汽车	245～686

二、机组作业时间利用

农业生产中上班时间依季节有所不同，一般延续时间为 10 h，农忙时稍长，有些作业期间上班时间仅 7～8 h。每天 1 或 2 个班次，视作业和劳动组织形势而定。考察机组作业时间利用时，通常把操作者出勤时间分为班前时间和班内时间。

班前时间包括操作者开始出勤后、作业开始前的机组交接、挂接和启动机器，由停放场往返作业场所，以及双班技术保养的时间。显然，应合理安排班前准备与保养，使班前时间减少。

班内时间 T 可表示为

$$T = T_p + T_x + t_1 + t_2 + t_3 + t_4 + t_5 + t_6 \tag{1-22}$$

式中　T_p——班内实现作业量的有效时间，即纯作业时间（h）；

T_x——班内不产生作业量的用于转弯和空行的时间，即转弯空行时间（h）；

t_1——班内实现工艺过程需要的空转停歇时间，用于加种、装肥料或农药以及卸粮等，即工艺性停车时间（h）；

t_2——班内用于机组检查调整的停车时间（h）；

t_3——班内用于排除机器故障的停车时间（h）；

t_4——班内因组织不善引起的停车时间（h）；

t_5——班内因自然影响引起的停车时间（h）；

t_6——班内操作者生理需要停车时间，如吃饭、休息等（h）。

上述班时间构成的划分尚无统一标准，有的地方将 t_4、t_5 和 t_6 都不列入班内时间，有时企业将班内在小区间的 2 km 以上的转移空行当作一项作业计入纯作业时间内，因此，有关班时间利用的统计口径不一，可比性很差，而且有些统计数字大多是估计值。如果需要研究机组作业时间利用情况，最好进行工作日写实，从统计各时间构成入手，研究改善时间利用的途径。

纯作业时间 T_p 与班时间 T 的比值称为机组时间利用因数 τ，即

$$\tau=\frac{T_p}{T}=1-\frac{T_x+t_1+t_2+t_3+t_4+t_5}{T} \tag{1-23}$$

由式（1-23）可见，尽量增加纯作业时间的关键在于保证班延续时间，以及尽量降低非生产性时间占班时间的比重。纯作业时间越长，实现的班作业量就越多，在农忙季节可以抢农时和减少损失。

优秀的驾驶员是作业时间的主人。他们特别重视合理利用和节约班前时间，甚至利用班外时间，了解和勘查作业地快情况，进行田间准备与划分工作小区，做好机组交接、农机具检查与保养，协调工艺服务和组织联络工作，以保证班内时间及早开始和顺利进行作业，尽力避免故障停车时间 t_3 和组织不善停车时间 t_4，合理降低工艺停车时间 t_1 和班内机组检查调整的停车时间 t_2。一般来说，驾驶员总是利用停车时间进行田间和机具巡视，及时采取防患于未然的措施，同时，他们也重视休息片刻，以便减少疲劳，并对作业进程回顾思考，振奋精神重新投入作业，或则将休息安排在转移到下一作业地块后，以便统筹作业前的准备与组织工作。

机组转弯空行时间 T_x 是指机组在地头转弯的空行，以及在地块和作业小区间空行的时间，是作业过程连续进行的必要时间要素。T_x 的大小与 T_p 有一定关系，同时还取决于机组行走方法、空行速度、地块大小及作业机组组成等。表 1-8 为各作业不同地块长度的每班转弯空行时间 T_x 和发动机空转时间 T_0 的概值，供参考。由表 1-8 可见，T_x 随地块长度增大而减少。

机组每班发动机空转时间 T_0 是指由于换挡、工艺性停车等停车时间构成前后发动机短暂空转的总时间。由表 1-8 可见，它几乎不随地块长度改变，但因作业有无工艺性服务而有所不同。T_0 时间的小时耗油量为 1～2 kg/h，视机型而异，约为负荷作业时的小时耗油量的 1/10，约为机组转弯空行时的小时耗油量的 1/6～1/5。

表 1-8　各作业每班转弯空行时间 T_x 及发动机空转时间 T_0 概值（h）

作业	拖拉机类型	地块长度/m													
		200		300		400		500		1 000		1 500		2 000	
		T_x	T_0	T_x	T_0	T_x	T_0	T_x	T_0	T_x	T_0	T_x	T_0	T_x	T_0
耕地	轮式	3.0	0.6	2.4	0.6	1.8	0.6	1.4	0.6	0.8	0.6	0.6	0.6	0.4	0.6
	履带式	3.2	0.7	2.5	0.7	1.8	0.7	1.5	0.7	1.2	0.7	0.9	0.7	0.8	0.7
中耕、圆盘耙等	轮式	2.7	0.6	2.2	0.6	1.7	0.6	1.3	0.6	1.0	0.6	0.7	0.6	0.5	0.6
	履带式	2.2	0.7	2.0	0.7	1.7	0.7	1.3	0.7	1.1	0.7	0.9	0.7	0.7	0.7

（续）

作业	拖拉机类型	地块长度/m													
		200		300		400		500		1 000		1 500		2 000	
		T_x	T_0	T_x	T_0	T_x	T_0	T_x	T_0	T_x	T_0	T_x	T_0	T_x	T_0
谷物播种、施肥	轮式	2.4	1.2	2.0	1.2	1.5	1.2	1.0	1.2	0.7	1.1	0.5	1.0	0.4	1.0
	履带式	2.9	1.1	2.6	1.1	2.2	1.1	1.9	1.1	1.6	1.1	1.3	1.1	1.1	1.1
中耕作物播种	轮式	2.6	1.2	2.2	1.2	1.7	1.2	1.3	1.1	0.9	1.1	0.8	1.0	0.6	1.0
割草	轮式	1.4	1.0	1.2	1.0	1.0	1.0	0.8	1.0	0.6	1.0	0.5	0.9	0.4	0.8
简易收获机收割	轮式	1.3	1.5	1.2	1.4	0.9	1.5	0.7	1.5	0.5	1.5	0.4	1.5	0.3	1.5

班内机组移动的总时间由 T_p 和 T_x 组成。移动时间利用率 τ_y 可表示为

$$\tau_y=\frac{T_p}{T_p+T_x} \tag{1-24}$$

粗略估算时间将 T_x 表示为转弯次数与每次转弯时间的乘积，即

$$T_x=\frac{T_p v_p}{L_p}\cdot\frac{L_x}{v_x}=\frac{v_p}{v_x}\cdot T_p\cdot\frac{L_x}{L_p}\quad(\mathrm{h}) \tag{1-25}$$

式中　v_x——机组转弯空行的平均速度（km/h）；

L_p——机组每作业行程的平均长度（m）；

L_x——机组每次转弯空行的平均路程（m）。

式中 v_p/v_x 为机组作业速度与转弯空行速度的比值，在机组速度低于 9 km/h 的情况下，可认为该比值为 1，因此，可近似地建立以下关系：

$$\tau_y=\frac{T_p}{T_p+T_x}\approx\frac{L_p}{L_p+L_x}=\varphi \tag{1-26}$$

机组移动时间利用率约等于机组工作行程率。由此可见，当地块长度较短时运动时间利用率将显著下降，应争取降低 L_x 和提高转弯空行速度 v_x。对于其他时间构成项目也可以采用分时间利用率来考察分析。例如，国家试验站对新机具进行田间试验时，以考察技术可靠性为目标，可采用下列形式的机器可靠性因数 τ_3。t_3 只计算发生故障后用于排除故障和更换零件的时间，不考虑等待时间。

$$\tau_3=\frac{T_p}{T_p+t_3} \tag{1-27}$$

表 1-9 列出的为各种作业不同长度地块下的机组时间利用因数 τ 的概值，供参考。

表 1-9　各作业不同地块长度下的机组时间利用因数 τ 的概值（m）

作业	拖拉机类型	地块长度						
		200	300	400	500	1 000	1 500	2 000
耕地	轮式	0.64	0.70	0.76	0.80	0.86	0.88	0.90
	履带式	0.61	0.68	0.75	0.78	0.81	0.84	0.85
中耕、圆盘地	轮式	0.67	0.72	0.77	0.81	0.84	0.87	0.89
	履带式	0.71	0.73	0.76	0.80	0.82	0.84	0.86

（续）

作业	拖拉机类型	地块长度						
		200	300	400	500	1 000	1 500	2 000
谷物播种及施肥	轮式	0.64	0.68	0.73	0.78	0.82	0.85	0.86
	履带式	0.60	0.63	0.67	0.70	0.73	0.76	0.78
中耕作物播种	轮式	0.62	0.66	0.71	0.76	0.80	0.82	0.84
割草	轮式	0.76	0.78	0.80	0.82	0.84	0.86	0.88

当机组作业速度增加时，实现作业量的纯作业时间将会减少，如果非生产时间与停车时间损失基本上保持不变，则时间利用因数将有所下降。显然，不应当用降低作业速度来保持较高的时间利用因数。优秀的驾驶员总是注意观察作物和土地状态，在作业质量允许的前提下，尽可能快地作业，以争取较高的机组作业量，而不是把追求最高的时间利用因数作为目的。

将小地块合并和规划成较大的地块，不仅有利于减少转弯次数和地块转移空行，而且可以提高较大型机组的生产率和允许较高的作业速度。如图 1-2 将小地块合并成相同比例的大地块后，转弯次数仅为原来的 71%。表 1-10 列出的为各部分时间所占比例随地块大小的变化。假定地块的某两边不平行的典型地块，机组作业幅宽为 3 m，作业速度为 6 km/h，每次地头转弯时间为 20 s，每次地块转弯为 40 min，在 2 hm^2 的小地块上作业时间仅占 37%，而在 80 hm^2 的大地块上则为 74%，地块增大有利于宽幅机组的运用。

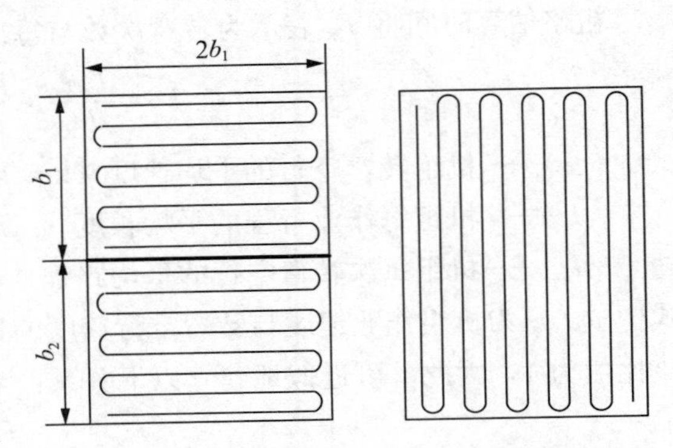

图 1-2 将两小块地合并成相同比例的大地块的效果

表 1-10 各部分时间所占比例随地块大小的变化

地块面积/hm^2	占工作时间的比例/%				
	作业	转弯	地头耕作	地块转移	偶然
2	37	20	4	22	17
4	47	19	3	14	17
8	57	15	3	8	17
10	59	14	3	7	17
20	65	12	2	4	17
40	71	8	2	2	17
80	74	7	1	1	17

显然，任何提高每日作业量的效果，都表明操作者劳动效率的有效发挥和利用。

组织是一种资源。合理的劳动组织形式，组群各机组作业进度的协调，合理的机组地块转移安排，周密的作业计划与调度，都是发挥操作者整体能力的重要环节。适当的激励与竞赛活动，更能使操作者潜能发挥出来，从而使农机作业系统的功能和效益大幅度提高。

三、改善农机作业系统

农机作业系统运行取决于具体条件下多因素的综合作用，只有各因素间协调配合，才能发挥系统的整体效益。当农机作业系统包括几种相互制约的机组时，尤其如此。通过调整农机作业系统的构成，可以改善其系统效益。

现以春播阶段的耕地—耙地—播种作业系统为例。该系统包括三项作业，若干机组和操作者。各机组日作业进度见表 1－11。

表 1－11　春播阶段日作业进度

机组	班时间利用因数	日作业班次	日作业进度/hm²
耕地	0.87	2	12.18
耙地	0.95	2	36.48
播种	0.65	1	10.53

可见，造成系统约束的是播种进度。但是，要加快播种进度必须同时相应加快耕地进度。改进前后的作业系统对比见表 1－12。

表 1－12　日作业进度的改进

改进前后	作业系统构成				作业系统日进度/hm²	生产率/(hm²/h)
	机组			操作者/人		
	耕地	耙地	播种			
改进前	1（日，夜）	1（夜）	1（日）	4	10.53	2.63
改进后	2（日，夜）	1（夜）	2（日）	7	21.06	3.01

第五节　机组运用指标

机组的合理运用是有效的农业机器管理的基础。机组运用指标是对具体条件下机组与环境对象间物质、能量、信息转换过程合理性的评价。对机组运用的要求是多方面的。首先，要快速地按时按质完成作业任务，满足作业对象（土壤、作物）适期作业的要求，减少农产品损伤和腐败，避开恶劣气候的影响；同时，要通过机械作业来降低生产成本，减少劳动工时消耗，有效地利用机组动力性能和作业性能，使作业经济合理。确保人、机安全是机组运用的又一重要准则。

一、机组生产率

机组在单位时间内按一定质量标准完成的作业量，称为机组生产率。常用的单位有每小时处理的面积、体积或质量。大多数田间作业以单位时间的面积表示生产率，但收获机组由于各地块作物产量和状态不同，真正可比的是每小时的收获量；运输机组常以每班完成物料输送的质量或 t·km 表示；脱粒、清选、加工和排灌等固定作业机组则以 t/h 或 m^3/h 表示。

机组理论生产率 W_T 表示机组在一定条件下最大的或潜在的生产能力。当已知机组的农机具幅宽为 B（m），拖拉机某挡理论速度为 v_T（km/h）时，可由下式估算机组作业性能充分发挥时的 W_T，即

$$W_T = Bv_T \frac{1\,000}{10\,000} = 0.1Bv_T \quad (\mathrm{hm^2/h}) \tag{1-28}$$

当尚未确定农机具构成，但已知拖拉机某挡最大牵引功率为 $N_{T\mathrm{imax}}$（kW），单位作业面积能量消耗为 A_T（$\mathrm{kW \cdot h/hm^2}$）或作业比阻为 K（N/m）时，则可由下式估算机组动力性能充分发挥时的 W_T，即

$$W_T = \frac{N_{T\mathrm{imax}}}{K} \times 360 \quad (\mathrm{hm^2/h}) \tag{1-29}$$

显然，由于估算的依据不同，上述两式的计算值是有差别的。两式都未反映机组运用时环境条件与作业组织等的影响，而实际上机组性能参数是随具体条件变化的，实际的生产率往往小于理论生产率。

机组实际生产率表示机组在 T 时间内平均每小时完成的作业量。时间和面积均在作业结束后统计或实测得出，它综合反映了各因素的实际影响，但统计口径不一，可比性差，也不便于分析。

前已述及，T 时间内仅有纯作业时间 T_p 实现作业量，机组是以实际的平均的作业速度 v_p 和作业幅宽 B_p 进行作业的。T_p、v_p 和 B_p 反映了具体条件下机组作业组织和操作技术水平，因此，机组技术生产率 W 可表示为

$$W = B_p v_p \frac{1\,000}{10\,000} \frac{T_p}{T} \quad (\mathrm{hm^2/h}) \tag{1-30}$$

二、机组作业质量

提高作物单位面积产量是提高我国农业劳动生产率的重要途径之一，因此，要求机组适时地高质量完成作业。机组作业质量要求因地因时因作物而不同，按其性质可归纳为两类：普遍性指标，如作业完整、不重不漏、减轻土壤压实等；特性指标，如耕作或深松深度、播种量与排种不均匀度、地面不平度、行距、割茬高度、损失率等。特性指标将在以后作业工艺中叙述，这里主要分析普遍性指标。

1. 作业完整率 我国高产小地块较多，特别要求少留地头、地边和地角，缩小未作业的残留面积。作业面积与地块面积之比称为作业完整率。一般情况下，可以只在地角残留（3～4）E^2（E 为地头宽度）。如果将地头和地边连在一起进行圈形作业（先收割，或者后播种），可以使地角的残余面积减半。对于自走式或悬挂式机组，可以增加附加的行程使作业完整率接近于1。用飞机进行喷洒或播种作业，可以使作业完整率达到1，但同时不可避免地有重叠地带。地

块不规整，以及农具幅宽小于拖拉机的机组和工艺非对称机组，往往在地边残留未作业地带。此外，地头农具升降不及时，行程中途农具发生故障，机组挂接存在偏牵引，指引器调整不当产生漏作，以及机组行走直线性不良，将在工作区段内出现残留面积。

很明显，在机组一定时，地块越小则作业完整率越低；当地块小以至不能作业，其作业完整率更低。在大地块条件下，特别是采用宽幅机组时，控制好第一趟作业，保持机组直线性和消除行程间漏作，具有重要意义。

2. 土壤压实程度 在田间作业过程中，机组对地面产生压实，压出轮辙，破坏了地面平整性，影响播种、收获和灌溉质量，降水时增大径流或排水不畅。

据研究，大多数情况下土壤压实对作物产量有不利影响。为减轻压实程度，应采取：

（1）在保证增产的前提下，降低耕作强度或减少机械进地次数。“少耕法”有所发展，利用飞机进行播种、施肥、喷药等作业有较大发展。复式作业机组和联合作业机一次作业能完成数种工序，既减少了进地次数，也有利于降低作业成本。

（2）降低机组对土壤的比压，降低驱动装置的滑转率，减少重复压实；增配松土铲或钉齿耙以疏松轮辙。

（3）减少机组在地块上的压地面积，特别是驱动装置轮辙所占面积。轮辙占地块面积的比例约为 $2b/B_p$，b 为轮辙宽度，B_p 为机组的作业幅宽。可见，采用较宽幅的机组可降低压实面积的比例。近年来，采用“定轨道”作业法，将耕地作业后直至收获作业前各次作业的机组轮辙保持一致，也在试验示范推广。

第六节 机组编制

机组编制的任务是确定机组的功能、构成及其作业规范，为获得良好的机组运用效果创造前提条件。机组的功能主要取决于农业技术要求及农机具性能，同时，应保证前、后序相邻作业间在幅宽和生产率方面的协调。根据不同需要组成的机组，可以完成一项或多项作业。机组的构成应实现动力机械与农机具间的性能协调，并有利于发挥操作者效能。

机组编制涉及拖拉机与农机具型号及其在数量上的组合，因此，它又是实现合理的机群配备的基础。

一、正确地开展复式作业

根据农业技术要求，同时并按一定顺序将两种或两种以上的农业作业联合在一起用一个机组进行的作业，称为复式作业。复式作业中的各作业可按作用分为主要作业（机组以此命名）与次要作业，按其顺序分为前序作业与后序作业，写为 X—Y—…。例如耕—耙、播—镇复式作业中，耕地或播种是主要作业，其机组称为耕地复式机组、播种复式机组。复式机组利用现有不同农机具加以适当连接与编制，机组中拖拉机与农机具的型号以及作业项目和顺序均可根据具体条件灵活地改变。为保证作业质量，各农机具的工作幅宽应稍大于主要作业即复式机组的幅宽；为便于运动，通常采用工艺对称式配置（纵向连接）各农机具。

1. 正确地开展复式作业应具备的条件

（1）作业间允许没有或者希望消除时间间隔。如果作业间需要自然力对土壤或作物起作用而要求一定的时间间隔，则不宜采用复式作业。例如，华北区春季整地时为利于保墒应采用复式作业；水田需晒垡时则不能采用耕—耙复式作业；低湿地上可采用耕—耙—播复式作业，而在通常情况下，则需采用耕—耙或播—镇复式作业。

（2）各作业所要求的方向相同。在播前遇雨地面稍有板结的特殊条件下，可采用钉齿耕—播—镇复式作业，而一般条件则要求播前最后一次整地方向与播行呈一角度。

（3）有关作业的农业技术容许的速度范围有部分重合，有关作业的适耕条件能同时满足，有利于保证或提高各作业的质量，促进作物增产。

2. 合理地运用复式机组应满足的条件

（1）某些单式作业机组，特别是相应于复式作业的主要作业的机组，在较优的编组方案下，仍存在于提高发动机功率或拖拉机牵引力利用率的可能性，换言之，采用复式机组由于机组比阻较大而能使之合理负荷。

（2）复式机组的速度规范在各有关作业的适宜范围内，牵引力规范有利于提高拖拉机牵引效率，各作业农机具幅宽能适当配合。

（3）能可靠连接多种农机具，使后序作业农机具的挂接不致妨碍前序农机具的正常运用，并便于组织工艺服务。

（4）操作者有较高的技术水平。

一般情况下，由于复式机组的比阻小于各单式机组比阻之和，可以降低作业的能源消耗；由于改善了拖拉机进行后序作业时的地面条件，减少了功率损失，提高了牵引效率；由此，与相应的单式机组的总和相比较，复式机组的生产率较高，而劳动消耗较低；进而，运用复式机组完成一定的作业任务，可望减少农机具的需要量，改善作业繁多季节的机群运用，特别是当机群中大型拖拉机所占比重较大时作用更为显著。此外，开展复式作业可以减少机组进地次数，避免拖拉机在前序作业后的地面上行走，有利于减少对土壤的压碾或减轻轮辙影响，大多数情况下，复式机组对土壤的压碾较单式机组的总和轻。

二、确定适宜的作业速度

悬挂式、半悬挂式及自走式机组的幅宽基本上是不变的，这类机组的编制主要是确定适宜的速度。在悬挂式、半悬挂式农机具设计时，已考虑到其质量、幅宽及在机组中的配置位置，要与相应的拖拉机及其液力悬挂系统适当配合；自走式机组的幅宽是按农机具作业能力及生产条件确定的，如联合收获机的幅宽就考虑了脱粒滚筒的喂入能力与作物产量水平，通常要求满幅作业；由动力驱动的农机具要求与相应拖拉机的动力输出装置相匹配，其作业质量通常与作业速度有较密切的关系，例如旋耕机、茎秆粉碎机等。特别是各种气流式精量播种机，其播种量与作业速度有较严格的关系。

表1－13所列的是各作业机组的速度范围。应该在一定的速度范围选择拖拉机速挡；复式机组的速度范围应兼顾不同作业；如果农机具台数或幅宽有限，拖拉机只能轻负荷作业，则如前所述，可以挂较高的速挡以降低转速规范作业，以改善作业的经济性，但必须保证作业速度符合要求，以保证作业的质量。

表1－13　各作业机组的速度范围（kW/h）

项　目	作业速度	项　目	作业速度
耕地（水田）	5.0～7.5	移栽、开沟	0.5～2.5
耕地（旱地）	5.5～9.0	中耕	4.0～8.0
旋耕（水田）	3.0～4.0	谷物联合收获	3.0～6.0
旋耕（旱地）	2.0～3.0	谷物割晒	5.0～8.0
耙地	6.0～10.0	撒施厩肥	2.5～5.0
播种、农田喷药	5.0～9.0	推土、铲土	2.0～4.0
果园喷药	3.0～5.0	农业运输	15.0～30.0

三、合理利用机组动力性能

对于作业比阻较大而速度范围较宽的作业，如耕地、深松，机组有可能选择适宜的速度和幅宽，编组时应争取合理利用机组的动力性能，以提高机组生产率，降低能源消耗与作业成本。机组编制的准则是选择牵引效率、功率利用率和时间利用因数的乘积较高的组合。这类作业是农业生产中耗能较多的，因此，搞好其机组编制，常是机组的操作者和机群管理人员十分重视的环节。

为了在几种速挡和幅宽的组合中择优，可以采用试验和计算的方法。在缺乏试验的情况下，编组计算所用的数据应尽可能考虑当时当地的条件，否则计算结果将脱离实际。

为合理利用机组动力性能而进行编组计算的步骤如下：

（1）确定机组的农机具比阻或农机具阻力。

（2）初选拖拉机速挡，并计算其牵引力。

（3）计算所选速挡的机组幅宽和农机具台数。

（4）实际考察，确定机组组成及作业规范。

可以用拉力计实测出当时当地条件下农机具的比阻。如果预计机组内有多台或多种农机具，还可能有连接器，应将数种农机具与连接器的比阻都实测出来。复式机组的农机具比阻一般可取为其各种农机具及连接器比阻之和。一般按作业速度为5 km/h的条件测定比阻。如果超出5 km/h较多，耕地比阻应进行修正。

根据作业速度范围选择拖拉机的2～3个速挡，并计算出具体条件下拖拉机最大附着力；计算各挡额定驱动力，有关数值由拖拉机说明书查出，如果牵引同时驱动工作，两式中的N_{en}应由$N_{en}-N_c/\eta_c$替代。计算在具体条件下拖拉机各挡的牵引力最大值，计算拖拉机滚动阻力。

拖拉机各挡能牵引的农机具最大幅宽 B_{max} 为

$$B_{max}=\frac{P_{Timax}-mgi}{K+m'_{m}gi} \tag{1-31}$$

式中 P_{Timax}——拖拉机某挡牵引力最大值（N）；

m——拖拉机的质量（kg）；

i——坡度值（%），1°相当于1.74%；

K——机组的农机具比阻（N/m）；

m'_{m}——农机具每米幅宽质量（kg/m），如果是复式机组，该值为各种农机具与连接器每米幅宽质量之和。

求出各农机具的台数或组数 n：

$$n=\frac{B_{max}}{b}$$

式中 b——每台或每组农机具的幅宽（m/台）。对所求出的 n 值应舍去小数。取整后，机组的农机具阻力 R_{a} 即可求出，即

$$R_{a}=BK \tag{1-32}$$

式中 B——机组的农机具幅宽（m）。

计算出各挡的农机具台数或组数后，可进行对比选优。计算各挡的牵引力利用率，$\xi_{p}=R_{a}/P_{Timax}$。还可以比较各挡的滚动效率，$\eta_{f}=R_{a}/(R_{a}+mgf)$，以及滑转效率。$\eta_{\delta}$ 计算时所需用的附着重利用因素 $\chi=R_{a}/G_{c}$。拖拉机在茬地上作业可以通过比较各挡牵引效率，或用 $\xi_{p}\eta_{T}$ 来比较各挡编组方案。通常应选出两个较好的编组方案，进行实际作业考察。首先应检查作业质量是否满足要求，操作者是否拥有安全和卫生工作条件，然后考察其他。

实际考察牵引效率时，可以主要检查 η_{f} 和 η_{δ}。采用拉力表测定，可求出 η_{f}。实测驱动轮在某一定路程内的转数，或在一定转数下的实际行走路程，即可计算滑动率，进而可求出 η_{δ}。如果滑动率超过允许，则应舍去该编组方案。

实际考察牵引力利用率时，可利用拉力表，也可以间接地考察驱动轮每分钟转速。另外，在作业中换用高一挡工作时，如发动机符合正常，则可断定原用挡牵引力利用率过低。耕地作业可从规定耕深逐渐加深直至发动机超负荷，若耕深超过规定5 cm，一般认为可以增加一个铧或提高一挡进行耕深的作业。如果在作业行程中，只是暂时出现超负荷现象，可以认为牵引力利用率合适。

一般来说，希望编制好的机组能适于该企业的不同地块上作业，在不改变农机具组成的情况下可用不同挡作业。各企业在当地条件下逐渐形成适宜的编组，可以作为估算机组技术生产率和编制作业计划的依据，也为机群的合理配备提供了基础。

四、合理确定农机具的需要量

农机具的作业时间较短，在日趋昂贵的情况下，机组编制应充分考虑到农机具生产率，即机

组内每台农机具的小时作业量。在作业任务量一定的情况下，机组生产率高的编组，其农机具生产率不一定高于其他编组方案。尤其是多台或宽幅的机组，拖拉机小时生产率高而农机具小时生产率却低于单台或窄幅机组。在季节内只有某作业 2～3 个班次作业量的情况下，通常采用单台农机具编制的机组，可以减少农机具检修工作，减少农机具配备，这时，不必将动力性能合理利用作为评价的主要依据。

从机组作业成本来分析编组方案，可以得出以下看法：完成一定的作业量，采用机组生产率高的编组，则可以减少拖拉机作业的班次数，减少拖拉机保养维修费用；采用农机具生产率较高的编组，则可以减少准备工作和农机具维修费用。完成一定的作业量，不论何种编组，拖拉机的总作业量是相同的，如果按作业量提取折旧或修理提存，则折旧费与修理费也大体相同，若按工作小时提取，则机组生产率较高的编组相对节省，农机具零件的磨损量基本上是相同的，为作业所必需的运输、供应与工艺服务的工作量也大体相同。

第七节　机群运用指标

对于小规模经营的农户来说，其田间作业机械化大体上是由一台小型或中型的拖拉机、几项作业组成的，机群运用主要是使这台拖拉机农忙时能满足有关作业需要，农闲时能综合利用于运输或固定作业，年工作小时较高等。机群运用的重点是提高拖拉机的利用。

在拥有多台拖拉机的较大规模经营的农业企业，可以建立功率适当匹配、经济上相对合理的拖拉机和农机具群体。一般来说，其劳均耕地面积较大，作业机械化项目也比较多，有可能合理分派拖拉机的作业任务，降低机械作业费用；有可能协调各项机械作业的进度，提高季节的组群利用，确保适时作业；有可能较合理地组织劳动力，发挥操作者群体的积极性；有可能做好作业的辅助过程、组织好技术维护和保管以及油料业务等。为了评价机群的运用效果，首先介绍一些术语：标准台、标准公顷、拖拉机标定功率年作业量。

标准台：机群中实用的拖拉机台数经统一标准折算成标准台数，是为了便于计量和比较。在茬地上能发出 11 kW 牵引功率的拖拉机算为 1 标准台。例如在茬地上牵引功率为 22 kW、26.4 kW、33 kW 以及 5.6 kW 的拖拉机，分别折为 2、2.4、3 以及 0.5 标准台，以此类推。尽管在理论上每标准台拖拉机的标定有效功率值随地区条件而有所差别，但各牌号拖拉机折合标准台数是由农机主管部门确定的，各企业无权修订，目的在于统一计算口径。

标准公顷：耕地机组在地势平坦、土壤比阻为 $4.9 N/cm^2$ 的茬地上以耕深 20～22 cm 作业，每耕地 1 hm^2 即定为 1 标准公顷。据此，每米幅宽的阻力为 9 810～10 791 N，则每标准公顷的牵引机械能消耗 A_T^0 为

$$A_T^0=\frac{9\,810\sim1\,0791}{360}=27.25\sim29.97\ (kW/hm^2) \qquad (1-33)$$

即每作业 1 标准公顷消耗的牵引机械能量约为 28.6 kW・h。若按牵引效率为 0.68 折算，则 1 标准公顷消耗发动机有效机械能量约为 42 kW・h。

采用折合因数将其他作业的作业量折合成标准公顷。各作业的折合因数由农机主管部门颁布和修订。对于未列入因数表的作业，确定折合因数的依据是：选择一典型拖拉机在标准条件下利用现有农机具完成各项作业的折合标准工作量应该表现为等量或接近等量。该标准条件包括地势平阻、长度为600～1 000 m的长方形地块，标准正常，拖拉机和农机具技术状态正常，时间计算时不包括故障停车及非公艺原因停车时间。在实际生产中，大多数是非标准条件和非标准机组，因此从理论上讲折合因数在大多数条件下是不合适的，其根本原因是确定方法不够合理。有些企业利用标准公顷制定作业定额和收费标准，甚至以机组耗油量或收取的费用来折合标准工作量，由此，使意义上的统一计量缺乏准确性与可比性。应尽可能缩小标准公顷的应用范围，作业定额与收费标准应按实际作业量为计算单位。

有些作业如推土、平地、抽水等，其作业量实测较复杂，实际工作中通常按小时计量。采用小时计量简便易行，所以许多国家都把各种机器的年工作小时数作为必要的统计指标。英国有所谓“标准拖拉机小时”概念，即以发动机做有效功 28 kW·h 为 1 标准拖拉机小时，并认为若企业年需要 800 标准拖拉机小时则只需配备 14 台 22.8～33 kW 的拖拉机，但追加的每台中小型拖拉机则可承担 1 200 h 的工作量。我国某些地区的调查表明，田间作业的拖拉机年均作业 700～1 000 h，兼做运输的可达 1 400～1 600 h，少数拖拉机年作业可达 2 500 h 以上。

拖拉机标定功率年作业量：以发动机标定功率为参照，用以表示拖拉机年利用情况的指标。某种拖拉机该指标高，通常认为其适用性较好。某台拖拉机该指标高，通常反映该机使用、维护水平较高，因而年作业小时多且机组生产率高。企业机群中拖拉机平均标定功率年作业量较高，主要反映该企业机群管理水平较高和机械化水平较高。简单地利用该指标对本企业不同机型或操作者的优劣进行评价是有害的。因为它不能反映各种因素的作用，只是作为各种因素的作用，只是作为各种因素包括偶然因素的综合结果。

一、机群年作业量及拖拉机年均作业量

机群年作业量 U 是机群内各混合台拖拉机及自走式机器各种作业工作量的总和（标准公顷）。它是反映机群运用和管理的总量指标，受许多因素的复杂影响，具有年际波动的特性。田间年作业量因种植制度、气候与作物产量而波动，非农田年作业量则受市场需求及能源供应等影响。典型的机械化企业 U 值的变异系数可达 0.25。

拖拉机年均作业量 W_y 可表示为每标准台完成的标准公顷数，或 1 kW 标定功率完成的标准公顷数，即

$$W_y=\frac{U-U_a}{N_T}\quad（标准公顷/标准台）\tag{1-34}$$

或

$$W_y=\frac{U-U_a}{\sum N_{en}}\quad（标准公顷 /kW）\tag{1-35}$$

式中　U_a——自走式机器年作业量（标准公顷）；

N_t——机群的拖拉机平均在册台数（标准台），为全年每月在册台数的平均值；

$\sum N_{en}$——机群年均在册拖拉机的总标定功率（kW）。

W_y 是反映企业机群利用水平的分析指标，其主要因素是拖拉机平均年工作小时与各作业机组的小时生产率。它也具有年际波动的特性，典型机械化企业 W_y 值的变异系数为 0.15～0.20。

为了提高 U 和 W_y，应选择合适的拖拉机与农机具，仔细安装和调整以适应土壤、作物和气候条件；科学地组织和合理地分派各拖拉机的作业任务，精心组织季节的组群运作与调度及作业辅助工作；建立严密的保养、修理与保管制度；推行农机标准化管理，做好作业安全与技术培训，并采取发挥操作者积极性的合理报酬政策；制定并及时实施农机配备与更新的中长期规划。

某些地区的统计资料表明，典型的农机化农业企业，机群的每标准台拖拉机全年平均作业量，旱作地区可达 650～1 000 标准公顷，水旱轮作地区为 400～600 标准公顷，水田地区为 400～500 标准公顷，相应的 1 kW 标定功率年均作业量分别为 60～90 标准公顷、36～55 标准公顷、36～45 标准公顷。

二、机群服务企业的农作物单位面积产量的相应指标

农作物单位面积产量是企业生产活动的重要指标。从机群运作对单产的影响来看，可以考察作业适时率、单位种植面积的机械化作业标准公顷数和作业机械化程度，它们在一定意义上反映机群作业对提高单产的作用。

机群在农时适期内完成的作业量与实际作业的总作业量之比，称为作业适时率 τ_a，可表示为

$$\tau_a = \frac{\sum W_a \cdot D_a}{\sum W_c \cdot D_c} \tag{1-36}$$

式中　W_a、W_c——农时适期内和实际作业期内各机组的平均日生产率（标准公顷/d）；

D_a、D_c——农时适期内和实际作业期的机组作业天数（d）。

可见，作业适时率与机组平均日生产率、可作业的适期天数以及作业任务量分布有关。如果集群配备不足而作业任务分配又过于集中，往往引起作业适时率下降。应合理安排作物品种和种类搭配，例如主要作物的主栽品种面积占有率不宜超过 75%。不在适期内播种，将需要增大播种量，仍会造成产量损失，过迟播种会造成无收获；不及时收获水稻将引起早、晚两季稻的产量和质量损失；不及时收获冬小麦会造成冬小麦和夏玉米的产量和质量损失，夏玉米播种延迟 10 d 以上则可能颗粒无收。应该从农业生产的整体效益来合理确定适期。如果单纯追求高的单产，有的地区农时适期将缩短 1/3～1/2，增大的农机配备将加重企业的经济负担。

某作物在生产周期内每种植面积进行机械化作业的标准公顷数，称为该作物机械作业强度。它反映机械化作业的精耕细作程度，是机群运用争取农作物高产的质量指标，它表现为扩大机械化作业项目，提高各作业的机械化强度。利用统计资料可计算出机械作业强度：

$$\sigma = \frac{\sum F_m}{F} \quad (\text{标准公顷}/\text{hm}^2) \tag{1-37}$$

式中　F_m——某作物生产周期内各机组作业的工作量（标准公顷）；

F——该作物的种植面积（hm^2）。

机械作业强度应视作物发育需要做到适度为好，并不是越大越好。一般认为，基本机械化的数值为 5～6.5（标准公顷/hm^2），全过程机械化则为 6～10（标准公顷/hm^2），一般不宜超过 12（标准公顷/hm^2）。过大的机械作业强度将使作物生产成本增加，即其对产量的影响将递减。在灾害情况下，机械作业强度数值通常超过正常年景水平，优势下降幅度也较大。

机械化程度是指各项作业中机器作业所占的比例，称为作业机械化程度，或者指某作物全部作业中机器作业所占的比例，称为作物机械化程度。一般认为机械化程度越高，农业劳动生产率越高，实际上例如劳动力利用、增值技术措施等因素的影响，其关系并不成比例。考虑到农艺的改进，如少免耕法的应用，以及因气候条件增减机械作业面积的影响，宜采用下式来计算机械化程度 M_i 和 M。

对于某作业机械化程度 M_i：

$$M_i=\left(1-\frac{F_{si}}{F_i}\right)\times 100\% \tag{1-38}$$

对于作物机械化程度 M：

$$M_i=\left(1-\frac{\sum U_{si}}{\sum U_i}\right)\times 100\% \tag{1-39}$$

式中　F_{si}、U_{si}——i 作业由人畜力完成的面积和工作量（hm^2 和标准公顷）；

F_i、U_i——i 作业面积和工作量（hm^2 和标准公顷），耕整地作业按耕地面积计，其他按播种面积计。

显然，机械化程度反映农机作业的能力。机械化程度的提高，并不一定要机群作业量成正比例增大。

顺便指出，机械化水平是另一个概念，它反映作业或作物生产的劳动工时节约的水平，但尚无统一的规定算法。两者的区别，从概念上说，即使机械化程度达到 100%，仍有提高机械化水平的必要。

三、机群平均标准公顷成本和平均标准公顷耗油量

机群作业的平均标准公顷成本包括 8 项费用：能源消耗费、维修费、大修提存费、更换轮胎或履带提存费、固定资产折旧费、劳动报酬、资金占用费、管理费，其构成项目与机组作业相同。机群年度总费用 F_Q 按各项费用逐一计算合计而成。机群平均标准公顷成本 C_Q 可表示为

$$C_Q=\frac{F_Q}{U}\quad (元/标准公顷) \tag{1-40}$$

式中　F_Q——机群年度总费用（元）；

U——机群年作业量（标准公顷）。

计算能源消耗费时，应计入各有关设备的耗电费用；同样，应计算维修设备的折旧、维修费

用，计算有关房屋的折旧、修缮费等。因为这些费用是非直接用于生产作业的生产性费用，应在作业成本中摊销。

按机组实行成本财务核算，按操作者实行责任联系报酬的制度，可有效控制机群平均标准公顷成本。合理的机群配备、群组调配和机组编制是降低成本的重要环节。实践表明，企业机群在年作业量波动不大的情况下，由于农机管理水平的差异而机群平均标准公顷成本可能有较大的变动，当然，由于价格及工资因素的影响，标准公顷成本的总趋向是逐渐增加的。无论如何，控制机械作业费用占作物生产成本的比例，是农机管理和操作者的重要任务。

提高机群年作业量是降低机群标准公顷成本中的固定费用分摊量的重要途径。有关提高机群年作业量的途径如前节所述。

机群平均标准公顷耗油量 X_Q 是指机群按年作业量分摊的主燃油消耗。机组每公顷作业耗油量及其影响因素已如前述，但机群平均标准公顷耗油量还与非作业的空行转移耗油、保养修理耗油及油料运输、储存和添加过程的损失有关。严格油料管理，合理调配组群，力争降低机组作业过程的耗油，是降低平均标准公顷耗油量的重要途径。在机组成本财务核算中，通常将机组的标准公顷耗油量或作业实际公顷耗油量列为考核标准之一，以控制能源消耗。

复习思考题

1. 什么是机组？通过农业生产中的典型机组说明机组的组成及其相互关系。
2. 如何充分发挥机组的动力性能？
3. 什么是标准公顷？为什么需要标准公顷这个概念？标准公顷的概念有何不足？
4. 复式作业有何优缺点？
5. 什么是机组生产率？影响机组生产率的因素有哪些？
6. 机组作业的时间利用对农业机器的使用有何影响？

知识拓展

机组的分类

第二章 农业机器作业工艺

农业机器作业的对象是作物、土壤、种子、肥料、农药、地膜和农产品等，大部分作业是在田间移动过程中进行的。本章重点介绍农业生产中的田间作业工艺。

田间机械化作业工艺的内容包括：

（1）作业工艺方法的选择。完成同一农艺要求可以采用不同的作业工艺方法，应结合当时当地条件合理选择。

（2）作业工艺准备。包括机器、土地、人员及辅助过程的准备与组织。机器准备主要是机具检修与调试，以及机组编制与组群构成；土地准备主要是地块区划、田地清理以及地块间转移的道路安排；人员准备主要是落实岗位责任制，进行技术和安全教育；辅助过程组织主要是落实各种物料的运输、装卸人员与地点安排。

（3）作业工艺运行。包括机组行走方法的合理选择、工艺性服务（如卸粮、卸草、上种、上肥、上药等）、作业质量检查和控制以及安全保障。

（4）作业验收。包括作业过程中和结束后的作业质量检查验收，以及作业量测定和机具保养等。

按照合理的农艺要求，由熟练的操作者使用技术状态合乎标准的机器适时地完成作业，称为田间作业标准化。它包括作业质量标准化（目的）、机具技术状态标准化（前提条件）和人员技术操作标准化（保证）。三者相互联系，使田间标准化作业落到实处。实现田间作业标准化，是农机管理标准化活动的核心、出发点和归宿。以下先讨论机械化作业工艺的基本原理，然后按不同作业分别论述。

第一节 机械化作业工艺原理

一、机械化作业工艺的合理选择

不同作业工艺选优的准则，一般应结合当地生产条件考虑以下几个方面：

（1）应符合当地当时的农艺技术要求和保障良好的生态效益，以达到增产、稳产、提高土地生产率的目的。

（2）应有可靠的技术保障，即应有可靠的机具和技术熟练的人员。

（3）单位面积物资费用和劳动消耗较低，以达到降低作业和生产成本的目的。

影响这三项准则的因素较多，且往往有些矛盾，难以全面照顾，不易做出合理的决策。实际上，作业工艺选择主要是实践选择结果，所以本书主要章节是以典型区域主要作物生产工艺为对象，分析农机化技术对不同工艺体系的作用与影响。不同作业方法的经济效益的对比计算也是农业机器选型、配套、鉴定、推广的技术经济分析手段。现将分析计算的步骤和方法概括如下：

（1）对比计算不同作业方法的增产值 ΔS_1。对于田间作业来说，ΔS_1 的计量单位可以是 kg/hm^2 或元/hm^2。它可以是增产值，也可以是减少损失值。由于影响 ΔS_1 值的因素是多方面的，不是完全取决于不同的作业方法，只有通过专门的对比试验研究，才可能取得一定条件下 ΔS_1 的真实值。

（2）对比计算不同作业方法在物化劳动（物质费用）消耗方面的节支值 ΔS_2。对于田间作业来说，ΔS_2 的计量单位是元/hm^2。物质费用是指作业成本中扣除活劳动消耗费以外的其余费用，可按下式计算：

$$\Delta S_2 = \sum_{i=1}^{n} \frac{Y_{Ti} + Y_{Mi}}{W_i} - \sum_{j=1}^{m} \frac{Y_{Tj} + Y_{Mj}}{W_j} \quad (元/hm^2) \tag{2-1}$$

式中　Y_T——拖拉机作业小时物质费用（元/h）；

Y_M——与拖拉机配套的农具小时物质费用（元/h）；

W——机组作业小时生产率（hm^2/h）；

i——原作业方法包含的不同机组类型数；

j——新作业方法包含的不同机组类型数。

例如，对比旋耕作业与犁耕耙地作业，旋耕作业的机组类型数 $j=1$，犁耙复式作业的机组类型数 $i=1$，如果不用复式作业，而采用犁耕机组和耙地机组则 $i=2$。当两种不同作业采用同样的拖拉机时，只要负荷程度相差不大，可取同样的 Y_T 值（即 $Y_{Ti} \approx Y_{Tj}$），这样可简化计算过程。与两种作业方法对比无关的或关系不大的费用项目可不列入对比计算。例如，用于两种作业方法的管理费变化不大时，可不列入计算。所以对比计算是主要的重点费用项目的对比计算。

另外，还应审查每项物资费用是否真正相互代替，只有当真正相互代替时，才可将这两种机组的对比费用项目代入式（2-1）计算。例如，对比机耕作业和畜耕作业两种方式的物质费用。在该生产单位因采用机耕机组而淘汰原用的畜力机组（即将畜力和机具处理掉）的条件下，两种机组的折旧费项目都应列入式（2-1）进行对比计算。如果是请别人代耕，而自己的畜耕机组仍保留下来，则式（2-1）内的原畜力耕机组的折旧费项目应当作零处理。再如对比旋耕作业与原犁耙作业两种方法的物资费用。在该生产单位只选用一种作业方法时，两种作业方法折旧费项目都应列入式（2-1）内进行对比计算，如果两种机具都需要配备（即旋耕机、犁、耙的任一种都不能由该单位消除），则式（2-1）的第一项内的折旧费应当作零处理；如果因配备了旋耕机而减少犁的配备数量或因配备了犁而减少了旋耕机的配备量，则式（2-1）的第一项内的折旧费应打相应的折扣。

由上可以看出，只有比较准确地掌握了拖拉机和农具的小时物资费和机组小时生产率的数据，才可以比较准确地计算出不同作业方法的物资费用，所以，在日常的机务工作中，应注意积累这些基础统计数据资料。由于农业生产条件的复杂性，只有本单位积累的数据资料，才具有较高的可靠性。

（3）对比计算不同作业方法在活劳动消耗方面的节约值 ΔS_3。对于田间作业来说，ΔS_3 的计量单位为元/hm²，可用下式求出：

$$\Delta S_3 = \sum_{i=1}^{n} H_i S_{\mathrm{L}}^{i} - \sum_{j=1}^{m} H_j S_{\mathrm{L}}^{j} \quad (\text{元}/\mathrm{hm}^2) \tag{2-2}$$

式中　H——机组作业单位面积劳动消耗（$\mathrm{h/hm^2}$）；

S_{L}——机组每个劳动工时的报酬（元/h）；

j、i——新、旧不同作业方法包含的机组类型数。

可见 ΔS_3 主要取决于不同作业方法在单位面积上的劳动消耗量以及单位工时费。在对比计算不同作业方法的活劳动消耗费时，必须审查所节省下来的活劳动消耗是否能实现充分有效的利用，即节省的劳力能否有效地转移或节约的劳动时间能否有效地利用。如果不能充分有效利用，则式（2-2）的第一项应当作零处理。

单位工时费一般应按当地当时的实际水平计算，因为农业生产单位的工时费依不同季节、不同条件而悬殊。在一个生产单位内部，对比计算不同作业方法的活劳动费用时，可采用统一的工时费标准，所以可以只计算对比劳动消耗量，而不必计算劳动费用。

（4）综合上述三项可求出不同作业方法的经济利益的对比计算结果：

$$\Delta E = \Delta S_1 + \Delta S_2 + \Delta S_3 \quad (\text{元}/\mathrm{hm}^2) \tag{2-3}$$

式中　ΔE——不同作业方法对比的总增收值（或减收值），即为对比的增产（或减产）值、物资费用节支（或超支）值与劳动报酬节约（或超支）值之和。

上述计算结果是以把作业当作独立系统为前提的。实际上，有些作业可能对前、后序的作业物资费和劳动费产生影响。例如，旋耕和犁耙两种不同作业方式对以后的播种和中耕作业的生产率和成本有不同的影响。当这种影响不应忽略时，应将后序作业公顷物资费和劳动费的增量（也可能是负值）加入式（2-3）内进行计算。这样的计算结果更符合真实情况。

（5）在对比计算结果的基础上，还应依据生产单位的主要经营决策目标对作业方法的优劣做出合理的判断。如果生产单位已具备条件可以从田间生产中转移出劳动力，调整产业结构，扩大企业生产规模，则其主要决策目标是降低公顷劳动消耗，即使因此而增加公顷物资费用也是合算的。如果不具备转移劳动力的条件，则主要决策目标是通过提高土地生产率和降低公顷物资费用来增加劳均收入。在我国北方的三夏阶段和南方的双抢阶段，收获和种植的及时性对土地生产率影响很大，对减少收获物损失也有重要作用，不但影响一季而且影响两季。如果某些地区采用旋耕作业比采用犁耕和耙地两段作业更能抢农时，而公顷物资费又不明显增加，就应选用旋耕作业。

（6）选择不同作业方法时，还应考虑技术保障条件，即技术装备的使用可靠性以及技术人员的熟练程度等。如果不具备一定的技术条件，优良的作业方法也不可能实现良好的经济效益。

二、作业质量规范的合理规定

各种作业都应满足一定的质量规范，例如深耕为 20 cm，允许的偏差值为±1 cm。确定作业质量规范的基本依据是农艺技术要求，实质上是土地生产率要求。但是，能否实现所规定的作业质量规范，主要依赖于机具的技术性能和人员的技术水平。所以必须坚持农艺和农机相互适应、相互结合的原则来合理地确定作业质量规范。在土地生产率水平很高的地区，主要考虑点应是农机如何适应农艺的问题。由于高水平的作业质量规范一般需要较高的作业成本，所以农艺和农机两种技术相互适应、相互结合的好坏，最终应从技术经济效益的好坏来评定。技术经济效益的计算方法仍可用前述计算公式，只不过是将不同作业质量规范看作不同的作业方法而已。

1. 作业质量规范的确定方法　有些作业质量规范对单产有明显的影响，如播种量、播种深度过大或过小，以及播种、收获日期过早或过迟，都将使单产下降。应当根据最高单产水平来确定有关作业质量的规范值。有些作业质量规范虽对单产有一定影响，但影响的规律及数值不易确定，例如耕地作业的重耕和漏耕程度，这类作业质量规范一般应依据机具的技术可能性与人员操作水平，通过实际测试求出算术平均值来确定，或者按其实测数据的标准差 δ，取 $\pm 3\delta$ 或 $\pm 2\delta$ 作为作业质量允许偏差的极限值。还有一些作业质量规范主要考虑为后序作业提供良好条件，例如播种的播行直线性要求考虑行中耕护苗带的宽度，护苗带的适宜宽度既与中耕机组行走直线性有关，也与播种机组行走直线性有关。

2. 作业质量的检查和评定　要重视作业的质量管理。代耕作业质量的检查、控制和评定应列为作业合同的重要项目。作业质量应与作业收费标准联系起来。

作业质量的评定要看最终效果，即结合单产和作业成本做出最终判断。但是作业质量必须在作业过程中予以控制，不能单纯靠作业后的检查，特别是在每项作业、每个班次、每个地块的开始阶段就应及时检查和控制作业质量，根据检查情况及时采取相应的措施。农业中的很多作业项目，若因质量不合格而返工，往往不可能得到良好的质量，错过农时更是不可能补救的。在作业过程中检查作业质量，每项作业都应有相应的正确检查方法和检查指标，关于这方面的内容将按照作业类别在以后论述。共同性的注意事项有以下两点：

（1）检查时抽样要合理。在田间作业中一般应沿田区的对角线进行抽样检查；在机器上检查时要注意检查部位的合理选取。

（2）测定次数不可过少。由于农业作业质量的波动性较大，测定很少几个数据很难反映出实际情况，所以要尽可能多次测定。

第二节　耕地作业工艺

一、耕地工艺方法的合理选择

土壤耕作通常分为耕地和整地，二者的界限不一定是明显的。耕地包含翻耕、旋耕和松耕等方法，另外还可分为免耕法和少耕法等。从具体生产条件出发选择合适的耕地方法及相应的机具是耕地工艺应首先解决的问题。

农艺要求对耕地作业（或耕地机具）应实现的功能可概括如下：①翻土，将耕层内的上层土壤翻下去，下层土壤翻上来；②松土，使耕层内的土壤疏松；③碎土，使耕层内的土壤散碎；④混土，使耕层内的土壤和肥料、农药、残茬等均匀混合；⑤平地，使耕地表面平整。在具体生产条件下对各项功能的要求是有差别的，应根据当地农艺对各项功能的不同要求合理选择耕地方法：

（1）在以翻土为主同时要求松碎土壤的情况下，应选用翻耕法，通常选择铧式犁。铧式犁的翻土功能好，并具有一定的松碎土壤的能力，但混土和平地能力较差。

（2）以松土为主，且不要求翻土和搅土的条件下，应选择松耕法。松耕法分深松耕法和浅松耕法两种。深松耕法一般选用深松犁；浅松耕法一般选用浅松犁。

（3）免耕法和少耕法。这种方法采用生物技术和化学技术来代替机械耕作，以避免机械耕作（特别是翻耕）带来的一些弊病，如土壤压实、加剧水土流失等。可以在播种机组上设置松土灭茬工作部件，完成苗带上的耕作，以利于播种作业的进行。

二、翻耕作业工艺

在各种耕地方法中，翻耕法占有重要地位，铧式犁是翻耕法的主要工具。

1. 翻耕法的农业技术要求 一般的共性要求有：

（1）翻土质量好，要将残株、杂草、害虫、肥料、农药以及表土翻到耕层下部并覆盖严密。

（2）保证规定的耕深，耕深的偏差值一般不超过±5%。

（3）在最佳农时期内以及最佳适耕期（土壤水分适度期）内完成翻耕，当二者矛盾时，宜按当时条件适当兼顾。

（4）不重耕不漏耕，地头、地边、地角尽可能都耕翻，少留沟（墒沟）垄（闭垄），沟垄要尽可能小。

（5）松土碎土好且均匀。

（6）耕后地面平整，不允许压实已耕地面。

2. 翻耕法对工艺设备的要求 铧式犁的翻土性能较好，是翻耕法中应用最多的设备。

（1）所选择的铧式犁应适合当地土壤翻土的性能要求。一般应根据沙土、壤土、黏土以及水田、旱田等条件选择相应的犁型。

（2）所选择的铧式犁应能满足当地耕深的要求。耕深要求一般也决定了铧式犁的幅宽。一个生产单位可能有不同的翻耕深度要求，选犁型时一般应按主要的翻耕深度来考虑。如华北地区秋耕较深，春耕和夏耕较浅，应主要按秋耕深度选用铧式犁。确定翻耕深度不只是农艺问题，重要的还是经济问题，因为耕深不但影响犁的选型，而且也影响拖拉机的选型。所以对翻耕深度的确定要慎重、稳定，不能忽深忽浅，否则将造成浪费。我国大部分地区的翻耕深度，旱地为16～18 cm，水田为10～14 cm。其他国家的翻耕深度，日本为18～21 cm，美国为16 cm左右，英国和德国为 18～20 cm，俄罗斯为 20～25 cm。

（3）所选择的铧式犁应能与拖拉机配套。一般应该依据生产条件和耕地任务先选犁，再根据犁来选择配套的拖拉机。但是有时由于其他情况，生产单位先选择拖拉机，而后再依据拖拉机去选择犁。目前我国承包农户或家庭农场往往受限于生产规模和投资能力，多选用小型拖拉机。小型拖拉机配套的铧式犁一般是小型浅耕犁，不能满足深耕要求，这是经济条件制约了农艺条件。对于规模较大的机械化生产单位，应当按照农艺要求和经济要求来选择犁和拖拉机。

对于短小地块应选择悬挂式或半悬挂式犁耕机组。由于这两种机组转弯半径小，转弯速度较高，与同类型牵引式机组相比，每次转弯时间可减少一半左右，而且转弯地带宽度也可减小一半左右。

耕地作业是繁重的农业作业，有条件使拖拉机达到适宜的负荷程度，拖拉机的主要工作挡位应当实现适宜的负荷程度（一般为 76%～96%）。由于土壤和耕深的变化，特别是土壤含水量变化，在保障适宜负荷条件下，需要改变机组的铧数，以调整翻耕幅宽。这就要求犁能便于拆卸犁体或调整幅宽。可变幅宽犁靠一根螺杆可使各犁铧的沟宽在 300～500 mm 之内变化，以改变犁的幅宽。

在拖拉机主要工作挡位达到适宜负荷程度的条件下，还必须争取获得较高的牵引效率，四轮驱动和履带式拖拉机耕地机组一般能实现这个要求。两轮驱动拖拉机，特别是小型拖拉机往往不易实现这个要求。

拖拉机宽度和犁宽度应合理调配，尽可能避免产生偏牵引情况。为此，应使拖拉机中心至犁沟墙之间的距离 L_t 等于或小于犁水平面内阻力中心至犁沟墙之间的距离 L_m，即 $L_t \leqslant L_m$。对于履带式拖拉机，有

$$\frac{A+b}{2} \leqslant \frac{(n+1)\ b_m}{2} \tag{2-4}$$

对于轮式拖拉机，有

$$\frac{A-b}{2} \leqslant \frac{(n+1)\ b_m}{2} \tag{2-5}$$

式中　A——拖拉机驱动装置中心线之间的距离（m）；

b——拖拉机驱动装置宽度（轮胎或履带宽度，m）；

b_m——每个铧的耕幅（m）；

n——机组内的铧数；

$\frac{(n+1)\ m}{2}$——犁阻力中心至沟墙距离的概值（m）。

在做近似判断时，上式可简化为 $A \pm b \leqslant B$（“－”号适用于轮式，“＋”号适用于履带式），即

$$A \pm b \leqslant \frac{P_{tn}}{100K_0 a} \tag{2-6}$$

式中　B——犁的宽度（m）；

P_{tn}——拖拉机耕地常用挡位的标定牵引力（N）；

K_0——土壤比阻（N/cm^3）；

a——规定正常耕深（cm）。

（4）特殊条件对铧式犁耕机组的要求。

对于不规则地块，特别是丘陵、山地的不规则小地块，希望采用每个工作形成依次邻接的梭形行走方式进行翻耕，它比工作行程不邻接的开闭垄法或套耕法的耕地质量好得多，为此，需要采用双向铧式犁。这种双向铧式犁耕机组在规整的地块上采用梭形走法耕作，也可以减少沟垄数，提供耕地质量，但在小地块上有环节弯的梭形行走方法的工作行程率较低，而且双向铧式犁的投资增加近一倍。一般，在丘陵地区和高产地区选用这种类型的机组较合理。

在要求翻土好而且碎土也好的条件下，有两种耕作方案可供选择：一是在耕翻作业后再进行旋耕作业；另一个是选用铧式犁和旋耕机组合成一体的翻耕旋耕犁（即耕旋犁）。前者是分两次作业，选择的余地较大；后者是一次联合作业，需要配备较大功率的拖拉机，翻耕和旋耕必须同时进行，不能依据条件变化而改变耕作方案。

在要求翻土好而且还要求深松的条件下，有两种方案可供选择：一是翻耕法和深松耕法交替应用；另一个是在每个铧的后边增设深松铲。后者犁的结构复杂，价格高，且需要配备大功率拖拉机，或者会出现严重偏牵引作业。

在对平整墒沟要求特别严格的地区（高产的灌溉田、水田和菜田等），有两种方案可供选择：一是在犁上增设合墒器；另一个是用人工平整墒沟。我国的许多精耕细作地区，多年来在犁上改装了多种类型的合墒器，经过长期实践形成了一种较成熟的单列圆盘合墒器，用此装置不但平整墒沟的质量好，而且还可以用来耙平耕后的地表面，所以称它为平地合墒器。单列圆盘平地合墒器结构较简单，阻力小，对铧式犁的翻耕无影响，安装调整方便，是我国群众改革农具的一项成果，值得进一步推广应用。这也是一种较成功的联合作业形式。

（5）犁耕机组应具有良好的技术状态，应特别注意以下几点：

a. 多铧犁的犁尖应处在同一条直线上，偏差值不应超过±5 mm，否则应检修犁架、犁柱、犁体等。

b. 犁铲刃要求锐利，正常厚度要求小于1 mm，当犁铲磨刃钝口变厚时应及时磨锐、延展或更换。在沙质土壤上翻耕时，铲刃磨钝速度较快，往往两个工作班次后，铲刃磨钝就超过允许范围。犁刃厚度增至4 mm后，所需功率将增加50%，而且耕深很不稳定。

c. 犁铧的固定螺丝不允许突出，一个突出3 mm的犁螺丝，更多消耗约0.5 kW的功率。

d. 犁侧板和犁踵磨损较大时，应及时更换。

（6）合理编组。对于翻耕质量有不同要求时，需要在翻耕的同时进行补充加工，应编制复式作业机组：为了平整地表和地表碎土，一般可选用钉齿耙编成复式机组；为了保墒可选用耢编成复式机组；为了保墒和地表碎土可选用镇压器编成复式机组。复式翻耕机组将引起转弯半径和转弯地带的增大，且对于悬挂式机组不大方便。有些生产单位将播种机等机具和铧式犁编成复式机组，一般情况下这种机组的作业质量不好。

3. 翻耕作业机组的行走方法选择　铧式犁耕作机组的行走方法一般采用直行法的开垄法、闭垄法和套行法，也可以采用转弯时不作业的绕行法。

在长度和宽度都较大的地块上，需要划分多个小区进行翻耕，可以用有环节的开闭垄交替法（图 2－1）。依次隔区轮换采用开、闭垄法可以减少小区间的沟、垄数量；再次翻耕，原先采用开垄的小区采用闭垄，反之亦然，可以使小区间的沟、垄轮换，有利于保持地块平整。小区的适宜宽度已如前述。开闭垄交替法可以减少地块内的打墒线的次数，方便驾驶员操作，左转弯和右转弯交替使用，减少了拖拉机行走转向系统的偏磨。

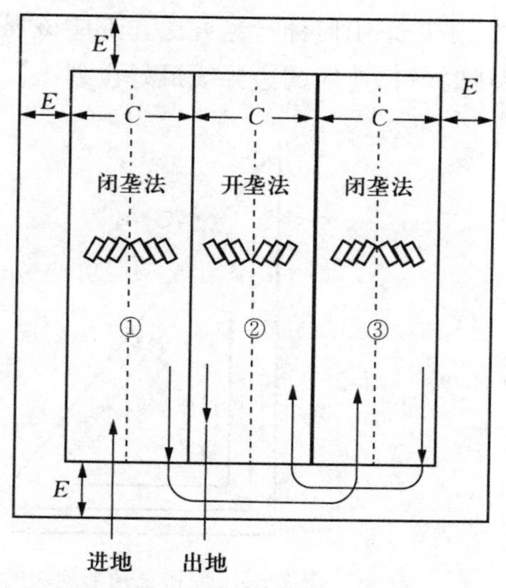

图 2－1　有环节开闭垄交替法
C. 小区宽度　E. 转弯地头宽度

在短小地块上采用无环节套耕法（图 2－2），一般在将按适宜宽度划分的小区内再划分出四个宽度相等的小条，两个奇数小条套耕完毕后再在偶数小条上套耕。采用开垄套耕或闭垄套耕均可。小条最小宽度应不小于 $2R$。

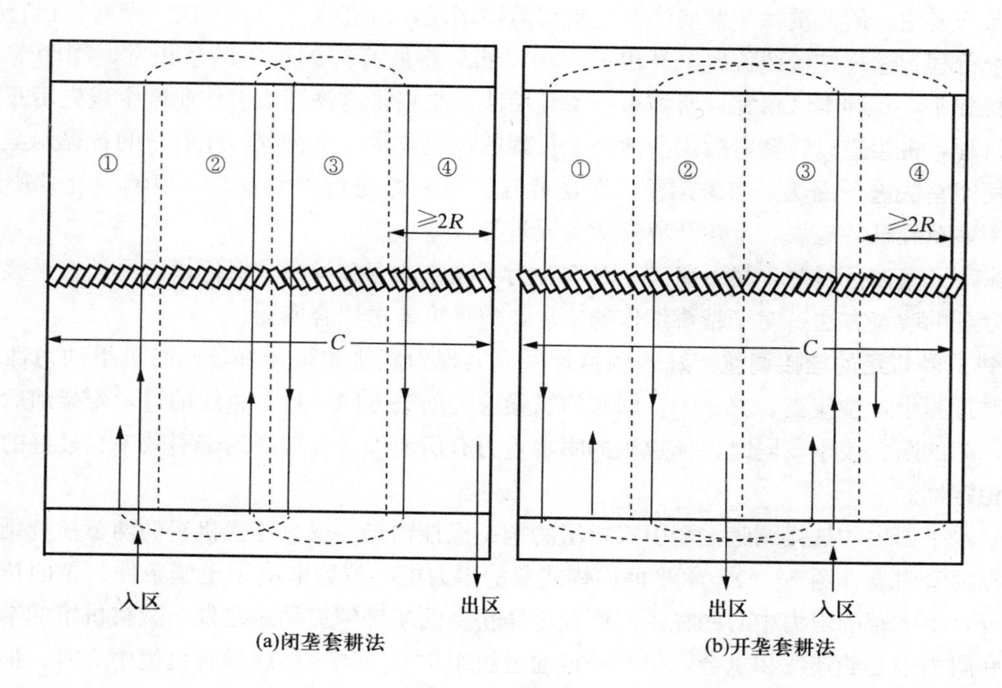

图 2－2　套耕法
(a)：①③小条，闭垄法；②④小条，闭垄法　(b)：①③小条，开垄法；②④小条，开垄法

形状不规则的地块宜采用绕行法翻耕（图 2－3 和图 2－4），双向犁机组可采用梭行法，可以

显著减少沟垄和漏耕面积，工作行程率也较高，对地块形状的适应性也较好。

不论采用何种行走方法，都应该划分好转弯地带，并在转弯地带用犁浅耕出边界线。在多区翻耕时各作业区的边界线最好也划出。墒的位置要正确，不能歪斜和弯曲。

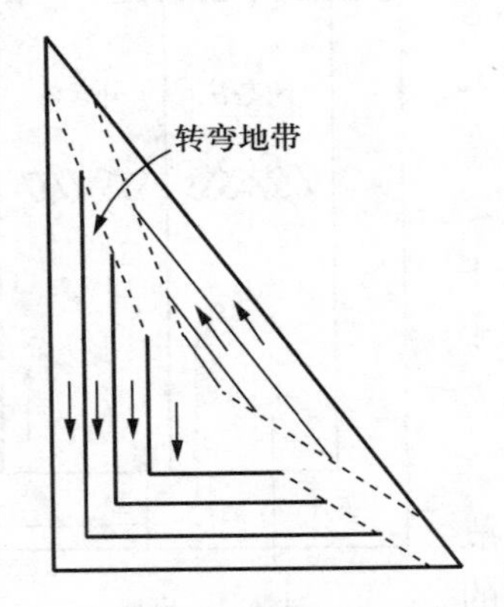

图 2-3　翻耕三角形地块的绕行法

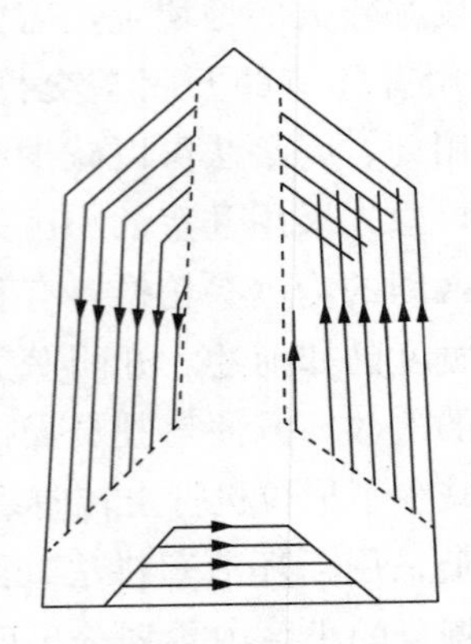

图 2-4　翻耕多边形地块的绕行法

对于精耕细作的高产地块，应尽可能减少沟和垄的深度和宽度，否则平垄平沟很费工。在采用闭垄法开墒线时，为了减小垄的高度和宽度，同时为了垄底翻耕较透些，可采用重一犁开墒法或重两犁开墒法。所谓重两犁开墒法，是指将前铧调浅，沿墒线先用开垄法（顺时针运行）往返翻耕两个行程。这样在墒线位置上开出一个沟，然后将所有铧的耕深调整正常，用闭垄（顺时针）进行翻耕，直到本区耕完。所谓重一犁开墒法，是指将前铧调浅沿作业区中线先用开垄法翻耕一个行程，机组逆时针转弯后仍沿前一个行程的位置重耕一个行程，此后犁的各铧调至正常耕深，采用闭垄法进行翻耕。与采用重两犁法相比，重一犁法行程率较高，但墒线处翻耕质量较差。对于多草残株的地块，上述开墒的覆盖质量都较差。

在采用开垄法翻耕时，最后留出一个沟。为了减小沟宽和沟深，保持耕后地面较平整，应注意采用合理的收墒方法。对于精耕细作的地块，应尽可能选用合墒器。

4. 铧式犁机组的挂接调整　好的调整效果应表现为翻耕质量较好，同时机组动力性能也较好。翻耕过程中，犁应正、直、平，即犁的纵梁应与前进方向一致，直线前进，犁架前后左右都呈水平，犁的阻力较小，同时，拖拉机的附着重力有所增加，有较高的牵引效率、较好的行走直线性和稳定性。

（1）水平面内的挂接调整。牵引式机组的拖拉机挂钩点，或悬挂式机组的两下拉杆延长线的交点，称为牵引点（图 2-5）。水平面内铧式犁的阻力中心位置取决于土壤条件、犁的技术状态和耕深等，单体犁的阻力中心约在距犁侧板 1/4 耕宽的耕铧铲刃稍后之处。翻耕机组的牵引线与牵引点和阻力中心的连线相重合，但不一定通过机组中心。当牵引线通过机组中心时，拖拉机的行驶直线性较好；当牵引线不通过机组中心时，犁作用于拖拉机一个回转力矩，拖拉机的行驶直线性变坏，驾驶员被迫频繁操向（此种状况成为拖拉机偏牵引）。当牵引线与拖拉机前进方向不一致，牵引线前端偏向未耕地时，犁的侧向力增大。在犁沟土壤承受侧压能力较低的条件下，犁将歪斜前进，犁的纵梁前段偏向已耕地，每个犁耕的耕幅变小，翻土质量变差，犁铧间还可能产生漏耕（此种状况称为犁的偏牵引）。只有当牵引线与前进方向一致，而且牵引线通过机组中心 O 时，拖拉机和犁才可能同时实现正牵引。正牵引能否实现，将取决于拖拉机轮距和犁幅宽之间的匹配关系。因为要求拖拉机右轮胎走在犁沟内（履带式拖拉机右履带走在未耕地上），犁不能漏耕和重耕，当犁的阻力中心位于拖拉机纵轴线右边时，就要产生偏牵引，偏移距离愈大，偏牵引程度也愈大，所以在翻耕作业前，应该将拖拉机轮距挑窄（在坡地翻耕时，为保证拖拉机横向稳定性，轮距不应过窄）。在轮距挑窄后，仍不能避免偏牵引时，使用者应考虑是让犁承担偏牵引，还是让拖拉机承担偏牵引，或者犁和拖拉机分担偏牵引。在土壤承侧压力能力很低的条件下，应该以拖拉机偏牵引为主。为了让犁和拖拉机分担偏牵引，必须让牵引点调整在机组中心和犁阻力中心之间（从拖拉机前进方向来看）。从拖拉机前进方向来看，牵引点距犁阻力中心愈近和距机组中心愈远，则拖拉机以偏牵引为主。

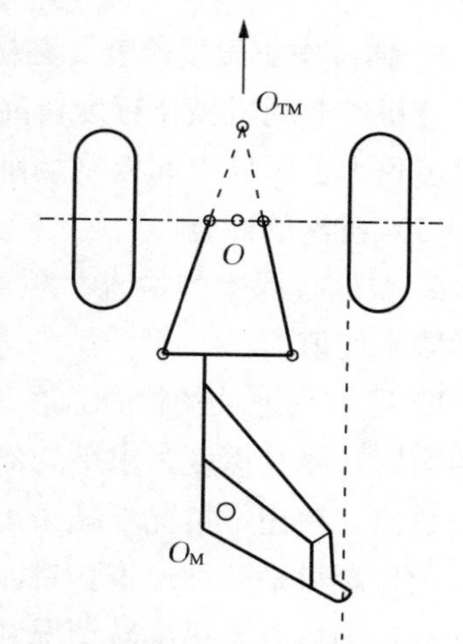

图 2-5 翻耕机组水平面内的牵引点 O_{TM}、机组中心 O、犁的阻力中心 O_M 的示意图

由此可见，翻耕机组的水平面挂接调整主要是合理调整水平面内牵引点所在位置。具体调整机构和调整方法因犁的类型不同而不同。对于牵引式犁，主要是调整牵引架在拖拉机拖把上挂接点位置（同时相应调整牵引架在犁横拉杆上的挂接点）；对于悬挂式犁耕，主要是调整两下拉杆延长线交点的位置（同时相应调整犁在横悬挂轴上的安装位置）。

（2）纵垂面挂接调整。翻耕机组在纵垂面内的牵引线依犁的结构类型不同而有所差别。对于牵引式犁，牵引架在纵垂面内相当于一根自由杆件（该杆的两端分别与犁和拖拉机铰接），所以牵引线必然通过牵引杆，即牵引杆的位置和方向就是牵引线的位置和方向。牵引杆的后延长线通过犁的阻力中心，牵引杆前端在拖拉机上的挂接点就是牵引点。对于采用高度调节的悬挂犁，悬挂拉杆是自由杆（工作状态），上下拉杆延长线的交点就是牵引点，牵引线位于牵引点和犁阻力中心的连线上。对于位置调节的悬挂犁，悬挂拉杆是非自由杆（工作状态），犁和拖拉机在规定耕深状态下呈刚性连接。这类机组的牵引线位置与悬挂装置的位置无关（但在犁入土过程中，要受悬挂装置位置的影响）。

在纵垂面内，相对于拖拉机来说，牵引线在驱动轴上方，距驱动轴距离愈大，且牵引线与地平面的夹角愈大，则加给拖拉机的附着重愈多，但此种情况下犁产生前铧浅、后铧深的可能性增大（还要看犁的技术状态及土壤条件）。所以在纵垂面内的调整应该在保证犁良好入土和耕深一致的条件下，尽可能给拖拉机增加附着重。对于牵引式犁，在保证耕深一致的条件下，可适当提高牵引架在拖拉机上的挂接点，并适当降低牵引架在犁上的挂接点。对于高度调节的悬挂犁，在保证耕深一致的条件下，可适当提高上拉杆在拖拉机上的挂接点，并适当降低上拉杆在犁上的挂接点。

5. 翻耕作业质量检查 翻耕作业质量是后续作业质量的基础，对作业产量影响较大。当前我国翻耕作业的机械化程度较高，但翻耕质量低劣的情况较严重。为了严格保证翻耕质量，要在作业过程中及时检查和控制翻耕质量，并在作业后进行验收。主要检查项目如下：

（1）耕深的检查。

a. 耕地过程中的检查。顺犁沟测量沟墙的高度。一般应在地块两头和中间分别测几个点，然后取平均值。

b. 已耕翻地块的检查。在地块的对角线上取 10～20 个点，先将地表弄平，用木尺插到已翻地的沟底，测其深度，求平均值。为了求得实际耕深，必须从所得到的耕层平均深度减去土壤膨起的数值。在正常情况下减去土壤膨松度 20%，雨后减去 10%。

（2）翻耕平整性检查。目测检查地头地边有无漏耕，地头是否整齐，应耕的地头、地边是否耕到。目测检查土垡翻转情况和作物残株及肥料的覆盖质量，检查地表是否平整，有无沟垄，同时扒开耕土检查犁沟底是否平整。

（3）重耕和漏耕检查。在耕地过程中检查犁的实际耕宽。方法是先从沟墙处向未耕地量出比犁的幅宽稍大的宽度，做上标记；待第二趟犁耕过后，量出新的沟墙到标记处的宽度，两者之差即为犁的实际耕宽。若此值大于犁的耕宽，就是漏耕；反之，就有重耕。

三、松耕作业工艺

1. 松耕法的农业技术要求 一般要求是：①松碎土壤好；②不翻土，不乱土层；③地表平整，小垄高一般不许超过 5 cm，小沟宽不许超过 20 cm；④不重耕，不漏耕；⑤保证耕深一致：8～16 cm 浅松的深度偏差一般不允许超过 ±1 cm，23～30 cm 深松的深度偏差一般不超过 ±2 cm；⑥在最佳农时期内以及最佳适耕期内（土壤水分为土壤最大持水量的 60%）进行松耕；⑦耕层内的草根应全部切断，在保持水土地区，地表残株残茬应保留；⑧在坡地上应争取沿等高线松耕。

2. 松耕法对工艺设备的要求 深松和浅松的分界和范围还没有统一的明确规定。8～16 cm 的松耕一般是指表土层的浅松耕；深度达到 20 cm 以上的松耕一般是指打破犁底层的深松耕；40～60 cm深度的松耕是指特殊的心土深耕。

深松犁的深松部件通常是凿形铲，多与大功率拖拉机配套，最好选用履带式或四轮驱式拖拉机。深松耕一般是每 3～4 年进行一次。浅松灭茬的目的除松土碎土外，还要求碎茬除草，利用浅松机从地表 5～8 cm 处通过，经过镇压，从而获得平整细碎的种床，能够降低表土容重，提高表土温度，一般在收获作业后进行。国外浅松机组一般为全面中耕机，松耕部件通常是鸭掌铲或双翼铲。我国目前应用的浅松灭茬机具主要是采用缺口或没有缺口的圆盘耙，或星形耙加轧滚等。在浅松灭茬作业质量要求高的地方，有的采用旋耕机或轻型铧式犁，它的能耗较高。

全方位深松机采用梯形框架式工作部件，松土深度为 40～50 cm（可根据情况调节），比阻为 40～58 kPa，比铧式犁翻耕比阻低 35%以上，它能打破犁底层并在松土层底部形成鼠道，提高土壤的透水性，深松后土壤容重为 1.2～1.3 g/cm^3，适合作物生长，全方位深松且有增产增效的作用。

3. 松耕机组的行走方法选择　深松和浅松机组作业选用直行法时，在长地块上（约 500 m 以上）可选用有环节的梭行法，在短地块上可选用无环节的套行法。对称式机组的套行法，往返相邻工作行程之间的间距可等于机组宽幅 B 或 $2B$（这一点和非对称的铧式犁机组不同），不可过大，以争取行程率不致过低。当选用绕行法时，一般采用向心绕行法。若需要与前序作业的工作行程方向成一交叉角度，可采用斜行法。

4. 松耕机组的挂接调整　带松土铲的农具一般是对称式农具，所以在水平面内应使农具的纵轴线和拖拉机纵轴线处在同一条直线上，但在纵垂直面内应注意牵引线的调整。在纵垂面内，首先应使松土农具的机架保持水平，并保持规定的松耕深度，在此条件下合理调整牵引点的位置。

对于带松土铲的牵引式农机具，一般只可能在拖拉机拖把上调整挂接高度。此挂接点和农具阻力中心的连线即是牵引线，农具阻力中心是松土铲阻力和支撑轮反点的交点，阻力中心一般位于支撑轮反力作用线上，所以要依据支撑轮、松土铲以及挂接点的相对位置，来考虑牵引线的合理位置，使农具作业质量和拖拉机附着性能有所改善。

对于带松土铲的悬挂式农具，牵引点一般是上下拉杆的延长线的交点。在纵垂面内通过调整此牵引点来调整牵引线位置。

四、旋耕作业工艺

1. 旋耕作业的农艺要求　一般要求是：①碎土和松土好；②耕后地表平整性好；③残株和耕茬粉碎好，并搅混于耕茬内；④施肥施药时要搅混均匀；⑤对于水田，要达到泥烂起浆，表面细糊；⑥保持规定耕深；⑦不漏耕，不许拖拉机压已耕地；⑧在最佳农时期内完成旋耕作业。

2. 旋耕作业对工艺设备的要求　在水田或潮湿地上作业宜选用弯犁刀；在土质较硬、杂草较少的土地上作业宜选用直犁刀。旋耕机的幅宽应与配套拖拉机的轮距合理匹配，在旱地上旋耕时应争取旋耕机宽幅稍大于拖拉机两轮胎外缘之间的距离，以免轮子压实已耕地。由于旋耕作业耗能较大，上述要求有时不能满足，此种情况下应使用偏置式旋耕机。在水田拖拉机换装水田叶轮后，叶轮带水搅动作用较大，实质上有些旋耕作用，所以旋耕机幅宽应稍小于拖拉机两叶轮内缘之间的距离。这时每个行程的作业幅宽等于旋耕机构造幅宽加两个叶轮的宽度。旋耕机组水田作业与旱田作业相比，作业幅宽较大，作业速度较高，所以生产率高。旋耕作业不要求拖拉机有较大的附着力，所以宜用轻型拖拉机。

在水田进行旋耕作业时，为了平整田面，可以编配旋耕机和耖组成的复式机组。机组前进速度过大影响碎土性能，所以机组前进速度应与刀轴转速合理匹配。旱地作业速度一般为 2～3 km/h，水田旋耕机组速度一般为 3～5 km/h。当拖拉机功率允许高速度作业时，应相应调整刀轴转速。

3. 旋耕机组的行走方法选择 对称式旋耕机组有可能采用多种行走方法，但偏置式旋耕机组只能采用开闭垄法和绕行法。手扶拖拉机一般采用梭行行走方法。偏置式旋耕机组采用绕行法时，应选用向心绕行法，在地角的转弯地带应升起旋耕机进行空行转弯，最后进行对角线上和转弯地带上的旋耕。

4. 旋耕机组的挂接调整 应注意万向节的正确安装，以确保安全和可靠的工作。

旋耕机的动力由动力输出轴提供，所以机组的挂接调整对牵引线的要求就显得不很重要了。在水平面内的调整以不漏耕和不压已耕地为原则，即使有些偏牵引，对机组行驶直线性影响也不大。在纵垂面内的挂接，一般采用高度调节；在地面很平的土地上也可采用位调节（禁止使用力调节）。在纵垂面内的调整主要应使旋耕机变速箱处于水平状态，此时万向节前端也应接近水平。在传动状态提升旋耕机时，必须限制提升高度，一般使刀片离地 15～20 cm 即可。田间转移时，要将旋耕机升到最高位置。此种状态下，必须停止万向节的传动。旋耕机在工作行程开始时，应使刀片逐步入土，达到边起步边入土。禁止在机组起步前使刀片入土，以免损坏零部件。

5. 旋耕作业对土地准备的要求 耕层内如有石块等坚硬物，会引起刀片的严重磨损或损坏，所以应清除障碍；否则，应避免采用旋耕作业方法。

水田的放水旋耕与不放水旋耕能耗不同，一般情况下，放水旋耕的能耗较少。水田放水旋耕要注意放水深度和放水时间，这对旋耕作业的质量和生产率有显著的影响。

第三节　整地作业工艺

整地是指耕地之后播种之前对表土层进行碎土、松土、平土、镇压等个作业项目。依据生产条件的不同，各地、各个时期对整地作业的功能要求也是不同的，所以整地机具和整地作业方法也是多种多样的。整地作业的主要目的是为作物种子的发芽和生长创造良好的土壤条件。

一、整地工艺方案的选择

整地机具种类较多，功能各异。各种圆盘耙的切土、碎土和松土的功能较优，并具有一定的搅土能力，但平土能力较差；各种旋转式驱动耙以及旋耕机的碎土、松土、搅土和平土的功能较优，但能耗较大；各种齿耙在轻型土壤上的松土、碎土和平土的功能较优，比阻较小，但易缠草。平土，一般采用平板式或刮板式的平土器；镇压，一般采用 V 形镇压器、环型镇压器或石磙镇压器；传统的耢等整地机具，对地表面有较好的松土和平土作用。很明显，应依据当地当时生产的要求，结合各种整地机具的主要功能，来选择适宜的整地工艺方案。一个生产单位不可能配齐多种整地机具，应尽可能简化整地工艺方案。

1. 耕地和播种两项作业间隔时间较长情况下（半休闲或休闲地）**的整地工艺方案** 在上茬作物收获后，一般应及时耕地，或先行灭茬，然后耕地。耕地作业应选择在土壤水分适宜的情况下进行，土壤过干或过湿时进行耕地，将形成大而多的土坷垃，给整地作业造成困难。耕地和耙地是否采用复式作业，或耕后是否立即进行耙地要依生产条件而定。在耕后需要晒垡或需要接纳雨雪以增加土壤蓄水的地区，耕后可以不立即进行耙地，待土壤充分蓄水后，再耙地保墒。如果土地休闲时间较长而生长杂草，应采用全面中耕机或圆盘耙整地，以消除杂草。

下茬作物播种前的整地主要是在前阶段耕地和整地基础上进一步细整土地，以细碎、平整、疏松或压实表土层，可采用齿耙、板耙、刮土器和镇压器等机具。如果前阶段的耕地和耙地作业质量很差，播前整地则需要采用各式圆盘耙、旋转式驱动耙或旋耕机等机具。

我国一年一熟地区，有时来不及秋冬耕，不得不在来年春耕，或者来不及耙地，待到来年春耙。这种情况下，耕地、粗整和细整都在一个较短的季节中进行。为了防止土壤损失水分，往往需要采取复式作业方式，如耕耙复式作业、耕镇复式作业和播镇复式作业等。

2. 在耕地和播种两项作业时间间隔很短情况下的整地工艺方案　在我国复种指数较高的高产地区，一年播种数茬作物，上茬收获后的耕整地和下茬的播种作业要求在一个很短的时间内完成。因此，简化工序、降低作业次数、减少机具配备量具有重要意义。每年两熟或三熟地区，无须在每茬收获后都进行耕地，可根据实际情况进行免耕。

我国近年来免耕作业有增大趋势。北方地区夏耕可进行免耕，秋耕一般不免耕。免耕时，可选用铁茬播种方式，或者采用圆盘耙等松土机具耙地而后播种。不免耕时，耕地和耙地宜采用复式作业方式，细整和播种宜采用复式或联合作业。采用耕地、耙地和播种的复式作业方式可大大节省时间，提高耕播效率。

二、整地作业的主要措施

（1）土壤的适宜湿度对整地作业速度和质量有严重的影响，必须掌握好时机。在具有灌溉条件地区，耕整地前的灌水时间和水量必须按照耕整地的要求决定。另外，地表的残茬和杂草，在耕整地前应进行必要的清理（如采用打茬机处理等）；耕后的整地作业不得将以被覆盖的残茬和杂草弄到地表上来。

（2）整地机组的作业速度对生产率和质量有着显著的影响，速度过高的镇压将减弱镇压作用，耙地速度过低将减弱碎土和平土作用。

（3）注意整地机组的牵引线调整，以保持整地机组前后和左右的整地深度一致，且不许有严重壅土现象。

（4）选择适宜的机组行走方向和行走方法。为了达到较好的碎土和平土效果，整地方向一般最好与耕地方向垂直或成一角度。整地方向与耕地方向一致时，平土和碎土效果差，但机组行走颠簸少，阻力也较小。在地块较规矩的情况下采用斜行法，在地块不规矩的情况下采用绕行法，小型机组可采用梭行法或套行法。整地机组大多采用对称式机组，所以上述几种行走法都可以选用；但对于有些非对称式机组（如偏置耙等），只能采用绕行法或开闭垄法。有些整地机组（如耙、镇压等），转弯时可以负荷转弯，但有些机组（如驱动耙、旋耕机等），转弯时必须空行转弯，否则将损伤机具。整地作业过程中，不允许人员坐或站在整地机具上，以防发生人身事故。

第四节　播种作业工艺

一、播种工艺方法的合理选择

按种苗在地面上分布状况的不同，播种（栽植）工艺方法可分为撒播、条播、穴播和精密播种。

撒播是比较古老的手工播种方法，随着除草剂的推广应用，机械撒播应运而生，例如用飞机向水田撒播稻种，或向丘陵山地播撒树种等，播种质量较好，作业费用不算高。采用人力或机械从地边向田块撒播稻种或抛秧的方法也有所应用。窄行条播密植作物，行距为 7.5～30 cm，一般选用窄行条播机；中耕作物行距为 45～75 cm，宜选用宽行播种机。在密植作物和中耕作物兼种的小规模农业企业，往往只配备窄行播种机，通过局部改装和调整行距来兼播中耕植物。通用机架可以播多种作物，又可用于中耕等作业，但价格较高，很难满足多种作物的作业质量要求。穴播多采用宽行播种机，每穴播几粒种子。在穴播的基础上，出现了精密播种机，每穴只播一粒种子，可以大量节省种子和间苗用工，做到苗齐苗壮。精密播种要求种子精选，发芽率有保证，整地质量好，注意防病虫害，播种作业速度控制在严格范围内。通常采用包衣种子。如果种子质量不佳，需要适当加大播量，即实行半精量播种，也便于采用机械间苗或人工间苗。

按播种地面的形状不同，播种方法可分为平播、垄播或沟播、畦播或厢播等。专用的起垄播种机可以一次完成起垄和播种。也可用普通播种机与起垄机配合，或先起垄后播种，或先播种后起垄。畦播可在作畦后再进行播种，但联合作业机可以一次完成作畦和播种，减轻土壤压实和提高生产率。机械化程度较高的企业，畦的规格应标准化以利于机组选型。畦的两边为埂，厢的两边为沟。厢播也可以采用联合作业机一次完成作厢和播种，厢的规格也应谋求标准化。

按地块内种植几种作物的方式不同，又有套种与清种之分。后者是指在同一地块同一季节内只种一种作物，较易实现机械化。套种是提高复种指数的一种方法，它使两种作物有一段共生期，有利于充分利用光、热、水、肥等资源，缓和农忙季节劳力紧张程度。机械化套种可分为跨行作业和钻行作业，机组跨在田面作物的行（或带）上，或者钻入田面作物的行间，播另一种作物种子。钻行作业的小型机组的外廓宽度应小于田面作物的行距，生产率较低，有时不如采用畜力播种。跨行作业应在细致安排下进行。拖拉机和农具的行走轮应在田面作物的特定行间（行距大于行走装置宽度，并留有 10 cm 宽的护苗带）通过；机组的机架距地最低高度一般应高于田面作物茎秆高度，小麦可以允许茎秆压伏的倾斜角一般不超过 45°。跨行套播机组幅宽较大，对操作者技术要求较高。

按播种作业的工序组合不同，播种方法可分为复式作业和联合作业，近年来发展较快的有整地播种联合作业机。有的小麦联合播种机可完成旋耕、平畦、播种、施肥、镇压等工序；有的铁茬播种机可在茬地条件下一次完成苗带松土、开沟、排种、施肥、覆土、镇压等工序。地膜覆盖技术有显著的增产效果，不仅应用于蔬菜、棉花、花生等经济价值比较高的作物，在高寒地区因增产幅度大也可应用于粮食作物。铺膜播种联合作业机可一次完成播种、铺膜、打孔等工序。先播种后铺膜的方案较易实现机械化，但破膜放苗的工序也需要辅以手工方法。已有采用在移栽秧苗行两旁铺膜（即株间不覆盖地膜）的办法来解决移栽和铺膜联合作业工艺问题。铺膜播种（栽秧）联合作业工艺适于高水平劳动生产率的农户采用，一般农户宜选用分段作业方法。铺膜机要完成地面整形、覆膜和封膜等工序。地面整形可以是整畦，也可以是整垄台等，必须依当地农艺要求来选择。地膜的回收目前还主要依靠人工，用机械化回收的工艺尚待推广。

二、播种作业质量要求及保障措施

播种作业的一般农艺要求是：①播种及时，播种量适宜；②播种深度符合规定，且均匀一致；③开沟不得搅乱土层，表层干土不得落入沟底，下层湿土不得翻上来，防止跑墒；④种子在播行内分布均匀，种子、肥料和农药应保持规定位置，种子不得受伤害；⑤覆土好，种子上要覆以湿土，覆土深度符合规定；⑥按规定进行必要的镇压；⑦播行笔直，行距一致，不重不漏，地头整齐。

在各地的具体条件下还有各种特殊的要求，例如抗旱播种、防碱播种、防寒播种等。播种是很重要的作业，农民说“有钱难买苗”，所以必须将保证播种作业质量放在首位。生产单位应该根据具体条件制定播种作业工艺规程，严格做好机具选型、机具技术准备、地块准备、生产资料（种子、肥料等）准备以及作业人员的准备等一系列工作，只有认真做好上述各项工作，才能获得优良的播种作业质量。

现对上述影响播种质量的几个问题进行分析。

1. 播种量必须严格调试和控制　播种机的总播种量和每个排种器的播种量都要坚持进行专门的试验调整，合格后才可允许下地播种。检查调试时，一台播种机的总播种量可按下式计算：

$$q=\frac{n\pi DBQ\varphi}{10\,000} \tag{2-7}$$

式中　q——转速为 n 时播种机的排种量（kg）；

n——试验时播种机行走（驱动）轮的转速，可取 20 转；

D——播种机行走（驱动）轮直径（mm）；

B——播种机幅宽（m）；

Q——公顷播种量（kg/hm^2）；

φ——考虑行走（驱动）轮滑转的因素，$\varphi=1/(1-\varepsilon)$，其中 ε 为行走（驱动）轮的滑移率，取决于当时当地条件，依试验确定。

由式（2-7）求出每个排种器的排种量，其试验结果各排种量相差一般不应超过 4%，对于中耕作物，要求更严格些。

试验时应使行走（驱动）轮的转速尽可能与实际播种时的转速相一致。播种作业的速度对播种量有影响，所以作业过程中不允许机动变速。当机组在田间开始播种作业后，还要实地考查播种量，方法有二：

（1）仔细扒开播行覆土，实测播行每米距离内的落粒数。米间落粒数应为

$$n'=\frac{mQ}{\gamma} \quad (\text{个/m}) \tag{2-8}$$

式中 n'——为每行的米间落粒数（个/m）；

m——行距（cm）；

γ——种子千粒重（g/千粒）。

（2）计算出播种机每个往返行程的播种量。将种子箱内种子刮平并在种子箱壁上划出记号，再添加每往返行程的播种量。当机组播完往复行程后再检查种子箱壁上的记号，以判断播种量是否符合要求。

2. 影响播种行距的因素及其控制 保持稳定一致的行距不但对播种作业，而且对以后的田间管理作业和收获作业都十分重要，特别是耕种中耕作物时更应严格控制。

播种机的开沟器应在播种机上对称地安装，偏离对称中线的距离不可过大，一般不允许超过25 cm。开沟器之间的间距，必须在播前按行距规定要求进行检查调整，对于中耕作物有必要在专门的检查平台上调整。对于由数台播种机组成的机组，各台播种机相邻的行距也须符合规定。如果数台播种机在机组内沿横向排成一列，则各台播种机之间应是硬性连接，以保持相邻行距一致。

为保证两个行程间的邻接行距一致，避免重播和漏播，播种机组都应安装划印器。通常采用人力或液压升降的硬杆式圆盘划印器，它在地面划出浅沟，便于驾驶员识别。采用梭行行走方法时，机组左右侧均需装划印器。划印器的臂长应可靠固定。当以拖拉机中线对准划印器印迹时，划印器长度即机组最外侧开沟器中心线至划印器印迹的距离，应等于播种机组作业幅宽的一半。当以拖拉机右前轮（或右链轮）外缘对准划印器印迹时，左、右划印器长度不相等，梭行行走方法的左划印器长度比右划印器长（恰等于两轮胎或链轨外缘的距离 a），即

$$L_{左}=(B_p+a)/2 \quad (\text{m}) \tag{2-9}$$

$$L_{右}=(B_p-a)/2 \quad (\text{m}) \tag{2-10}$$

式中 B_p——播种机组作业幅宽，等于开沟器行数乘行距（m）；

a——拖拉机两前轮或两链轨外缘间距离（m）。

播种机组第二圈开始后应立即检查调整划印器。一般应扒开相邻播行的覆土，露出种子，用直尺实测相邻行距与邻接行距。

3. 影响播种深度的因素及其控制 首先必须保证播前整地质量，地表平整，播深土层内无大土块或残茬。浅播作物的播深不允许有较大幅度的变化，必要时应进行播前镇压，使土壤密度趋于一致。应消除或减轻拖拉机轮辙使土壤压实的影响。播种宽行作物时应使拖拉机行走在行间，播种窄行作物时应设置松土器以消除轮辙的影响。

无论分体式或整体式播种机，都必须逐行检查调整播种深度，及时检查各开沟器和覆土器的技术状态，清除残茬堵塞与土块黏附。在抗旱、防碱播种或防寒播种的情况下，更要确保播种深度符合规定。

4. 影响播种机组行走直线性的因素及其控制　播行笔直是保证播后的田间管理和收获作业质量，以及提高生产率的重要条件，如果播行弯曲，就根本不可能进行机械中耕和收获，或者造成严重损失。播种机组行走直线性与驾驶员的技术水平、拖拉机和播种机的结构性能及技术状态有密切关系。地面不平整也影响机组行走直线性。从机组行走直线性能来看，窄幅机组优于宽幅机组，高速机组优于低速机组，对称式机组优于非对称式机组，重型机组优于轻型机组。

在拖拉机行走直线性能良好的条件下，播种机的行走直线性取决于播种机阻力的变化及其稳定性。播种机每个开沟器以及行走轮的阻力经常在变化，其合力经常偏离播种机的对称中心线。机组内有多台播种机时，奇数台机组比偶数台机组的行走直线性好，因为位于中间的一台播种机具有平衡稳定作用。对于单台播种机的机组，具有奇数开沟器的比具有偶数开沟器的稳定性能要好，因为中间的一个开沟器具有平衡稳定作用。

三、播种作业行走方法及工艺服务

播种机组一般多采用梭行行走方法。该方法较易保证邻接行距一致、不重不漏，但在短地块上工作行程率较低，所留地头也较宽，所以在短地块上宜采用套行行走方法。图 2－6 和图 2－7 所示是这两种行走方法的地块区划与行走路线。

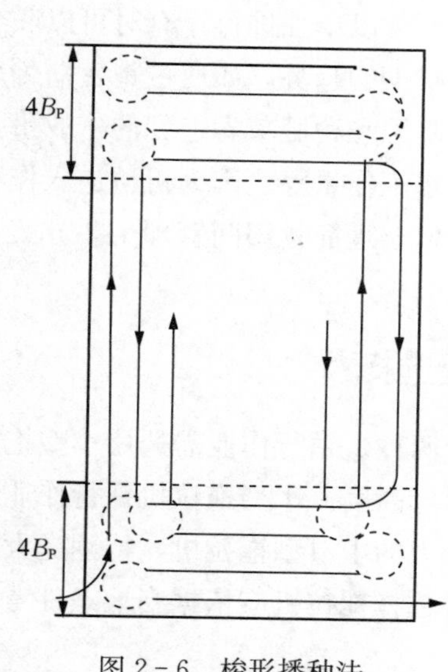

图 2－6　梭形播种法

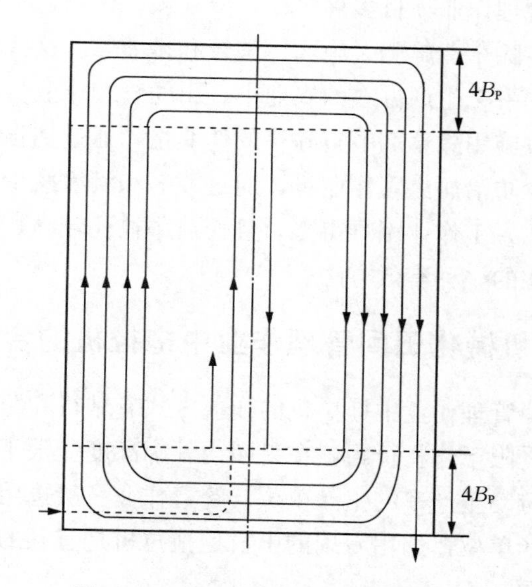

图 2－7　离心套播法（转大圈结束）

梭行播种四大圈结束法是一种先进的行走方法，它适合于密植作物和中耕作物播种，地头的播种质量较好，可以减少中耕时伤苗。其地块区划与行走路线见图 2-8。

播种机组的加种时间消耗一般占作业时间的10%～15%。大型播种机组可考虑选用加种运输车。一般宜组织好人力加种，种子应装成 25～30 kg 的小袋，有条件的可以不停车加种（利用机组转弯时间）。应结合所采用的行走方法，在作业前计算并安排好田间放置种子的地点和每个加种点的种子量。为减少加种加肥停车的次数，可适当加大种箱和肥箱。为杜绝停车待种现象，运种机组生产率应满足播种机组作业进度的需要。

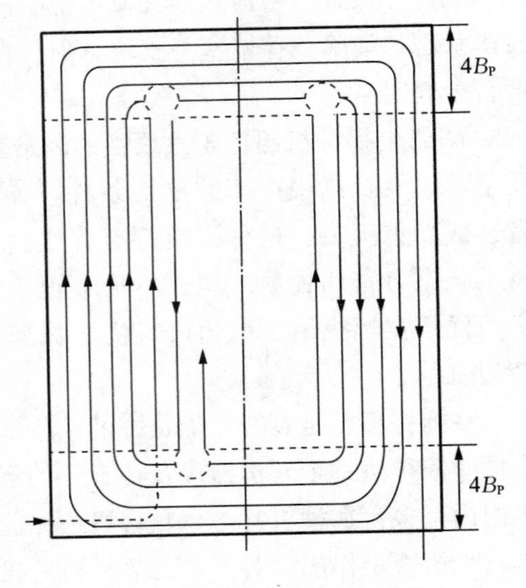

图 2-8　梭形播种四大圈结束法

播种作业适时性要求严格，当组织整地、播种、运种（肥）的组群时，应使整地与运种（肥）的作业进度高于播种作业进度，并做好组群转移与调度，保证播种机能充分发挥其生产能力。现代播种机昂贵，在允许的条件下编制窄幅高速播种机组，将有利于降低折旧成本，从而降低播种作业成本。

第五节　田间管理作业工艺

田间管理作业项目多种多样，依气候、作物、土壤、农艺等条件不同而有所不同，一般指间苗、中耕、除草、施肥、施药、整枝和排灌等。这些项目可以单独进行，有时可以联合作业。在精耕细作的手工生产方式的农业中，田间管理作业量有减少的趋势，如通过精密播种减少间苗工作量，通过施用除草剂节省除草的作业量，通过加强施基肥和种肥节省追肥的作业量，通过超低量施药减少防治病虫害作业量，通过喷灌和滴灌减少灌水工作量等。因为机械进入作物生长的田间作业要比人工作业困难得多，且伤苗率往往较高，所以合理简化田间管理工艺方案是实现生产过程机械化的一种有效方法。

一、机械化田间管理作业中拖拉机的合理选择

在田间管理作业中拖拉机的作业方式有钻行和跨行两种。钻行作业需选用小型拖拉机，它的外廓宽度受限于作物行距，在果园内外廓高度受限于树冠高度。小型拖拉机钻行作业方式只适应于低水平劳动生产率的生产单位。跨行作业一般选用较大的中耕型拖拉机，特别是大规模的高水平劳动生产单位，选用专用的中耕型拖拉机是有利的。选择拖拉机应依据当地条件考虑下列几个方面的问题：

（1）拖拉机的行走装置（轮胎式和履带式）应能在作物行间顺利通过，且最好能行走在行间的中线上。因此拖拉机轮距尺寸的调整和拖拉机的行走装置的宽度应该与当地作物行距

相互匹配。例如，使播种行距呈宽窄行配置。在拖拉机行走装置通过的行间，其行距 m' 应满足

$$m' \geqslant a+2\Delta \quad (\text{cm}) \tag{2-11}$$

式中　a——行走装置宽度（cm）；

Δ——最小护苗带宽度，取决于土壤、地表状况、播行直线性、中耕机组的技术状态和驾驶员操作技术水平，一般应为 10～20 cm。

（2）拖拉机的地隙应能保证作物不受损伤。拖拉机在植株上方通过时有些作物容易损伤，有些不容易损伤而能承受一定的碰撞。在作物较高且易损伤的条件下应选用高架中耕型拖拉机，但是这种拖拉机价格较高，选用时应权衡利弊。

（3）应尽可能减少地头的伤苗率。中耕机组的伤苗现象很难完全避免，这也是妨碍机械中耕作业推广的主要原因之一。在地块短小而高产的情况下，伤苗损失更为严重。国外曾使用过前轮为单轮的三轮拖拉机。这种拖拉机的转弯半径较小，轮迹占地面积也较小，中耕作业伤苗率很小，但是它不能跨奇数行作业。

二、中耕作业工艺

中耕常结合间苗、除草、松土、施肥、培土等项目进行，最常用的是松土除草。在我国传统的精耕细作农业中，比较重视中耕作业，如棉花作物进行 7～8 次中耕，对于密植的谷类作物（小麦、水稻）等也往往进行多次中耕。现代化除草剂的使用对田间杂草防治有了明显效果，因而有一种观点，认为除草剂的应用可以免除中耕。在一些发达国家的农业生产中，机械中耕作业有减少趋势。在我国条件下的机械化农业生产中，能否以除草剂来完全取消中耕，尚值得研究，因为中耕的基本功能，除消灭杂草外，还有疏松土壤、破除板结、提高低温、防旱防涝以及促进微生物活动等作用。所以在施用除草剂的条件下，应依据当地具体条件来决策中耕作业项目。在旱作条件下，完全免除中耕是不恰当的，对于实行铁茬播种的作物是需要中耕的，有些作物还要求进行中耕培土作业。

为了保证中耕作业质量，必须正确选择中耕机和中耕铲。当中耕作业以锄草为主要目的时，应选择适当的除草铲；当以松土为主要目的时，应选择好土铲；当以培土为主要目的时，应选择好培土铲。中耕铲的配置方案如图 2－9 所示。

中耕机组的幅宽应等于播种机组作业幅宽，或者等于其幅宽的一半。中耕行走方法应与播种时相同，且进地、出地位置不变。为减少地头中耕伤苗，可采用与梭行播种四大圈相应的中耕行走方法，见图 2－10。中耕机组幅宽为播种机组作业幅宽的 1/2 时，一开始先梭形中耕，然后中耕图 2－10 所示阴影部分 4 大圈，再返回来中耕无阴影 4 大圈，这 8 圈转弯时可不升起工作部件。操作者要特别注意，避免错行铲苗。

为便于控制中耕深度，提高锄草效果，减少伤苗铲苗，中耕机组速度一般不超过 6～7 km/h，草多于土壤板结的地块，以不超过 4～5 km/h 为宜，幼苗期中耕作业速度不宜超过 4 km/h。发动机超负荷时要及时换挡，不应用减少耕深的办法勉强工作。

图 2-10　梭行四大圈中耕法

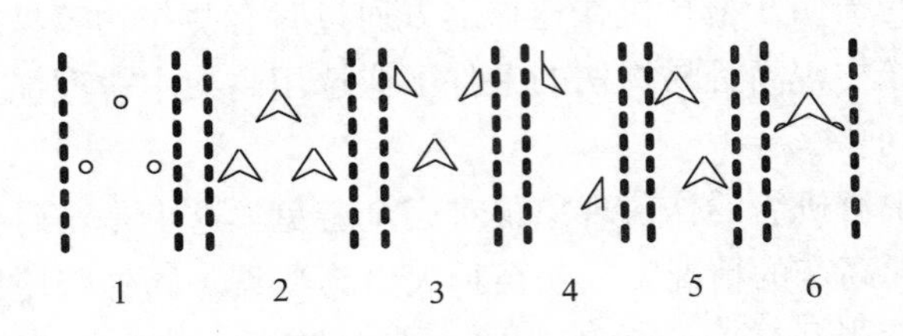

图 2-9　锄铲配置方式

1. 齿杆（深松土） 2. 双翼锄铲（宽行 2、3 次除草） 3. 单翼双翼锄铲（幼苗除草）
4. 单翼锄铲（单行幼苗除草） 5. 双翼锄铲（第 2、3 次除草） 6. 培土产（培土、耥地）

三、植保作业工艺

在防治病虫害的杂草等方面已广泛地使用农药，对高产稳产起了显著作用，但化学农药的广泛应用也带来公害问题，所以在施用时必须密切注意。

农药种类繁多，施药器械也多种多样。施药器械基本上可归纳为撒粉机和喷雾机两大类。撒粉机结构较简单，使用故障少，不需用水；但它的撒粉量较大，飘移较严重，所以喷粉作业方式有减少的趋势，而喷雾作业方式得到了较大的发展。喷雾方式耗药量少，且药效较好。普通喷雾机的雾滴直径约为 200 μm，弥雾机的雾滴直径为 30～80 μm，施用药液量更少。这种超低量喷雾方式，不但药效较好，而且在作业过程中添加药液的时间消耗减少，从而显著地提高了机组生产率。

施药机组的选择取决于具体生产条件。在小规模低水平劳动生产率的生产单位，宜选用小型手动的药械，或者背负式的带有小动力机的药械。但是这类小型药械操作条件差，劳动强度大，生产率不高，往往不能及时收到防治效果。近年来，有些地方出现了植保服务公司，为用户承包植保作业。专业性的植保服务公司有可能采用大型高生产率的药械，能够及时完成大面积的防治任务，消除了小农户缺少药械、不懂技术、不能安全作业的困难，这种植保经营形式值得推广。在大规模高水平劳动生产率的生产单位，为了减少病虫害，宜自备大型植保药械，在经济上是合算的。

植保作业方式可分为机组进入作业行内施药和机组不进入作物行内施药两大类。机组不进入作物行内的施药方式是由空中或田边向田内施药。这种施药方式的优点是，机组生产率高，特别适用于机组不易进入的田间（水稻田、密植作物田等）的情况；缺点是药的漂移量大，药剂的分布和附着较差。空中施药可采用农用定翼式飞机或直升机，适用于大面积作业。采用田边施药方式时，田块的宽度应小于机组喷药宽度的两倍，否则田块中央不能有效地施药，所以田边施药方式仅适用于小块田条件。

喷粉机组一般采用梭行法，喷雾机组采用套行法。施药是技术性和时间性都很强的作业，要有严格的作业工艺规程。必须保证施药量符合规定要求，因此，机组作业速度应保持稳定，不能任意机动变速。机组速度规范应为

$$v_{p}=\frac{600q}{B_{p}Q}\quad (km/h) \tag{2-12}$$

式中　q——机组每分钟的喷药量（kg/min）；

Q——规定的药量（kg/hm^2）；

B_p——机组作业实际幅宽（cm）。

为了保证喷药效果，喷雾作业不应在有露水时进行（喷粉作业可以在有露水时进行），机组在地头转弯时农药不得滴漏；在作业过程中应及时检查喷药量和喷药质量；喷药作业不应在有大风时进行，当风不大时应逆风向喷药。

喷药作业应注意人身安全。必须配备必要的劳保用品（如口罩、手套、风镜等），作业时应禁止吃喝，操作人员必须经过培训。药械用完后需要及时清洗干净，以防腐蚀。

四、灌溉作业工艺

我国灌溉面积占总耕地面积的40%以上，大大超过了世界平均水平。目前我国灌溉方式中，畦灌和沟灌占有较大比重。畦灌和沟灌投资较低，但费工多（平地、作畦、开沟、看水等用工），费水多，且不便于拖拉机田间作业。喷灌投资较大，但省水（可省近一半）、省工，并易于灌溉作业自动化，也便于拖拉机进行各种田间作业，特别适用于丘陵地、不平地块的灌溉，所以喷灌方式一般适用于高水平集约化和高水平劳动生产率的生产单位，当前在经济作物和蔬菜方面应用是较适宜的，值得推广。

喷灌设备可分为移动式系统、固定式系统和半固定式系统等。移动式系统利用率较高，作业成本较低，适用于一般作物；固定式系统应用于灌水周期短和灌水次数多的高产作物（如菜田等）。移动式喷灌机组，按其行走方法可分为直行移动式和绕行移动式。圆形喷灌机组是绕行移动式，对田块规划有特殊要求。田块形状最好为圆形，田块中心为水源设施（机井和提水设备等）。这种圆形田块规划方案将使其他各种作业都采用绕行法。直行移动式喷灌机组要求田块为矩形，适用于传统的田块规则。

固定式喷灌系统的动力机和水泵定点固定，干管和支管埋于地下，在支管上每隔一定间距立一竖管，管端装喷头。干管沿长边布置。如果地块较宽，可布置两条干管。干管和支管可埋在地下同一平面，也可以是干管在下，支管在上。干管和支管都要有坡降，便于向井内退水。半固定式喷灌系统的动力机、水泵和干管是固定式的，而支管和喷头则是移动式的，它的利用率较高，但拆卸和安装较费工费力。

第六节　谷物收获作业工艺

谷物收获工艺过程是作物栽培的关键环节，包括作物收割、脱粒、茎秆处理、运输、清选和贮藏。谷物成熟经历不同时期，随着成熟程度增大，籽粒充实而含水量降低，在蜡熟末至成熟适期收获后籽粒含水量为16%～20%。收获期不当则损失增大，过早收获籽粒不饱满影响质量，过晚收获则落粒损失大。在多数地区收获季节的气候条件下，收获适期一般为7～10 d，甚至为3～5 d，收获的谷物达到贮藏的安全水分（12%）的可能性很小，湿的谷粒是各种微生物（真菌、细菌）活动的温床，根据温度不同迟早是要霉烂的，因此，必须迅速采取干燥措施使谷粒降低水分。可见，收获工艺是多工序、时间紧、作业间联系密切、容易受气候不良影响的复杂过程。努力降低收获损失，确保谷物质量和安全贮藏，是收获作业工艺与组织的核心问题。

一、谷物收获工艺方法的合理选择

依自然、经济社会条件不同，各地机械化谷物收获工艺方法有较大差别，种类繁多。按进行收割、脱粒和初步清选的方式，可分为直接收获和分段收获两大类，与之相应，干燥工艺又可分为机械（热力、风力）干燥和自然（晾晒）干燥两种。

用联合收获机直接收获是基本的谷物收获方法。它的优点是：①在作物充分成熟的适期内快速、及时收回谷粒，能提高籽粒品质，减少不良气候影响，收获损失较低。谷物损失占收获量的百分率，联合收获机直接收获为0.2%～0.5%，而传统收获方法高达10%以上，用镰刀收割后再用拖拉机带石磙压场脱粒，损失率约为8%。②节省公顷工时消耗。联合收获机为2～5 h/hm^2，而简易收获机和脱粒机则为60～80 h/hm^2，镰刀收割和压场脱粒可高达120～160 h/hm^2。③节省出来的劳动力可以保证农忙季节的其他农事活动顺利进行。存在的问题主要是年利用率低，联合收获机作业折旧成本高，因此，在农艺上应注意安排品种使成熟期错开；在管理上可以开展跨区收获，多种作物收获，提高综合利用程度。

用割晒机和联合收获机分段收获的主要优点是能够提前收割，一般可提前5～7 d，即从腊熟初期或中期开始收割，将禾条在田间铺放晾晒3～5 d，利用作物的后熟作用使籽粒继续成熟，这样不但争取了时间，缓和了农忙季节的劳动力需求，而且作物落粒断穗损失较小，当用联合收获机捡拾脱粒时，由于作物已经晾干，生产率较高。所以，在配备有联合收获机的企业，也可以增配少量割晒机，使分段收获与直接收获相结合，以提高联合收获机的利用或减少联合收获机的配备量。

有的地方采用中小型拖拉机悬挂的联合收获机，由于割幅较窄，适合于小地块的收获。在机械化水平较低的各种收获工艺方法中，采用收获机收割小麦铺条晾晒，然后用拖拉机拉石磙压场脱粒，每小时可达3 t，生产率高、成本低，应用也颇为广泛。

在相当一段长的时间内，各地区收获谷物工艺方法仍将种类繁多，应因地制宜选用。

二、联合收获机直接收获作业工艺

应该为直接收获提供必要的农艺条件，例如，植株要矮，不易自然落粒，生长成熟一致，合理栽培管理以避免作物倒伏。对直接收获的农业技术要求主要有：收获应在最适当的收获期内快速完成，例如小麦应在蜡熟末期至完熟末期的 7～10 d 内结束；割茬高度应根据植株高低、稠密度、潮湿度和杂草状况，在 15～40 cm 内选择，割茬要大体一致；根据对茎秆处理的要求，或者粉碎抛散，或则收集成堆，以利于后续作业进行；认真进行各部调整，使损失率降至最低，籽粒破碎不超过规定，清洁度良好。

选择联合收获机应注意以下要点：与拖拉机配套的联合收获机投资少，其中跨越悬挂在轮式拖拉机上的自走式机组机动性较好，适合于规模不大地块较小的企业；自走式联合收获机割台前置，既适合于收获小的不规则地块，又适合于大面积收获和较大的喂入量；发动机功率应与喂入能力或割幅相匹配，在正常情况下，与拖拉机配套的联合收获机每米幅宽需要 16～22 kW，自走式联合收获机每米幅宽需要 22～25 kW（总功率的 1/3 左右用于行走）；在正确调整和使用时，收获总损失应不大于 1%～2%；最好有多种收割台和行走装置可供选择，以便综合用于多种作物收获。

直接收获作业前 10～15 d，应完成机具检修工作。除进行空转试运转外，应选择早成熟的地块，进行试割，进一步检查各部件工作情况以及改装部位是否正常，发现问题及时解决。同时要做好田地调查和地块规划。要组织领导、技术人员和操作者深入田间了解作物生长成熟情况，包括倒伏程度、植株高度、估计作物产量，以便拟定收获作业计划，包括收获期限、收获方法、人员、机具和运输工具组织，以及油物料零件准备。在地块开始收割前 3 d，应做好田间沟埂和进地道路的平整。为便于牵引式联合收获机开始作业，应事先沿地边用自走式联合收获机开出割道。在过长的地块上应按长边划分成两个区，留出卸粮运输车的通道。

从联合收获机将谷物卸到运输车辆上，有以下方法：联合收获机开到地边将粮卸到挂车里，这适合于小地块和单人作业；运粮车或拖拉机牵引挂车开到联合收获机旁，比较省时间，但需要附加的人员和车辆；在联合收获机行进中将粮卸在同步前进的运粮车里，这种车辆应能自卸，同时，应使之适当配合以保证联合收获机不致停车待卸。以上均为散装运输方法，有必要时也可以加装卸粮台，在行进中装袋卸粮。

联合收获机一般采用绕形法全割幅作业。在地角转弯可采用有环节 4 字形弯等 90°转弯，为了减少转弯时压倒作物和漏割损失，也可在收获小区先打出 V 形割道，见图 2-11。

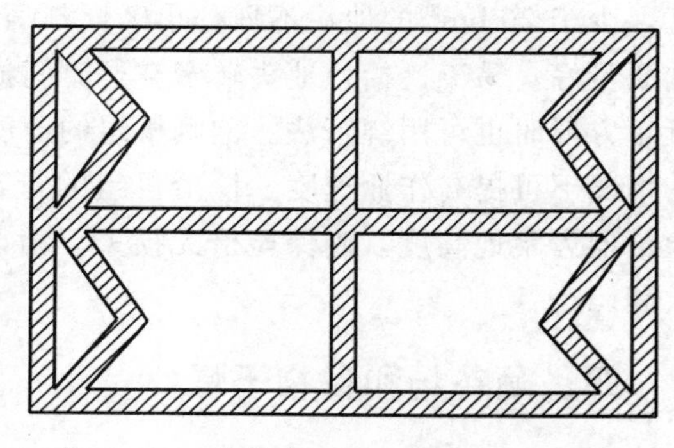

图 2-11　收获小区的 V 形割道与卸粮道

联合收获机的生产率受行驶速度、收割幅宽、发动机功率、谷物产量和谷草比、地块大小和长度的影响，也受运输组织工作的制约。如果谷物倒伏，杂草多，作物潮湿，均将使生产率降低。

由联合收获机最大喂入能力确定的机组作业速

度 v_p 可由下式求得

$$v_p=\frac{36\,000Q_{max}}{B_p h\ (1+\delta_k)}\quad (km/h) \tag{2-13}$$

式中 Q_{max}——联合收获机最大喂入能力（kg/s）；

h——谷物产量（kg/hm^2）；

δ_k——谷草比，即茎秆与谷粒的质量比；

B_p——机组作业实际幅宽（cm）。

在作物产量高的情况下，联合收获机仍应尽可能满幅作业，这时宜降低作业速度并适当增大割茬高度。经验表明，不满幅作业将引起割台损失增大，割道不整齐，造成空行增加。实际生产中，应根据作物适度选用速度，一般是“早晚慢，中午快”，机动变速。

开始收割或转移地块后，都应及时检查收获质量，发现问题及时进行机具调整。①收割台工作质量。检查割茬高度、拨禾轮打掉的谷粒、穗头以及未割到或从收割台下的穗头，将每平方米内损失的谷粒质量减去自然落粒质量，即可求出公顷收割损失总量。②定期检查脱谷和清选工作质量。同时检查 3～5 s 内茎秆升运器卸下的茎秆、第一清洁室出口处的颖壳、进入粮箱的粮食，分出茎秆中的谷粒、未脱净穗头的谷粒、颖壳中的谷粒。茎秆中谷粒数与进入粮箱的谷粒数相比，即为分离损失；未脱净的谷粒数与进入粮箱的谷粒数相比，即为脱粒损失；颖壳中谷粒数与进入粮箱的谷粒数相比，即为清选损失。

收获期间人员工作时间较长，要切实遵守机车保养和安全防火规则。严禁任何人在田头地头躺卧休息。严禁在收获机上或成熟了的作物附近吸烟、用火。

三、联合收获机分段收获作业工艺

应该选择土地平坦、株高 60～80 cm 的地块，在作物腊熟初期或中期进行收割。割晒留茬高度一般为 18～22 cm，使割茬能将禾条架空，以便于通风晾晒和捡拾。禾条应铺放整齐均匀，厚度应为 20～25 cm，穗与茎秆搭接约与割晒机行走方向呈 10°～25°。晾晒 3～5 d 后，大体上籽粒含水量已降到 15%，即用联合收获机捡拾。

收割前的地块准备与联合收获机直接收获相类似，一般按割晒机组 1～2 d 工作量划分区，少于 20 hm^2 的地块不划分小区。割晒机组宜采用直行法和绕行法。直行法收割禾条放铺质量好，易于捡拾，地头转弯空行时间损失一般为 10%左右；地块长度小于 400 m 且接近正方形时也可用绕行法。割晒机组的速度可高达 7～9 km/h。在地面平整、操作技术熟练的情况下可提高作业速度。捡拾机组的行走方法和割晒时相同。要根据禾条距地间隙调整捡拾器齿距地高度，确保捡拾无损失。由于禾条已较干燥，捡拾机组作业速度可高于直接收获。

四、晒谷场和谷物干燥

收获的谷粒含水量一般高于安全贮藏标准（12%～13%），且尚需进一步清洁，因此，根据收获季节的气候条件，要采取进入晒谷场晾晒清粮，或者用机器设备加以干燥，以避免收获损失。

晒谷场应建在地势高燥且地下水位低的地方，其面积可按主栽作物收获面积概算，通常每公顷收获面积需 6 ㎡晒场，其中一半用于晾晒已清洁的粮食。其工作程序大体是：过称及卸粮入场；第一次清粮去杂；晾晒；第二次清粮及出场，并及时清除、收集杂余物。如果气候条件不好，晒谷场可能构成对收获进度的约束。例如，有时连阴或时阴时雨，晒场无法晾晒时，收获即使在天气转晴后也要等 1～2 d 才能进行，容易贻误收获时机。同时，由于晾晒过程中破碎、塌底、苫盖不及时以及集堆发热而至霉烂损失，损失量可达总量的 3%。因此，近年来机械干燥方法应用广泛。

采用机械干燥的作业方法，则干燥成为收获—运输—干燥—贮藏系统的组成部分。干燥是最常用的防霉烂和长期贮藏的措施，其基本原理是在一定时间后使谷粒和周围空气的湿度达到平衡。通常谷物干燥到空气平衡湿度 65%以下时，谷物含水量降到 13%～14%以下，即可以安全贮藏，若要长期贮藏，含水量尚需降至 11%～12%，视作物种类而定。干燥空气的相对湿度一定要低于平衡湿度，差值越大，空气干燥的能力越强。为了提高空气干燥的能力，需要将空气加热。但热空气的温度不能随意提高，以免谷物遭受热损伤，降低养分价值和发芽能力。当谷物含水量（湿基）低于 18%、为 18%～20%和高于 20%时，相应的干热空气温度不得高于 45 ℃、40 ℃和 36 ℃；如果谷物用作饲料，该温度可提高 10～15 ℃。

干燥机可以昼夜作业，因此仅需按收获作业的小时进度的一半来估算其每小时生产率，但需要附近一个相当规模的湿作物贮存仓以贮存在白天结束时的剩余的待干燥收获物。干燥机每小时处理能力，指的是在标准条件下（大气干球温度 20 ℃，相对湿度 70%）把含水量 20%（湿基）的谷物干燥到含水量 15%，其小时烘干量据各地区主栽作物产量的不同，分为 10 t、15 t、25 t、30 t 和 40 t 等。每台烘干机的可控物的谷物量可按下列数据估算，每天开机 20 h，一个烘干生产周期为 15～20 d，以各地收获季节气候而定。如果全部采用机械干燥，则某企业所需的干燥能力可由下式估算：

$$W_{干}=\frac{A\lambda h}{1\,000Tt}\quad (\mathrm{t/h}) \tag{2-14}$$

式中　$W_{干}$——所需的干燥能力，又称小时烘干量（t/h）；

A——耕地面积（$\mathrm{hm^2}$）；

λ——主栽作物播种面积比例；

h——主栽作物单产（$\mathrm{kg/hm^2}$）；

T——烘干生产周期（d）；

t——每日工作小时（h）。

采用机械干燥，可以使收获后的谷物损失控制在 1%以内，而且谷物等级可以比晾晒的平均高 0.125～0.25，因此，经济效益是较好的。但是干燥设施的服务半径应不超过 15～30 km，以便于运输和节约运力。

复习思考题

1. 如何合理选择机械化作业方法?
2. 田间不同作业的行走方法对作业质量及生产率有什么样的影响?
3. 土壤耕作有哪些形式?各有何优缺点?如何选择?
4. 如何调整和控制播种量?
5. 如何控制联合收获机作业时的速度?
6. 我国农业灌溉常用的方式有哪些?各有何优缺点?

知识拓展

耕整地作业工艺

播种工艺方法

田间管理作业工艺

第三章　北方旱地雨养农业生产机械化

第一节　我国旱地农业生产条件

一、干旱与旱农区

干旱是一种自然现象，也是世界性问题。在英美大百科全书中，对旱地农业即“旱农”有如下定义：“旱农是指在有限降水，典型的是在年降水量少于 500 mm 的地区，不采用灌溉而种植作物的农业”。全国科学技术名词审定委员会对“旱农”的定义为：“干旱、半干旱和半湿润易旱地区，依靠天然降水，运用旱作农业技术措施，发展旱生或抗旱、耐旱的作物为主的农业”。

干旱、半干旱及半湿润易旱地区的气候特点是，降水较少，蒸发量常大于降水量。

世界各国划分各类旱作区的标准不一致。以年降水量为标准划分，年降水量在 250 mm 以下的地区为干旱区，年降水量在 250～450 mm 的地区为半干旱区，年降水量在 450～600 mm 的地区为半湿润偏旱区。

旱地范围很广，包括了 50 多个国家和地区。世界上的基本作物，如小麦、高粱、谷子等大部分种植在旱地上。世界总耕地面积约 14 亿 hm^2，其中具备灌溉条件的不足 15%，而 85%以上的耕地都是靠天然降水来从事农业生产，即雨养农业。其中约有 6 亿 hm^2，位于年降水量 500 mm以下的干旱、半干旱地区，约占雨养农业的 50.4%左右，这些地区都是许多农作物，特别是小麦、大麦、高粱的主产区。因此旱农研究一直是世界性课题。

干旱不仅与降水有关，还与蒸发强度密切相关。降水少蒸发小，干旱并不严重，降水少蒸发大才最干旱。用反映降水与蒸发两个指标的干燥度，能更科学地表明干旱情况。

干燥度也叫干燥指数，在地理学和气候学领域，其定义为可能蒸发量与降水量之比，表征气候的干燥程度，一般可用下式表示：

干燥度＝年潜在蒸腾量/年降水量

如山西古县年降水量 550 mm，潜在蒸腾量 1 800 mm，则干燥度为 3.27。

1991 年联合国环境署按湿润指数（干燥度倒数）把世界干旱区分为四个地带（表 3－1）。

我国是主要的干旱国家之一。干旱、半干旱及半湿润偏旱地区的面积占国土面积的 52.5%。旱地是相对水田而言，旱地农业包括灌溉农业和旱作（即雨养）农业两部分。本章讨论旱作农业，灌溉农业放在第四章讨论。我国北方旱作农业耕地面积约 3 300 万 hm^2，主要分布在昆仑山、秦岭、淮河以北的 16 个省份。

表 3-1 世界干旱区的划分

地　带	湿润指数	干燥度
极端干旱	＜0.05	＞20
干旱	0.05～0.2	5～＜20
半干旱	＞0.2～0.5	2～＜5
半湿润	＞0.5～0.65	1.53～＜2

二、旱作农业生产

北方旱区一般降水少、气温低、风沙大、自然条件恶劣，经济比较落后，产量低而不稳，粮食单产平均不到 2 t/hm^2。特别是这些地区水土流失和风蚀沙化十分严重，再加上不合理的耕作制度和人为破坏，导致了旱区"旱、薄、粗、穷"局面的出现。

图 3-1 西北黄土高原干旱贫瘠的土地

图 3-1 所示为典型的西北黄土高原干旱贫瘠的土地。

但是，旱区农业生产也有优势所在：地域辽阔、土层深厚、人均面积大、光照时间长、开发潜力大。以小麦、玉米生产为例，20 世纪 90 年代光温生产潜力的开发仅 13%左右，降水生产潜力开发 27%左右（表 3-2）。（光温生产潜力，指在农业生产条件得到充分保证，水分、CO_2 充分供应，无不利因素的条件下，理想群体在当地光、温资源条件下，所能达到的最高产量；降水生产潜力，指给作物提供除光温和降水外的一切最好生长条件，如充分的肥料供应等，所能获得的最高产量。）

表 3-2 几个典型地区生产潜力开发程度（t/hm^2）

作物	项目	半湿润偏干旱（山西屯留）	半干旱（甘肃定西）	半干旱偏旱（内蒙古武川）	平均
小麦	光温生产潜力	12.76	11.38	9.765	
	降水生产潜力	8.31	3.84	2.43	
	现实生产水平	2.52	1.395	0.75	
	降水生产潜力开发程度/%	30.3	36.3	30.87	32.5
	光温生产潜力开发程度/%	19.75	12.25	7.68	13.2
玉米	光温生产潜力	16.26	7.47	6.375	
	降水生产潜力	12.89	3.27	3.33	
	现实生产水平	3.22	0.81	0.405	
	降水生产潜力开发程度/%	25	24.7	12.16	20.6
	光温生产潜力开发程度/%	19.8	10.8	6.35	12.3

资料来源：王立祥．1993. 中国北方旱农地区水分生产潜力及开发。

无灌溉条件的旱农地区还谈不上光温潜力的充分开发，但利用好天然降水，把降水生产潜力开发程度提高是完全可能的。如能提高5%～10%，产量即可提高20%～40%。分析开发程度不高的原因，一是没有很好的蓄水保墒，水分流失大、无效蒸发大；二是土壤肥力不足、结构欠佳，不能利用好有限的水分；三是耕作管理粗放；四是品种、种植制度等问题。

传统的北方旱作农业以铧式犁翻耕为主（近年来多用旋耕），裸露休闲。春作物（玉米、大豆、春小麦等）的作业工艺为春整地（浅翻、耙、压）、播种、田间管理（间苗、除草、追肥、中耕）、秋收获、秋翻耕、冬休闲；冬作物（冬小麦）的作业工艺为秋整地（浅耕、旋耕、耙）、播种、作物越冬、田间管理（除草、追肥、治虫）、夏收获、翻耕、夏休闲。北方旱地传统的机械化耕翻、整地、播种见图3-2、图3-3和图3-4。

翻耕是使用犁等农具将土垡铲起、松碎并翻转土壤的一种耕作方法。在世界农业中的应用历史悠久，应用范围广泛。中国约在2 000多年前就已开始使用带犁壁的犁翻耕土地。

翻耕的主要作用是可以将一定深度的紧实土层变为疏松细碎的耕层，从而增加土壤孔隙度，以利于接纳和贮存雨水，促进土壤中潜在养分转化为有效养分和促使作物根系的伸展；可以将地表的作物残茬、杂草、肥料翻入土中，清洁耕层表面，从而提高整地和播种质量，翻埋的肥料则可调整养分的垂直分布；此外，将杂草种子、地下根茎、病菌孢子、害虫卵块等埋入深土层，抑制其生长繁育，也是翻耕的独特作用。但在干旱情况下翻耕，常因下层湿土被翻到上面，地表裸露，耕后土壤处于疏松状态，易引起水蚀或风蚀。

图3-2　传统耕作：铧式犁翻耕

图3-3　传统整地：圆盘耙耙地

图3-4　传统耕作：机械播种

我国需要研究和推广适合旱区条件的保水保土耕作方法，发展机械化可持续旱地农业。

第二节　我国典型的抗旱耕作方法与机械化旱地作业体系

我国抗旱耕作历史悠久，最早起源于公元前1 000多年的西周时代。几千年的历史，从成功与失败中发展了不同的抗旱耕作方法，积累了丰富的经验。其中最为典型的是畎亩法和代田法，畎亩法起源于先秦，代田法是在畎亩法的基础上由西汉中期农学家赵过所发明并推广的一种耕作方法。畎亩法与代田法与今天的垄作法和沟播法类似。新中国成立以来，各地组织了大量人力物力加强试验研究和推广应用，吸取传统抗旱耕作方法的精华，结合现代理论、技术与工程手段，形成了不同的抗旱耕作方法与一些机械化的旱作技术体系，适合不同类型区的机械化抗旱耕作模式正在形成。

一、几种典型的抗旱耕作方法

1. 垄作法　是一种在东北地区行之有效并沿用至今的增温抗旱防涝耕作法（图3-5），有数百万公顷的应用面积。垄作法的垄高20～30 cm，宽45～70 cm，作物生长于垄台上。传统的垄作法有以下几种主要种植形式：第一种是秋季收获后翻耕或旋耕，翌年春天整地后起垄，再在垄上播种；第二种是先平播，出苗后追肥（撒施），用铧犁在行间作业起垄，同时完成除草任务；第三种是常年保持垄形，播种时在垄台上刨去作物根茬、原垄开沟播种或用犁铧破开垄台、把土分向两侧、两侧播种后再把破茬沟内的土覆向种床，旧垄变沟、旧沟成垄、换垄播种。一般换一次垄后，可连续两年原垄播种。垄作不仅提高地温、春抗旱、秋防涝，还可以减少风蚀水蚀、增加产量。据宁夏农林科学院试验，垄作比平作增产10%～15%，土壤风蚀量减小90%以上。缺点是整地起垄土壤破坏大，易损失土壤水分；苗床粗糙不平；原垄播种难度大，质量不易保证。我国辽宁、内蒙古、宁夏、黑龙江等地应用较多。

2. 沟播法　在西北地区大量采用的一种抗旱耕作法（图3-6）。播种时使用带分土装置的开沟器，先分开表层干土，然后在湿土上开沟播种、覆土镇压，种子播在沟里，两边是干土堆成的垄台；或播种前先开出沟垄，直接在沟里开沟播种。沟播法将表层干土分开，种子播在沟内土壤含水量较高处，有利于出苗。沟播机多为复式作业机械，一次完成分土起垄、施肥、下种、覆土、镇压作业。甘肃曾以沟播作为发展旱作农业的突破口，推广机动沟播机和畜力沟播机进行沟播作业，粮食增产效果显著。实践总结出沟播的优点为：①沟深垄高，蓄纳雨雪，土壤含水量高；②深播浅覆，种子播在湿土上；③通风透光，成穗率高；④减少风蚀，平抑地温。

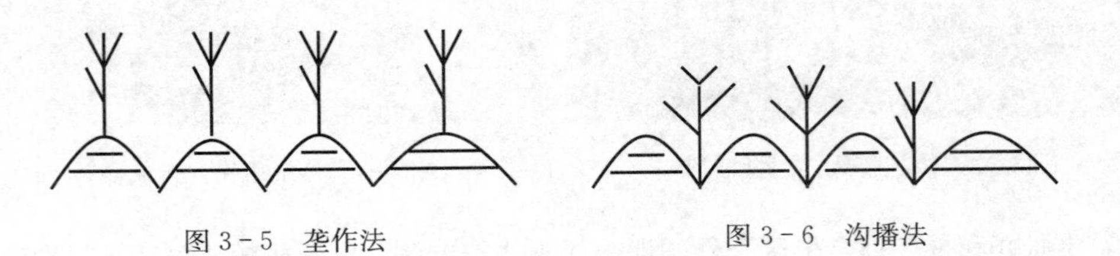

图3-5　垄作法　　　　图3-6　沟播法

3. 沙田法　是一种用沙及沙石为覆盖物的特殊耕作法（图 3-7）。它可以减少土壤水分蒸发，提高土壤含水量。据报道，春旱时沙田土壤含水量 13.8%，能满足播种出苗，而土田仅为 7.2%，不能播种。沙田还能防止土壤的水蚀风蚀，减少病虫害等。一般年份，沙田谷物产量比土田高 1～3 倍。该法历史悠久，有明显的抗旱增产作用。但修 1/15 hm^2 沙田要耗上百个人工，才可保持 10～20 年。劳力消耗太多，生产力水平低和不易机械化，因而主要在甘肃西部沙石资源具备的地方有一定面积，进一步发展受到限制。

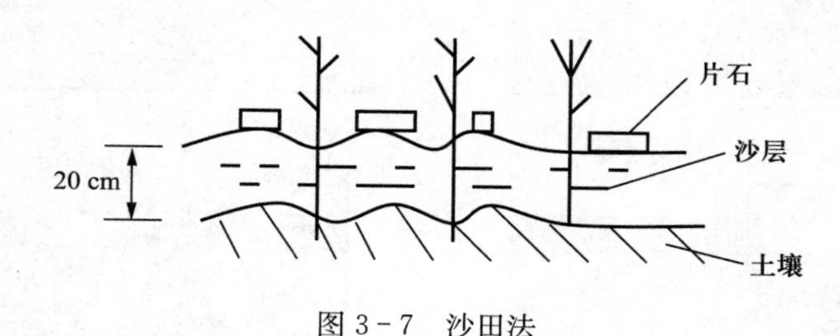

图 3-7　沙田法

4. 蓄水聚肥改土耕作法　也叫抗旱丰产沟，20 世纪 70 年代中后期开始推广应用，山西省水土保持科学研究所研究成功，在山西等省推广较多。它吸取了沟垄种植，聚肥聚水耕作之长，把旱地上有限的水、肥资源集中使用，增产效果明显。在坡地上，还可以有效地减少径流，控制水土流失。

实施蓄水聚肥改土耕作法，首先将有机肥均匀撒施地表，从地边（坡耕地从坡底，并沿等高线）开始，留出一个垄宽，将第一个沟内的表层肥土（约 15 cm）翻到内侧备用；将沟内生土取 20 cm 翻到外侧（成垄）；沟内松土 15～20 cm；将第二条垄和第二条沟宽度内的表层熟土填入第一条沟内，形成第一条丰产沟；隔一垄宽度将第二条沟内的生土取 20 cm 翻到第二条垄上，形成第二条垄；在第二条沟内再松土 15～20 cm；再将第三条垄和第三条沟上的熟土部分填入第二条沟内，形成第二条丰产沟。以此类推，完成全部地块作业（图 3-8）。

蓄水聚肥改土耕作法形成的沟、垄宽度可根据各地自然条件和种植作物确定，以山西省为例，试验研究后优选出的结果为：①种植粮食作物，沟、垄宽分别以 46 cm、34 cm 为宜。每条种植沟种 3 行密生作物，如小麦、谷子等，或播种 2 行疏生作物，如玉米、高粱等。②种植蔬菜、棉花等，沟、垄宽分别为 60 cm、40 cm，每沟 2 行。适应北方旱地农艺栽培制度。

蓄水聚肥改土耕作法有很强的水土保持功能。山西省水土保持科学研究所在中阳县的观测结果表明，1981 年后的 9 次径流，产流降水量为 330.3 mm，在 16°坡地上，蓄水聚肥耕作法无水土流失，而对照田水分流失 970 t/hm^2，冲走表土 254 t/hm^2。

蓄水聚肥改土耕作法能够加深耕层，肥料集中使用，多蓄水，所以产量高，尤其是干旱年份效果更加显著，如 1991 年山西省岚县遇到了百年不遇的大旱，从 6 月 10 日到 9 月 14 日，降水 13 次共 38.6 mm，仅为历年同期降水量的 1/7，全县 2.73 万 hm^2 粮田中，绝收面积 1.24 万 hm^2，收 2～3 成的 1.09 万 hm^2。而在 19 个乡镇示范推广的 266.6 hm^2 蓄水聚肥改土田作物，平均产量达到 7 028 kg/hm^2，较对照田增产 3.68 倍。

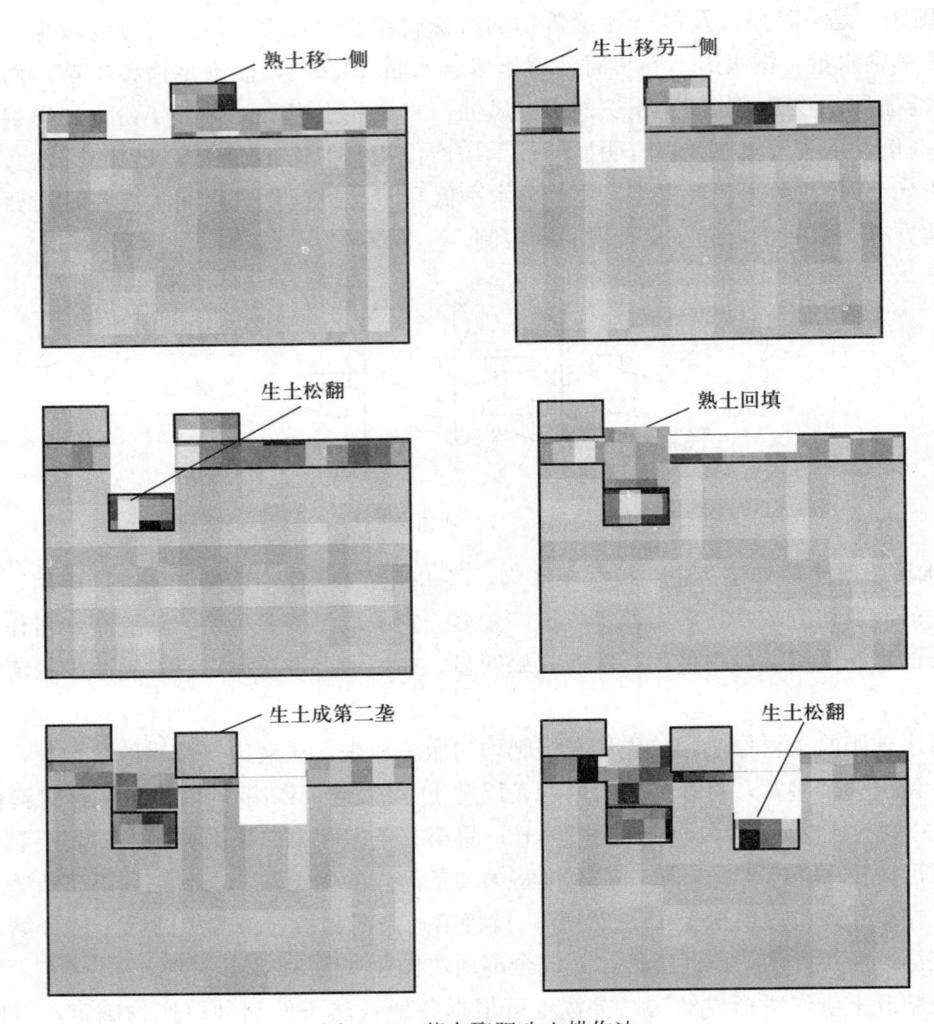

图 3-8　蓄水聚肥改土耕作法

这种耕作法的不足是耗用人工多，土层移位全部需要人工完成，即使是配合畜力或机械作业，也只能完成松土以减小人工的劳动强度。

5. 深松法　是一种只松土而不翻转土层的抗旱耕作法。新中国成立后在黑龙江、辽宁、宁夏等地应用广泛。深松分全面深松与局部深松或间隔深松，前者消耗功率大，多用于配合农田基本建设或耕层改造。局部深松或间隔深松既能打破犁底层，又节省能耗，蓄水增产效果比较明显。我国目前使用的深松机主要有单柱式和全方位桁架式两种，也有一些地区把铧式犁的犁壁取掉，用无壁犁进行深松。单柱铲式或凿式深松机（图 3-9）主要用于沟垄种植中进行间隔深松；全方位深松机主要用于小麦等平播作物的全面深松或配合农田基本建设的耕层改造。北京农业工程大学研制的全方位深松机见图 3-10，该机能全面松土、土壤细碎、耗功少，深受欢迎，已推广数百万公顷面积。

图 3－9　间隔深松机

图 3－10　东方红－75 拖拉机配套的全方位深松机

松土铲局部深松的土壤剖面见图 3－11。图 3－11（a）所示为一般的凿型松土铲间隔深松，图 3－11（b）所示为带翼的凿型松土铲，可做到表层全松，底层间隔松。黑龙江省农业现代化所试验测定结果表明，应用局部深松，耕层有效水分增加 4%～5.6%，渗透率提高 13%～40%，粮豆增产 10%左右。

随着对翻耕的弊端的认识越来越深，深松已经成为一种重点发展的耕作技术，近年来不断涌现出包括振动深松机在内的各种新型深松机，在旱作农业生产中发挥的作用越来越大。但深松只是一项作业，不足以形成良好的种床，一般还需要进行耙地、旋耕等表土作业。

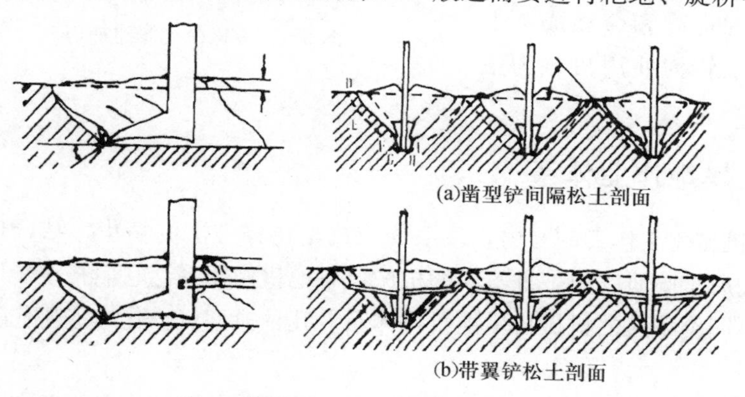

图 3－11　深松作业剖面

全国农机深松整地作业实施规划（2016—2020 年）

6. 覆盖抗旱耕作法　地表覆盖是半干旱区广泛推广的一项旱作保墒技术。覆盖材料可因地取材，传统上有草肥覆盖、作物残茬覆盖等，近年来又大量发展了塑料薄膜覆盖。覆盖可以减少蒸发、增加土壤墒情，应用在干旱地区能较大幅度地提高作物产量。草肥覆盖是利用牧草、枯草、落叶和植物性废弃物对耕地进行覆盖。作物残茬覆盖，则是利用作物籽粒收获后的秸秆及残茬进行覆盖，两者具有大致相似的效果。但草肥来源有限，收集运输也比较困难，大量使用的还是作物残茬。不翻耕土地，把作物秸秆和根茬留在地表覆盖，特别是作物根茬可以像船锚一样把土壤抓住、固定在一起，从而有效地防止水蚀、风蚀，减少沙尘暴。塑料薄膜覆盖除保墒外，还有较好的保温效果，在寒冷地区能延长生育期，增产作用明显。由于塑料薄膜成本高，20 世纪 80 年代开始时，多用在棉花、瓜菜、药材等经济作物上，从 90 年代中后期开始，随着超薄型塑料薄膜出现，已在马铃薯、玉米等大田作物上大量推广。铺膜种植存在的问题是成本较高，残膜回收困难，残膜积累引起白色污染。

7. 梯田法 梯田是治理旱坡地水土流失、保持土壤养分的重要工程手段之一，广泛应用于我国黄土高原地区和西南地区。坡地改为梯田后，可大大减少径流速度，增加水的入渗时间，梯田的地埂可以拦蓄田面下流的雨水，据测定每公顷梯田可拦蓄地表径流 50～270 m^3，一次可拦蓄 150 mm 大小的暴雨径流。修整好的梯田地面平整、连片，便于耕作和管理。

梯田有水平梯田、坡式梯田、隔坡梯田和反坡梯田等。各类型的选择，主要以地形、坡度而定，同时考虑土壤质地、雨量大小、水源状况、距村庄的距离、机耕难易程度等。按地形、坡度而论，丘陵地区，一般在坡度 7°以上、25°以下的坡上可修水平梯田和隔坡梯田；山地或沟边有石料的地区，可修石坎或土石坎梯田；在黄土丘陵、黄土高原地区则多修土坎梯田。修建梯田需要耗费的人力、物力大，特别修建田面较宽的梯田，需要劳力更多。近年来，随着梯田建设标准的提高和劳动成本上升，梯田建设已由人畜力为主转为使用机械为主（图 3－12）。

图 3－12　机械化修建梯田

二、几种典型机械化旱地作业体系

经过 40 多年，几代农业机械化工作者的努力，汲取传统抗旱耕作方法的精华，结合现代耕作技术与机械化手段，已经先后试验研究出一批不同的机械化旱地耕作体系。它们将逐步取代传统的耕作体系，形成适用于不同类型区的机械化旱地耕作体系。几种典型机械化旱地耕作体系介绍如下。

1. 粉、翻、压、播机械化旱地作业体系 从 1979 年开始，山西省农机局、山西省农业科学院开始在晋东南进行机械化旱作农业试验。经过十余年的努力，最终形成一套由秸秆粉碎还田、深翻、镇压、机播四项作业组成的玉米机械化旱地作业体系。

（1）粉——秸秆粉碎还田。运用玉米联合收获机或秸秆粉碎机，将含有较高养分和水分的鲜秸秆及时粉碎，待下道工序深翻入土，增强土壤肥力和保墒能力。

也可采用整秆还田技术，即不进行秸秆粉碎处理，直接进行下一项作业深翻。

（2）翻——深耕深翻。每年伏秋两季，用东方红- 75 型履带式拖拉机进行 27～30 cm 的深耕，随即平整耙压，增厚活土层，增加蓄水容量，达到伏雨春用，春旱秋抗。

若采用整秆还田技术，需注意顺垄入土，以保证较好的秸秆翻埋效果。

(3) 压——适度镇压。用能够调整重量的滚筒式镇压器（滚筒内可加减填料），根据土壤墒情，在玉米播前或播后进行机械镇压，提高土壤紧实度，调动深层水分向表层补给，起到提墒保种的作用。

(4) 播——机播。按照作物品种，配置适宜型号的播种机，达到播量适度，佳期下种，密度均匀，深浅一致，出苗整齐。

山西省屯留县王公庄村使用这种方法，玉米产量由 2 400 kg/hm^2 提高到 7 500 kg/hm^2，比该县的平均产量高出 1 倍以上，比全省的高 1.5 倍。土壤有机质逐步提高。该法用深翻松土，有利作物根系发育；机播增加玉米株数，由人畜力的 37 500～52 500 株/hm^2，增加到 60 000～67 500/hm^{2}株，播种均匀度提高；使用直径 1 m、宽 2 m 的大圆筒形镇压器镇压提墒，提供发芽需要的水分；秸秆粉碎还田，补充土壤有机质。秸秆还田必须深耕翻埋，土壤中的茎秆架空种子，又必须用镇压来消除，四项作业相辅相成。它所形成的玉米旱地作业机械化体系，已经较大面积推广。存在的不足是铧式犁翻耕土壤，失墒严重，水分蒸发和流失较大，有必要探求更完善的体系。

2. 机械化翻、松、耙茬旱地轮耕作业体系　黑龙江双城市从 1984 年开始，按照当地的农业生产规律和自然特点，充分利用有限的天然降水，发挥机械的主导作用，逐步形成了平翻、深松、耙茬相结合的 3 年一循环的机械化旱地轮耕作业体系。

第一年：

平翻：耕深 18～22 cm，主要应用于麦、麻、谷、高粱茬和部分玉米茬。

配套机具：1LD－4－35 型重型悬挂四铧犁。

机播：应用半精量播种机播种，同时侧深施肥，播后镇压。

配套机具：2BT－2 型通用单体播种机，V 形镇压器。

深施化肥：结合中耕深施底肥。

配套机具：2BY－6 型中耕播种机改装。

第二年：

深松：在玉米出苗后进行，行间深松、松土深度为 25 cm。

配套机具：1LZ－770B 型悬挂垄作七铧犁。

机播：同第一年。

深施化肥：同第一年。

第三年：

耙茬：对有深松或平翻基础的地块，作物收获后或早春进行，耙茬后原垄播种。

配套机具：1ZG－4 型根茬粉碎整地机。

机播：同第一年。

深施化肥：同第一年。

通过以上措施，使有限的降水得到保持和利用，实现了用地养地结合，从而提高了粮食产量，降低了油耗和成本。与传统年年翻耕相比，由于采取了“三三轮作制”，减少翻耕作业量，公顷耗油降低 7.2 kg，公顷成本降低 34.5 元（1993 年价格）。1991 年全面推广，增产节支效果显著。

3. 机械化地膜覆盖作业体系 地膜覆盖作业技术是采取农用塑料薄膜覆盖在地表，实现保水、增温、增产的旱地作业技术，是干旱地区增温、保墒、改善农田生态环境的重要手段之一。现代地膜种植是 1978 年从日本引进的，首先在蔬菜上进行试验研究，全国 4 个省、自治区、直辖市试验了 44 hm^2，当年供试的十种蔬菜均得到了早熟、高产、优质、增收的明显效果。通过 1980—1982 年 3 年的农艺技术、地膜和铺膜播种机具研究。大面积试验示范，至 1982 年覆盖面积达 12 万 hm^2。覆盖作物从蔬菜发展到棉花、花生、水稻育秧、瓜类、糖料等多种作物。1983—1992 年的 10 年间，我国地膜覆盖种植面积平均每年以 46 万 hm^2 的高速度向前发展。20 世纪 90 年代以来，我国地膜覆盖作物由高附加值的经济作物向低附加值的粮食作物发展，地膜覆盖面积迅速增加，1994 年以来，覆盖面积稳定在 530 万 hm^2 左右，高居世界首位。

地膜覆盖种植不仅对我国农业耕作制度改革、种植结构调整和高产优质高效农业的发展产生了重大而深远的影响，而且对千百万贫困农民脱贫致富奔小康也做出了直接贡献。但地膜覆盖劳动量大，农时紧迫，大面积推广应用对机械化也提出了迫切的要求。

经过多年发展，铺膜种植技术正在不断完善，所需的铺膜播种机械也有了很大的发展，图 3－13所示为西安农业机械厂生产的 6 行大型铺膜播种机，图 3－14 所示为与小型拖拉机配套正在作业的铺膜播种机。但是，由于对残膜所造成的危害认识不足，残膜回收技术和机械的研究开发严重滞后，被誉为“白色革命”的地膜覆盖技术，在创造出可观的经济和社会效益的同时，也带来了严重的“白色污染”。在推广普及地膜覆盖技术的过程中，如不进行残膜的回收及处理，将严重影响农业的可持续发展。

图 3－13　6 行大型铺膜播种机

图 3－14　小型铺膜播种机在作业

在地膜覆盖作业推广较早的地区，如新疆、内蒙古等地残膜回收机械的研究已取得较大的进展。铺膜作业体系复杂多样，从种子位置分，有膜下播种和膜侧播种两类；从打孔时间分，有铺膜、播种、打孔同时进行和先铺膜、出苗后再打孔两种；从残膜回收时间分，有苗期回收、收获前回收、犁耕时回收和播前整地时回收四种；从残膜回收的工作原理上看有搂集式、揭膜式、捡拾式等，从而组成不同的地膜覆盖作业体系。机械化地膜覆盖作业技术推广中存在的主要问题：一是铺膜播种机如何适应不同条件下的铺膜播种要求；二是残膜回收所需关键机具的研究。图3－15所示的是新疆生产建设兵团研制的与小拖拉机配套的单幅残膜回收机。

4. 机械化沟播作业体系　沟播种植主要是在西北干旱地区农民精耕细作的种植技术基础上逐步形成的。山西新绛机械厂生产的6行（3沟）沟播机（图3－16），能一次完成播种、起垄、施肥、镇压等多道作业工序，形成沟垄相间的地表。其特点如下：

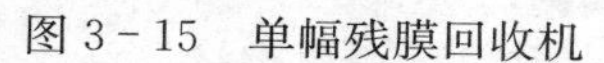

图3－15　单幅残膜回收机

图3－16　沟播机在作业

（1）开沟前将表层4～5 cm厚的干土层推向两侧再开沟播种，播深比平播加深了4～6 cm，实现深开沟、浅覆土，有利于保墒出苗。

（2）种肥分层施放，种子与化肥不相接触，利于种子发育。

（3）随播随压，不仅可以碎土清沟，而且可以达到提墒、保墒的作用。

（4）播种后由于有垄背挡风，沟内温度较高，如有降水时集中于沟底，有利于将降水积蓄在土壤中。

根据甘肃、陕西、山西、内蒙古等地的经验，在旱地沟播小麦比平播早出苗1～2 d，出苗率提高10%～20%，平均增产15%以上。

沟播种植机械化模式，除了应用于旱农平原区外，也应用于山地、川塬台地。如实行山地水平沟播种植机械化模式和川塬台地垄沟种植机械化模式。山地水平沟播种植机械化模式是沿山坡地等高线横向开沟，把作物种植于沟底，用垄拦泥保土，沟底蓄水保肥。

甘肃省庆阳地区农业机械管理局从1990年开始，为提高旱地综合生产能力和抗御自然灾害，积极引进沟播机械，并逐步在全区八县市推广，取得了显著的增产效果。

5. 行走式补水种植机械化体系　行走式补水种植机械化模式是一种适合严重缺墒旱作区使用的种植模式。在严重缺墒旱作区，播种时由于土壤含水量达不到种子发芽的最低要求，直接播种后种子不能出苗。另外，即使出苗后，如遇不到及时降雨，幼苗也会干死。所以，要求播种时施水播种，出苗后根据需要补墒，以保证严重缺墒旱作区粮食的基本产量。它也是传统上农民挑水下种、挑水浇苗抗旱的习惯的扩展，但利用了已有的拖拉机为动力，在拖拉机或播种机上安装水箱，边播种边施水，或者是用拖拉机运水、进行浇水保苗的种植技术。

补水种植机械化于 20 世纪 90 年代中期才起步，进展较快，已研制出穴播穴灌机、条灌条播机（图 3-17）、悬挂式卷管灌溉机等。为了在水分充分渗入土中之后再下种，以免种子漂浮，施水播种机开沟器的护板一般做得比较长（图 3-18），以便挡住回土，给水分足够的渗透时间，还能提高作业速度（图 3-19）。

图 3-17　中国农业大学研制的条灌条播机

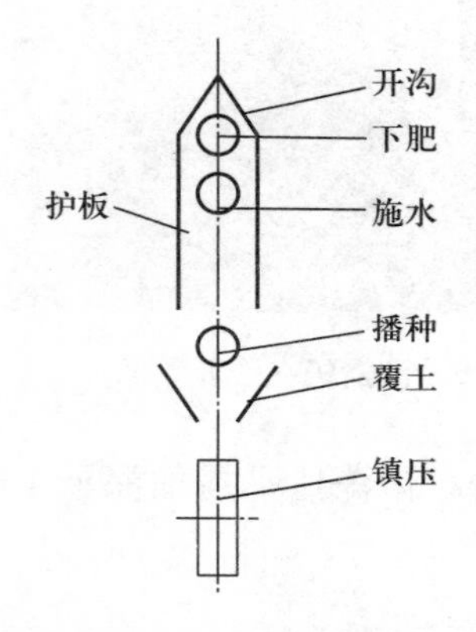

图 3-18　施水播种机开沟器各部分功能

图 3-19　卷管式浇水保苗机在作业

在干旱的西北地区，近年来兴起了集雨工程，打蓄水窖，把坡面、公路、庭院闲地的雨水集中起来，存贮在固定的水泥水窖中，除保证人畜饮水外，也可供次年春播时之用。行走式补水种植机显然是集雨工程最好的配套机械，可以有效地利用有限的蓄水。施水播种机将水箱装在拖拉机后轮上方，播种机开沟器经适当改装，加长护板，使得施水能充分渗入土壤，再播种覆土，以免和泥，给覆土镇压带来困难。施水种植机械化比人工提高工效 10 倍以上，大大加快抗旱播种进度，保证了种子发芽。行走式浇水保苗机由于需水量大，每公顷浇一遍要耗水 100 m^3 左右，仅靠拖拉机自身运水太慢，且拖拉机压地严重。目前倾向在地边蓄水，或用拖拉机把水运到地边，携带水管的拖拉机不进地，一边回收管子一边浇水，减少机器压地压苗，还能提高作业速度。

6. 机械化保护性耕作体系　机械化保护性耕作体系是针对旱区缺雨少水、蒸发严重、土地贫瘠、产量低而不稳、水土流失严重、难以持续发展的局面而提出的一种保水保土、增产增收的耕作体系。机械化保护性耕作与以铧式犁全面翻耕为主要特色的传统耕作不同：其一是要求大量秸秆残茬覆盖地表；其二是免少耕，即将耕作减少到能保证种子发芽即可。从而降低水土流失和土壤水分蒸发，使用农药或机械除草等来控制杂草和病虫害。美国、加拿大、澳大利亚等已在大量应用，成为目前世界性的旱地农业基本耕作方法。我国从20世纪60年代开始进行保护性耕作技术研究，主要是单项保护性耕作技术和以人畜力为基础的保护性耕作农艺体系研究，取得了一定的成就。

20世纪90年代初，中国农业大学机械工程学院等单位，开展了农艺农机相结合的旱地保护性耕作体系统研究。多年多点的实验表明，保护性耕作法与传统翻耕耕作法相比有七方面优点：

(1) 降低地表径流60%左右，减少土壤流失80%，保护耕地，减少河流浑浊。图3-20所示为人工降雨模拟试验得出的不同耕作处理累计径流量。

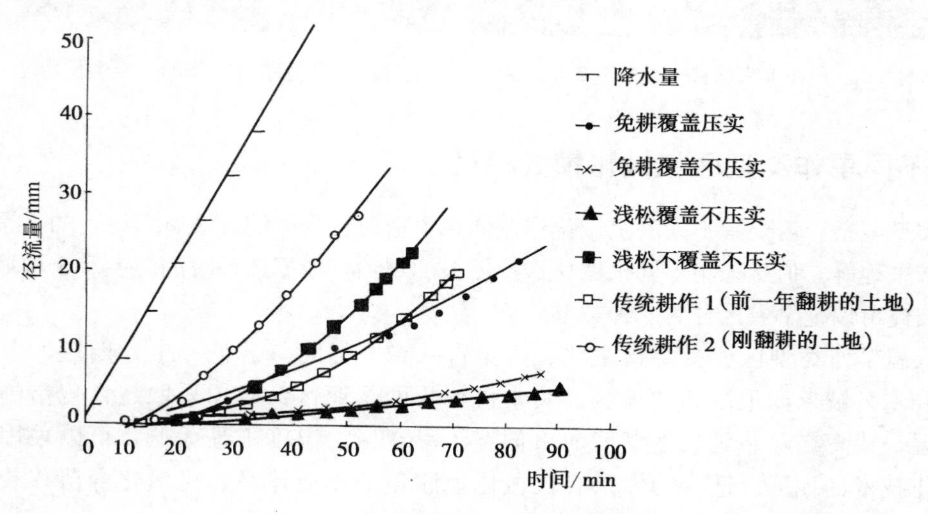

图3-20　不同耕作处理的累计径流量

(2) 减少大风扬沙60%左右，抑制沙尘暴，保护生态环境。

(3) 增加休闲期土壤贮水量，提高水分利用率17%～25%。

(4) 提高产量，干旱年增产多，丰水年增产少，春玉米平均增产17%，冬小麦增产13%（图3-21和图3-22）。

(5) 改善土壤物理性状，增加土壤肥力。

(6) 减少生产作业工序2～4道，节约人畜用工50%～60%。

(7) 提高经济效益，收入增加20%～30%。

可以认为，保护性耕作是旱地农业机械化十分适合的方法，其生产效益、经济效益、生态效益都比较好。除需要秸秆作燃料或饲料的地区要协调好使用秸秆的矛盾，在寒冷地区因秸秆覆盖会降低地温要慎重外，广大旱农区都可以采用。

除以上方法外，还有许多其他的抗旱耕作技术，在此不逐一列举。总的看来，我国抗旱耕作历史悠久，在农业生产中发挥了很好的作用，近期的研究更取得了突出的成果。但铧式犁翻耕仍然是北方旱地的主体耕作技术，这与要求农业增产增收、保护环境、可持续发展是不相适应的。应该根据不同的自然与经济条件，发展适合的旱地耕作技术体系。

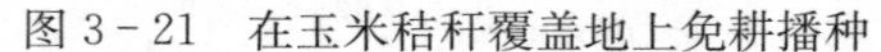

图 3－21　在玉米秸秆覆盖地上免耕播种　　图 3－22　保护性耕作的玉米生长情况

三、不同旱作类型区机械化模式探讨

旱地类型复杂，需要有不同的机械化作业体系去适应。分类的方法有多种，如干旱、半干旱区，山区、平地等，但从采用不同机械化作业体系的观点，根据播种时的温度和土壤墒情划分是较好的，按此可以把旱农区分为三种类型：

（1）低温旱作类型区。主要指东北、内蒙古一带春播时气温低、生育期短，生产上出现热量不足和水分缺乏双重制约的地区。其中可分为两个亚区：必须采取超常规措施，如铺膜来提高地温，或育苗移栽延长生育期的重低温干旱亚区；温度不是太低，可以采用传统增温技术如垄作技术的地区。适合的体系有机械化地膜覆盖作业体系、机械化育苗移栽和机械化垄作体系等。

（2）严重缺墒旱作类型区。主要是指西北地区播种时土壤墒情差，达不到播种的基本要求，不采用特殊措施就不能播种的地区。又可以分为必须施水才能播种的严重缺墒亚区和传统措施如沟播可以播种的轻度缺墒亚区。适合的体系有机械化补水种植、机械化沟播、机械化保护性耕作等。

（3）一般旱作类型区。包括除上述两类情况外的广大旱作地区，水热条件基本满足一年一熟作物的需求。但干旱仍经常发生，而且是主要的制约因素，个别年份低温也对产量造成影响。适合的体系有机械化保护性耕作、机械化轮耕等。

第三节　北方旱区机械化保护性耕作体系

一、保护性耕作的增产机理

1. 增加土壤水分　旱作农业没有灌溉，土壤水分基本来自降水，而降水的去向有三个：第一是径流，它是指降水还没有入渗到土中，就以地表径流的形式流走了，补充成为河流等地表水，对旱作农业来说是一种的损失；第二是地表蒸发，由于温度高，土壤中的水分以水蒸气的形式逃逸到空气中，造成土壤水分的减少；第三部分是入渗到土壤中的降水，其中又分为两部分，一部分保留在较浅的土层，是供给作物生长的有效耗水，另一部分是渗入到深层，补充地下水。测定结果表明，我国北方地区平地径流占降水的10%左右，坡地可以达到30%多；蒸发占降水的60%～80%，是主要消耗；保留在土壤中能供作物生长所用的水分仅占降水的10%～20%。因此，要想增加土壤中的有效水分，就必须采取措施减少径流和蒸发量。

保护性耕作能够增加土壤水分的机理如下：

（1）减少径流，增加入渗。经翻耕或旋耕整地后的传统耕作地表没有秸秆保护，土壤裸露，在雨水直接拍击下，表层土粒被雨滴击打更加细碎，且随雨滴激溅至它处，堵塞土壤孔隙，使雨水入渗能力降低，表面很容易形成雨后出现的结壳而产生径流。以秸秆覆盖和免（少）耕为特征的保护性耕作地，由于地表有秸秆残茬覆盖，降雨时，雨滴的动能被秸秆吸收，再从秸秆上流到地面，不会产生激溅，被细碎的土粒堵塞土壤孔隙的概率减小，因此，可以增加降雨入渗。

图3-23所示为辽宁新城子试验地，左边传统耕作地雨后地面结壳，有明显的径流痕迹，而右边保护性耕作地有秸秆覆盖，地表没有结壳，也没有径流迹象。

当雨量较大来不及入渗时，就会产生径流，但由于地表有秸秆残茬覆盖，可以阻碍水流，使径流发生时间延后，径流程度降低。

作物生长过程中，会产生大量根系，作物成熟收获后，失去生机的根须腐烂在土壤中形成孔道，有利于水、肥、气、热的交换，因此，在免（少）耕条件下，由于对土壤扰动较少，所保留的孔道就较多，而这些孔道在降雨过程中也有利于水分入渗。

保护性耕作能增加降雨入渗，所以能减少径流。

中国农业大学在山西寿阳设置了天然降雨径流试验区（图3-24），并利用人工模拟降雨装置，在山西寿阳和临汾进行了多年的径流试验测定。结果表明传统翻耕地径流最大，其次是不覆盖地，免耕覆盖地径流最小。保护性耕作累计径流量比传统翻耕减少60%左右（表3-3）。

图3-23　传统耕作雨后地面结壳（左）和保护性耕作雨后地面无结壳（右）

图3-24　设于山西寿阳的保护性耕作径流测试区

表 3-3 年径流量（1998—2002 年）（mm）

试验处理	年径流量					5 年总和
	1998 (225 mm)	1999 (274 mm)	2000 (240 mm)	2001 (392 mm)	2002 (289 mm)	
免耕覆盖不压实（NTCN）	1.5	19.1	0	67.3	5.0	92.9
免耕覆盖压实（NTCC）	0.4	30.4	0.15	123.2	5.3	159.45
免耕不覆盖压实（NTNC）	8.4	57.7	0	200.9	9.2	276.2
传统（CK）	3.2	40.1	1.03	104.7	8.1	157.13
浅松覆盖不压实（STCN）	0.8	24.1	0.27	89.0	6.1	120.27
浅松不覆盖不压实（STNN）	5.8	45.7	0.47	122.2	11.7	185.87

（2）减少蒸发。大量试验表明，秸秆覆盖使地面温度降低、风速减小，无效蒸发减少。1996—1998 年，中国农业大学在山西临汾试区测定，冬小麦休闲期内（6～9 月）传统耕作地蒸发量为 217.6 mm，保护性耕作地蒸发量为 197.9 mm，减少蒸发损失 19.7 mm（相当于多下一场 20 mm 的降雨），减少蒸发 9%。河北灌溉中心试验站 1987—1990 年测定，夏玉米生育期间，覆盖麦秸田比不覆盖田平均减少蒸发 56 mm。美国内布拉斯加试验站测定，生育期内传统耕作蒸发量占降水量的 85%左右，而有秸秆覆盖的保护性耕作只占 70%左右，减少蒸发量 15 个百分点。

雨养农业主要靠天然降水，降水无效消耗主要是径流和蒸发，无效消耗减少，降水的利用率就提高，是增产的主要原因。临汾小麦试区多年来的试验表明，冬小麦休闲期蓄水量高于传统耕作 15.0%，比较干旱的 5 年高 20%以上。蓄水量的增加有利于干旱年份的小麦出苗和根系发育，为增加产量奠定了基础，水分利用率平均高于传统耕作 24.4%，小麦产量增加 18.2%（表 3-4）。

表 3-4 临汾试验区年度土壤蓄水、水分利用率、产量一览表

试验年度	年降水量/mm	播种前（0～50 cm）蓄水量			水分利用率			小麦产量		
		传统耕作/mm	保护性耕作/mm	对比增加/%	传统耕作 [kg/(hm² · mm)]	保护性耕作 [kg/(hm² · mm)]	对比增加/%	传统耕作 (kg/hm²)	保护性耕作 (kg/hm²)	对比增加/%
1993	旱年 469	69	75	9	8.1	11.1	37	1 548	1 985	28.2
1994	平水 523	93	95	2	12.3	13	5.7	3 002	3 161	5.3
1995	旱年 434	70	79	12	8.1	8.8	8.6	2 342	2 513	8.3
1996	平水 534	123	128	4	19.1	22.8	19.4	3 456	3 867	11.9
1997	丰水 574	125	130	4	15.3	16.3	6.5	3 908	4 142	5.99
1998	干旱 359	93	118	27	10.2	11.5	12.7	2 495	3 060	22.6
1999	旱年 421	82	104	27	12.6	15.2	20.6	2 148	2 645	23.1
2000	干旱 328	74	95	28	10.8	19.4	79.6	1 152	2 078	80.3
2001	旱年 443	74	95	28	13.4	16.9	26.1	2 917	3 814	30.7

（续）

试验年度	年降水量/mm	播种前（0～50 cm）蓄水量			水分利用率			小麦产量		
		传统耕作/mm	保护性耕作/mm	对比增加/%	传统耕作[kg/(hm²·mm)]	保护性耕作[kg/(hm²·mm)]	对比增加/%	传统耕作(kg/hm²)	保护性耕作(kg/hm²)	对比增加/%
2002	旱年 417	82	96	17	17.2	23.1	34.3	3 000	4 230	41.0
2003	旱年 458	81	94	16	11.9	14.1	18.5	3 360	3 724	10.7
2004	丰水 668	131	148	13	11.2	12.7	13.4	4 365	4 935	6.0
2005	特旱 308	76	90	14	7.5	14.2	47.2	1 905	3 645	91.3
平均	456.6	89.5	103	15.0	11.67	14.7	+24.4	2 830	3 346	+18.2

2. 保护性耕作提高土壤肥力　秸秆覆盖和减少耕作，可有效地提高土壤肥力，实现土壤质地改善。

我国每年生产秸秆约 6 亿 t，含氮 300 多万 t，含磷 70 多万 t，含钾近 700 万 t，相当于我国目前化肥施用量的 1/4 以上，并且含有大量的微量元素及有机质。保护性耕作把大量秸秆通过覆盖的方式还田，直接增加有机质；减少耕作特别是取消铧式犁翻耕，可以间接增加有机质。

传统的铧式犁翻耕等高强度土壤耕作，农田土壤疏松，有利于土壤中的好气性细菌繁殖，土壤中的养分分解快、多，土壤肥力高。但实际上是一种掠夺式经营，其结果是土壤养分迅速消耗，土壤有机质含量下降。北方大部分地区土壤有机质含量从 20 世纪 50 年代的 2.0%以上下降到 20 世纪末的 1.0%左右，可持续发展受到严重威胁就是明证。

实行免（少）耕，有利于土壤中的嫌气性细菌繁殖，对土壤养分分解慢，有利于土壤养分积累，有机质会逐渐增加。

美国长期调查结果表明，翻耕减少有机质，免耕则增加土壤有机质。其机理主要是翻耕时，土壤中的有机碳与空气接触被氧化，形成气态 CO_2 而释放到大气中去了。加拿大研究出土壤有机质含量与大气 CO_2 的平衡，19 世纪以前，土壤有机质含量高，大气 CO_2 含量低。随着 20 世纪农业大开发，机械化深耕深翻土地，土壤中有机质迅速下降，而有机碳大量向空中排放的结果使大气中的 CO_2 含量增高，温室效应加剧，全球气候恶化。20 世纪末，随着保护性耕作推广，土壤有机质含量上升，大气中的 CO_2 含量又开始减少，形成既有利于培肥地力又减少温室效应的良性循环。

中国农业大学的研究结果表明，实行保护性耕作，土壤有机质每年增加 0.03%～0.06%，速效氮年提高约 1.2%，速效钾年提高约 0.8%，速效磷略有降低，年下降约 2.4%。

图 3－25 所示为山西临汾保护性耕作试验地土壤有机质变化情况。图 3－25 中的免 5、免 7 和免 12 为到测定年（2002 年）已实行免耕的年数，其中免 5 和免 7 之前曾经进行过耙地和深松耕作。从图 3－25 中可以看出，保护性耕作实行秸秆覆盖还田，所以表层（0～10 cm）土壤有机质增加速度快于深层（10～20 cm）；免耕处理比其他处理土壤有机质增加多。

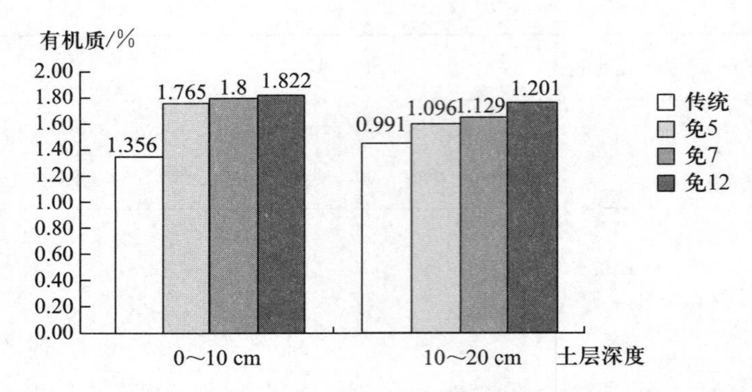

图 3-25 临汾保护性耕作试验地土壤有机质变化情况

保护性耕作主要依靠作物根系和蚯蚓等穿插疏松土壤，蚯蚓的数量是土壤肥沃程度的重要标志。澳大利亚昆士兰试验站测定结果显示，实施保护性耕作 15 年后，少耕覆盖、免耕覆盖的蚯蚓数分别为 33 条/m^2 和 44 条/m^2，而传统耕作是 19 条/m^2，原因是土壤含水量高，有机物质多，不翻耕土壤。中国农业大学在山西临汾的测定结果是，传统翻耕地没有蚯蚓，而保护性耕作 6 年后的小麦地深松覆盖与免耕覆盖处理分别为 3 条和 5 条/m^2，连续 10 年的免耕覆盖地，蚯蚓数量增加到 10～15 条/m^2。

秸秆还田为土壤微生物的生命活动提供了丰富的有效养分，同时在微生物活动下秸秆不断进行腐解。所以，以秸秆覆盖为主要特征之一的保护性耕作能促进土壤微生物的活动，有利于土壤质地的改善，主要表现在土壤毛管孔度增加和土壤团聚体数量增加。

3. 保护性耕作对增产的不利因素 保护性耕作对增产有以下不利因素：①地温回升较慢，在春季播种时地表温度比传统低 1～2 ℃；②播种质量较难保证；③杂草控制较困难。

研究表明，保护性耕作增产因素是基础性的，不利方面则与管理水平密切相关，只要加强管理，减少不利之处，保护性耕作就能获得增产。

二、保护性耕作的环境保护机理

农田土壤损失是生态环境恶化的重要形式，对农业可持续发展影响深远。

农田土壤损失主要有两种形式：水蚀和风蚀。《中国百科大辞典》中水土流失的定义是：“由水、重力和风等外界力引起的水土资源的破坏和损失”，《中国水利百科全书》中水土流失的定义是：“在水力、重力、风力等外营力作用下，水土资源和土地生产力的破坏和损失，包括土地表层侵蚀及水的损失，亦称水土损失。土地表层侵蚀指在水力、风力、冻融、重力以及其他外营力作用下，土壤、土壤母质及岩屑、松软岩层被破坏、剥蚀、转运和沉积的全部过程。”

水土流失在国外叫土壤侵蚀，美国土壤保持学会关于土壤侵蚀的解释是：“水、风、冰或重力等营力对陆地表面的磨损，或者造成土壤、岩屑的分散与移动”。英国学者对土壤侵蚀的定义是：“就其本质而言，土壤侵蚀是一种夷平过程，使土壤和岩石颗粒在重力的作用下发生转运、滚动或流失。风和水是使颗粒变松和破坏的主要营力。”

虽然世界各国关于土壤侵蚀和水土保持的基本概念及内涵的定义和解释不尽相同，但它们都包含了地表土壤物质的移动的共同点，在引起土壤侵蚀作用力中都包括了内外营力及人为活动作用，根据侵蚀形式可分为面蚀、沟蚀、崩塌、泻溜和滑坡、泥石流等，根据侵蚀营力可分为水蚀、风蚀、重力侵蚀、冻融侵蚀等。

1. 保护性耕作减少土壤水蚀　降雨时产生的径流不仅流失大量的水分，而且随水分的流失会带走大量的土壤。这种随降雨径流等产生的农田土壤流失现象被称为水蚀，是水土流失的重要形式之一。土壤水蚀导致大量泥沙冲入江河、湖泊，污染水源，破坏生态，土壤退化，直至江河泛滥等，并严重影响水蚀区域的经济发展和人民生活水平。

以黄河流域为例。全区总面积 64.2 万 km^2，其中水土流失面积 45.4 km^2（水蚀面积 33.7 万 km^2、风蚀面积 11.7 万 km^2），多年平均输入黄河的泥沙量达 16 亿 t，是我国乃至世界上水土流失最严重、生态环境最脆弱的地区。

造成水蚀的原因很多，而不合理的耕作制度导致的农田水蚀是水土流失的重要原因之一。

山西省水土保持科学研究所 1981 年在中阳县进行了 9 次径流观测，观测结果显示，当降雨量 330.3 mm 时，在 16°坡地上、传统耕作农田水分流失 970 t/hm^2，冲走表土 254 t/hm^2，相当于冲走 2 cm 多的表土。

中国农业大学等在山西寿阳县通过天然降雨径流及土壤水蚀试验，测定了不同耕作处理的径流和水蚀，其中水蚀测试结果见表 3－5。从测试结果可见，在暴雨情况下，典型的保护性耕作（免耕、覆盖、不压实）比传统翻耕可减少土壤流失量 80%以上。如 1999 年有两次大于 40 mm 的暴雨，传统耕作土壤流失 73.65 t，而免耕覆盖处理 14.5 t，减少土蚀 80%。1998 年没有暴雨，土壤流失量总体较少，但传统耕作土壤流失 1.72 t，而免耕覆盖处理 0.46 t，减少 73%，保护性耕作减少土壤流失的效果仍然非常明显。覆盖、压实、耕作三个因素都对土壤水蚀有影响，覆盖的影响最大。覆盖使土壤流失相对减少 77%，压实相对减少土蚀 50%，浅松相对增加土蚀 47%左右。

表 3－5　不同耕作与覆盖处理对土壤流失的影响

处　理	1998 年（无暴雨）			1999 年（有两次暴雨）		
	悬浮质/g	沉淀质/g	土壤流失量/（t/hm²）	悬浮质/g	沉淀质/g	土壤流失量/（t/hm²）
免耕覆盖无压实	5.88	450.0	0.46	13 992	569.3	14.50
免耕无覆盖压实	8.74	1 140.0	1.15	36 348	1 386.1	37.70
传统对照 CK	227.3	1 500.2	1.72	71 734	1 918	73.65
浅松覆盖无压实	0.31	745.2	0.80	21 600	1 325	22.93
浅松无覆盖无压实	687.94	1 480.5	2.17	100 166	1 785.8	101.95

土壤水蚀的主要原因是降雨径流，实行保护性耕作通过秸秆覆盖可以缓冲雨滴动能，减少激溅造成的土壤孔隙堵塞；通过秸秆根茬阻碍水流，增加降雨入渗时间；通过实行免（少）耕保持

植物根腐烂后形成的上下贯通的孔道，使入渗增加，而降雨径流的减少正是减少土壤水蚀的重要手段。

2. 保护性耕作减少土壤风蚀，防治“沙尘暴”

（1）农田是“沙尘暴”的重要沙源。根据风吹土粒的运动研究结果，土粒按直径分为三类：500 μm 以上，为粗粒（沙粒）；100～500 μm，为细粒（土粒）；100 μm 以下，为尘粒。

粗粒不会被风吹离地面，只会在大风吹动下沿地面滚动。细粒会被风吹离地面，但不可能升上高空，而是在近空跃动前进，一般在 0～1.5 m 的高度内。粗粒和细粒都只能运移几十米、几百米的短距离。只有微粒才能被风吹到高空，运移千里之外，是沙尘暴的主要成分。而微粒或浮尘主要存在于农田和草地。沙漠经过多年风蚀，已经没有多少微粒存留下来。因此，农田治理是防治“沙尘暴”的重要组成部分。

（2）保护性耕作是保护农田减少风蚀最有效的途径。保护性耕作利用秸秆覆盖挡土、根茬固土，能有效地减少扬沙和土粒运移；保护性耕作地表湿润、土壤团粒结构多、免耕使得表层微粒减少，也有助于风蚀的减少。

澳大利亚使用风洞装置，对不同秸秆覆盖率、不同土质及不同耕作方式下的土壤风蚀量进行了对比测定，保护性耕作可以减少风蚀 70%～80%（表 3-6）。种树可以有效地阻挡近地面沙粒滚动、跃动，但不能阻挡上升的微尘。所以沙尘暴需要植树、种草、农田保护相结合的综合防治。

表 3-6　秸秆残茬覆盖下风蚀减少量 [g (m/s)]

地表状况	土壤类型		
	农区壤土	农区沙土	干旱草原沙土
无覆盖（传统耕作）	10.9	60.9	154.4
30%覆盖（保护性耕作）	2.15	15.3	37.3
保护性耕作减少风蚀/%	80	74	75

注：风速 75 km/h 或 20 m/s。

三、保护性耕作的节能节本机理

保护性耕作实行免少耕，取消铧式犁等作业程序，减少了机器进地次数，可以节约燃油等能源支出。美国保护性耕作信息中心总结的保护性耕作十大优点的第二条明确指出“平均每英亩*节省 3.5 加仑**或者一个 500 英亩的农场可以节省 1 750 加仑燃油”（平均每公顷节约 13.25 L 燃油或者一个 202.3 hm^2 的农场一年就可以节省 6 624.45 L 燃油）。

以北京一年两熟中冬小麦播种为例，传统作业需经过秸秆粉碎、施底肥、重耙、翻耕、轻耙碎土、镇压、播种共 7 项作业，而采用保护性耕作，仅需要秸秆粉碎、少（免）耕播种 2 项作

* 英亩为非法定计量单位，1 英亩＝4.046 856×10^3 m^2。——编者注

** 加仑为非法定计量单位，1 加仑（美）＝3.785 412 L。——编者注

业。减少了施底肥（人工撒施化肥）、重耙、翻耕、轻耙碎土和播前镇压等 5 项作业。作业耗油可节约 50%以上。

保护性耕作节能的另一方面是由于保水性能好，对灌溉地区可节约一定的灌溉用能，如柴油、电等。

保护性耕作的节本原理主要体现在作业工序的减少，以北京一年两熟中冬小麦种植为例，传统作业需经过秸秆粉碎、施底肥、重耙、翻耕、轻耙碎土、镇压、播种、除草、田间管理和收获共 10 项作业，而采用保护性耕作，仅需要秸秆粉碎、少（免）耕播种、除草、田间管理和收获 5 项作业。减少了施底肥（人工撒施化肥）、重耙、翻耕、轻耙碎土和播前镇压等 5 项作业。

冬小麦传统耕作（10 项作业）和保护性耕作（5 项作业）的具体作业费支出见表 3－7，其中因保护性耕作采用免（少）耕播种，难度大，生产率低，故播种作业费支出比传统的播种作业费支出高。

表 3－7　北京地区冬小麦种植作业费支出（元/hm^2）

项目	传统耕作	保护性耕作	保护性耕作比传统耕作增减
秸秆粉碎	225	225	0
施底肥	75		－75
重耙	180		－180
翻耕	225		－225
轻耙碎土	150		－150
镇压	60		－60
播种	225	450	＋225
除草	75	75	0
田间管理	300	300	0
收获	600	600	0
合计	2 115	1 425	－465

从表 3－7 中的数据可以看出，保护性耕作比传统耕作减少 5 项作业，共减少作业费支出 690 元/hm^2，扣除因免（少）耕播种而增加的 225 元/hm^2，实际减少作业费支出 465 元/hm^2，减少约 22%。

美国保护性耕作网（CTIC）总结的保护性耕作十大好处中位于前三位的分别是减少劳动量和节省时间、节省燃料、减少机器磨损。说明保护性耕作的节本效益更加受到农民的重视。

四、保护性耕作的增产增收机理

保护性耕作对增产有利的因素主要有两方面：土壤水分增加和土壤肥力提高。对于旱区农业，这是影响产量最重要的因素。对增产不利的因素是增加了管理难度，如要注意地温、播种质量、杂草控制等。管理跟不上，保护性耕作的增产作用就发挥不出来，甚至可能降低产量。

中国农业大学在山西省多年的保护性耕作试验表明，由于多蓄水和土壤肥力提高，小麦产量平均提高18.2%，春玉米产量提高16.5%（免耕覆盖）和17.1%（深松覆盖）。

实施保护性耕作，可以实现农业增收，为农民带来实实在在的收益，主要体现在增产和节本两方面。多年的试验示范结果表明，基础产量较低的地区，增产收益可达10%～20%；有灌溉条件的一年一熟和一年两熟高产地区，增产收益约5%。加上节本收益，对农民来说，增收效益可达20%～30%。

五、保护性耕作工艺特点和工艺体系

1. 保护性耕作工艺与对机具的要求 保护性耕作是面对旱区干旱缺水、土地贫瘠、水土流失严重而研究发展的新型耕作技术。其突出特点是取消了翻耕和地表裸露休闲，代之以免耕、少耕、秸秆覆盖休闲。

铧式犁翻耕的取消和地表秸秆覆盖层的存在，带来了降低土壤水蚀风蚀、抑制无效蒸发、减少能量投入等优点，同时也给作业带来相应的困难和问题，从而要求有新的技术体系和机具与之适应。

以山西省半干旱区的旱作玉米、小麦为例，其传统耕作法和保护性耕作法的作业工艺对比见表3-8和表3-9。

表3-8 山西省寿阳县旱地玉米的传统与保护性耕作工艺对比

作业	收获	收后整地	播前整地	播种	田间管理
传统耕作	(1) 人工砍倒秸秆 (2) 人工摘运玉米穗 (3) 人工搬运秸秆	(4) 铧式犁翻地 (5) 耙、压地保墒	(6) 人工撒肥 (7) 浅翻或耙盖 (8) 镇压	(9) 人畜力或普通播种机播种	(10) 查苗、间苗 (11) 人力中耕、除草 (12) 追肥
保护性耕作	(1) 人工摘运玉米穗 (2) 机器压倒或粉碎秸秆	(3) 免耕或2～3年深松1次 (4) 圆盘耙、浅松等表土作业	无作业	(5) 免耕施肥播种机施肥播种	(6) 机器喷除草剂 (7) 查苗、间苗 (8) 必要时人工追肥
保护性耕作的困难		深松机易堵塞		机具易被秸秆堵塞，播深难控制；施肥量大，种肥不易分开，苗期地温较低	杂草不易控制
保护性耕作的效益	节省人工砍运秸秆；秸秆覆盖过冬有利减少风蚀、保雪、保墒	节省机器和能量投入	节省机器和能量投入	地表留有覆盖物有利减少蒸发，降低径流，减少水蚀	节省人力中耕培土

表 3-9 山西省临汾旱地小麦传统与保护性耕作工艺对比

	收获	休闲（收后）期作业	播前整地	播种	田间管理
传统耕作	（1）割晒机割倒 （2）人工捆运带穗秸秆或联合收获机低茬收获	（3）铧式犁翻耕 （4）耙、耱保墒	（5）人工施肥 （6）浅翻 （7）耙平耙碎	（8）人畜力播种耧，或普通小麦条播机	（9）人畜力压苗 （10）必要时人工除草
保护性耕作	（1）联合收获机收获带秸秆粉碎抛撒装置，或（2）秸秆粉碎	（3）免耕或1～2年深松1次 （4）喷除草剂或机械除草	（5）必要时，播前圆盘耙、浅旋一次	（6）免耕播种机施肥播种	（7）必要时喷除草剂
保护性耕作困难		深松机易堵 多喷一次除草剂		播深难控制，机具易堵塞，施肥量大，种肥不易分开	

由表 3-8 比较分析可见，玉米传统耕作共 12 项作业，保护性耕作 8 项作业，玉米保护性耕作比传统耕作减少 4 项作业，主要表现在减少了播前整地次数和人工搬运秸秆，而最大的不同是玉米保护性耕作减少了春秋两次翻地，从而减少失墒又把秸秆残茬留在地表覆盖。由表 3-9 可见，小麦传统耕作有 10 项作业，保护性耕作 7 项作业，减少了 3 项，主要也在减少播前整地以及压苗作业，而最大的区别仍然是小麦保护性耕作减少了夏秋两次翻地，从而减少失墒和有麦茬覆盖。

从表 3-8 和表 3-9 还可以看出，虽然保护性耕作的作业次数少了，但作业难度要比传统耕作大，特别是播种和深松作业。以播种为例，保护性耕作的播种要在大量秸秆覆盖的地上进行，这就要求保护性耕作播种机必须有强大的防堵能力；要在比较坚硬而不平整的地面上作业，这就要求播种机开沟器有足够的入土能力和对地面的仿形能力；要一次施入大量的肥料，就要求其播种机具备理想的种肥分施能力。因此，没有合适的性能满足要求的机具，保护性耕作是不可能实现的。另外，保护性耕作的管理包括工艺选择也十分重要。如当地冬天风大，应选择整秸秆覆盖过冬，以免碎秸秆被风刮走；根据地面不平或秸秆覆盖量太大的情况，应使用浅松、耙地等表土作业，平整地面、减少过多的秸秆覆盖量，从另一个方面保证作业质量等。

2. 保护性耕作工艺方案 保护性耕作工艺方案，由 3～5 项机械化作业组成。包括：①免耕施肥播种，必须进行的作业，是保护性耕作的关键环节；②深松，选择性作业，根据需要保护性耕作实施初期进行一次，或 2～3 年进行一次；③秸秆处理，可以选择秸秆粉碎覆盖、秸秆压倒覆盖、立秆覆盖；④杂草（病虫害）防治，可以选择喷药、机械除草；⑤表土作业，选择性作业，可以选择圆盘耙耙地、弹齿耙耙地、浅松、浅旋耕等。

各地的自然条件、经济状况和机械化水平不同，保护性耕作也应该有不同的工艺方案与之适应。中国农业大学等提出的山西一年一熟保护性耕作玉米、小麦工艺方案如下。

（1）三套玉米保护性耕作工艺方案。

a. 玉米免耕碎秆覆盖工艺方案。适合玉米产量较高的地区。如秸秆太多或地表不平时，可以用圆盘耙进行表土作业，春季地温低，可采用浅松作业。

b. 玉米免耕倒秆覆盖工艺方案。适合冬季风大的地区，以免碎秸秆被风吹走，或机械化程度较低的地区，秸秆可用机器压倒，也可以人工踩倒。

c. 玉米深松碎秆覆盖工艺方案。适合土地比较贫瘠板结的地区，保护性耕作推广初期一般也需要定期深松。作业顺序为先粉碎秸秆后进行深松。

（2）三套小麦保护性耕作工艺方案。

a. 小麦免耕碎秆覆盖工艺方案。适合于联合收获机收获、土地比较肥沃、疏松的地区。地表不平或杂草较多时可用浅松作业，秸秆太长太多时可用粉碎机或旋耕机处理。

b. 小麦深松碎秆覆盖工艺方案。适合于联合收获机收获但土壤较贫瘠的地区。保护性耕作推广的初期，一般应每1～2年深松一次，以利于蓄水和小麦生长发育。

c. 小麦深松整秆覆盖工艺方案。适合机械化水平低，用割晒机或人工收获的地区。麦秆运出脱粒、土地进行深松、脱粒后的整秸秆运回覆盖。如秸秆腐烂程度不够时，播前粉碎或浅旋。

六、保护性耕作机具体系

（一）保护性耕作机具介绍

保护性耕作体系的机具分两大类。一类是专用机具，只有保护性耕作才使用，如免耕播种机、覆盖地深松机、覆盖地浅松机、秸秆压倒机等；另一类是通用机具，主要是传统耕作机具，保护性耕作也可以使用，如秸秆粉碎机、喷雾机、圆盘耙、旋耕机等。保护性耕作专用的机具种类不多，但机具的结构和性能比同类传统机具的复杂、要求高。

图 3－26　多梁气力式播种机

国外，如美国、澳大利亚、加拿大等国保护性耕作发展的历史长，经过多年的试验研究，保护性耕作机具已经在生产中大面积使用，而且性能较好、工作可靠。但是，由于国情不同，国外的保护性耕作机具很难直接引入我国使用。主要是美国、澳大利亚、加拿大等国农户土地面积大，农业劳动生产率高，经济比较富裕，使用机具以大功率、重型大机组为主。如国外普遍使用的多梁牵引式大型免耕播种机（图 3－26），它有较好的通过性、较高的生产率。如当播种机有5排横梁时，20 cm行距的小麦，每一梁上相邻两开沟器间的距离却可达到1 m，从而可以减少堵塞，大大提高播种机在秸秆覆盖地的通过性。但多梁也带来了问题：一是机组长，只能用牵引式，转弯半径大，需要很长的地头，不适合我国多数是小地块的国情；二是输种管很长，不可能靠种子自重输送，需要气力强制输送，必须有中央分配式排种系统和气力输送系统，价格高。此外，国外的化肥用量低，每公顷100 kg左右，种子和肥料共用一个开沟器就可以了。我国化肥用量要大得多，每公顷 400 kg 左右，必须种肥分施。为此，需要开发适合我国国情的免耕施肥播种机。

我国的保护性耕作机具以中小型、悬挂式为主。由于开发研制的时间还比较短，总体技术水平还相对较低，存在性能不稳定、可靠性差等问题。但经过多年的努力，我国在中小型保护性耕作机具研究尤其是大秸秆覆盖量条件下的免耕防堵技术等方面，处于世界先进水平。

我国小型（8.82～13.23 kW）拖拉机拥有量很多，保护性耕作农具与之配套有着巨大的推广前景。目前已有一批小型免耕播种机、浅松机等研制出来，其基本原理与中型机具相仿，但行数少，结构更简单。如小麦免耕播种机因行数少，不再采用单体仿行，而用整体仿行，简化了结构。当然，像深松机等重负荷作业，小型拖拉机还难以完成。下面将以免耕播种机为例，介绍保护性耕作与传统耕作机具的不同特点。

（二）免耕播种机

免耕播种机除要有传统播种机的开沟、下种、下肥（少量）、覆土、镇压功能外，一般说还必须有清草排堵功能、破茬入土功能、种肥分施功能和地面仿形能力，从而满足免耕覆盖地的特殊要求。

1. 破茬开沟技术　少动土、少跑墒是保护性耕作的基本要求。免耕施肥播种时，地表有秸秆残茬覆盖，并且土壤紧实，要求有良好的破茬开沟技术，这是实现免耕播种的关键技术之一。

目前，保护性耕作技术实施中所采用的破茬开沟技术主要有以下几种：

（1）移动式破茬开沟技术。目前主要应用窄形尖角式开沟器破茬开沟。窄形尖角式开沟器为锐角开沟，入土能力强，对土壤的扰动少，消耗动力小，易于实现较深的破茬开沟。一般开沟深度为 10 cm 左右，可以实现肥下、种上的分层施播。小麦等密植作物根茬小，对窄形开沟器的影响也小；玉米类作物根茬大，但大部分主根和须根集中在地表下 4～7.2 cm 之内，当开沟深度达到 10 cm 左右时，开沟铲尖从根下经过，可将根茬挑起，顺利实现破茬开沟。

（2）滚动式破茬开沟技术。主要有滑刀式和圆盘刀式两种。应用较多的是圆盘刀式破茬开沟。圆盘刀式破茬开沟的原理是利用各种圆盘（缺口式、波纹式、平面式、凹面式等），以一定的正压力沿地表滚动，切开根茬和土壤，实现播种、施肥等。平面圆盘如果与播种机前进方向平行，则圆盘的作用只是切开根茬、切断杂草和秸秆，在土壤表面切出一道缝，后边另有开沟器用于播种；平面圆盘如与播种机组前进方向有一定的夹角（如美国 John Deere 公司生产的 1560 免耕条播种机上，开沟平圆盘与前进方向的夹角为 7°），则可直接在圆盘所开沟内播种、施肥。凹面圆盘同样与前进方向有一定夹角，工作时，可利用圆盘的角度及滚动，将秸秆、根茬和表土抛离原位，实现破茬开沟。

圆盘开沟器的优点是工作部件沿地面滚动，通过能力强；直圆盘开沟时，开沟窄，对土壤的扰动少（如美国 John Deere 公司生产的 1560 免耕条播种机理论动土量只有 11%）。其缺点是钝角入土，必须有足够的正压力才能保证破茬和入土性能，因而，机器质量大，结构复杂，制造精度和材料要求高。凹面圆盘的缺点是动土量大，回土差，需要另配覆土装置，播种机结构复杂，播种后地面平整度也差。

（3）动力驱动式破茬开沟技术。其原理是利用拖拉机的动力输出轴，驱动安装在播种机开沟器前方的旋转轴，通过安装在旋转轴上的破茬防堵部件入土破茬。破茬防堵部件有旋耕刀式、直刀式或圆盘刀式等。

旋耕刀破茬有两种形式：一种是全面旋耕播种，即在旋转轴上均匀安装若干把旋耕刀，工作时对土壤全面旋耕，并在全面旋耕的过程中实现破茬；另一种是带状旋耕，即只在播种开沟器前安装旋耕刀，对播种行上的根茬进行破除，并对种行上的秸秆进行粉碎。相对而言，带状旋耕的技术方案优于全面旋耕，一是对土壤破坏小，二是动力消耗少。带状旋耕技术是保护性耕作技术推广实施中出现的新技术，而全面旋耕则仅仅是传统的旋耕和播种技术的结合，仍然属于传统技术，不可取。

带状旋耕破茬技术的破茬效果好，旋耕后的种床土壤疏松，播种质量好，多用于一年一熟地区高产玉米播种和一年两熟地区玉米收获后在玉米茬地上播种小麦。尤其是一年两熟地区在玉米生长期间进行过中耕、追肥、培土等作业的地块，地表平整度差，带状旋耕播种技术是保证小麦播种质量的适用技术之一。

旋耕刀破茬的缺点是对土壤破坏大，消耗功率多。

图 3－27 所示为典型的带状旋耕部件工作情况，图 3－28 所示为带状旋耕播种后土壤截面。

图 3－27　带状旋耕播种机工作情况

从图 3－28 中可以看出，带状旋耕播种过程中，在小麦行距平均为 20 cm 情况下，旋耕播种带动土宽度为 12 cm，占地表面积的 30％，深度为 10～12 cm，播种 2 行小麦，中间为化肥，施肥深度比种子深约 5 cm，既实现了化肥侧深施，又比全面旋耕减少了能耗。

带状旋耕破茬开沟机构同时具有良好的防堵性能。

带状旋耕破茬的缺点是作业中会将土抛在宽行上，播种后形成沟播，地表平整度差。

直刀式破茬是相对于旋耕用 L 形弯刀而言，将旋耕用的 L 形刀改为 I 形刀。用直刀的优点是可以避免用 L 形弯刀破茬时出现的由甩土带来的动土量大的弊端，同时也可以减少动力消耗。

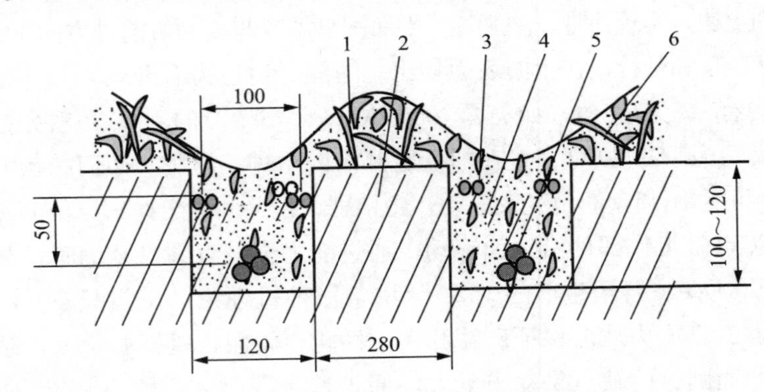

图 3－28　带状旋耕施肥播种后土壤截面

1. 秸秆覆盖垄　2. 免耕带　3. 种子　4. 耕作带　5. 化肥　6. 秸秆

图 3－29 所示为直刀破茬作业后的地表状态，其中左边为六把直刀破茬后的效果，右边为三

把直刀破茬后的效果。可以明显看出，三把刀破茬动土量很小，而且几乎没有抛土。图 3-30 所示为六把直刀破茬后形成的种沟。

图 3-29　垄作直刀破茬后地表状态

图 3-30　六把直刀破茬后形成的种沟

圆盘刀破茬是国际上应用较多的破茬技术，其原理是圆盘刀随播种机进行而在地面滚动，利用刃口将秸秆、根茬和土壤切开，形成种沟，但需要较大的正压力才能保证较好的破茬效果。由于我国拖拉机动力小、地块面积小，被动式圆盘刀破茬技术应用受限，近年来发展了动力驱动式圆盘，就可以在较小的正压力下，利用圆盘刀在动力驱动下的转动，较好地实现破茬。若将圆盘刀倾斜一定的角度，则可对一定宽度内的根茬进行破碎，并形成良好的种床。

图 3-31 所示为中国农业大学开发的斜置驱动圆盘秸秆根茬切断装置和种肥开沟器结构，图 3-32 所示为圆盘刀在刀轴上的安装示意，图 3-33 所示为斜置驱动圆盘刀切土及播种后地表开沟状况。

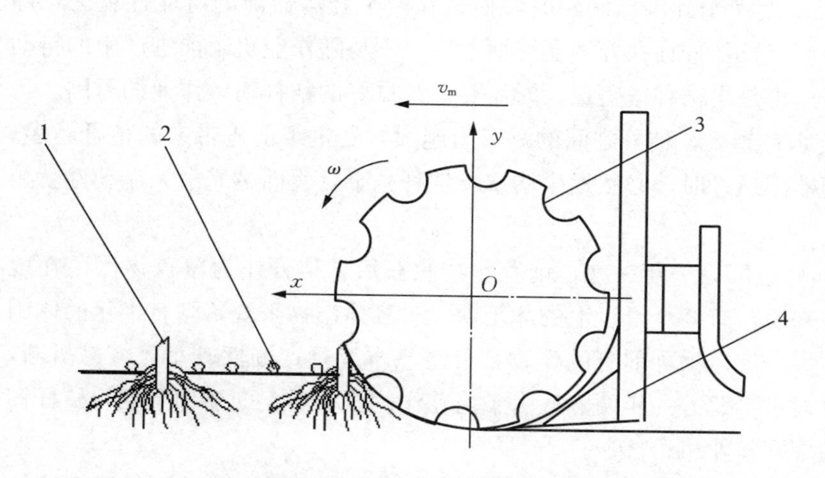

图 3-31　斜置驱动圆盘秸秆根茬切断装置和种肥开沟器结构
1. 根茬　2. 秸秆　3. 圆盘刀　4. 种肥开沟器

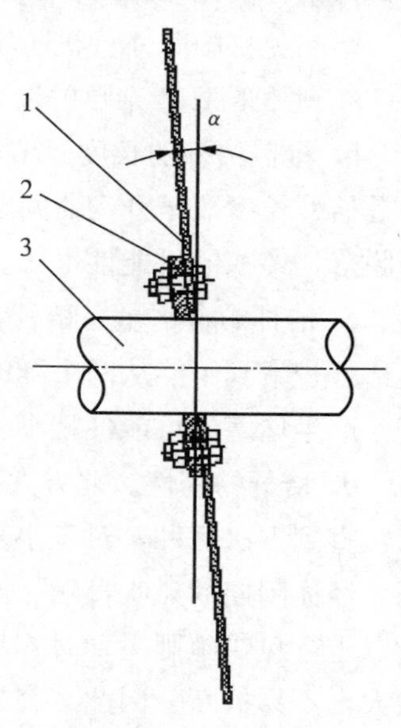

图 3-32　圆盘刀的安装
1. 圆盘刀　2. 刀座　3. 刀轴

图 3-33　斜置驱动圆盘刀切土及播后地表开沟状况

试验结果表明，驱动圆盘切断秸秆和根茬的效果良好，圆盘斜置后，根据入土深度的不同，可利用圆盘的摆动形成 6 cm 左右的疏松种沟，并把种行上的秸秆向两边推开。破茬入土和防堵性能优异。

2. 防堵技术　保护性耕作地表有大量的秸秆残茬覆盖，播种时常常会在开沟器上缠绕和在开沟器间堆积造成堵塞。堵塞后，播种作业无法正常进行，播种质量无法保证。因此，防堵技术是免耕播种中的重要环节，必须予以高度重视。

（1）免耕播种作业机组的防堵性分析。免耕施肥播种机的防堵性是指在免（少）耕及地表有秸秆残茬覆盖条件下进行施肥播种等作业时作业机组所具有的防止秸秆覆盖物堵塞的能力，也可以称为秸秆覆盖地上的作业机组的通过性。

影响免耕施肥播种机防堵性的因素有以下几点：

a. 地表秸秆、杂草的覆盖量。秸秆覆盖量越大，堵塞的可能性越大。

b. 覆盖秸秆的长度。秸秆长度大于开沟器间距时，横架在两个开沟器前的可能性就大。即使是秸秆长度短于开沟器间距，但长秸秆挂在开沟器铲柄上后，不易随作业机组前进产生的抖动而脱落，堵塞的可能性也大。这也是当秸秆覆盖量大时需要进行良好的秸秆粉碎作业的原因。

c. 秸秆的含水量。秸秆含水量越大，秸秆之间的黏滞力越大，随机组前进带走的秸秆越多，当秸秆积聚到不能从两个开沟器间通过时，必然发生堵塞；秸秆越干，表面越光滑，流动性就越好，产生堵塞的可能性就小。

d. 秸秆的韧性。北方大部分地区为一年一熟，前茬作物收获后，秸秆作为覆盖物保留在地表，直到下次播种，对冬小麦来说，有 3 个月以上的休闲期，对春播作物来说，则有半年的休闲期。经休闲期的风吹日晒、雨雪浸泡，播种前有的作物秸秆已基本腐烂，韧性较小，容易折断，所以进行免耕施肥播种时容易通过。北方一年两熟区由于前茬作物收获后立即播种下茬，秸秆韧性大，不易折断，因此，容易堵塞作业机组。

e. 开沟器的类型。圆盘开沟器属滚动式开沟器，沿有秸秆覆盖的地面滚动时被秸秆缠绕的可能性小，因此，防堵能力强；尖角型、锄铲型等移动式开沟器由于铲柄直立于地面移动，无法避免秸秆缠绕，因此，防堵性差。

f. 开沟器与机架形成的秸秆通过空间。这是影响秸秆通过性的重要因素。只要秸秆覆盖量不是过大、秸秆不是过长，而免耕施肥播种机两个开沟器与机架形成的秸秆通过空间足够大时，免耕施肥播种作业时出现堵塞的可能性就小。国外大农场使用的多梁小麦免耕施肥播种机就是利用了这个原理，将开沟器布置在前后 5 排梁上，这样，在同一梁上的开沟器间距就可达 1 m 以上，一般不需要秸秆处理而直接顺利播种。玉米茬在收获后只需重耙灭茬一次（同时压倒秸秆并有部分秸秆被切断），第二年即可直接用圆盘开沟器式的播种机施肥播种。

显然，由于我国农业生产的产量高，地表覆盖的秸秆量大，一年两熟区作业时前茬作物秸秆的腐烂度差，以及受拖拉机动力小、地块面积小、经济水平低等因素的影响，我国的免耕施肥播种机大多采用悬挂式机组及移动式尖角型开沟器。因此，在我国推广实施保护性耕作的作业机组尤其是免耕施肥播种机的防堵性要求就远比国外高，难度大。

一般来说，窄行作物（如小麦等）的免耕施肥播种机的防堵难度大于宽行作物（如玉米等）的免耕施肥播种机。这是因为窄行作物的免耕施肥播种机两开沟器之间的间距小，防堵装置的安装受限，而宽行作物行距大，在开沟器前配置防堵装置相对容易一些。这也是我国华北一年两熟地区前些年已实现小麦收获后直接免耕播种玉米，但玉米收获后却需要进行粉碎（两遍）、翻耕或旋耕整地后才能播种小麦的原因。

（2）免耕播种机上常用的防堵技术。目前应用的防堵技术主要有以下几种：

a. 加大秸秆通过空间防堵技术。造成秸秆堵塞的原因主要是缠绕和堆积。缠绕是指秸秆或杂草在开沟器经过时，挂在开沟器铲柄上或刀轴上，影响播种作业质量；堆积是指在开沟器经过时，秸秆和杂草积聚在开沟器前方，当两个开沟器前的秸秆和杂草积聚为一堆时，必然会造成堵塞。

加大秸秆通过空间防堵技术就是采用高地隙和多梁结构，增大相邻土壤耕作部件间形成的空间，以利于秸秆通过。

实际上，即使在开沟器铲柄上有部分秸秆壅堵，如果开沟器间距足够大，也会在播种机前进中受到一侧较大的牵阻力而脱落，不会造成堵塞。如果开沟器间距小，即使有少量秸秆壅堵，两个开沟器上的秸秆很容易连接在一起造成秸秆堆积，必然会发生堵塞。所以，加大开沟器间距和提高机架高度，使秸秆有足够的通过空间，是防止堵塞的有效措施，如前述的多梁免耕播种机就是这种原理的典型应用。即使是国外广泛应用的圆盘开沟器式免耕播种机，为了提高在秸秆覆盖地上的通过性，也采用双梁结构。由于我国地块小、拖拉机动力小，受地块长度和拖拉机悬挂能力的限制，目前只能实现双梁作业，即播种开沟器安装在前后两排梁上，同时适当提高机架高度，采用这样的技术和措施后，播种机的通过性能大大提高，在一年一熟冬小麦种植区，小麦产量为 4 500 kg/hm^2 以下的全量秸秆覆盖，经过粉碎休闲后，可顺利播种（行距 20 cm）。

加大开沟器间距防堵技术也称为结构防堵技术。

b. 部件开沟防堵技术。主要是指在播种机部件选择和设计中采用有利于提高通过性的部件，如采用种肥垂直分施技术可以减小种肥侧位分施时形成的堵塞截面；采用滚动性好的大直径镇压轮可以减少小直径镇压轮不转动时所造成的拖动堵塞；采用圆盘开沟器可以减少秸秆、残茬或杂草的缠绕等。

圆盘滚动式开沟器具有良好的防堵性能，因此在国外免耕播种机上应用较多，但由于圆盘开沟器需要较大的正压力才能入土，使得播种机质量偏大；另外，圆盘开沟器种肥分施能力差，不适合我国农业生产化肥用量大的现实。因此，圆盘滚动式开沟装置不适合于我国目前的保护性耕作技术使用。但从防堵角度看，圆盘滚动式开沟技术优于移动式开沟技术。

c. 装置防堵技术。装置防堵技术有非动力式防堵技术和动力驱动式防堵技术两种。

在行距较大的宽行播种机上，为增强防堵能力，加装非动力式防堵装置，是有效的防堵技术与措施。常用的防堵装置有开沟器前加装分草板、分草圆盘（单圆盘、双圆盘、平面圆盘、凹面圆盘、凹面缺口圆盘等）、分草板、行间压草器、轮齿式拨草轮等，播种作业时，分草板或分草圆盘将种行上经过粉碎的秸秆推到两边，减少开沟器铲柄与秸秆的接触，实现防堵；也有的是在开沟器前加装八字形布置的分草轮齿，播种作业中，利用轮齿将播种行上的秸秆向侧后方拨开，实现防堵。这几种技术结构简单，有一定的防堵效果，适合于粉碎后秸秆量较大的条件下的玉米播种。

此类非动力式防堵装置也可称为随动式，即其随播种机一起前进且线速度与拖拉机基本一致。也有人称之为被动式防堵技术。

秸秆粉碎还田机作业时不可能100%达到全部秸秆粉碎到一定长度（如国标规定的粉碎质量为不超过10 cm的秸秆量不低于85%即为合格），所以，即使是秸秆粉碎还田后，当秸秆覆盖量大、潮湿、通过空间受限等情况出现时，也会出现堵塞。所以，在此情况下，需要采用动力驱动式防堵技术。

动力驱动式防堵是利用拖拉机动力驱动安装在开沟器前的防堵装置，通过对挂接在开沟铲柄或堆积在工作部件间的秸秆进行粉碎、击落、抛撒等作业实现防堵。前述动力驱动式破茬开沟技术同时具有很好的防堵效果。另外，带状粉碎等不入土的粉碎、切碎等均属于动力驱动式防堵技术。如带状粉碎式防堵技术就是在播种开沟器前安装粉碎直刀，利用动力驱动高速旋转，将开沟器前方的秸秆粉碎，并利用高速旋转的动能，使粉碎后的秸秆沿保护粉碎装置的抛撒弧板抛到开沟器后方，实现防堵。这种防堵技术防堵效果好，又没有旋耕刀式防堵技术对土壤的过度扰动，因而更符合保护性耕作技术的要求。

动力驱动式防堵技术也称为主动式防堵技术。

动力驱动式防堵装置多用于一年两熟高产区使用，一年一熟的一般旱作区应用较少。

玉米免耕播种机由于行距大（55～70 cm），播种行数少，因此多在其开沟器前加装不同的防堵装置；而小麦免耕播种机由于行数多、行距小，除采用结构防堵外，一般不加装另外的防堵装置。

（3）小麦免耕施肥播种机的双梁防堵措施。在其他条件相当的条件下（如秸秆覆盖量、秸秆粉碎程度等），小麦免耕施肥播种机开沟器的形式及其排列方式，对防止残茬和秸秆覆盖物堵塞有较大影响。国外小麦免耕施肥播种机所采用的是多梁牵引式或圆盘式开沟装置防堵技术。多梁式可以保证各开沟器之间有足够空间使秸秆覆盖物顺利通过；圆盘式开沟器具有不缠绕秸秆和良好的防堵性能。而且国外旱作农业技术发达的国家很少有一年两熟制，播种时前茬作物秸秆已基本腐烂，如加拿大的休闲期更是长达一年半甚至更长，秸秆堵塞的可能性更小。但根据我国国情而设计的免耕覆盖施肥播种机采用的是悬挂式的尖角型开沟器，采用悬挂式使得播种机的纵向长度受限，不可能采取国外那样的多梁结构，否则重心后移影响悬挂性能；同时由于受拖拉机悬挂能力的限制，也不可能采用大质量的圆盘式开沟器。显然这给播种机作业通过性带来极大困难。由于小麦免耕覆盖施肥播种机行数多、行距小（15～20 cm），和受悬挂动力的限制，现阶段，国内免耕施肥播种机上常采用的防堵技术，如拨草齿盘、破土切茬圆盘或带状秸秆粉碎（或旋耕）播种联合作业等都难以采用。因此双梁式播种机及其开沟器的合理排列是提高免耕播种作业通过性的突破口。

秸秆堵塞方式，除残茬缠绕在土壤工作部件上外，主要是秸秆覆盖物积聚在两个相邻工作部件之间。堵塞与否的实质决定于相邻土壤耕作部件间形成的最小空间（可称之为堵塞瓶颈）瞬间允许通过的秸秆最大量。堵塞瓶颈越小，秸秆量越多，秸秆越长，秸秆腐烂程度越低，发生堵塞的可能性越大。为此，尽量增大相邻土壤耕作部件之间的空隙，是解决堵塞的主要途径之一。

免耕施肥播种机相邻开沟器之间的空隙，在水平方向上取决于同一根播种机横梁上相邻两个开沟部件之间的距离（如行距为 20 cm 的小麦免耕施肥播种机此距离不超过 40 cm）和前后两个相邻开沟器之间的直线距离（如采用前述可调式种肥垂直分施装置的双梁小麦免耕施肥播种机，此直线距离为前梁开沟器的导种管到后梁开沟器的铲柄之间的距离）；在竖直方向上则取决于开沟器入土后地面与机架之间的高度。

实际上，秸秆壅塞受水平方向距离的影响大于机架高度的影响，另外，考虑到机架过高会导致开沟铲柄的力臂加长等因素影响，一般小麦免耕施肥播种机的机架高度控制在 50 cm 左右即可。

对影响免耕施肥播种机防堵性起关键作用的水平方向相邻工作部件之间的距离，中国农业大学在设计免耕施肥播种机时，经过多次试验研究，最终采取了改变传统小麦播种机单排梁开沟器一字形排列的布置方式，采用双排梁结构，即开沟器前后分置排列方式（图 3－34）。

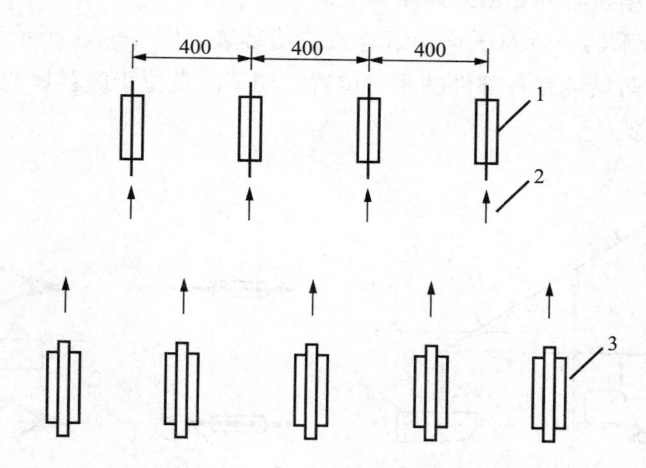

图 3－34　典型双梁结构小麦免耕施肥播种机开沟器分置排列方式

1. 带圆盘切刀的前仿形轮　2. 带可调式种肥分施机构的尖角型开沟器　3. 带镇压的后仿形轮

该小麦免耕施肥播种机开沟装置采用前 4 后 5 的分置排列方式。4 个带切草圆盘的前仿形平行四连杆开沟装置安置在前梁上，5 个不带切草圆盘的后仿形平行四连杆开沟装置安置在后梁上，前后梁相距 40 cm。此排列方式既保证了同一排相邻两开沟器之间相距 40 cm，形成了便于秸秆覆盖物通过的约 40 cm×50 cm 的空间截面，又保证相邻的前后两行开沟器之间形成约 26 cm×50 cm 的空间截面。

小型小麦免耕施肥播种机开沟装置采取前 3 后 3 或前 3 后 4 的双梁排列方式。两个驱动地轮作为整体仿形的多梁结构，与上述前后平行四连杆仿形多梁结构相比较，结构显得更紧凑，而且改善了防堵性能。

多梁式结构，梁越多，每排梁上的开沟器间距越大，通过性也越好，但机组长度也越大。

（4）玉米免耕施肥播种机的被动防堵措施。玉米行距大，配置防堵装置相对方便，因此，为保证玉米免耕施肥播种机在覆盖地上的通过性，国内外的玉米免耕覆盖播种机上均设计有防堵装置。国内播种机上初期的防堵装置多是在开沟铲上设分禾器，播种时分禾器将开沟铲前方的秸秆分开，以便开沟铲顺利通过。如大连农牧机械厂生产的 2BM－6、2BQM－6D 型免耕覆盖播种机等，均采用分禾器防堵。实践证明，分禾器具有结构简单、制造费用低等优点；但分禾器的防堵能力较小，据报道，其最大通过能力为 5.25 t/hm^2（350 kg/亩），而且只有在秸秆粉碎质量高、碎秆长度较短的情况下，才有较好的防堵效果。

在一年一熟的干旱地区，玉米产量大多数超过 5.25 t/hm^2，全量秸秆还田时，秸秆覆盖量则更是超过 5.25 t/hm^2（玉米的谷蒿比大于 1），同时，冬季通常风很大，如果秸秆太短，很容易被风刮走或堆集在沟内，影响覆盖效果。因此，分禾器式防堵装置无法满足需要，必须研究更好的防堵装置。

中国农业大学的试验研究结果表明，防堵效果好且结构上易于实现的有限深切草轮＋分禾器＋行间压草轮组合式防堵装置和轮齿式防堵装置。

a. 限深切草轮＋分禾器＋行间压草轮组合式防堵装置。图 3－35 所示为限深切草轮＋分禾器＋行间压草轮组合式防堵装置各部件的相对位置。切草圆盘位于破茬铲的前方，压草轮位于两播种行之间并铰接在大梁上。

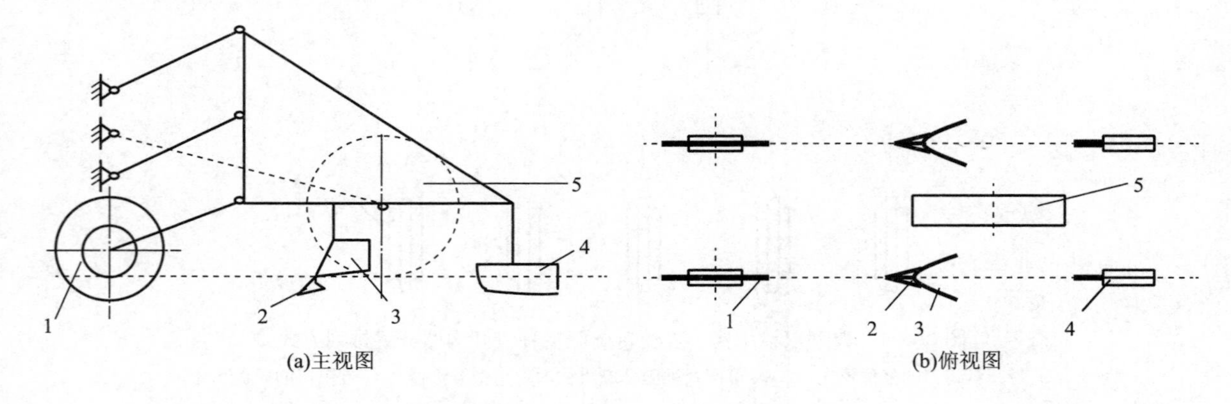

图 3－35　限深切草轮＋分禾器＋行间压草轮组合式防堵装置

1. 限深切草轮　2. 破茬铲　3. 分禾器　4. 滑刀式播种开沟器　5. 行间压草轮

压草轮浮动安装以保证其在作业中保持纯滚动。

限深切草轮＋分禾器＋行间压草轮组合式防堵装置的关键部件之一是行间压草轮，其直径、宽度、质量、安装位置及材料都会影响防堵效果，试验证明橡胶轮防堵效果好，但价格较高；铁制轮防堵性能不如胶轮。

限深切草轮＋分禾器＋行间压草轮组合式防堵装置的防堵原理是：限深切草轮将播种开沟器前的秸秆切开，破茬铲进行破茬开沟施肥，未切断而堆积在开沟铲前的秸秆通过分禾器和行间压草轮的共同作用被分开、压住，使之不随开沟铲的前进而移动，防止堵塞，然后由滑刀式开沟器在无秸秆且已由破茬开沟铲松过的土壤上二次开沟播种。

限深切草轮＋分禾器＋行间压草轮组合式防堵装置由于需增加橡胶压草轮，结构复杂，制造成本高。但防堵效果较好。

b. 轮齿式防堵装置。轮齿式防堵装置（图 3－36）由切草盘 1、齿式拨草轮 2 和开沟器 3 组成。切草盘的主要作用是切断开沟器前方的秸秆，同时将开沟器正前方的地表切开，这样不但减少开沟器的前进阻力，而且将地下的植物根系切断，可进一步减少堵塞因素。两个齿式拨草轮与开沟器前进方向成一定角度，在相对地面做滚动的过程中，将秸秆拨向开沟器的两侧，清除开沟器前进方向的秸秆，保证开沟器顺利通过。由于采用了先切后拨的防堵方式，因而对覆盖秸秆粉碎的长度无特殊要求。齿式拨草轮转动灵活，拨草效果比分禾器好，结构简单、制造费用低，易于推广。

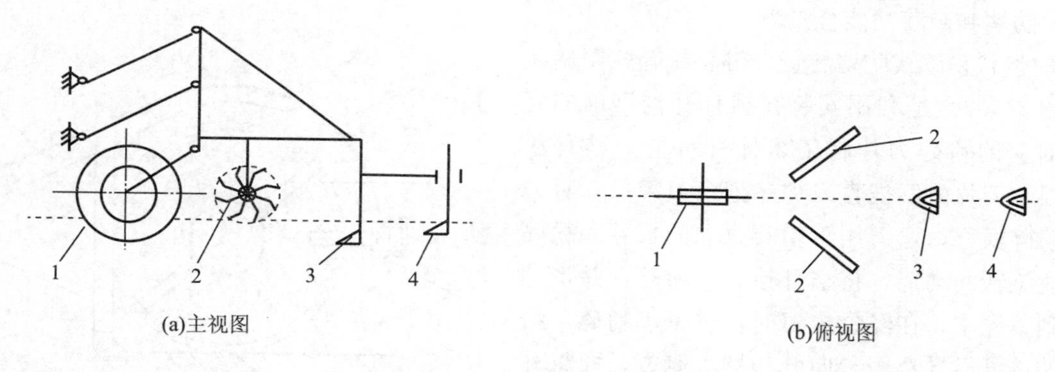

图 3－36　轮齿式防堵装置

1. 切草盘　2. 齿式拨草轮　3. 施肥开沟器　4. 播种开沟器

中国农业大学研制的 2BMQF－4C 中型玉米免耕覆盖精播机上采用轮齿式防堵装置。1999 年 6 月通过农业部农业机械鉴定总站的性能检测，粉碎秸秆覆盖量达到 18 t/hm^2 的，既可以在碎玉米秸秆也可以在小麦碎秸秆覆盖地上顺利通过，完成播种任务。

上述防堵措施从分类上讲，均属于无动力式防堵装置。虽然有较好的防堵效果，而且结构简单，制造成本不高，可满足一般的免耕施肥播种要求。但如果秸秆覆盖量进一步加大，或一年两熟地区前茬作物收获后立即播种，秸秆水分含量高等，其防堵效果就要受到影响。

（5）典型的动力驱动式防堵装置。为满足一年两熟高产区免耕覆盖条件下的播种需要，近年来研制出几种动力驱动式防堵装置，进一步提高了免耕施肥播种机的防堵性能，这些防堵装置完全可以在大量秸秆覆盖条件下的免耕播种机上采用。

a. 旋耕防堵装置。旋耕防堵的机理是利用旋耕机上的旋耕刀将播种开沟器前覆盖在地表的秸秆残茬与表土切碎、混合，由于在作业过程中，秸秆残茬在旋耕刀的作用下始终处于较高速的向后运动状态，所以有很强的防堵能力。

目前应用的旋耕播种机有全面旋耕式（实际上是旋耕机和播种机的组合）和带状旋耕式（即只旋耕种行部分，其余部分不旋耕）。

旋耕防堵装置的防堵能力强，尤其是在地表不平的情况下有很强的适应能力，播种质量较高。但旋耕防堵对土壤扰动大，不符合保护性耕作少动土的要求，而且采用旋耕防堵装置的施肥播种机消耗功率大，生产率低，所以只能作为过渡形式。但带状旋耕除有较强的防堵能力外，同时具有破茬、开沟、创造较好的种床等功能，在我国保护性耕作技术推广中有一定的应用。

b. 直刀粉碎破茬防堵装置。直刀式破茬刀在作业过程中除破茬开沟外，同样具有良好的防堵效果，其防堵原理一是将开沟器前的秸秆切断、根茬劈开，二是利用直刀旋转使断秆运动、后抛，防止堵塞。

c. 斜置驱动圆盘防堵装置。斜置驱动圆盘工作过程中，地表部分可以将覆盖的秸秆切断，并利用圆盘的摆动将秸秆向两边分开；入土部分既可以将根茬破开，也可以将一定范围内的土壤疏松。防堵和破茬功能合二为一。

d. 带状粉碎式防堵装置。带状粉碎式防堵装置（图 3 - 37）是利用安装在播种开沟器前的旋转刀轴上的粉碎刀片将玉米播种行上的秸秆粉碎，组合刀片由两把直刀加一把弯刀组成，直刀用于粉碎横秆，弯刀用于粉碎直立的根茬。粉碎刀高速旋转的动能，将秸秆拾起、粉碎，并带动秸秆到罩壳中，在经过定刀时，进一步粉碎，粉碎后的秸秆沿导草板导向开沟器后侧方，即将开沟器前的秸秆粉碎、后抛来防止堵塞。

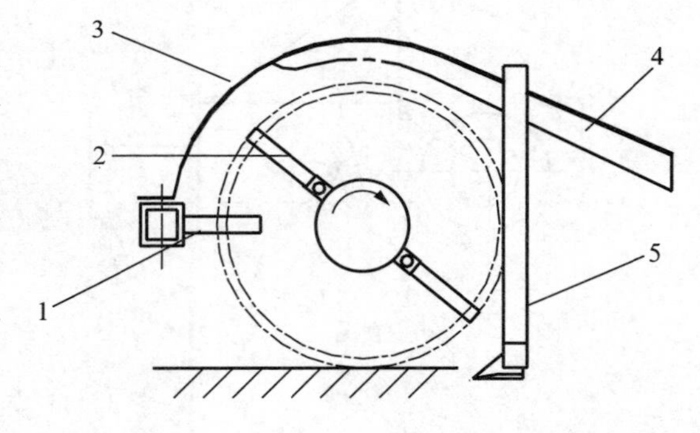

图 3 - 37 带状粉碎防堵装置

1. 定刀 2. 组合刀片 3. 罩壳 4. 导草板 5. 开沟铲

带状粉碎式防堵装置中的粉碎刀在离地面 2 cm处通过，不入土，因此不会对土壤造成扰动；高速粉碎刀对开沟器前的秸秆有很强的粉碎和后抛能力，因此防堵性好；采用只粉碎开沟器经过处秸秆的带状粉碎方式，可以有效地减少粉碎时的动力消耗。

试验表明，带状粉碎防堵装置在田间杂草较多的情况下，粉碎刀和开沟铲柄之间所形成的死角仍然存在堵塞的可能，尤其是用于玉米秸秆覆盖地免耕播种小麦、当开沟器挑起根茬时，根茬会在防堵死角处形成堵塞，限制了该技术的进一步应用。

为解决这个问题，中国农业大学在“十五”科技攻关项目研究中，研制出“条带粉碎＋弯刀”防堵开沟装置（图 3-38），该装置最大的优点是，防堵直刀的回转半径大于刀轴与铲柄间的间距，配合弯式铲柄，形成了无死角的防堵装置。一旦秸秆或杂草挂接在铲柄上，会立刻被直刀击落（不要求粉碎过细），当开沟铲挑起玉米根茬、沿铲柄斜面上升到旋转直刀的作用范围时，也会立即被打碎，既不会出现堵塞，又能将大的根茬和土壤复合体打碎，不会出现回土不好而影响播种质量的问题。

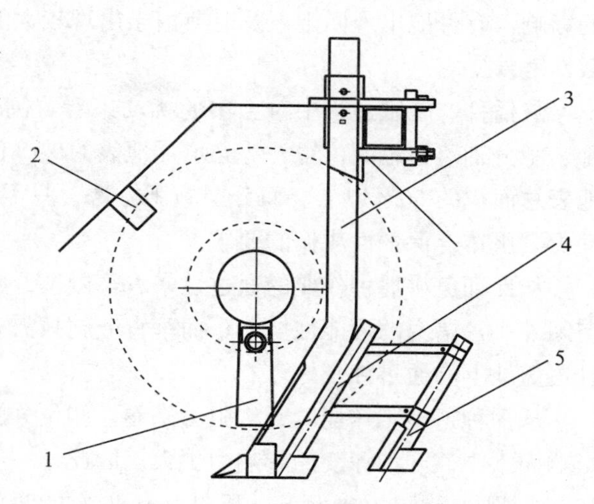

图 3-38　条带切碎＋弯柄防堵开沟装置

1. 防堵直刀　2. 定刀　3. 开沟铲柄　4. 导肥管　5. 导种管

改进后的条带粉碎＋弯柄防堵开沟装置既可在玉米免耕播种机上使用，也可在小麦免耕播种机上使用，在一年两熟区玉米收获后全量秸秆覆盖条件下免耕播种小麦试验中，表现出良好的防堵和作业性能。

e. 带状锯切式防堵装置。带状锯切式防堵装置与带状粉碎式防堵装置结构类似，主要的差别是将粉碎甩刀换为圆盘锯片。这样可以大大降低切碎秸秆时的刀轴旋转速度，进而降低功率消耗。

3. 种肥分施技术

（1）种肥分施的农艺要求。土壤及其养分是农作物赖以生长发育的基础之一，土壤养分也叫土壤肥力。我国由于人多地少，粮食安全问题突出，多年来很多地方一直超强度利用土地进行农业生产，土壤所蕴藏的肥力下降速度大于补充速度，土壤肥力下降显著，必须施用更多的肥料才能维持相应的产量。因此，施肥是农作物生产的重要环节。

肥料主要分为有机肥料和无机肥料两大类。我国目前的现实情况是除少数畜牧业发达的地方外，有机肥料日趋减少，需要施用大量的化肥才能获得必要的产量。

农作物生长中施肥主要有基肥（也叫底肥）、种肥和追肥三种。传统耕作中，基肥可以先撒在地表，耕地时翻入土中，或通过旋耕与土壤混合。保护性耕作取消了铧式犁翻耕，基肥和种肥必须在免耕播种时一次施入土壤。

基肥和种肥一次施入土壤时，由于施肥量大，如山西临汾和寿阳一年一作区种植冬小麦或春玉米时，播种时的基肥加种肥用量一般为 375 kg/hm^2，东北和西北绿洲农业区一年一作产量高，施肥量更是超过 600 kg/hm^2，为防止烧种，必须肥、种分施，且要求肥、种间隔一定的距离。

种、肥在土壤中分开的方式有两种：侧位分施和垂直分层施肥。侧位分施又有侧位水平分施和侧位深施两种，侧位水平分施是指将化肥施于种子侧面且与种同深；侧位深施则是将化肥施于种子的侧下方。垂直分层施肥是将化肥施于种子正下方，与种子同沟但深度不同。

侧位施肥的优点是种肥不同沟，一般不会出现烧种现象，种子深度容易控制；垂直分层施肥时，开沟深度大，需要在开沟施肥后有一定的回土再进行播种，而回土速度和回土量受土壤墒情的影响，有可能出现回土不及时或由于出现较大的土块使播种深度的变异增大，即播种深度的一致性变差。

从播种、施肥过程中对土壤的扰动来看，侧位施肥的方法必然要实行两次开沟或宽开沟使种、肥分别落在不同位置，势必增加地表的破碎程度，对小麦等密植作物而言，其破土面积可达地表总面积的60%以上。而分层施肥方法，只需一次开沟，对地表的破坏程度较小，即土壤扰动少，更符合保护性耕作的要求。

从保证免耕播种作业的通过性来看，侧位分施一般需增加一套开沟装置，必然使秸秆通过的空间缩小，堵塞的可能性增加；而垂直分施只需一次开沟，对地表的破坏相对较小，播种机在秸秆覆盖地上的通过性较好。

从播种、施肥作业的开沟阻力来看，侧位分施虽然要两次开沟或宽开沟，但由于开沟阻力的影响因素中，开沟深度的影响力更大。因此，一般认为垂直分层分施种、肥时，若开沟深度达到10 cm，则开沟阻力要大于只开沟5 cm左右的两次开沟。

种、肥分施是否会造成烧苗的影响因素主要是化肥的用量与种肥的间距，在免耕施肥播种机的研究开发中，中国农业大学保护性耕作课题组进行了不同化肥用量、不同种肥间距对冬小麦出苗和小苗长势的影响研究。

研究结果显示，在播种量为150 kg/hm^2、发芽率为95%、种上覆土3 cm、化肥为尿素和磷酸二铵按3∶2比例混合、轻壤土的条件下，当种肥间距为1.5 cm、施肥量分别为150～525 kg/hm^2（按75 kg/hm^{2}增加）时，出苗数从占播种籽粒数的98%下降为32.7%，即出苗数随施肥量的增加呈线性递减，对种苗长势的影响（烧根多少）随施肥量的增加而愈加严重；当种、肥间距过大（如9 cm）时，虽然不会出现烧根现象，但由于种子萌发后不能及时吸收到化肥的养分，出苗数也会受到影响（87.5%）。因此，在一般施肥量条件下，种、肥间距应控制在3 cm以上，并且不是越大越好。不管是种、肥侧位分施还是垂直分施，根据我国北方目前农业生产中的施肥量，一般应保证种、肥间距在4～6 cm。

表3-10列出的为一定施肥量条件下种肥间距的最佳值和最低值，表3-11列出的为一定种肥间距条件下的施肥量极限值，供免耕施肥播种机使用与设计开发时参考。

表3-10　不同施肥量下种肥间距的最佳值和最低值

施肥量/(kg/hm^2)	150	225	300	375	450	525	600
最佳值/cm	6.6	7.1	7.6	8.2	8.7	9.3	9.6
最低值/cm	2.8	3.3	3.8	4.2	4.5	4.8	5.3

表3-11　一定种肥间距条件下的化肥用量极限值

种肥间距/cm	2	3	4	5	6
化肥用量极限/(kg/hm^2)	60.0	183.0	319.5	600.0	1305.0

（2）可调式种肥垂直分施开沟装置。根据上述种肥分施的农艺要求、种肥分施间距的研究成果等，中国农业大学设计开发了免耕施肥播种机用可调式种肥垂直分施开沟装置。该装置由尖角型开沟器、导肥管、导种管、播深调节板、铲柄等部件组成（图 3－39）。

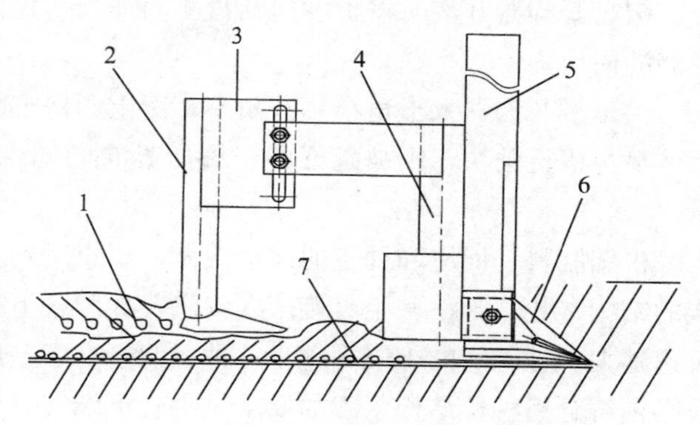

图 3－39　可调式种肥垂直分施开沟装置
1. 种子　2. 导种管　3. 播深调节板　4. 导肥管
5. 铲柄　6. 尖角型开沟器　7. 肥料

可调式种肥垂直分施开沟装置的特点是尖角型开沟器铲尖、导肥管和导种管之间按前后一字形排开配置；播种深度可调。

使用中可根据种肥垂直分施合理间距的农艺要求，尖角型开沟器土壤流动特点以及肥料、回土、种子的运动规律，合理调节铲柄与固结器连接孔的开沟深度和连接导肥管与导种管的播深调节板的前后、上下相对位置，并可根据需要安装回土铲来确保免（少）耕覆盖施肥播种的质量要求。

可调式种肥垂直分施装置是用开沟器开沟过程中前后不同部位土壤回落的时差原理，前边深施肥，待部分土壤回落覆盖后再下种，然后进行最后覆土。

化肥由排肥器经输肥管流到开沟器上的导肥管，然后落入沟中。影响肥料流动性的因素有颗粒的含水量和结构尺寸，颗粒的形状、表面特性、容重，自然休止角，孔隙度，压力，混合物的特性、数量及温度等。当含水量增大到标准含水量以上时肥料的流动性绝大多数变差。在施肥、播种中保证流动性的使用措施是：①选用颗粒形状接近球形且均匀一致的肥料；②保证肥料的干燥性，以免因受潮使化肥的自然休止角加大甚至出现架空；③清理化肥中的结块，一般不应有大于 0.5 cm 的结块；④每天清理肥箱、输肥软管、导肥管中的残留化肥。

目前，多用硝酸磷肥或尿素和磷酸二铵以一定比例混合肥，这些肥料的颗粒均接近球形，流动性好。但易潮解，播种时应保证肥料的干燥性。分置式种肥分施机构的输肥管末端直通开沟沟底，肥料在导肥管中基本上在竖直方向以自由落体运动，水平方向与播种机同速度前进，肥料与播种机的水平相对速度为零，输肥管紧贴在开沟器后，肥料落下，基本在种沟沟底，开沟深度即是施肥深度。

开沟器开出种沟，肥料落入沟底，被开沟器推、翻到两边的土壤在开沟器经过之后，在自身重力的作用下，开始回落。影响土壤回落时间的因素主要有土壤类型、土壤含水量、开沟器类型和作业速度等。

黏质土壤、壤质土壤等因其颗粒间的内摩擦力不同，对土壤回落的影响就不同，沙壤土颗粒间的内摩擦力小，回土快、多；黏土颗粒间的内摩擦力大，回土慢、少。

土壤含水量大，土壤黏性增加，土壤流动性变差，回土时间增加，回土量减少；土壤含水量过小，开沟时会出现较大的土块，也会影响回土时间和回土量。这也是要求在土壤墒情适当时进行播种作业的一个重要原因。

圆盘开沟器开沟时将土壤向圆盘侧面推、挤开，回土很少，一般均需增加覆土装置才能保证足够的回土。

尖角型开沟器入土角小，升角小，翻土、挤土能力小，开沟窄，具有良好的自动回土性能。

播种机行驶快，则被翻开的土壤所具有的动量大，抛离原位的距离远，回落时间短，回土量少。

根据肥料、回土和种子的运动规律，要想达到符合要求的种肥位置，应合理设计种肥分施机构的结构参数。为使种肥直接落入沟底，导肥管下端出口不装反射板，使肥料能直接落入沟底。机速越大，种肥间的土层高越小；种、肥管高度差值越大，则种肥管纵向间距应越大，但该间距还必须符合播种机结构紧凑的要求。种管下端安装反射板，使种子向后反射，但同时应保证种子不能弹出种沟。

根据上述分析，可调式种肥分施机构中导肥管和导种管的相对位置，调节范围应达 20 cm，一般能达到种肥间距农艺要求的 3～5 cm。但由于土壤比重、土壤含水量、作业速度的不同，土壤回落差异较大，为了确保种肥间距的农艺要求，可根据需要在导肥管和导种管间安装一个回土铲，使沟壁部分土壤及早回落，以保证种肥之间有足够土壤隔开，防止烧种、烧苗。

目前生产中使用的免耕施肥播种机上大多采用可调式种肥垂直分施机构，也有的采用侧分施机构。

4. 覆土镇压技术 为保证种子发芽，对种子上部要求有一定厚度的覆土层。并应进行适当的镇压，保证种子与土壤接合紧密，及时吸收土壤养分。

影响覆土效果的因素有土壤物理状态、机组作业速度、开沟器形式以及种肥分施装置的形式等。一般轻、沙壤土的回土性能好；进行过播前整地、地表土壤均匀一致的回土好；机组作业速度低，回土量较多；开沟器形式对回土性能影响较复杂，一般尖角形开沟器回土性能较好。

免耕播种时，由于土壤较坚实，开沟时易出现较大的土块，土壤质地相对贫瘠、含水量不合适时更易出现。这种土块一是影响播种深度的均匀性；二是易出现架空，即种子与土壤接触不实。这两种情况都会影响种子的出苗和正常生长。因此，实施保护性耕作时对覆土镇压要求较高，一方面要求将较大的土块压碎，另一方面要求对种行上的土壤进行适当的压密。

目前免耕播种后的镇压均采用较大的镇压轮，利用镇压轮的自重对土块进行压碎和对种行上的覆土进行压密。也有的在镇压轮上加装加压弹簧，适当将播种机机架上的质量转移到镇压轮上，保证镇压效果。

影响镇压效果的主要有土壤物理状态（如开沟后出现的土壤颗粒大小、土壤含水量、覆土量等）和镇压轮的结构形状、结构参数、镇压力等。

由于保护性耕作要求开沟窄，同时回土的颗粒较大，不容易被压碎，不能保证土壤与种子的贴合及其所需紧度，播种镇压要比传统翻耕的难度大，因此，应根据免耕作业的土壤物理性能和开沟器形式，选择覆土好、镇压可靠的镇压装置。

镇压器的形式较多，图 3－40 所示为几种常用镇压轮的结构。试验研究结果表明：对小麦播种镇压一般采用空心橡胶式镇压轮效果较好，因为空心橡胶式镇压轮能够在镇压过程中产生变形，有利于清除镇压轮上的黏土；质量较同尺寸铸铁轮轻，可减轻整机质量；其圆弧形截面对沟形适应性好，镇压效果好。镇压器的质量和直径是决定其工作质量的主要因素，即要求接地压力要大，有利于将土壤压碎；直径适当大一些，有利于在秸秆覆盖地上通过。因此采取可调节接地压力的弹簧式镇压轮，镇压轮直径不小于 30 cm。

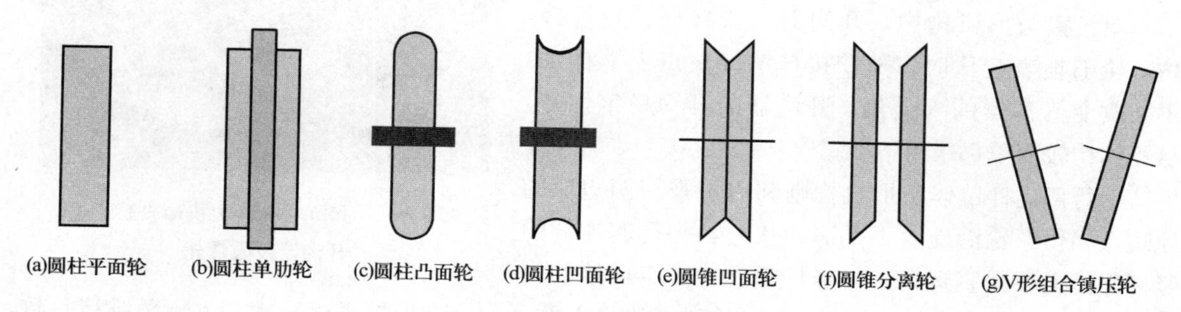

图 3－40　常用镇压轮的结构

玉米免耕覆盖施肥播种机一般为圆柱 V 形组合镇压轮。由于两个倾斜安装的圆柱形镇压轮对土壤产生较大的侧向力，使种沟两侧的土壤向种行中间推挤，达到覆土和镇压的效果，因此玉米免耕覆盖施肥播种机用这种结构的镇压轮效果较好：覆土性能好，配合种肥垂直分施，在保证种子一定覆土深度的情况下，有利于增大种、肥的间距；有利于种子出苗，由于是从两侧向土壤加压，既保证了种子与土壤的紧密接触，又使得种子上方的土壤比较疏松，减小了出苗阻力；有利于保墒，由于种肥垂直分施，复合开沟器的开沟深度较大（100～130 mm），开沟时有明显的深松作用，所以沟上部分的碎土效果较差，土壤中会出现较大的孔隙，通过两轮从沟的两侧对土壤进行对挤，减小土壤中的孔隙，达到保墒的作用；通过性好，同时由于玉米播种机的镇压轮同时具有地轮的作用，所以直径较大。

5. 免耕播种机的仿形　免耕播种机作业时地表条件恶劣，有前序作业时拖拉机进地压出的沟辙，有深松时开出的深松沟和较大的土块，有随作物生长出现的植株根部突起（如玉米根茬），还有大量的覆盖不会完全均匀一致的秸秆。这些条件的存在，影响免耕施肥播种质量，尤其是对播深控制影响较大，而播深一致是播种作业保证苗齐、苗全、苗壮的基本要求。因此，为了提高免耕施肥播种的质量，除了进行必要的地表耕作外，还必须考虑免耕施肥播种机的仿形性能，即在地表不平条件下保持播种深度一致的能力。

免耕施肥播种机的仿形按其结构形式可分为单体仿形和整体仿形两种。单体仿形是指播种机上的每一个或一组开沟单体上配置一套仿形机构，由播种单体适应地表的起伏，各单体之间互不干扰，因而仿形效果好，但结构相对复杂、播种机重量加大、影响机组的纵向稳定性、制造成本高则是它的缺点。整体仿形是指利用播种机的地轮仿形，因而结构简单，但仿形效果要差于单体仿形。

单体仿形常用的有在开沟器上加装限深轮（如美国 John Deere 公司生产的多种播种机上均在圆盘开沟器侧面有橡胶限深轮，图 3－41）、在滑刀式开沟器上加装限深滑板、把开沟器通过随动机构与机架铰接等。其中随动机构有单杆铰接与平行四连杆铰接两种，采用单杆铰接的称为单铰接仿形机构（图 3 - 42），采用平行四连杆铰接的称为平行四连杆仿形机构（图 3 - 43）。

图 3 - 41　John Deere 免耕播种机上的开沟器及限深轮

单铰接仿形机构中，开沟器与铰接杆固定连接，仿形轮随地表起伏时，随铰接杆绕铰接点上下摆动，不断改变开沟器的入土角，开沟器的开沟稳定性差，尽管结构较简单仍采用不多。

平行四连杆单体仿形机构则利用了平行四边形的原理。当仿形轮沿地表不平而起伏时，平行四连杆的竖杆保持上下垂直运动，与竖杆垂直且固定连接的直杆则保持水平上下运动，这样，固定安装在直杆上的开沟器亦保持垂直运动，入土角维持一致，开沟稳定性好。因此，平行四连杆仿形机构虽然杆件多，结构复杂，但仍在免耕施肥播种机上应用较多。

设置仿形机构的目的是在地表不平的情况下能保持播种深度的一致性和稳定性。从图 3 - 42 和图 3 - 43 中可知，影响播种时地表单体仿形效果的最基本参数是仿形轮与开沟铲之间的距离。当该距离为零时，仿形轮和开沟器处于同一个地表位置，仿形轮和开沟器随着地表同步起伏，开沟深度一致，仿形效果最好。当仿形轮与开沟铲的距离增大后，播种某一瞬间，仿形轮与开沟器处于不同地表位置。由于超前仿形，不同地表位置的误差，造成开沟器开沟深度的不一致。表 3 - 12列出了在不同地表仿形轮与开沟器的距离下，免耕和深松地表的纵向相对误差 $\bar{x}$ 及其标准差 S、变异系数 V。

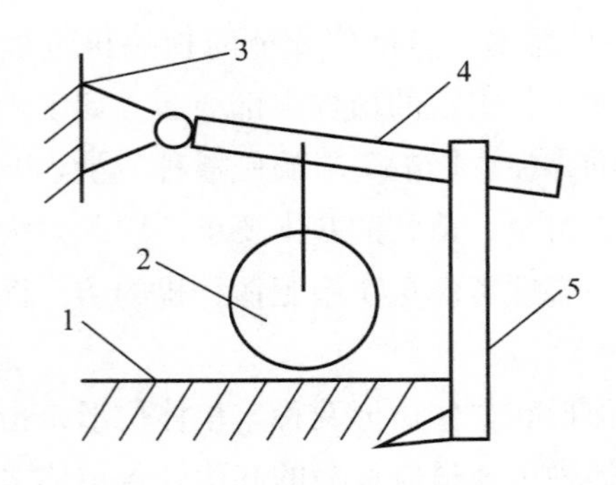

图 3 - 42　单铰接仿形机构

1. 地面　2. 仿形轮　3. 机架　4. 铰接杆　5. 开沟器

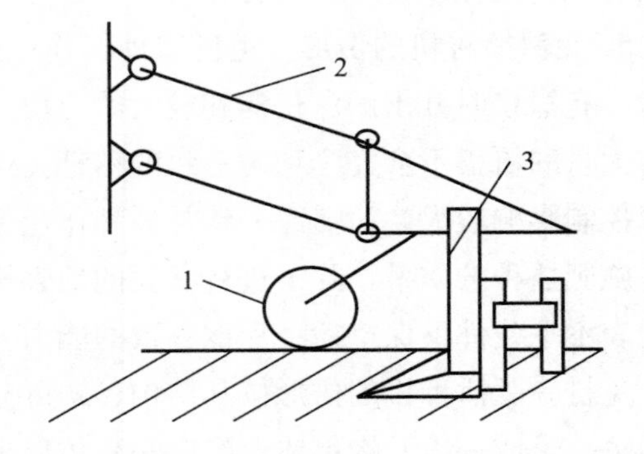

图 3 - 43　平行四连杆仿形机构

1. 仿形轮　2. 平行四连杆　3. 开沟器

仿形轮与开沟器间距大小的选择取决于开沟器形式。圆盘开沟器能够与仿形轮实现同步仿形，使开沟深度保持一致，但此机构需要有足够机器质量来满足圆盘入土的压力需要，圆盘开沟对沟壁的挤压也会普遍引起种沟覆盖不严，因此使其使用受到一定限制。平行四连杆仿形机构虽

表 3-12　不同仿形轮与开沟铲间距的纵向仿形误差统计

间距/mm	免耕地表			深松地表		
	$\bar{x}$/mm	S/mm	V/%	$\bar{x}$/mm	S/mm	V/%
100	5.91	4.98	84.26	7.32	5.81	79.37
200	7.53	5.93	78.75	11.36	7.93	69.80
300	9.04	6.73	74.44	14.31	9.53	66.59
400	10.14	6.59	64.99	16.17	10.97	67.84
500	10.46	7.92	75.72	17.67	11.55	65.36
600	10.40	8.80	84.62	18.51	11.83	63.91
700	11.51	9.60	83.41	19.07	11.07	58.04
800	12.05	10.16	84.32	18.82	11.60	61.63

然结构较复杂，但由于其能始终保持开沟铲相对于地面的垂直位置，因此应用较多。对于尖角形开沟器，则由于入土性能较好，且开沟深度容易调节而广泛采用。其缺点是：为了防止过多残茬秸秆可能堆积在凿形铲前造成堵塞而影响作业，一般仿形轮与开沟铲间距值不宜过小。中国农业大学在设计的小麦免耕施肥播种机上取仿形轮与开沟铲间距为 30 cm，此值地表区间的仿形相对误差 $\bar{x}$（免）＝9.04 mm，$\bar{x}$（松）＝14.31 mm。由此可见：只要仿形轮和开沟器不是同步仿形的，免（少）耕播种时开沟深度的相对误差较大，且直接影响种肥深度的一致性。

目前生产和推广使用的玉米免耕施肥播种机多采用单体平行四连杆仿形机构。而小麦免耕施肥播种机出于减少机具重量、降低成本等因素的考虑，多采用整体仿形。

整体仿形的方法是播种开沟器固定安装在机架上，利用播种机的地轮仿形。部分中型和所有小型小麦免耕施肥播种机上采用这种结构。

免耕施肥播种机整体仿形结构中两个仿形地轮的横向间距 W 值、开沟器与仿形地轮轴线的纵向间距 K 值（图 3-44）是影响播种机整体仿形效果、种肥深度和间距的最基本的结构参数。W 值决定整机横向地表仿形效果。表 3-13 列出了不同 W 值下地轮仿形误差 $\bar{x}$、误差标准差 S 和变异系数 V。当两个地轮的横向仿形误差 $\bar{x}$ 一定，两个地轮横向间距 W 值越小时，整机机架

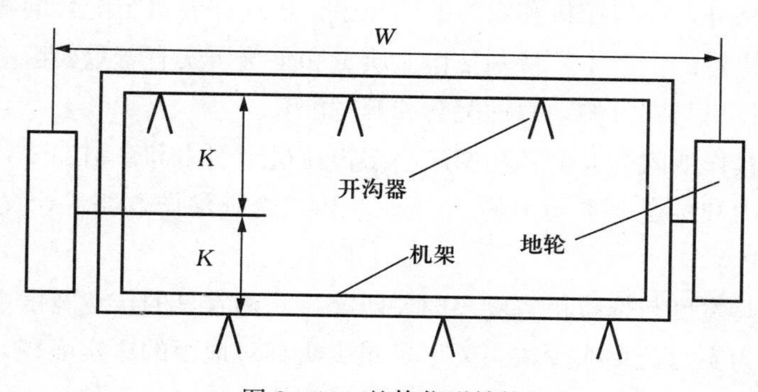

图 3-44　整体仿形结构

相对地表的横向倾斜角度也就越大。这样离两个地轮两侧越远的开沟器的开沟深度误差也就越大。显然，在选择结构参数 W 值时，要在不影响作业质量（如地轮压已播行）的情况下应尽可能选择与播幅相接近的尺寸；如结构允许，也可将地轮布置在开沟器之间，使之距离每个开沟器都保持相对较小的间距，可以提高整体仿形的一致性。

表 3-13　不同轮距的横向地表仿形误差统计

W 值	免耕			深松		
	$\bar{x}$/mm	S/mm	V/%	$\bar{x}$/mm	S/mm	V/%
200	9.61	7.20	74.92	16.11	10.33	64.12
400	13.16	9.96	75.68	19.27	14.81	76.85
600	13.67	9.78	71.54	21.61	17.04	78.85
800	15.38	10.79	70.15	21.25	17.05	80.23
1 000	15.20	10.90	71.71	17.39	12.45	71.59
1 200	13.70	9.73	71.02	15.55	11.81	75.94
1 400	11.76	7.84	66.66	14.71	11.11	75.52
1 600	11.86	7.05	59.44	23.67	11.97	50.57
1 800	11.44	8.20	71.67	21.38	16.83	76.91
2 000	13.33	4.72	35.41	20.49	16.82	82.08

整体仿形结构的纵向仿形效果，取决于 K 值的大小。为了防止秸秆堵塞和提高通过性能，小麦免耕施肥播种机的开沟器一般采用前后分置的排列方式。前后间距一般要求不小于 40 cm，而两个仿形地轮都安置在前后开沟器的中间位置，两个地轮相对前后开沟器的间距仅为单体仿形结构中与开沟器间距的 2/3，其纵向仿形效果要比单体仿形的好。

第四节　旱地机械化机组配套

旱地机械化的机具选择，与灌溉地或其他田间作业机械化的机具选择一样，除考虑机具的作业性能、可靠性和价格外，在拖拉机和农具的选择中，还存在着机组配套问题，以及和地块大小的匹配问题。它们对机器的生产率，特别是作业质量和土壤压实有着重要影响。

机组配套包括拖拉机与农具的动力性配套和幅宽配套。

动力性配套即农具作业阻力及消耗功率应小于拖拉机牵引力和牵引功率，但是也不能相差太大。一般为标定牵引力和标定牵引功率的 70%～80%，既满足作业要求，又充分合理地利用拖拉机功率。

幅宽配套是指农具宽度与拖拉机宽度之间要匹配，几种农具的作业宽度之间相互要匹配。对保护性耕作来说，因为实行免耕或少耕，要尽量减少机具对地面的压实面积，特别是避免对作物生长的压实，幅宽配套非常重要。幅宽配套要满足下列准则：

（1）农具作业幅宽应大于或等于拖拉机轮子外廓宽度，以避免拖拉机轮子压已完成作业的地面，并保证农具可以作业到田边。例如，当拖拉机幅宽 1.8 m，而播种机宽 1.4 m 时，播种机播不到地边，会留下 20 cm 宽左右的一条地带播不上种（图 3－45），更严重的是拖拉机轮子会压已播上种的土地（图 3－46）。

（2）各个农具作业幅宽应相等或互为整数倍，小区地块宽度应为作业幅宽整数倍。以易于驾驶员对行作业，中耕作业时不压苗，喷药与收获时减少重叠或遗漏，保证作业质量。

（3）全年机具轮子压地的总面积，特别是拖拉机轮子压地总面积应尽可能小。根据测定轮子第一次压地的影响最大，第二次再压到同样的地方影响只有第一次的 1/5。所以要使各次作业的车轮尽可能地走在同一轮迹上，减少压地总面积。

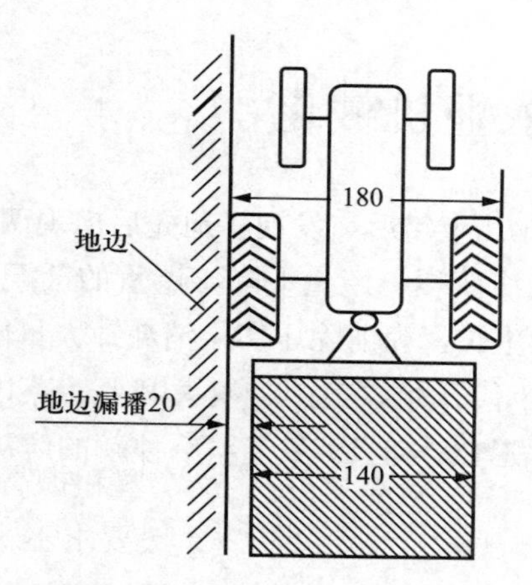

图 3－45　作业不到地边（单位：cm）

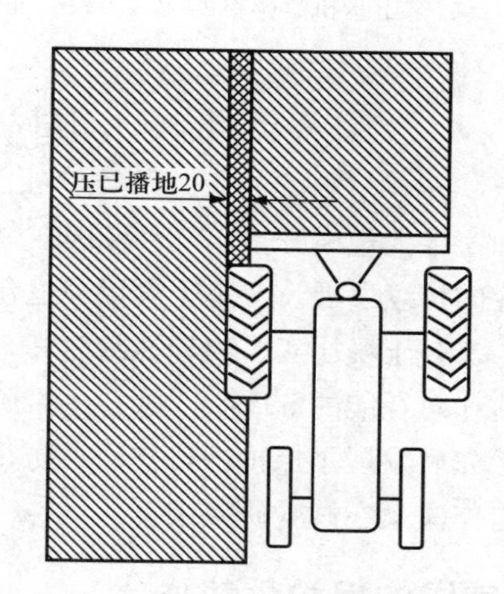

图 3－46　拖拉机轮压已播地（单位：cm）

现以铁牛－55 型拖拉机配套的玉米、小麦旱作机具体系为例，研究匹配的优劣。

（1）旱地玉米机械化机具体系。拖拉机后轮外廓宽约 1.8 m，4 行播种机作业幅宽 2.8 m，4 铲深松机作业幅宽 2.8 m，喷雾机喷幅 5.6 m（2 倍于播种幅宽），小区地块宽度为 5.6 m 的整数倍。其各项作业压地情况如图 3－47 所示。

评价：该体系机组幅宽配套良好。除玉米收获外，能理想地满足匹配要求，不存在作业不到边、拖拉机压已作业地，或接行不好等问题。在 5.6 m 内只有 4 条轮印，土地压实总面积只占耕地面积的 25%（图 3－47）。

（2）铁牛－55 型拖拉机配套的小麦保护性机具体系。铁牛－55 型拖拉机后轮外廓宽 1.8 m，播种机作业幅宽 1.8 m（9 行，行距 0.2 m），喷雾机作业幅宽 5.4 m，联合收获机作业幅宽 1.8 m，小区地块宽度为 5.4 m 的整数倍。

评价：基本满足匹配要求，但差于玉米机具的匹配。5.4 m 作业幅宽内有 6 条拖拉机轮迹，压地面积占总面积的 39%。由于播种机幅宽刚好等于拖拉机幅宽，当拖拉机行驶直线性欠佳，或驾驶员接行掌握不好时，轮子容易压已播地面（图 3－48）。

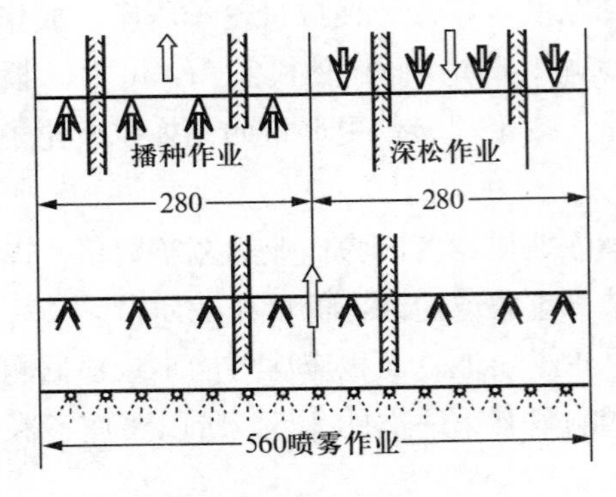

图 3-47　玉米机具幅宽匹配（单位：cm）

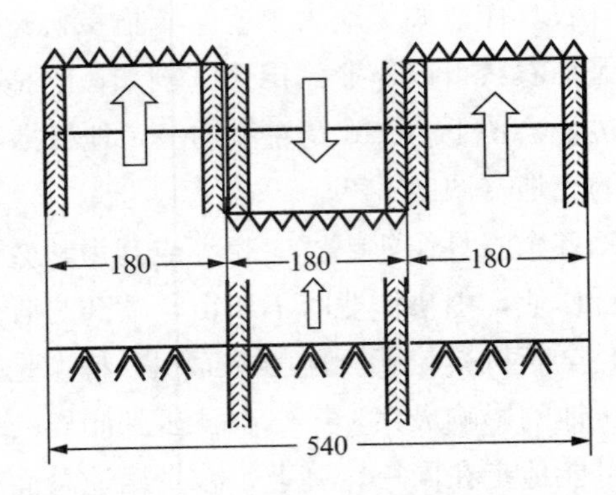

图 3-48　小麦机具幅宽匹配（单位：cm）

［附］ 国外旱地农业机械化

西方国家在大规模开垦 100～200 年、机械化作业几十年后，发现耕地先后出现两个大问题，影响着农业的持续发展。一是土壤侵蚀退化、土层变浅变瘦、产量下降，严重的甚至农田被毁，无法耕种；二是土壤压实、物理性状变坏，影响作物生长，为消除压实层消耗掉大量能源，典型的要占到耕作总耗能的 50%。为此，从 20 世纪 30 年代开始，美国、澳大利亚、英国、前苏联及以色列等先后发展了保护性耕作法，防止土壤侵蚀退化。近 10 多年，一种新的解决土壤压实的固定道耕作法又在试验研究中。

一、美国的保护性耕作

美国中、西部旱农区年降水量在 300～700 mm，19 世纪中期，美国组织向西部移民，鼓励移民大面积开荒种地，大量饲养牲畜。由于过度耕作和放牧，掠夺式经营，经短暂的数十年好收成后，草原植被严重破坏，农田肥力日趋衰竭，产量逐年下降。到 20 世纪 30 年代，终于发生了两次震惊世界的黑风暴，大风从北向南，横扫中部大平原，到处风沙蔽日，尘埃滚滚。黑风暴过后，大地被刮走 10～30 cm 厚的表土，毁坏了 30 万 hm^2 以上的良田。此后，美国成立了土壤保持局，对各种保水、保土的耕作方法进行了大量研究。试验测定证明：以少、免耕和秸秆覆盖为中心的保护性耕作法，可以明显减少蒸发、减少径流、增加土壤蓄水量，提高作物产量。内布拉斯加州不同耕作法测定见表 3-14，德克萨斯州连续 5 年试验见表 3-15。

表 3-14 所列内布拉斯加州的试验表明，免耕覆盖可以减少蒸发，增加土壤蓄水量。传统翻耕法的土壤水分蒸发占降水量的 88%，而覆盖免耕为 57%，加上径流减少，土壤蓄水量达 139 mm，而翻耕、深松、开水平沟等分别只蓄水 29 mm、54 mm、34 mm。

由于蓄水量增多，产量相应提高。德克萨斯州连续 5 年试验（表 3-15）测得，免耕法蓄水量 141 mm，产量 3.34 t/hm^2，而翻耕、旋耕、深松只有 89 mm、85 mm、114 mm，产量分别为 2.56 t/hm^2、2.19 t/hm^2、2.77 t/hm^2，免耕产量提高 21%～52%。

表 3-14　美国内布拉斯加州不同耕作法土壤蓄水、径流、蒸发量测定

秸秆覆盖量/(t/hm²)	耕作方法	土壤蓄水量/mm	径流量/mm	蒸发量/mm	蒸发损失/%
4.5	常规翻耕	29	10	282	88
4.5	深松	54	5	262	82
17.9	免耕	139	0	182	57
0（无茎秆）	圆盘犁	7	60	254	79
0（无茎秆）	水平沟耕作	34	0	287	89

注：测定期 4 月 10 日到 9 月 27 日，该期间降水 321 mm。

资料来源：美国农业部农业研究局。

表 3-15　德克萨斯州 1983—1987 年连续五年不同耕作法种植高粱试验结果

耕作方法	降水量/mm		土壤蓄水量		产量/（t/hm²）
	休闲期	作物生长期	mm	%	
铧式犁	316	301	89	29	2.56
圆盘耙	316	301	109	34	2.37
旋耕	316	301	85	27	2.19
深松	316	301	114	36	2.77
免耕	316	301	141	45	3.44

资料来源：Unger and Wiese 1984，美国农业部农业研究局。

残茬覆盖可以减轻耕地水蚀和风蚀。根据美国农业部南方丘陵保护耕作研究中心测试，坡耕地水土流失严重，实行保护性耕作前 30 年每年表土流失达 0.5 cm，而表层土壤每被冲刷掉 1 cm，玉米公顷产量将降低 9.8 kg。保护性耕作法减轻水土流失成功后，1952 年美国农业部推广这一方法。坡地实行免耕，不仅控制土壤流失、培肥地力，还有着减少河流泥沙含量、促进流域治理、改善生态环境的作用。

节省劳力，节约能源，减轻土壤压实及结构破坏。科罗拉多州 20 世纪 80 年代推广保护性耕作法后，田间作业次数由 7～10 次减少到 2～5 次。

1988 年开始，美国以秸秆残茬覆盖量为主，把土壤耕作分为三类模式：①播后地面覆盖率小于 15%，深松或翻耕加表土耕作，称为传统模式；②播后地面覆盖率为 15%～30%，多次表土耕作，称为少耕；③播后地面覆盖率大于 30%，免耕或播前一次表土作业，称保护性耕作模式。

到 2004 年，美国采用保护性耕作的农田超过 4 500 万 hm²，占农田总面积近 50%，保护性耕作与少耕合计占农田总面积 60%以上，95%以上取消铧式犁。

二、澳大利亚的保护性耕作

澳大利亚地处南半球，干旱面积约 625 万 km²，占大洋洲大陆的 81%左右，是典型的旱农

国家。它的南澳大利亚、昆士兰、新南威尔士等省不少地方土层厚度仅100 cm左右。经过20世纪初以来几十年翻耕作业，水土流失严重、土层变浅已构成对澳大利亚农业的重大威胁。科学预测，如果不采取措施，100年后全澳大利亚耕地面积将减少50%。20世纪70年代初，政府在全国各地建立了大批保护性耕作试验站，吸收农学、水土、农机专家参与试验研究工作，取得了显著成果。大量试验表明地面覆盖是一项有效的保水保土措施。有残茬覆盖的农田比裸地休闲田减少地表径流40%左右，最大径流速度降低70%～80%，土壤受冲刷程度降至裸露农田的1/10，冬季残茬还能减弱地面风速，截留雨雪。昆士兰试验站15年对比试验，三种保护性耕作体系：覆盖耕作（松耕、表土耕作、机械除草）、少耕（松耕、表土耕作、化学除草）、免耕（免耕、化学除草）的谷物（小麦、高粱）平均产量分别为3.32 t/hm^2、3.46 t/hm^{2}和3.64 t/hm^2，传统对照为2.44 t/hm^2。增产原因主要是土壤含水量增加，土壤结构和土壤肥力改善，蚯蚓数量增加，保护性耕作分别为21条/m^2、33条/m^{2}和44条/m^2，而传统耕作是19条/m^2。保护性耕作能否增产，主要看作物生长和休间期的管理是否适当，特别是作物出苗、营养、杂草和病虫害控制的好坏。

三、苏联的保护性耕作

苏联的旱农区分布在北纬50°～53°以南，包括草原带与半荒漠带，有耕地9 700万hm^2，占前苏联耕地的46.5%，是苏联的主要农业区。大部分旱农地区年降水量在350～450 mm，降水量在各季节分布均匀，冬春多雨雪，温度低，蒸发少。但是，干旱与风蚀水蚀仍是主要威胁，风蚀面积达7 000万hm^2，产量低而不稳，年间差异大。

20世纪50年代，全苏试验了马尔采夫无壁犁耕作法（去掉有壁犁的犁镜），效果不理想，杂草太多。随后，全苏谷物研究所与阿尔泰耕作育种所，结合马尔采夫耕作法与加拿大的抗旱留茬耕作法，配合施用除草剂，形成了一套适合旱地的蓄水保墒保土耕作法，产生了重大效果，因此获得了列宁奖金。

这种保水保土耕作法，采用无壁犁深松（35～40 cm）或浅松（12～18 cm）代替传统有壁犁翻耕法，土壤结构基本不破坏。麦类留茬20 cm，用茬地播种机直接播种。用无壁犁耕作，地表保留80%左右根茬及植物残体，既稳固土壤减轻风蚀水蚀，又能截留雨雪，同时减少蒸发。试验结果产量明显提高，见表3-16。

表3-16 犁耕翻与无壁犁松土对小麦产量的影响（kg/hm^2）

试验单位	试验年份	产量		增产
		犁秋耕翻	无壁耕秋松土	
全苏谷物所耕作室	1967—1975	790	1 260	470
北哈萨克农业实验站	1966—1973	1 230	1 440	210
乌拉尔农业试验站	1971—1975	850	1 120	270

（续）

试验单位	试验年份	产量		增产
		犁秋耕翻	无壁耕秋松土	
西伯利亚农业研究所	1968—1974	1 180	1 470	290
新西伯利亚农业实验站	1963—1967	1 580	1 870	290
阿尔泰机器实验站	1967—1974	970	1 240	270
萨拉托夫农学院	1969—1972	710	1 090	380
古比雪夫农业实验站	1967—1973	1 520	1 700	180

除上述国家，在旱地农业方面有特点的国家还有加拿大、以色列、巴西、墨西哥、印度、埃及等。

四、固定道耕作法

初步计算，一次主要作业（如播种和收获），重载的拖拉机后轮、播种机地轮或联合收获机轮子压实面积占总面积的20%，如铁牛-55型拖拉机轮宽38 cm、耕地幅宽180 cm，轮子占地21%；北京-2.5型联合收获机轮子宽50 cm、联合收获机作业幅宽250 cm，占地20%。即使是免耕耕作法，只有播种、喷药、表土作业等三项作业，轮子压实面积也占到总面积的50%以上，如传统耕作加上翻、耙、压、收等3～4次作业，全部地面都可能被压一遍。压实使得土壤物理性状变差，作物根系发育困难，耕作阻力加大，降水入渗减少。经测定，中型拖拉机轮子压过的地方，降水入渗减少18%，在270 mm总降水中，入渗减少近50 mm。

固定道作业法即为解决上述问题而提出，其思路是把行驶带和作物生长带分开，所以也属于带状耕作的一种，有时也称为带状耕作法。因其控制轮子只在固定道上行走，而不能任意行走，又称控制行走道（control traffic）作业。

图3-49　澳大利亚3 m宽轮距拖拉机作业

澳大利亚昆士兰大学农机化中心发展的固定道作业法为：

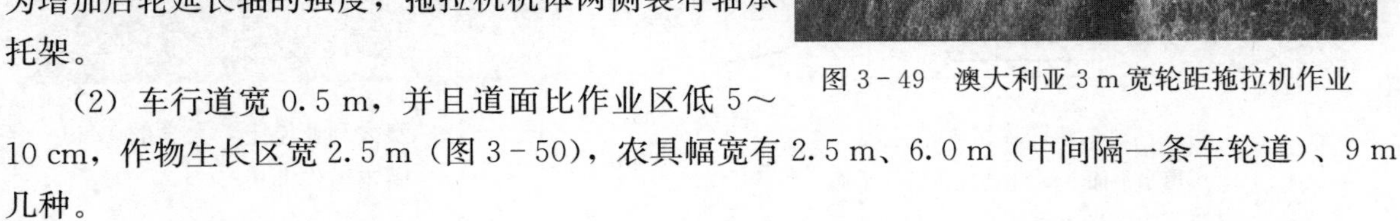

（1）拖拉机前后轴的轮距均加宽到3 m（图3-49），为增加后轮延长轴的强度，拖拉机机体两侧装有轴承托架。

（2）车行道宽0.5 m，并且道面比作业区低5～10 cm，作物生长区宽2.5 m（图3-50），农具幅宽有2.5 m、6.0 m（中间隔一条车轮道）、9 m几种。

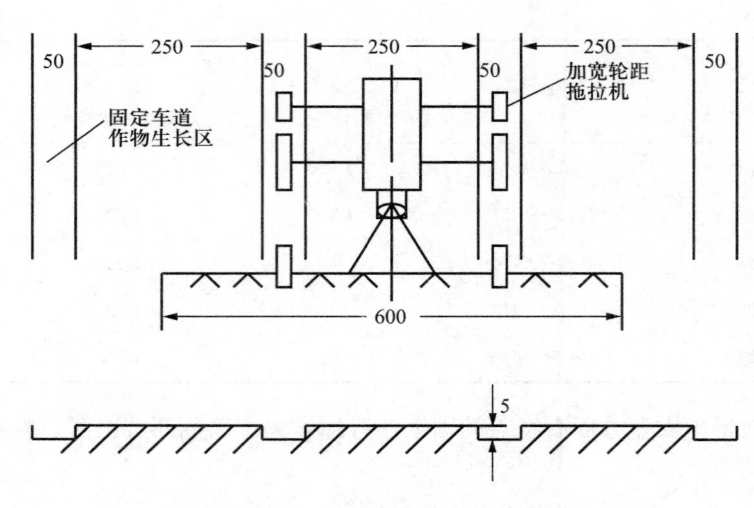

图 3-50　固定道耕作法（单位：cm）

（3）为修整车道，在拖拉机中部腹下悬挂了两组翼铲式清土器，铲除车道上的土块和杂草（图 3-51），保持比作物区低 5～10 cm 的整洁车道。

该校 10 年试验表明，固定道作业比传统耕作可节省能耗 50%，作业 3 年以后，土壤形成更加均匀的团粒分布，从而为作物生长提供良好的水、土、气环境，单位面积产量增加 10%～15%。固定道作业法的主要问题是车道占用耕地，影响产量。昆士兰大学 3 m 作业区上有 0.5 m 车道，占 16.6%，而单位有效面积增产仅 10%～15%，因此总产量略有降低。改进的办法是研制宽幅作业机组，或门架式作业机，英文为 Gentry，以色列叫 Farm Power Unit。20 世纪 80 年代早期美国的门架式作业机为 6 m 宽，80 年代后期英国、美国、以色列、澳大利亚研制的门架式作业机多为 12 m 宽（图 3-52），能进行播种、喷药、浅松、施肥等多项作业。由于固定道作业可以节省大量动力消耗，该 12 m 幅宽的机器，动力只需 60 kW。该系统固定道宽 0.5～0.6 m，占用面积只有 4%～5%，全面积的产量也将提高。目前英国与以色列已小批量生产。但由于尚

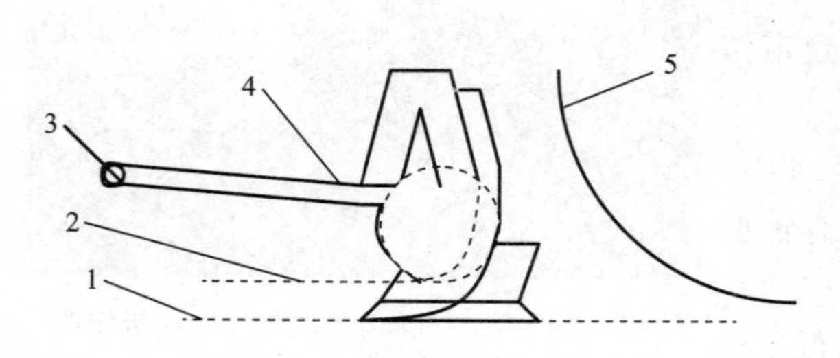

图 3-51　悬挂翼铲式清土器

1. 车道水平面　2. 作物生长区水平面
3. 悬挂点　4. 清土器总成　5. 拖拉机后轮

图 3-52　澳大利亚昆士兰大学的 12 m 固定道作业机

无轮距合适的大型联合收获机，固定道作业机造价高，主要农具如播种机、喷雾机还要改装或重新研制，实际推广应用还需要时间。

五、保护性与固定道作业的结合

保护性耕作与固定道作业的结合是旱地农业持续发展的一个方向。

20 世纪 90 年代，澳大利亚保护性耕作发展遇到下述问题，发展速度明显下降，有些农民甚至又回到传统耕作：①杂草难以控制。虽然有除草剂、有机器，但长满作物的巨大田地，喷雾机不知如何走，其结果喷雾不重即漏，不仅浪费农药，而且除草灭虫效果不好。②土壤压实板结。保护性耕作实行免耕少耕，但机器作业仍不断压实土壤、影响作物生长，不得不又进行耕作来消除压实。现在他们把保护性耕作和固定作业结合起来（图 3 - 53），按机器作业幅宽形成固定道作业体系。目前有 6 m、8 m 和 9 m 体系。如 8 m 体系，即每 8 m 幅宽内留两条宽 0.5 m 车行道，车行道不种作物。如种小麦（20 cm 行距），40 行中少种 5 行小麦，车道占地 12.5%耕地；如种玉米、大豆（76 cm 行距），基本不占耕地。主要机具有播种机、表土作业机、联合收获机，作业幅宽均为 8 m，喷雾机则为其倍数（如 24 m）。

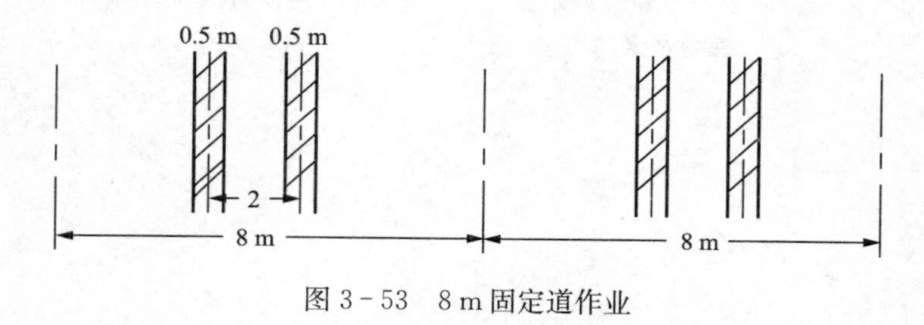

图 3 - 53　8 m 固定道作业

复 习 思 考 题

1. 我国北方旱地农业存在的主要问题有哪些？
2. 你认为应该如何发展我国的机械化旱地农业？
3. 沟播抗旱、垄作抗寒的说法对吗？有什么道理？
4. 试对山西省玉米机械化旱作体系进行评价。（有何优缺点，有无推广价值，如何推广？）
5. 列出旱地玉米保护性耕作体系的主要生产工艺，指出与传统耕作体系的异同点。
6. 为什么说采用保护性耕作体系是发展旱地农业最重要的途径？
7. 保护性耕作主要采用哪些机械？免耕播种机与传统播种机相比有什么特点？
8. 为什么说保护性耕作能在抑制沙尘暴中发挥重大作用？
9. 试述机械化铺膜种植的优缺点。我国什么地区适宜采用？
10. 什么是机械化行走式补水种植体系？适合在什么地区采用？推广中要注意什么问题？
11. 试指出下面哪种情况，机器作业到不了地边？哪种情况下拖拉机轮子要压已作业地面？

① 农具工作幅宽大于拖拉机宽度。

② 农具工作幅宽小于拖拉机宽度。

③ 农具工作幅宽等于拖拉机宽度。

12. 固定道耕作法有什么优缺点？我国实行固定道耕作法是否可行？

知识拓展

保护性耕作体系：
表土耕作技术与机具

保护性耕作体系：
秸秆残茬管理技术与机具

保护性耕作体系：
免少耕播种技术与机具

保护性耕作体系：
深松技术与机具

保护性耕作面积

第四章　华北平原灌溉地农业生产机械化

华北平原，又称黄淮海平原，位于北纬 32°～40°，东经 114°～121°，由黄河、淮河、海河冲积而成，构造上属于中朝准地台上的沉降带，中生代末期以来不断沉降，为各大河汇流堆积提供了理想场所。多少年来，黄河从黄土高原上带来的大量泥沙，再加上从边缘山地、高原上流出的海河及滦河等河流带来的泥沙，首先在山前河口一带，形成一系列大小不等的冲积扇，且不断延伸扩大。后来，由于黄河的多次改道，当它改道向东北流入渤海时，黄河三角洲迅速向东北伸展，并逐渐与漳河、滹沱河、永定河等河流的冲积扇相连接。当它改道向东南流入黄海时，黄河三角洲又迅速向东南伸展，并逐渐在东面与山东丘陵相连，在南部又与淮阳相连。

黄淮海平原，西起太行山和伏牛山，东到黄海、渤海和山东丘陵，北起燕山，西南到桐柏山、大别山，东南到苏、皖北部，与长江中下游平原相接。面积约 31 万 km^2，延展在北京市、天津市、河北省、山东省、河南省、安徽省和江苏省等 7 省、市的境域，是我国最大的冲积平原和第二大平原。黄淮海平原面积只占全国的 3%，现有耕地 1 660 余万 hm^2，占全国的 16%。山地丘陵约占 2/5，平原占 3/5，平均每平方千米的面积上有耕地 58 hm^2，有 520 人，为全国平均数的 5 倍。除山东丘陵山地外，约有 3/4 的地区海拔在 100 m 以下，平原中部海拔在 50 m 左右，滨海地区低于 10 m。地面坡降1/6 000～1/4 000，海滨仅 1/20 000～1/10 000。平原地势平旷，土层深厚、肥沃，大部为耕垦熟化后的潮土，宜种多种农作物。平原耕地集中、连片，地下水资源较丰富，有利于大范围实现机械化和水利化。

根据华北平原不同的区域特征，可分为四个亚区平原：

辽河下游平原，以山海关为界，山海关以里的平原，是由辽河冲积形成的，沼泽地较多，局部有盐渍化，平均气温低，但夏季仍然可以种植水稻，主要农作物以高粱、水稻、玉米为主。

海河平原，燕山以南、黄河以北、太行山以东地区，是由海河和黄河冲积形成的，所以也被称为黄海平原，南北距离达 500 多 km，即所谓“千里平原”。海拔在 60～100 m，地面坡降 1/2 000～1/800，排水良好，基本无涝碱。地下水资源丰富，埋深一般为 3～5 m，水质优良，为全淡水区，有利于发展井灌，是北方农业灌溉最发达的地区。主要作物为小麦、玉米和棉花，是中国粮棉的重要产区，可以达到一年小麦、玉米两熟。

黄泛平原，位于海河平原和淮北平原之间，是黄河冲积形成的，包括泛滥沉积，盐碱、沙化土地较多，呈微度起伏（相对高差 3～5 m）的岗、坡、洼地形。岗地地势稍高，排水较好，土质疏松。一般年份旱涝保收，为农业精华所在。坡地面积大，分布广，上接岗地易旱，下连洼地易涝，中间旱、涝交替易生碱。洼地主要分布在平原中北部，如冀中地区万亩以上的大洼淀有 40 个，鲁西北地区有 80 个。一般县洼地占耕地 20%～30%。该地区平均气温高，适合喜温抗沙作物生长，如花生、水稻、枣等。地势低洼，土壤黏重，排水不畅，宜种高粱、大豆等耐涝作物，沙地宜种花生和果树，轻度盐碱地可种棉花。

淮北平原，淮河以北，黄泛区以南，是黄河泛滥和淮河冲积形成的，气温高，水源充沛，由于以前黄河泛滥，淤积淮河干道，造成这一带经常性水涝灾害，淮河经过疏通治理后，淮北平原成为我国小麦的主产区之一。

本章提到的“华北平原灌溉地”泛指北京、天津、河北、山东、河南大部和山西、安徽、陕西、江苏一部分平原、有灌溉条件的地区。本区是我国古代文化发祥地，农业开发历史悠久，人口稠密，平原广阔，气候温和，灌溉发达，农业基础好，是我国重要的粮、棉、油、烟生产基地，也是我国苹果、梨、板栗等温带水果产区。唯畜牧业和林业基础较薄弱。由于旱涝碱危害严重，农业生产水平大部地区不稳不高，但增产潜力较大，是我国农业发展前途最大的平原农业区。

第一节　农业生产条件与特点

一、农业生产条件

华北平原属暖温带季风气候，四季变化明显，降水量相对较少。南部淮河流域处于向亚热带过渡地区，其气温和降水量都比北部高。平原年均气温 8～15 ℃，冬季寒冷干燥，光、热资源较丰富。全区太阳辐射总量为 120～140 kcal/cm^2，日照时数为 2 290～3 100 h，农作物光能利用率仅达 0.5%，高的也不过 1%，光能利用潜力很大。年平均气温为 11～14 ℃，不低于 10 ℃积温为 3 800～4 600 ℃，无霜期 175～220 d，适宜种植棉花、花生、甘薯等喜温作物，以及苹果、柿子、梨、桃、红枣、板栗、葡萄、核桃等温带果树。全区冬季绝对最低气温一般在－16 ℃以上，北部低、南部高，全区冬麦均能安全越冬，麦收后余留不低于 10 ℃积温均在 2 500 ℃以上，可以复种早、中熟玉米、谷子和豆类。

淮河以南属于北亚热带湿润气候，淮河以北属于暖温带湿润或半湿润气候，年均温和年降水量由南向北随纬度增加而递减。黄河以南在积温、生长期和降水量上低于长江流域，而超过黄河以北，冬季气温稍高，冬油菜、冬绿肥一般可以越冬，农作物多实行一年两熟；黄河以北，光、热、水分条件稍逊于黄河以南，夏季日照较多，冬季气温较低，农作物大部实行二年三熟，水肥条件较好的地区还可以发展一年两熟和三种三收。东部沿海地区，由于受海洋季风影响，夏季凉爽，冬季温暖，有利于果树生长。农作物大多为两年三熟，南部一年两熟。

由于地处我国东部季风区域，大气降水和地表径流变率大，而且季节分配不均。南部淮河流域年降水量 800～1 000 mm，黄河下游平原 600～700 mm，京、津一带 500～600 mm。西部和北部边缘的太行山东麓、燕山南麓可达 700～800 mm，冀中一带仅 400～500 mm。其中 60%～

70%的降水量集中在夏季，春季降水量仅占全年降水量的10%～15%。降水年变率一般为20%～30%。多水年和少水年降水量相差2～3倍。尤其春季3～5月份，正是小麦成熟和大田作物幼苗需水时期，降水量少，灌水不足，形成春旱，严重影响小麦产量和大田作物幼苗正常生长。夏季降水集中，强度大，暴雨多，许多地区日降水量超过50 mm，特别是沿京广铁路以西山前地带，是我国最大的暴雨中心区之一。而东部平原地区，地势平缓，洼地较多，排水困难，容易形成涝灾。入秋以后，降水量减少，往往形成秋旱，影响秋作产量和小麦适时播种。“春旱、夏涝、晚秋又旱”，是本区农业生产的主要自然灾害，其特点是涝年中有旱、旱年中有涝，一般旱灾多于涝灾，而涝灾损失又重于旱灾。严重旱灾农作物减产1/3左右，而严重涝灾则减产1/2左右。

华北平原河流众多，主要为外流河，水量较小，汛期较短，河流含沙量大，结冰期较短。黄河为平原最大河流，水量仅及长江的1/20，流量的年内和年际变化都很大。淮河中、下游处于华北平原南部，由洪河口至洪泽湖，两侧水系不对称。淮河干流的夏季水量占全年50%以上，7、8月份常出现暴雨，淮河中游经常出现洪峰，持续时间长，洪量大，历史上经常发生灾荒。海河是华北平原北部最大河流，于天津附近汇聚入渤海。海河干道泄洪能力差，极易酿成洪涝灾害。海河流域7～9月的水量占全年50%～70%，尤以8月水量最大，占全年25%～40%；冬、春为枯水期，特别在春季，一些河段会出现断流，夏、秋之交，燕山南麓和太行山东麓的暴雨常成灾害。

盐碱与旱涝灾害密切相关。旱涝频繁，地面排水困难，地下水位较高，土壤盐碱化严重。据统计，目前全区共有盐碱地260多万 hm^2，占平原区耕地的14.9%，占全国盐碱地面积的1/3以上。其中河北省盐碱地面积最大，占全区盐碱地面积的31%，山东省占28%，江苏省占22%，河南省占12%，安徽省占7%。以轻度和中度盐碱地为主，约占总盐碱地面积的73.7%，土壤含盐量为0.1%～0.7%，保苗率为30%～70%，尚可种植农作物；重度盐碱地占26.3%，土壤含盐量大于1%或在5%以上，保苗率在30%以下，甚至不保苗，一般可用作发展畜牧业及林业。本区土壤肥力低，一般土壤有机质含量为0.8%～1.5%，土壤盐碱和贫瘠，直接影响农作物产量，一般盐碱地比非盐碱地农作物减产30%～40%。

华北平原人均水资源量仅为335 m^3/年，不足全国的1/6。地表水时空分布不均，地下水已成为华北平原经济社会可持续发展的重要支柱。目前，北京、石家庄、邢台、邯郸、保定、衡水、廊坊、唐山等城市的地下水开采量已占总供水量的70%以上。据调查，华北平原地下水天然资源为227.4亿 m^3/年。浅层地下水可开采资源168.3亿 m^3/年，深层地下水可采资源24.2亿 m^3/年。2000年华北平原地下水开采量为212.0亿 m^3。其中，浅层地下水开采量为178.4亿 m^3，占总开采量的84.2%。深层地下水开采量为33.6亿 m^3，占总开采量的15.8%。华北平原浅层地下水开发利用程度总体上为106%，深层地下水为139%。由于开采布局不合理，深层地下水头持续下降，全区深层地下水头低于海平面的范围已达到76 000多 km^2，占平原区总面积的55%，部分区域已造成海水入侵，使土壤盐碱化。

华北平原地带性土壤为棕壤或褐色土，耕作历史悠久，各类自然土壤已熟化为农业土壤。从山麓至滨海，土壤有明显变化。黄潮土为华北平原最主要耕作土壤，耕性良好，矿物养分丰富，在利用、改造上潜力很大。平原东部沿海一带为滨海盐土分布区，经开垦排盐，形成盐潮土。

黄淮海地区共包括北京市、天津市、河北省、江苏省、安徽省、山东省、河南省等7省、市的318个县，总人口为2.2亿，行政区域土地面积37万km^2，农作物总播种面积3 249万hm^2，其中粮食作物播种面积2 265.3万hm^2，年生产粮食约1.4亿t。

二、农业生产特点

黄淮海平原是我国最大的小麦集中产区。小麦分布普遍，从平原到丘陵山区均有种植，尤以冀中南、豫东和豫北、鲁西南和淮北平原最为集中，常年小麦面积占粮食作物面积的40%以上，小麦在商品粮中占70%。地处中原的河南省是我国主要的小麦生产省，常年小麦面积和产量占全国的20%左右，居全国首位。

黄淮海平原是全国著名的棉花产区。全区棉花面积约占全国的37%，总产量约占全国的40%，棉花商品率达90%～95%。全国五个800万亩以上的产棉省，本区就有山东、河北、河南三个省。棉田主要分布在冀南、豫北和鲁西北平原，包括河北省石家庄、邢台、邯郸，河南省安阳、新乡，山东省聊城、德州、滨州等地区115个县市，棉田占耕地比重一般为20%～30%。其中河北省历来是我国重要产棉区之一。

黄淮海平原是全国重要的花生、芝麻产区。全区花生面积约占全国的40%，总产量占全国的60%，是全国最大的花生生产基地。其中山东省花生生产更为重要，常年花生面积占全国的25%以上，花生总产量占全国的40%，出口量占全国的80%，居全国第一位。

黄淮海平原是全国重要水果产区。水果产量约占全国的30%。主要盛产苹果、梨、红枣、柿子、桃、板栗、核桃、葡萄、杏、山楂等温带水果，如烟台苹果、莱阳梨、肥城佛桃、乐陵金丝小枣。西部太行山、燕山山麓丘陵地带，还是柿子、板栗、核桃等干鲜果产地。陇海铁路沿线和大运河附近黄河故道，又是葡萄冬季不盖可以越冬的栽培区。

在20世纪50年代和60年代，北部和中部地区改一年一熟为两年三熟，到70年代，华北的一熟有余、两熟不足地区进一步发展了间、套复种，进入80年代后，多熟制种植方式日趋多样化，形成了本地区既有一年两熟间套作，又有一年两熟平作和两年三熟等多种种植模式，复种指数由20世纪50年代的110%～120%，提高到现在的180%～190%。复种指数的提高，必须有相应的灌溉条件、种植措施和生产能力的支持，而农业机械化在华北平原复种指数的提高和单位面积产量提高的过程中，起到了关键作用。

华北平原一年两熟地区产量已经达到较高水平，形成较强的生产能力，涌现出大批吨粮村、吨粮县。目前存在的问题是水资源过度消耗、地下水不断下降，烧秸秆污染环境、土壤肥力下降，机器配备量高、机械化农业生产经济性较差等，需要在今后的发展中逐步加以解决。

第二节 一年两熟套作机械化

一、套作的工艺特点

套作是指在上茬作物收获前（即生长后期），在作物行间套种下茬作物，上下茬作物有一段共生期的种植方式，也称为套种、串种。如在小麦生长后期每隔 3～4 行小麦播种一行玉米。套种与间作都有作物共处期，不同之处在于，套种作物共处期较短，每种作物的共处期都不超过其全生育期的一半。套种争得的生长日变幅很大，在华北地区小麦套种玉米可争得 15～20 d 的生长日，在宁夏引黄灌区和甘肃河西走廊地区小麦套种玉米，可使玉米争得 50～60 d 的生长日。

由于华北中部地区的气温种一季富裕，种两季紧张，历来有间套作的传统，是全国主要的套作区，面积约占全国套作面积的 2/3。间套作可以更好地利用光热及土地资源，通过一大一小两种作物共生，延长作物生育期，因而是一年两作积温不足地区的一种很好的种植模式。华北中部的套作形式主要有小麦—玉米、小麦—棉花、小麦—花生等间套作三种形式，套作规格依地区和作物种类不同而异，有较大的差别，如小麦—玉米单行或双行套作（图 4-1），小麦—棉花双行套作（图 4-2 和图 4-3）等。

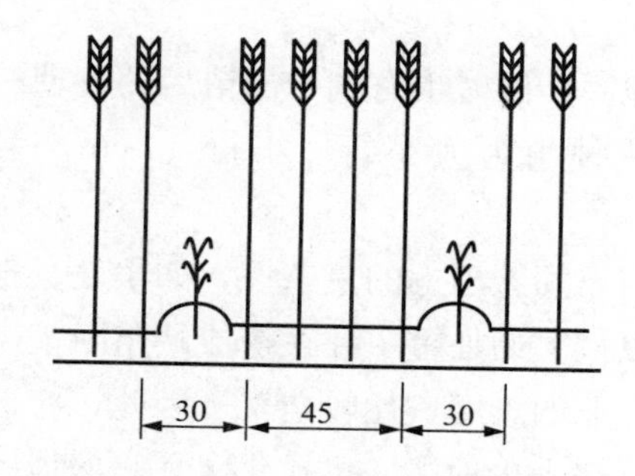

图 4-1　小麦—玉米单行套作（单位：cm）

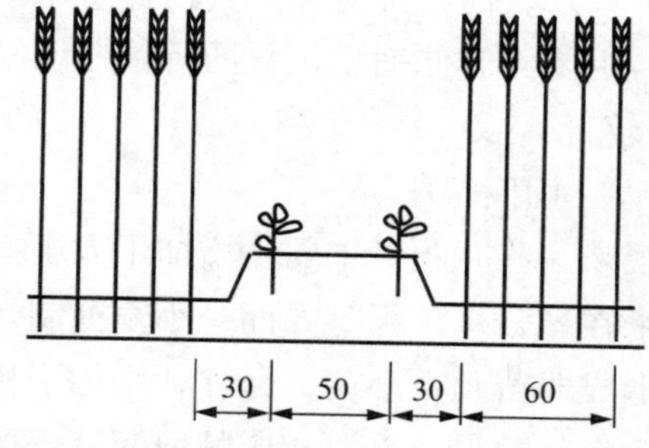

图 4-2　小麦—棉花双行套作（单位：cm）

作物套种

单行套作可以充分利用土地资源，在小麦地里套种玉米时，玉米利用率为 100%，由于麦行之间留有套种行，小麦利用率为 80%（60 cm/75 cm）。多数情况下，玉米套种行都比较窄，一般为 30～40 cm 宽，操作接行不好时，套种行可能更窄，造成播种玉米困难，且容易损伤小麦，收小麦时，又容易损伤玉米苗。近年来，一些地区采用在麦畦的垄背上一次套种两行玉米，麦畦中间不套种，使上述情况有所改善，而玉米产量基本不受影响。

图 4-3　小麦地里套种两行棉花

套作的增产效果已为生产实践所验证，但是，如果复合群体中的种间和种内关系处理不当，竞争激化，结果会适得其反。如何择选好作物组合，配置好田间结构，协调好群体矛盾，是套作成败的基础。通常按照当地年积温、玉米栽培特性和生产条件等因素，确定套种时间及规格。

在不低于 10 ℃积温超过 4 100 ℃、两熟热量紧张的地区，为保持小麦产量不受影响，使玉米稳产和增产，一般采取宽窄行或等行距晚套。小麦播种时预留出套种行，套种行的宽度只要能够进行套种作业即可，一般为 30～40 cm。预留套种行之间的小麦行距依小麦品种丰产要求而定，一般为 17～20 cm。小麦收获前 15 d 左右套种玉米，使小麦收获时玉米正值 3 叶期。此时玉米刚开始生次生根，小麦、玉米共处阶段，玉米仅处于种子根，受小麦的抑制作用很小。

在不低于 10 ℃积温为 3 600～4 100 ℃地区，为保持小麦产量基本不减产，使玉米显著增产，一般采取宽行早套中、晚熟玉米。早套的具体时间依玉米所需积温而定，但不能使玉米在麦行中进行穗分化，以免因小麦的影响分化过程和玉米中、上部叶片过多地生长而降低玉米产量。为减少小麦、玉米共处期间小麦对早套玉米的抑制作用，应预留较宽的套种行。而要保证小麦实播面积和玉米密度，宜采取双行玉米套种，行距为 40 cm 左右，宽行之间的距离以全田玉米平均行距不超过单作玉米的最大行距（一般为 1 m）为宜。套种带之间小麦播种的行数与行距依地力及小麦品种特性而定，地力高时，可成畦种植；地力差时，可实行沟播（垄上种玉米）。为增加小麦边行优势，可增加边行播量。试验结果表明，边行播量可增至 1 倍，增产 14%。小麦因实播面积缩小 16.6%，减产 7%，但套种玉米比直播夏玉米增产 33.5%～44.5%。

套播双行棉花，主要为方便铺膜，每两行棉花用一张地膜，同时也有利于出苗后的管理。缺点是小麦地利用率较低，仅 44%（75 cm/170 cm）。棉花种植为大小行，小行 50 cm，大行 120 cm，平均 85 cm，利用率高。

套作也给生产带来一些问题，主要是增加了农事操作与田间管理上的复杂性，如小麦、玉米共处期间，套种玉米在光、水、肥等方面受小麦抑制，黏虫危害易加重，往往造成缺苗断垄，不易保证全苗，并易形成弱苗及大小苗。另外，增加了机械作业的难度，比较费工。因此，应选用低秆、早熟的高产小麦品种，并采取相应的田间管理措施。在人少地多、机械化水平高的地区适当降低套种的比重。

二、套作机械化

间套作机械化的难点是套种和套收。我国从 20 世纪 70 年代开始研究机械化套种问题，由河北、山东农机科研部门牵头，开发了小功率手扶单轮驱动播种机穿行套播、高地隙拖拉机悬挂高架播种机跨麦行套播等技术和机具。因为我国尚无高地隙拖拉机产品，大中型套播机组的地头转弯半径大，需要较大地头，否则压苗伤苗，即玉米播种机转弯时压小麦、小麦联合收获机转弯时压玉米苗。压苗的问题难以解决，因而高地隙拖拉机机组套播未能推广。另外，各地套播规格不固定，规格一变，机具又要跟着变化，也是影响机械化作业的一个因素。

在北京等其他地区，也曾开展机械化套种的试验研究，其中两种方案有一定的代表性。一种方案是将玉米种子包一层可定期溶解的化学薄膜，在麦苗刚返青、不怕压的时候，用普通地隙拖拉机播种机把玉米播进去。玉米种子不立即发芽，而是播种一个多月后，薄膜溶解，水分浸润种子后才出苗，从而较好地解决套种的难题。另一方案是采用育苗移栽的办法，玉米事先育苗，小麦收割后，用玉米移栽机将玉米苗种植到地里，既争取到玉米足够生育期，又避免了套种和套收两方面困难。第一种方案种子处理比较复杂，对出苗率有一定影响。第二种方案的机械生产率和质量都不够理想。因此，这两种方案都没有在生产中推广。

目前麦田里套种玉米，主要采用单轮手扶耘播机，动力为 3～5 kW，单轮驱动或单履带驱动，与播种机或中耕铲配套安装，可进行穿行套播或行间中耕除草。由于有机器提供动力，与人畜力的套播楼相比，减轻了劳动强度，而且一家一户都能买得起，使用比较方便，受到农民的欢迎。但操作者需要跟在机器后面步行，生产率低。图 4－4 所示为山东潍坊三农机械有限公司生产的铁轮 A 型多功能田园微播机。

图 4－4　铁轮 A 型多功能田园微播机

机械化套收作业，大多采用自走式小麦联合收获机，在麦茬上行走，地头转弯时有个别玉米苗被伤害，可以人工补栽。目前，全过程的机械化套作生产体系还不够完善，仅耕整地和小麦、玉米收获基本上实现了机械化，玉米、棉花等套种以及棉花收获、田间植保等作用仍然是机械化、半机械化并存。

下面介绍作业机械化生产方案。

某种作物的机械化生产，由进行哪些作业、什么时候进行、采用什么样的机具（主机、配套农具）、用多少人工（驾驶员、农具手、辅助工等）、机组生产率如何等要素组成，称为机械化作物生产体系，集中体现在“作物机械化方案”中。制定作物机械化生产方案，是机械化农业企业（专业农户、农场、农机合作社）的基本工作，是在完成机组编制与作业工艺路线确定后，落实到机械化生产的必要步骤。它既是组织机械化生产的依据，又是评价机械化生产体系的基础。可以通过方案，计算出体系的机械化水平，如劳均负担面积、公顷劳动消耗，结合产量，还可算出劳均产粮、生产 1 kg 粮食的劳动消耗等。

山东省龙口市小麦—玉米套作半机械化工艺方案见表 4－1，山东诸城小麦—棉花套作半机械化工艺方案见表 4－2。

表 4－1　典型小麦—玉米套作机械化方案

序号	作业名称	作业日期（日/月）	主机	农具	班生产率/hm^2	机组人数	劳动消耗/（工日/hm^2）
1	缺口耙耙地	10/10—18/10	东方红-75 型	24 片缺口耙	6	2	0.33
2	翻耕	11/10—19/10	东方红-75 型	5 铧犁	5.3	2	0.38
3	旋耕	12/10—20/10	上海-50 型	1.75 旋耕机	4	2	0.5
4	筑畦播小麦	13/10—21/10	泰山-18 型	筑畦播种机	2.67	4	1.5
5	小麦追肥灌溉	10/2—5/6	人	电动抽水机	0.2	1	5×4
6	小麦喷药	10/3—3/6	人	机动喷雾器	0.4	1	2.5×2
7	玉米施肥套播	30/5—6/6	微耕机	施肥播种机	2	6	3
8	套种行喷除草剂	31/5—7/6	人	机动喷雾器	0.8	1	1.25
9	小麦收获、秸秆还田	17/6—22/6	联合收获机		3	3	1
10	运麦粒	17/6—22/6	上海-50 型	5 t 拖车	3	2	0.66

（续）

序号	作业名称	作业日期（日/月）	主机	农具	班生产率/hm²	机组人数	劳动消耗/（工日/hm²）
11	小麦晾晒入库	18/6—23/6	人		0.067	1	15
12	玉米查苗定苗	19/6—26/6	人		0.2	1	5
13	玉米治虫	20/6—25/7	人	机动喷雾器	0.8	1	1.25×2
14	玉米灌溉	6月—7月	人	电动抽水机	0.2	1	5×3
15	玉米收获、秸秆还田	20/9—5/10	联合收获机		3	3	1
16	运玉米穗	20/9—5/10	上海-50型	5 t拖车	3	2	0.66
17	玉米剥皮	20/10—29/10	电动脱粒机	玉米剥皮机	0.5	3	6
18	玉米脱粒	21/10—30/10	电动脱粒机	玉米脱粒机	0.5	3	6

表 4-2　典型小麦—棉花套作半机械化方案

序号	作业名称	作业日期（日/月）	主机	农具	班生产率（hm²）	机组人数	劳动消耗（工日/hm²）
1	运撒肥料	20/10—27/10	泰山-18型	1.5 t拖车	0.4	6	15
2	翻耕	22/10—28/10	东方红-75型	5铧犁	5.3	2	0.38
3	旋耕	23/10—29/10	上海-50型	1.75旋耕机	4	2	0.5
4	起垄播小麦	24/10—30/10	泰山-18型	起垄播种机	2.67	4	1.5
5	小麦追肥	10/2—25/2	人		0.2	1	5
6	棉垄施肥	26/2—15/3	人	木犁	0.13	2	15
7	棉花铺膜打孔播种	10/4—20/4	泰山-18型	铺膜打孔播种机	2	6	3
8	查苗定苗	5/5—20/5	人		0.033	1	30
9	小麦收获	10/6—17/6	联合收获机		3	3	1
10	运麦粒	10/6—17/6	上海-50型	5 t拖车	3	2	0.66
11	小麦晾晒入库	12/6—30/6	人		0.067	1	15
12	棉花灌溉追肥	1/7—10/7	人		0.067	1	15×4
14	前期植保治虫	5—7月	上海-50型	喷雾机	13.3	3	0.225×6
15	后期植保治虫	8—9月	人	喷雾器	0.27	2	7.5×4
16	整枝打心	7—8月	人		0.067	1	15×4
17	摘花	8—10月	人		0.067	1	15×8
18	晾晒入库	8—10月	人		0.067	3	45
19	拔棉秆运回	19/10—26/10	人		0.067	1	15

表4-2中合计19项作业，机械作业8项，人畜力11项，合计每公顷用工418.39工日，其中人工395工日，机械项目需人工23.39工日，机械作业代替人工277.5工日。

$$机械化程度=\frac{277.5}{277.5+395}=41.26\%$$

由此可见，半机械化占用的劳力还相当多，每公顷需要 418.39 个工日。一个劳力按一年工作 200～250 d 计算，只能负担 0.48～0.60 hm^2 麦棉套作的田地。

上述方案的 8 项机械作业用人畜力完成时的工日如下：

运撒肥料	45	棉花铺膜播种	37.5
翻耕（翻土）	30	小麦运输	30
旋耕（碎土）	22.5	小麦收获	37.5
起垄播麦	30	喷药 6 次	45
合计	277.5 工日/hm^2		

第三节　灌溉地两年三熟机械化

一、工艺特点

两年三熟制是一年一熟制与一年两熟制的过渡类型，是指在同一块地两年内收获三季作物。主要分布于不低于 10 ℃积温在 3 000～3 500 ℃的地区。在适于两熟制与三熟制的气候区，由于生产条件的限制，也有少量两年三熟的形式，如江淮丘陵区。过去两年三熟制在华北北部分布较多，现在水肥条件较好地区已向一年两熟制发展。两年三熟的复种指数为 150%，介于一年一熟和一年两熟之间。采用两年三熟种植方式，常基于以下两种情况：

（1）水热资源一熟富裕、两熟不足的地区。如晋东南、河北北部、河南北部以及山东的一部分地区，由于积温不足，通常采取冬小麦—夏大豆（小豆）—冬休闲—春玉米等两年三熟的耕种方式。

（2）将水稻、棉花等生育期较长的作物与冬小麦结合实行一年两茬平作，由于无霜期不够长，但又不能套作（如水稻）或实行套作不合算（如棉花）的情况下，需采取两年三熟的耕种方式。如冬小麦—夏水稻—冬休闲—春玉米（春水稻），或者冬小麦—夏玉米—冬休闲—春棉花等。

耕地冬季休闲是华北两年三熟种植方式的一个突出特点。休闲是指耕地在可种作物的季节只耕不种或不耕不种的方式，使耕地短暂休息，减少水分、养分的消耗，并蓄积降水，消灭杂草，促进土壤潜在养分转化。在休闲期间，自然生长的植物还田，还有助于培肥地力。与夏闲、秋闲相比，冬闲可利用冬季冻融和干湿交替作用，改善土壤物理性质，为来年作物创造良好的土壤条件。休闲的不利方面是不能将光、热、水、土等自然资源转化为作物产品，易加剧水土流失，加快土壤潜在肥力的矿化，对积累土壤有机质不利。

淮北地区过去的两年三熟制是第一年种春玉米，玉米收后种小麦，第二年夏收后麦茬接种夏大豆。为了提高经济效益，现已是第一年种棉花，棉田后期套种小麦，翌年麦收后接种夏茬稻，这个轮作周期是连续 18 个月，在同一块土地上种植棉花、小麦、水稻，特点是粮棉结合、水旱轮作。第二年冬天，对耕性较差的土壤深耕冻垡、风化，实行既用地又养地、既高产高效又适合机械化栽培的两年三熟轮作制。表 4-3 为华北平原较典型的两年三作耕作制。

表 4-3　华北平原典型的两年三作耕作制

年	第一年	第二年		第三年
月	5　6　7　8　9　10	11　12　1　2　3　4　5　6	7　8　9　10	11　12　1　2　3　4
农作	春玉米/高粱/小米	冬小麦	大豆	休耕
	春玉米	冬小麦	夏水稻	休耕
	棉花	套种小麦	夏水稻	休耕

与一年两熟相比，两年三熟机械化生产体系有两个突出特点。一是错开两年的农忙期，大幅度地减少了劳力和机具的配备量。由表 4-3 可见，第一年种春作物，农忙季节是 4 月（播春玉米）和 9 月（收玉米），10 月初播小麦。第二年种冬夏两熟作物，农忙季节在 6 月（收小麦、播夏作物）和 10 月下旬（收夏水稻）。若一半面积种小麦、水稻，一半面积种春玉米，显然人力和机器需要将比一年两熟体系时下降近一半，作业成本也可以下降 30%以上。二是节约水肥资源，用地与养地相结合。

北京水资源有限，不少农场或乡村如全部种水稻，水资源不能满足需要。每两年种一季水稻，则可减轻水资源压力，有利于农业可持续发展。连年种棉花将使土地变差，隔年换茬有利调节土壤，控制病虫害。同时，由于有了冬休闲时间，可以进行平整土地，增施有机肥、土肥等，培肥地力。

二、两年三熟机械化

北京郊区典型的小麦、水稻、玉米两年三熟机械化生产体系见表 4-4。为减轻农忙高峰压力、合理利用人力和装备、节约水肥资源，在一个农场或一个村中有计划地种植部分两年三熟作物，如冬小麦—夏玉米（大豆、水稻）—春玉米。

表 4-4　北京郊区冬小麦—夏水稻—春玉米两年三熟机械化方案

序号	作业名称	作业期（日/月）	主机	农具	班生产率/（hm^2/班）	机组人数	劳动消耗/（工日/hm^2）
1	收小麦	19/6—26/6	联合收获机		10	2	0.195
2	运麦粒	19/6—26/6	铁牛-55 型	5 t 拖车	10	4	0.39
3	干燥入仓	19/6—26/6	烘干机		20	33	1.65
4	运撒厩肥	20/6—27/6	铁牛-55 型	5 t 拖车	0.8	5	6.3
5	翻地	21/6—28/6	东方红-75 型	4 铧犁	6.67	2	0.3
6	平畦修埂	22/6—29/6	铁牛-55 型	平畦筑埂器	6.67	1	0.15
7	灌水	23/6—29/6	人工	电机水泵			0.3
8	耙田	24/6—30/6	上海-50 型	驱动耙	6.67	1	0.15
9	工厂化育秧	5/6—29/6	育秧		13.3	13	0.975

（续）

序号	作业名称	作业期（日/月）	主机	农具	班生产率/（hm²/班）	机组人数	劳动消耗/（工日/hm²）
10	插秧	25/6—5/7	人工		0.1	4.5	45
11	喷除草剂	10/7—20/7	人工	喷雾器	0.2	1	4.95
12	喷杀虫剂	8—9月	人工	喷雾器	0.2	1	4.95×2
13	放水	10月中旬	人工		0.14	1	7.5
14	收水稻	20/10—10/11	联合收获机		4	2	0.495
15	运稻粒	20/10—10/11	铁牛-55型	5t拖车	4	3	0.75
16	晾晒入库	20/10—20/11	人工		4	60	15
17	耕地	22/10—12/11	东方红-75型	4铧犁	5.33	2	0.375
18	耙地	12/4—22/4	东方红-75型	圆盘耙	13.33	1	0.075
19	播春玉米	15/5—24/5	铁牛-55型	6行播种机	6.67	4	0.39
20	喷除草剂	30/4—5/5	上海-50型	6 m喷雾机	13.33	3	0.225
21	摘穗粉秸秆	20/9—30/9	联合收获机		4	2	0.5
22	运玉米穗	20/9—30/9	铁牛-55型	5 t拖车	4	3	0.751
23	撒化肥	21/9—3/10	上海-50型	撒化肥机	13.33	3	0.225
24	耕地	22/9—2/10	东方红-75型	4铧犁	6.67	1	0.15
25	耙地平地	23/9—3/10	东方红-75型	24片耙	13.33	1	0.075
26	播小麦	24/9—4/10	铁牛-55型	16行播种机	10	4	0.39
27	喷除草剂	30/9—6/10	上海-50型	6 m喷雾机	13.33	3	0.225
28	玉米脱粒	10/10—20/10	人工	电动脱粒机			7.5
29	晾晒入库	20/10—30/10	人工				7.5
30	喷灌	3—5月	人工	电动水泵	1	1	1×3
31	喷杀虫剂	5月中下旬	人工	喷雾器	0.2	1	5
32	喷化控素	5月中下旬	人工	喷雾器	0.2	1	5

第一年收小麦、种水稻、收水稻，农忙时间集中在6月（收小麦、插水稻）和10月（收水稻），共20项作业。

第二年种收玉米，收玉米、播小麦，农忙时间集中在4月（种玉米），9月（收玉米、播小麦），共12项作业。

两年共32项作业，公顷用工合计120.4工日。其中，采用人工作业11项，公顷用工105.4工日；采用机械化作业21项，公顷用工15.0工日；机械化程度67%。

表4-5为北京郊区地膜花生—小麦—玉米两年三熟机械化生产方案。

表 4-5　北京郊区地膜花生—小麦—玉米两年三熟机械化方案

序号	作业名称	作业期（日/月）	主机	农具	班生产率/（hm^2/班）	机组人数	劳动消耗/（工日/hm^2）
1	施化肥、旋耕	18/4—24/4	上海-50型	旋耕施肥机	4	3	0.75
2	喷施除草剂	19/4—25/4	上海-50型	6 m 喷雾机	13.33	3	0.225
3	花生起垄铺膜播种	20/4—26/4	泰山-18型	起垄铺膜播种机	2	6	3
4	清棵除草	10/5—16/5	人		0.1	1	10
5	中耕除草	26/5—30/5	泰山-18型	中耕机	2	1	0.5
6	喷叶面肥、药	15/6—15/7	上海-50型	6 m 喷雾机	13.33	3	0.225×3
7	中耕培土	30/6—15/7	泰山-18型	中耕机	2	1	0.5
8	灌溉	5—7月	人工	电动水泵	1	1	1×2
9	除草、治虫	7—8月	上海-50型	6 m 喷雾机	13.33	3	0.225×2
10	花生收获	10/9—20/9	泰山-18型	花生挖掘机	1	2	2
11	运花生	10/9—20/9	上海-50型	5 t 拖斗	1	6	6
12	花生摘果	11/9—21/9	电动机、柴油机	花生摘果机	1	6	6
13	晒花生	12/9—22/9	人		1	3	3
14	花生脱壳	9—10月	电动机、柴油机	花生剥壳机	1	4	4
15	施基肥、旋耕	20/9—29/9	上海-50型	旋耕施肥机	4	3	0.75
16	筑畦播种小麦	22/9—1/10	上海-50型	筑畦播种机	6.67	3	0.45
17	灌溉补墒	23/9—2/10	人工	电机水泵	0.2	1	5
18	越冬前镇压	10/11—15/11	泰山-18型	镇压器	3	1	0.3
19	浇冬水	25/11—5/12	人工	电机水泵	0.2	1	5
20	浇返青水、施肥	15/3—20/3	人工	电机水泵	0.2	1	5
21	压麦	18/3—23/3	泰山-18型	镇压器	3	1	0.3
22	搂麦松土	19/3—24/3	人工		0.2	1	5
23	喷除草剂	1/4—5/4	人工	机动喷雾器	0.8	1	1.25
24	浇拔节水、施肥	15/4—20/4	人工	电机水泵	0.2	1	5
25	喷药	25/4—30/4	人工	机动喷雾器	0.8	1	1.25
26	灌溉	5月	人工	电机水泵	0.2	1	5×2
27	联合收小麦	18/6—23/6	联合收获机		3	3	1
28	运麦粒	18/6—23/6	上海-50型	5 t 拖车	3	2	0.66
29	小麦晾晒入库	19/6—24/6	人工		0.067	1	15
30	玉米免耕施肥播钟	20/6—25/6	上海-50型	免耕播种机	6	3	0.5
31	喷除草剂	21/6—26/6	人	机动喷雾器	0.8	1	1.25
32	玉米查苗定苗	10/7—15/7	人		0.2	1	5
33	玉米治虫	20/7—5/8	人	机动喷雾器	0.8	1	1.25×2

（续）

序号	作业名称	作业期（日/月）	主机	农具	班生产率/（hm²/班）	机组人数	劳动消耗/（工日/hm²）
34	玉米灌溉	6—7月	人	电动抽水机	0.2	1	5×3
35	玉米收获	10/10—25/10	联合收获机		3	3	1
36	运玉米穗	10/10—25/10	上海-50型	5 t拖车	3	2	0.66
37	玉米剥皮	26/10—30/10	电动脱粒机	玉米剥皮机	0.5	3	6
38	玉米脱粒	5/11—20/11	电动脱粒机	玉米脱粒机	0.5	3	6
39	耕前耙茬	11/10—26/10	东方红-75型	24片重耙	13.3	1	0.075
40	耕地	12/10—27/10	东方红-75型	4铧犁	5.33	2	0.375

实施地膜花生—小麦—玉米两年三熟机械化种植模式的优点如下：

（1）花生成熟早，把当年剩余光热资源留给小麦利用。小麦可适时播种，每亩节省用种量7.5～10 kg。同时，小麦生长发育正常，易管理，产量稳定，每亩比一年两熟制的增产100 kg。

（2）玉米不急于腾茬，可充分利用秋末的光热资源，确保正常成熟，提高粮食品质，每亩比平播两熟玉米增产100～150 kg。

（3）玉米收获后有充足时间施用有机肥、秋耕，为下年花生丰产打下有利的基础，还可以缓解三秋劳力和农机具的紧张程度。

（4）有效地控制了花生根茎腐病、蛴螬等病虫危害。

两年三熟由于既能大幅度降低作业成本，又能保证经济价值高的水稻、棉花等作物的好收成，经济上可能比一年两熟更合算，且生态上具有持久性。但由于两年三熟比一年两熟减少了25%复种指数，每两年要少收一季作物，对总产量有较大影响，所以在粮食供应比较紧张的情况下，应慎重采用。

第四节　灌溉地一年两熟平作机械化

一、工艺特点

实施两茬平作，需要自然条件和机械投入来支持，必须具备以下条件：

（1）年积温高于4 100 ℃。以年总积温为代表的热量因素是衡量能否实施两茬平作技术的决定因素，当大于0 ℃的年积温达到4 100 ℃以上时，可实行小麦、玉米的平作；当年积温在4 000 ℃时，只能小麦和早熟的谷子或中早熟大豆平作；当年积温小于4 000 ℃时，由于热量不够，只能进行一年一作的耕种。

（2）无霜期大于180 d。无霜期代表大田作物可以生长天数。当无霜期大于180 d以上时，可实行小麦、玉米的平作；大于240 d时，作物可以一年三熟；若小于140 d时，只能种一茬作物。

（3）光照时间在 2 400 h 以上。光照是作物进行光合作用的必要条件，也是作物产量形成的基础和影响发育成熟速度的重要因素。一般要求日照时数必须在 2 400 h 以上，否则作物将因光照不足而不能成熟。

（4）充足的水分供应。水分是维持作物生命活动的基本条件，如果在小麦、玉米各个生产期，特别是在小麦灌浆、玉米抽穗时缺水，将会造成减产，故在平作区必须有较好的灌溉条件。如果靠自然降水，在 800～1 000 mm 降水量的条件下，可实行一年两熟平作。

（5）适宜的土壤和肥力。在热量、水分条件具备的情况下，肥力往往成为产量高低的主要矛盾。如果没有充足的肥料养分补充，往往出现两季不如一季、三季不如两季的现象。各地的有机肥数量有限，化肥往往是补充农田养分的手段。目前多通过秸秆还田，增加有机肥源和土壤有机质。

（6）必要的劳动力和机械。实行一年两熟，需要在短时间内完成上下茬口的衔接，往往出现作物收获与播种的农忙季节，如果没有必要的劳动力和机械，农忙季节就会贻误农时，耕作粗放，顾此失彼，导致作物减产。

一年两熟的接茬时间短促，为了保证作物有足够的生长季节和良好的收成，在技术上必须狠抓一个“早”字。即选用早熟类型品种，适当减少积温消耗，保证各茬作物安全成熟。合理选用机械化移栽、套种和少耕免耕技术，提早育苗和播种，不仅增加作物的生长期、使种植产量较高的晚熟品种成为可能，还可缓和农忙作业的紧张程度，减少机具的配备量。选用地膜覆盖、喷洒土壤增温剂等促早发早熟技术，可阻碍水分蒸发，减少汽化热和太阳辐射热损失，促苗早发快长、早熟、增产。

小麦、玉米是我国播种面积占前三位的作物。麦玉两熟是面积最大的一种复种形式，主要分布于华北地区（京、津、冀、鲁、豫、皖、苏、陕、晋）以及鄂西北、川东、湘西、滇东北、贵州等地。华北地区既是小麦高产带，又是玉米适宜的气候带，小麦—夏玉米复种，产量高、互补效益好，两种作物都有较好的气候生态适应性。

在播期上，小麦和玉米有较好的互补效应。小麦对播期要求不严格，河北省在 9 月下旬至 10 月下旬均可高产，山东烟台地区已成功地研究出 10 月 20 日迟播小麦亩产 500 kg 的配套技术。夏玉米对播期要求严格，早播可获得高产，尤其是生育期长的品种较生育期短的品种增产显著。小麦与玉米组合，能较好地利用全年的热量，水分不足可灌溉补充。在种植技术上，小麦和玉米也有互补性。小麦要求精细播种，要求施足底肥，玉米播种要求不那么细，追肥增产作用大，可免耕播种，与季节上的夏紧秋松相适应，利于根据播收期衔接与双抢季节的紧张程度，适当安排玉米中早熟品种或中晚熟品种，以获得全年高产。

在麦收后免耕播种玉米，种、管、收较省工，适于机械化作业，劳动生产率高。机械化工艺流程是：玉米收获→秸秆粉碎还田→耕翻/深松/施肥旋耕→小麦播种→大田管理→小麦收获→秸秆覆盖→玉米免耕播种→喷施除草剂→大田管理。

小麦收获采用联合收获机适时收获，小麦收获过晚宜落粒。玉米成熟后宜适当晚收，以获得高产。小麦可以实行高留茬收获，将秸秆切碎均匀抛撒还田。玉米收获后用秸秆还田机将秸秆直接还田。玉米秸秆还田后，人工或机械地表撒肥，采用旋耕机旋耕或铧式犁翻耕再旋耕，然后用半精量播种机播种小麦；也可以免耕播种小麦。小麦收获后，用玉米免耕播种机播种玉米，同时施种肥，底墒不足时用井水灌溉补足底墒。河北地区一般要求在 6 月 25 日以前播完。

玉米免耕播种后，也可在播种的同时喷除草剂控制杂草。小麦田利用除草剂控制杂草的施用时期可酌情进行。作物生育期间遇旱时应及时灌溉，并注意病虫害防治。

二、两熟平作机械化

北京郊区属冬麦夏玉米区，有 40 万 hm^2 耕地，大部分为冲积平原，沙壤和轻壤土，平均气温 9～11 ℃，无霜期 180～220 d，年有效积温 4 000～4 500 ℃，年降水量 600 mm 左右，但分布不均，春天少雨，夏季降水集中（占 60%～70%），春旱夏涝往往交替出现，在华北平原有一定典型性。

历史上为一年一熟，种植旱地小麦、玉米或高粱，产量低，公顷产量仅 1 500 多 kg。20 世纪 50 年代，主要推广新式畜力农具，恢复生产。20 世纪 60 年代大力发展排灌，主要是井灌，解决了春旱夏涝，把旱地小麦改为水浇麦，成倍提高了产量。20 世纪 70 年代开始，在解决了排灌的基础上实行二年三熟和一年两熟套作，大力发展三夏三秋作业机具，如小型割晒机、播种机，解缓劳力紧张状况。在机械化的基础上，进一步发展了生产力，单产提高到 6 750 kg/hm^2。

20 世纪 80 年代大约花了 10 年时间，实现了以三夏联合收获机收小麦、免耕播玉米和喷灌为中心的一年两熟平作基本机械化，使粮食产量又上一个台阶，达到每公顷 10 t 左右，公顷劳动消耗降低，劳均产量也大幅度增加。20 世纪 90 年代又开始以自走式玉米摘穗机收玉米和大型压轮式播种机播小麦为核心的一年两熟平作高水平机械化试验，取得显著效果，实现了 15 t/hm^2 的产量（即吨粮田）。

北京郊区机械化收获小麦见图 4－5，小麦收获后免耕播种玉米见图 4－6，小麦茬地上直接播种的玉米生长情况见图 4－7，秋季大型玉米联合收获机收获作业见图 4－8。

图 4－5　机械化收获小麦

图 4－6　麦收后大型免耕播种机播种玉米

图 4-7　小麦茬地上生长的玉米

图 4-8　大型玉米联合收获机作业

40 多年的时间，北京效区粮食生产跨了四个台阶，走出了由一年一熟旱作、一年一熟水作、半机械化一年两熟间套作、基本机械化一年两熟平作、高水平机械化一年两熟平作的道路。可以说北京郊区的机械化一年两熟平作是生产高度发展的产物，也是机械化农业既提高劳动生产率又提高土地生产率的典型。北京通州张辛庄一年两熟经历了三个阶段，即半机械化套作、基本机械化平作、高水平机械化平作。其基本机械化两茬平作工艺方案见表 4-6，高水平机械化两茬平作工艺方案见表 4-7。从 1949 年起，5 次机械化作业体系变革所带来的公顷产量、公顷劳动消耗、公顷盈利、劳均负担面积、劳均产粮和机械化程度比较见表 4-8。

表 4-6　通州张辛庄小麦玉米两茬平作基本机械化工艺方案

序号	作业名称	作业期（日/月）	主机	农具	班生产率/（hm^2/班）	机组人数	劳动消耗/（工日/hm^2）
1	联合收小麦	18/6—23/6	东风-50 型	联合收获机	6.67	2	0.3
2	运麦粒	18/6—23/6	铁牛-55 型	4T 拖车	6.67	6	0.9
3	烘干入仓	18/6—27/6	6 t 烘干机		20	33	1.65
4	开沟施液氨	18/6—23/6	东方红-75 型	6 行施液氨机	13.3	2	0.15
5	硬茬播玉米	19/6—24/6	铁牛-55 型	6 行气吸播种机	10	5	0.495
6	旋耕灭茬覆土	19/6—24/6	铁牛-55 型	旋耕机	6.67	1	0.15
7	喷除草剂	19/6—24/6	铁牛-55 型	12 m 杆喷雾机	20	4	0.195
8	中耕培土	10/7—20/7	铁牛-55 型	6 行中耕机	13.3	2	0.15
9	摘穗粉碎秸秆	20/9—28/9	东方红-75 型	丰收 2 卧	4.67	4	0.855
10	运玉米穗	20/9—28/9	铁牛-55 型	4T 拖车	4.67	4	0.855
11	撒化肥	20/9—29/9	人工		0.27	1	3.75
12	耕前耙茬	20/9—29/9	东方红-75 型	24 片重耙	13.3	1	0.075
13	耕地	20/9—29/9	东方红-75 型	4 铧犁	6.67	1	0.15
14	起埂作畦	21/9—30/9	铁牛-55 型	4.2 m 起垄作畦机	6.67	1	0.15
15	木框平畦	21/9—30/9	铁牛-55 型	木框	13.3	2	0.15

（续）

序号	作业名称		作业期（日/月）	主机	农具	班生产率/（hm^2/班）	机组人数	劳动消耗/（工日/hm^2）
16	播小麦		22/9—1/10	铁牛-55型	24行播种机	10	5	0.495
17	播后镇压		24/9—2/10	铁牛-55型	镇压器	13.3	1	0.075
18	玉米穗扒皮晾晒		30/9—30/10	人工				7.5
19	脱粒		15/10—15/11	电机	脱粒机			7.5
20	晾晒入库		20/10—20/11	人工				7.5
21	补墒水①		1/11—10/11	人工	电机水泵			3
	浇冬水②		25/11—5/12	人工	电机水泵			3
22	压麦①		10/1—20/1	铁牛-55型	镇压器	13.3	1	0.075
	压麦②		10/2—20/2	铁牛-55型	镇压器	13.3	1	0.075
23	松土搂麦		25/3—5/4	人工				7.5
24	浇水3次	①	3月中旬	人工	电机水泵			3
		②	4月下旬	人工	电机水泵			3
		③	5月下旬	人工	电机水泵			3
25	喷杀虫剂		10/5—20/5	人工	喷雾器	0.2	1	4.95
26	喷灭菌剂		25/5—5/6	人工	喷雾器	0.2	1	4.95

注：表中共26项作业，公顷用工65.6工日，其中机械化作业18项，公顷用工14.45工日，人工（灌水、喷药、晾晒）8项作业，公顷用工51.15工日，机械化程度85%。

表4-7　通州张辛庄小麦玉米两茬平作高水平机械化工艺方案

序号	作业名称	作业期（日/月）	主机	农具	班生产率/（hm^2/班）	机组人数	劳动消耗/（工日/hm^2）
1	联合收小麦	18/6—23/6	E514	4.2 m割台	12	2	0.165
2	运麦粒	18/6—23/6	铁牛-55型	5T自卸斗	2×6	2	0.165
3	烘干入仓	18/6—27/6	6 t烘干机		20	33	1.65
4	免耕播玉米	19/6—24/6	ZT-323型	Derre6行免播机	13.33	5	0.375
5	喷除草剂	19/6—24/6	SAME-85型	ALBA-12喷雾机	26.67	3	0.112
6	喷灌	25/6—30/6	管道喷灌系统		1	1	1
	加肥	8月	管道喷灌系统		1	1	1
7	摘穗粉碎秸秆	29/9—5/10	KCKY-6	6行收获机	13.3	2	0.15
8	运玉米穗	29/9—5/10	铁牛-55型	2个5 t拖车	2×6.67	2	0.3
9	撒化肥	30/9—6/10	铁牛-55型	PG撒化肥机	26.67	2	0.075
10	耙茬	30/9—6/10	ZT-323型	32片重耙	10.67	1	0.105
11	耕翻	30/9—6/10	ZT-323型	双向4铧犁	10.67	1	1.05

（续）

序号	作业名称		作业期（日/月）	主机	农具	班生产率/（hm^2/班）	机组人数	劳动消耗/（工日/hm^2）
12	耙压平地		30/9—6/10	ZT-323型	4.4弹齿耙镇压器	26.67	1	0.038
13	播小麦		30/9—6/10	ZT-323型	24行压轮条播机	13.33	4	0.3
14	喷除草剂		10月下旬	SAME-85型	ALBA-12喷雾机	26.67	3	0.112
15	玉米穗晾晒		30/9—30/10	人工				4.5
16	脱粒		15/10—15/11	人工	电机脱粒机			4.5
17	晾晒入库		20/10—20/11	人工				4.5
18	喷灌4次	①	11月			1	1	1
		②	3月（带肥）			1	1	1
		③	4月			1	1	1
		④	5月			1	1	1
19	喷杀虫剂		10/5—20/5	SAME-85型	ALBA-12喷雾机	26.67	3	0.112
20	喷微肥		22/5—28/5	SAME-85型	ALBA-12喷雾机	26.67	3	0.112
21	喷灭菌剂		29/5—3/6	SAME-85型	ALBA-12喷雾机	26.67	3	0.112

注：表中共计21项作业，合计公顷用工24.4工日，其中机械化18项作业、用工10.9工日/公顷，人工（收后处理）3项作业、用工13.5工日/公顷，机械化程度94%。

表4-8 通州张辛庄不同机械化体系对比

项目	年份				
	1949	1965	1978	1989	1995
机械化体系	一年一熟，旱作	一年一熟，水作	两茬套作，半机械化	两茬平作，基本机械化	两茬平作高水平机械化
公顷产量/kg	1 500	3 750	6 750	10 680	15 750
公顷劳动消耗/工日	375	420	232.5	70.95	29.52
公顷盈利*/元	—	—	720	975	1515
劳均负担面积/hm^2	0.66	0.6	1.08	3.52	8.52
劳均产粮/t	0.99	2.25	7.29	37.5	134.2
劳均盈利/元	—	—	288	2 080	13 130
机械化程度	0	15	38	85	94

*公顷盈利=公顷收入－公顷开支－公顷劳动报酬，收入、开支、报酬均按当年价格计算。

从表4-6、表4-7和表4-8可见，机械化农业生产体系的变化与机械化水平的提高紧密联系在一起，北京郊区一年两茬平作的实现是高度机械化的产物。伴随机械化水平的提高和生产体系的变革，张辛庄的农业发生了巨大变化，机械化程度由42%上升到94%时，公顷产量上升了2.3倍，公顷劳动消耗减少到原来的1/8～1/7，公顷盈利增长1倍多；劳均面积、劳均产量、劳均盈利分别上升21倍、50.5倍和45倍。实现了土地生产率和劳动生产率两个提高。劳动生产率（劳均产量）的提高是由公顷产量的提高和劳均负担面积扩大两个因素构成的。由于机械化程度提高，人工作业项目减少，劳均负担面积加大，由半机械化的劳均负担0.4 hm^2，扩大到基本机械化的2.1 hm^2，再进一步扩大到高水平机械化的9.3 hm^2，分别增长了4.2倍、22倍。而公顷产量也分别提高58%和133%。分析产量提高，特别第二阶段公顷产量由10 680 kg上升到15 750 kg的原因，对探索提高单产的途径有一定的参考价值。

三、高水平机械化增产主要因素分析

1. 延长玉米生长期，提高玉米产量　分析1989年前后10 680 kg的公顷产量中，小麦为4 740 kg，玉米为5 940 kg，玉米产量比其他高产地区差距较大，主要原因是玉米生长期不足。因此，采用大型6行自走式玉米摘穗收获机、大型24行小麦压轮式播种机等机具，利用简化工序等手段，通过提高生产率来缩短作业时间，同时适当延后小麦播种期，使玉米生长期延长了12 d左右（表4-9）。

玉米由早熟品种的6万株/hm^2，换成紧凑型中熟品种的8.25万株/hm^2，玉米穗数可增加37%；玉米提前3 d播种，可争取到60～90 ℃积温，早出苗，出壮苗。玉米延后收获，可以增加生长期，提高千粒重。该村1993年对两个品种的试验结果如表4-10，玉米延后8 d，千粒重增加7%～11%。1993—1995年，玉米每公顷产量平均为9 420 kg，比1987—1989年的5 940 kg增加了58%。

表4-9　张辛庄新旧作业体系的作业期对比

	原作业体系	新作业体系	延长生长期
玉米播种期	6月21日—6月27日	6月19日—6月23日	4 d
玉米收获期	9月20日—9月29日	9月29日—10月5日	8 d
玉米生长期	91 d	103 d	12 d

表4-10　不同玉米收获期的千粒重

玉米品种	9月20	9月25	9月30	平均日增
掖单-52/g	282	294	307	2.5
河北1243/g	284	301	324	4

2. 加强小麦生长后期田间管理　小麦4 500多kg的公顷产量，在国内已达中上游水平。参考欧洲高产小麦的经验，要实现高产，主要应加强小麦生长后期的田间管理。冬小麦冬前所需积温只占生育期的20%～30%，关键生长期在第二年开春后，特别是5月至6月，气温高、光照强、灌溉充足，是小麦物质积累的关键时期。然而，此期间也是病虫草害最活跃的时期，以及作物需要营养的时期，必须加强以喷药和补肥为中心的后期田间管理。但是，人工喷药慢，每人每

天 0.2 hm^2 地，劳均 2 hm^2 地，需要 10 d 才能喷完一遍，加之喷洒不均匀，很难有效地控制草虫病害。

由于小麦生长后期机器进地困难，张辛庄采用田间留管理专用道的方法，拖拉机带 12 m 幅宽喷雾机在后期进地喷药喷微肥，取得了明显效果，病虫害得到了有效控制，小麦千粒重也有所增加（表 4-11）。虽然专用道占了 5%的小麦地，但机器能进地，保证喷洒接行良好，不重不漏，增产远大于 5%。同时他们还将播种机的行距做了调整，缩小车道两旁小麦行距，使 12 m 内依然播 80 行小麦，效果更佳。

表 4-11　张辛庄小麦田间管理专用道喷施效果

喷施目的	喷剂	喷期	千粒重增加
除草	2-4D	4 月中旬	3.2%
化控高度	矮壮素	5 月 8 日	6.4%
防治白粉病	粉锈宁	5 月 13 日	8.4%
补充微肥	植保素	5 月 22 日	8.4%

表 4-11 为各次作业单独测定的增产效果。加强田间管理后的综合效果，不可能是各次作业效果之和，但在小麦增产中的重要地位是显而易见的。1993—1995 年小麦公顷产量平均为 6 330 kg，比 1987—1989 年的 4 740 kg 增产 33.5%，除机械化田间管理的作用以外，品种、气候、水肥等也是重要的增产因素。

第五节　灌溉地机器系统

目前华北平原灌溉地农业机器系统，主要是以 36.7～47.8 kW（50～65 马力*）中型轮式拖拉机为动力的中型机器系统和以 8.8～13.2 kW（12～18 马力）轮式拖拉机为动力的小型机器系统。中型机器系统比较完善，自走式机械（主要是收获机械）也主要是大中型的，小型自走式机械因性价比较低，应用的不多。

按作物划分，有小麦、大麦、大豆等条播作物机器系统和玉米、棉花等中耕作物机器系统。条播作物机器系统比较完善，机器种类较多，耕整地、播种、收获的机械化作业面积已达到 80%左右。中耕作物机器系统还不够完备，主要玉米收获机的形式、质量目前还不够稳定，需要从研究和制造技术上做大量的工作。2008 年玉米机械化收获仅占播种面积的 10%左右，由于国家增加了玉米收获机购置补贴的比例，玉米机械化收获面积有了快速的增长。

一、大中型机器系统

1. 拖拉机　有上海-50 型轮式拖拉机、铁牛-55/65 型轮式拖拉机（天津）、东方红-75 型履

* 马力为非法定计量单位，1 马力＝735.498 75 W。——编者注

带式拖拉机（洛阳）等 36.7～55.2 kW 的中型拖拉机，主要完成耕地、耙地，播种、中耕、深松和农田基本建设等项作业。

2. 耕整地机械

(1) 犁。如 3～6 铧的铧式犁、3～4 铧重型铧式犁，用于壤土或重壤土深翻作业；5～6 铧轻型铧式犁，用于轻壤土或壤土浅翻作业。

(2) 深松机。如 3～5 铲凿形铲深松机、框架式全方位深松机。图 4－9 所示为全方位深松机在作业。

(3) 圆盘耙。如 16 片缺口圆盘耙、24 片轻型圆盘耙等。

(4) 旋耕机。如 1.6～2.1 m 幅宽的正转和反转旋耕机。图 4－10 为 1GNQ－180 型旋耕机。

(5) 其他。如各种镇压、平地、作畦、碎土机械。

图 4－9　全方位深松机作业

图 4－10　1GNQ－180 型旋耕机

3. 播种机械

(1) 条播作物播种机。如 16～24 行双圆盘谷物播种机、20 行谷物压轮播种机。图 4－11 所示为西安农业机械厂生产的 24 行双圆盘谷物播种机；还有各种组合式播种机，如旋耕播种机（图 4－12），能一次完成旋耕整地和播种作业。

图 4－11　24 行牵引式小麦播种机

图 4－12　小麦旋耕播种机

(2) 中耕作物播种机。如 4～6 行机械式点播机、4～6 行气吸式精量播种机（辽宁大连）等。

4. 田间管理机械 有中耕锄草机、追肥机、喷雾喷粉机等。如6～12 m杆式喷雾机、4～6行中耕追肥通用机架。

5. 收获机械

（1）小麦收获机。中国收获机械总公司的新疆-2A型自走式谷物联合收获机、东方红4LZ-3.5自走轮式谷物联合收获机、山东福田雷沃的谷神4LZ-6（AF6150）型自走式谷物联合收获机等大型自走式小麦联合收获机。为了在小麦收割后尽快免耕播玉米，要求小麦联合收获机安装秸秆二次切碎和抛撒器，山东、河北等地生产的小麦秸秆切碎机，可以安装在36～48 kW的自走式联合收获机上。图4-13所示为安装在65 kW小麦联合收获机上的秸秆切碎器。

图4-13 安装在65 kW联合收获机上的4QJQ秸秆切碎装置（注：撤去抛撒板）

（2）玉米收获机械。华北一年两熟地区，玉米收获时作物含水量很高，籽粒含水量30%～40%，远大于可直接收获籽粒要求的20%以下含水量，不能采用直接收获籽粒的方式，而只能机器摘穗，摘下的玉米穗经过一段时间晾晒，含水量下降到要求标准，再用脱粒机进行脱粒。在河南省南部地区，玉米可以在晚熟后期采用联合收获机直接收获籽粒。早在1973年，黑龙江省赵光机械厂与中国农业机械科学研究院等单位联合研制成功我国第一台牵引式玉米联合收获机，为丰收-2型2行牵引式玉米摘穗机，生产率低、机组庞大，已经不再生产。近10年来，我国的玉米联合收获机研究有很大进展。根据玉米收获要求的摘穗、剥皮和粉碎秸秆三项功能，已经研制出一批机型。如山东金亿机械制造有限公司的春雨4YZ-3B型自走式玉米收获机，具有摘穗和秸秆粉碎还田功能，但不带剥皮装置，已满足农户希望玉米穗带皮晾晒的要求。山东福田雷沃国际重工股份有限公司的谷神4YZ-4B型自走式玉米联合收获机，可以摘穗、剥皮、茎秆粉碎还田，还能够自行开道。福田雷沃国际重工股份有限公司的谷神4YZ-4型自走式玉米联合收获机，可以摘穗、剥皮、茎秆切碎回收。但目前华北平原玉米收获机械化的水平还很低，无论机具研制还是生产推广都有许多工作要做。

6. 秸秆与根茬处理机械

（1）秸秆粉碎机。如图4-14所示的4Q-2.0秸秆粉碎机，用于粉碎小麦、玉米等秸秆。秸秆粉碎属于无支撑切割，要求切割速度高15～30 m/s，甩刀轴转速一般在1 200 r/min以上。为适应粉碎不同作物的需要，秸秆粉碎器有不同的甩刀刀片：有直刀式刀片，适合于小麦等软秸秆、浮草；锤爪式刀片，适合于玉米等硬秸秆；Y形和L形刀片，主要用于直立的麦茬。也有采用直刀和L形刀组合式的，以适应不同的秸秆状况，生产率也较高。

（2）灭茬机。灭茬机是专门用于破碎作物根茬，特别是玉米、棉花等作物粗大根茬的。如图4-15所示，为内蒙古赤峰巨昌机械有限公司的1MC系列灭茬机，灭茬作业和秸秆粉碎相反，和旋耕作业相似，是在土壤里进行的有支撑切割，为了减少功耗，多为低速作业，旋耕刀轴转速在 300 r/min 左右。所以秸秆粉碎和根茬粉碎要由不同的机具去完成。但为减少机器进地次数和节省能耗，灭茬作业多采用复式作业机，如与旋耕作业一起完成。

图 4-14　4Q-2.0 秸秆粉碎机

图 4-15　双轴式旋耕灭茬机

二、小型机器系统

1. 拖拉机　小型拖拉机品种很多，主要是 8.8～13.2 kW（12～18 马力）小型四轮拖拉机和少量小马力手扶两轮拖拉机，而且几乎各省都有自己的产品。目前小拖拉机动力有逐年增大的趋势，以满足田间作业的需要。1997 年，不少省份已停止产销 8.8 kW 的四轮拖拉机，而增加生产 13.2 kW 功率以上的拖拉机，如丰收-180 型（江西）、东方红-18 型（河南洛阳）等 13.2 kW 的拖拉机，中原-200 型（河南新乡）14.7 kW 和金马-254 型（江苏盐城）18.8 kW 的拖拉机等。主要用于运输、播种、筑埂等项作业。

2. 耕整机械　有 1～2 铧的铧式犁、单框全方位深松机、14 片圆盘耙、小型镇压器等。

3. 播种机械

（1）谷物条播机。有 6～14 行的各种悬挂式谷物播种机。

（2）2～4 行小型玉米播种机。图 4-16 为山西生产的小型 4 行玉米播种机。

4. 田间管理机械　有 6 m 杆式喷雾机，2～4 行中耕机等。

5. 收获机械

（1）小麦收获机。如前悬挂小麦割晒机、小型披挂式谷物联合收获机等。

（2）玉米收获机。有双行披挂式玉米收获机，将玉米割倒放铺，也有披挂式玉米联合收获机（单行、双行），如山西省农业机械研究所研制的 4YW-1 型玉米收获机，与 11 kW 拖拉机配套，能一次完成玉米摘穗、收集和秸秆粉碎还田等作业（图 4-17），图 4-18 为河南省济源市正大农机制造有限公司生产的 4YW-2A 型玉米收获机。

图 4-16　小型玉米播种机作业

图 4-17　4YW-1 型单行玉米收获机

图4-18　4YW-2A 型玉米收获机

第六节　灌溉地机械化发展中存在的问题与发展趋势

机械化一年两熟生产体系是华北平原农业的巨大成就，达到了在有限水热资源条件下的高产高效，为解缓我国人多地少的粮食压力，做出了极大贡献。世界上多数类似水热条件地区只能一年一熟，产量也低得多。但是，华北一年两熟机械化体系也存在着水资源过量使用、燃烧秸秆污染环境、机械作业成本高等影响可持续发展的几个问题，需要尽快解决。为解决上述问题，以机械化保护性耕作和发展节水灌溉为主的对应措施正在积极试验研究中。

一、存在问题

1. 水资源过量使用　从 20 世纪 60 年代开始发展灌溉以来，华北地区地下水位平均下降了 50～80 m，每年下降 1 m 多，多数地区抽水的水泵，已经更换两代，由最初低扬程的离心泵换为高扬程的柱塞泵，再由一级提水变为二级甚至多级提水。

分析其原因，主要是小麦一般要灌 4～5 次水、玉米要灌 1～2 次，全年每公顷需 4 500～7 500 m^3水，相当 0.5 m～0.8 m 厚水层，而地下水一般年份得不到有效补充。只有 1996 年，北京降水 800 mm，华北普遍降水 700 mm 以上，地下水位才有限回升。地下水层厚度是有限的，一旦开采完了，灌溉系统只有报废。因此，必须大力发展节水灌溉和耕作保水技术。现代节水灌溉技术有喷灌、滴灌、渗灌、测土灌水、渠道防渗技术等。耕作保水技术主要指通过适当的耕作和秸秆覆盖增加入渗、减少径流、减少蒸发，提高水分有效利用率。农艺上的亏缺灌溉技术、隔垄灌溉等技术，也将有助华北农业实现水资源的可持续利用。各种机械化的、农艺技术的配合，管理上科学地提高水费，国家宏观上的南水北调，多种措施综合采用，才有可能逐步减少地下水消耗，直至实现地下水的平衡，保障农业可持续发展。

2. 农业环境污染　环境污染是第二个影响华北一年两熟农业持续发展的重要因素，而且有日益严重的趋势。近几年多家媒体都在报道，燃烧秸秆造成天空浓烟密布（图 4-19），飞机不能起飞，布厂织的白布成了灰布。日益严重的原因，主要是以前作物产量低、秸秆少，农民用于煮饭烧炕、垫圈盖房就消耗掉了。现在产量高、秸秆量大大增多，农民生活水平提高，不再用秸秆做燃料或修房子，加之作业时间缩短，要及时整地播种，就把秸秆烧掉了。烧秸秆不仅污染环境、浪费生物质资源，也烧掉土壤水分，影响土壤微生物繁衍和土壤团粒结构形成，所带来的弊端远大于采取烧秸秆以消除病虫害与杂草的好处。

图 4-19　火烧小麦秸秆

要避免烧秸秆，必须有处理秸秆的有效方法和途径。传统上解决不烧秸秆的耕作方法有两种：一是翻耕的方法，玉米摘穗后秸秆粉碎、耙茬、翻耕、耙地、平地，再实施播种；二是旋耕的方法，玉米摘穗后秸秆粉碎、耙茬、旋耕 1～2 次，然后播种。这两种方法对秸秆处理得比较好，能够保证播种质量，可以避免焚烧秸秆，但需要大中型拖拉机，作业次数多，成本高，仅能在部分条件较好的农村采用。在多数农村是以小型机器为主情况下，全面深翻是不可行的，由于旋耕质量比较差，也不经济，烧秸秆很难避免。有的地方，秸秆可以运出来做饲料、燃料或肥料及工业原料，通过秸秆的综合利用，既减小了秸秆处理的压力，又增加了经济收入，是很好的发展方向。当前大部分地方还要靠机械化秸秆还田解决问题，需要改变只能翻埋还田的方式，考虑覆盖还田的方法，简化作业程序，降低作业成本。

3. 玉米收获机械化程度低　据统计，2000 年我国玉米机械化收获面积为 38.9 万 hm^2，不到播种面积的 2%，2008 年机械化收获程度达到 10%左右，到 2013 年年底，我国玉米收获机械化程度为 49%，发展速度迅猛。但玉米机械化收获仍是本地区一年两熟全过程机械化的制约因素。分析其原因，主要是玉米成熟时籽粒含水量多在 40%左右，而机械收获要求籽粒含水量在 20%以下。一年一熟情况下，可以让玉米在地里再留一短段时间等待含水量降低，但华北平原实行一年两熟，年有效积温相对不足，玉米成熟后需要要立即收获并播种小麦。由于不能直接收获籽粒，本地区只能自行研制专门的玉米摘穗机，摘下玉米穗经过晾晒，含水量下降到要求标准后再用脱粒机脱粒。这样，不仅需要研制新机具，而且机械收获的效益还受到影响。如果采取直接收获籽粒的方法，可以用小麦联合收获机更换割台来实现，全年只需要一台联合收获机。基于上述技术的、经济的原因，造成了本地区玉米机械收获的滞后。现在已有小麦、玉米互换割台联合收获机，分别进行小麦收获和玉米摘穗作业，但由于动力配置难以兼顾和协调，在大部分地区的使用效果并不理想。近年来，由于农业劳动成本大幅上升，推动了玉米联合收获技术与装备的研究和开发，一系列背负式、自走式玉米联合收获机相继出现，预计玉米机械化收获将会有较快发展。图 4-20 所示为河北省农哈哈机械厂与乌克兰联合研制的披挂式玉米收获机。

图 4-20　农哈哈机械厂与乌克兰联合研制的披挂式玉米收获机

另一个影响玉米机收的重要因素是行距不统一。

4. 机器配备量大　目前山东省和北京市的农机总动力达 8～11 kW/hm^2，大大超过全国平均配备水平，超过江苏等水热资源充足的一年两熟地区的配备水平 50%以上。主要原因是作业时间集中，作业期太短，其次是机器综合利用效果差，如播种机、秸秆还田机等，全年作业仅 5～7 d，作业期短，作业成本就高。对于大型农业机械，开展跨区作业和社会化服务，提高机器的年利用率，是改变华北一年两熟机器配备量大、作业成本高的重要途径之一。

总之，华北平原一年两熟机械化生产体系是一种高产高效、成功的体系，但还存在许多不利的因素，只有有效地解决这些问题，才能推动一年两熟机械化体系更上一个台阶，成为高产高效、有效利用资源、保护环境、可以持续发展的机械化生产体系。

二、发展趋势

针对华北平原一年两熟机械化存在的地下水位下降严重、焚烧秸秆污染大气、作业环节多生产成本高、土壤退化等问题，中国农业大学、山西农机局、河北农机局分别在山西、河北等地开展了一年两熟小麦玉米保护性耕作系统试验与示范，取得了良好的效果。保护性耕作能够提高小麦、玉米产量 7%～10%；增加土壤含水量，减少灌水 14%，相当每年每公顷地节约灌水 42～70 m^3；不烧结秆、保护大气环境；减少作业次数、降低作业成本，具有良好的发展前景（图 4－21 和图 4－22）。目前夏季小麦茬地用的玉米免耕播种机机型较多，如中国农业大学的 2BMDF－4 型带状粉碎免耕播种机（图 4－23），能在高产小麦全部秸秆覆盖下顺利作业。由于玉米秸秆数量多、粗大坚韧，小麦免耕播种机研制比较困难，可以采用带状旋耕小麦免耕播种机（图 4－24），一

图 4－21　玉米秸秆粉碎覆盖地

图 4－22　免耕播种的小麦长势

图 4－23　高产小麦茬地里免耕播种玉米

图 4－24　直立玉米秸秆地里播种小麦

次完成灭茬、开沟、施肥、播种、覆土、镇压。当然，一年两熟全程保护性耕作试验还是初步的，机具的研制开发还存在一定问题，还有不少工作要做。但用保护性耕作实行耕作节水，结合灌溉节水，来解决华北平原水资源紧张问题，将会产生明显的效益。

复习思考题

1. 什么叫机械化程度？如何计算？试以表 4－5 为例进行计算，有关机械作业用人工完成时的用工量参考示例，表中未列者可用类比法自行设定。

2. 什么叫机械化水平？如何表达，如何计算？试以表 4－5 为例计算该工艺方案下每公顷用工量。设小麦玉米公顷产量 15 t 时，其劳动生产率为多少？

3. 试述北京郊区机械化农业生产体系的演变历程，说明发生每次转变的主要原因和主要效果。

4. 北京郊区有不少农村采用冬小麦—夏玉米—春水稻（中稻）两年三熟生产体系，试分析采用的原因。其与一年两熟相比有何优缺点？

5. 试分析北京通州张辛庄采用高水平机械化生产体系后，能使劳动生产率和土地生产率双提高的原因。

6. 21 世纪的农业生产需要重点考虑资源的合理利用，目前华北平原机械化农业生产体系中有哪些资源应用不合理？应如何改进？

7. 我国生产的秸秆粉碎机有直刀式、爪式和 Y 形式三种甩刀片，则指出各适应什么作物、什么秸秆情况？有什么优缺点？

8. 秸秆粉碎机与灭茬机都是旋转切型机具，试指出二者的异同点。能否设计一台机器同时完成两项作业？

9. 试述田间管理专用道的作用以及它带来的效益和问题。有几种预留方法？

知识拓展

华北平原灌溉地作物生产机械

一年两熟麦玉轮作区全程机械化流程

第五章　北方水田农业生产机械化

第一节　概　　述

一、北方水稻种植区域及生产机械化概述

水稻是我国主要的粮食作物，也是种植面积最大、单产最高、总产最多的粮食作物。在粮食安全中占有极其重要的地位。水稻常年种植面积 3 000 万 hm^2，占全国谷物播种面积的 30%、世界水稻种植面积的 20%；稻谷平均单产 6.2 t/hm^2，总产量近 20 000 万 t，约占全国粮食总产的 40%、世界稻谷总产的 35%，居世界第一。

我国水稻种植区域分布很广，除西藏自治区和青海省基本没有水稻种植外，其他省市区几乎都有水稻生产，根据自然条件、种植制度、品种体系、经济条件的差异，我国水稻生产区域可划分为三大稻区：南方一季稻区、南方双季稻区和北方稻区。其中北方水稻主要为一年一熟地区，水稻产区基本为平原，该稻区水稻种植分布广泛，按照《中国水稻种植区划》的划分，秦岭、淮河以北属北方稻区，范围涉及 17 个省、市、自治区（包括江苏、安徽两省淮河以北地区）：一是东北地区的辽宁、吉林、黑龙江三省及内蒙古自治区；二是华北地区的河北、北京、天津、山东、河南、山西六省、直辖市以及江苏与安徽北部地区；三是西北地区的陕西、宁夏、甘肃、青海和新疆五省、自治区。在北方稻区中，除青海水稻面积极小外，京津地区因水资源紧缺，水稻种植面积也已大大压缩。北方稻区的稻田面积为 395.18 万 hm^2，占全国稻田面积的 16.6%，其中以种植粳稻为主，特别是东北优势产区，由于土壤肥沃，水源丰富，稻米品质优，商品率高，所以截至 2010 年，东北水稻种植面积已达到 400 多万 hm^2，占全国粳稻总面积的 46.9%；总产量2 900万 t，占全国粳稻总产的 44.6%。我国北方稻区属一年一季稻，栽培品种绝大多数是粳稻类型，与南方稻区比，开发历史短，种植面积小，然而水稻米质好，产量高，优势明显，是我国重要的商品粮基地，在保障我国口粮供给方面具有重要地位，特别是改革开放以来水稻种植面积迅速扩大，生产前景广阔，水稻面积、水稻单产、总产均呈增长的趋势。

在主要粮食作物生产中，水稻生长发育环境和技术措施复杂，耕作栽培制度最细，生产环节最多，季节性最强、用工量最多、劳动强度最大，综合机械化水平最低。但北方水稻由于田块较大，人均土地面积较多，虽然经济上相对不如南方沿海发达地区，但水稻的机械化种植水平相对南方较高，特别是“十一五”以来，国家高度重视推进水稻生产机械化，将水稻机收、机插秧作为农业机械化工作的重中之重，取得了明显成效。以黑龙江省为例，2013 年水稻机耕面积 401.425 万 hm^2，机械种植面积 370.795 万 hm^2，机收面积 360.969 万 hm^2，分别占到机耕面积的 92%和 90%。

二、北方水稻的生产条件

我国北方稻作区从北纬 35°左右延续到北纬 50°多，横跨 15 个纬度区，包括东北早熟稻作区、西北干燥稻作区和华北单季稻作区，以种植早粳稻和中粳稻为主，各地气候条件差异很大，无霜期 100～200 d 不等；地理条件和地势变化很大，土壤肥力和质地也不同，既有多雨、高湿、低洼易涝地区，也有气候干燥、少雨干旱地区，又有滨海盐渍土壤和内陆碱地，形成了生态条件的多样性。总体来说，相对于南方稻区，北方水稻有其特殊的生产条件。首先，北方稻区气温偏低，适于水稻生长发育的时间短，活动积温少，前期升温慢，中期高温时间短，后期降温快，低温冷害多；其次，北方水稻生长期间日照时间长，一般在 14 h 以上，日照百分率在 50%以上，光照充足，同时水稻生育季节昼夜温差大，昼间高温有利于增强光合作用制造干物质，夜间低温减少干物质消耗，有利于干物质积累，增加单产，灌浆结实期温度均比较适宜，适合优质稻米生产；再次，北方水稻由于冬季严寒，病菌、害虫等越冬困难，所以水稻病虫害较轻，防治次数较少，且受台风暴雨等自然灾害少；最后，北方稻区的土壤条件相对较好，土壤肥沃，土层深厚，大平原土地平坦，适于大规模机械化作业。

在我国北方稻作区中，水稻生产主要集中在东北地区，包括黑龙江、吉林、辽宁大部和内蒙古的大兴安岭地区，是我国纬度最高的稻作区域，耕地面积大，水稻种植面积和总产约占北方水稻的 90%左右，规模化生产水平高。

东北水稻种植区为温带季风气候，夏季雨热同季，既有充足的热量供水稻进行光合作用，又有一定量的水供其生长，日照长，光照充足，积温时间长，昼夜温差较大，蒸腾量小，土壤肥沃，水质好，无污染，这种独特的自然条件造就了稻米的高产优质，特别适合种植优质单季粳稻。经过多年的发展，东北稻区已成为世界最大的以种植早、中熟粳稻为主的优质粳稻生产区。

（1）热量资源。水稻是对热量条件要求最高的作物。东北地区在稻作生育期间的 5～9 月平均气温在 17～20 ℃，大部分地区霜前日平均气温不低于 10 ℃的持续日数为 120～160 d，能够满足水稻生育对热量的要求。水稻生育期昼夜温差大是该地区气温条件的重要特点，5～9 月大部分地区昼夜温差达 10～14 ℃，只要夜间的温度不降至临界温度以下，较大的温差对水稻的生长发育是有利的，且粳稻比籼稻对低温更有适应性。

（2）水分。水稻必须有充足的水分供应才能生育良好，特别是孕穗前后，对水分的要求最为迫切。东北地区全年降水量为 400～800 mm，自 5 月份以后逐渐增加，7 月份达最高点，8 月份开始下降。在稻作生育期间的 5～9 月份南北各地降水量均在 450 mm 左右，占全年降水的 80%以上，而生长旺盛的 6～8 月份也都在 300～400 mm，占全年降水的 70%以上，东北地区降水季节分布与水稻生育需水量趋势基本一致，为东北地区水稻栽培提供了有利条件。

（3）日照。水稻是喜阳作物，它对光照条件要求较高。水稻在分蘖期需要充足的阳光，以提高叶片的光合强度，制造有机物，增加分蘖数；光照度与幼穗分化有密切的关系，光强有利于幼穗分化；在灌浆结实期光照强度和光照时间影响稻叶的光合作用和碳水化合物向谷粒的转运，高产水稻谷粒充实的物质，90%以上是抽穗后叶片光合作用制造的碳水化合物供给的，灌浆结实期的光合作用将直接影响水稻的产量。水稻生育期日照时数的长短、太阳辐射量是影响水稻产量的重要指标之一。东北地区各地水稻 5～9 月日照时数平均为 1 000～1 250 h，占全年总日照时数的 45%左右，6～8 月份日照时数为 600～800 h，占全年总日照时数的 24%～29%，9 月份以后逐渐减少，在水稻生育期日照时数较长，而且日照较强，有利于水稻生育及光合积累。

(4) 水稻土。水稻土是在人为的周期性水旱交替耕作的管理条件下，经历物质的氧化还原、有机质的分解与积累和矿物质的淋浴与淀积等过程而形成的，肥沃水稻土是水稻高产的基本条件。由冲积物组成的辽阔平原上，黑土、黑钙土、草甸土等肥沃的土壤中富含腐殖质，土层深厚，有机质含量达 1.24%～3.42%。

三、北方水稻种植机械化模式

水稻种植机械化模式主要取决于水稻种植栽培技术，目前水稻种植模式主要有育秧移栽和直播两种。水稻直播是将种子直接播种到大田，省去了育秧、移栽等多道工序，其方法简单、快捷，生产率高，劳动强度和生产成本低，而且由于浅播和单株稻苗营养面积大，能使水稻分蘖节位低、分蘖早、根系旺，只要田间管理适当，可获得高产和稳产。但种子发芽和出苗受自然条件影响较大，田间杂草多，植株易倒伏，所以水稻直播技术对水稻品种、生长期、灌溉条件、整地质量及杂草控制都有较严格的要求。直播技术在消除品种以及田难平、苗难全、草难除问题后，被公认为是节本增效的水稻生产技术。但我国当前适用的直播机较少，相应的水稻直播机研究也较少。水稻直播在欧美国家普遍采用并已达到较高的机械化水平，近几年水稻直播栽培在东南亚及我国周边的韩国、日本等国家也得到了快速发展。育秧移栽是将种子育成秧苗后，将其移植到大田。水稻育秧移栽是我国农业精耕细作传统中的一项优良栽培技术，亚洲绝大多数国家采用育秧移栽，日本最具代表性。移栽包括插秧、抛秧、钵苗行栽等，其中插秧包括毯状苗机插、钵苗摆栽和钵型毯状苗机插。

20 世纪 80 年代以前，东北地区水稻机械化种植主要以水稻插秧和水稻直播为主且机械化水平较低。90 年代初期到 90 年代末期，出现机械化抛秧、钵苗行栽、钵苗摆栽技术，在东北地区进行试验推广。但由于其技术实施过程中出现育种、秧苗管理、田间管理、病虫害以及机器等问题，没有大面积推广。近年来，水稻的机插秧机械化发展很快，以黑龙江、吉林、辽宁和内蒙古为例，2013 年水稻机械播种面积分别为 370.795 万 hm^2、49.31 万 hm^2、49.14 万 hm^2 和 8.28 万 hm^2，其中机插面积分别为 369.911 万 hm^2、49.18 万 hm^2、47.93 万 hm^2 和 7.576 万 hm^2，分别占水稻机械种植面积的 99.76%、99.74%、97.55%和 91.52%。

四、水稻生产机械化技术体系

水稻生产机械化技术，是指在不同自然环境和生产条件下水稻生产全过程中机械化科学技术的应用和组织实施。它既包括生产技术又包括管理技术，既包括机械技术又包括生物技术，既包括农机作业的工艺流程又包括作物生长的农艺要求。只有各项技术有机结合并应用于水稻生产中，才能产生显著的经济效益、社会效益和生态效益。

水稻生产机械化技术涵盖了水稻生产过程中各生产环节的机械化操作内容，包括水田机械化耕整地技术、水稻机械化播种和育秧技术、水稻机械化栽植技术、水稻机械化田间管理技术、水稻机械化收获技术、水稻机械化产地烘干与加工技术和水稻机械化秸秆综合利用技术，其中水稻种植与收获机械化技术是水稻全程机械化技术体系中的关键环节。

第二节　水田耕整地机械化

水田土壤耕整地作业是水稻种植过程中最重要、最基本的环节。水稻田因长期浸水产生板结，需要耕翻疏松，改良土壤团粒结构，平整田面，以创造水、土、气结构合理、适宜水稻生长的土层结构，以满足水稻栽插、抛秧、直播等后续工序对水田的耕作要求以及水稻秧苗生长对水田的农艺要求，为水稻的生长创造良好的条件。水田土壤耕作包括耕地作业和整地作业。

我国早在20世纪50年代就开始研究新型犁耙机具，到七八十年代，农用拖拉机等动力机及其与耕整机具的配套发展，使水田耕整地机械化水平有了很大的提高。目前水稻耕整地环节基本实现了机械化，激光平地等高端技术已开始应用。

水田机械化耕整地是通过机械将田块进行耕翻、平整，结合施肥、灌溉和合理轮作等农业技术措施，调节和改变稻田土壤的物理、化学性质，为水稻的正常生育提供良好的土壤环境，以利于水稻机械化播种和移栽。不管是直播还是移栽，水田耕整地机械化其发展趋势和特点体现在：水稻保护性少（免）耕耕作栽培技术不断应用和发展；以旋耕为主简化耕整工艺正逐步替代干耕晒垡—耙地—平整为主要内容的传统的耕作工艺；组合式耕作栽培机械化技术由于生产率高、成本低越来越为人们青睐。

一、水田耕整作业的工艺流路线及作业要求

水田耕整作业按照不同的耕作工艺分为旱整地和水整地。旱整地是指泡田前的无水干燥状态下的常规旱整地技术；水整地是指泡田后的有水湿润或泥浆状态下的水整地技术。两种状态下的整地技术特点和要求各有不同，但旱整地是水整地的基础，水整地是高质量移栽的前提。

1. 泡田前的旱整地技术　稻田旱整地包括平地、耕翻、旱耙以及施肥等作业过程，从整地时间上可分为秋整地和春整地。

秋整地主要是秋季旱翻、旱耙，在干旱年份、缺水地区或井灌地区采用较多。秋整地有利于土壤熟化，并能节省泡田用水。在丰水和盐碱地及地下水位较高的地区和田块，多采用秋旱翻春旱耙。这样有利于晒垡熟化土壤，灭虫灭草。春整地多数地区采用旱翻、旱耙、旱平地，包括旋耕整地。

旱整地包括旋耕、翻地、旱耢平和激光平地等作业。旋耕是在水稻收获后至上冻前，使用大

中型水田拖拉机配套旋耕机、搅浆整地机、水田犁等进行，旱耢平是在第二年的春季 4 月份，当土壤化冻 10 cm 左右时，用拖拉机配套不同的平地机具进行旱整平。一般旋耕地粗耢一遍，翻地耢两遍，以降低后期整地成本和节省泡田用水。

旋耕适耕期长，适应性强，可秋旋、春旋、旱旋、水旋，翻、耙、耢、平等作业一次完成，松土的同时可将土肥混匀，并把地表上的残存根茬打入土中，稻田旱整地时一般提倡旋耕作业。特别是近年来，以旋耕为主、配合使用驱动耙、间隔 2～3 年耕翻一次的少耕法在我国水稻整地作业中得到了发展。

旱整地作业时要求耕作深度适宜，耕深均匀一致，不漏耕、不重耕，翻垡覆盖性能好，无立垡、回垡现象，翻后地面平坦，同一块地内高低差不超过 10 cm，地表保证有 10～12 cm 的松土层。翻耕深度一般为 15 cm 左右，最深不宜超过 18 cm。秋翻可适当深些，以利于熟化土壤。春翻可适当浅些，深则土凉，对春季发苗不利。瘦田要浅耕多耙，防治犁底生土上翻；肥田深耕粗耙；盐碱地不宜翻得过深，与瘦田一样，应结合施用有机肥料，逐年加深耕翻深度。

2. 泡田后的水整地技术 水整地一般是春季放水泡田 3～5 d 后，用水田拖拉机配带不同的整地机械对土壤进行搅拌耕耙，达到一种适合插秧的土壤状态，包括水耕、水耙、带水旋耕和带水压耙等方法，是衔接旱整地和移栽的重要环节。

水整地作业时要求土地平整，土壤细碎，田面整洁，起浆好，耕层松软度适宜，无僵垡。水稻不同生长期对田面水层和排水有严格的要求，所以对稻田的平整度要求很严。整地后田面高低差要不超过 3 cm，地表有 5～7 cm 泥浆，整平后需视土质情况沉淀数天，达到泥水分清，沉淀不板结，水清不浑浊。

二、水田耕整地机械化

水田耕整地机械化是指为满足水稻栽插、直播等种植生产需要，选用适宜的水田耕整机械，按照农田耕整要求和作业规范，完成水稻田旱、水耕整作业，以保证水田碎土效果及耕整后平整，达到省工、省成本、节水的目的。耕整质量的好坏，不仅直接关系到插秧机的作业质量，而且关系到机插秧苗能否早生快发，影响水稻产量。

水田耕整机械包括耕地机械和整地机械两大系列，其作业内容主要包括耕、耙、平地作业。目前，我国水田耕整机械种类繁多，已基本形成了多机具、多功能、多机型的局面。在水田作业时，与其配套的拖拉机驱动轮一般都换成水田轮或高花纹轮胎，以提高拖拉机的牵引附着性能和通过性能，理想的水田动力机械应是四轮驱动拖拉机。常用的水田耕整机械有水田铧式犁、圆盘犁、水田耙、水田驱动耙、旋耕机、水田耕整机、秸秆还田机等。

水田铧式犁是最主要的耕地机具，大多采用全悬挂方式，机组机构简单、重量轻，机动性好，可改善拖拉机的牵引性能，在生产中应用较广（图 5－1）。图 5－2 所示是 1 L 系列全悬挂式液压双向铧式犁，犁体 6～10 个，耕幅 90～150 cm，耕深 16～25 cm，可与 40.7～88.2 kW 拖拉机配套；具有结构简单、耕作适应范围较大、作业质量好、无“开闭垄”、地表平整、碎土覆性能好、墒沟小等特点，可进行梭式双向作业，地头空行少。圆盘犁（图 5－3）主要适于绿肥地、草根地、多石地和黏湿地耕地作业。虽然其翻土、碎土和覆土性能以及耕后地面平整度不及铧式犁，但浅耕作业质量好，对多草地和绿肥地有良好的通过性能，且沟底不板结、透水性好。图 5-4所示是我国近几年研制的 1LYQ 系列驱动圆盘犁，采用标准的拖拉机后三点悬挂式，有中间齿轮传动系统和侧箱齿轮传动系统两套传动系统，犁盘 4～9 片，单盘耕幅 20 cm，耕深 12～20 cm，生产率 0.07～0.67 hm^2/h，可与 11～73.5 kW 拖拉机配套。斜置的圆盘犁体在拖拉机后动力输出轴作用下强制驱动旋转完成水田耕翻作业，能较好地利用拖拉机功率，降低了拖拉机下田时的打滑率，耕后轮胎痕迹可以完全覆盖，提高耕作质量且生产率比铧式犁高，油耗少。对高产绿肥田及稻、麦茬的回田能切断秸秆并完全翻转、平整，具有覆盖性能好、通过能力强、不缠草、作业质量高、工作效率高、耕作阻力小、操作调整方便等特点。

图 5-1　水田铧式犁耕地作业

图 5-2　1L 系列双向犁

图 5-3　驱动圆盘犁机耕作业

图 5-4　1LYQ 系列驱动圆盘犁

水田耙主要用于水田耕后碎土，使泥土搅混起浆，以利于后续移栽作业（图 5-5）。有时也可免去犁耕，直接用耙灭茬碎土。水耙后的土壤要求高度熟化、土肥混合、土质细碎、松软、平整，为满足上述农艺要求，水田耙多将几种不同工作部件（耙组、轧滚等）组合在一起使用，以适应不同的土壤和用途。一列星型耙组加一列轧辊适于土质松软的沙壤地区；两列星型耙组加一列轧辊适于各种土壤（图 5-6）；第一列缺口耙组，第二列星型耙组，第三列轧辊组合形式，由

图 5-5　水田耙地作业

于缺口耙组切土、碎土作用强，适于土壤黏重地区使用。驱动耙由拖拉机动力输出轴驱动，可得到较大的驱动力，减小拖拉机水田作业打滑，且可提高碎土性能。水田驱动耙有滚筒型、立式旋转型、往复型等，滚筒型驱动耙应用较多（图 5-7），一次作业可达到插秧前的整地要求。1BSQ-23 型水田驱动耙配套动力 25.7～36.8 kW，工作幅宽 2.3 m，生产率为 0.47～0.73 hm^2/h，具有田块平整、生产率高、劳动强度低等特点。

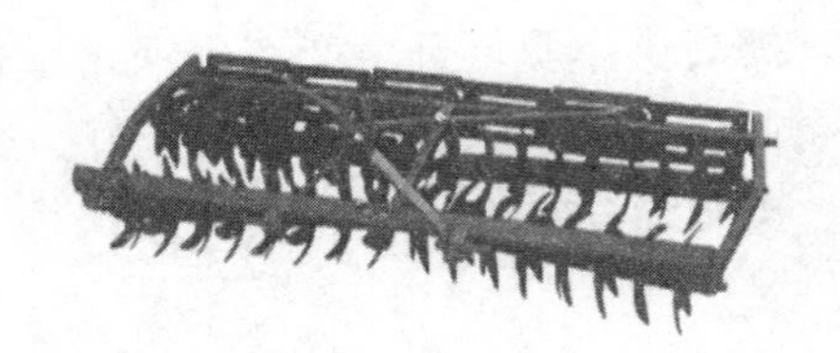

图 5-6 水田耙

图 5-7 驱动水田耙

水田旋耕是水田整地的主要方式（图 5-8）。很多地方春耕时在灌水泡田后直接旋耕碎土灭茬，一次性完成水田机翻、机耙，具有耕整地的效果，省去犁耕工序，降低生产成本。图 5-9 是 1G 系列配 50 拖拉机的旋耕机，全国生产厂众多，工作幅宽 150～200 cm，成系列化，耕深 15～25 cm，生产率为 0.33～0.53 hm^2/h。三点悬挂式连接，可在水、旱田作业，适宜大、中田块作业。水田旋耕机的缺点是消耗功率较多，耕深不超过 12 cm，旋耕机常与犁耕配合使用，几年旋耕后需用铧式犁深翻以增加耕作层深度。

水田机械收获脱粒后的秸秆（麦草、油菜秆或稻草等）粉碎后翻埋还田，在灌水软化土壤和施肥后用埋草驱动耙、水田灭茬耕整机、旋耕埋草机等整地后进行播种或栽插，不仅合理、高效地利用了秸秆资源，防止秸秆焚烧或废弃带来的环境污染，还能培肥地力，增加作物产量。水稻秸秆综合利用机械化技术近几年得到了推广应用。水田灭茬耕整机（图 5-10）是在旋耕机基础上改造的水旱两用耕整地机械，用于水田作业时，在板茬地（如麦草地）放水浸泡后能一次完成旋耕、埋茬（秸秆）、碎土、起浆、刮平等多道作业工序，达到抛秧、插秧、旱直播前秸秆还田、耕、耙、耥、平地的农艺要求（图 5-11）。1GH-175 型水田秸秆还田机（图 5-12）与 33～40.4 kW 轮式拖拉机配套，在作业中能将稻麦整秆、留茬、杂草、绿肥等农作物秸秆进行直接埋覆还田。旋耕深度大于 15 cm，旋耕宽 175 cm，生产率为 0.26～0.53 hm^2/h，该机具具有埋草旋耕、碎土复合功能，性能可靠，适应性强，生产率高。

图 5-8 水田旋耕作业

图 5-9 1G 系列水田旋耕机

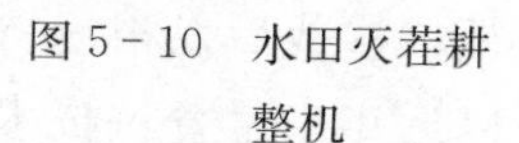

图 5-10　水田灭茬耕整机

图 5-11　水田灭茬耕整机作业

图 5-12　1GH-175 型水田秸秆还田机

随着经济的发展，农业生产水平的提高，激光平地技术已被应用于水田整地作业中，激光平地技术具有增加土地使用面积、提高单产总产、节省农业用水、提高化肥利用率等作用。激光平地机是将激光、液压技术应用于整地作业的高新产品。早在 20 世纪 80 年代中期，激光平地技术就在美国广泛应用，是一项先进的整地技术。图 5-13 所示是 1JP 系列水田激光平地机，主要由激光发射器、激光接收器、控制器、液压控制系统和刮土铲五大部分组成，工作时利用置于地块中的激光仪发射出的 360°旋转激光光线所形成的平面作为待整平地的基准面，安装在刮土器上的激光接收器接收到激光信号后转换成电信号，并输送给控制器，控制器则通过自动控制系统控制液压油缸工作，实现刮土器的升降，随着机车的前进即可完成平地作业。以 1JP-4.0 型机为例，配套动力东方红-802/1002/1202 型履带拖拉机、天津-654 型轮式拖拉机，铲土深 5～10 cm/次，平地精度±（1.0～1.5）cm（凸凹度），工作半径小于 300 m，作业幅宽 4.0 m，作业速度为 5～8 km/h。实际应用表明，用该激光平地器在高低差不超过 15 cm 的地块可一次完成平地作业，平整精度可达±1 cm。该机特别适合水田改造作业，尤其是土质松散、黏性低的地块作业效果更好。在用激光平地机作业后的地块种植水稻，具有节水和增收的效果。

图 5-13　1JP 系列水田激光平地机

第三节　水稻种植机械化

水稻种植是水稻生产过程的重点环节，也是难点环节。目前，机械化种植在水稻机械化生产过程中最薄弱，发展较慢，有的地区仍然以人工插栽为主，机械化种植甚至还是空白。我国水稻种植机械化的现状是总体水平较低，南方比北方低。水稻种植环节的机械化成为推动力。

目前水稻种植的模式主要有移栽和直播两种，美国、澳大利亚、意大利及其他欧洲国家主要采用直播种植，而亚洲地区则采用能实现高产的育秧移栽种植为主。在水稻育秧移栽种植技术中需要先培育壮秧，所以种植机械化包括育秧机械化和移栽机械化。

一、水稻育秧机械化

水稻育秧机械化是水稻移栽机械化的内容之一，是水稻移栽前期的关键环节，是移栽机械化的基础。

水稻育秧按育苗方式分为旱育苗、水育苗和营养液育苗，按育苗盘形状分为盘育苗和钵盘育苗。水稻旱育秧是在接近旱地状态下的土壤环境中培育秧苗，其秧苗具有根系发达、支根和根毛多、苗矮壮、生长势旺、抗逆力强（耐旱、耐寒、耐盐碱）等特征，移栽后发根返青快、早分蘖、穗粒多结实率高，旱育秧比湿润育秧可节水 50%～90%，所以近年来旱育秧技术在我国北方稻区已得到大面积示范推广，适合我国北方地区的水稻高产栽培技术，本书主要介绍育秧盘旱育苗机械和设备。

北方稻区由于气温低、水稻生育期长，故需要提早育苗，育苗时多采用育秧棚保温育苗的方式。旱育苗可在农户的育秧田或工厂化育苗室里进行，旱育苗的一般工艺流程如下：

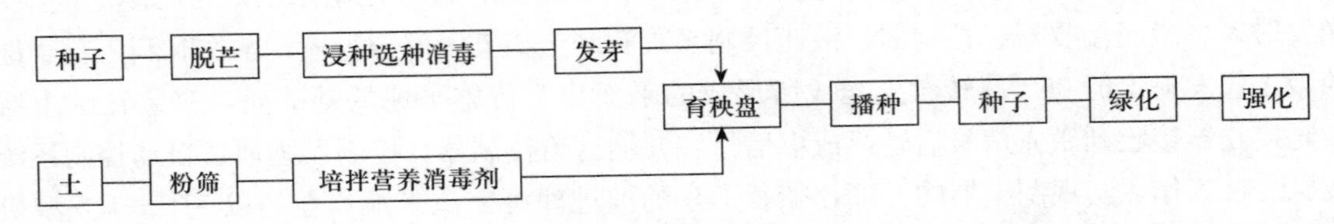

无论是在农户的育秧田里育苗还是在工厂化育苗室里进行，所需要机械设备的工作原理基本相同，工厂化育苗设备更齐全，技术容易实施，农户育苗可简化一些设备。

工厂化水稻育秧设备是在发展水稻插秧机的基础上发展起来的。日本在 20 世纪 60 年代由机插拔取苗转向机插带土苗的研究，1966 年研制成工厂化水稻育秧设备，极大地促进了水稻插秧机械化的发展。我国从 70 年代末开始引进和研制。与秧田育秧相比，工厂化水稻育秧具有省秧田、省种、省工、育秧周期短、秧苗生长整齐、不烂秧、易于实现机械化等优点，并可免去拔秧工序，避免在拔秧过程中造成的秧苗损伤（图 5 - 14）。

图 5 - 14　育秧工厂里的秧苗

近几年，北方一季稻区大棚工厂化育秧发展迅速，这种集中育秧的方法在经济发达和城市郊区得到了推广应用，实现了育秧的规模化和标准化。

1. 水稻工厂化育秧的农艺要求　水稻工厂化育秧的工艺流程包括苗土配置、种子处理、播种、快速催根立苗和炼苗等过程。

（1）苗土配置。苗土是培育壮秧的基础，苗土的科学配置十分重要。苗土配置一般包括碎土、筛土、调酸、土肥拌和等工序。苗土应选择经过熟化、有机质高、土质疏松、通透性好的草灰土、腐殖土或腐熟的有机肥土，或根据育秧苗大小施用酸性氮、磷、钾等速效化肥保证秧苗的生长发育。为防止秧苗立枯病，播前应喷消毒药剂对苗土消毒。水稻幼苗适宜生长在 pH 4.5～5.5 的酸性土壤，秧苗生理机理旺盛，抗立枯萎病能力增强，并有利于提高苗土中某些营养元素的有效性。苗土调酸最好施用酸性肥料，调酸与施肥一次完成。

（2）种子处理。根据北方的气候和土壤条件，除了选择高产、优质、抗性等优良性状以外，还必须高度重视品种的光温生态型的培育和选择，使之能够高度适应春秋冷凉、夏季温热、长日照、冻土带、一年一季种植的生态环境，且尽可能选用标准商品种子，其纯度要求不低于 99%，净度不低于 98%，发芽率不低于 85%，含水量不高于 14.5%。种子的处理过程包括晒种、脱芒、选种、消毒、浸种、破胸露白和脱水等工序。晒种有利于提高种子的发芽能力；脱芒是通过机械或人工的方法脱掉水稻种子的芒和小枝梗，以保证播种均匀；晒过的种子应选种，精选饱满充实的谷粒作种；为防止种子传播某些疾病，如稻瘟病、恶苗病、白叶枯病、干尖线虫病等，播种前应对种子进行严格消毒；浸种的目的是使种子预先吸足水分，使之出芽快、出芽齐。浸种要求达到种壳半透明、透过种壳隐约可见种胚，一般吸水量达到种子干重的 40%。浸种所需时间以积温为指标。浸种时间长短随气温而定，一般粳稻需浸足 80 ℃日（3 d 左右）。破胸露白即催芽，可选用专用催芽器进行，保证种子整齐露白，芽长 1～2 mm 为标准；催芽后的种子表面水分很大，机械播种影响播种均匀度，播种前应脱去种子表面水分。

（3）播种。播种一般是指将育秧盘置于联合播种机上进行的播土、播种、覆土及喷淋水等工序。根据工厂化育秧的特点和所配置的播种设备分别选用不同类型的播种方法。毯状秧苗播种时要求秧盘内落谷均匀、播种量合适，以保证机器插秧时降低漏插率；钵体秧苗播种时根据农艺要求控制每穴播入的粒数，要求穴播粒数均匀，超级稻精量播种要求每穴 1～3 粒种子，空穴率小于 2%。

（4）快速催根立苗。快速催根立苗是通过人工环境控制下使播种后的芽种快速生长，从而大大缩短育秧时间。在利用蒸气出苗室进行快速催根立苗时，将播后的苗盘装入出苗室进行蒸气加热，保持室温 32 ℃，待苗整齐一致时室温降至 20～25 ℃，随后即可把秧盘移到大田苗床或育苗棚内进行正常管理。

（5）炼苗。炼苗是把秧苗用薄膜遮盖或置于育苗大棚中通过光合作用等成长为优质壮苗。秧苗管理要根据当地农艺要求进行。一叶一心期温度控制在 25～30 ℃最好，若超过 30 ℃要通风降温；二叶一心期温度控制在 20～25 ℃最好；三叶期温度控制在 20 ℃左右为好。在秧苗三叶期末，种子内的养分快要消耗完了，这时应及时用 1%的硫酸铵水溶液喷湿，为防止秧苗叶片粘上化肥而烧伤秧苗，浇完硫酸铵水溶液后，再用清水洒浇秧苗一次。

2. 水稻育秧机械化　水稻育秧采用人工覆土、播种、盖土、洒水，工序繁杂，效率低，覆土、盖土厚度不统一，播种不均匀，直接影响了水稻机插质量。机械化育秧具有省种、省秧田、省人工、播种均匀、播种质量高、效率高、有利于防治大田病虫草害等优点，而且秧苗返青快、分蘖早，产量高。

水稻机械化育秧一般指用催芽机催芽、用播种生产线播种、在棚架内配备一定设备进行集中育秧的过程。育秧时将稻种播在带土的规格化育秧盘内，发芽、出苗和育苗过程全部在育秧盘内进行。育秧盘的长宽尺寸与水稻移栽机械的尺寸一致。育秧盘旱育秧便于实现铺土、播种作业的机械化，所需面积较小，管理简便，能保证育成秧苗的规格化和标准化，为机械移栽创造良好条件。所需的设备一般包括土壤处理设备、种子处理设备、育秧盘播种联合作业机、育苗设备、物料运送设备等。

（1）土壤处理设备。育秧用的土壤应细碎肥沃，酸碱度适当，并经消毒处理。常用的设备有碎土筛土机和土肥混合机。碎土筛土机的碎土部分包括碎土滚筒和栅状凹板，筛土部分为往复振动筛。碎土滚筒的结构类似旋耕机的旋耕刀滚，土壤在碎土滚筒上的刀片打击和凹板的挤压、搓碾作用下破碎，落到往复振动筛上，碎土通过筛孔落到滑土板上排出，较大的土块则由筛面送出机外。土肥混合机用于将土粒同化肥均匀混合，通常使用间歇作业的立轴式土肥混合机，由圆形土肥混合筒和绕立轴旋转的搅拌器组成，搅拌器有铲式、螺旋叶片式等类型，每批土肥的混合时间为2～3 min。

（2）种子处理设备。育秧用的水稻种子需经精选、脱芒、盐水浸种、清水漂洗和催芽等处理过程，常用的设备有种子清洗机械、脱芒机、催芽设备和种子消毒设备等。

（3）育秧播种设备。播种设备是决定秧苗均匀分布的核心部件。目前，生产中使用较多的育秧播种设备主要包括各种水稻育秧播种机和育秧联合播种生产线。育秧播种机可分别进行铺土、播种、覆土等作业，联合播种生产线连续对秧盘进行铺土、播种、覆土、控量洒水作业，一般由机架、自动送盘机构、秧盘输送带、铺床土装置、播种装置、覆土装置、喷水装置、传动装置和控制台等构成。作业时，将一定数量的秧盘放到自动送盘机构上，使之逐个地被连续推送到秧盘输送带上，依次通过铺床土、播种、覆土和喷水等装置，完成各项作业后由末端排出，一次性完成水稻盘育秧播种各道生产工序。有的机型在铺床土装置后面增设一个长条毛刷或旋转毛刷轮，用以刷平秧盘内的床土。联合播种生产线是工厂化育秧首选的播种设备。

根据排种器和育秧盘的不同形状播种设备分平盘式育秧播种（毯状秧苗播种）与穴盘式育秧播种（钵体秧苗穴盘播种）两种，排种器有电磁振动式、气吸式、外槽轮式、穴槽轮式等多种形式。目前市场上使用最多的有以下几种形式：

图 5－15 所示是 2ZBL－400－1 型水稻穴盘播种机，由机架、动力部分、输送链、铺底土装置、播种装置和覆土装置等组成，该机采用链传动的方式，一次即可完成软塑穴盘的输送、铺底土、穴播播种、覆土等整个育秧过程，操作简便，使用可靠，生产率高，工作质量好。其配套动力为 0.25 kW，播种量为 100～400 g/盘，覆土量为 1.0～1.5 kg/盘，每穴粒数 3～5 粒，播种合格率不低于 90%，空穴率不超过 5%，生产率为 400 盘/h，适合水稻软塑穴盘（规格 354 mm×605 mm，375 孔专用育秧盘）的钵体育秧。

图 5－16 是 YM－0819 型全自动水稻育秧播种流水线，通过输送机、叠盘机与播种流水线的合理组合，可自动化完成水稻育苗播种的铺土、播种、覆土、洒水作业。该设备在播种杂交稻时插入振动导流槽，使种子形成 18 行的条播，播种密度为 1～3 粒/穴，播种装置以振动导流槽播种为特色，适合机插秧对常规稻、杂交稻育苗的农艺要求，播种每亩可节约种子 0.6 kg，实现精量播种育苗，解决了喷洒农药和施肥的重复工作。该播种流水线播种量范围为 80～245 粒/盘，铺土箱容积为 52 L，播种箱容积为 30 L，覆土箱容积为 52 L，床土量为 2.4～4.0 L/盘，覆土量为0.5～1.5 L/盘，输送动力为（220 V）40 W，播种动力为 40 W，空穴率不超过 5%，均匀率

不低于 90%，破碎率不超过 1%，生产率不低于 350 盘/h。

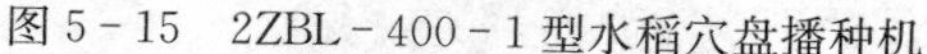

图 5－15　2ZBL－400－1 型水稻穴盘播种机

图 5－16　YM－0819 型全自动水稻育秧播种流水线

图 5－17 所示是 2BL－280A 型工厂化育秧播种全自动流水线，集铺土、洒水、播种、覆土等功能于一体，能一次性完成水稻盘育秧播种的各道作业工序，不仅能节工省本，还能大大提高作业效能。育秧播种流水线采用电源变换装置，实现了电动、手动两种作业方式，使机具在作业时可任意移动，不受电源限制。同时，采用了螺旋播种轮机构，实现了螺旋式播种，不仅适用于常规稻的育秧播种，还适用于杂交水稻和超级稻的育秧播种，播量调节方便可靠，小播量精密播种均匀度大大提高，比人工播种空插率降低 20%，确保了水稻的增产增收。该播种流水线动力为（220 V）0.3 kW，铺土箱容积为 45 L，播种箱容积为 30 L，覆土箱容积为 45 L，播种量可调节（湿种）：杂交稻 65～100 g/盘、常规稻 85～160 g/盘，生产率达到 300～540 盘/h。

图 5－18 所示是 DSB－Ⅲ型多功能水稻播种机械，适用于多种规格秧盘的撒播或穴播，可一次完成铺土、喷水、施肥、给药、播种、覆土作业。该机操作简便、结构紧凑、技术先进、可靠性强，播量无级可调，播种精度高、种子均匀、无破损芽。用该机播种培育的秧苗，完全能满足机插或抛秧对秧苗的播种质量要求，硬塑秧盘［600 mm×（240～340 mm）］和软塑穴盘均适用。该播种流水线动力为（220 V）0.16 kW，铺土量为 3～24 mm，播种量为 50～220 g/盘，均匀度不低于 85%，空穴率不超过 1.5%，生产率不低于 500 盘/h。

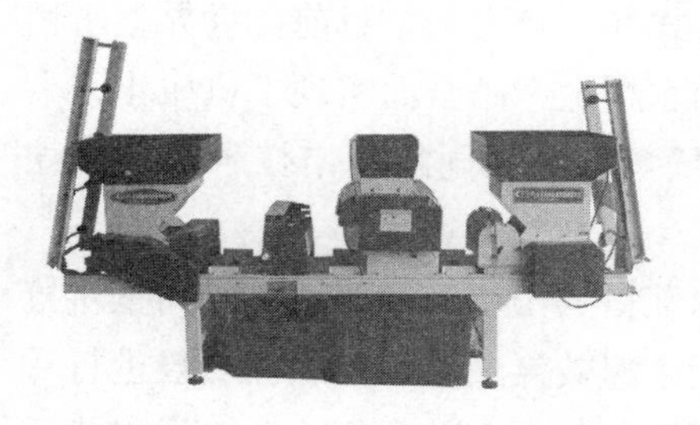

图 5－17　2BL－280A 型全自动播种流水线

图 5－18　DSB－Ⅲ型多功能水稻播种机械

（4）育苗设备。在育秧盘内培育健壮秧苗的设备。为此需将育秧盘置于能自动控制温度和湿度的环境中。常用的设备有育秧架、发芽台车、塑料大棚、供水设备和加温控温设备等。

（5）物料运送设备。包括床土、育秧盘等物料的输送机。育秧盘在整个育秧过程中都需使用，育秧盘有平盘（俗称毯状盘）和穴盘（或称钵盘）两种（图5-19和图5-20），插秧机一般采用平盘带土小苗和中苗（又称毯状苗），抛秧和摆秧主要采用穴盘带土小苗或中苗（又称钵体苗）。

图5-19　平　盘

图5-20　穴　盘

二、水稻移栽机械化

水稻育秧移栽对气候有补偿作用，可充分利用光热资源，其经济效益、社会效益明显。移栽分为深栽和浅栽，深栽主要指插秧作业；浅栽可以发挥水稻生长的低位分蘖优势，是近年来得到推广的一项轻型栽培技术。浅栽分为有序和无序两种基本形式，浅栽机有抛秧机、播秧机、摆秧机和摆栽机等几种形式。

（一）水稻插秧机械化

机械插秧技术是一项精确种植技术，我国农业精耕细作传统中一项优良的栽培技术，符合我国稻作的生产特点，有利于提高水稻综合生产能力，是我国未来水稻机械化种植的主导性技术。

我国自20世纪50年代开展机械插秧技术的研究，90年代以前，由于技术和成本的限制，机械插秧推广面积很小。近年来，随着生产手段和技术水平的不断提高以及农机具及其配套技术的逐步完善，特别是通过插秧机械的引进和国产化改进，机械插秧栽培方式逐渐受到重视，但总体看，我国目前机插机械化水平仍很低，插秧仍以人工为主。从国际上看，世界种植的水稻95%在亚洲，以插秧为主，机插秧是水稻栽植机械化的主要方式和主导方向。目前，世界上水稻机械插秧技术已经成熟，日本、韩国等国家以及我国台湾省的水稻生产已全面实现了机械化。

1. 水稻插秧的农艺要求　机械化插秧应保证水稻适时栽插，根据不同的栽培技术和机插秧技术，选择适宜秧龄的壮秧，依据种植规范，确保插秧质量。

（1）对整地的要求。早茬口的田块，应争取耕翻晒垡；迟茬口的田块，则要抓紧时间抢耕抢栽。耕翻整地前应施足基肥，基肥应以有机肥为主，并适当配施速效氮、磷、钾肥。一般进行一耕、一旋、一平作业，使田面高低小于3 cm左右，达到平、深、松、软的要求，为水稻移栽后早活棵和促进发根、分蘖提供良好条件。田整平后不要立即插秧，应沉实并保持浅水层，防止晒干，田面发僵。插秧时水深2 cm左右，以防推泥壅土，插秧后应立即灌水保苗。

（2）对秧苗的要求。北方水稻育苗要根据品种、移栽方式、调整抽穗期的要求，选定适宜的秧苗类型进行育秧。北方水稻分为小苗、中苗和大苗。小苗叶龄一般为2.1～2.5叶、秧龄20～25 d；大苗叶龄一般为4.1～4.5叶、秧龄35～40 d。小苗虽适合机插，但本田生育期长，容易延迟生育期，目前北方已较少在机插上用；大苗主要用于手插秧和抛秧；目前北方机插秧上用得较多的是中苗。机插中苗的叶龄一般为3.1～3.5叶、秧龄30～35 d，苗高在12～16 cm。插秧前床土含水率应保持在35%～45%，秧根盘结不散。盘育秧苗要求四边整齐。运送不挤伤、压伤秧苗。

（3）移栽期的选择。水稻移栽与前茬作物熟期、品种、气候条件、土质、秧龄、育秧方式等有关。一般情况下，温度是决定能否插秧的关键。北方粳稻区日平均温度为14～15 ℃是移栽期的最早温度界限。如果温度太低，不仅影响返青，而且容易发生死苗。返青主要受水温的影响，水温18 ℃根生长较快，是插秧的适期标准。

（4）栽插密度。水稻的栽插密度因品种、土壤肥力、气候条件及后续作业方式等不同而异，主要决定于每公顷基本苗数。北方稻区春稻插秧时，对于高肥力稻田，每公顷插27万穴，每穴3～4株主茎苗（杂交稻可1～2株），每公顷150万株左右主茎苗，一般行距23～27 cm，穴距13.3～14 cm。天津地区麦茬稻一般在6月中下旬插秧，行距20 cm，穴距17 cm，每穴6苗，每公顷插210万基本苗；7月上旬插秧，行距20 cm，穴距13.3 cm，每公顷插262.5万苗。

（5）栽插深度。插秧深度是影响移栽质量最主要因素。栽插时要做到浅水浅插，浅插以不倒为原则，深不过寸，以1.5 cm左右为宜，使秧苗根系和分蘖处于通风良好、土温较高、营养条件较好的泥层中，秧苗返青快、分蘖早。深插分蘖节处于通风不良、温度较低的泥层中，营养状况差，除造成返青慢、分蘖晚外，还会出现“二段根”或“三段根”。一般手栽深度以控制在3 cm内为宜。

（6）尽量减少钩秧、伤秧、漏秧和漂秧，在合适的插秧工作条件下，均匀度合格率应在70%以上，漏插率在2%以下，钩伤秧率在1.5%以下。

2. 水稻插秧机械化　多年来，我国插秧一直以人工栽插为主，劳动强度大，生产率低，用苗不均，深浅不一致，且返青慢，分蘖棵数少，影响水稻产量（图5-21）。机械化插秧可降低劳动强度，提高栽培质量和劳动生产率（机插秧的生产率是人工的20倍），达到不误农时、增长增收（与人工插秧相比机械插秧每亩增产可达30 kg以上）的目的（图5-22）。水稻插秧季节性强，水稻产品迫切需要插秧机械化。我国从1953年起研究水稻插秧机，创造出多种机型，按动力插秧机分为人力插秧机和机动插秧机两类。

图5-21　水稻人工插秧作业

图5-22　水稻机插秧作业

插秧机的工作过程，因结构不同而各有差异，但基本流程大致相同：秧苗以群体状态整齐放入秧箱，随秧箱做横向移动，使取秧器逐次分格取走一定数量的秧苗，在插秧轨迹控制机构作用下，按农艺要求将秧苗插入泥土，取秧器再按一定轨迹回至秧箱取秧。

人力插秧机采用间歇插秧方式，插秧动作在机器停歇状态下进行，插秧动作结束后，手拉机器移动一个株距，再次进行插秧动作。图 5－23 所示是 2ZTR－430 型人力水稻插秧机，由延吉插秧机制造有限公司生产，工作时船底在泥面上滑行，承载全机重量，防止下陷。插秧机的取秧部件采用夹子形式，张开动作由秧夹控制机构控制，秧夹伸入秧箱，夹取秧苗并插入泥土，可插 4 行。秧箱用于喂送秧苗，完成送秧分秧工作。其插秧株距由机手控制，行距 30 cm，秧苗宽 28 cm，秧苗高 10～20 cm，插秧深 2～4 cm。

图 5－23　2ZTR－430 型人力水稻插秧机

机动插秧机采用连续插秧方式，在机器行进过程中完成分秧、插秧动作。机动插秧机有步行式、普通乘坐式和高速乘坐式等类型。目前北方稻区使用比较多的是延吉插秧机厂生产的 2Z 系列独立 6 行/8 行插秧机，也有日产手扶式动力插秧机，如久保田、洋马和井关等。

2ZC－6（PC6）型水稻插秧机是一种手扶步行式插秧机（图 5－24），机器本身自带动力行走，工作人员只需要根据要求进行插秧株数、插秧株距的调整，并根据泥脚深度进行控制。分插机构采用曲柄摇杆式，插秧频次为 270 次/min，标定功率和转速分别为 2.9 kW 和 1 600 r/min，可插 6 行，行距 30 cm，株穴距 14 cm、16 cm、18 cm 共 3 级，插秧密度 18～24 株/m^2 共 3 级，插秧深：0.4～4.0 cm（7 级），生产率最大 0.29 hm^2/h。该插秧机可靠性好，生产率高，插秧精度高，不伤苗，有助于秧苗生长和提高作物产量。

图 5－25 所示是我国广泛使用的 2ZT－9356B 型乘坐式插秧机，配套动力为 2.94 kW，采用独轮驱动，机械船板仿形，分插机构采用分置式曲柄摇杆式插秧机构，插秧深度采用无级调节，插秧频次为 240 次/min，可插 6 行，行距 30 cm，株距 12～14 cm，作业速度为 0.35～0.58 m/s，生产率为 0.13～0.2 hm^2/h。

图 5－24　2ZC－6（PC6）手扶式水稻插秧机

图 5－25　2ZT－9356B 乘坐式插秧机

图 5－26 所示是洋马 VP8D 型乘坐式高速水稻插秧机，采用四轮驱动，先进的 HMT 无级变速，分插机构采用仿形旋转式插植系统，并采用世界先进的 UFO 平衡装置，使得插秧机更加稳定，其配套功率为 14.7 kW，插秧速度为 0～1.60 m/s，生产率为 0.4～0.8 hm^2/h，可插 8 行，行距 30 cm，株距 12 cm、14 cm、16 cm、18 cm、22 cm 可调。该机实现了 1.60 m/s 的高速插秧，且性能稳定，操作简便。

（二）水稻抛秧机械化

水稻抛秧栽培是 20 世纪 70 年代国内外研究应用的一种水稻轻型栽培技术，90 年代在我国农村得到积极推广。水稻抛秧采用规格化的软塑穴盘育秧，育秧时每穴秧苗相互独立，当秧苗生长到适合抛栽时将秧苗从秧盘中取出，再用人工或机械将成颗状的秧苗均匀地抛撒于大田，靠秧苗根部土坨下落时的力量贯入成泥浆状的田间，完成栽植作业（图 5－27）。以抛栽代替传统的插秧作业，大大减轻了劳动强度，提高了劳动生产率，而且具有不伤根、返青快、低节位有效分蘖多、穗型整齐、成熟一致等优点。这种旱育稀栽的栽培方法对北方寒冷地区增产效果尤其明显，一般认为增产 10%～30%。

图 5－26 VP8D 型乘坐式高速水稻插秧机

图 5－27 水稻钵苗抛秧

1. 水稻抛秧的农艺要求

（1）秧田要求。抛秧移栽要求秧田精细整地，浸泡后的秧田，应进行耕翻、耙透、磨细、整平，并深埋秸草（秆），做到田平、田净，泥熟、泥细，寸水不露泥，“呈瓜皮”水状态，田表面成泥浆状，一般 1～2 cm 水层有利于立苗，减小秧苗入土阻力，提高抛栽质量，耕整好的秧田一般沉淀 1～2 d。

（2）秧苗要求。与手插秧苗不同，抛秧必须使用蜂穴式塑料软盘培育的带土钵秧苗。秧苗是否符合抛秧机的要求，将直接影响抛秧的质量和生产率，要求农艺与农机相结合，增育出合格适用的秧苗。秧苗要求叶色深绿、健壮、长势均匀，白根缠绕，无病害，并且有弹性；秧苗根部带泥，泥要有一定的黏性，形成泥坨，便于抛出和秧苗着泥直立；秧苗土钵含水率为 40%～60%，手指挤压不散碎为宜；不同水稻品种对秧苗高度、秧龄、叶龄等有不同要求，一般秧苗高 10～20 cm，秧龄在 20～25 d，叶龄在 3.5～4 叶，常规稻每穴 2～3 苗，杂交稻每穴 1～2 苗。

（3）抛秧作业技术要求。抛秧密度决定抛秧稻是否高产。不同稻田抛秧密度不同，北方地区一季稻、中稻 20～30 穴/m²，麦茬稻 30～35 穴/m²；南方地区高肥力稻田早稻 27～33 穴/m²，晚稻 30～33 穴/m²，中、低肥力稻田早稻 30～33 穴/m²，晚稻 33～37 穴/m²。抛秧的入土深度因整地质量、土壤类型而异，一般为 5～20 mm。要求抛秧均匀度高，单位面积穴数变异系数小于 25%。

（4）天气要求。遇有风天气，抛秧机行走路线依据风向而定，始终与风向平行。风力超过 4 级时，应停止作业，以免影响抛秧质量。

2. 水稻抛秧机械化 目前水稻抛秧作业主要由人工手抛完成，虽比插秧减轻了劳动强度，工效也有所提高，但由于人工操作不准确，抛秧均匀度差，抛秧密度不易控制，作业质量不理想，影响了水稻抛秧栽培技术的推广和水稻的产量。水稻抛秧机械化可解决目前抛秧作业中存在的问题，大大减轻劳动强度，提高生产率和抛秧质量，可充分发挥水稻抛秧栽培的技术优势，节本增效效果显著。

水稻抛秧机械化包括两大类型：一类是抛撒式水稻抛秧机，秧苗落地为无序状态；另一类是水稻体苗有序移栽机械即水稻钵苗行栽机，秧苗落地为有序状态。目前生产中应用的无序抛撒式抛秧机型主要是 2ZPY 系列水稻抛秧机，图 5－28 所示是 2ZPY－Z 型自走式水稻抛秧机，旋转锥盘式水稻抛秧装置由在内表面带有若干条螺旋线导秧轨的锥盘、喂秧斗、护罩和传动部分组成。其工作原理是利用旋转锥盘转动时的离心作用，将从锥盘中心部位喂入的带钵秧苗均匀抛撒于大田，靠秧苗从锥盘获得的能量和自身重力使秧苗钵体贯入田间定植，完成抛秧作业。其配套动力为 165F 小型柴油机，作业幅宽 4～8 m 可调，抛秧高 1.5～2.0 m，后抛距离为 4～6 m，入土深 5～20 mm，抛秧密度为 18～45 穴/m²（人工调节），均匀度为单位面积穴数变异系数小于 20%，生产率为 0.8～1.2 hm²/h，需驾驶员 1 名，喂秧手 1～2 名。

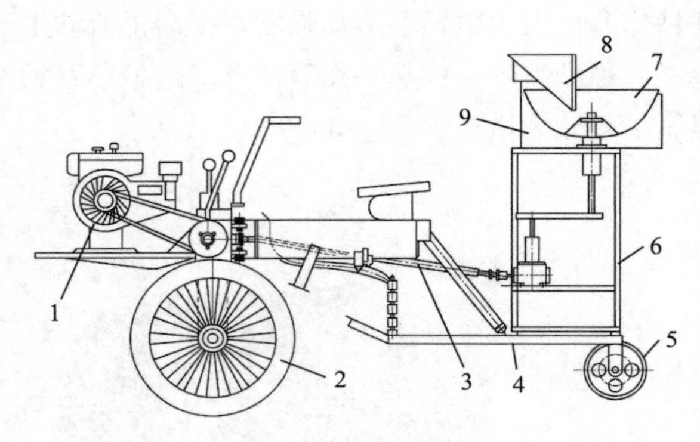

图 5－28 2ZPY－Z 型自走式水稻抛秧机构造

1. 柴油机 2. 驱动轮 3. 传动 4. 船板 5. 行走轮 6. 机架 7. 抛秧盘 8. 喂秧斗 9. 护罩

图 5－29 所示是 2ZPY－GH630 型水稻钵苗行栽机，工作时利用栅状滚筒式输送机构和单辊

图 5－29 2ZPY－GH630 型水稻钵苗行栽机

夹式拔秧机构、间隔斗式分秧和导管式导秧装置将在软塑穴盘中的带钵秧苗自动有序输入和从育秧盘中拔取，并按一定的株距和行距成行栽植在田间，完成水稻钵苗的成行有序移栽作业，该行栽机结构简单、质量轻，加工制造成本低，操作方便，工作可靠，对秧盘和秧苗损伤小，生产率高，作业质量好。其配套动力为水田通用底盘（5.0 kW），工作幅宽 1.8 m，行距 300 mm，株距 100～200 mm（6 级可调），生产率为 0.2～0.4 hm^2/h。

（三）其他水稻浅栽机械化

近年来，我国许多科研机构和高等院校一直致力于水稻浅栽机械化的研究，并取得了一定的进展，目前，各项技术仍处于试验示范过程中。

2ZB－79 型机动水稻摆秧机（图 5－30、图 5－31），吸取了插秧机具有行、穴距的有序化和抛秧浅栽优势，利用分插轮与槽凸轮及脱秧机构的组合，实现取秧、脱秧、加速抛栽，既能实现秧苗的浅栽，又能按栽植密度要求成行、成穴地有序移栽水稻。该机用于摆栽的水稻带土毯状秧苗大多采用工厂化或简易露地双膜育秧，使带土苗达到规格化、标准化，保证摆秧机生产率和作业质量。摆秧机较插秧机结构简单，易损件少，工效高，有可能降低使用成本。其配套动力为 170 F 柴油机，行距 238 mm、300 mm，可栽插 9 行、7 行，穴距 100 mm、120 mm，生产率为 0.2～0.3 hm^2/h。

2ZU6 型水稻播秧机（图 5－32）是一种适用于移栽钵体秧苗的浅植机械，采用凸轮顶杆机构，能自动、有序地从秧盘上取秧，并按一定的行、株距移栽到大田里，操作简便、轻松、生产率高，后顶式取秧，取秧准确，脱盘迅速，定苗率高，对秧苗无损伤，栽植深浅一致，不伤秧，无返青期。整机结构简单，工效高，增产效果明显。其配备动力为 2.9 kW 柴油机，作业行数为 6 行，行距 20～30 cm（可调），株距 10～18 cm（可调），定苗率 70%～80%，生产率为 0.2～0.23 hm^2/h，秧苗高 12～20 cm，秧盘规格为 340 mm×600 mm。

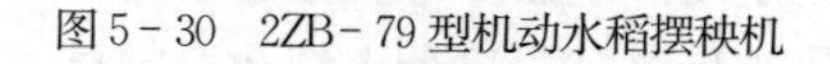

图 5－30　2ZB－79 型机动水稻摆秧机

图 5－31　摆秧机作业

图 5－32　2ZU6 型水稻播秧机

水稻钵育摆栽是寒地水稻的一项新型高产稳产栽培技术，能实现水稻行、株距基本准确的有序浅植。由于钵穴之间不牵连，有效防止水稻病害的蔓延，育出的秧苗健壮、带蘖率高，移栽不伤苗，秧苗基部带有土坨，返青快、生长期长，根的生长力旺盛，抢积温，抗冷害，促进早分蘖，同时具有出米率高、成熟度好等特点，与普通机械插秧相比，节省种子成本 70%，产量可提高 10%～20%（图 5－33 和图 5－34），并可有效解决毯状插秧机存在的播种量大、漏秧率高、秧苗质量差、机插伤苗重、立苗慢返青迟、生育期较短及插苗不均匀等问题。

图 5-33　水稻钵育摆栽机

图 5-34　钵育摆栽水稻长势

2ZB-96 型钵苗插秧机（图 5-35）是在 22ZT-9356B 型带土苗插秧机基础上改装送秧、起秧机构，调整株距等技术参数而制成。该机从改进简塑盘形状入手，使简塑盘钵苗具有与毯状苗相同的物理性状，进行整排起秧、送秧，最终由疏齿式分插机构完成对钵体成苗的机械插秧任务。其配套动力为 165F 柴油机，功率为 2.5 kW，工作行数 6 行，行距 300 mm，株距 167 mm 和 200 mm，作业对象为特制的简塑盘钵体成苗，插秧频率为 180～230 次/min，作业速度为 0.6～0.8 m/s，工作幅宽 1 800 mm。

图 5-35　2ZB-96 型乘坐式水稻钵苗插秧机

三、水稻直播机械化

水稻直播是把种子和种芽直接播种在大田的栽培方法，直播栽培不需要秧田，还可省去育秧和移栽的工序，工艺流程大大简化，是一项省工节本的水稻种植技术。水稻直播是集省工、省力、轻简、高效于一体的集成技术，近年来在世界各地的发展呈上升趋势。

水稻直播有水直播和旱直播两种。机械化水直播是稻田水耙水整后田面处于湿润或薄水状态下使用水直播机将浸种催芽至破胸露白后的种子直接播种，播种后保持浅水层，待幼芽、幼根伸出再排干，保持田土湿润，促进扎根立苗，到 2 叶 1 心后再建立稳定的浅水层；旱直播是旱耕旱整地后大田处于旱地状态下使用旱直播机直接将种子直接播种。旱直播可分为旱种水管和旱种旱管。直播主要用于南方一季稻产区和海南、广东、江、浙、沪一带双季稻产区。多数水直播机机型可播经浸泡破胸挂浆处理的稻种，有的还可播催芽后的（芽长 3 mm 内）稻种。旱直播主要适用于我国北方水资源较缺乏的水稻产区，与旱直播技术配套的机械，北方多为谷物条播机。旱直播技术还不太理想，但由于旱种稻节省了生态需水和耕作需水，具有省工、省电、省水和效益高的特点，是一种适合于干旱地区节水种稻、稳定和发展稻作生产的水稻旱种方法，适用于水源不足的稻区、河滩地以及前期无水、后期多水的涝洼地、望天田，在我国北方辽宁部分地区有一定的种植面积。在美国水稻旱直播占有很大的比例。

（一）水稻直播机械化农艺技术要求

水稻的旱直播应选择稻苗拱土能力强、抗病耐旱、生育期相对较短、分蘖力中等、穗型较大、抗倒伏能力强的高产优质新品质；播种时应抢墒早播，一般在土壤 5～10 cm 深度、平均温度稳定在 10～12 ℃以上时进行播种，辽宁稻区 4 月 25～30 日播种为宜，采用条播的播种方法；多选择低洼、易涝的望天田或旱不长、涝不收的旱田种稻，除净残根杂物，耙细耙平，以提高种子发芽率；合理经济施肥，除氮、磷、钾肥外提倡增施农家肥培肥地力，并按水稻需水特性增施硅肥及锌肥等；加强田间管理，防治鼠害、虫害，由于缺少水层，极易出现草荒，所以要科学除草。

水稻水直播具有根系比较发达、个体生长健壮、无缓苗期、分蘖早、低位分蘖多、有效穗多、成熟期早、省工节本等优点，但与常规育秧移栽水稻相比，直播水稻存在着难全苗、草害重、易倒伏三大难题。因此，在生产上应特别注意以下技术措施：

1. 精细整地　机械化直播水稻要求较高的整地质量。选择排灌条件好、泥角浅的田块，播种前田块旋耕 1～2 遍，耕深在 15 cm 左右，田面一定要整平，高度差不过寸，寸水不露泥，土壤要求下粗上细，土软而不糊，这是保证全苗、提高化学除草效果、确保平衡增产的重要措施，是直播水稻成败的关键因素之一。播种前 2～3 d 整好田，田面泥浆沉实后播种，播种时田面要平整湿润无积水。

2. 种子选择和处理　直播稻扎根浅、易倒伏，同时还受前茬成熟期的影响。在种子品种选择上一定要选择苗期耐寒性好、前期早生快发、分蘖力适中、抗病力强、株型紧凑、植株较矮、抗倒伏的早熟或中熟品种的大穗型高产优质品种。

对于包衣的种子，将精选后的种子在清水中浸泡至吸足水后清洗、拌种包衣，拌种后稍晾干，即可播种。对于未包衣的种子，要晒种、浸种、消毒、催芽（催芽程序以破胸露白为度，要求芽长半粒谷，根长 1 粒谷）。催芽可解决水田土壤中种子缺氧导致发芽率较低的问题，包衣有利于解决传统直播的倒伏、鸟害和发芽率低的问题，但包衣种子加工和设备投资较大，在国内还没有推广。

3. 播种期和播种量　适期播种是保证全苗和安全齐穗的关键。一般直播水稻比移栽水稻迟播 7～10 d，不同品种类型的最佳播种期不同。单季稻播种适宜期为 5 月上旬左右。

播种量应根据种子的发芽率、成苗率及种植密度来综合考虑，单季杂交稻播种量为 15～22.5 kg/hm^2。

4. 肥水管理　直播稻分蘖早、分蘖多，幼穗分化与抽穗早，以及根系分布浅，易倒伏，施肥上要求重施基肥，少施分蘖肥，追施穗肥。施肥量视土壤肥力和水稻苗情而定。

直播水稻灌水应适时适量，坚持芽期湿润、苗期薄水、分蘖前期间歇灌溉、分蘖中后期晒田够苗或够苗晒田、孕穗抽穗期灌寸水、壮籽期干湿交替灌溉的原则。

5. 杂草防除和病虫害防治　直播稻栽培杂草较多，应选用正确的除草剂和除草方法，于播种前和苗期使用不同除草剂，采用喷雾或撒施的方法及时进行化学除草。

直播水稻苗多，封行早，田间较荫蔽，病虫发生率较高，根据水稻不同生育期及时做好病虫害防治。

（二）水稻直播机械化

水稻直播播种方式有人力撒播、机点播和条播、飞机撒播三种。飞机撒播在我国目前仅局限于机械化水平较高的国有农场和农垦农场；人力手工撒播播种均匀度差，工效低，且撒播稻苗散乱，导致稻苗生长的透光、通风性差，且不利于化学除草、施肥、施药、灌水等田间管理；机械化直播与人工播种相比，可以较好地解决全苗保苗、防倒伏、除杂草及农艺农机配套等关键问题，且具有省工节本、增产、节约水资源、节省土地和降低水稻栽植的劳动强度、经济效益显著等特点。水直播与旱直播都有条播或穴播的方法。无论是水直播还是旱直播，要求落粒均匀、不伤种，不重播，不漏播，播种的行距、穴距（穴播）或播幅（条播）、播种及覆土深度应符合要求，并在一定范围内可以调节，以保证播种量。

目前我国使用的水直播机主要有沪嘉J-2BD-10Ⅱ和2BD-6D等机型。沪嘉J-2BD-10Ⅱ型水稻直播机（图5-36）采用独轮驱动，配套动力为2.2 kW柴油机，播种方式为条播，一次作业完成整压种床、开田间沟和播种作业，作业幅宽2 000 mm，可播种10行数，行距220 mm，生产率为0.53～0.67 hm^2/h，结构轻巧，轻便灵活。

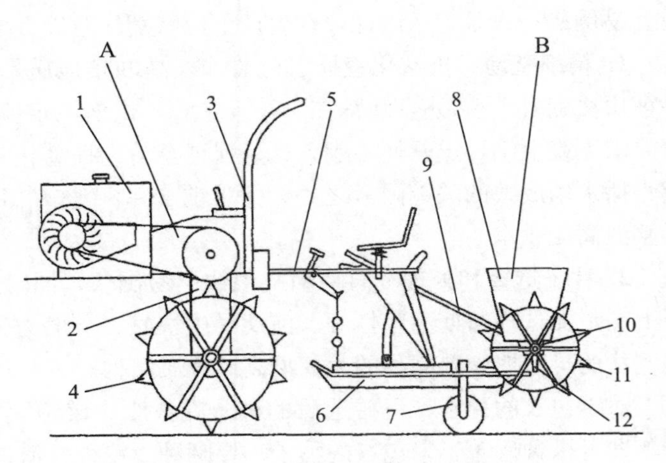

图5-36　沪嘉J-2BD-10Ⅱ型水稻直播机结构

1. 发动机　2. 行走传动箱　3. 操纵转向机构　4. 驱动轮　5. 牵引架　6. 船板　7. 尾轮　8. 种子箱　9. 升降杆总成　10. 排种器及传动轴　11. 播种地轮　12. 接种杯和输种管

A. 行走传动部件　B. 播种工作部件

2BD-6D型带式精量直播机（图5-37）播种工作部分采用橡胶“带式播种器”作为主要播种元件，实现了种子在田间精确株距、行距的分布，完成了水稻的精量直播。配套动力为3马力柴油机或4.8 kW汽油机，可播种6行，适播芽长小于5 mm，播种行距30 cm，播种量37.5～75 kg/hm^2，生产率为0.4～0.53 hm^2/h。

图5-38所示是2BD（6288）型多功能覆土直播机，将机插秧的育苗技术直接应用于大田作业，具有种、基肥分施，种子覆肥覆盖的特点，改善了土壤结构，提高了水稻出苗率、品质和产量，侧边施肥装置将化肥深埋在种子旁6 cm处，提高肥料利用率，降低化肥施用量30%～40%。一次作业完成播种、侧边施肥、土肥覆盖等作业，节省劳力30%。该机排种器采用辊轮槽式结构，液压驱动，可播种8～11行，配套动力在36.8 kW以上，可实现行距265 mm、275 mm、280 mm的条播作业和播种量最小可以达到12 kg/hm^2 精量播种作业，不仅能在旱田上

进行播种作业，也能在湿、水田上进行播种作业，不但适合常规稻的播种作业，还适合杂交稻的播种。该机生产率高，旱田为 1～1.3 hm^2/h，水田为 10～12 hm^2/h。

图 5-37 2BD-6D 型带式精量直播机

图 5-38 2BD（6288）型多功能覆土直播机

图 5-39 所示是 2BG-6A 型稻麦条播机，与东风-12 型手扶拖拉机配套，可一次完成旋切碎土、灭茬、开沟、下种、覆土、镇压等多道工序。工作方式为浅旋条播，播幅 1.2 m，行数 6 行或 5 行，行距 200 mm 内可调，播深 10～50 mm，播量 300 kg/hm^2，生产率为 0.23～0.4 hm^2/h，用于旱田稻麦作物的播种。

目前我国许多地区也在研制多种播种形式的直播机，如 2BDQ-8 型振动气流式水稻直播机（图 5-40），采用非接触振动式排种原理、气吹式入土的方式，可适应催芽达 5 mm 的水稻芽种直播，行数 8 行，生产率为 0.4 hm^2/h；2BD-10 型水稻精量穴直播机（图 5-41）一次作业完成拖沟起垄、垄上成穴播种作业，一次可播种 10 行，有 20 cm、25 cm、30 cm 三种固定行距和 15 cm+35 cm 宽窄行距，穴距 12～20 cm 4 级可调，每穴播种 2～6 粒，其配套动力 10～15 kW，生产率为 0.2～0.43 hm^2/h。2BQZ-6 型水稻芽种直播机（图 5-42）的播种机理是利用垂直上抛式激振方式，将种子激振呈流态化状态，通过定量排种口排出，由于采用了振动式排种器，实现了种子的柔性流动，适应脆嫩芽种的性状，避免了强制式排种挤压伤种的现象。通过气流将种子播入泥中，可提高种子的出苗率。适用于水稻芽种长度不超过 3 mm 的常规水稻直播作业。作业行数 6 行，行距 30 cm，工作幅宽 180 cm，作业速度为 0.6～1.2 m/s，生产率为 0.4～0.6 hm^2/h。

图 5-39 2BG-6A 型稻麦条播机

图 5-40 振动气流式水稻直播机

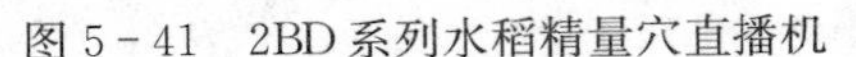

图 5-41　2BD 系列水稻精量穴直播机　　图 5-42　2BQZ-6 型水稻芽种直播机

第四节　水稻田间管理机械化

水稻秧苗机械化栽植至大田后，水稻生长过程中需进行除草、松土、灌溉、施肥和防治病虫草害等田间管理作业，以保证水稻高产、稳产。水稻田间管理机械化主要包括植保机械化、施肥机械化和排灌机械化。水稻田间管理机械化应用精准农业技术思想指导水稻的田间生产管理，提高水、肥、药的资源利用率。

一、植保机械化

我国水稻产区病害有 70 多种，虫害有 250 多种，草害有 200 余种，直接影响水稻的生长。加强植物保护，防治病虫草害，是确保水稻丰产增收的重要措施。

水稻病虫草害的防治方法主要有农业技术防治、化学防治、生物防治、物理防治、组织制度防治等。目前，化学防治仍是水稻防治病虫草害的主要手段。在水稻生长的不同时期，采用多种方法进行综合防治可增产、节省农药，减少污染，改善生态环境，日益受到重视，如：秸秆沼气利用工程中沼液可以浸种，代替农药防治病虫害；“稻田养鸭、养鱼”的病虫草害防治模式；太阳能诱虫捕虫等，达到田间生态管理的目的（图 5-43)。

图 5-43　田间生态管理

农药的施用方法很多，总体上可分为空中施药和地面施药两种。空中施药也称为航空喷雾或飞机喷雾，必须由经过专门培训的航空专业队伍和地勤人员组织实施，有严格的操作规程和技术标准，目前在我国使用较少。地面施药法指用机械或人力将农药喷洒到靶标上的施药方法，我国大约80%以上是人力施药，机械化施药不到15%。

一些发达国家植物病、虫、草害的防治基本上已实现专业化和高度机械化。美国农户耕地面积一般较大，大田植保飞机施药普遍；欧洲国家农户以中小规模为主，大田植保普遍使用宽幅喷杆式喷雾机；日本农户耕地面积较小，机动背负机发展较快。

1. 水稻病虫草害化学防治的农业技术要求 植保机械化主要指化学药剂的施用机械化。根据农用药剂的类型和病虫草害的特点，化学药剂施用主要有喷雾、弥雾、超低量喷雾、喷粉、喷烟等方法，相应的机具有喷雾机、弥雾机、喷粉机、喷烟机、多用机等。机械化作业要求喷雾或弥雾雾化良好，雾滴均匀，喷粉的粉粒细小均匀，雾滴或粉粒能均匀分布并黏附在水稻植株表面、杂草上或土壤表面；药量的施用前后一致，不漏施、不重施；与药液、药粉直接接触的机具部件应具有良好的耐腐蚀性，并要求机具密封良好；考虑高效、经济、安全的同时应考虑化学药剂的利用率，尽量减少对环境的污染，维护可持续发展，保证水稻生产的高产、高效、优质。

2. 植保机械化 根据动力配备植保机械有人力、机动、航空植保等多种类型。航空植保主要用在大面积防治病虫草害，较地面防治具有及时、经济、不受地形条件限制等优点。目前常用的植保机械有手动喷雾器、背负式机动喷雾喷粉机、喷射式机动喷雾机等。

手动喷雾器是用人力来喷洒药液的一种机械，具有结构简单、使用操作方便、适应性广等特点，其中背负式手动喷雾器（图5-44）在我国目前生产量最大，使用最广泛，是基于人力进行水稻病虫草害防治作业的主要机型。工作时由操作者背负，用手掀动摇杆使液泵运动，药液经喷头雾化成细小的雾滴喷洒在作物上。人力手动喷雾器劳动强度大，作业质量差，生产率低，难以适应迅速有效控制暴发性重大病虫草害的要求。

图5-44 背负式人力手动喷雾器作业

机动植保机械一般都由动力机带动压力泵对药液施加一定压力，通过喷头雾化成细小的雾滴并进行药液的喷洒。图5-45和图5-46是常用的3WF-3型背负式机动喷雾喷粉机，整机净重11 kg，发动机功率为2.13 kW，转速7 500 r/min，药箱容积为12 L，喷雾水平射程达12 m，可进行低量、超低量喷粉、喷洒颗粒等作业，功率大，射程远，防效高，作业灵活，适应我国各地域多种作物的病虫害防治。图5-47所示是新型高效宽幅远射程喷射式机动喷雾机，由发动机带动液泵产生高压，用喷枪进行喷雾作业。该喷雾机应用了高效远射程均匀喷洒技术，高压液力将药液雾化成一定尺寸的均匀雾滴，使雾滴具有适当的穿透能力并较多地沉积在作物上，尤其对水稻中、下部有良好的防效，能达到快速、大面积、高效防治的目的，与传统机型相比具有显著的优势。

便携式主要工作部件安装在带有手提把的轻便机架上，适用于宽度不超过 20 m 的田块；担架式是主要应用机型，其主要工作部件安装在担架或框架上，用于宽 20～30 m 的成片水田；车载式主要工作部件均安装在拖拉机上，田间作业转移由拖拉机完成，结构紧凑，转移方便，机动性好，生产率较高，不受水源的控制。

图 5－45　背负式机动喷雾机田间作业

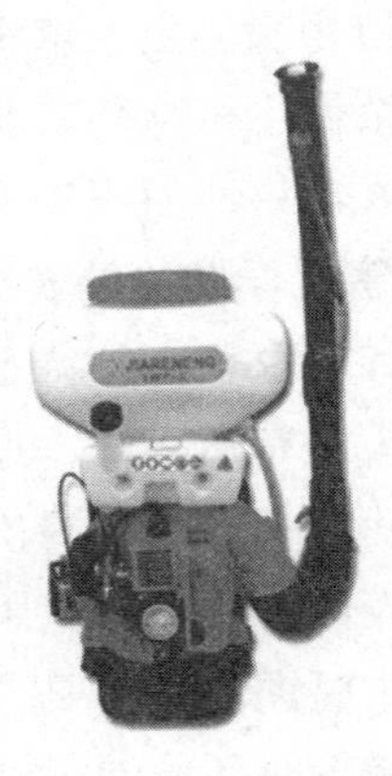

图 5－46　3WF－3 型机动喷雾喷粉机

(a)便携式

(b)担架式

(c)车载式

图 5－47　高效宽幅远射程机动喷雾机

图 5－48 所示是水田风送低量喷杆喷雾机，它与水田四轮驱动通用底盘配套，在我国首次实现在水稻上，采用喷杆喷雾作业方式，与其他喷雾方式相比，喷雾质量好，喷雾量分布均匀性得到显著提高。采用风幕式气流辅助输送技术，有效地减少了细小雾滴的飘移现象。在气流的作用下，水稻叶片产生翻动，雾滴的穿透能力得到加强，可以深入水稻中下部，对于提高稻飞虱等中下部病虫害的防治效果有明显作用。采用电控喷杆折叠机构的设计，成功地解决了在通用底盘没有液压输出的条件下喷杆的自动折叠问题，避免了操作者下地人工折叠所需的时间消耗，提高了作业工效。

从世界植保机械的发展趋势看，今后相当长的时间内，化学防治仍是农作物防治病虫害的主要方式。由于航空植保能快速高效地完成病虫害的防治，特别是大面积爆发性有害生物灾害，将是农业机械化发展的重要方向。特别是我国东北大面积水稻种植区，航空喷雾具有很大的发展空间。为解决航空喷雾喷洒不均、农药飘移等问题，目前低空低量航空喷施等新技术开始应用在直升机上作业（图 5－49）。

图 5－48　水田风送低量喷杆喷雾机

图 5－49　航空植保作业

二、施肥机械化

土壤所蕴藏的肥力在经过长期的耕作以后，将会逐渐下降，致使农作物的产量和品质随之降低。因而，必须持续不断地对土壤施加肥料，以保持和增进土壤肥力。为提高肥料利用率，通常使用化肥深施技术。

1. 水田施肥工艺　目前，北方水稻区常用前促、中控、后补的施肥方法，重施基肥并重施分蘖肥，酌施穗肥，基肥占总施肥量的 50%以上，达到“前期轰得起，中期稳得住，后期健而壮”的要求。这种施肥方法，主攻穗数，适当争取粒数和粒重。

肥料主要分为有机肥料和化学肥料两大类，每大类中又都有固体和液体两类。水田常用施肥工艺如下：

（1）施基肥。耕整地前将肥料撒施地表，通过耕整地作业将肥料翻于地表下并与土壤混合，适于土地在耕整之后再灌水的田块；或用复式作业机采用边耕整边施肥作业。一般是在进行耕地时将肥料深施表土下层，先耕地后灌水和先灌水后耕地的地块均可采用此施肥工艺。

（2）边插秧（或播种）边施肥。在插秧（或播种）的同时将肥料深施于秧苗（或种子）侧边，需要用带有施肥装置的插秧机或直播机来完成。

（3）追肥。水稻的追肥施用方法与旱田类似。

2. 水田施肥机械化　水田施肥机械种类繁多，按肥料施用方法有耕整地施肥机、种植施肥机和水田追肥机三类。水稻旋耕施肥机是普遍使用的耕整地水田施肥机械，工作过程中在旋耕整地时将肥料施于土壤，在播前旋耕整地过程中完成化肥深施作业；种植施肥机包括直播稻的播种深施机具和移栽稻的插秧深施机具。播种深施指在播种的同时，利用安装在播种机上的施肥装置将化肥均匀连续地施到种子侧下方或正下方一定位置。图 3－38 所示是 2DB 型多功能水稻覆土直播施肥机，同时完成播种、侧行施肥、硅肥覆盖等作业，可提高出苗率，耐寒耐病虫害和抗倒伏性，同时提高化肥利用率，节约化肥，提高水稻品质。图 5－50 所示是 JC2BFS－8 型水稻播种施肥机，一次性完成平田、开沟、作畔、播种、施肥等多项工序。图 5－51 所示是配有施肥器的 2ZT－9356B 型水稻插秧机，利用机动插秧机栽植臂的动力带动水稻深施肥机，在插秧的同时将化肥施于土壤中，施肥深度达 3～5 cm，施肥中心距苗中心 4～6 cm，比传统施肥方法节肥 90 kg/hm^2，增产 4%～5%；由于受多种条件的限制，我国水稻追肥作业机械化程度相对较低，定型机具较少。

图 5－50　施肥机田间作业

图 5－51　配有施肥器的 2ZT－9356B 型水稻插秧机

三、排灌机械化

水是满足水稻生长的重要因素，缺水、干旱、长期浸水都会使水稻生长不良。合理的排灌水应满足水稻各个生长期的需水要求，适时、适量供水，而且可以调节稻田的水、热、肥、光等状况，为水稻生长发育提供良好的生态环境，获得水稻的稳产高产。

我国稻田灌溉基本以地面灌为主，应根据水稻不同生长时期的发育特点采用不同类型的地面灌溉方法，以调节水田表面水的厚度。一般情况下，插秧时要有一层瓜皮水；插秧后立即灌水，有利返青，水层以苗高的三分之一为宜，返青后及时排水进行湿润灌溉；分蘖期浅水与湿润灌溉相结合；分蘖末期晒田；穗分化到抽穗期浅水勤灌；抽穗开花期浅水勤灌；乳熟期干干湿湿，以湿为主；黄熟期需水减少，不再灌溉。主要有四重类型：水层、湿润与晒田相结合灌溉型，长期水层与晒田相结合灌溉型，长期水层灌溉型与干干湿湿灌溉型。

排灌机械的主要设备是水泵，我国农用水泵主要是叶片泵（包括离心泵、轴流泵、混流泵）。工作时动力机（电动机或柴油机）带动水泵对水加压，水通过输水管道和管路附件被抽出，经过田边沟渠道流淌至水稻田中，使水稻保持水分。

近年来，水资源短缺的矛盾日益突出，水稻田节水灌溉技术日益受到重视。水稻节水灌溉技术旨在改善水稻种植环境，利用水稻自身需水规律，科学控制灌溉水量，从而提高水稻产量，节省灌溉用水。以优化水稻生理需水、尽量减少棵间蒸发和渗漏量为原则，人为控制无效用水，充分利用天然降水，结合气象、土壤、肥料及农业措施，实施田间高效水分管理，从而大幅度提高水的生产率。国外对水稻节水灌溉的研究多集中在采用土地激光平整、喷微滴灌、直播以及田间土壤墒情监测等领域，部分仍停留在试验阶段。目前，我国也开展了水稻节水灌溉技术研究并取得了成功经验，如通过硬化渠道实施的工程节水；采用适宜的育苗、插秧及灌溉方式的农艺节水；通过选育抗旱品种实行的生物节水；利用化学抗旱剂进行的化学节水等。由于不同地区间条件差异较大，水稻田节水灌溉方式应因地制宜，如黑龙江采用浅湿干交替节水灌溉法，根据稻苗长势，灵活调整灌水期距，既提高灌溉水效，又提高地温、水温和土壤通透性，增强土壤供肥、供氧能力，实现节水增产。

第五节 水稻收获机械化

在水稻生产过程中，水稻收获劳动强度大，用工多，作业季节性强，收获作业程度好坏，对保证稻谷产量和质量有重要的影响。水稻机械化收获是实现水稻全程机械化的重要环节之一，是影响水稻丰产丰收的关键。近年来，农业部高度重视推进水稻生产机械化，使水稻收获机械化水平显著提高，2013 年全国水稻收获机械化程度已突破 80%，已基本实现机械化收获。

（一）水稻收获工艺

水稻收获受自然条件、种植制度、经济结构和技术水平的限制，收获工艺各不相同，目前主要有以下三种收获工艺。

1. 分段收获 分别用机械或人工完成作物收割、打捆、运输、脱粒、清选等作业。此工艺机具结构较简单，操作维护方便，价格较低，但花费劳动量大，生产率低，水稻损失大，是农村普遍采用的收获方式。

2. 两段收获 首先用割晒机将作物割倒并条铺在具有一定高度的割茬上进行 3～5 d 晾晒，然后用装有捡拾器的联合收获机进行捡拾、脱粒、分离和清选。此工艺可提前 7～8 d 收割晾晒和后熟，既延长了收获时间，又可使籽粒饱满，提高水稻产量和质量。但增加了作业次数，雨季可使籽粒发芽或霉烂，适于北方地区，南方水稻收获中较少使用。

3. 联合收获 用联合收获机一次完成切割、脱粒、清选、分离、集粮等作业。此工艺机械化水平高，劳动强度低，损失小，有利于抢收抢种；但机具结构复杂，造价高，一次性投资大，机器全年利用率低，对操作、使用和维修、田块条件和作物成熟度等要求较高。

（二）水稻收获机械化作业的农业技术要求

（1）适时收获。收获过早，籽粒尚未充分成熟，降低质量和产量；收获过晚，造成自然落粒损失。水稻适时收获一般在蜡熟末期至完熟初期，含水量一般为 25%～27%，稻穗 97%～98% 籽粒已变黄，稻粒饱满，籽粒坚硬。

（2）收割、脱粒干净，破碎率低（破碎率小于 1%，全喂入式水稻联合收获机不超过 2.0%，半喂入式水稻联合收获机不超过 0.5%），总损失率小（分段收割损失应小于 1%，联合收割总损失率小于 2.5%）。

（3）割茬高度要求为 5～20 cm，便于后续耕作作业。

（4）适应性好，能适应不同作物和不同田块条件。

（三）水稻收获机械化

与人工收割相比，水稻机械化收获可提高劳动生产率，降低收获损失，节本增效，降低劳动强度，改善生产条件，争取农时，促进农业丰产丰收。

我国水稻机械化收获技术和机具具有多样化的特点，目前主要采用分段收割与联合收获相结合的方式完成收割、脱粒、清选等作业，北方稻区以推广大中型联合收获机械为主。分段收获机械主要包括收获机、脱粒机、清选机等。联合收获机械分为全喂入式、半喂入式和梳脱式三类。全喂入联合收获机价格低、生产率较高，得到了广泛应用。半喂入联合收获机在适应性、脱净率、清洁度、损失率等性能上具有独特的优势，近几年呈高速增长的态势。目前我国国内应用较多的联合收获机机型是履带自走式全喂入和半喂入水稻联合收获机。

收获机作业时切割器将谷物茎秆切断，并按后续作业要求铺放于田间。按放铺形式的不同可分为收割机、割晒机和割捆机（图 5-52、图 5-53 和图 5-54）。收获机作业时作物转向条铺于割茬上，便于后续人工捆扎；割晒机收割时作物顺向条铺，适用于装有捡拾器的联合收获机捡拾作业；割捆机作业时收割后作物直接打捆。收获机割台有立式、卧式和回转式三种，立式割台作物被割断后直立状态输送并完成铺放，结构紧凑，重量轻，机动性好，适用于较小地块，对倒伏作物适应性较差，使用较多；卧式割台由拨禾轮配合切割并将割断后的作物拨至输送带，作物输送过程较稳定，对倒伏作物适应性较好，但结构复杂，机组长，重量大；回转式割台利用回转式切割装置切割作物并自动集堆，便于直接打捆，工作较稳定可靠，但生产率较低，刀片寿命短，损失较大。

图 5-52　收割机作业

图 5-53　4SZ-120 型割晒机

图 5-54　割捆机作业

脱粒作业是一项繁重的劳动，脱粒机械是分段收获中的重要机具之一。脱粒时要求脱得干净，谷粒不脱壳，减轻谷粒的暗伤，提高分离率，降低功率消耗。脱粒机有半喂入式和全喂入式两种。半喂入式脱粒机作业时茎秆由夹持机构夹持，只有穗头喂入脱粒滚筒进行脱粒，脱粒后茎秆基本完整并可收集使用。半喂入式小型水稻脱粒机，能将喂入、脱粒、清选、装袋一次自动完成（图 5-55）。全喂入式脱粒机脱粒时穗头和茎秆全部喂入脱粒机进行脱粒，集脱粒、分离、清选功能于一体（图 5-56）。

对于大面积水稻种植的东北地区，水稻收获以选择一次性完成收割、脱粒、清选的联合收获机的收获为宜，其主流产品主要是全喂入自走式联合收获机和半喂入联合收获机。

全喂入自走式联合收获机是指割台切割下来的谷物全部进入滚筒脱粒，一次作业完成收割、输送、脱粒、清选和分离作业，其结构包括割台、倾斜输送装置、脱粒清选装置、液压升降及操纵、行走底盘和发动机等。全喂入自走式联合收获机通用性强，但收获水稻尤其在南方多熟制地区存在潮湿脱粒、分离效果不好、动力消耗较大和夹带损失偏高等问题，西方国家大多用这种机型，机型较大、生产率高，适合于大规模的生产条件。

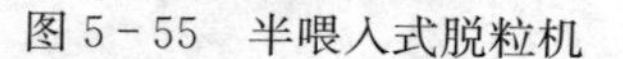

图 5－55　半喂入式脱粒机

图 5－56　全喂入式脱粒机

图 5－57 所示是雷沃谷神 4LZ－3.5（DF290）型履带式全喂入水稻联合收获机，采用加强型拨禾轮，特别适合收获倒伏作物；采用双滚筒脱粒、分离技术，脱粒能力强，夹带损失小；采用带可调导风板的离心风机和双层振动筛组合，籽粒清洁度高；双电瓶配置，低温启动性好；匹配大功率发动机，适合高产地块等大负荷作业；操纵灵活方便，可靠性高；割幅为 2.9 m，喂入量为 3.5 kg/s，配套动力为 66 kW，尤其适合东北地区使用。

图 5－57　4LZ－3.5 型履带式全喂入水稻联合收获机

半喂入联合收获机割台切割下来的茎秆被夹持输送装置整齐、均匀、连续地输送到脱粒装置，脱粒后茎秆不乱，可均匀铺放、成堆或切碎还田，适合于单季稻产量和茎秆都比较高、收获季节倒伏较多或要求保留完整茎秆的地区，对作物适应性较好，无论田间与作物潮湿度大小，茎秆高低和产量大小均能正常作业。半喂入联合收获机保持了茎秆的完整性（图 5－58），减少了脱粒、清选的功率消耗，可靠性好，清洁度高，收获损失小，但结构复杂，成本偏高。日本、韩国多采用这种机型。

图 5－59 所示是久保田 RO488 型半喂入式联合收获机，采用更长脱粒筒及多重筛选方式，减少谷粒损失，提高了脱净率，生产率高，损失小，可靠性高，操作舒适，对作物适应性强。其配套动力为 35.3 kW，收割宽 1 450 mm，割茬高度为 35～150 mm，适应作物高 650～1 300 mm，总损失 2.5%（麦 3%），破碎率 0.5%，含杂率 1%，使用可靠性 95%，生产率为 0.2～0.4 hm^2/h。

图 5－60 所示是洋马 CE1 型履带半喂入式水稻联合收获机，脱粒装置采用了主副滚筒轴流式二次脱粒方式，清选装置采用振动筛选和风选的二次清选方式，使水稻清洁、干净，保证了脱粒和清选精度（图 5－61）。其配套动力为 25.74 kW，割幅 1.4 m，适应作物高度为 700～1 200 mm，生产率为 0.2～0.33 hm^2/h。

图 5-58　收获后茎秆完整

图5-59　久保田 RO488 型半喂入式联合收获机

图 5-60　洋马 CE1 型履带半喂入式水稻联合收获机

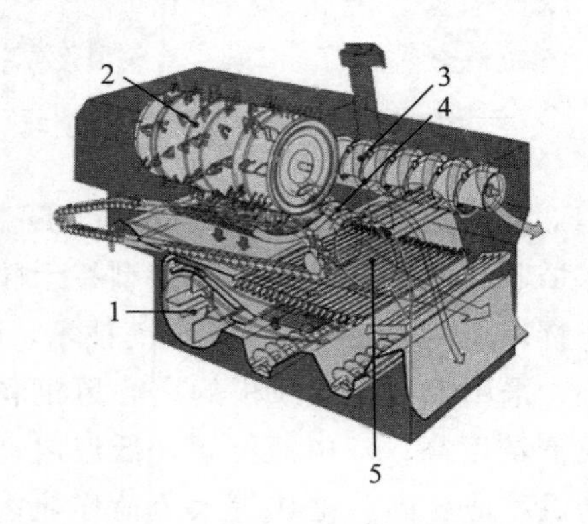

图 5-61　快速二次脱粒清选装置

1. 主风扇　2. 主滚筒　3. 螺旋式排尘口副滚筒　4. 二次斜搅龙　5. 吸引风扇

梳脱式联合收获机（又称摘穗式联合收获机，图 5-62）采用了 20 世纪 90 年代国外的梳脱工艺流程，并结合我国实际情况近几年研究开发的，以梳脱装置和切割装置代替了传统割台。收获作业时，割台的梳脱元件将作物籽粒、部分穗头及少量短茎秆、枯叶梳刷下来并输送至复脱装置脱粒、分离、清选，最终获得干净的籽粒（图 5-63）。茎秆则被切断后右侧放铺。这种结构

图 5-62　4LS-150 型梳脱自走式联合收获机

图 5-63　4LS-150 型梳脱自走式联合收获机作业

生产率高，消耗功率少，成本低，但损失率相对较高，破碎率、适应性和可靠性等问题还未完全解决，目前尚无批量生产。

第六节　水稻收获后处理与加工机械化

水稻收获后需进行干燥、种子加工、稻谷加工、包装等机械化生产，以提高稻米的商品品质和商品价值。

一、干燥

适时收获的水稻含水量较高，如不及时干燥，将造成霉烂变质。谷物干燥通过控制温度、湿度等因素，在不损害谷物品质的前提下，降低谷物中含水量至13%～14%，达到安全贮藏的水平。

稻谷是一种热敏性谷物，干燥时参数选择不当会产生爆腰，影响稻谷碾米时的碎米率，而且稻谷的坚硬外壳阻碍籽粒内部水分向外表面转移，所以稻谷不同于其他作物，是一种较难干燥的粮食，为提高水稻干燥后的品质，干燥时应合理选择干燥参数和干燥工艺。稻谷的干燥工艺如下：

（1）烘干—缓苏干燥工艺。先进行稻谷烘干，然后将稻谷保温一段时间，使籽粒内部水分向表面扩散，降低籽粒内部水分梯度，再进行第二次干燥，以减少爆腰率。此干燥工艺过程中增加一个缓苏过程，降低干燥机的生产率，应合理选择缓苏时间。

（2）低温干燥工艺。为保证稻谷烘后品质，减少爆腰率，工作时采用较低的介质温度，一般均在50 ℃以下。

（3）低速干燥工艺。稻谷干燥过快或冷却过快均易产生爆腰，为了保证稻谷的干燥品质，干燥不可太快，一般应控制在每小时1.5%以下，即每小时降水率不大于1.5%。

（4）高温短时干燥工艺。稻谷干燥工艺是在保证稻谷品质（稻谷爆腰率小于3%）的基础上提出的，但在稻谷收获季节，为赢得时间，提高干燥机的处理量，也可以考虑高温短时干燥工艺，即采用较高的热风温度（100 ℃以上）短时处理高湿稻谷（5 min以内），使稻谷水分迅速降低3%～5%，然后保温冷却，使稻谷基本达到安全 水分，可以保证一段时间内不发霉。

收获后的水稻如果人工晾晒，不仅生产率低，更受天气影响，常年霉变损失在5%左右。机械化干燥不仅减少损失，提高抗灾水平，而且增产增效，是水稻生产全程机械化的重要组成部分。

稻谷干燥机和小麦、玉米、豆类等可以通用，按不同干燥介质分有热风干燥机、远红外线干燥机、高频干燥机和微波干燥机等。广泛使用的是热风干燥机，按谷物的状态分为静止干燥仓、成批循环干燥机和连续式干燥机。目前，我国广泛使用的是低温循环式热风干燥机（图5-64），工作时依次完成进料、干燥、冷却、排料四个过程。

图5-64　低温循环式热风干燥机

二、种子加工

种子加工包括清选分级和处理两方面。清选分级是指清除谷物中的杂物（砂石、泥土、煤屑、铁钉、稻秆和杂草种子等多种）并按尺寸、形状、密度、颜色等特性分级，以满足不同的要求；种子清选前需对种子进行除芒，清选分级后的种子需进行包衣和丸粒化的处理，以提高播种质量。种子经过加工后可提高净度3%～5%，发芽率提高5%，可减少作物病虫害，还能减轻仓贮和运输的压力。

种子加工方法有单机加工和成套设备加工两种。单机加工主要有风筛式清选机、窝眼滚筒清选机、重力清选机、圆筒筛分级机等；种子加工成套设备是满足精细化、标准化种子加工的要求，由各种主机和配套设备按高效规范的加工流程集合组装形成的加工流水线。

稻谷的清选分级主要方法有气流分选、筛选、器皿分选、振动分选、离心分选、磁力分选、静电特性分选及光学分选等。在稻谷分选设备中，大多采用气流分选和筛选的方式。图5-65所示是粮食筛选机，一次可以进行多种规格的筛选，并同时把粮食中杂质、秸秆、石块一并分离开。图5-66所示是5X-5型风筛式清选机，多层筛反向配置集中落料，除大小杂性能好；正负压双风系上下配置，喂料端和出料端两次除轻杂，除轻杂及病变种子效果好，种子清选质量高。图5-67所示重力式种子精选机集风选、比重选为一体，采用工作台面纵横向倾角的调节，风量、振动频率的无级变速及自动回流系统相结合的设计原理，将不同比重的种子物料进行精选和分类，适用于小麦、玉米、水稻、高粱等作物种子及各种蔬菜种子精选加工。图5-68所示是5XT系列种子加工成套设备，由风筛式种子精选机、重力式种子精选机、种子包衣机、电脑定量包装秤等主机设备和提升输送机、电控系统等配套设备组成，一次作业完成精选加工、包衣、包装等作业过程。该设备采用平面一条龙配置，结构紧凑，进出料方便，无尘作业，噪声低，技术水平先进，适用于各种作物种子的分选。图5-69所示除芒机除芒板齿的倾角按螺旋线形式排列，具有除芒兼轴向输送作用，除芒后的种子可以连续地排出机外。图5-70所示种子包衣机采用双层全封闭式，主要部件为不锈钢材料制作，耐腐蚀，种子拌药包衣均匀度不低于98%。

图5-65　筛选机

图5-66　5X-5型风筛式清选机

图5-67　重力精选机

图 5－68　XT 系列种子加工成套设备

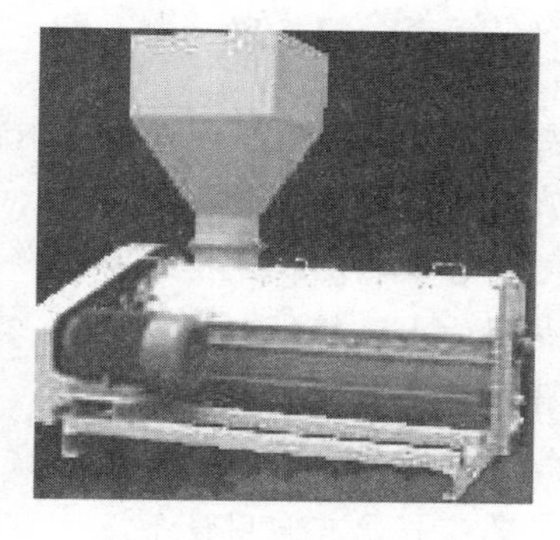

图 5－69　种子除芒机

图 5－70　种子包衣机

三、稻谷加工

稻谷籽粒由谷壳、皮层、胚和胚乳组成，各部分的重量百分比为：谷壳 18%～21%，皮层 6%左右，胚乳 66%～70%，胚 2%～3%，其中谷壳含纤维高达 40%，无多大营养价值；皮层含有丰富的蛋白质和脂肪，但含纤维也较多；胚含有大量的蛋白质、脂肪和维生素；胚乳含碳水化合物最多，纤维最少。稻谷加工的目的是以最小的破碎程度将胚乳同其他部分分离，从而制成有较好食用品质的大米。稻谷加工是指将清选过的稻谷脱去谷壳（颖壳）和皮层（糠层）的过程。

稻谷加工主要指砻谷和碾米两个主要工序。砻谷是指剥除稻谷的外壳使之成为糙米的过程，砻谷用的砻谷机按脱壳方式分为摩擦式和撞击式，其中胶辊砻谷机应用最广，如图 5－71 所示，工作时主要靠两个转速不等、转动方向相反的胶辊破碎稻壳，并由分离机构将糙米和稻壳分离。稻谷脱壳后形成的糙米表面皮层含纤维较多，影响食用品质。碾米即将糙米的皮层碾除，从而成为大米的过程。碾米分机械碾米和化学碾米两种。机械碾米靠碾米机（图 5－72）的摩擦和碾削等作用碾除皮层；化学碾米用化学溶剂浸泡糙米，使皮层软化，并将皮层与胚内所含脂肪溶于溶剂内，再经较轻的机械作用碾除皮层，在实际生产中应用不多。在很多情况下砻谷和碾米两道工序由同一台设备来完成（图 5－73）。

图 5－71　砻谷机

图 5－72　碾米机

图 5－73　砻谷碾米组合机

复习思考题

1. 简述影响水稻生产的主要因素和我国水稻生产的基本特点。
2. 简述水稻全程机械化生产技术的内容及装备。
3. 简述水田土壤耕作的主要内容及相应农业技术要求。
4. 简述不同土壤类型适宜采用的土壤耕作方法。
5. 简述水田土壤耕作机械化常用装备及使用特点。
6. 简述水稻种植机械化的模式及主要内容。
7. 简述水稻工厂化育秧、工艺流程及其常用设备。
8. 简述水稻移栽机械化的主要内容及其常用移栽机械。
9. 简述水稻直播机械化的特点及其常用直播机械。
10. 简述水稻田间管理机械化的主要内容及其常用的田间管理机械。
11. 简述水稻收获的工艺方法、特点，收获作业的农业技术要求及其收获机械的类型。
12. 简述水稻收获后处理与加工机械化的主要内容。

知识拓展

北方一年一熟区水稻生产全程机械化流程

水稻联合收获机工作原理

第六章　马铃薯和甘薯生产机械化

马铃薯（图 6－1），多年生草本作物，一年生或一年两季栽培。普通栽培种马铃薯由块茎繁殖生长，形态因品种而异。株高 50～80 cm。茎分地上茎和地下茎两部分。地下块茎呈圆、卵圆或长圆形。薯皮的颜色为白、黄、粉红、红、紫色和黑色；薯肉为白、淡黄、黄色、黑色、紫色及黑紫色。由种子长成的植株形成细长的主根和分枝的侧根；而由块茎繁殖的植株则无主根，只形成须根系。初生叶为单叶，全缘。随植株的生长，逐渐形成羽状复叶。聚伞花序顶生，有白、淡蓝、紫和淡红等色的浆果。

图 6－1　马铃薯

野生马铃薯原产于南美洲安第斯山一带，被当地印第安人培育。16 世纪时西班牙殖民者将其带到欧洲，1586 年英国人在加勒比海击败西班牙人，从南美搜集烟草等植物种子，把马铃薯带到英国。1719 年由爱尔兰移民带到美国，开始在美国种植。17 世纪时，马铃薯传播到我国。

第一节　国外马铃薯生产机械化概况

马铃薯在世界上是继小麦、水稻、玉米之后的第四大农作物。2006 年世界马铃薯种植面积为 1 883 万 hm^2，总产量 31 510 万 t，单产 16.7 t/hm^2。分布于世界五大洲 148 个国家和地区，主产国为中国、俄罗斯、印度、乌克兰、美国、波兰、德国（图 6－2）。世界马铃薯主产国家中荷兰生产水平最高，单产约为45 t/hm^2，而且是世界上重要的种薯出口国家。

荷兰马铃薯生产从核心种薯繁育、种薯生产、质量检测、病害防治、认证到仓储、运输都有一系列完善、严谨的标准化模式，各个环节都有几乎统一的方法和要求，而且，这些方

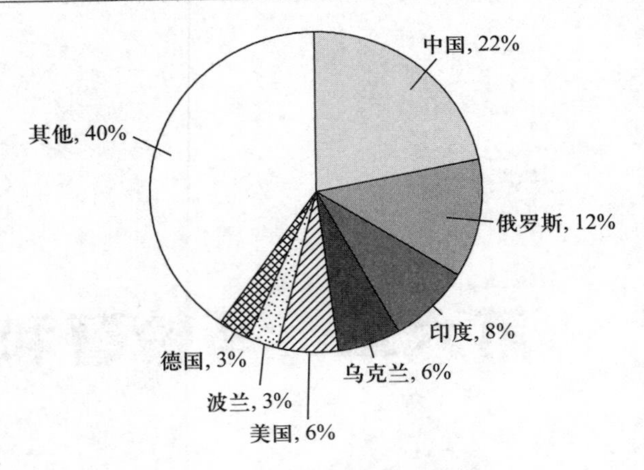

图 6-2 2006 年马铃薯总产量分布

法和规定已经得到所有马铃薯生产者的认可和拥护，因此，荷兰马铃薯生产的标准化程度非常高。

荷兰马铃薯标准化生产的实施，一方面取决于其非常平坦、开阔的耕地环境，便于机械化作业，确保了栽培措施、病害防治、生产管理等进行标准化操作；另一方面取决于在荷兰近百年的马铃薯产业发展中所起重要作用的质量检验，其日臻完善的检测体系和检测方法，巩固了荷兰种薯质量世界第一的地位；更重要的一点是荷兰有严格的运行正常的相关法律、法规来约束马铃薯种薯生产，使标准化生产与质量监控、市场规范有机地融为一体。荷兰马铃薯生产从定植、栽培、施肥、灌溉、收获全过程基本采用机械作业，机械化水平和劳动生产率相当高。

一、马铃薯生产的农艺要求

1. 马铃薯育种 为了及早收获马铃薯，种薯（图 6-3）需进行春化处理。马铃薯块茎春化处理在冬季和春季温室里进行，温室内安装通风加温设备和电气自动调节器以调节空气温度。把受病虫危害的块茎剔除后，将块茎放在箱子里，箱子整齐地垛在温室内。可以采用全部或部分块茎在不同容积的箱子里进行催芽（图 6-4）。

图 6-3 种 薯

图 6-4 催芽箱

2. 马铃薯的种植密度 如果种薯的出芽数确定，每袋种薯的数量确定，那么，单位面积土地上需要的种薯数量是可以计算出来的。表 6-1 中的数据是基于每公顷土地上种植荷兰 15 马铃薯给出的。

表 6-1　荷兰 15 马铃薯种植的相关参数

种薯块茎直径/mm	种薯重量/g	地上茎秆的数量/种薯	每公顷种薯的数量/(块/hm²)	每公顷种薯的重量/(kg/hm²)	株　距		
					行距为 60 cm	行距为 70 cm	行距为 80 cm
28～35	25	2.5	60 000	1 500	28	24	21
35～45	50	4	38 000	1 900	44	38	33
45～55	90	5	30 000	2 700	55	48	42

3. 出芽数及株距　每个块茎上的平均出芽数表征着最终马铃薯地上茎秆的数量。根据种薯的大小、土壤及气候条件，在荷兰，对于薯径为 28～45 mm 的种薯，一般每平方米生长 20～30 株马铃薯；而对于薯径大于 55 mm 的种薯，一般每平方米生长 15～20 株马铃薯为宜。并且，对于后者来说，每平方米播种带有四个薯芽的四个大种薯方可满足生产需求。如果种薯的平均重量为 50 g，则每公顷需播种 2 000 kg 的种薯。

4. 行距　一般的，土壤的生长条件越好，行间距越宽。传统耕作模式下的行距为 66 cm，近几年适宜的马铃薯种植行距为 75～90 cm，目前应用最广泛的行距为 75 cm。机械化种植时，行距最终取决于作业机械的相应标准化配置参数。

5. 种植深度　种植深度根据不同的土壤质地可进行调整。在标准的生长条件下，块茎的顶端应与土壤表面的高度持平。在较干的土壤条件下，因为深层土壤相比表层土壤干得慢，马铃薯应种植深一些。在较凉爽的土壤条件下，浅种具有优势，而且浅种更利于机械化收获。相比于其他国家，荷兰的马铃薯种植较浅，一般为几厘米。图 6-5 所示为荷兰马铃薯垄作的惯用结构参数。

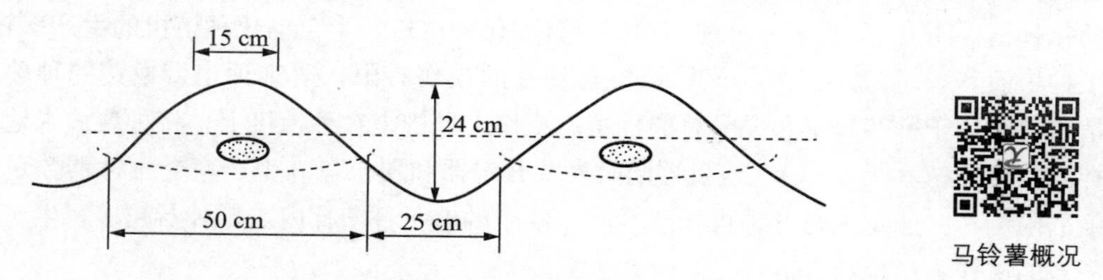

图 6-5　荷兰马铃薯垄作结构参数

马铃薯概况

6. 覆土厚度　除了种植深度外，覆土厚度对马铃薯地上茎秆的生长具有重要的影响。如果土壤的温度较低，或者种薯的质量较差，则覆土的厚度应小些。较薄的覆土厚度可促进马铃薯快速生长。反之，如果土壤的温度较高，而且马铃薯种薯的生命力较强，则覆土的厚度应大些。

二、马铃薯生产的全程机械化

为了进一步提高马铃薯种植业的产量和劳动生产率，马铃薯种植需实行机械化。增大行距需要缩小株距，在每公顷栽植约 6 万个块茎时，在营养生长期可达到 30 万个株茎。在宽行距条件下，机器作业轨道宽 180 cm，轮胎宽 40 cm。一般，为了疏松和破碎土块，在春天或入冬之前需进行耙地作业（图 6-6）。为了减少春天过湿和土块的数量，秋天用培垄机犁垄沟（图 6-7），春天用马铃薯栽植机栽植块茎，但在黏重土壤上广泛采用振荡耙。

1. 马铃薯种植 为了促进种薯幼芽快速均匀早发，在进行马铃薯机械化种植时应满足下列条件：

(1) 应最大限度地降低对种薯幼芽的损伤。

(2) 尽可能保持每行都是笔直的且行间距相等。

图 6-6 耙

图 6-7 起垄机

(3) 在种植尽可能浅的情况下达到种植深度均匀一致。应避免种薯与化肥接触，以防损坏幼芽和根茎。

(4) 种薯种植后立刻实施覆土工序，以防因天气过热或种薯周围的土壤变干而对种薯造成损伤。

人工开沟、起垄、种植等虽然可最大限度地降低对种薯的损伤，但费时费力，而且很难保证种植深度均匀一致。因此，荷兰的马铃薯种植主要采用机械化作业。机械化作业分为半自动化种植和全自动化种植。图 6-8 所示为一种马铃薯半自动化种植机。半自动化种植机的生产率较高，相比于人工种植而言，可减少劳力。该种植机对幼芽的损伤有限，适宜种植带嫩芽的种薯。因此，该种植机械常用于种茎繁殖和成品薯的种植。工作人员排坐在种植机上，将种薯放入地轮驱动的种植杯内实现种植（图 6-9）。该机器同时安装开沟器和覆土盘。生产率受排种器数量和工人投放速度的限制。一般每人每分钟可投放 80～120 个种薯于种植杯内。排种器越多，生产率越高，但是需要的工作人员也越多。

图 6-8 半自动化种植机

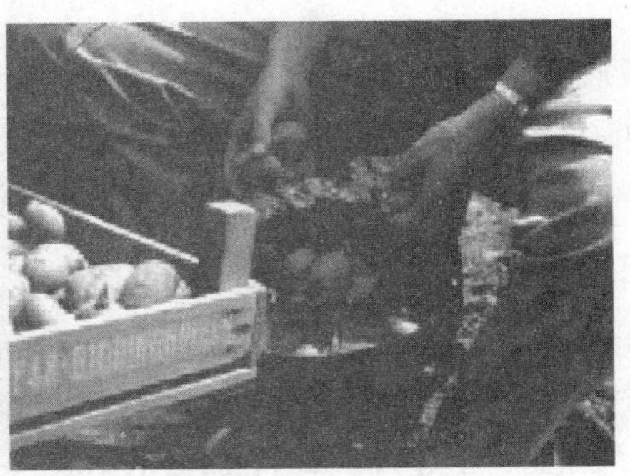

图 6-9 排薯装置

与半自动化种植机相比，全自动化种植机（图 6－10）的主要优点是减少了劳力，其唯一需要的工作人员就是拖拉机驾驶员。该种植机的生产率很高，适宜种植分级好、芽短、幼芽强健且芽眼大的种薯。大多数的全自动化种植机都安装自动排薯系统。一般地，该系统由一个垂直传动的链或带构成，链或带上装有两行舀勺（图 6－11）。工作时，舀勺从薯箱内取上种薯，在垂直传送带或链的带动下向下运动，待将种薯输送至预定开沟器预先开好的沟内时种薯靠自重落入沟槽，随后处于机器末端的覆土铲将种薯培土盖上。为了减少对幼芽的损伤，有时也采用槽型带柔性排薯器（图 6－12）取代舀勺式排薯器。在该排薯系统作用下，为了保证株距均匀一致，种薯在槽型带柔性排薯器上整齐、均匀地排列成一条连续的直线。

2. 田间管理　为了获取好的垄型和疏松底土，在荷兰，许多农民使用行间中耕机（图 6－13）进行中耕培土和杂草控制作业。种薯的种植深度普遍高于垄沟。下雨后，雨水被贮存在沟内。

图 6－10　全自动化舀勺式种植机

图 6－11　排薯装置

图 6－12　槽型带种植机

图 6－13　用于疏松土壤和起垄的行间中耕机

3. 灌溉和疾病防治　灌溉对马铃薯产量的影响相当明显。灌溉宜在生长早期和植株生长中期进行，因为在荷兰，马铃薯生长晚期正值降雨期，雨水充足。图 6－14 所示为指针式中心枢轴喷灌机。为了防止马铃薯受疫病感染，常使用如图 6－15 所示的地面操作桁架式喷雾机进行疫病控制化学药剂的喷洒。

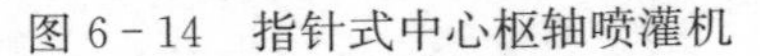

图 6-14　指针式中心枢轴喷灌机

图 6-15　地面操作桁架式喷雾机

4. 除秧　为了预防马铃薯块茎受蚜虫传播的各种病菌的感染，除秧一般在 7 月末或 8 月初进行。可用机械或化学两种方式除秧，但机械除秧使用得更广泛。机械除秧有多种方法。一种方法是使用剁碎机除掉茎叶，茎茬只留 15～20 cm（图 6-16）。第二种方法是使用轮带沿水平方向向后拔除茎秆，同时把茎叶切碎抛在行间（图 6-17）。此外，还可以利用热处理的方法，即在中耕机上安装煤油或石油喷嘴，进而灼烧茎叶。

图 6-16　机械拔秧 1

5. 收获　荷兰马铃薯的收获一般在 8 月份进行，成品薯一般在 9 月份收获。荷兰收获马铃薯的机械主要是联合收获机。图 6-18 为两行自动推进马铃薯联合收获机加自动传输机器。

图 6-17　机械除秧 2

图 6-18　两行自动推进马铃薯联合收获机

第二节 国内马铃薯生产机械化

一、马铃薯种植概况

根据我国各地马铃薯栽培制度、栽作类型、品种类型及分布等，结合马铃薯的生物学特性，参照地理、气候条件和气象指标，将我国划分为四个马铃薯栽培区。

1. 北方一作区 本区包括东北地区的黑龙江、吉林两省和辽宁省除辽东半岛以外的大部，华北地区河北北部、山西北部、内蒙古及西北地区的宁夏、甘肃、陕西北部，青海东部和新疆天山以北地区。本区气象特点是无霜期短，一般为110～170 d，年平均温度为－4～10 ℃，大于5 ℃积温为2 000～3 500 ℃，年降水量为50～1 000 mm。本地区气候凉爽，日照充足，昼夜温差大，适于马铃薯生长发育，因而栽培面积较大，约占全国马铃薯总栽培面积的50%以上，是我国马铃薯主要产区，如黑龙江、内蒙古等因所产块茎的种性好，成为我国重要的种薯生产基地。本地区种植马铃薯一般是一年只栽培一季，为春播秋收的夏作类型。每年的4～5月份播种，9～10月份收获。本区晚疫病、早疫病、黑胫病发病比较严重，适于本区的品种类型，应以中晚熟为主、休眠期长、耐贮性强、抗逆性强、丰产性好的品种。本区拥有“中国马铃薯之乡”称号的有甘肃省定西市安定区、黑龙江省讷河市、宁夏的西吉县、河北省围场县、内蒙古自治区的武川县、陕西省定边县。

2. 中原二作区 本区位于北方一作区南界以南，大巴山、苗岭以东，南岭、武夷山以北各省，包括辽宁、河北、山西、陕西四省的南部，湖北、湖南两省的东部，河南、山东、江苏、浙江、安徽、江西等省。本区无霜期（180～300 d）较长；年平均温度为10～18 ℃，年降水量为500～1 750 mm。本地区因夏季长，温度高，不利于马铃薯生长，为了躲过夏季的高温，故实行春秋两季栽培，春季生产于2月份下旬至3月上旬播种，扣地膜或棚栽播种期可适当提前，5月至6月中上旬收获；秋季生产则于8月份播种，到11月份收获。春季多为商品薯生产，秋季主要是生产种薯，多与其他作物间套作。本区应选用早熟或极早熟休眠期短的品种，春播前应实行催芽处理，提早播种。本地区马铃薯栽培面积不足全国总栽培面积的5%，但近些年来，随着种植马铃薯效益及栽培技术的提高，种植面积有逐年扩大的趋势。本区拥有“中国马铃薯之乡”称号的有山东省滕州市。

3. 南方二作区 本区位于南岭、武夷山以南的各省（区），包括广东、广西、海南、福建和台湾等省、自治区。本地区无霜期在300 d以上，年平均温度为18～24 ℃，年降水量为1 000～3 000 mm。属于海洋性气候，夏长冬暖，四季不分明，日照短。本区的粮食生产以水稻栽培为主，主要在水稻收获后，利用冬闲地栽培马铃薯，因其栽培季节多在秋冬或冬春二季，与中原地区春、秋二季作不同，故称南方二作区。本区大多实行秋播或冬播，秋季于10月下旬播种，12月末至1月初收获；冬季于1月中旬播种，4月中上旬收获。本地区晚疫病和青枯病发生较严重，栽培的品种类型应选用对光照不敏感的中晚熟品种。本区是目前我国重要的商品薯出口基地，也是目前马铃薯发展最为迅速的地区。

4. 西南单双季混作区 本区包括云南、贵州、四川、西藏等省（自治区）及湖南、湖北的西部山区。本区多为山地和高原，区域广阔，地势复杂，海拔高度变化很大。马铃薯在本区有一季作和二季作栽培类型。在高寒山区，气温低、无霜期短、四季分明、夏季凉爽、云雾较多、雨量充沛，多为春种秋收一年一季作栽培；在低山、河谷或盆地，气温高、无霜期长、春早、夏长、冬暖、雨量多、湿度大，多实行二季栽培。本区的主要病害是晚疫病、青枯病和癌肿病，主要虫害有马铃薯块茎蛾，应加强检疫工作。本区拥有“中国马铃薯之乡”称号的有贵州省威宁县。

马铃薯不同于水稻、小麦、玉米等作物，禾谷类作物田间需要的机械少，一般只需要播种、打药、收获 3 种机械，而马铃薯是无性繁殖作物，通常需要切种、播种、中耕、打药、杀秧、收获 6 种机械。我国马铃薯种植区域广，各地气候、地理条件、栽培季节和耕作方式差异较大，需要的机械大小不同，需求种类多。

二、马铃薯生长的农艺要求

马铃薯播种方式、密度、行距、株距、播深、播期、播种方式等均是影响马铃薯产量的关键因素。

（1）深耕保墒。由于春季种植马铃薯的土壤墒情，大多靠上年秋耕前后土壤中贮蓄的水分和冬季积雪融化的水分。针对这一特点，在每年秋耕时须深耕，以加强土壤蓄水保墒能力。秋季一次性完成耙整地作业，来年春季只需开沟播种，不必耕地耙平，以减少土壤水分损失，有利于种后幼芽早发和苗期生长。

（2）机械化播种。人畜力进行起垄、开沟、点种、覆土等作业不仅费时费力，而且作业规格难以统一，不利于后期的管理；使用机械完成同样作业，由于机械作业播深一致，播种均匀，播期及时，保证农时，在增产的同时实现株距、行距、播深、施肥的一致性，满足农艺规范性要求，提高生产率，为机械化田间管理和收获打下良好基础。

（3）适时种植。适时种植是马铃薯取得高产的重要环节，土壤 10 cm 深处地温达到 7～8 ℃时种植为适时种植。靠传统的人畜力大面积作业难以达到适时种植的要求，从而导致种薯不能正常发芽，以致造成严重的缺苗断垄，影响产量。因此，必须依靠高效率的机械化种植技术才能达到适时种植，保证全苗，实现高产。

（4）种植深度。我国大部分地区马铃薯采用垄作，因垄作能提高地温，促进早熟、抗涝，便于锄草和灌溉，更有利于机械化作业（图 6－19）。马铃薯垄作时，种植深度（包括垄高）一般为 12～18 cm；气候潮湿地区不超过 12 cm；气候干燥、温度较高的地区，宜在

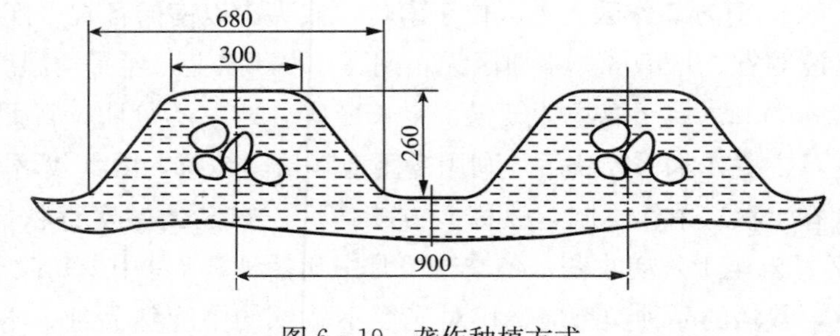

图 6－19 垄作种植方式

18 cm 左右。另外，对采用机械收获的地区，宜浅植。马铃薯平作时种植深度为 10～15 cm，可以根据土壤质地和气候条件而定。如北方和西北地区春季风沙大，种植的块茎覆土深 10 cm 以下为宜。沙性大的地块覆土深度可在 12 cm 左右。种植后耙平并进行镇压，对保墒和促幼苗早发更为有利。

（5）行距与密度。根据地理位置的不同，马铃薯种植密度（行距和株距）也有较大差别，目前国内种植行距有 70 cm、75 cm、80 cm、85 cm、90 cm，还有一些地区采用大垄双行的种植模式，垄与垄之间的间距为 110～120 cm，两窄行间距为 30～40 cm，株距在 15～30 cm 之间不等。在我国的南方及中部地区，由于一年两熟或多熟，马铃薯在田间的生长期相对较短，约 100 d，因此种植密度相对大一些，一般 80 000～85 000 株/hm^2；南方种植季节一般每年的 10 月至第二年的 3 月或 4 月，作物生长期间温度变化曲线由高变低再升高，光照及温度等受到限制，一般产量不是很高，为 10.5～18 t/hm^2。中、东部地区种植季节是每年的 3～7 月，播种时的温度偏低，大多采用覆膜技术来提高地温和保墒。我国北方地区多为一年一熟制，由于生长期较长，在 4 个月以上，光照时间长、昼夜温差大，适于马铃薯的生长，因此产量一般可达 30～38 t/hm^2，个别可达 45 t/hm^2，且品质较好。播种密度可适当稀疏一些，在 60 000 株/hm^2 左右，以使薯块长得大一些，获得较高的产量。

（6）催芽处理。为了延长马铃薯的生长期，可采取播种前催芽的方法来实现早播种早出苗。

（7）质量要求。种植深浅一致、不重不漏、土粒细碎、覆盖均匀、严实，起垄宽度适中，行距一致，地表平整，以满足马铃薯的生长需求。

（8）种子的处理。选择优良品种是保证马铃薯的品质、降低病虫害、高产的先决条件。各地可根据当地情况，选择适合本地的优良品种。当种薯的芽，长到 0.50～1 cm 长时，选在播种前 2～3 d 开始切芽块。切块前用 75 %的酒精，对切刀消毒。切芽时，先切去种薯的脐部不用，然后在靠近芽眼的边缘下刀，每个芽块的重量应为 40～50 g，每个芽块上至少有 1～2 个芽。每切完一个种薯，要用酒精对刀进行消毒。应当注意，为了避免堵塞种植机的排种筒，不能将芽块切成三角形。切开种薯后，如发现有黄圈或黑脐，要将整个种薯淘汰，不能使用。牙块切好后，为了防病害发生，芽块还需进行药剂拌种。拌种时，先将滑石粉撒在种薯表面，搅拌均匀，然后装袋。堆放 2～3 d，经风吹晾干后，就可以播种了。

三、马铃薯种植机械化

我国马铃薯的种植面积约为 320 万 hm^2，鲜薯产量约为 400 亿 kg/年，目前处于世界第一位。马铃薯在我国种植分布广、产量高，一年四季都有收获。

传统的马铃薯种植方式包括：①平种垄植法。播种时为平作状态，结薯期为垄植被状态。其种植规格宽行为 60～70 cm，窄行距为 20 cm，播沟深 15～20 cm，用铧式犁开沟，种两行隔两行。农肥集中施于两种薯之间，随种随耕。马铃薯现蕾前，以畜力带步犁或人工锄，在空两犁处开沟壅土于两侧马铃薯行上。②坑种。坑行距 80 cm，坑穴距 70 cm，坑口径为 35～40 cm，坑深 25～30 cm，播前坑底回填土层 10～15 cm，播后覆土厚 10～15 cm，要求整薯播种、肥料穴施。

③覆膜栽培。垄宽 70 cm，垄高 10～15 cm，垄面幅宽 90 cm，地膜覆盖，两边各压土10 cm，垄间距 30 cm。盖膜后打孔播种。

而马铃薯机械化种植技术是集开沟、施肥、种植、镇压和覆土等作业于一体的综合机械化技术，具有保墒、省工、节种、节肥、深浅一致等优点，不仅提高了种植质量，降低了劳动强度，而且为马铃薯中耕、收获等作业实现机械化提供了条件。近年来，在学习借鉴国内外先进经验技术的基础上，我国先后开发研制出多种形式、不同规格的马铃薯种植机具，为我国马铃薯生产机械化技术的发展奠定了基础。马铃薯种植机的种类很多，按牵引方式来分有牵引式和悬挂式；按排薯部件的形式来分有链勺式、夹指式和针刺式等。马铃薯种植机应对种薯的适应性强，不损伤种薯，株距要稳定，开沟、覆土和镇压应满足农业技术要求，重播和漏播率要小。

目前马铃薯机械化种植有以下几种形式：①机械起垄、开沟、人工点种、机械覆土的半机械化播种作业方式。由于机械投资少，作业方式简便灵活，地头转弯半径小，在我国许多地区，不论规模大小，均得以大量推广应用（图 6 - 20）。在开沟的同时可进行其他辅助作业，例如开沟施肥、开沟打药（杀虫剂）等。人工点种后，再用机械进行覆土作业。覆土的同时也可进行打药（除草剂）等作业。此种模式主要应用在有补灌条件的地区，机械起垄高度为 25～30 cm，每垄种植两行，产量达 52 500 kg/hm²左右。②机械化平作种植。利用机械一次性完成开沟、种植、覆土等多个工序（在旱作区，如图 6 - 21所示）。③机械化起垄联合种植。起垄施肥播种联合作业机可以一次完成起垄、开沟、施肥、播种、覆土等作业（图 6 - 22）。这类种植机具有结构紧凑、调整保养方便、勺式排种器性能可靠、适合高速作业、作业质量好、生产率高、自动化程度较高等优点。目前使用较为普遍的有两行悬挂式播种施肥联合种植机和四行牵引式联合种植机。

图 6 - 20　机械开沟人工点种

图 6 - 21　机械化平作种植

图 6 - 22　起垄施肥种植联合作业

1. 马铃薯种植机的一般构造　马铃薯种植机一般由机架、开沟器、排薯器、覆土器、传动部分和地轮等组成。马铃薯种植机工作过程如同播种机一样，排薯装置由地轮通过传动装置带动，从种薯箱内舀取薯种，运至输种管播入开沟器所开的种沟，随后由覆土装置覆土。

2. 2CMP－4型马铃薯播种铺管机　2CMP－4型马铃薯播种铺管机（图6－23）是内蒙古农业大学机械厂生产的新型产品。该机型与60 kW及以上拖拉机配套使用，在耕整过的土地上可一次完成开沟、播种、覆土及铺地埋式滴管等联合作业，亦可卸下铺管装置，只一次完成开沟、播种和覆土作业。该机具有结构紧凑、播种均匀、株距可调等优点。

图6－23　2CMP－4型马铃薯播种铺管机

该机由悬挂架、开沟器总成、播种装置、覆土装置、铺管装置、地轮传动及划行器等组成。开沟器总成由开沟器、立柱、固定板等组成；播种装置由带式取种勺、前护种板、副种箱、振动器和带轮传动等组成；覆土装置由圆盘覆土器及卡座等组成。铺管装置由管轴、夹紧盘、阻力轮、铺管架及开沟导管等组成。划行器由划行刀、伸缩杆、固定架等组成。

工作时，拖拉机三点挂接该机在浮动位置上以3～5 km/h的速度前进，开沟器开出四条深8～12 cm的宽沟，播种装置的带式取种勺在地轮及传动链轮的驱动下，取种勺将种薯由副种箱取上，经振动器将多带的薯块振下，通过排种管由V形板分种导入所开宽沟的两侧，由覆土装置分别覆土填沟起垄。悬挂在铺管装置管轴上的地埋式滴管带，通过开沟导管浅铺（2～4 cm）在两小行覆土带之间，靠土层自然回落盖住滴灌带。在工作时，放下一侧划行器按行距要求调整到合适的长度进行划线，拖拉机返回时一侧轮胎沿着划痕前进，便可得到均匀的行距。

使用该机进行马铃薯种植时，应注意：①将拖拉机的上、下拉杆的球头分别与播种悬挂架的上、下悬挂点连接，然后用锁销锁定，并调整左右吊杆使左、右下拉杆处于同一高度位置。②作业前应调整各部件至符合作业要求并进行试播，根据所出现的问题进行调整，直到满足株距、播深和铺管要求。然后再将种箱加上适量种薯。③作业时，液压分配器应放在浮动位置，作业中要保持机组有稳定的前进速度，切勿忽慢和猛轰油门。④机组在转弯和倒退时，首先将种植机升起，抬起划行器将其固定，然后再转弯或倒退。⑤在作业时不许倒退。

种植前为了不损伤种薯，保证耕深均匀一致、株距稳定，需对该种植机做如下调整：①机组调整。调整中央拉杆的长短，使机架与地面平行，避免前高后低或前低后高；调整下拉杆的左右吊杆使机架左右水平。②开沟器调整。松开立柱前面锁紧螺栓，将开沟器上下移动，使之达到播深的要求。一般播深范围为距未播地表以下8～12 cm（覆土后为12～18 cm）为宜。③株距调整。打开左侧传动箱盖，更换其中的主被动链轮，使勺带传动轮有不同的旋转速度，这样即可得到不同株距。具体株距调整见表6－2。更换链轮后装上锁销，关上传动箱盖即可。④地轮传动链的紧度调整。松开地轮传动链张紧塑料块的紧固螺母，上、下移动塑料块，改变链条的紧度适中，锁紧塑料块紧固螺母即可。⑤清种调节。调整种箱内调节板的高度，可以改变清种能力。松开固定调节板的蝶形螺母，移动调节板到合适的位置（向上调清种能力差，向下调则反之），然后拧紧蝶形螺母。⑥振动器调整。调节振动器的位置可以改变勺带的振动幅度，利于震落多余种薯。松开振动器固定螺栓，调节振动器至适宜位置，拧紧螺栓即可。⑦覆土器调整。松开紧定螺栓，将圆盘立轴做轴向移动，或转一角度，可以调整两覆土圆盘的入土深度和倾斜度，将水平轴做轴向移动可改变起垄的宽度。土壤过硬或过软，可调整加压弹簧的锁紧螺母或芯轴的极限位置。⑧滴灌带开沟深度的调整。松开U形卡的紧固锁母，上下改变滴灌带开沟器相对于机架的高低位置，即可改变滴灌带开沟深度。⑨划行器调整。根据确定的行距，调整划行器的伸出长度。松开伸缩杆上的紧定螺栓，拉动划行器刀杆至适宜长度，紧定螺栓即可。

表6-2 株距调整

上链轮齿数	下链轮齿数	株距/cm	上链轮齿数	下链轮齿数	株距/cm
19	27	19～21	23	27	22～25
23	29	21～23	27	29	24～27

3. 排薯装置的类型和工作原理 排薯器是马铃薯种植机的主要工作部件，栽种时使用的薯块，可以是整个马铃薯，也可以是每块至少有一个芽眼的马铃薯切块。常用的排薯装置有链勺式、输送带式、指夹式和针刺式等多种类型。

（1）链（带）勺式排薯器。链勺式排薯器由盛种的舀勺和链条（带）组成（图6-24）。工作时，舀勺通过种薯时舀起一块种薯，被舀取的种薯，最初可能是各种状态：或以长轴竖立于勺内，或以宽轴侧立于勺内，或以厚轴平放于勺内，也可能以其他形式置于勺内。由于机器振动等，薯块最终将取最稳定的状态置于勺内，其中以厚轴平躺最为稳定。舀勺尺寸设计合理，传动链（带）的线速度适宜，可保证一个舀勺只盛一块种薯。种薯被舀勺带入输种管时，靠自重落下而离开舀勺，但被前一个舀勺背面托住，保持了相互位置。由于投种点较低，株距变化不大。链勺式排薯装置对薯块无损伤，但对薯块大小的适应性差，仅适用于栽种经过分级的整个马铃薯，切块栽种时重植率也高。

图6-24 链（带）勺式排薯器

（2）夹指式和针刺式排薯器。夹指式排薯器的一般结构如图6-25（a）所示，由夹指、舀勺、滑道、松放杆及弹簧等组成一组夹指机构，数组夹指机构均匀分装于排薯圆盘上。夹指靠弹簧作用压在舀勺上，靠滑道作用压开夹指，因而舀勺是常闭式的。工作时，排薯圆盘转动，夹指机构上的松放杆在滑道作用下张开，舀勺通过种薯箱时舀起一块种薯，当松放杆脱离滑道时，夹指夹住种薯，夹住种薯的舀勺随圆盘转至下方开沟器附近时，松放杆被滑道压开，种薯靠自重落入种沟，由覆土器盖上土，这种形式的排薯装置结构比较复杂。针刺式排薯装置是在一个垂直排薯盘上［其一般结构如图 6－25（b）所示］，按圆周等距配置若干针刺装置。当排薯盘转动时，刺针依次从种薯箱的排出口处扎取一个薯块，随排薯盘转到一定位置时，薯块被松放排出，经排薯管落到由开沟器挖出的种沟内，随后由覆土器覆土。夹指式和针刺式排薯装置对薯块大小的适应性较好，能栽种整个马铃薯或马铃薯切块，但针刺式排薯装置对薯块有损伤，刺针也易变形损坏。夹指式排薯装置的薯夹松放位置位于排薯盘的水平直径以上，投种部位较高，在落入种沟时常因弹跳移位而使株距均匀性降低，增加重植率和漏植率。

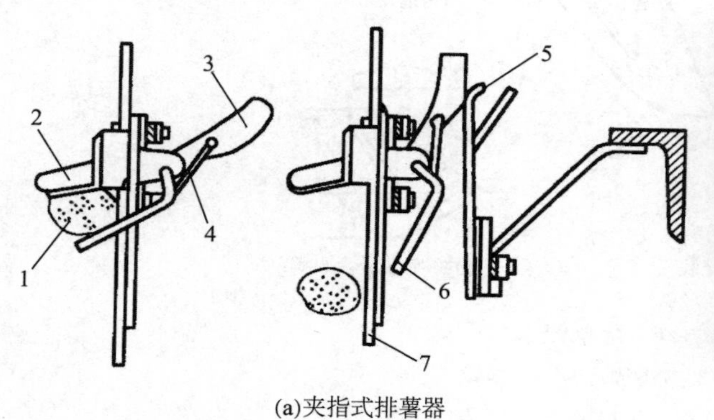

(a)夹指式排薯器

(b)针刺式排薯器

图 6－25　夹指式和针刺式排薯器

1. 薯片　2 舀勺　3. 松放杆　4. 弹簧　5. 滑道　6. 夹指　7. 圆盘

四、马铃薯田间管理机械化

1. 中耕机械化及其工艺　中耕是中耕作物的一项重要的田间管理内容，其主要目的是及时改善土壤状况，蓄水保墒，消灭杂草，提高地温，促使有机物的分解，为农作物的生长发育创造良好的条件。

中耕作业的农业技术要求：松土良好，但土壤位移小；除草率高，追肥到位，不损伤作物；按需要将土培于作物根部，但不压倒作物；中耕部件不粘土、缠草和堵塞；耕深应符合要求且不发生漏耕现象；间苗时应保持株距一致，不松动邻近苗株。

中耕常结合间苗、除草、松土、施肥、培土等项目进行，最常用的是松土除草，也有追肥、培土等。为保证中耕作业质量，必须正确选择中耕机和中耕作业部件。当中耕作业以除草为主要目的时，应选择适当的除草铲；当以松土为主要目的时，应选择好松土铲；当以培土为主要目的时，应选择好培土铲。

图 6－26 为通用机架中耕机及其除草铲。

单翼铲由倾斜铲刀和竖直护板两部分组成。前者用于锄草和松土，后者可防止伤根或断苗。因此单翼铲总是安装在中耕单组的左右两侧，将竖直部分靠近苗株，翼部伸向行间中部。没有垂直护板部分的单翼铲称为半翼铲。由于单翼铲安装在苗株两侧，故有左翼铲、右翼铲之分。

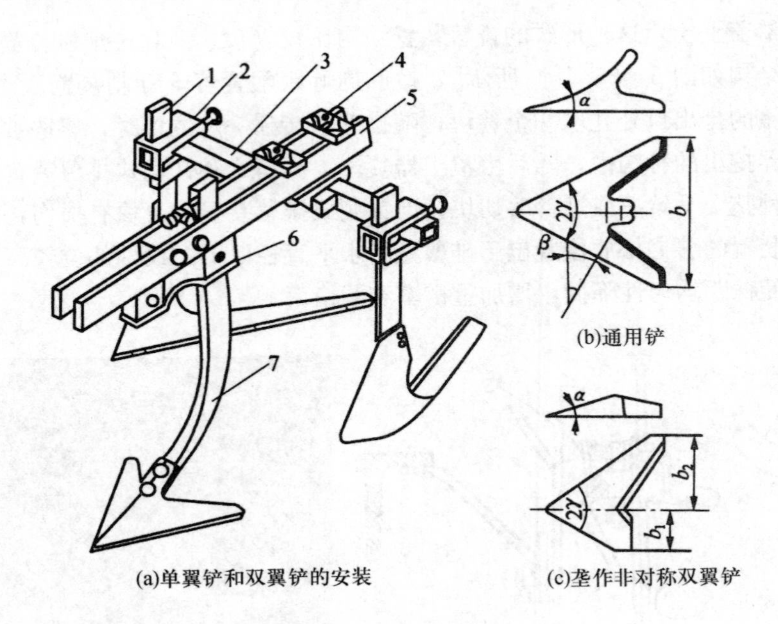

图 6-26　除草铲

1. 单翼铲　2. 横臂固定卡　3. 横臂
4. U 形固定卡　5. 纵梁　6. 纵梁固定卡　7. 双翼铲

双翼铲利用向左、向右后掠的两翼切断草根，左右两翼完全对称。通常置于行间中部，与单翼铲配合使用。

松土铲主要用于中耕作物的行间松土，有时也用于全面松土，它使土壤疏松但不翻转，一般工作深度为 16～20 cm。松土铲由铲头和铲柄两部分组成。铲头为工作部分，其种类很多，常用的有箭形松土铲、凿形松土铲、铧形松土铲和尖头松土铲等。

箭形松土铲［图 6-27（a）］铲尖呈三角形，与铲柄铆接，工作面为凸曲面，耕后土壤松碎，沟底比较平整，松土效果好，阻力比较小，在我国新设计的中耕机上，大多采用这种松土铲，应用比较广泛。

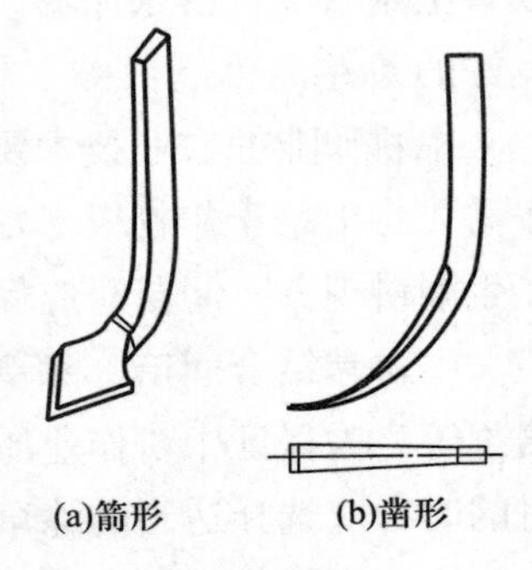

图 6-27　松土铲

凿形松土铲［图 6-27（b）］铲尖与铲柄为一整体，也可将铲柄与铲尖分开制造，再用螺栓连接，便于磨后更换。结构简单，松土深度较大，一般可达 18～20 cm。铲尖呈凿形，它利用铲尖对土壤作用过程中产生的扇形松土区来保证松土宽度，扇形松土区上宽下窄，所以松土层底面不平整，松土深度不一致，但不搅动土层，这种松土铲过去用得较多，现已被箭形松土铲所代替。

需要追肥时，可在中耕起垄时将肥料装入中耕施肥机肥箱内，通过主动轮转动带动播肥齿轮转动，将肥均匀施下。施肥深度控制在 5～10 cm，有利于土壤保水和对肥料的缓慢吸收。

对于马铃薯来说，中耕培土作业的目的一方面是除草，更主要的是防止马铃薯在生长过程当中因地表开裂使地下生长的薯块因见光而发绿。第一次中耕培土作业应在基本出齐苗后马上进行（图 6-28），这次作业非常关键，不仅起到疏松土壤、提高土壤温度、增加土壤透气性、促进幼苗发育成长的作用，还可起到消灭杂草的作用，作业不可进行得过晚。一般在两季作区进行一次中耕培土即可。但在一季作区，需要进行 2～3 次中耕培土作业。在一季作区，追肥作业可结合第二次培土同时进行。

中耕培土机械有铲式、圆盘式和旋转齿式等。旋转齿式适于土壤偏黏性的土壤，可将土块捣碎。但仅限于早期的培土，到中晚期不可再用，否则会破坏已经生长出的匍匐茎。圆盘式适于沙性大的土壤。

实践证明，化肥追施是一项先进的增产技术，培土的同时进行化肥追施，产量比地表撒施的产量增加 1.2 t/hm^2。

2. 植保机械化及其工艺　马铃薯植保机械化、工艺及常用的植保机械与其他大田作物基本相同。

3. 灌溉机械化　水是满足作物生长的重要因素，缺水、干旱、长期浸水都会使作物生长不良。合理的排灌水应满足作物各个生长期的需水要求，适时、适量供水，而且可以调节作物的水、热、肥、光等状况，为作物生长发育提供良好的生态环境，获得作物的稳产高产。

我国粮食作物灌溉基本以地面灌为主，喷灌、微灌、滴灌等先进的节水灌溉技术近年来也有较大的发展。地面灌溉中，畦灌和沟灌仍占较大比重。

灌排机械的主要设备是水泵，我国农用水泵主要是叶片泵（包括离心泵、轴流泵、混流泵）。工作时动力机（电动机或柴油机）带动水泵对水加压，水通过输水管道和管路附件被抽出，经过田边沟渠道流淌至农田中，使作物获得水分。

近年来，水资源短缺的矛盾日益突出，水井越打越深，造成地面沉降、海水倒浸等现象，直接影响了农业和国民经济的可持续发展。大力发展节水灌溉技术，发展节水农业是今后重点攻关的内容。图 6-29 所示是先进的指针式喷灌机对马铃薯田的灌溉作业，具有可编程的自动控制机构，自动化程度高，控制容易实现，可根据田间实际需水情况，调整旋转滚动一周的时间，实现灌水量的调节。

图 6-28　马铃薯中耕培土追肥

图 6-29　指针式喷灌机

五、马铃薯收获机械化

在马铃薯生产中，用工最多、难度最大的要属收获作业，这项作业用工大约占生产总用工的50%以上。马铃薯收获受季节天气限制，收获早淀粉含量少，收获晚容易受到雨水、冻伤等自然因素影响而造成损失。马铃薯成熟后，由专用机械通过挖出、清选、输送等工序，将分选干净的马铃薯集条摆放在田间，或直接升运装车。

1. 马铃薯收获工艺要求

（1）适期收获。马铃薯最佳收获期为块茎的生理成熟期，其主要标志是：植株茎叶大部分由绿逐渐变黄转枯，匍匐茎干缩，块茎脐部与着生的匍匐茎容易分离；块茎表皮形成较厚的木栓层，色泽正常，停止增重。没有正常成熟的，即茎叶仍为绿色的块茎，表皮很薄，收获时容易损伤。一般商品薯生产争取在马铃薯生理成熟期收获可获得最高产量，但实际上结薯早的品种有时候可能在生理成熟期之前早收，以获得较好的市场价格。

（2）除秧。生长期较短地区的晚熟品种，收获作业前要先将田间的薯秧粉碎还田或者清除回收，尤其是在一年两熟地区。但应注意的是，除秧时要留有一定的割茬高度，以使薯秧的部分养分输送到薯块，促使薯皮老化，收获时不易碰破薯块的表皮（图 6－30）。除秧一方面便于机械化收获作业，另一方面还可避免病菌的传播。目前我国马铃薯专业除秧机械主要是与 45 kW 以上拖拉机配套的悬挂式除秧机（两行、四行），通过拖拉机后输出轴驱动仿形锤片高速旋转实现除秧。

图 6－30　人工或机械除秧作业

（3）挖掘与收获。机械化收获作业要求：①挖净率，马铃薯收获首先要将埋在土里的薯块干净、彻底地挖掘出来，挖掘深度必须保证大于 20 cm，挖掘宽度为 350～500 mm；②明薯率，收获机必须具有良好的分离机构，能将薯块和土壤分离并将分离后的薯块集堆或集条以便人工捡拾，明薯率应达 95%；③破损率，收获时应尽量减少马铃薯去皮、切伤等破损现象，破损率应小于 5%。

马铃薯收获作业采用专用挖掘或收获机，较采用犁翻挖掘（图 6－31）的传统收获方法，可减少马铃薯收获损失的 20%左右。

根据收获过程的机械化程度，马铃薯的收获分为分段收获和联合收获：①分段收获流程，挖掘→输送清选→输出至地面集条→人工茎块分离→人工分选装袋→运送至地头→人工装卡车→运送至工厂或冷库→卸车入库贮存或工厂直接加工；②联合收获工作流程，挖掘→抖动清选→茎块分离→提升臂输送装车→分选台分选→运送至工厂或冷库→卸车入库贮存或工厂直接加工。

2. 马铃薯收获机械

（1）分段收获机械。马铃薯分段收获用挖掘机来实现，主要由挖掘部件和分离部件组成。挖掘部件分为整体铲式和单体铲式（图 6－32）。分离部件有抖动式及升运链式（图 6－33）。

图 6－31　传统犁翻挖掘

图 6－32　整体铲式和单体铲式挖掘部件

图 6－33　抖动式及升运链式土薯分离部件

马铃薯播种机及收获机工作过程

小型挖掘机一次完成一行，配套动力一般在 25 kW 左右。中型挖掘机配套动力一般在 60～88 kW，一次收获 2 行，适应行距有 75 cm 和 90 cm 两种机型。输出方式有后输出式和侧向输出式（图 6－34）。这类收获机适于种植规模在 20～40 hm^2 以上的种植专业户，适应性好，生产率高，每天收获面积能够达到 4 hm^2 以上。挖掘机在收获作业时需要一定数量的辅助劳动力来捡拾薯块。

图 6－34　后输出（左）和侧输出（右）

马铃薯播种机及收获机装配过程

（2）联合收获机械。马铃薯联合收获机可一次完成薯块挖掘、泥土分离，部分机型还带有薯秧、杂草、土块和石块的分离机构，然后把薯块直接送入专用运输拖车。一种是自带箱斗式，箱斗容积为2～4 t，到地头卸货，但容易造成薯皮碰伤，适于作淀粉加工用的马铃薯的收获作业，生产率较高（图6－35）。另一种是带侧输出提升臂的收获机，作业时需要有另一台拖拉机牵引的拖斗随其一起协调作业，拖斗集满后运至分选台进行分选，然后装入集装箱，运至工厂加工或运至冷库贮藏（图6－36）。这种联合收获机生产率很高，但它需要配备专用马铃薯装车机械和卸车机械，一次投资量很大；对联合收获机和拖拉机驾驶员的操作技术要求很高，稍有不慎就会造成机械碰撞的事故，因此一般用于规模较大的农场。

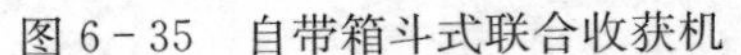

图6－35　自带箱斗式联合收获机

图6－36　带侧输出提升臂式联合收获机

第三节　甘薯种植、收获机械化

甘薯，又称红薯、白薯、山芋、地瓜等。常见的多年生双子叶植物，草本，其蔓细长，茎匍匐地面。块根，无氧呼吸产生乳酸，皮色发白或发红，肉大多为黄白色，但也有紫色，除供食用外，还可以制糖和酿酒、制酒精。原产于美洲的中部或南美洲的西北部的热带地区，于15世纪传入欧洲，16世纪传入亚洲与非洲。

甘薯在世界上主要分布在北纬40°以南。亚洲的栽培面积量大，占80%以上，其次是非洲（12%左右）和美洲（4%左右）。我国栽培面积占世界首位，其次是印度尼西亚、越南、印度、古巴、巴西、日本、巴基斯坦及美国等。

我国甘薯主产区在黄河下游、长江中下游和东南沿海各省，按其气候条件及栽培制度等特点，可分为五个产区。

（1）北方春薯区。位于北纬41°左右，无霜期较短，只能种一季春薯。

（2）黄淮海流域春夏薯区。本区栽培面积占全国的40%左右，山东、河北、河南、安徽等省为主产地。该区气候温和，年无霜期平均为210 d。近年来，夏薯面积增加，春薯面积减少。

（3）长江流域夏薯区。位于长江流域中下游和河南、陕西两省的南部以及四川省和重庆市。该区无霜期平均为260 d，夏薯于4月下旬栽插，10月上旬收获。

（4）南方夏秋薯区。位于北纬26°以南，北回归线以北，年无霜期平均为310 d。秋薯于7月下旬到8月上旬栽插，11月下旬到12月上旬收获。

（5）华南秋冬薯区。位于北回归线以南，属热带湿润气候，年无霜期平均为356 d。

甘薯为劳动强度较高的作物，主要生产环节包括起垄、栽插、喷施除草剂、中耕管理，去蔓、挖掘以及收后清洗等。

一、国外甘薯生产机械化概况

目前，在日本、美国等发达国家的甘薯生产已实现机械化，很多田间工作均由机械完成，劳动强度与田间工作时间大幅度降低。这些机械主要包括筑垄机、排种机、苗床覆土机、剪苗分苗机、移栽机、去蔓机、收获机等。

1. 筑垄机　甘薯生产田需要首先筑垄，然后将薯苗以一定间隔栽在垄上。人工起垄的功效低，且夏薯的栽插须在麦收后立即进行，劳力紧张的矛盾比较突出，在一定程度上影响了甘薯的及时高质量栽插。筑垄机在许多发达国家应用非常广泛。其机型有很多种，比较简单的为一次做一垄。在种植面积较大的地方常采用较大的筑垄机，由大功率拖拉机牵引，同时可做4～5垄，且可随时将垄体整平、覆盖地膜，便于移栽。

2. 排种机、苗床覆土机　目前主要由美国南方的大农场采用。为了便于机械作业，苗床一般比较长，有些达数百米。作业时先将种薯放入机上容器，然后在拖拉机驱动下将薯块摆入苗床，最后由苗床覆土机挖掘苗床两侧土壤覆盖薯块（如图6－37、图6－38和图6－39）。此种机械不适合甘薯生产规模小，劳动力廉价、充足的情况。

图6－37　排种机

图6－38　排种后喷水

图6－39　利用圆盘犁覆土

3. 剪苗机（如图 6 - 40） 同样广泛应用于美国的大农场。作业时将薯苗全部剪掉，然后由机械将大小苗分开，这样，较小的苗就被浪费掉。待下一茬薯苗的平均长度达到可栽程度时，仍由剪苗机剪苗。此种措施虽浪费了一些幼苗，但节约了劳动力，为下一步田间作业提供了方便。剪苗后的苗床如图 6 - 41 所示。

图 6 - 40 利用剪苗机将薯苗全部剪掉，然后通过机器分拣丢弃不能用的小苗

图 6 - 41 利用机械剪苗后的苗床

4. 移栽机 在美国普遍采用的移栽机主要有两种，比较普遍采用的是一种由拖拉机牵引的移栽机（图 6 - 42）。该机的选苗、分苗由随行人员操作，每两人负责一行，栽插、浇水同时完成。机器的前进速度为 20 m/min，栽插速度为单垄 60 株/min。另外一种是在 20 世纪 80 年代初开发应用的新型高效移栽机（图 6 - 43），随行操作人员每人负责一垄，最高栽插速度达到每人每分钟 70～80 株，较旧型号移栽机工效提高一倍。

图 6 - 42 普通甘薯秧苗移栽机

图 6 - 43 新型高效甘薯秧苗移栽机

5. 去蔓机 甘薯生长有茂盛的藤蔓，有些品种的蔓长达到 4 m 以上。收获时的去蔓工作比较繁重。国外的薯蔓不用来做饲料或其他用途，一般均粉碎后撒入田间。众所周知，甘薯是消耗地力比较强的作物，其吸收的大多数氮、磷等营养成分积累在藤蔓中，将地上部返田可起到培养地力、改善土壤结构的作用。国外常用的去蔓机类似草坪机，依照垄子的形状来排列刀片，飞速

旋转的刀片将藤蔓切碎撒入田中。两侧各有一个叉，将在沟底的蔓挑起，一般可将约95%的藤蔓切断。另外一种是类似旋耕机的去蔓机，由拖拉机驱动，也可达到理想效果（图6-44）。还有一些利用大型卷蔓机械将薯蔓卷在支架上带到田外（图6-45）。由于采用机械去蔓，生产率大幅度提高，处理过的田块有利于下一步的机械收获。目前，在采用机械去蔓的地方已不将藤蔓的长度及茂盛程度作为选择和评价品种的指标。由于机械去蔓省时省力，可不考虑地上部长势，国内应优先发展，可设计能和普通农机结合使用的比较简单的去蔓机在薯区推广应用。

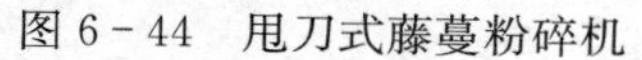

图6-44　甩刀式藤蔓粉碎机

图6-45　大型卷蔓机

6. 收获机　早在20世纪30年代美国的薯农就已将收获机用于生产。与人工收获相比，机械收获可大幅度提高生产率，如比较先进的收获机的收获速度可达0.2～0.25 hm^2/h，同时可使薯块损伤程度降到很低，提高了商品薯率。到目前为止，已有多种收获机或收获犁在美国等发达国家使用。最简单的是由拖拉机牵引的收获犁（图6-46），由两个犁头从垄两侧将土翻起，然后手工将薯块收集起来。第二种是振动式收获犁，在犁头将土壤翻开的同时由篦式振动器将薯块与土壤分开，随后薯块全部排列于地表，便于收集。比较先进的是甘薯联合收获机（图6-47），该机的前端为铲状掘土器，将土壤与薯块通过梳篦状传送带一同向上运输，土壤从间隙落下，薯块则被传输到后部由随行人员装入塑料筐。尽管此种机器的生产率较高，但因其只适用于土质疏松的田块操作，且设备昂贵，需要的工作人员较多而普及率较低。20世纪末，出现了第三种型式的具有茎叶清除功能的甘薯联合收获机（图6-48），可一次完成除秧—挖掘—输送—分离—清选—升运过程，与拖拉机配套，配有液压控制系统，结构比较复杂，价格高。

图6-46　铧式甘薯收获犁

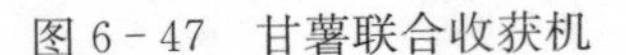

图6-47　甘薯联合收获机

图6-48　附带除秧装置的甘薯联合收获机

二、日本甘薯生产机械化

据资料介绍，在日本生产甘薯的累计工时最低可降到46.5 h/hm²，工效较传统人工种植提高了数十倍，这得益于完善与高效的甘薯生产机械化（如图6-49至图6-54）。

图6-49　甘薯筑垄机

图6-50　甘薯机械化起垄覆膜

图6-51　甘薯机械化栽培

图6-52　甘薯机械化中耕培土

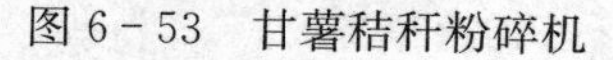
图 6－53　甘薯秸秆粉碎机

图 6－54　甘薯机械化收获，分拣装箱

三、国内甘薯种植、收获机械化现状

国内的甘薯生产机械化水平总体落后于发达国家。目前，甘薯机械研发正处在起步阶段，大部分借鉴马铃薯生产机械，除在起垄方面比较实用外，其他方面应用效果欠佳。过去由于机械普及程度低，很多工作纯粹依赖人力，在劳动力充足时期还可以维持，但随着社会经济的发展，劳动力大幅度转移至其他行业，大面积种植面临着劳动力缺乏以及工资成本高的问题，限制了甘薯产业的发展。在人畜力农作时期，各地农民发明了一些减轻劳动强度的方法，如用牲畜驱动铧犁起垄，用木制铁铧培土器进行挖掘等，但由于生产率低及田间作业条件的限制，只在小面积种植时使用。随着手扶拖拉机和小四轮拖拉机的推广应用，整地、起垄和收获更多地替代了畜力，特别是在平原薯区应用较多，主要应用方式是旋耕整地，单铧犁来回两次起垄，拖拉机钩蔓，单铧犁将薯垄翻起收获等，作业比较粗放，起垄质量差，收获损伤、漏收率高，但可以减少劳动强度，提高劳动效率。在 20 世纪 70 年代推广应用了小四轮驱动起垄器，由正反犁铧组成，一次一垄，每小时可完成 2～3 亩地，垄子比较粗糙，有硬土垡块，需要培土使垄面平整，起垄比人工快数十倍，在山东等地推广应用较多。在种植面积较大的地方常采用较大的起垄机（图 6－55），由大功率拖拉机牵引，同时可做 4～6 垄，且可随时将垄体整平，便于移栽。近几年，高垄地膜种植技术保温保墒，增加日照，为甘薯的高产提供了有力的技术支持。与这一技术配套的甘薯旋耕、施肥、起垄、覆膜机大大减轻了劳动强度，为扩大甘薯的种植规模创造了条件。该起垄覆膜机（图 6－56）由施肥、旋耕、起垄、覆膜四部分组成。

甘薯因其特殊的生理特性，在生产上主要采用裸苗移栽种植形式。随着国内农村劳动力短缺矛盾日益加剧，甘薯人工移栽耗工量大、生产率低、劳动强度大等问题日渐突出，而采用甘薯移栽机进行移栽可将生产率至少提高一倍。图 6－57 所示为一款甘薯秧苗注水移栽机。其工作原理是甘薯秧苗注水移栽机在已经起垄铺膜的田间沿垄前进，机械自动完成破膜、开穴、注水三项作业。两名工作人员将甘薯苗随即放入穴中，并压实土壤完成移栽过程。

甘薯藤蔓比较厚重，有很多节间扎根，清理起来比较费力，传统的做法是人工清理后作饲料等，现在小面积仍然依赖人工，但面积扩大后就变成了繁重的工序。用小四轮驱动的切蔓机（图

6－58)，在收获前及时切蔓可节约大量的劳动力，尤其适合大面积商品薯种植。生产率为每小时3～4亩，可将80%以上的藤蔓切碎，切蔓效果依赖甘薯垄的质量。甘薯藤蔓还田可将大部分矿质营养返还田间，改善土壤结构。

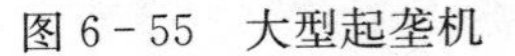

图6－55　大型起垄机

图6－56　甘薯旋耕、施肥、起垄、覆膜机

图6－57　甘薯注水秧苗移栽机

图6－58　甘薯切蔓机

我国甘薯作物的机械化收获发展严重滞后，长期依靠人工或半机械化作业，广大甘薯种植区的农民和农业主管部门，迫切要求解决甘薯生产过程中的机械化收获问题，把农民从繁重体力劳动中解放出来。针对此问题，国内一些科研单位先后开始研制甘薯收获机。1998年随着机械化发展进度的明显加快，各地出现了多种形式的器具。最典型的是徐州甘薯中心发明的环刀形收获器（图6－59）的应用，其工作原理是通过拉动半圆形钢片将整个垄子松动，使薯块与土壤分离，薯块全部排列在土壤表面，便于收集装箱。另外，在山东有十几家机械厂生产小型振动筛式甘薯收获机（图6－60），根据甘薯的生长特点而设计，由犁架、犁头和薯块输送筛组成，与小四轮配套，一次收获一垄，犁架直接安装在小四轮拖拉机后部，犁头为三角形，在工作时插在薯垄中间薯块之下，薯垄两侧之土被分划向两边，薯块拱起后被输送筛传输到右侧一边，以利于下一垄连续收获，大大提高了生产率，但普遍制造粗糙，对土质要求高，适应性差，故障率高。

图 6－59　环刀形收获器

图 6－60　振动筛式甘薯收获机

复习思考题

1. 马铃薯为何要起垄播种？
2. 马铃薯收获前为何要进行除秧？
3. 简述荷兰马铃薯全程生产机械化的过程。
4. 简述 2CMP－4 型马铃薯播种铺管机的结构和工作原理。
5. 简述马铃薯和甘薯种植机械化的差异性。
6. 归纳日本与美国甘薯生产机械化的区别。

第七章 棉花生产机械化

第一节 概 述

一、棉花生产概况

棉花是主要经济作物，在国民经济和人民生活中都有重要作用。近年来，全世界年棉花种植面积约3 500万hm^2，产量2 400万t；我国种植棉花540万hm^2，产量700万～800万t，其中新疆种植棉花约130万hm^2，产量300多万t。新疆棉区以其先进的植棉技术、优良的棉花品质和产业优势，在全国棉花主产区占有重要地位。其中棉花单产、人均占有量和商品率连续多年位居全国第一，出口量占全国一半，是我国重要的优质棉花生产和出口基地之一。

随着棉花生产和整体农业机械化的发展，棉花生产机械化迅速发展，耕、播、覆膜铺管已在植棉生产中广泛应用，促进了棉花高产、优质栽培技术的推广，并有效地提高了劳动生产率，降低生产成本，扩大规模经济效益。作为棉花全程机械化的重点，2018年新疆采棉机保有量达3 600余台。同时，新疆棉花机采率从2017年的27%增至2018年的38%。但黄河流域仅山东、河北进行了机采棉试验示范，其他区域均是空白。总体来看，在机采发展上，西北棉区与黄河流域、长江流域发展不平衡，在新疆棉区地方与兵团发展也不平衡。

二、我国棉花生产机械化的发展过程（以新疆生产建设兵团为例）

20世纪50年代：引进苏联的棉花生产机械化设备和技术，实现耕地、耙地、播种、中耕、追肥、开沟、喷药等作业机械化。

20世纪60年代：引进实验，研制采棉机，但进展不大，后来中断。

20世纪70年代：推广型孔式穴播机和气力式棉花精量半精量播种机。

20世纪80年代引进地膜覆盖技术，研制棉花铺膜机、播种机，主要是膜下播种机，膜侧、膜上穴播。

20世纪90年代初期：研制推广膜上穴播、精播。

20世纪90年代后期：研制推广宽幅密植膜上穴播机、精播机、铺膜机，实现铺膜、压膜、点种、覆土复式作业，引进国外采棉机实验。

21 世纪全面推广膜下滴灌和精量播种技术，加大机采棉推广力度，2002 年年底引进自走式采棉机 120 台，机械采棉 2.54 万 hm^2；2010 年，拥有采棉机 700 台，实现机械采棉 17 万 hm^2；2014 年，新疆和新疆兵团共拥有采棉机 2 600 台，机采棉达到 65 万 hm^2。

三、棉花栽培的特点和对机械化的要求

1. 棉花栽培的特点　棉花是喜温作物，需要有良好的光热和水肥条件；病虫害发生较严重，在全生育期除一般的作物的管理外，还要进行整枝、打顶及化除、植保等作业。棉花收获用工量大，机械化难度大。在栽培上有以下特点：

（1）种子需处理，棉籽要精选、脱绒、药剂拌种。

（2）播种要求高，土壤疏松、细碎、平坦、湿润，穴播或精量播，底肥量要大。

（3）要多次喷洒杀虫剂和植物生长调节剂（如苗期喷矮壮素，花铃期喷磷酸二氢钾、尿素，后期喷催熟剂）。

（4）收获用工量大，机械化难度大。

（5）棉花主根和茎秆粗大不易腐烂，应有秸秆处理机。

2. 棉花生产对机械的要求

（1）需要的机械种类多，除常规的犁、耙、播外，还要有种子处理机械（脱绒、包衣等）、铺膜播种机、性能良好的植保机械、打顶整枝机、采棉机、秸秆处理机、残膜回收机等。

（2）在机械作业时对植株的损伤小，动力机应为轮式，较高的地隙（利于后期作业），轮胎窄（对作物损伤小），转弯半径小，行走及工作部件加防护装置。

（3）尽量采用悬挂机组。

四、棉花田间生产过程机械化一般工艺方案

茬灌→秋耕→未茬灌冬灌（春灌）→ 播前整地→种子处理 → 播种（或育苗或移栽）→ 田间管理（灌溉排水、中耕除草、开沟培土、整枝打顶、化学控制）→ 收获（摘花与棉秆处理）。

第二节　棉花种子加工处理机械化

棉花种子加工的目的：在不改变良种原有素质的前提下，通过采用一系列物理、化学方法，去掉棉籽表面的短绒，然后进行精选及药物处理，从而提高种子的整体素质，改善其播种品质，使良种本身具有的优良生物学特性充分发挥出来。棉花种子加工处理包括两方面的内容，即棉种加工和处理。棉种脱绒质量含有两方面的意义：一是外观质量，即脱绒后是否是光籽，若残留有超标的短绒，会影响精选效果、种衣剂处理和机械化播种；二是指棉种的内在质量，即脱绒过程是否对种子的生长发育造成不利影响，种子的水分是否达到安全贮存标准，种子表面的残酸量是否达到要求等。脱绒质量与种子原始水分、健籽率、种子含绒量、稀硫酸供给量、热风温度和流量、干燥时间以及种子最高温度等因素的控制有关。

一、棉花种子加工机械化

1. 棉花种子脱绒 棉花种子脱绒方式分为机械脱绒和化学脱绒两大类。

（1）机械脱绒方式。目前使用的是刷轮式棉种脱绒机，该机采用纯机械方式脱去短绒。其特点是操作简单、维修方便，加工成本低，生产过程只需电力，不需要其他附属设施和辅料，但破损率偏高。

（2）化学脱绒方式。目前普通应用的有泡沫酸脱绒和稀硫酸（过量）脱绒两种工艺。稀硫酸（过量）脱绒与泡沫酸脱绒的主要区别是：过量式酸脱绒硫酸用量超过实际用量的3～4倍和棉种搅拌，然后将多余的酸液甩掉回收过滤再用；而泡沫酸脱绒是将脱绒用量稀硫酸液加上一定量的发泡剂，使硫酸液体积增大30～50倍，以泡沫的形式覆盖棉籽表面，棉籽靠毛细管的作用吸收酸液附在短绒上，所以对有刀伤和裂纹的棉种发芽影响不大，因为不是浸泡。

2. 泡沫酸脱绒成套设备的系统组成 泡沫酸脱绒成套设备（图7-1）由风力进料、定量喂入、酸处理系统，泡沫供给系统，烘干、摩擦系统，中和系统，供热系统组成。

图7-1 泡沫酸脱绒成套设备

3. 过量式稀硫酸脱绒工艺

（1）主要技术优点。过量式稀硫酸脱绒工艺是美国在20世纪70年代中期开发成功的一种棉种脱绒法，但因为当时离心机比较昂贵（每台约30万美元），设备投资较大，再加上离心机脱酸过程中对棉种带来一定的机械损伤，所以这种工艺并没有得到普遍应用。由于国产离心机的研制成功，再加上国内棉花大部分是人工采收，机械损伤较小，90年代初期，由新疆石河子种子机械设备联合厂引进国外先进技术，通过消化吸收，采用国产离心机，成功研究出棉种过量式稀硫酸脱绒成套设备，大大降低了设备投资，而且加工出的棉种的各项技术指标符合国家质量要求，这种生产工艺技术近年来已在我国得到普遍应用。

与泡沫酸脱绒成套设备相比，过量式稀硫酸脱绒工艺的主要技术优点如下：①毛籽处理量大，操作方便，物耗、能耗低，成本低，小时产量高，在相同用工、用酸量、用燃料量的情况下，加工能力比泡沫酸脱绒设备高2倍。小时加工量，在美国已达5～10 t，我国已达3～5 t。②稀硫酸脱绒酸绒比为1∶5，而泡沫酸为1∶(4～4.5)，而且硫酸可以回收循环利用，不仅消耗硫酸少，降低成本，而且大大减少了对环境的污染。③种子脱绒干净，残绒率为0.5%，而泡沫酸为1%，残酸率与泡沫酸脱绒工艺相同，但不用氨中和，种子表面没有盐渍，包衣后种子不发黑。④精选度高，对种子损伤小，烧种率大大降低，成品的棉种质量稳定，利于贮藏。总之，带离心机的过量式稀硫酸脱绒工艺，是目前棉种脱绒工艺中较成熟、种子加工质量较易控制的一种。

（2）工艺流程。先将浓硫酸稀释成8%～14%的稀酸液，加上活化剂等混合在酸贮罐内，用液下泵和一组喷头喷到待脱绒的棉籽上，在搅拌器内进行充分搅拌，使棉种表面全部渗透酸混合液。经酸处理的棉种用中心搅龙推进器将其喂入离心机脱液，使多余的酸混合液甩出返回酸混合罐内循环使用。经过脱液后的棉种用烘干机干燥，随着棉绒内水分的干燥蒸发，硫酸浓度提高，使棉纤维炭化，并脱掉部分短绒。经烘干后的棉种送入摩擦机，已炭化的棉种经空心翻板的翻动，在摩擦机不停旋转的作用下使棉籽自动跌落碰撞摩擦，达到脱绒、磨光的目的。脱绒后棉种用氨气或石灰水中和表面的残酸。最后经风筛式清选机、重力式清选机、拌药包衣机包衣，风干或烘干后，定量装袋入库。本工艺国内的烘干机大多采用以煤炭和脱掉的废绒做燃料的直热式热风炉提供热能，但温度多为人为控制，而国外大部分采用以煤油或液化气为燃料的燃烧炉，温度可实现精密自动控制。

4. 泡沫酸、稀硫酸脱绒质量指标及主要工艺参数

（1）泡沫酸（稀硫酸）脱绒前对毛棉籽的技术要求。净度≥97%，健籽率>75%，破籽率≤5%，发芽率≥70%，水分<12%，短绒率≤9%。

（2）泡沫酸（稀硫酸）脱绒后光籽的质量指标。残绒率≤0.5%，残绒指数为27，残酸率<0.15%，净度≥99%，发芽率≥80%，水分≤12%，破损率（含化学损伤）<7%。

（3）包衣棉种的质量指标。发芽率≥80%，水分≤12%，破籽率<8%，包衣合格率≥90%，种衣牢固度≥99.65%。

（4）泡沫酸、稀硫酸脱绒主要工艺参数见表7-1。

表7-1　泡沫酸、稀硫酸脱绒主要工艺参数

序号	项目	泡沫酸	稀硫酸
1	酸绒比	1：(5～5.5)	1：(5～5.5)
2	酸水比	1：10	1：10
3	每吨棉种发泡剂用量	0.5 kg	
4	烘干机进口温度	150～170 ℃	120～140 ℃
5	烘干机出口温度	<54 ℃	<54 ℃
6	摩擦机进口温度	80～110 ℃	80～100 ℃
7	摩擦机出口温度	<54 ℃	<54 ℃
8	烘干机出口种温	<45 ℃	<45 ℃
9	摩擦机出口种温	<50 ℃	<50 ℃
10	烘干、摩擦时间	40～50 min	30～40 min

二、棉花种子处理

棉花种子处理是预防苗期病害、防止出现高脚苗、实现棉花“一播全苗”的关键技术之一。由于现有种子加工技术只能实现硫酸脱绒及精选处理，而包衣技术跟不上，农民自己进行种子处理时常由于操作技术不当（如药剂种类及用量）而发生药害，影响出苗或达不到种子处理预期效果，因而掌握种子处理技术显得十分重要。在种子处理过程中，应注意以下问题：

（1）做好种子处理前的准备工作。种子经过脱绒处理后，要精选晒种。精选主要是剔除病籽、瘪籽、破籽、小籽。晒可加速种子后熟，晴天晒种 2～3 d。不可在水泥地上暴晒，以防伤及种子的生理活性。

（2）药剂种类的选择。用敌克松预防苗期病害，慎用多菌灵。卫福成本较高，不提倡使用。一般地膜栽培降水少或条播，可用敌克松、多菌灵；在点播、降水多的情况下，用敌克松或卫福，如无敌克松或卫福，多菌灵应减少用量，甚至可以不用。预防苗期虫害可拌 3911（甲拌磷）。预防高脚苗，宜用缩节胺。

（3）剂量。敌克松用量为种子用量的 0.3%，多菌灵为 2.5%，卫福为 0.2%，甲拌磷的用量不可随意加大，否则易产生药害，一般为种子用量的 0.5%为宜。缩节胺的用量应考虑品种。苗期生长稳健的品种，缩节胺用量应少；而苗期长势旺、易形成高脚苗的品种，缩节胺用量可适当加大；苗期生长稳健且对缩节胺敏感的品种可不拌。缩节胺一般用量不超过种子用量的 0.04%。

（4）拌种方法。拌种时，一般先拌杀菌剂、缩节胺，再拌杀虫剂。分几次拌种操作比较麻烦，按如下办法操作，可取得较好效果。按上述用量，按比例 100 kg 种子需 500 g 甲拌磷、300 g敌克松、20～40 g 缩节胺的用量称好；缩节胺先用少量水化开，喷雾器先加入 5 kg 水，再加入甲拌磷及溶解好的缩节胺混溶，边喷雾、边翻堆；第一次喷一半的药液，稍晾后，喷洒剩余药液；喷洒均匀后，将敌克松粉剂在种子潮湿时拌匀，闷种 24 h 后，摊开晾干；禁止在烈日下暴晒，否则敌克松见光分解，影响药效；晾干后，装袋以备播种。

三、棉田耕整地机械化技术

棉田耕整地机械化技术的核心是深耕、深松，熟土层要深翻，心土层要深松，耕作层深度应大于 22 cm。土层深厚肥沃，质地疏松，才能使棉花吸足养料和水分，生长发育好，以利于高产和提高纤维品质。棉田耕整地机械化技术主要有三种形式：

1. 深耕机械化技术 该技术用铧式犁或圆盘犁实现翻土、松土和混土，以利于恢复土壤团粒结构，增强蓄水保墒功能。深耕过程中翻埋地表的杂草、秸秆和肥料，促进土壤熟化，有利于消灭杂草和减少病虫害。

铧式犁的代表机型有河北保定机械厂、山东德州宝丰农机制造有限公司等企业生产的 IL-330 型、IL-430 型、LXZ-435 型、ILT-435 型、ILD-535 型等悬挂式三铧、四铧、五铧犁。最大耕作深度可达 26～28 cm。与 37～74 kW 轮式或履带式拖拉机配套作业。

2. 深松机械化技术 该技术使用通用型深松机、全方位深松机或鼠道犁作业，实现机械松碎土壤而不翻土，不乱土层。通过对耕层以下 5～15 cm 心土的疏松，促进耕作层下面的土壤熟化，为作物生长发育创造适宜的土壤条件。耕作深度可达 30～50 cm。全方位深松和鼠道犁形成的鼠道既透水又通气，有利于蓄水和排水，有利于养分的释放和贮存，有利于根系的穿扎和固定。鼠道对盐碱地的脱盐也有重要作用。

通用深松机的代表机型有：齐齐哈尔市铁峰机械厂生产的 IS－370 型、IS－735 型和佳木斯北方机械制造厂生产 IS－2.2 型、IS－3.0 型深松机。

全方位深松机的代表机型有中国农业大学研制开发、黑龙江嫩江农业机械厂等企业生产的 ISQ－127 型、ISQ－140 型、ISQ－235 型、ISQ－240 型、ISQ－250 型、ISQ－340 型系列产品的，分别与 13.25～55.2W 拖拉机配套作业，但 36.8 kW 以下拖拉机配全方位深松机作业的效果较差。

鼠道犁的代表机型有：黑龙江省红兴隆机械厂生产的 IZSS－400－3 型振动深松鼠道犁。该机与 55.2～58.88 kW 拖拉机配套作业，最大入土深度为 40 cm，鼠道直径为 110～150 mm，在一般情况下，土壤深松每 2～3 年进行一次。

3. 深耕深松机械化技术　该技术通常采用在铧式犁的犁体后加装深松铲的办法来实现上翻下松、不乱土层的要求。深松铲有单翼、双翼铲两种。

深耕深松机械的代表机型有河北保定农业机械厂生产的 ISN－140 型、ISN－175 型悬挂式深松机，采用了独特的双翼铲上、下层松土铲，并在松土铲上部装有浅翻犁体，实现浅翻深松复合耕作，还可换装铧式犁体，实现浅翻深松和犁耕两用。这两种机型分别与 55.2 kW 和 73.6 kW 履带式拖拉机配套作业，深松深度可达 34～45 cm。

经深耕、深松后的棉田，播种前还要用大中型轮式拖拉机带轻型圆盘耙和钉齿耙进行整地作业，最好采用联合整地机整地。播前的整地质量应达到平、齐、松、碎，地表无残根、残株和杂草，整地后不跑墒。

第三节　棉花种植机械化

一、露地棉种植机械化工艺

露地棉也叫直播棉，不铺膜在准备好的土地上直接播种的种植模式，新疆生产建设兵团的一般工艺为：

（1）茬灌。近几年新疆和新疆生产建设兵团棉区为提前播种采取的一项措施，有利于第二年早播种。在前茬作物收获前的适当时间浇一次水（掌握好时机，不能过早或过晚）。

（2）秋耕。一般选择铧式犁深耕，为保证作业质量，对草大残茬多的地块要进行灭茬（秸秆还田）处理，耕前施足底肥。

（3）冬灌。入冬前对赤地浇水，要用沟灌或畦灌，不能大水漫灌。

（4）播前整地。①应先平后整或复式作业，整地要达到“齐、平、松、碎、净、墒”整地的六字标准；②用轻型圆盘耙带磨子，最好用联合整地机联合作业，整地前喷除草剂。

（5）种子准备处理。见种子加工机械化，进行脱绒、精选、包衣等。

（6）播种方式。①用联合播种机条播；②穴播机穴播；③精量播种。

二、地膜棉种植机械化

（一）铺膜播种机械

塑料薄膜地面覆盖栽培是一项现代农业技术。地膜覆盖栽培要求在一定的农时季节内，把地膜按农艺要求铺盖在农田地面上。这项作业时间紧迫，劳动量大，使用机械科学地、经济地进行地膜覆盖栽培作业是大面积发展地膜覆盖栽培的前提。自 1980 年研制成第一台铺膜播种机械，到 2011 年仅新疆就已拥有 9 万台以上的铺膜播种机械，完成机械铺膜面积 232.5 万 hm^2（其中播种为主要地膜覆盖栽培作物）。经过不断的改进发展，铺膜播种机械逐步完善，人工辅助作业项目减少，作业质量和生产率提高，在国际上处于领先水平。

1. 机械铺膜的优越性

（1）质量好。与人工铺膜相比，作业过程中地膜受力均匀，能连续覆土，确保展得平、贴得实、封得严、固得牢的质量要求，能在 4～5 级风的条件下进行稳定作业。采用联合作业机械，可一次完成整地、施肥、铺膜、播种、覆土、镇压等多工序复式作业，能做到播行笔直，下种量均匀，播深一致，株行距一致及覆土镇压良好。

（2）生产率高。据中国地膜覆盖栽培研究会的调查，在一般情况下，畜力牵引的铺膜播种机比人工可提高工效 5～15 倍，拖拉机牵引时可提高工效 25 倍甚至更多，能在有限的农时季节大面积完成地膜覆盖，不误农时。

（3）经济效益好。机械覆膜能使地膜充分伸展，可比人工铺膜节省地膜 7.5～15 kg/hm^2，比人工铺膜每公顷可节省 30～75 个工作日。对于大、中型联合作业的铺膜播种机来说，每年所节省的工料就更可观。

2. 铺膜播种机械的作业质量要求

（1）施肥。要求种肥不混，覆盖良好，深浅可调。

（2）覆膜。平整、严实，膜下无空隙。两侧覆土完整，种行覆土后，采光面大于 50%。

（3）播种。播量符合要求，断条率或空穴率小于 5%，播深适当。

3. 铺膜播种机的种类　目前使用的铺膜播种机在结构、工作原理、配套动力和适用范围上各有特点。以下主要从使用角度大致按机器的作业内容和结构配置进行如下分类。

（1）按动力分，有人力、畜力、机力三种。

（2）按铺膜与播种方式分，有膜下、膜上、膜侧铺膜播种机。

（3）按排种方式分，有条播、穴播和单粒精量播种机。

（4）按工艺流程分，有单项作业机（铺膜机、点播机等）和复式作业机。

（5）按取种原理分，有气吸式、垂直圆盘式、舀种勺式、夹持式等。

（二）大田用典型铺膜播种机

目前，一般铺膜播种机采用滚筒式穴播器，可一次完成镇压整形、铺膜、打孔、播种和覆土等多项作业。主要适用于棉花，也可穴播黄豆、玉米等作物。

1. 一般构造（图 7－2）

（1）机架总成。该部分是整机的基础连接件。各部件及零件通过它组合成整机，并通过它与拖拉机实现连接。一般机架总成主要由主梁、仿形四连杆机构、主框架、滚筒框架、U形框架、后横梁、间隔套等组成（图7-3）。其主梁与上下悬挂板固接，主框架由前后横梁及顺梁焊合而成，通过四连杆机构与主梁连接。滚筒框架套装在后横梁上，通过后横梁与主框架连接，可在后横梁上绕轴转动进行独立仿形，还可在后横梁上进行轴向调节移动。U形框架通过连接销和滚筒框架连接，间隔套是安装在后横梁上的一个零件，其作用是限制滚筒框架在后横梁上的横向位置，保证两滚筒框架在所需位置固定不变。

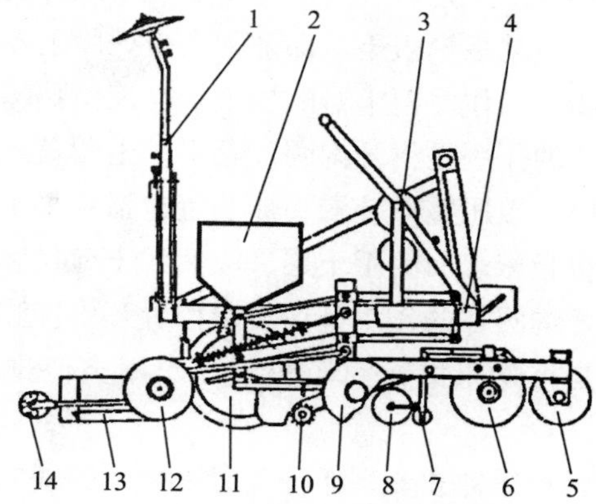

图7-2　铺膜播种机

1. 划行器总成　2. 种箱　3. 卷膜架　4. 机架总成　5. 镇压滚筒　6. 开沟圆片总成　7. 展膜辊　8. 压边轮总成　9. 一级覆土圆片总成　10. 揭膜刺孔器　11. 穴播器总成　12. 二级覆土圆片　13. 额定体　14. 小镇压轮

（2）铺膜装置。铺膜装置由膜卷轴、张紧轴、铺膜辊、展膜盘、覆土定额器和覆土圆片等部件构成（图7-4）。其作用是将地膜从膜卷中放出后，平整绷紧地铺于整好的膜床上，并将膜边封压严实。

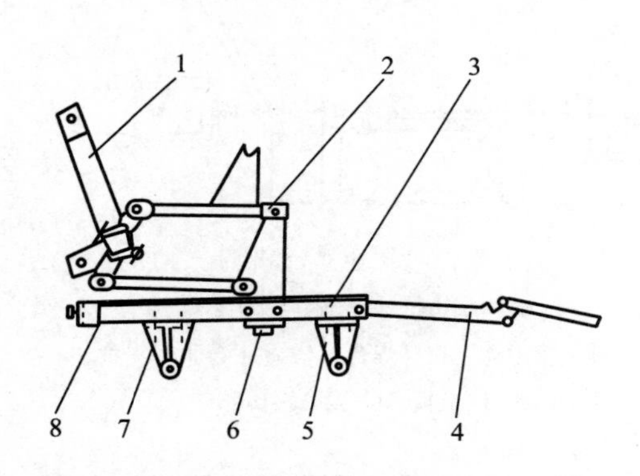

图7-3　机架总成示意

1. 主梁　2. 四连杆机构　3. 顺梁　4. 滚筒框架　5. 铺膜辊支座　6. 间隔套　7. 支座　8. 前横梁

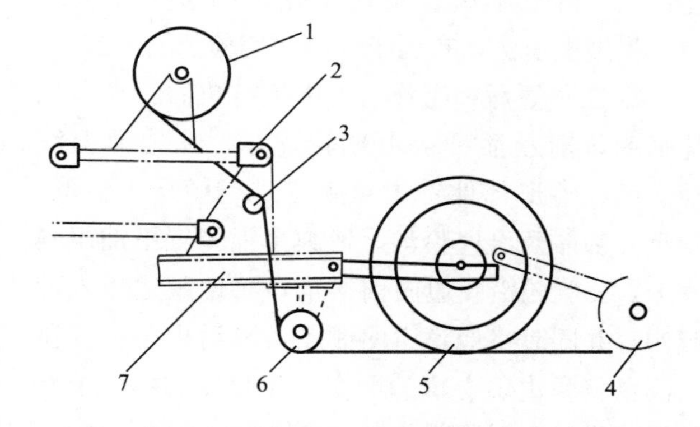

图7-4　铺膜装置

1. 膜卷　2. 四连杆机构　3. 张紧轴　4. 覆土圆片　5. 滚筒穴播器　6. 铺膜辊　7. 顺梁

工作时，塑料膜卷套在膜卷轴上，放于膜卷架上。薄膜经过铺膜辊铺在经镇压整形装置整形后的膜床上，膜边被安放在滚筒穴播器上的展膜盘嵌入圆片开出的埋膜沟，同时将膜横向展平，覆土圆片紧跟着用土将膜边覆严封固。

在铺膜装置中，膜卷轴的作用是安装膜卷，张紧轴的作用是将铺放过程中的薄膜张紧，以保证铺放时薄膜有一定的纵向张紧度；铺膜辊是将薄膜铺平并贴紧膜床，保证薄膜与膜床结合紧密，减少空隙；展膜圆盘是将膜边嵌入开沟圆片开出的埋膜沟，同时将薄膜横向展平；定额覆土器的作用是定量盖土，保证种孔带处膜上覆土厚度和覆土宽度，保证膜面采光面宽度和膜面的透光性能，工作时覆土器的挡土板与滚筒鸭嘴在同一直线，刮土板将种孔带上多余的土量刮去；覆土圆片的作用是将开沟圆片翻出的土覆盖到膜边及种孔带上。

(3) 镇压整形装置。该装置包括推干土器、开沟圆片总成、整形镇压轮总成。推干土器的作用是将膜床表面的干土层、较大的土坷垃和地表面的凸起清除，为后续的铺膜播种创造良好的条件；开沟圆片的作用是在规定位置开出埋膜沟，以便后续部件可将膜边顺利嵌入埋膜沟；整形镇压轮是将膜床进行镇压整平，作用类似推干土器，只是它不推干土，起镇压碎土平整膜床的作用。

(4) 播种装置。播种装置采用滚筒式穴播器。

(5) 覆土装置。覆土装置的作用是取土对膜上由于点种而打开的膜孔带进行覆盖，要求土层有一定的厚度（1～2 cm）和一定的宽度（6～8 cm）。该装置可分为两大类：一类是定额覆土器，主要用于 60～70 cm 宽地膜种植；另一类是滚筒式覆土花篮，主要用于 140 cm 以上宽地膜种植。

定额覆土器由覆土圆片、挡土侧板和定额体及小镇压轮组成（图 7－5），其功用是将第二级覆土圆片抛上来的土，由挡土侧板定量地覆在膜孔带上，再由小镇压轮在膜孔带的覆土带上滚动，将虚土压实，有利于保墒和使种子早出苗。

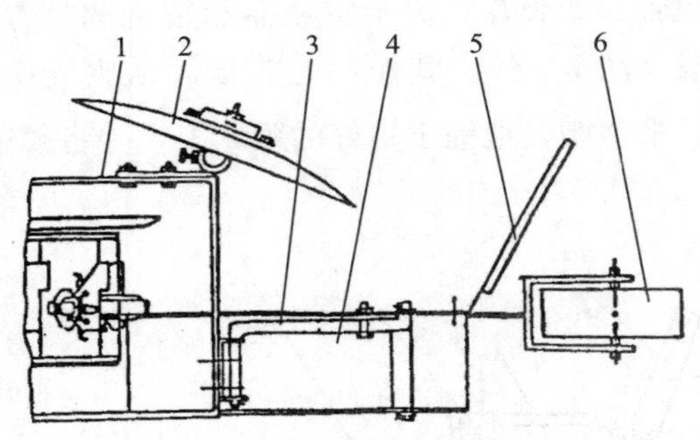

图 7－5　覆土镇压机构

1. 后框架边框　2. 覆土圆片总成
3. 额定覆土器上拉杆焊合　4. 额定覆土器焊合
5. 刮土板　6. 膜孔镇压轮

2. 工作过程　工作时，由拖拉机后三点全悬挂牵引，铺膜播种机由地轮支撑，在地面上滚动。镇压整形部件首先对膜床进行镇压、整形。圆盘开沟器开出埋膜沟，地膜由铺膜辊平铺于膜床上，压膜轮沿膜边向前滚动，将地膜边压入埋膜沟，并同时将地膜横向绷紧，随后由第一级覆土圆盘将膜边用土覆盖严实。在膜床的膜面上有的机型设计有揭膜刺孔器，将地膜位于种行处打出纵向两道类似邮票孔的膜孔，以便灌头水前能顺利揭起边膜（有的则没有）。其次，滚筒式穴播器在牵引滚动的同时，在地膜上打成穴孔，并向各穴孔播入种粒。再次，由第二级覆土圆片将土甩向膜上，定额覆土器使覆土落于膜孔带上，并对膜孔做定量条状覆土。对 140 cm 以上宽的地膜播种，这道工序是由第二道覆土圆盘将土甩入覆土筒，覆土筒通过内部的螺旋片将覆土分配到几个播行孔带上。最后由小镇压轮在孔带覆土条上对虚土进行镇压。

3. 使用调整与维护

(1) 使用要求。

a. 肥料要求过筛，颗粒直径不大于 5 mm，保持干燥，无杂物。

b. 种子要求清洁饱满，无杂物、无破损，棉种要求无短绒。

c. 待播土地要求平整、细碎、疏松、无杂物，墒度适宜。

d. 膜卷要求两端齐、无断头、无粘连，芯轴孔径不得小于 30 mm，膜卷外径不得大于 22 cm。

e. 地膜宽度尺寸要根据播种行距的不同及种植模式的不同选定。

（2）铺膜播种机的播前准备。

a. 各部轴承应保持润滑和清洁，转动要灵活，无卡滞现象。

b. 各转动及铰接部件活动应灵活，无卡滞现象。

c. 各浮动部件应保持灵活无卡滞。

d. 各紧固螺栓应紧固可靠，不得松动。

e. 仔细检查滚筒式穴播器。

• 排种器（勺式取种器）应固定可靠，盛种腔内不得有杂物、泥土、棉绒、薄膜等杂物堵塞进种口、勺式取种器及输种管道。

• 活动鸭嘴铰链必须活动灵活，更不得脱落，发现问题应及时修复。

• 活动鸭嘴与固定鸭嘴的相对位置应正确，张开度应保持在 10～13 mm，两侧间隙不得大于 2 mm，否则应及时校正、调整。

• 加种口盖拧开应灵活，关闭必须可靠，否则应校正或修复。

• 滚筒穴播器轴调整安装后，穴播器滚筒应能灵活转动，不应有明显轴向间隙。

（3）拖拉机的调整。

a. 轮距的调整。主要是对配套的轮式拖拉机的轮距进行调整。其调整原则为不影响后续的铺膜播种及中耕等作业。

b. 悬挂装置的检查和调整。检查调整悬挂架，保证机具处于正确的连接状态，即纵向正牵引、横向水平牵引、硬连接软浮动。

纵向正牵引：要求顺拖拉机前进方向处于正位，不能使地膜机工作时相对于拖拉机中心有一边多一边少的现象。

横向水平牵引：地膜机工作时不能一边高一边低、歪斜悬挂，应横向平行于地面。

硬连接软浮动：指在悬挂连接好后，应将各调整螺栓固定紧，悬挂张紧链也应拧紧，不使地膜机在作业或运输时上下左右来回摆动。液压悬挂手柄应位于浮动位置进行作业。

c. 中央拉杆的调整。拖拉机液压悬挂装置的中央拉杆不得锈死，应能灵活地伸缩调整。保证农具升起后具有一定的运输地隙，且工作时农具始终处于水平状态。中央拉杆过长时会引起断膜和滚筒式穴播器卷膜等现象，过短时会引起推土筑埂镇压器及施肥开沟器壅土等现象。

（4）铺膜播种机的调整。

a. 株距的调整。株距主要靠安装在滚筒式穴播器上鸭嘴的数量来确定。安装的鸭嘴多，则株距就小；安装的鸭嘴少，则株距就大，属有级调整。

当需要较大株距时，单靠增加鸭嘴单体总成仍无法满足需要，可关闭相应鸭嘴上勺式排种器的窗翼，使该排种器不排种（但仍打洞），即可加大株距。

b. 播量调整。播量调整主要靠调整排种器来实现。调整步骤是先将滚筒式穴播器侧盖打开，检查排种器的状况，若排种器已变形，应校正后再调整。增大取种器挡种舌与进种口间隙，播量增大；反之减小。一般此间隙为 7～8 mm。

c. 开沟圆片的调整。一是调整开沟圆片与前进方向的夹角，使其保持 15°～20°，保证入土深度为 5～7 cm；二是调整开沟圆片成对的两个刃口间的刃口距离，其目的是按膜的宽度形成有足够采光面的膜床，此距离应为地膜宽度减去 10 cm 左右。

d. 覆土圆片的调整。调整时除保证夹角为 15°～20°，使深度适宜外，还有横向位置的调节。其调节原则是保证覆土均匀和适宜，并使圆片在作业中不堵塞、不壅土。

e. 定额覆土器体的调整。第一步是调整定额覆土器的左右位置，目的是控制膜面上覆土量的大小，保证所需的采光面积。调整时左右移动连接板，带动定额覆土器左右移动，使挡土板和滚筒式穴播器上的鸭嘴走在同一直线上。第二步是调整刮土板，其目的是控制和保证种穴孔及膜边膜面上的覆土厚度。调整时上下抽动刮土板到一定高度，保证种穴孔膜上盖土 1～2 cm 即可。

4. 使用注意事项

（1）滚筒式穴播器旋转方向必须正确，以活动鸭嘴为记号，顺旋转方向头部在前，压板尾部方向在后。安装时左右滚筒式穴播器不得装错。

（2）左右覆土额定体不得装错。

（3）及时加种加肥，并保证不混杂物。

（4）经常检查鸭嘴，使其保持正常技术状态，不得有堵塞夹土和活动鸭嘴脱落等现象。

（5）经常检查各圆片、额定体及其他零部件，使整机处于正常技术状态。

三、棉花精量播种技术

（一）精量播种的农业技术要求

1. 种子质量要求 用于精量播种的棉种应是适应当地土壤气候条件的优良品种。种子必须经过精选，籽粒饱满而完整，充分成熟。确保种子健籽率 99%以上，纯度 99%以上，净度达到 98%，发芽率 92%以上，种子含水量不高于 12%。

2. 播前整地作业的农业技术要求 土壤经过犁耕以后，其破碎程度、紧密度及地表平整状态，远不能满足精量播种作业的技术要求。播种前必须通过整地作业进一步松碎和平整土壤，以改善土壤结构，保持土壤水分，为保证播种质量和种子发芽、生长创造良好条件。总体要求达到“齐、平、松、碎、净、墒”六字标准。

（1）整地及时，以利防旱保墒。

（2）整地后土壤表层松软，下层紧密度适宜。

（3）整地深度符合要求，并保持一致。

（4）整地后地表平整，土壤细碎，无漏耙、漏压。

（5）整地后地表无残茬、草根、残膜等杂物。

（6）整地前按农艺要求配药进行土壤封闭，喷后及时进行整地作业。

3. 播种作业的农业技术要求　播种是棉花栽培的重要环节之一，适时播种和良好的播种质量是棉花苗齐苗壮、稳产高产的重要保证。

（1）适时早播。适时早播，可延长有效结铃期，使棉叶的高光效能期、棉铃增长高峰期与光热高能期（即高温、高光照期）相吻合，达到在最佳结铃期内多结伏桃、早结秋桃，提高单株结铃数，为机采棉技术的有效实施创造有利条件。

适时早播应依据土壤温度、终霜期、土壤墒情确定。

土壤温度：棉种发芽的临界温度为10.5～12 ℃，当5 cm土层温度稳定通过8 ℃或膜内5 cm温度稳定通过12 ℃时，即为播种始期。

终霜期：终霜期是确定播期的关键因素，通常是根据正常年份的终霜期出现和播种至出苗的天数，按霜前播种和霜后出苗的原则确定播期。

土壤墒情：在适宜的播种期内，土壤墒情是确定播期的重要条件。墒情过大，易烂种，墒情不足，难易实现“一播全苗”。一般土壤水分为田间持水量的70%～80%即可播种。

（2）播种作业的质量要求。播行端直，铺膜平整，膜下无空隙，膜侧覆土严实；膜孔覆土带完整，膜面整洁，尽可能增大采光面积。

播种量、播深符合要求，深浅一致，播深一般为2.5～3 cm；空穴率小于3%，错位率不超过1.5%；保证行、株距的一致性，播种要到边、到头。

（3）播种机具的选择。播种机具的选择根据采棉机的采收行数确定，播种行数应与采收行数配套一致，严禁跨交接行作业。3膜12行播种方式适应于6行采棉机采收，与5行采棉机配套的播种方式可选择2膜10行或5膜20行播种机。

（二）播种机具

播种机具根据性能可分为精量播种机具和半精量播种机具，精量播种机具又可分为气吸式精量播种机和机械式精量播种机具；按覆膜宽度可分为宽膜播种机和超宽膜播种机；按作业幅宽可分为3膜12行播种机、2膜10行播种机和5膜20行播种机等。

1. 气吸式精量播种机

（1）机具性能及特点。气吸式精量播种机是利用风机产生的负压，经负压风道使穴播器气室内产生一定的真空度，并使排种盘上的吸种孔产生吸力，从而达到吸附种子的目的。由于单个吸种孔每次只能吸附一粒种子，从而可实现精量播种。排种粒数由排种盘上的吸种孔个数所决定。

气吸式播种机的主要特点：负压风管系统采用机架与软管一体化设计，尽可能地减少了软管用量及其占用空间；点种外圈设计有二次分种机构，可保证取种精度及种子进入鸭嘴的时间；设计有地膜张紧装置，可保证地膜与地面的贴合度，减少膜孔错位率；覆土花篮采用大直径整体结构，增强了土在花篮内的流动性，提高了膜孔覆土质量，并利于较大土块及杂物的排出。

该机作业时可一次完成种床整形、镇压、滴灌管铺设、开膜沟、铺膜、膜边覆土、打孔精播、穴孔覆土、种行镇压等九个作业程序。

(2) 机具结构及工作原理。气吸式精量播种机一般由主梁总成、四杆机构、工作部件安装框架、传动轴、风机、整形器、镇压辊、滴灌带铺设装置、开沟圆盘、展膜辊、压膜轮、覆土圆盘、挡土板、种箱、穴播器、上土圆盘、覆土花篮、镇压轮、膜卷支架、滴灌带卷支架、划行器等部分组成（图 7－6）。

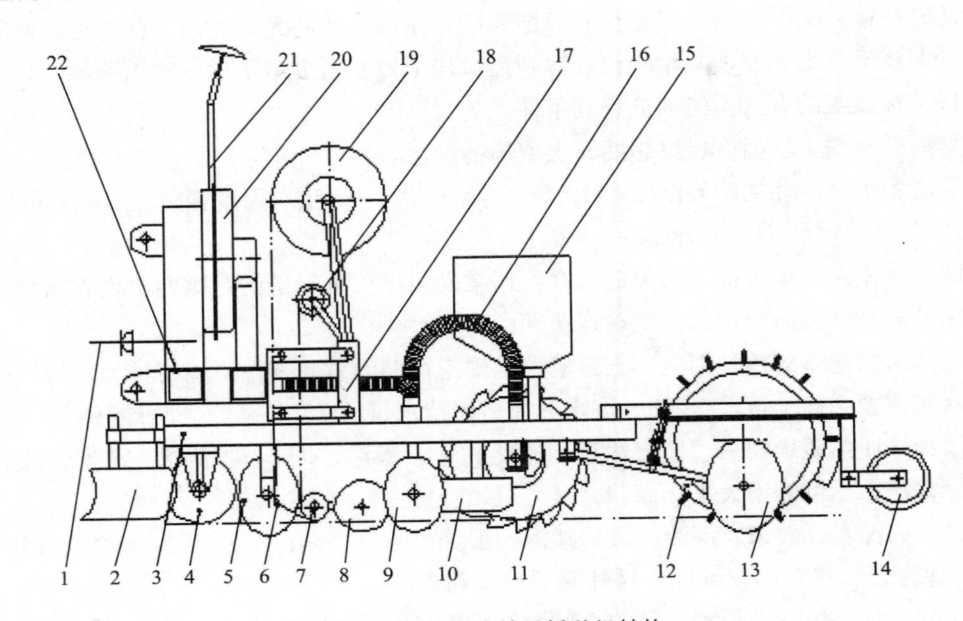

图 7－6 气吸式精量播种机结构

1. 传动轴 2. 整形器 3. 框架 4. 镇压辊 5. 开沟圆盘 6. 滴灌带铺设装置 7. 展膜辊 8. 压膜轮 9. 覆土圆盘 10. 挡土板 11. 穴播器 12. 覆土花篮 13. 上土圆盘 14. 镇压轮 15. 种箱 16. 风管 17. 四杆机构 18. 膜卷支架 19. 滴灌带卷支架 20. 引风机 21. 划行器 22. 主梁总成

(3) 工作过程。气吸式精量播种机由拖拉机后悬挂作业，工作时拖拉机液压操纵杆置于浮动位置，播种机调至水平状态。整个播种作业过程由种床准备、播种和膜孔覆土等三个过程组成。

种床准备过程：先由整形镇压部件对膜床进行整形、镇压，随后开沟圆盘开出埋膜沟，滴灌带铺设装置将滴灌带铺设于地表或浅埋，地膜则由展膜辊平铺于膜床上，压膜轮沿膜边向前滚动，将地膜边压入埋膜沟，同时将地膜横向绷紧，随后覆土圆盘将膜边埋压严实。

播种过程：通过拖拉机动力输出轴带动引风机转动，并通过引风管道使穴播器气室产生一定的真空度，使排种盘上的吸种孔产生吸力，以吸附存种室内的种子。当种子随排种盘转动至排种位置时，在断气块和刮种板的双重作用下落入分种器，分种器继续转动，将种子投入鸭嘴，鸭嘴在刺穿薄膜、插入土壤的同时，活动鸭嘴在与地面的接触压力下被打开并形成孔穴，种子自然落入各穴孔，完成播种过程。

膜孔覆土过程：由上土圆盘将一定量的土喂入覆土花篮，土在覆土花篮内的导向叶片的作用下产生横向运动，并通过漏土间隙撒落于各播种行的膜孔上，形成条状覆土带，最后由镇压轮对膜孔覆土带进行镇压。

至此，完成整个播种作业过程。

(4) 主要技术参数。

配套动力：≥40 kW；

风机转速：4 200～4 500 r/min；

作业速度：3～4 km/h；

铺膜幅数：3；

播幅：4.65 m；

行距：10 cm＋66 cm＋10 cm＋66 cm；

株距：9.5 cm；

适用薄膜宽度：120 cm 或 125 cm；

播种深度：25～30 mm；

空穴率：≤3%；

滴灌带横向偏移度：≤2 cm。

2. 夹持自锁式棉花精量穴播器

(1) 结构及原理。夹持自锁式穴播器由夹持自锁式取种装置、接种杯、滚筒、成穴器、挡种板等部件组成（图 7-7）。取种装置结构如图 7-8 所示，重块和夹持板固连在一起，夹持板上有一横轴，横轴安装在支座上的长轴孔内，夹持板和重块相对支座有一定的转动和移动。

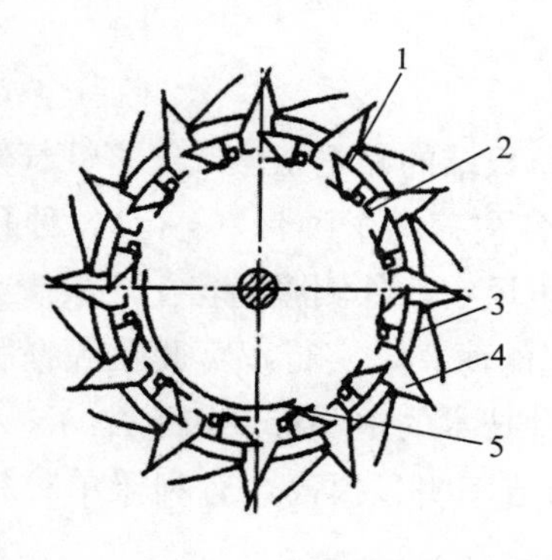

图 7-7　夹持自锁式穴播器结构
1. 取种装置　2. 接种杯　3. 滚筒
4. 成穴器　5. 挡种板

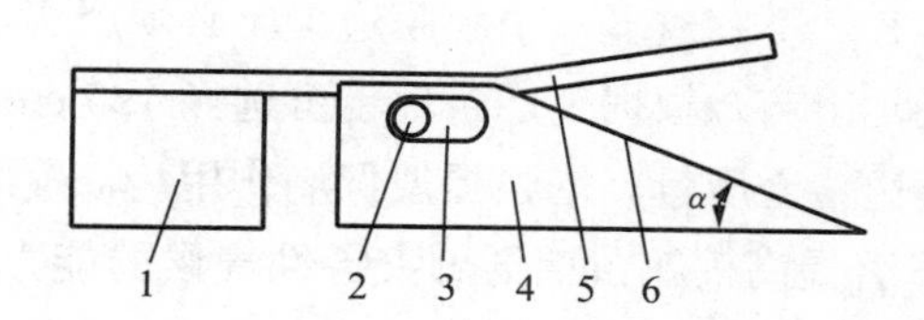

图 7-8　取种装置结构
1. 重块　2. 横轴　3. 长轴孔
4. 支座　5. 夹持板　6. 支座斜面

工作时，穴播器在苗床上滚动，取种装置随之做回转运动。穴播器种子室中的种子主要集中在种子室一侧做环流运动。取种装置夹持板与支座斜面之间有一个夹角，形成 V 形槽，当取种装置经过种子群时，种子在重力和种子群力等的作用下进入 V 形槽。

工作原理如图 7-9 所示。滚筒转动，取种装置逐渐上升，重块在自身重力作用下绕横轴转动，进入 V 形槽的一粒种子在重块杠杆力的作用下被夹持板夹持住；或进入 V 形槽的一粒种子在重力或种子群力作用下被卡在 V 形槽中即被自锁住。随着取种装置离开种子群，未被夹持或自锁住的多余种子在重力等作用下从取种装置上自行落下，实现清种。当取种装置运动到种子室另一侧时，在重块的离心力作用下夹持板绕横轴反向转动，夹持板张开，被夹持的种子在重力等作用下落入接种杯。在重块沿支座长轴孔移动过程中，夹持板相对支座斜面向下移动，种子便解除自锁落入接种杯。随着穴播器的滚动，接种杯中的种子进入成穴器，成穴器在苗床上掘穴并打开，种子在重力、离心力的共同作用下落入穴底，完成投种。

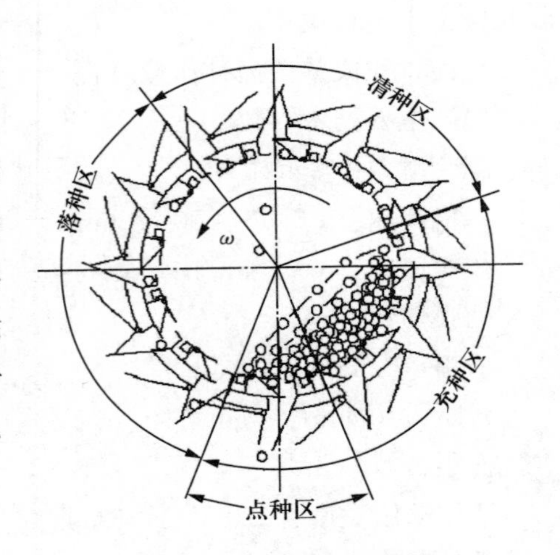

图 7-9 穴播器工作原理

(2) 主要技术参数。

滚筒半径：175 mm；

成穴器数目：15 个；

鸭嘴高度：30 mm；

理论穴距：95 mm；

适用行距：100 mm+660 mm，80 mm+680 mm；

单粒率：≥93%；

空穴率：≤3%；

多粒率：≤4%。

3. 双覆膜精量播种机

(1) 机具性能及特点。双覆膜精量播种机主要用于易板结的黏重土质或灾害性气候较多的区域的播种作业。上层薄膜一般为两幅宽 40 cm 的薄膜，各覆盖两个种带（4 行）。种孔覆土量以盖住膜孔为宜，不宜过多；窄膜膜边覆土必须严实，以抗风灾；外侧膜边覆土严禁土上种行，以保证边行正常出苗。根据生产条件也可选择 120 cm 幅宽的薄膜，实行双宽膜覆膜播种，则更有利于保证膜边覆土质量，增强提温保墒作用。双覆膜播种技术的主要特点如下：

a. 可显著提高棉花苗期抵御灾害性气候的能力，出苗率明显提高，有利于单粒精量播种实现“一播全苗”，苗齐苗全。

b. 进一步增强了薄膜的提温保墒作用，可实现棉花适时早播种、早出苗，促苗早发，有利于化学脱叶催熟技术的实施，延长采棉机收获期。

c. 可大幅度降低人工破板结的劳动强度及费用。

(2) 机具结构及工作原理。双覆膜精量播种机一般是在精量播种机工作部件安装框架后加装二次铺膜覆土装置而成。二次铺膜覆土装置为整体设计，便于装卸，播种方式的转换方便快捷，具有较好的通用性。

二次铺膜覆土装置主要由窄膜展膜辊、上土圆片、窄膜覆土花篮、膜卷支架等部分组成（图 7-10）。

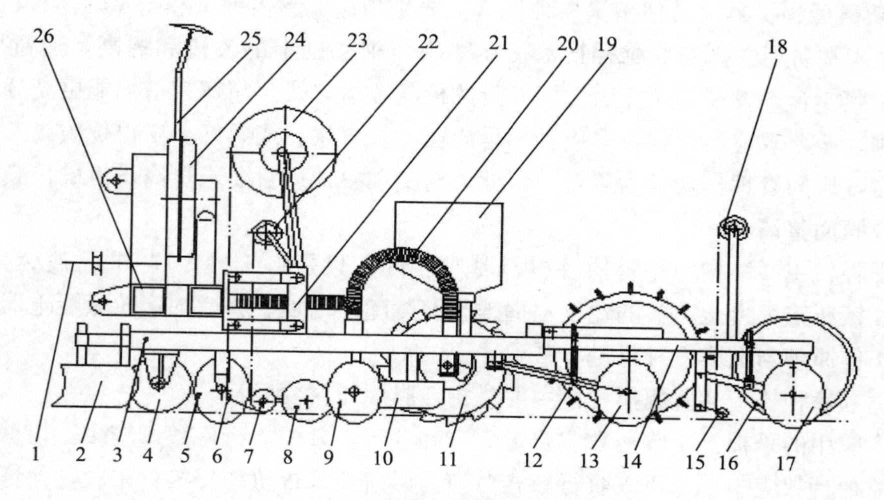

图 7-10　双覆膜精量播种机结构

1. 传动轴　2. 整形器　3. 框架　4. 镇压辊　5. 开沟圆盘　6. 滴灌带铺设装置　7、15. 宽幅展膜辊　8. 压膜轮　9. 覆土圆盘　10. 挡土板　11. 穴播器　12、16. 覆土花篮　13、17. 上土圆盘　14. 展膜辊架　18. 展膜支架　19. 种箱　20. 风管　21. 四杆机构　22. 膜卷支架　23. 滴灌带支架　24. 引风机　25. 划行器　26. 主梁总成

（3）工作过程。双覆膜精量播种机的种床准备、铺第一层膜及播种过程基本与膜上精量点播一致。当穴播器完成打孔播种工作后，由上土圆盘 13 将土喂入膜孔覆土花篮，土在覆土花篮内的导流叶片的作用下产生横向运动，并通过漏土间隙撒落于各种行的种孔上，形成条状覆土带，其覆土厚度以 1 cm 左右为宜。第二层窄膜在展膜辊的作用下平铺在第一层膜上，并由覆土花篮上的压膜圈将膜展平，上土圆盘 17 及时将外侧膜边埋压严实，并将一部分土送入覆土花篮，土在导流叶片的作用下产生横向运动，通过漏土间隙撒落于内侧膜边。

（4）主要技术参数。

配套动力：≥40 kW；

风机转速：4 200～4 500 r/min；

作业速度：3～4 km/h；

铺膜幅数：3；

播幅：4.65 m；

行距：10 cm＋66 cm＋10 cm＋66 cm；

株距：9.5 cm；

适用薄膜宽度：120 cm；

播种深度：25～30 mm；

空穴率：≤3％；

滴灌带横向偏移度：≤2 cm。

4. 其他精量播种机具 其他精量播种机具主要是指超宽膜播种机和超宽幅播种机。

（1）超宽膜播种机。超宽膜植棉技术是在宽膜植棉基础上的改进和提高，通过增加膜面幅宽，由宽膜1膜4行，发展为超宽膜1膜6行的棉花栽培方式。超宽膜植棉能更充分地利用地膜的增温、保墒、杀草效应，使棉花早播种、早出苗、发育快、成熟好，获得优质高产。由于增加了地膜的幅宽，田间管理作业较为困难，因此，对播前整地质量要求更高，以确保膜边、种孔覆土质量；以及膜面整洁。

超宽膜播种机主要结构与宽膜播种机具基本相同，只是将1播3膜12行改为1播2膜12行。整形器、镇压辊、上土花篮的宽度根据地膜宽度随之增加。并增加了轮辙覆土器，以保证膜面平整。其工作原理与宽膜播种机基本一致。

（2）超宽幅播种机。超宽幅播种机主要是指5膜20行播种机。

目前推广应用的采棉机采收行数主要为5行和6行，其中5行机数量较多。根据采棉机作业技术要求，播种行数应与采棉机采收行数相对应，以避免采棉机跨交接行采收，保证采净率。

目前常用的3膜12行播种方式与6行采棉机配套一致，而5行采棉机则存在跨交接行采收的问题。如将播种机改装为2膜10行，偏牵引时，增加作业难度，存在轮辙压作物行的问题；正牵引时，则存在调整轮距的问题。而且存在宽窄膜、生产率低、拖拉机牵引效率低等问题。5膜20行播种机通过增加播种幅宽较好地解决了上述问题。

5膜20行播种机以75 kW以上拖拉机为动力，采用宽膜为120 cm或125 cm，播幅为760 cm，工效高，适宜在较大农田作业。但因机架过宽造成运输和进院入库不便，而且对土地平整度要求较高。其主要结构与宽膜播种机具基本相同，只是将主梁加大加宽，增加了5组播种部件。工作原理与宽膜播种也基本一致。

四、棉花育苗机械化移栽技术

棉花育苗移栽技术是我国棉花生产栽培技术的重大突破，在我国粮棉双增产中发挥了巨大作用。山西对棉花实行育苗移栽后，土地单位面积利用率提高80%，较直播复播提高单产20%以上；上海市松江县采用了麦后移栽棉优化技术，比麦垄直播棉土地利用率提高了50%，小麦增产10.2%，棉花增产10.2%。在我国主产棉区的长江、黄河流域的中下游广大地区实施棉花育苗移栽技术，年增加效益上百亿元。在我国北方地区，曾对直播棉、地膜棉和营养钵移栽地膜棉进行了对比实验研究，结果表明采用棉花钵苗移栽比直播棉产量增加一倍左右，比地膜覆盖穴播棉增产10%～20%。增产效果是比较显著的。

（一）育苗技术与装备

国内众多科研单位和生产企业尝试了多种育苗方式，如基质育苗、无土育苗、微钵育苗、水浮育苗、穴盘育苗等，为改变我国传统的植棉方式和提高农业生产率提供了技术支持。

1. 营养钵育苗 ZB-2500型棉花育苗制钵机，该机体积小、质量轻，便于田间移动操作，能适用各种不同土质，配套动力为1.26 kW汽油机、1.5 kW柴油机或1.1 kW电动机，生产率可达2 500只/h。

2. 穴盘育苗 塑料穴盘育苗技术由扬州大学农学院和江苏省农业技术推广中心研究完成，是一项既可分散育苗又可工厂化育苗的轻型简化种植方式。与常规营养钵育苗移栽方式相比，塑料穴盘育苗 1 hm^2 大田可节省育苗制钵用工 15 个、苗床管理用工 15 个、取苗移栽用工 15 个以上，即可共节省育苗移栽用工 45～60 个。由于育苗面积显著减少，育苗总成本可降低 1/3 以上，且育苗和移栽过程劳动强度显著降低。塑料穴盘规格穴盘长 60 cm，宽 33 cm，每盘 100～120 穴。穴口上大下小（上口直径 3～4 cm，下底直径 1～2 cm），呈锥筒形，高 4～5 cm，穴底留 1 个小孔，用于排除过多水分和增加透气性。每穴体积仅为传统营养钵的 1/10 左右。

3. 无土育苗 无土育苗技术是根据棉花苗期对养分的需要，合理配制适合于棉花苗期生长发育的人工营养液，并以蛭石等基质代替土壤进行育苗。在培养过程中采用特殊的技术增强棉苗的抗逆性，使棉苗便于移栽成活。移栽时用生根剂蘸根，以达到移栽后迅速生根、快速成活、成活率高、根系发达和壮苗早发的目的。无土育苗技术是河南省农业科学院棉花油料作物研究所研究完成的专利技术，该技术 2001 年基本成型，2002 年在河南省进行小面积试验，2003 年在河南省扩大示范。棉花无土育苗移栽技术具有省力、省时和节约用种、用地、用工的优点，经济、生态和社会效益显著。与传统营养钵育苗移栽技术相比，打钵、移栽用工可减少 30～45 个/hm^2，节约用种 30%，节约育苗用地 60%，减少 1～2 次化学农药拌种，综合节约成本 1 500 元/hm^2 以上。

4. 水浮育苗 棉花水浮育苗技术由湖南农业大学棉花研究所研究完成。成果已申请国家发明专利，包括苗床专用肥、育苗托盘、育苗基质和养分添加剂等系列专利产品和水浮育苗综合配套的专利技术。据陈金湘等报道，2003—2005 年比较试验表明，水浮育苗比营养钵育苗移栽缓苗期缩短 6～9 d，生育期提早 3～5 d，增产皮棉 135～180 kg/hm^2，增产幅度 11%～15%。2006 年在湖南、湖北、江西和安徽 4 省的 70 多个县（市）推广棉花水浮育苗技术 1 866 hm^2 以上，平均增产皮棉 169.5 kg/hm^2，增产幅度达 13.4%，平均节省育苗、移栽用工 8 个/hm^2，节约杂交棉用种 2.1 kg/hm^2。棉花水浮育苗是集约化水平和产业化程度较高的新技术，不仅适合于工厂化、规模化育苗，也可以由分散农户自行育苗。该技术以多孔聚乙烯泡沫育苗盘为载体，以混配基质为支撑，以营养液水体为苗床进行漂浮育苗，出苗率在 90%以上，棉苗根系发达，生命力强，整齐一致，无病害，无杂草。与棉花水浮育苗相配套的移栽技术，具有省工、节本、移栽简单、取运方便等优点。水浮育苗可以节约苗床用地，苗床用地仅占移栽大田的 1/300，而传统营养钵育苗苗床面积占移栽大田面积的 1/20。同时，水浮育苗可节约用种量 40%以上。水浮育苗移栽后棉株具有良好的抗逆性，移栽时棉苗主根保持完好，根系发达，既能适应干旱又能适应涝渍的土壤环境。无论晴天还是阴雨天气，移栽成活率均在 95%以上，比营养钵育苗的移栽成活率提高 15 百分点以上。并且移栽后植株根系发育好，抗倒伏、抗早衰优势明显。

5. 微钵育苗 机械化微钵育苗技术由江苏省农业科学院经济作物研究所创建。该项技术突破了长期以来棉花营养钵育苗依靠手工作业的传统模式，苗床管理和移栽的劳动强度大幅度降低，实现了棉花育苗省工、省力的目标。微钵育苗采用机械制钵，制钵快，所需苗床小，可节省制钵用工 30 个/hm^2 以上。微钵育苗期缩短，棉苗 2 叶 1 心期即可揭膜炼苗移栽，可节省苗床管理用工 15 个/hm^2。微钵育苗移栽操作简便，可节省移栽用工 30 个/hm^2 以上。微钵育苗苗龄适宜，棉苗素质好，移栽成活率和缓苗期均可以达到传统营养钵育苗的水平。微钵育苗，由于移栽后缓苗期短，苗蕾期生长发育快，现蕾、结铃早，因此棉花早熟性好。

6. 基质育苗 棉花基质育苗移栽新技术（即无土育苗和无载体裸苗移栽技术）是一项国家发明技术，由中国农业科学院棉花研究所研究完成。该技术具有以下几个特点：①采用基质替代营养钵，促根剂和保叶剂同时应用以保护裸苗移栽，提高成活率；②育苗灵活，可在房前屋后分散育苗，也可采用规模化集中育苗；③可与机械化移栽相结合，将为棉花生产轻型机械化奠定基础；④育苗和移栽相配套，裸苗移栽要求浇“安家水”，低温移栽返苗发棵慢；⑤要求全程跟踪服务，积极稳妥扩大示范。该项技术于 2003 年进入生产初试，以后逐年扩大，示范应用区域分布于长江、黄河和西北三大主产棉区，到 2008 年，累计推广面积 38 万 hm^2。目前，该项技术正在江苏省各棉区扩大示范，同时工厂化育苗和机械化移栽的推进也在加快，代表了棉花生产新技术的发展方向，表现出较好的推广应用前景。

（二）机械化移栽技术与装备

国外 20 世纪 30 年代就出现了用于果苗的栽植机具，到 80 年代，半自动移栽机已在生产中广泛使用，制钵机已成系列。我国在 20 世纪 70 年代开始研制裸根苗移栽机和打穴机，80 年代研制成半自动蔬菜移栽机；近几年，在引进美国、法国、日本、意大利等国移栽机试验的基础上，先后研制出一批钵苗移栽和制钵机具。按自动化程度分，有手工移栽机、半自动移栽机和全自动移栽机；按栽植器的结构特点分，主要包括钳夹式、链夹式、导苗管式、挠性圆盘式及吊杯式（偏心式和单铰接式）等移栽机。

1. 机械打穴机 2ZX－2 型棉苗营养钵移栽打穴机，该机打穴穴距均匀、稳定，可容纳较多的回土，穴壁松，有利于棉花生长，而且工效高、效果好，每小时可打穴 20 000 个左右，较人工提高工效 60 倍，可加快棉花移栽进度，缩短棉花蹲苗期，比人工打穴提前 3～5 d 成活。

2. 钳夹式移栽机（图 7－11） 钳夹式移栽机主要工作部件有钳夹式栽植部件、开沟器、覆土镇压轮、传动机构及机架等部分。工作原理：人工将秧苗放在转动的钳夹上，然后随栽植盘转动，到达苗沟时，钳夹在滑道开关控制下打开，在自身重力作用下落入苗沟，然后镇压轮覆土，完成栽植。其优缺点：结构简单，株距和深度稳定，成本低，适合裸苗和钵苗；但是株距调整困难，钳夹易伤苗，栽植速度低，零速栽植与喂苗不好控制。

主要机型：法国生产的 UT－2 型移栽机、中国农业科学院烟草研究所研制的 2ZYM－2 型移栽机、黑龙江农业科学院研制的 2Z－2 型移栽机、吉林工业大学在 1999 年研制的 2ZT 型移栽机等。

3. 链夹式移栽机（图 7－12） 链夹式移栽机主要工作部件有链夹式栽植器、开沟器、压密覆土轮、传动仿形轮、传动装置和机架。工作原理：秧夹安装在链条上，人工喂到链夹上，链夹转入滑道，秧苗被夹持并随链夹转动，秧苗达到与地面垂直时，链夹脱离滑道并自动打开，秧苗落入沟内，然后完成覆土、镇压。工作过程和性能与钳夹式相似。优缺点：链夹式栽植株距准确，直立度好，喂苗稳定可靠；但是呈上下排列，喂苗区夹数少，易伤苗，生产率低。

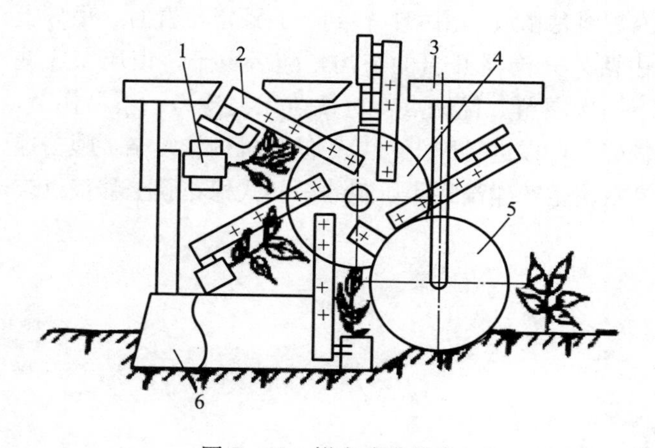

图 7-11　钳夹式移栽机

1. 横向输送链　2. 钳夹　3. 机架
4. 栽植圆盘　5. 覆土镇压器　6. 开沟器

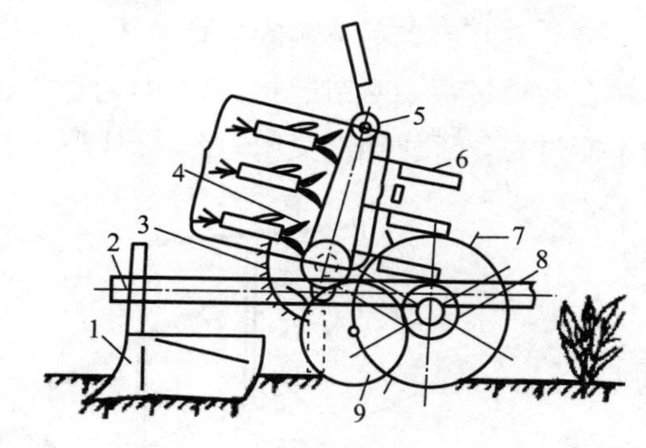

图 7-12　链夹式移栽机

1. 开沟器　2. 机架　3. 滑道　4. 秧苗　5. 驱动链条
6. 夹苗链夹　7. 驱动地轮　8. 传动链条　9. 镇压轮

主要机型：意大利生产的 NADR-1 型玉米钵苗移栽机等。

4. 导苗管式移栽机（图 7-13）　导苗管式移栽机主要工作部件有喂入器、导苗管、扶苗器、开沟器和覆土镇压轮等。工作原理：人工或机械将秧苗放入喂入器的喂入筒，转到导苗管的上方时，下面的活门打开，秧苗靠重力下落到导苗管内，通过倾斜的导苗管将秧苗引入开沟器开出的苗沟内，然后进行覆土、镇压，完成栽植过程。优缺点：不易伤苗，可以保证较好的秧苗直立度、株距均匀性和深度稳定性，且作业速度较高；但其结构比较复杂。

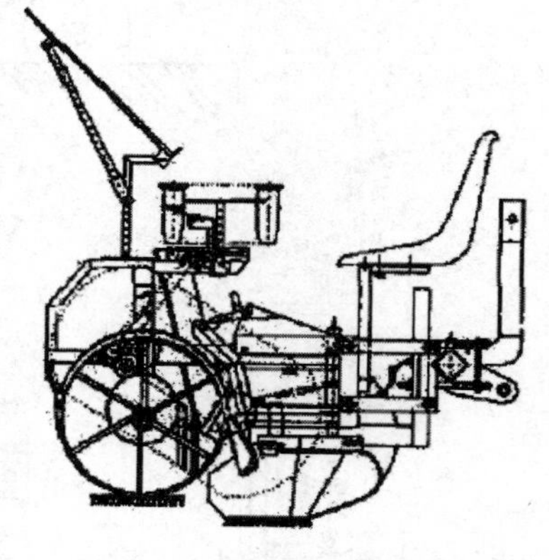

图 7-13　导苗管式移栽机

主要机型：具有代表性的有中国农业大学 1999 年研制的 2ZDF 型移栽机、山东省泰安国泰拖拉机总厂 1998 年研制的 2ZM-1 型移栽机。

5. 挠性圆盘式移栽机（图 7-14）　主要由机架、悬挂装置、苗架、链传动系统、开沟器、覆土镇压轮、齿轮传动系统、挠性圆盘等组成。工作原理：人工将秧苗喂入输送带的槽内，输送带将秧苗喂入栽植盘，栽植盘由两片可以开拓的橡胶盘组成。该机在接受链送来的秧苗时，利用开盘轮使其局部张开，秧苗进入开口后因其弹性自动闭合。到达开沟器下部时，利用开盘叉使之松开放下秧苗。然后覆土，镇压完成栽植。优缺点：栽植器对株距几乎没有限制，对株距的适应性很好，圆盘可以由橡胶制造，结构简单，成本低；但寿命短，栽植深度不稳定。

主要机型：挠性圆盘式移栽机主要有白城农业机械研究所 1990 年研制的 2Z-1 型甜菜移栽机和新疆农业科学院研制的 2ZT-2 型甜菜纸筒育苗移栽机。

6. 吊杯式移栽机（图 7-15）　工作原理：由驱动轮驱动栽植圆盘转动，吊杯与地面保持垂直，并随圆盘转动。当吊杯转到上面时，由人工将秧苗放入吊杯；转到下面预定位置时，吊杯上的滚轮与导轨接触将吊杯鸭嘴打开，秧苗自由落入开沟器开出的苗沟，随后覆土，镇压完成栽植。吊杯离开后，吊杯鸭嘴自动关闭，等待下一次喂苗。优缺点：对秧苗无夹持力、不易伤苗，吊杯在栽植过程中对苗起扶持作用，直立度较好，可以进行膜上移栽；但是机构较复杂，喂苗速度不能过高，工作速度受限。图 7－16 所示是新疆生产建设兵团研制的吊杯式棉花膜上移栽机。

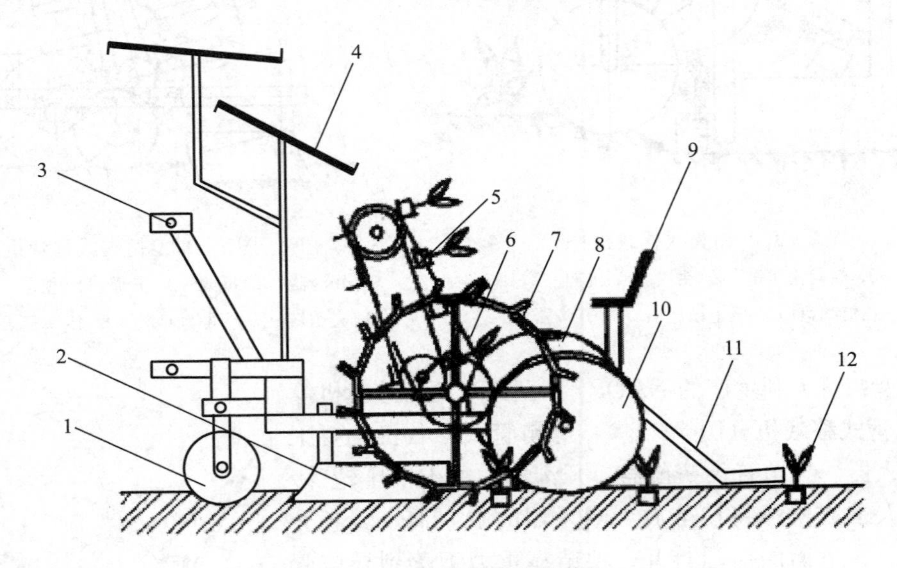

图 7－14　挠性圆盘式移栽机

1. 限深轮　2. 开沟器　3. 悬挂支架　4. 苗盘支撑架　5. 输送链条　6. 传动链条　7. 驱动地轮　8. 挠性圆盘　9. 人工座椅　10. 覆土镇压轮　11. 覆土器　12. 钵苗

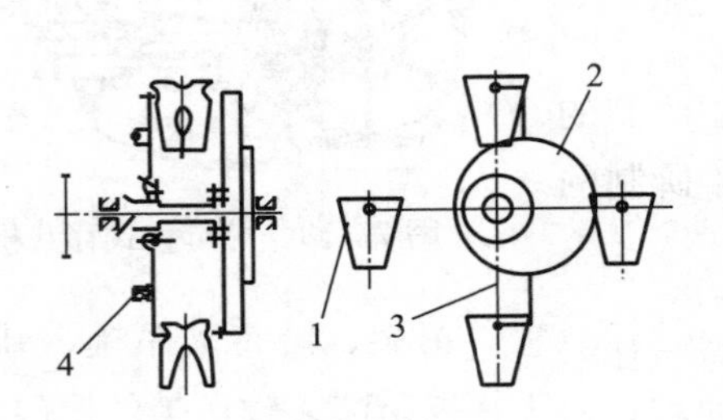

图 7－15　吊杯式移栽机

1. 吊杯　2. 偏心圆盘　3. 栽植器　4. 导轨

图 7－16　吊杯式棉花膜上移栽机

第四节　棉花田间管理机械化

棉花是中耕作物，田间管理作业项目有中耕追肥、植保、灌溉、整枝打顶、脱叶催熟等多项作业。

一、棉花中耕机械化

行间中耕要求铲除杂草，疏松土壤，一般要求苗期、蕾期、花期各进行一次，中耕深度逐次由10 cm增加到18 cm，做到耕层表面及底部平整，表土松碎，不埋苗、不压苗、不损伤茎叶，行间追肥要适时、适量、均匀，一般在定苗期、打蕾期、初花期各追一次肥，施肥深度为8～14 cm，距苗行10～15 cm，不漏施。做到沟深一致，培土良好，不埋苗、不伤苗。

中耕追肥机的主要机型有ZFX-2.8型悬挂式专用中耕追肥机，2BZ-6型播种、中耕通用机，2BMG-A系列铺膜播种中耕追肥通用机等。初期中耕追肥时，可用普通中型轮式拖拉机作为配套动力，后期因棉株长高并封垅，需用高地隙轮式拖拉机作配套动力，并在轮前加装护罩，以免在作业中损伤果枝。

二、棉花病虫害防治机械化

（一）植保的作用及农业技术要求

1. 植保的作用　农作物在生长发育过程中，常常因遭到病虫害而降低其产量和质量，严重时会造成绝收。植物保护是保证农业高产、稳产的一个十分重要的环节。植保作业就是以科学而有效的手段防治病、虫、草，减少对农作物的危害，特别是像棉花等病虫害发生严重的作物更应注意，据试验分析，植保作业占棉花产量因数的20%以上。

2. 植保作业的农业技术要求　农田机械化植保作业通常包括喷洒农药、叶面施肥等。为此，要根据植保作业的目的和所用药剂的特性，确定正确的配制、施药方法。一般的要求有：

（1）药液应均匀地喷洒在作物叶片的正面、背面及茎秆上，同时必须在规定时间内完成。

（2）药液浓度必须符合要求，稀释农药应搅拌均匀。

（3）喷洒除草剂后，应及时耙地混土，深度为6～8 cm。

（4）在风力超过三级或露水很大、雨前24 h内及中午烈日等情况下禁止作业。

（二）植保的方法

1. 植保的方法　植物保护的方法很多，如农业技术防治、物理机械防治、生物防治、组织制度防治和化学防治等。利用各种化学药剂消灭病虫、杂草及其他有害生物的措施称化学防治。其特点是操作简单，防治效果好，生产率高，受地域和季节的影响小，是目前主要使用的植保方法。

2. 化学药剂的施用方法　化学药剂的施用方法很多，主要有喷雾法、弥雾法、超低量喷雾法和喷粉法等。

（1）喷雾法。对药液施加一定压力，通过喷头雾化成100～300 μm的雾滴，喷洒到农作物上。喷雾法能使雾滴喷得较远，散布均匀，黏着性好，受气候的影响较小，所以喷雾法在化学药剂防治中占的比例较大。但所用药液需用大量的水稀释，在山区和干旱缺水地区应用受到限制。由于要对药液加压，耗用功率也较大。

（2）弥雾法。利用高速气流将粗雾滴破碎、吹散，雾化成75～100 μm的雾滴，并吹送到远处。弥雾法雾滴细小、均匀，覆盖面积大，药液不易流失，可提高防治效果，且可采用高浓度、低喷量药剂，大大减少稀释用水，特别适用于山区和干旱缺水地区。

（3）超低量喷雾法。通过高速旋转的转盘将微量原药液甩出，雾化成15～75 μm的雾滴，沉降到农作物上。这种方法是近几年来用于防治病虫害的新技术。它不用或少用稀释剂，生产率高，防治效果好，还能减轻劳动强度，节省农药。但对选用的药剂、喷洒的自然条件和安全防护都有一定的技术要求，因此目前使用还不普遍。

（4）喷粉法。利用高速气流将药粉喷撒到农作物上。

（三）植保机械的类型

施用化学药剂防治植物病虫害的器械通称为植保机械。植保机械按种类分为喷雾机、弥雾机、超低量喷雾机、喷粉机和喷烟机等；根据动力配备不同，又分为手动式、机动式、机引式和航空防治机械等。机动式采用固定的发动机带动植保机械工作，而机器本身的移动，须靠人力搬运。机引式则由拖拉机或自身供给动力，并被牵引或悬挂。航空植保是指利用农用飞机及喷洒装置喷洒化学药剂的措施。航空植保具有经济、及时、喷洒快、不碰伤植物、不受地形条件限制等特点，适用于大面积的平原和林区。

（四）典型喷雾机的构造与使用

1. 手动喷雾器　手动喷雾器具有结构简单、制造成本低廉、操作方便、维修容易等特点，是深受农民欢迎的一种人力喷雾器。该喷雾器的用途非常广泛，使用于多种农作物的病虫害防治，也使用于农村、城市的公共场所、医院等部门的卫生防疫。年销售量已达800万～1 000万架。

（1）背负式喷雾器。工农-16型背负式喷雾器主要由药液箱、液压泵、摇把、连杆和喷射部件等组成，是具有皮碗活塞泵的液力式喷雾器，喷雾压力为0.3～0.4 MPa，喷液量为0.5～1 L/min，生产率为0.5～1 亩/h。

使用中应注意各连接部分不渗漏药液，向药箱加药液不要过满，以免弯腰时药液溅出；喷雾时边行走边以每分钟18～25次的速度用手扳动摇杆带动液泵工作，使喷雾始终保持0.3～0.4 MPa均匀的工作压力，以保证喷雾量和喷雾质量。

（2）3WS-7型压缩喷雾器。3WS-7型压缩喷雾器药液箱兼作空气室，因此药液箱必须密封并有一定强度。药液箱盖与加药液口之间有橡胶密封圈，气泵筒与药液箱连接处也有橡胶垫，以保证工作时药液箱的密封性。工作前，先在药液箱内加入额定量的药液，盖好箱盖，打气30～40次，药液箱内的压力可达0.2～0.4 MPa。打开喷射部件上的开关，药液便以一定速度从喷头喷出。当工作一段时间压力逐渐下降到雾化质量明显降低时，需再次打气加压，直到把药液箱内的药液全部喷完。3WS-7型压缩喷雾器的喷射部件与工农-16型背负式喷雾器的喷射部件是通用的。

2. 超低量喷雾机　超低量喷雾机是一类喷量在35～100 mm^3/min、雾流粒径为50～70 μm、药液配置浓度为（10～20）：1（甚至采用原油药剂）的植物保护机具。有手持电动式和机动风送式两大类。

（1）手持电动式超低量喷雾机。它由把手、贮液瓶、流量阀、喷头、微型电机和电源等组成。工作时，电机带动雾化齿盘高速旋转（8 000～12 000 r/min），药液由贮液瓶经过滤网、输液管、流量器流入雾化齿盘，在离心力的作用下扩展至齿盘外缘的锯齿上进行高速雾化，形成细雾流随自然风漂移到农作物上。

（2）背负式超低量喷雾机。其结构如图 7－17 所示。它实际上是在背负式弥雾喷粉机上换装超低量喷头而成。工作时，动力机带动风机叶轮高速旋转，风机吹出来的大量气流经喷管流入超低量喷头，分流锥使气流分散，气流冲击喷头叶轮，带动齿盘做高速旋转（10 000 r/min）；同时，一小部分气流经软管进入药液箱液面上部对药液增压，药液经输液管和调量开关进入齿盘轴，并从轴上的小孔流出，在齿盘离心力作用下甩出细小雾滴，并被高速气流进一步粉碎吹送到远处。

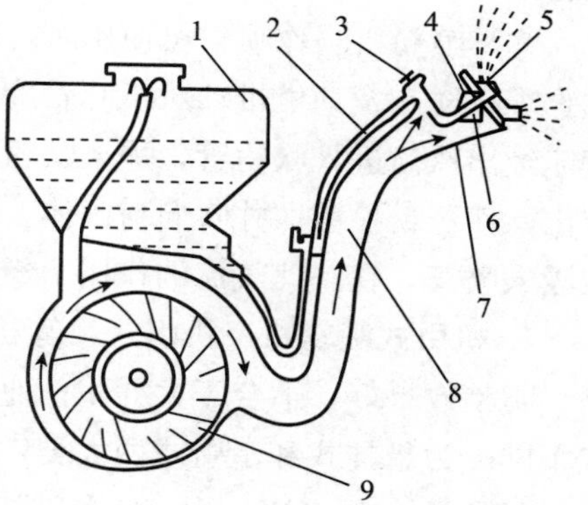

图 7－17　背负式超低量喷雾机

1. 药箱　2. 输液管　3. 调量开关　4. 空心轴　5. 齿盘　6. 分流锥体　7. 喷口　8. 喷管　9. 风机

3. 弥雾喷粉机　弥雾喷粉机是一种既可以喷射弥雾又可以喷粉的多用植保机械。换装喷烟或喷油装置后还可以用来喷烟或喷火（火焰除草）。分为背负式机动弥雾喷粉机和悬挂式机动弥雾喷粉机。背负式机动弥雾喷粉机主要由机架、离心风机、汽油机、药箱及喷洒装置等组成。其弥雾过程和喷粉工作原理如图 7－18 和图 7－19 所示。

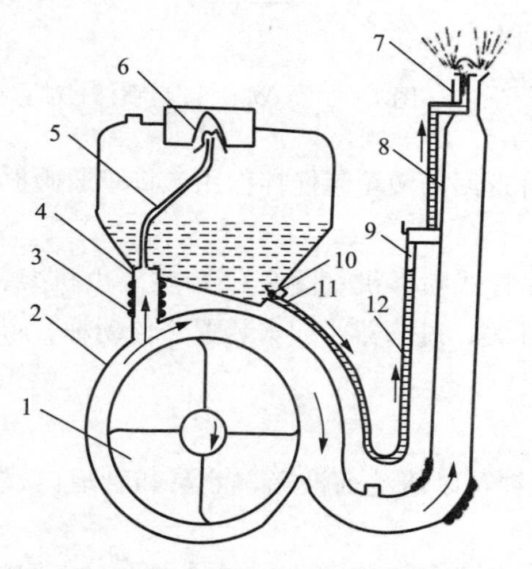

图 7－18　背负式机动弥雾喷粉机的弥雾过程

1. 风机叶轮　2. 风机外壳　3. 进风门　4. 进气管　5. 软管　6. 滤网　7. 喷头　8. 喷管　9. 开关　10. 粉门　11. 出水塞接头　12. 输液管

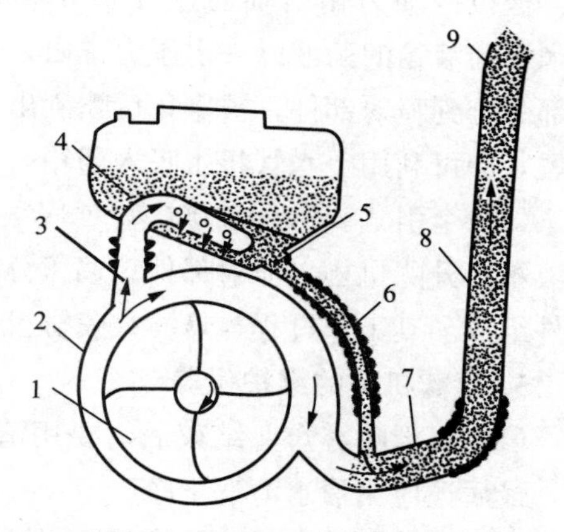

图 7－19　背负式机动弥雾喷粉机的喷粉工作原理

1. 叶轮　2. 风机壳　3. 出风筒　4. 吹粉管　5. 粉门体　6. 输粉管　7. 弯头　8. 喷管　9. 喷口

弥雾喷粉机当作弥雾机使用时，药箱内装上增压装置，换上喷头，如图 7－18 所示。汽油机带动风机叶轮旋转产生高速气流，其中大部分气流经风机出口流经喷管，而一小部分气流通过进风门和软管到达药箱液面上部，使药箱内形成一定压力，药液在风压的作用下，经输液管到达喷头，从喷嘴小孔流出，在喷管内高速气流的冲击下，弥散成细小的雾粒，并吹送到远处。

弥雾喷粉机当作喷粉机使用时，箱内安装吹粉管，把输液管换成输粉管，如图 7－19 所示。和弥雾一样，发动机带动风机叶轮旋转，产生高速气流，大部分气流经风机出口流入喷管，少量气流经出风筒进入吹粉管，进入吹粉管的气流由于速度高又有一定的压力，从吹粉管周围的小孔吹出，使药粉松散，并吹向粉门体。喷管内的高速气流使输粉管出口处产生局部真空，大量药粉被吸入喷管，在高速气流的作用下经喷口喷出并吹向远处。

4. 机引式喷雾机 机引式喷雾机与拖拉机配套作业，排液量大、喷幅宽、喷雾快、生产率高、防治效果好，适合于大面积作业，在国有农场广泛使用。常用的按其构造和与拖拉机挂接方式不同分为悬挂式和牵引式两大类，各类型结构和工作过程基本相同。

（1）悬挂式。3W－650 型喷杆式喷雾机（图 7－20）其特点是结构紧凑，雾化均匀，防腐蚀性能好，喷幅、喷量、机架高度、压力均可调整，适用于大田作物进行播前、苗前土壤处理和苗期病、虫、草害的防治，也可以调节喷头喷射方向进行苗带喷雾。

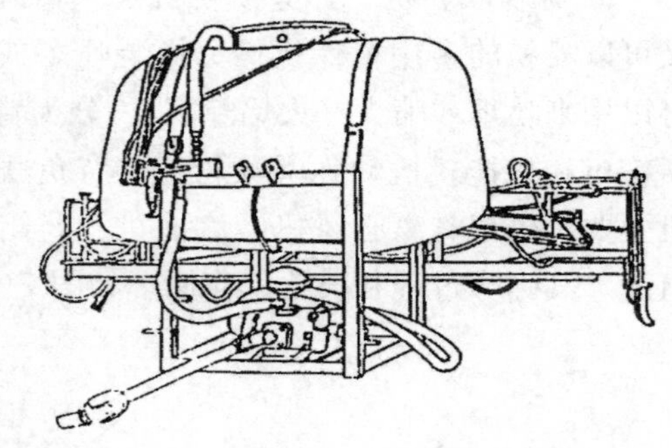

图 7－20　3W－650 型喷杆式喷雾机

3W－650 型喷杆式喷雾机，通过三点悬挂在拖拉机后部，是一种常量喷雾机。主要由液泵、药液箱、调压分配阀、喷射部件和搅拌器等组成。其工作过程是：拖拉机动力输出轴通过万向节带动隔膜泵转动，将来自药液箱的药液以一定压力排出，经调压分配阀，一部分分到喷射部件，被雾化后喷洒出去，另一部分返回药液箱起搅拌作用。将三通阀扳至上水位置，即可利用上水管将水吸入药箱。

（2）牵引式。3W－2 000 型（3W－1 700 型）喷杆式喷雾机（图 7－21）主要由机架、液泵、药液箱、升降机构、喷射部件、调压分配阀、三通开关、过滤器、加水装置、传动轴、牵引杆等部件组成。其工作过程与悬挂式喷雾机基本相同。

5. 喷雾机具的维护保养

（1）每天喷雾作业结束后，要用清水喷洒几分钟，以清洗药液箱、液泵和管道内残存的药液，最后还应用清水清洗干净。

（2）按说明书规定进行清洁、检查、调整各部件的技术状态，以及各润滑点润滑等保养内容。

（3）作业全部结束后，如停放时间较长，除把药液箱、液泵和管道等用水清洗干净外，还应拆下皮带、喷雾胶管、喷头、混药器和吸水管等部件，洗净晾干，与机体集中存放在阴凉干燥

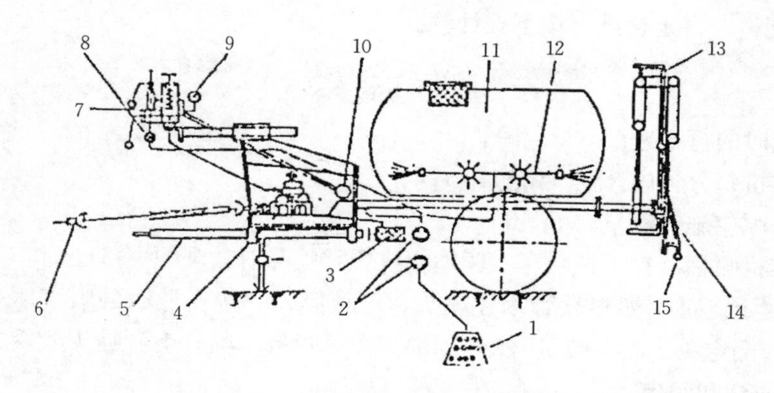

图 7-21　3W-2000 型喷杆式喷雾机结构

1. 吸水头　2. 三通开关　3. 过滤器　4. 液泵　5. 牵引杆　6. 传动轴　7. 调压分配阀　8. 截止阀　9. 压力表　10. 回水管　11. 药液箱　12. 搅拌器　13. 升降机构　14. 喷杆　15. 喷头

处，勿与腐蚀性农药、化肥放在一起，以免腐蚀损坏。橡胶制品应悬挂在墙上，避免由于压、折而损坏。

（五）机引喷雾机作业工艺与组织

1. 田间准备

（1）清除障碍物，保证作业机组行进的道路桥梁畅通。田间灌水毛渠、坑、沟应填平。

（2）根据农业技术要求和机组的构成确定行走方法，划分工作小区，确定转弯地带，并做出明显标志。

（3）标出机组第一行程路线，并插上标杆，一般第一行程选择地块直长边开始运行。

（4）准备充足的水源，若在渠道取水，则应提供良好性能的过滤装置，确保水质清洁。

2. 机组准备

（1）机组人员配备应根据不同作业项目而定（一般配 1～2 人）。机组人员必须熟悉植保机械的构造、使用与维护保养，了解农药安全使用知识，驾驶员持有驾驶证。此外，应由专业植保人员配制药剂。

（2）应根据所选用农药的剂型（粉剂、油剂、乳剂）及病虫害情况确定选用植保机具型号。一般为单台作业，由轮式拖拉机悬挂或牵引，作业速度一般为 4～6 km/h，按作物行距调整好轮距，动力输出部分应加装护罩。喷头配置应根据作业要求而定，全面喷雾时，在水平喷杆上等距离安装喷头，喷杆距地面高度为 40～60 cm；行间喷雾时，应根据作物行距配置喷头，作物生长前期采用垂直向下喷，中后期则加装吊杆喷头，使叶面、叶背均能附着药雾。

3. 喷头喷量的调整和测定

（1）喷头喷量的调整。通常根据防治病虫害和除莠的要求，规定了单位面积应施农药的有效剂量，这可以通过调节药液的浓度、喷雾的喷量及改变喷雾作业时的行走速度实现。液力式喷雾机喷量的调整主要靠更换不同喷孔尺寸的喷头实现。即作业前根据单位面积喷施药液量的大小选择合适的喷孔尺寸，来确定喷头喷量。药液浓度确定以后，作业时只需调节行走速度即能满足单位面积施药有效剂量。行走速度可按下式计算：

$$V=\frac{600q}{BQ}$$

式中　V——作业时的行走速度（km/h）；

q——喷雾机每分钟施药量（kg/min）；

Q——每公顷应施药液量（kg/hm²）；

B——喷雾机喷幅（针对性喷雾实际喷幅或飘移喷雾有效喷幅，m）。

（2）喷量的测定。可用塑料软管罩住喷头，下接容器，按作业时的喷雾压力和喷孔尺寸喷雾，用秒表计时，测定单个喷头喷量（kg/min）。总喷量等于喷杆上各喷头喷量之和。

4. 植保作业方法和程序

（1）机组应按划定的各个工作小区的作业顺序进行作业，通常采用梭形行走路线。地头转弯采用半圆形弯，最后收尾完成地头喷雾作业。

（2）机组应进行试喷，主要测试喷药量和喷雾均匀度。试喷作业的地点在停车场内，便于观察药剂分配是否均匀，并正常喷洒3～5 m，计算出喷药量与农业要求是否相符。

（3）机组开始正常作业时，工作速度应平稳、一致，发动机应保持额定转速，以保证泵压的稳定。检查机组行走路线中有无伤苗、压苗、漏喷，田间喷雾作业适宜气温不高于30 ℃，交接行重叠度不大于工作幅宽的3%。

（六）植保作业质量的检查验收

（1）作业中的检查主要是目测农药喷施状况，应均匀一致，射程稳定，工作部件应不堵、不漏；观察叶子和茎秆上药液的附着状况。

（2）植保作业的质量验收，应根据农业技术要求逐项检查，并检查伤苗、压苗情况，损失总量不大于1%，交接行无漏喷；作业后经过一段时间，检查药效情况，进行前后对比，确定作业质量水平。

（七）安全技术

（1）施药人员必须熟悉和了解农药性能规格，按照操作规程作业，植保机具应具有良好的技术状态。

（2）施药人员应戴口罩、手套、风镜，并穿好鞋袜，尽量避免皮肤与农药接触。

（3）作业中禁止吃东西、抽烟、喝水；作业后应换洗衣服，必须用肥皂洗净手和脸。

（4）施药人员在作业时如出现头晕、恶心等中毒症状，应立即停止作业，到医院检查。

（5）随时注意风向变化，以改变作业的行走方式。

（6）混药和加药时要小心，不要溅出来。药箱不应装得过满，以免药液漏出。

（7）超低量喷雾机不能喷剧毒农药，以免发生中毒事故。

三、棉花机械打顶技术

（一）机械打顶的农艺技术要求

（1）适时打顶。当果枝台数达到10～11台时，就开始打顶，时间一般在7月10日左右；打顶标准为打去一叶一芯；坚持先打高、后打低的原则。

（2）切顶过高或漏切不超过 5%。

（3）由于切顶过低而造成的损失量不超过 3%。

（4）棉桃损失不超过 3%，轻微损伤的茎叶不超过 5%。

（二）典型棉花打顶机结构和原理

1. 3MDY－12 型前悬挂液压驱动式棉花打顶机

（1）结构及工作原理。棉花打顶机结构见图 7－22。打顶作业时为半悬挂状态，拖拉机动力通过联轴器传入齿带组合的传动系统，实现各滚筒切割器上的切刀高速旋转，将由扶禾器聚拢至切刀旋转切割范围内的棉株主、侧枝枝顶切去。

每组切割器的独立仿形通过升降控制机构在不切断动力的情况下完成，地面不平的随机仿形则通过套筒式平衡机架来适应。

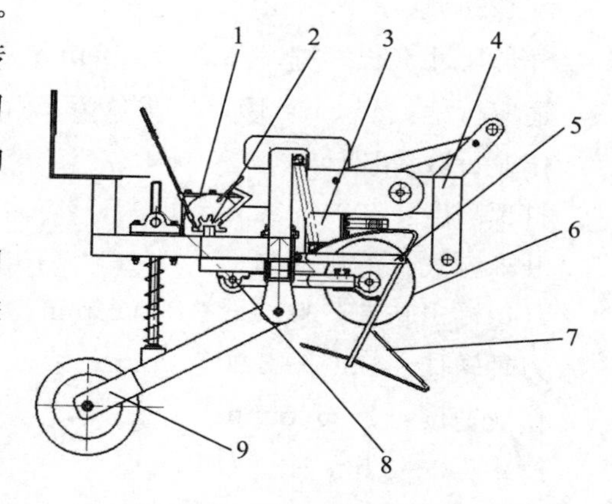

图 7－22　棉花打顶机结构

1. 齿带组合式传动系统　2. 升降控制装置　3. 套筒式平衡机架　4. 悬挂架　5. 不等臂平行四杆升降机构　6. 滚筒式切割器　7. 扶禾器　8. 中间轴　9. 地面仿形装置

（2）主要部件的结构。

a. 固定机架和仿形地轮。固定机架主要由上下悬架、升降机构上的方钢滑轨和仿形地轮固定架等组成。上、下悬架在工作时与拖拉机上下悬挂点连接；升降机构上的方钢滑轨对整个升降机构起支撑和导向作用；仿形地轮固定架用来固定安装仿形地轮，其上设有 3 个安装位置，以便仿形地轮适应固定机架的升降，适应在不同棉顶高度和不同地面起伏状态下作业。

b. 整体式液压升降机构和浮动机架。为实现整机打顶作业高度对棉顶高度的仿形，该机设计了整体式液压升降机构和浮动机架。该升降机构由驾驶员通过控制液压开关调整浮动机架高低位置，实现打顶机对棉顶高度的整体仿形。升降机构上的方钢滑轨焊接在下悬架固定梁上，滑道架通过 U 形螺栓固定在浮动机架上。左右 V 形滑道一边焊接在滑道架上，另一边则通过螺丝固装在滑道架上，可进行左右间隙的调节。液压油缸分置在滑道两端，油缸上端铰接在滑道架上，下端铰接在滑轨上。工作时，滑道架和浮动机架在液压油缸的作用下沿方钢滑轨相对悬架上、下移动，从而实现打顶机对棉顶高度的整体仿形，仿形量为 300 mm。浮动机架采用矩形钢（60 mm×80 mm），质量轻、刚性好。样机试验证明，此升降机构和机架结构简单，便于操作且工作可靠。

c. 刀轴总成。机具在打顶作业过程中负荷小，在满足打顶作业可靠的情况下，力争刀轴总成轻巧实用。由于作业时机车行驶快和刀具转速高，为确保打顶作业可靠，尽可能减少刀盘的回转惯性，均匀固装 4 把刀片，刀盘回转半径为 350 mm。此外，还考虑了作业安全防护问题。

d. 扶禾器总成设计和结构特点。扶禾器的作用是将两边的棉枝扶起、挤压、输送至割刀前，切顶后再逐渐放开。为最大限度地减少扶禾器在工作时对棉桃的碰撞，在设计扶禾器时着重考虑了扶禾器工作宽度、外形尺寸、弧线和安装高度。

扶禾器工作宽度为200～250 mm；扶禾器外形尺寸为730 mm×600 mm×300 mm，两侧弧线陡直；在最低工作位置时，扶禾器安装高度离地面距离应大于15 mm，且可上下调整。

（3）主要技术参数。

配套动力：35～50 kW；

外形尺寸（长×宽×高）：5 107 mm×1 439 mm×1 637 mm；

适应行距：66 cm+10 cm，68 cm+8 cm，30 cm+60 cm；

作业行数：12；

打顶高度：500～900 mm可调；

升降方式：液压油缸；

马达输出转速：1 500～2 000 r/min；

刀轴转速：1 300～3 000 r/min；

作业速度：4～6 km/h；

产率：2～3 hm^2/h；

漏打率：<5%；

茎叶损伤率：≤1.5%。

2. 3MDZK-12型组控式单行仿形棉花打顶机

（1）结构及原理。结构如图7-23所示。该机主要由悬挂架、套筒式平衡仿形机架、齿带组合的传动系统、组控式升降机构、滚筒式切割器、扶禾器等组成。打顶作业为半悬挂状态，拖拉机的动力通过联轴器传入齿带组合的传动系统，实现各滚筒切割器上的切刀高速旋转。与此同时扶禾器将棉株主、侧枝聚拢扶至切刀旋转切割范围内，由高速旋转的切刀切去枝顶，完成打顶作业。每组切割器的独立仿形通过独立升降控制机构在不切断动力的前提下来完成。地面不平的随机仿形可通过套筒式平衡仿形机架来适应。

（2）主要部件结构特点。

a. 传动系统。传动系统是本机研制的关键，直接关系到该机各切割器在不切断动力的情况下是否能实现各行独立仿形作业。具体结构及原理如图7-24所示。该传动系主要由一级齿传动和两级带传动组成。打顶作业时，拖拉机的动力通过联轴器传入变速箱增速输出，然后由变速箱动力输出轴上的大带轮通过三角带驱动中间轴上的小带轮做高速旋转运动，在通过中间轴上均布的6个带轮带动6组滚筒切割器轴上的带轮高速旋转，进而使6组滚筒切割器高速旋转，实现棉株顶部切顶作业。该传动系总传动比i=3.85，考虑到变速箱安装尺寸、带轮的通用性等，除变速箱外，分为一级带传动和二级带传动。

b. 滚筒式切割器。棉花打顶属无支撑切割，切割速度和切割方式对打顶效果影响显著。目前无支撑切割主要采用水平回转式切割器，以砍切和滑切为主，为了保证切削质量，切割器必须

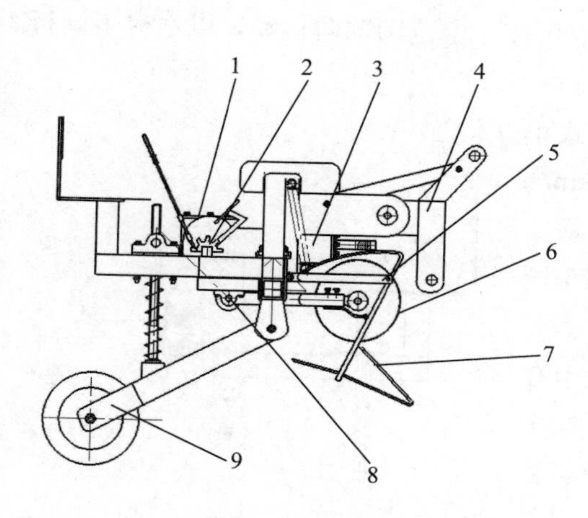

图 7-23　3MDZK-12 型棉花打顶机结构

1. 齿带组合的传动系统　2. 组控式升降机构　3. 套筒式平衡仿形机架　4. 悬挂架　5. 不等臂平行四杆升降机构　6. 滚筒式切割器　7. 扶禾器　8. 中间轴　9. 地面仿形装置

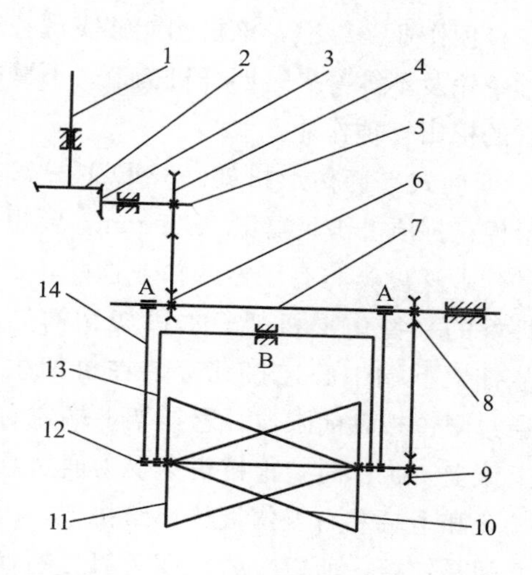

图 7-24　齿带组合的传动系统

1. 动力输入轴　2. 主动锥齿轮　3. 从动锥齿轮　4. 大带轮　5. 动力输出轴　6. 小带轮　7. 中间轴　8. 中间轴带轮　9 切割器带轮　10. 金属丝割刀　11. 支撑滚筒　12. 切割器轴　13. 不等臂平行四杆机构上臂　14. 不等臂平行四杆机构下臂

有较高的转速，其功耗大，加工装配精度高。该切割器主要由切割器轴、支撑滚筒、金属丝割刀、切割器带轮等组成。支撑滚筒和带轮固装在切割器轴上，4 把金属丝割刀沿支撑滚筒圆周方向均布，其两端分别固定在支撑滚筒圆周上，并与切割器轴形成一定夹角，该夹角使金属丝割刀对棉株产生滑切；此外滚筒式切割器切割棉株的瞬间，对棉株的作用力与机具前进方向形成一定夹角，此夹角除了沿前进方向产生切削力外，同时沿棉株轴向产生一个分力，在削切过程中起辅助支撑。因此该切割器是以削切和滑切为主，切削速度低、功耗小。经测试：当滚筒式切割器直径为 400 mm，转速为 1 500 r/min时，棉株顶部切口平齐，无撕拉现象。

c. 组控式升降机构。本机构主要由不等臂平行四杆升降机构和人工操控机构组成，具体结构与工作原理如图 7-25 所示。每组滚筒切割器通过不等臂平行四杆机构分别套装在中间轴和机架固定轴上，其中不等臂平行四杆机构上臂套装机架固定轴上 B 处，不等臂平行四杆机构下臂套装在中间轴上 A 处，与中间轴带轮套在同一轴上（图 7-24）。工作时，操作员通过操纵杆松开棘轮，踩下升降踏板作用不等臂平行四杆机构下臂绕中间轴向下转动，从而带动滚筒切割器下移；如操作员在松开棘轮后松开升降踏板，则滚筒切割器在回位弹簧作用下上移。每名操作员控制两组切割器总成，四

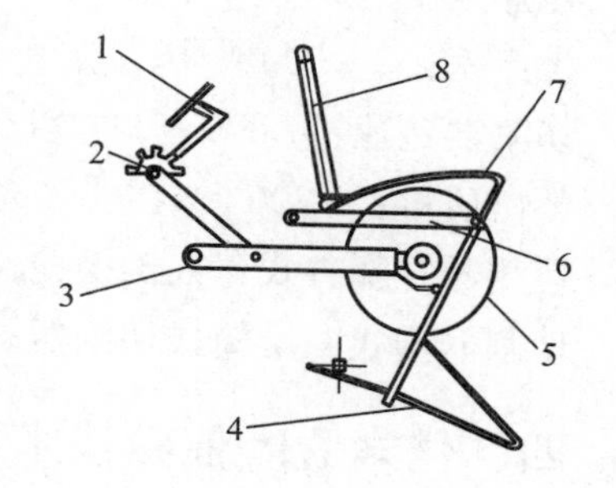

图 7-25　升降控制机构

1. 升降踏板　2. 锁止棘轮　3. 不等臂平行四杆机构下臂　4. 扶禾器　5. 滚筒切割器　6. 不等臂平行四杆机构上臂　7. 切割器护罩　8. 回位弹簧

行棉花打顶作业。综上，该机构能够实现各组切割器在不切断动力的情况下独立仿形作业。此外中间轴带轮及不等臂平行四杆机构上、下臂的套装点可在一定范围轴向移动，以适应不同行距种植模式的棉田打顶作业。

d. 套筒式平衡仿形机架。3MDZK－12 型组控式单行仿形棉花打顶机作业幅宽 4 600 mm，要想在 3.5 km/h 以上的作业速度下具有稳定的作业性能，关键在于横向稳定性好的平衡仿形机架。本机架结构如图 7－26 所示。悬挂架下端中心连接孔套装在机架主梁轴承套筒上，通过限位板轴向限位。悬挂架上端左右卡位板卡在机架上梁上。工作时，拖拉机牵引力通过悬挂架下端中心连接孔和上端左右卡位板传递给机架，因为机架与悬挂架之间是铰接，所以二者之间可以左右摆动，一定程度上避免了高速作业时机具部件之间的运动干涉。另外，机架与仿形地轮之间通过弹簧连接，缓冲了宽幅机架高速行驶时地面不平对其产生的冲击，一定程度上避免了机架两端的上下跳动。

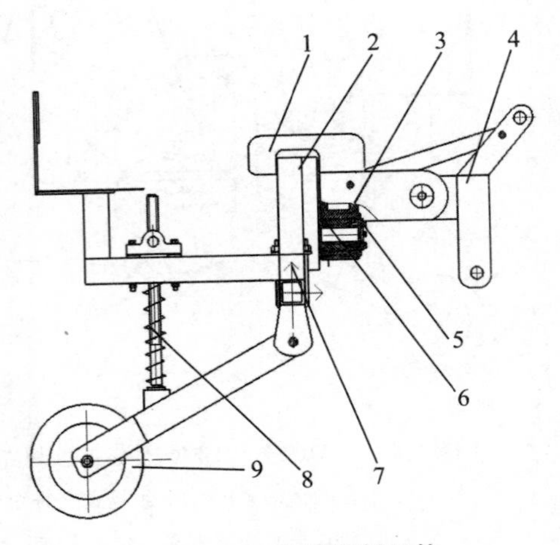

图 7－26　升降控制机构

1. 卡位板　2. 机架上梁　3. 中心连接孔
4. 悬挂架　5. 限位板　6. 轴承套筒
7. 机架主梁　8. 缓冲弹簧　9. 仿形地轮

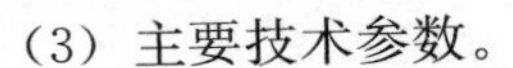

（3）主要技术参数。

配套动力：35～45 kW；

外形尺寸：2 000 mm×4 900 mm×1 650 mm；

适应行距：660 mm＋100 mm，680 mm＋80 mm，300 mm＋600 mm；

打顶高度：500～900 mm；

作业幅宽：4 600 mm；

作业速度：3～4 km/h；

生产率：2～3 hm^2/h；

切割器转速：1 800～2 200 r/min；

整机质量：1 300 kg；

切割器升降方式：人工操控；

切割器型式：滚筒式切割器。

四、化学脱叶催熟技术

（一）农艺技术要求

（1）脱叶剂喷施前，应认真检查调整喷雾机具，保证机具技术状态良好。药箱及各接头不得有泄漏现象，喷头应有良好的雾化性能，作业时防止堵塞或射流状喷液。

（2）药液应均匀地喷洒在棉株上、中、下部棉叶的正面、背面。喷幅接行准确不漏喷、不重喷。

（3）按技术要求配比药液，并根据棉花长势、长相合理确定喷施次序。

（4）喷药必须在最佳时期内完成，以保证施药效果。

（5）喷施化学脱叶催熟剂时，应在棉花吐絮率达到 40%～60%、平均气温 20 ℃以上时进行。

（6）在风力超过三级或 24 h 内有中量以上的降雨时，禁止作业。

（7）采棉机采收前，棉花吐絮率应达到 92%以上，脱叶率达到 95%以上。

（8）每次作业完成后，均应用清水彻底清洗药箱、药械，以免造成对作物的药害。

（二）常用化学脱叶催熟剂

脱叶剂的主要功能是在喷施后，使棉花叶片在叶片基部与棉株间形成分离层，在叶片不干枯的情况下自然脱落，以保证机采籽棉含杂率达到要求指标。常用脱叶剂主要有脱落宝、脱吐隆、哈维达、脱清、真功夫等。

催熟剂的主要功能是起催熟作用，以提高棉花吐絮一致性，保证机械收获产量。但催熟剂用量应严格控制，用量过大对棉花品质和机采籽棉含杂率均有影响。常用催熟剂为乙烯利。

为增加脱叶催熟剂药液在棉叶上的附着力，可加入适量的附着剂，以保证脱叶催熟效果。常用附着剂为伴宝。

常用脱叶催熟剂配方：脱落宝＋乙烯利、脱吐隆＋乙烯利＋伴宝、哈维达＋乙烯利、脱清＋乙烯利。

（三）化学脱叶催熟技术

机械采收前必须喷施化学脱叶催熟剂，以保证机械采收作业质量。其作用：一是施药后使棉叶在枯萎前脱落，以降低籽棉含杂率；二是改善棉花成熟条件，抑制贪青，促秋桃早熟，提高棉花吐絮一致性，以保证产量水平。使用时应综合考虑作业质量、天气情况、棉花长势等因素，才能保证脱叶催熟的使用效果。

1. 脱叶时间的确定　最佳脱叶时间应根据气候条件和棉花成熟度确定。

脱叶剂效果与气温高低密切相关。喷施脱叶剂的最佳气候条件，10 日内平均气温应高于 20 ℃，3 日内应无中量以上的雨。北疆棉区在正常年份 9 月上旬除降雨天气，日平均气温基本可以达到 20 ℃以上。

棉花成熟度对脱叶剂效果也有明显影响。一般要求棉花吐絮率达到 40%～60%时，进行喷施，如施药过早对棉花品质及产量都有一定的影响。北疆棉区棉花吐絮率在 9 月上旬也基本可以达到 40%左右。贪青晚熟旺长或早衰棉花都会影响施药效果。

综合气温和棉花成熟度因素，当气温达到适宜温度时，棉花也应具有一定的成熟度，这时脱叶效果最好。因此，北疆棉区化学脱叶催熟剂的最佳喷施期应在 9 月 1～5 日，也可根据具体情况调整为 8 月 28 日至 9 月 10 日。

2. 脱叶剂用量的确定　脱叶剂用量主要根据棉花长势确定。正常棉田可喷施脱落宝 30 g＋乙烯利 100 g、哈维达 80 mL＋乙烯利 100 g 或脱吐隆 10 g＋乙烯利 100 g；长势过旺、晚熟、密度较大的棉田，可根据不同的情况适当加大脱叶剂或催熟剂的用量。为增加脱叶剂的附着力，也可加入 30 g 左右的伴宝。

3. 脱叶剂喷施方法 脱叶剂主要通过渗透发挥作用，没有传导作用，所以要求雾化好、雾滴小、喷水适宜、喷洒均匀，尽量使棉株上、中、下部及棉叶正背面均能着药。一般情况下喷雾机药液喷量在 30 kg/667 m^2 左右，静电喷雾机在 7 kg/667 m^2，飞机在 10 kg/667 m^2 左右。

脱叶剂喷施作业应在机采前 20 d 左右进行，喷施方法一般采用高地隙拖拉机悬挂喷雾机机组或飞机喷施。喷雾机械以袖筒式喷雾机和静电喷雾机喷施效果较好，使棉株上、中、下部棉叶上药液附着均匀，但喷施作业周期较长，作业时有碾压棉株或损伤棉铃现象。飞机喷施作业速度高，喷幅宽，生产率高，作业时间集中，但药液喷量小，棉株上、中、下部雾滴附着不均匀，有时需进行二次喷施，受条田防护林的影响，地头、地边不易喷到，需辅以人工补喷。喷施作业应在上午和下午气温较低时进行。

4. 影响脱叶效果的主要因素

（1）氮素过多，棉花生长过旺，不能正常进入生理成熟期，增加脱叶难度。不仅需加大脱叶剂用量，而且对脱叶效果、棉花产量、棉花品质、采棉机作业质量、棉花加工质量都将产生一定的影响。

（2）最后一次灌水对脱叶效果也有一定的影响。灌水量过大会造成棉花贪青晚熟，不利于脱叶。

（3）温度是影响脱叶效果的主要因素。在适宜的范围，较高的温度将加快棉花的新陈代谢，有利于脱叶；温度较低时，植株的生理活性降低，新陈代谢慢，特别是当气温降至 12～13 ℃时，植株处于冷休克状态，脱叶剂不能发挥作用。

（4）棉株生长发育正常稳健，正常成熟，自然衰老，有利于脱叶剂作用的发挥，脱叶效果好。早衰棉花生理活性低，新陈代谢功能弱；旺长棉株营养体大，生长势强，都将造成脱叶效果差。

（5）不同的棉花品种，对脱叶剂的敏感性有一定差异，一般早熟品种脱叶效果好，生育期较长的品种脱叶效果较差。

五、先进喷雾技术与机械介绍

喷雾机械在整个棉花生产过程中发挥着至关重要的作用，从土壤处理到田间管理直至收获，均需通过喷雾机械的高效运用，以防治病、虫、草对农作物的危害，使化学调控技术和化学脱叶催熟技术得到有效实施。因此，喷雾机械的性能对各项技术的实施效果起着决定性的作用。以下介绍技术性能先进的袖筒式喷雾机和静电喷雾机。

1. 1400 型袖筒式喷雾机

（1）机具性能及特点。1400 型袖筒式喷雾机（图 7－27）适用于棉花生产全过程的植保、化学调控和化学脱叶作业。整机采用前后悬挂药箱，容积大；配置有风机及袖筒可产生二次雾化效果及翻动叶片的作用，增加了中下部叶片和叶片背面的药液附着概率；通过高灵敏度压力调节器，可满足不同作业项目对压力及药液喷量的不同要求。

图 7 - 27　1400 型袖筒式喷雾机在田间作业

结构特点：液泵流量稳定，缸套采用陶瓷材质，具有较强的耐磨及耐腐蚀性能，且更换方便快捷。

高灵敏压力调节器，可精确稳定地控制药液流量，保证整个喷杆上各喷嘴工作压力一致，即使有数个喷嘴不工作时，其他喷嘴仍可保持工作压力不变。当发动机转速发生变化时（同一挡位），工作压力也不会产生波动。

可折叠式喷杆采用液压控制，左右喷杆可分别升降，并可根据作物高度上下调节喷杆距地面地高度，也可关闭或打开任一段喷杆上的喷嘴。

药液流量控制器可自动调节药液量，保证分配至每个喷嘴的药液量一致。

可根据不同的作业要求，选用不同的 JA 系列或 AXI - 110 系列喷嘴。JA 系列矾土陶瓷喷嘴结构为空心锥形，表面光洁度高，具有流速稳定、喷洒均匀等特性。AXI - 110 系列矾土陶瓷喷嘴属低压、低漂移喷嘴，主要用于精确喷洒。其结构为平扇形。当压力在 103.4 kPa 时，形成较大雾滴以减少漂移，当压力在 275.8 kPa 时，产生的雾滴较小，雾化及喷洒效果更好。两种喷嘴均具有较好的耐磨、抗腐蚀性，使用寿命可达到 1 000 h 以上。并采用双喷嘴配置，可根据需要调整喷嘴角度和选配不同规格的喷嘴以适应不同用途。

采用 JACTO 特制喷嘴雾化效果好。所形成的细小雾滴，在喷嘴压力和风力的双重作用下弥漫于作物枝叶间，均匀地附着在叶面上，并由于风力翻动叶片的作用，利于药液附着于叶片背面，更好地发挥药液功效，提高药液利用率。

轴流式大风量风机以及等截面袖筒式风道，保证了喷杆各处风压风量的一致性，提高了药液喷洒的均匀性，且不易产生漂移，自然风对其影响较小。

工作参数的智能化设定。可根据不同作物、不同作业项目设置不同的工作参数。所提供的工作参数设定表，建立了工作压力、作业速度、喷嘴型号与药液喷量之间的对应关系，可根据需要选择和设定。

(2) 机具结构及工作原理。1400型袖筒式喷雾机主要由滤网式过滤器、液泵、压力表及调控装置、喷嘴支架及喷嘴、喷杆、风机、袖筒式风道、液压泵、喷雾机及喷杆液压控制装置、药液箱、配药箱、前后悬挂装置及机架、药液管路等部分组成。

工作过程：按作物及作业项目的技术要求确定喷嘴型号、作业速度、单位喷施量、工作压力等，并将压力表调整到选定压力值。按农艺要求选择农药，放入配药箱搅拌均匀后注入药箱，并加注清水。挂接动力输出轴带动液泵和风机转动。展开折叠式喷杆，调整至所要求的高度。使发动机转速达到要求转速，按所确定的作业速度行驶作业。液泵工作时，将药液从液箱经网式过滤器吸入，并经调压分配阀排向喷杆，经喷嘴喷出，雾化成细小水滴，再经风机强气流的作用使药液呈雾状均匀地喷向作物。同时，强气流使作物枝叶翻动，利于植株全方位附着药液。

(3) 主要技术参数。

配套动力：55 kW以上轮式拖拉机；

作业速度：≤10 km/h；

作业幅宽：14 m；

控制类型：中央控制；

液泵：最大工作压力2.068 MPa（21 kg/cm^2），流量75 L/min；

过滤器滤网：60目；

喷嘴配置：双喷嘴；

喷嘴间距：50 cm；

前液箱容积：800 L；

后液箱容积：600 L；

风机转速：2 800 r/min；

风量：32 000 m^3/h；

风速：30 m/s（袖筒喷口）；

液压泵排量：50 L/min；

转速：2 250 r/min；

液压油箱容量：45 L；

水平指示器：软管接药液箱；

药液搅拌器：液力搅拌；

外形尺寸：1 670 mm×2 450 mm×2 820 mm（无喷杆）[3 290 mm（喷杆折起）]。

2. 静电喷雾技术

(1) 静电喷雾原理及特点。静电喷雾技术是伴随超低量喷雾技术发展起来的一项新技术。药液雾滴带电后，在电场力的作用下，命中靶率显著提高，覆盖均匀，雾滴沉降快，在作物上的附着量增大，尤其是增强了作物下部和叶片背面的附着能力，减少了漂移损失和农药对环境的污染，以较低的施药量达到防治病、虫、菌、草害的目的。

① 工作原理。静电喷雾技术是应用高压静电在喷头与喷雾目标间建立一静电场，而药液流

经喷头雾化后，通过不同的充电方法被充上电荷，形成群体荷电雾滴，然后在静电场力和其他外力的联合作用下，雾滴做定向运动而吸附在目标和各个部位，达到沉积率高、雾滴飘移散失少、改善生态环境等良好性能。

静电喷雾的关键问题是如何使雾滴带电。目前静电喷雾充电方式主要有电晕充电、接触充电、感应充电三种方式。

充电装置工作原理如图 7 - 28 所示。

电晕充电法是用静电高压电晕使雾滴带电，即把 L_1 和 L_2 接地，L_3 接高压正电极电源，尖端电极 4 将产生足以使周围空气电离的局部电场，从而对正在雾化的雾滴进行充电。

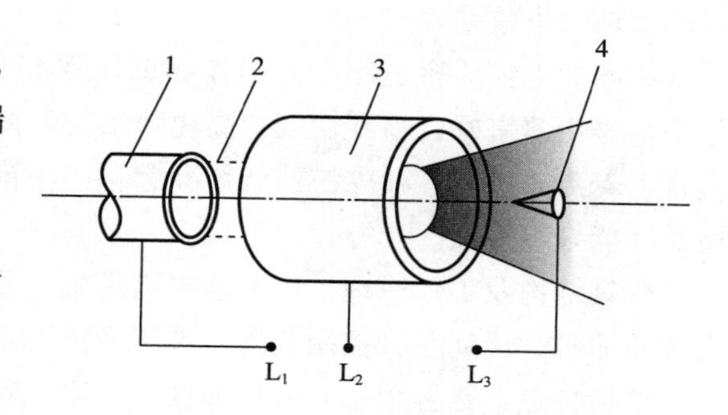

图 7 - 28　充电装置工作原理
1. 喷头　2. 喷液流束　3. 感应极环　4. 尖端电极

接触式充电法是将液体连接静电高压，经喷嘴喷出后即成带电水雾。即把 L_1 接高压正极电源，去掉感应极环 3 和尖端电极 4，电荷由导体直接对正在雾化的雾滴进行充电。

感应式充电法是在外部电压电场作用下，使液体在喷嘴出口形成水雾的瞬间，根据静电感应原理，使喷出的雾滴带有与外部电场电荷极性相反的电荷。即在 L_1 和 L_2 之间加一电源，把尖端电极 4 去掉，在喷头 1 和感应极环 3 之间的电场使电荷绕回路流动，正电荷聚积在感应极环上，负电荷聚积在喷头和喷液流束上。这个电场便对正在雾化的雾滴进行充电。

三种充电方式中接触充电法的雾滴充电最充分，效果最佳，但由于其绝缘较困难而应用较少，感应充电应用最广泛。

② 静电喷雾的特点。

a. 雾滴均匀。有效地降低雾滴尺寸，提高雾谱均匀性，静电电压为－20 kV 时，雾滴尺寸降低约 10%，雾谱均匀性提高约 5%。

b. 电荷相同。静电喷雾形成的雾滴带有相同的负电荷，在空间运动时相互排斥，不发生凝聚，对目标作物覆盖均匀。且相同尺寸的雾滴，带电雾滴与叶面有较大的接触面积，作物更容易吸收。

c. 异性电荷。带电雾滴的感应使作物的外部产生异性电荷，在电场力的作用下，雾滴快速吸附到作物的正反面，提高农药在作物上的沉积量，改善农药沉积的均匀性。农药在作物表面上的沉积量比常规法多 36%，叶子背面农药沉积量比常规法多 31%，作物上、中、下部农药沉积量分布均匀性都有显著提高。从而提高农药利用率，减少农药的使用量，降低施药成本。电场力的吸附作用减少了农药飘移，减轻了农药对环境的污染。

d. 持效期长。由于带电雾滴在作物上吸附能力强，而且全面均匀，施药率高，所以农药在叶片上黏附牢靠，耐雨淋，有较长的残效期。

e. 条件限制。不适用于无导电性的各种农药制剂；另外电喷雾器械结构复杂，对材料要求高，成本相对也高，同时对操作人员的要求也高。

（2）静电喷雾机。国外静电喷雾器械的研究始于20世纪70年代，小型静电喷雾器已进入实用阶段，适合各种作物的大田用静电喷雾机大多处于实验研究阶段，美国、加拿大、英国等这方面研究进展较大。我国在静电喷雾器械的研究也有一定的开展，先后研制出背负式静电喷雾器、手持式超低量静电喷雾器、转盘式手持微量静电喷雾器和自走式超低量静电喷雾机等，取得了良好的治蝗灭虫效果。

ESS静电喷雾机适用于大田作物的植保和化调作业。整机采用拖拉机后悬挂，具有药液用量小、雾化效果好、喷雾均匀，高速喷出的带荷电雾滴可快速、有效地吸附在叶片面的正反面，茎杆上着药效果好，减少农药残留和漂移，药箱容积小，喷杆可液压升降和多方向折叠，运输和通过性能好等特点。

机具结构及工作原理：ESS静电喷雾机主要由悬挂架、药液箱、空气滤清器、喷杆、喷嘴、空气压缩机、传动系、控制装置、液压系统以及药液管路等部分组成。

结构特点：铝合金空心喷杆强度高、质量轻；采用陶瓷喷嘴、不锈钢电极和耐腐蚀塑料，保证了喷嘴使用性能和使用寿命；低耗能叶轮式空气压缩机，运转平稳，维护简便。

工作过程：启动拖拉机，在发动机转速达到额定转速时，使空气压力达到103.4～413.7 kPa，药液压力达到137.9～206.8 kPa，喷嘴流量达到180 mL/min，开启电源开关给雾滴充电。通过喷嘴的高速气流将药液雾化成ϕ30～60 μm的细小、均匀的雾滴，而后施以高压静电，使雾滴处于喷嘴与作物之间形成的高压电场中，借助场强中矢量力作用，引导和推动农药雾点向农作物做定向运动，来完成药液的喷洒工作。

第五节　棉花收获机械化

一、概述

棉花收获是棉花生产机械化中最困难、最复杂的一项作业。一方面是因为作为纺织工业原料的棉花，对采收质量要求很高；另一方面由于采收质量的好坏不仅取决于机械的性能，而且也受到棉花品种和栽培制度的影响。随着新疆棉花种植面积的增加，棉花生产机械化迅速发展，机耕、机播、机械化覆膜率在逐年上升，然而采棉机械化的发展却相对滞后。目前我国的棉花采收仍以人工采收为主，而发达国家早已实现了采棉机械化。

1. 棉花收获机械化发展概况　早在1850年美国人就提出了世界上第一个采棉机的专利。1895年提出水平摘锭式采棉机。美国万国公司在购买此专利的基础上，经过反复设计、试验、改进，在1924年生产了第一台摘锭式采棉机。在20世纪30～50年代，经过不断改进、完善，日趋成熟。到50～60年代已大面积推广，70年代美国基本全部实现采棉机械化。

我国从20世纪50～60年代就开始引进苏联的采棉机（CXM-48垂直摘锭式），在新疆生产建设兵团进行试验。80年代末90年代初又引进了俄罗斯的垂直摘锭采棉机（14XB-2.4型四行悬挂式垂直摘锭采棉机及配套机械）进行实验。同时从50年代开始中国农业机械化科学研究院等单位也在苏联帮助下研究采棉机。但由于种种原因都没有推广。到90年代，由于农村劳动力的转移，农场职工尤其是青年职工的紧缺，机采棉再次提到议事日程，国家有关部门也予以重视，1995年以来，新疆维吾尔自治区和新疆生产建设兵团相继投入进行引进实验开发工作，自治区农业科学院农业机械化研究所与新联集团在引进美国主要部件水平摘锭的基础上联合开发了悬挂式采棉机并进行实验。另外，新疆生产建设兵团农场不少单位也在研究小型采棉机。

2. 目前我国棉花机械化收获存在的主要问题

（1）采棉机结构复杂，昂贵。

（2）机采棉棉花含杂率大，需专门的清花设备，增加投入。

（3）配套的农艺技术跟不上：适合机采棉的品种研究滞后；栽培技术不适应；脱叶催熟剂靠进口，价格高。

（4）机采棉加工后品质略有下降，降0.5～1个级别，效益降低。

二、棉花机械采收作业技术要求与工艺要点

1. 棉花机械采收作业技术要求

（1）采棉机采收前必须按技术要求进行化学脱叶催熟处理。

（2）适时采收。棉花经化学脱叶催熟处理后，吐絮率达到95%以上，脱叶率达到90%以上，采棉机即可进行采收作业。

（3）采棉机进地应对行正确，严禁跨交接行采收。

（4）认真检查各油管接头，以避免漏油而污染棉花。

（5）认真检查滴灌带接头压埋和薄膜处理情况，以防止采棉机采收时吸入。

（6）作业质量。采摘率达到93%以上，籽棉含杂率小于10%，籽棉含水率小于10%。

2. 棉花机械化收获工艺要点

（1）化学脱叶。目的是脱叶催熟，便于采收时提高生产率，要掌握好脱叶剂的喷洒时间，要求在30%棉铃吐絮时喷洒，新疆北疆一般在8月底9月初，南疆在9月初到中旬喷撒为宜。

（2）机械采棉。采摘方式有分次采棉、一次采棉和摘铃等。在新疆宜采用二次和一次采棉结合摘铃，在内地应分次采棉结合摘铃。

（3）清理加工。机采籽棉清理加工包括烘干、籽棉清理、轧花脱绒一次打包。

3. 采收前的准备

（1）按技术要求检查调整采棉机，按规定进行试运转。

（2）按要求配注清洗液，加注润滑油。

（3）机采棉田应人工清理15～20 m的地头，以利采棉机地头转弯和卸棉。

（4）滴灌棉田在机采前应拆除滴灌毛细管，将毛管接头压埋严实。

（5）尽可能保持地膜完好，地膜破损地段应压埋严实，飘起或散落的地膜应清理干净。并清

除田间高大杂草。

（6）仔细检查采棉机下地路线，确保采棉机运行安全。

（7）根据采棉机作业情况和籽棉运输距离，配套大容积运棉拖车。

（8）组织好采棉机作业工艺，以保证采棉机正常作业。

三、采棉机类型与构造

（一）机械收棉方法与采棉机类型

使用机械收获棉花有一次收棉法和分次收棉法两种。一次收棉法是用摘铃机，在霜前或霜后将全部吐絮棉桃和未开裂的棉铃一次摘收。这种收获方法使用的机器结构比较简单，生产率和摘净率比较高，收获成本较低。但在收获的籽棉中，含有大量铃壳、断枝及碎叶等杂质，此外，霜前花和霜后花混在一起，使籽棉的等级降低。因此，一次收棉法只适合于棉桃集中、吐絮不畅、抗风性强的棉花。常用的摘铃机有摘辊式和梳指式两种。

分次收棉法是霜前用采棉机采摘已吐絮的成熟籽棉，在霜后用摘铃机摘下未开的棉铃。这种收获方法使用的机器的适应性较好，可以分次采收，对棉株损伤较少。但是机器的结构复杂，制造困难，使用可靠性较差。

按工作原理的不同，采棉机有机械式、气流式、机械振动与气流复合式等。目前国外广泛使用的是机械式采棉机。按采棉部件形式的不同，又分为垂直摘锭式采棉机、水平摘锭式采棉机和梳齿式采棉机。气流式采棉机由于消耗动力多，采收的棉花含杂率高和采棉率低，至今没有在生产上推广使用。

（二）水平摘锭式采棉机

目前，水平摘锭式采棉机在国外广泛使用。生产厂家主要是美国的约翰迪尔公司（John Deer Co.）和凯斯国际公司（JI Case Co.）。约翰迪尔公司的产品主要有9970型和9965型采棉机；凯斯国际公司的产品主要有2115型和2555型采棉机。随着我国植棉面积的增加，特别是新疆棉花生产的发展，机采棉的步伐正逐步加快。1999年，由新疆联合机械公司、新疆农业科学院、新疆生产建设兵团农垦科学院、新疆农业大学等单位共同研制成功4Mz-3型自走式采棉机。

1. 水平摘锭式采棉机一般结构及工作过程 整机一般主要由自走底盘、采摘台、静液压系统、驾驶室（含室内操纵系统）、气力输棉系统、棉箱、电子监控系统、电器系统、淋润系统、自动润滑系统、行走防护系统及机具外围防尘系统等构成，如图7-29所示。

工作时，扶导器将棉株扶起导入采摘室，棉株宽度被挤压成80～90 mm，旋转着的摘锭有规律地伸出栅板，垂直插入被挤压的棉株，同开裂棉铃相遇，摘锭钩齿挂住籽棉，把吐絮棉瓣从开裂的棉铃中拉出来，并缠在自身上。然后经栅板退出采摘室由滚筒再送入脱棉区，高速旋转的脱棉盘将摘锭上籽棉反旋向脱下。脱下的籽棉被气流从集棉室经输棉管道输送至棉箱。摘锭转到湿润板下部淋洗去植物汁液和泥垢（以利下次采棉和脱棉），重新进入采棉室采棉。这种采棉机生产率、采净率均较高，但结构复杂，造价较高。

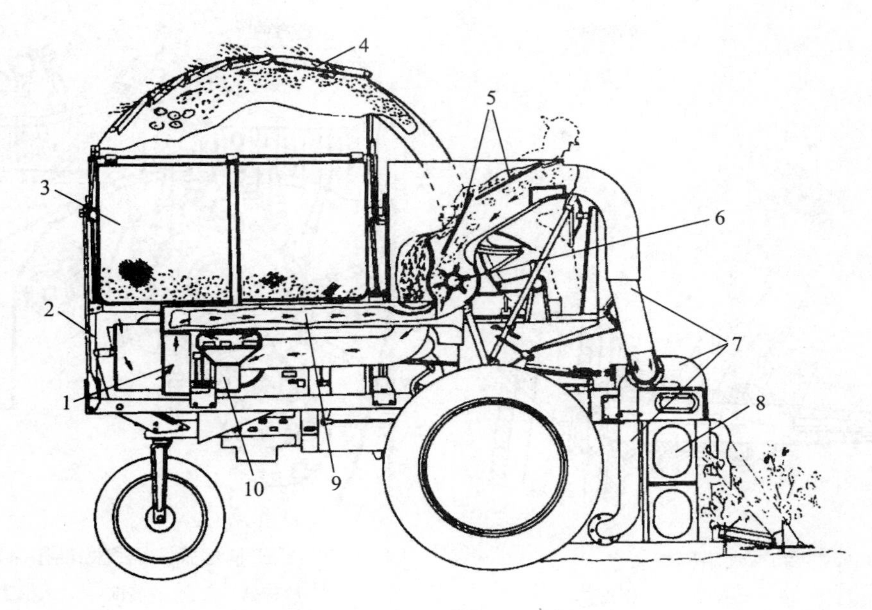

图 7-29　水平摘锭式采棉机

1. 输棉风扇　2. 液压操纵油缸　3. 棉箱　4、5. 筛网
6. 真空密封转子　7. 籽棉吸入管　8. 采棉筒　9. 输棉管　10. 吸棉风扇

2. 采摘工作部件　不论是迪尔公司的 9970 型、9965 型和 990 型，还是凯斯公司的 2155 型和 2555 型以及国产 4MX/4MZ-（3）2 型采棉机，都采用了水平摘锭式采摘部件。水平摘锭呈圆锥形（图 7-30），表面刻有倒刺，以便缠绕棉花，其长度与棉株上棉铃的分布范围相适应。每组采摘部件都由两个采棉滚筒同侧前后排列或左右前后排列，每个采摘滚筒有 12 根摘锭管座，每个摘锭管座配 14～18 根摘锭，每组采棉部件装有 336～432 根水平摘锭。采棉时（图 7-31），摘锭一方面随采棉筒旋转，一方面以 1 850～3 250 r/min 的速度自转，当摘锭在工作区碰上裂开棉桃中的籽棉时，将其缠绕在摘锭上，从棉桃中采摘下来。为了减少纠缠在棉花纤维中的杂质（棉叶、枝梗和铃壳等），应尽量减少采棉部件对棉株的搅动和损伤。为此，除了应使摘锭通过采棉区时向后移动的速度接近于采棉机的前进速度外，在每根摘锭座管的上端带有曲拐，曲拐端的滚轮沿着固定的导轨运动，保证水平摘锭在从伸进棉株到退出棉株的整个工作区内，始终垂直于机器的前进方向。各摘锭间的间距为 38 mm，可让未开棉铃从中滑过，留待成熟后再行采收。

摘锭采棉时，其工作表面上会残留棉花纤维及叶浆等杂质，如不及时把它们清除干净，就会影响摘锭的采棉能力。此外，湿润的摘锭表面能更好地附着籽棉，有助于采棉。因此，采棉机上每套采棉装置都设有一个摘锭湿润器，对每一层摘锭都进行计量供水。在每个摘锭刚要进入采棉区之前，用专门设计的橡胶擦盘将摘锭湿润。在水中加入去垢湿润剂，可以减少用水量，使摘锭的工作更为有效。

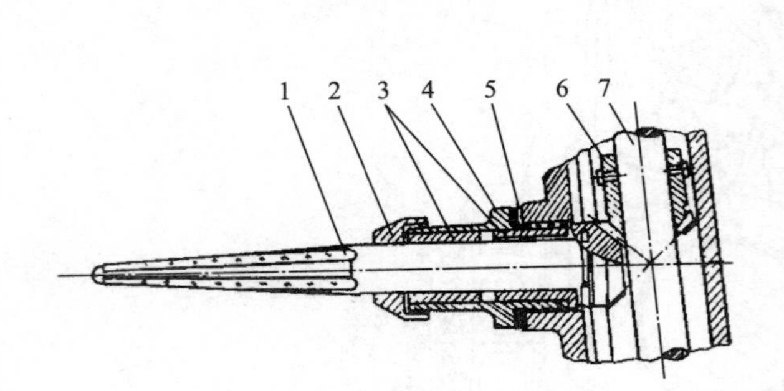

图 7-30 水平摘锭

1. 摘锭 2. 盖 3. 轴套 4. 螺母
5. 调整垫圈 6. 圆锥齿轮 7. 轴

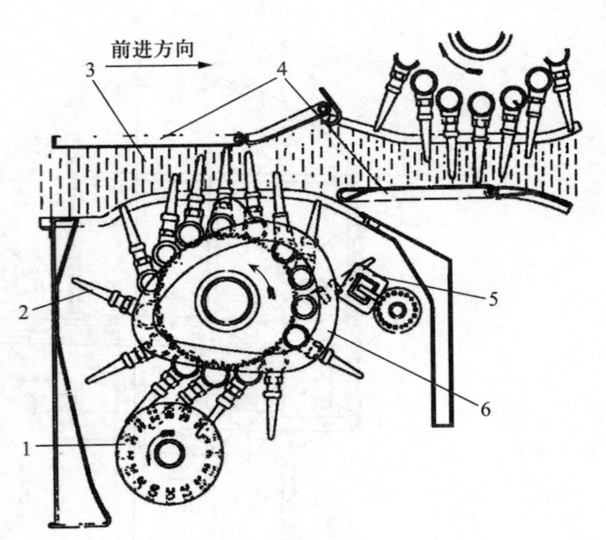

图 7-31 水平摘锭式采棉机的工作原理（顶视图）

1. 脱棉器 2. 水平摘锭 3. 采棉工作区
4. 压紧板 5. 湿润器 6. 导轨

3. 水平摘锭式采棉机主要特点

（1）功率大，生产率高。迪尔公司的 9970 型和凯斯公司的 2555 型发动机功率都在 185 kW 以上，日采摘棉花 7.3～8.7 hm²，一台采棉机一天相当于 600～700 个拾棉劳力。

（2）适应性强。可对 30～60 cm 宽窄行丰产植棉模式棉花进行隔行采摘，也可对 76 cm、90 cm、96 cm、102 cm 等行距或 8 cm＋68 cm、10 cm＋66 cm 特殊宽窄行棉花进行采摘。但它对邻接行反应很灵敏，一般误差大于 5 cm 时，正常工作就很困难。

（3）整机具有较高的加工精度和制造质量。发动机及其主要工作部件一般可保证 10 年不大修，平常故障很少。

（4）具有完备的电子监控系统。不但在常规操作系统中能进行自动显示及报警，而且在机具的关键工作部件上（如发动机、采棉机头、风机转速、机具作业速度、采棉堵塞、润湿系统压力和油温等）采用"单板机"进行监控，可向操作者循环提供不同部件的相关运行数据，发生异常现象能及时报警，并显示故障部位。

（5）采摘部件装有液压仿形感应装置。随地面高低变化，高度探测装置就能做出迅速反应，使采棉头能贴着地面运行摘到较低部位的棉铃，提高了采棉质量和机具作业速度。

（6）遥控机载润滑装置使采棉头可边作业边润滑，从而使摘锭的润滑和清洗实现了自动化，操作简便，大大减少了辅助保养时间。

（7）具有大容量的输送、超大净载的棉箱以及快速卸棉的程序。上述几种进口采棉机都具有 32.5 m² 以上的集棉箱，并配有三螺杆压实器，可压实棉花 1/4 的体积，大大增加了棉箱的贮棉量，有利于田间长时间作业，并在几分钟内升起或落下棉箱，大大缩短了卸棉时间，提高了劳动生产率。

（8）轨道式采棉头的主梁可进行不同行距的快速定位调整，并有利于维修保养。

（三）垂直摘锭式采棉机

它与水平摘锭式采棉机的主要区别在于采棉装置。其工作原理如图7-32所示。采棉部件的竖直摘锭制成细长杆状，沿表面全长开有三条纵向槽（图7-33），纵向槽的三条棱边的全长都铣有细齿。它们工作时能把棉花纤维钩住，缠绕在摘锭上。这些摘锭竖直地安装在采棉筒的圆周上。摘锭的轴线和棉株平行。其工作长度应与棉株上棉铃分布的高度范围相适应，一般为700 mm左右。

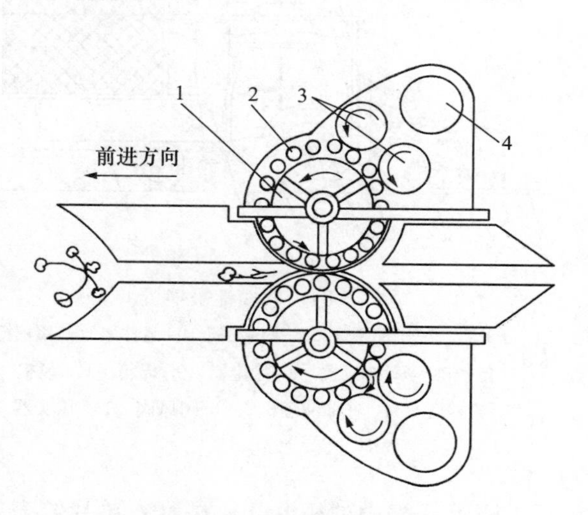

图7-32　垂直摘锭式采棉机工作原理

1. 采棉筒　2. 摘锭
3. 脱棉器　4. 集棉筒

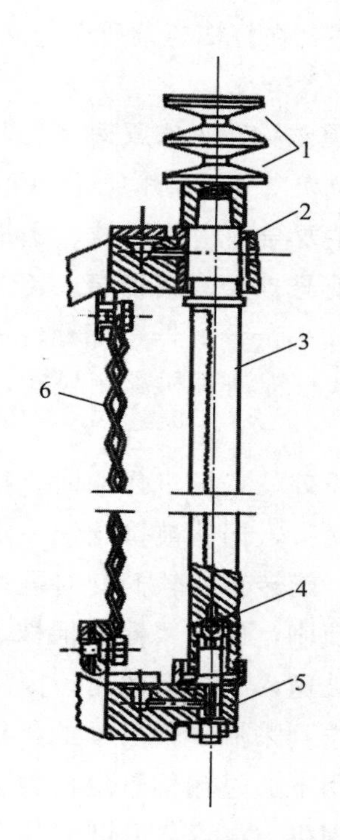

图7-33　垂直摘锭

1. 皮带滚子　2. 采棉筒上圆盘　3. 摘锭
4. 滚珠　5. 采棉筒下圆盘　6. 网状圆筒筛

机器工作时，两个采棉筒相对转动，棉株从它们的间距中通过。摘锭除了随采棉筒转动外，又高速自转。当摘锭碰到通过采棉筒工作区的开放棉桃时，籽棉就被缠绕在摘锭上，从棉桃上采摘下来。当采棉筒转到另一侧的脱棉区时，摘锭自转的方向转变，将缠绕的籽棉脱出，靠近摘锭的高速旋转的刷棉滚筒，把摘锭上的籽棉刷下来。刷下来的籽棉落于集棉室，被气流吸进输棉管，经风扇吹入棉箱。为了收回落地的籽棉，有些采棉机上还专门配置有捡拾落地籽棉的气流捡拾输送装置和落地棉收集箱。

这种采棉机结构较简单，造价较低，但其各项性能指标均不如水平摘锭式采棉机。20世纪90年代前在苏联产棉区应用较多。

（四）软摘锭采棉机

1. 机具性能及特点 软摘锭采棉机主要用于成熟棉花的一次性采收。其采摘方式采用倾斜式采摘滚筒，采摘滚筒上安装有若干根橡胶摘锭（又称软摘锭），采摘棉花时在旋转着的软摘锭的梳刷作用下使棉花与棉株分离。因其采摘方式属无选择采摘，在采摘棉花的同时，也会将棉叶、铃壳、小枝秆、青铃等从棉株上分离下来。因此，在采棉机上增加了一台倾斜式籽棉清理机，以清除大部分棉叶、尘土及部分铃壳和小枝秆，青铃则利用管弯头予以清除。

整机结构简单紧凑，造价较低，尚有降低采收费用的空间；其特殊的采摘方式决定了具有较高的采净率；在籽棉与杂质充分混合前进行籽棉清理，大幅度提高了籽棉清理机的清杂率，大大降低了籽棉含杂率。

2. 机具结构及工作原理（图 7－34） 整机采用拖拉机背负式结构，作业时拖拉机倒开行驶。主要结构由分禾器、送棉风管、采摘滚筒、前悬挂架、集棉箱、传动轴、拖拉机、旋风式小杂分离器、棉箱、风机、输棉管、倾斜式籽棉清理机、闭风阀、压实器等部分组成。

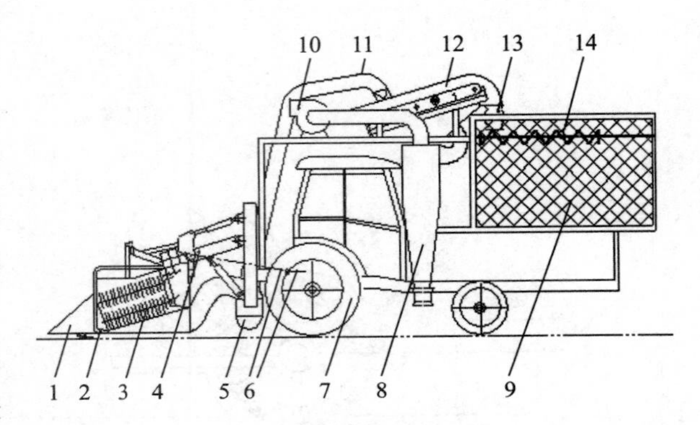

图 7－34 软摘锭采棉机

1. 分禾器 2. 送棉风管 3. 采摘滚筒 4. 悬挂架 5. 集棉箱 6. 传动轴 7. 拖拉机 8. 除尘器 9. 棉箱 10. 风机 11. 输棉管 12. 籽棉清理机 13. 闭风阀 14. 压实器

工作原理：采棉机作业时，扶导器将棉株导入采摘头，棉株被挤压至一定宽度后进入采摘室，旋转着的软摘锭对进入采摘室的棉株进行梳刷，使吐絮棉从棉株上脱离。脱下的籽棉被抛入集棉室风道，由风机提供的正压风吹送到采摘部件后部的集棉箱，在引风机的作用下通过输棉管道使籽棉进入倾斜式籽棉清理机，在清杂齿钉滚及格条栅的作用下，清除籽棉中的棉叶、小枝秆、单片铃壳等杂质。排出的大杂质落入清理机下部的搅龙并排出机外，细碎叶片及尘土等轻杂质则随气流进入旋风式分离器经处理后排出。清理后的籽棉由清理滚筒输送至清理机后部的闭风阀排出落入棉箱。

3. 主要技术性能指标

配套动力：60 kW 以上轮式拖拉机；

拖拉机功能：可调向驾驶；

采摘部件配置：2 组；

作业幅宽：1.52 m；

作业速度：3 km/h；

生产率：6 亩/h；

日工效：40 亩/d；

吐絮棉采净率：≥97％；

籽棉含杂率：≤15%；

籽棉含水率：≤10%。

（五）其他采棉机

1. 摘棉铃机（图7-35）该机能在棉田中一次采摘全部开裂（吐絮）棉铃、半开裂棉铃及青铃等，故也称一次采棉机。此类机具一般配有剥铃壳、果枝、碎叶分离及预清理装置，其采摘工作部件主要分为梳齿式、流指式、摘辊式。机具结构简单，作业成本较低。但由于不能分次采棉，采摘后的籽棉中含有大量的铃壳、断果枝、碎叶片等大小杂质，并使霜前霜后棉花混在一起，造成籽棉等级降低。因此，此类机器仅适用于棉铃吐絮集中、棉株密集、棉行窄小、吐絮不畅且抗风性较强的棉花。可用于其他采棉机采收后的最后采棉。

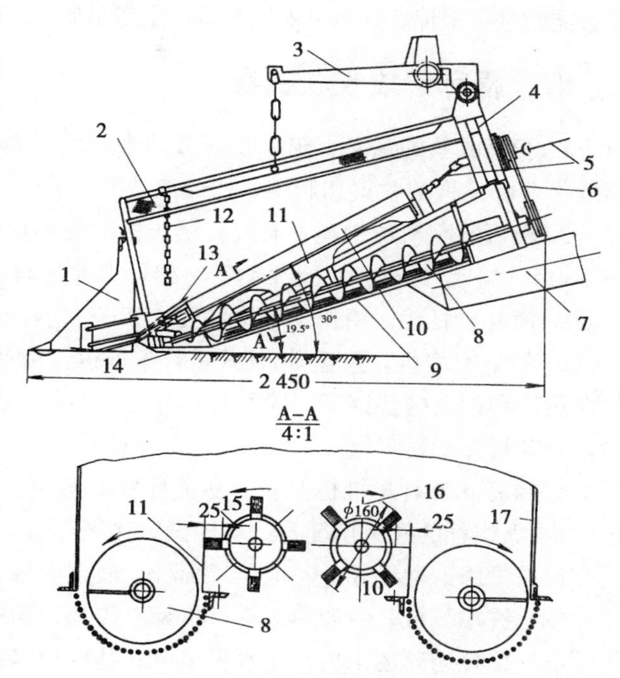

图7-35　摘辊式摘棉铃机

1. 扶导器　2. 网罩　3. 升降吊臂　4. 采棉部件吊架　5. 万向节　6. 传动胶带　7. 集棉螺旋　8. 输棉螺旋　9. 格条筛式包壳　10. 摘辊　11. 脱棉板　12. 挡帘　13. 低棉桃采摘器　14. 滑撑　15. 尼龙丝刷　16. 橡胶叶片　17. 侧壁

2. 气力复合式采棉机（图7-36）该机采用吹和吸的气流同时作用于被采摘的棉株上。机器工作时，棉株从机器的两个气嘴之间通过，其中一个产生正压气流，一个产生负压气流，在这两种气流联合作用下，籽棉被送入输送装置向外输出。为了提高生产率，利用旋转的打壳器打击棉株，使籽棉更有利于从棉壳中脱出。这种机器采棉率低，落地损失大。

3. 气吸式采棉机　这种机器利用风机使与之相连的真空罐产生负压，真空罐接诸多气管，气管的另一端装有吸嘴。人工将吸嘴移至开裂棉铃附近，打开气阀，利用负压将吐絮棉花吸入吸嘴，并通过气管回收至真空罐。这种采棉机经实际使用，比人工摘棉率提高不多。

4. 气吹式采棉机　这种机器利用高速气流吹力作用采摘棉花。采摘时将气流喷嘴对准棉桃，把棉花吹离棉秆并落入容器里面。

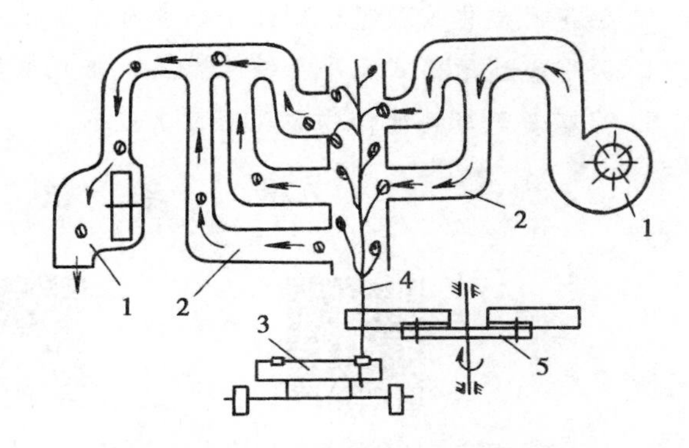

图7-36　吹吸气流机械振动式采棉示意

1. 风机　2. 风管　3. 牵引车　4. 棉株　5. 打壳器

但吹离棉花的高速气流，同时也吹起大量杂质，使棉花含杂率增加。

5. 刷式采棉机 20世纪30年代苏联曾试验和研究过刷式采棉机。其中一种是采用金属齿带型采摘部件；另一种采棉工作部件是表面上装有刷子的螺旋体，作业时在棉行两侧各有一个螺旋体，两边同时进行采棉。这些机器经试验，生产率低，落地棉多，且籽棉含杂高，没有大量使用。

四、棉秆铲拔收获机具

1. 棉秆收获的意义 棉秆收获劳动强度大，工时消耗多，季节性强，收获不及时造成影响后续作业和棉秆的收集和利用，造成浪费。

2. 棉秆收获机械种类 有棉秆铲拔机、拔棉秆机、搂棉秆机、切碎还田机等。

(1) 棉秆铲拔机。主要靠锄铲将棉秆根部铲断，粉碎表土。

a. 简易铲秆机。由机架、限深轮、铲子、茎秆压紧秆等组成。

b. 铲秆集堆机。拨盘-挡秆式铲秆集堆机：由动力输出轴通过传动装置，驱动拨盘旋转，在拨盘拨齿和护板的扶持下，棉秆根部被铲子切断，送入集堆挡秆处，当采集的棉秆达到一定数量时，自动打开卸料集堆。

c. 搂耙式铲秆集堆机。在简易铲秆机上增加一套搂耙式集堆机（有的是用中耕机的松土杆齿），根据棉秆的搂集情况，适时地操纵搂耙起落，达到棉秆集堆的目的。

目前常用这种形式，不但铲了棉秆，而且也将地膜搂起，一举两得。

(2) 拔棉秆机。一般由拔辊、机架、传动、输送、挡板和护罩等部件组成。目前很少用。

(3) 棉秆切碎还田机。用水平甩刀式茎秆切碎还田机将棉秆切碎还田。

目前也有用压秆器在犁上带一个压辊将棉秆压倒，翻入地下。

复习思考题

1. 棉花机械化栽培的要求是什么？
2. 棉花移栽有什么优缺点？实现棉花移栽需注意什么问题？
3. 棉花机械化收获包括哪几个主要环节？试加以说明。
4. 分别叙述滚筒式水平摘锭采棉机、垂直摘锭采棉机、气吸振动式采棉机的工作过程。
5. 棉花喷药与其他作物喷药有什么差别？

知识拓展

棉花生产全程机械化流程

国内采棉机发展历程

棉花收获后清理加工机械化流程

第八章　花生生产机械化

第一节　概　　述

花生（图 8－1）是我国产量丰富、食用广泛的一种坚果，又名“长生果”“落花生”，属蔷薇目，豆科一年生草本植物，茎直立或匍匐，长 30～80 cm，翼瓣与龙骨瓣分离，荚果长 2～5 cm，宽 1～1.3 cm，膨胀，荚厚，花果期 6～8 月。主要分布于巴西、中国、埃及等地。

花生是重要的油料作物和经济作物。我国是世界花生主要生产国和出口国，全国大部分地区均有种植，其中河南、山东、河北、辽宁、广东、四川等为主要种植省份。全国年种植面积约 500 万 hm^2，单产约 3 600 kg/hm^2，总产量约 1 700 万 t。种植面积居世界第二，总产量居世界第一，年出口创汇达 6.1 亿美元，是我国大宗农产品唯一净出口作物。

图 8－1　花　生

一、机械化在花生生产上的作用

以山东为例，花生是山东省的主要经济作物之一，年播种面积在 110 万 hm^2 以上，约占全国种植面积的 27%。山东省花生种植主要分布在丘陵山区，比较集中，几个主要产区种植面积都约占耕地面积的 1/3 或 1/4，有个别乡镇甚至占一半以上。长期以来，从播种到收获，花生生产基本依靠人工、畜力操作，生产率低，劳动强度大，作业质量差，因此，实现花生生产机械化，是发展花生生产的迫切需要。我国花生生产机械化的试验研究，从花生的深耕、播种、收获、摘果、脱壳等生产环节开始，通过小范围的试点引进、机具试制和对比选型等，为探索花生生产机械化铺展了道路。此外，各地推广使用花生机具的成就，也证明了机械化在花生生产中的重要作用。

（1）能显著提高花生产量。生产实践证明，在同样的土地、栽培方法和田间管理情况下，实行机耕、机播、机械收获，比用畜力耕地、人工播种和收刨增产 20%～30%。以收获为例，在一般情况下，人工收获花生的掉果率在10%左右，即使复收多遍，把掉果控制到2～3个/m^2的较低限，损失也会达到150～225 kg/hm^2，但用机械收获就可以达到掉果少、捡拾净、损失小的目的。机械化收获时，机耕较深，耕耙及时，耕层疏松，翻土碎土性能良好，为花生的生长发育创造了良好的基础条件。花生机械播种均匀一致，覆土及时，镇压效果好，出苗齐整而茁壮，且能保证足够的密度，因而增产效果明显；机械覆膜保证地膜能拉紧、辅平、封严，出苗效果好，省工省力，保墒保湿明显，较不铺膜的花生每公顷增产10%左右；机械收获能对花生10 cm以上的土层全部翻动，收获损失少。花生生产采用机播、机铺、机收等主要措施，一般每公顷可增收花生荚果75 kg左右，各地的实践结果表明，该措施可取得显著的经济效益。

（2）能够大幅度提高劳动生产率。花生在整个栽培过程中，播种、收获作业费工最多，约占花生栽培过程中用工数的70%。山东省春、夏花生播种正值农业生产的大忙季节，往往由于劳力紧张或农活安排不当，不能及时播种，从而影响了播种面积和花生的正常生长发育。花生的收获时期，同时又是秋收秋种的繁忙时期，往往由于收获不及时，导致烂果、生芽、掉果情况严重，甚至遭受冻害或霉捂，造成不应有的损失。机播可比犁开沟人工点播提高工效40倍以上；用机械收获比人工镢刨可以提高工效30余倍。因此，实现播种、管理、收获机械化，不仅可以做到不误农时季节，减少不应有的损失，还可以节省大量劳力。

（3）能够大大减轻劳动强度。以前花生生产主要是靠人工操作，播种是人工开沟点种；清棵蹲苗、中耕除草等全靠人工和锄头；收获靠人工镢刨、抖土、拾铺和搬运。不但生产率低，而且劳动强度大。有时为了抢农时，抓墒情，早腾茬，难以按质量达到种、管、收的各项要求，既误了农时季节，不能按技术要求进行操作，又增加了劳动强度，影响了产量。实现种、管、收机械化，可以降低劳动强度，节省大量劳动力。

我国花生种植除河南、山东、辽宁等规模化程度较高外，其他省份因种植面积相对分散，花生生产仍以人畜力为主。以花生收获为例，2013年，全国共拥有花生收获机13.04万台，其中河南、山东和辽宁三省分别拥有5.67万台、3.71万台和2.81万台，占全国花生收获机保有量的93.5%。

二、我国花生种植方式

我国花生的种植方式有裸地栽培和覆膜栽培两种。裸地栽培是传统的栽种方式，覆膜栽培是一种增产的新技术，技术性较强，产量高。根据整地方法的不同，花生种植可分为以下三种：

（1）平作。平作是北方和南方旱薄地花生产区采用的一种种植方式。在灌溉困难、土壤肥力低的旱地或山坡地，土壤的保水性差，水分容易流失，花生不易封行，平作和密植有利于抗旱保墒，在地多人少的情况下可以减少整地工作量。

（2）垄作。垄作是北方肥田和肥水地的一种种植方式。在地势平坦、土层深厚、排灌条件齐全的大田，选用垄作的模式有利于花生合理密植，有利于田间通风透光，有很好的增产效果。

（3）高畦种植。我国南方地区春季降水量充足，为了防止花生田积水，能排能灌，农民通常起畦种植，一般采用直行条播，每畦种植4～8行。

花生覆膜播种，有很好的抗旱、保墒、提温、防雨、排涝以及减少花苗期管理难的效果。我国北方地区春节花生播种期间，普遍干旱少雨、温度低；南方春季则低温、多雨。为了提高花生的产量，各生产部门普遍选用花生覆膜播种的种植方式，为花生的早熟增产提供了保障。

覆膜播种是大幅度提高花生产量的一项有效措施。这项技术的应用解决了北方地区春季播种低温、干旱和无霜期短，南方春季低温、多雨等不利自然气候条件对花生播种的不利影响，开创了我国花生生产的新局面。

三、花生生产机械化的主要内容

花生生产从种植到收获有好多环节，涉及的机械也比较多，花生生产机械化技术的主要内容就是用机械完成花生生产农艺过程的技术，通常主要包括耕整地、播种、铺膜、施肥、田间管理、收获、摘果和脱壳等机械化技术。

在花生生产环节，耕整地、田间管理的植保、灌溉等所用机械均为通用机械，均能满足花生生产的农艺要求。花生专用机械主要包括播种、铺膜、收获、摘果、脱壳机械等。核心环节是播种和收获，这也是两个占用劳动力多、劳动强度大的生产环节。在这两个环节，目前播种和铺膜基本上合成为一种机械，由于花生联合收获机的出现，传统意义上的收获和摘果也为一体。播种和铺膜机械的集成已经较成熟，本部分将两者合在一起介绍，尽管收获与摘果也大部分联在一起，本部分还将按照传统方式分别介绍。

1. 花生耕整地机械化技术 花生是耐瘠、耐旱、适应性强、培肥土壤的深根作物，适当加深耕作层，可促进花生的根群发展，增强其吸收肥水的能力，从而有利于提高花生的产量和品质。花生又是改土后的最佳先锋作物，创造一个良好的土壤环境是花生丰产的重要保障。尤其对于山坡丘陵地块和中低产田，深耕整地改土、提高土壤蓄水保墒能力，已是取得花生高产的成功经验。主要采取深冬耕或早春土壤解冻后及时深耕翻，在旱薄地推行大犁深耕，搞好早春精细耙地，起垄种植，创造最适宜花生生长的土壤条件。深耕方法是，对于旱薄地应用大型拖拉机配套的深耕犁在冬前深耕，耕深为 40～50 cm，深的可到 60 cm，也可用普通深耕犁进行，耕深为 30～40 cm。

2. 花生播种机械化技术 机械播种花生可以合理密植，保证全苗，与人工作业比较可大大提高工效，并保证播种质量。花生播种机械化技术是由 20 世纪 80 年代在人工作业的基础上开始推广应用的，由单一的机械来分别完成扶垄、覆膜、播种作业，人工喷洒除草剂。单一功能的花生播种机有人畜力和机械牵引两大类，一次播种一行或两行。土层较厚、中等以上肥力的壤土地可选择覆膜栽培的方法，采用花生覆膜机来完成。花生覆膜机也包括人畜力和机械牵引两大类，一次铺一幅地膜，覆盖两行花生。到 20 世纪 90 年代中期发展到花生覆膜播种联合作业机，该机由花生播种机和覆膜机组合而成，与小四轮拖拉机配套使用，是一种复式作业机械，以其紧凑合理、功能齐全的结构，将筑垄、施肥、播种、覆土、喷洒除草剂、展膜、压膜、膜上筑土带等作业环节一次完成，除机手外几乎不需要其他人工。由于播种规范，覆土均匀，出苗时间比较集中，出苗全，以及联合作业高生产率的明显优势，深受农民欢迎，是目前重点推广的机型，在花生种植主产区已取代单一作业机械。

3. 花生收获机械化技术 目前应用的机械收获方式主要采用分段收获，这类机械有花生挖掘机、花生复收机、花生摘果机以及联合收获机等，花生捡拾还必须人工完成。花生复收机应用效益较差，已很少应用。花生联合收获机可以一次完成挖掘、抖土和摘果作业。

花生挖掘机械包括花生挖掘犁和花生挖掘机。花生挖掘犁结构非常简单，主要部件是挖掘铲，两个类似于铧式犁的挖掘铲左右对称安装在框架上，工作时就像铧式犁一样将花生耕起，挖掘后由人工抖土、捡拾。花生挖掘机主要有两种型式。一种是4HW系列，是在20世纪70年代末80年代初从美国引进的花生挖掘机的基础上发展起来的，与轮式拖拉机配套，可一次完成挖掘、抖土、铺放过程，但仍需人工捡拾，然后人工或机械摘果。4H－2型花生收获机是另一种新型的花生收获机械，配套小型四轮拖拉机，采用挖掘和分离机构融为一体的全新机构，挖掘和抖土可一次完成。利用振动挖掘，作业阻力小，功耗低，可一次收获两行覆膜花生。这种类型花生收获机主要用于一定范围的定行距花生收获，对于不覆膜的花生，由于行距大小不一，宽窄不规则，该机具的适应性受到限制。尽管受到土质的影响，局限性较大，据调查，该机具仍是目前推广应用较多的机型。

4. 花生摘果机械化技术 花生摘果机是将花生从花生秧上摘下的机械，也属于花生联合收获机的一个组成部分。以前我国主要是推广应用摘干果机械，近几年根据农艺和农时的要求不少科研和生产单位，研制推广了摘鲜果机械。花生摘果机包括简单的手摇摘果机、发动机配套的摘果机、拖拉机配套的摘果机和电动机配套的摘果机。

花生摘果机的结构比较简单，其主要工作部件一般由弹齿滚筒、滚筒筛、固定弹齿、风扇等组成。无论配套什么动力，其工作原理都是相同的，均采用篦梳式摘果原理。花生由喂入口喂入，在滚筒弹齿和滚筒筛的共同作用下，花生果与花生秧分离，花生秧由排杂口排出，花生果在通过筛网流下的过程中，杂质被风扇吹走，花生果由接果口排出。目前有一些花生摘果机可以摘湿果，但摘湿果易造成鲜嫩荚果的破碎，在情况许可的情况下，一般应晾晒后再摘果。

5. 花生脱壳机械化技术 随着经济条件的好转和人们对生活质量要求的提高，花生脱壳机的应用也逐渐增多。目前家庭用花生脱壳机以小型的为主，有一些花生产品加工企业一般使用较大型的。花生脱壳机脱壳花生的破碎率较低、清洁度较高，目前用于榨油等食用花生脱壳应该说效果不错，但脱壳种用花生，还存在破皮等现象，影响出苗率，还需进一步完善。

第二节 花生播种机械

花生播种机械应满足相关的农艺要求与作业要求。机播要求双粒率在75%以上，穴粒合格率在95%以上，空穴率不大于1%。机播时应注意以下几点：

（1）播种时间。花生的适宜播期应根据品种特性、自然条件和栽培制度来确定。中晚熟品种在5 cm地温稳定在15～18 ℃时，早熟品种在12～15 ℃时即可播种。地膜覆盖栽培可提前10 d左右播种，各地应根据地温的变化规律，以花生适宜发芽的温度确定播种时间。

（2）播种密度。一般中熟大花生应在每公顷 120 000～135 000 穴（每穴 2 粒，下同），中熟中粒花生密度以每公顷 150 000 穴为宜。但应掌握土壤肥力好的密度相应小一些，地力差的密度大些。

（3）播种深度。一般在 5 cm 左右。地温较低或土壤湿度大的地块，可适当浅播，但最浅不得小于 3 cm；反之，可适当加深，但不超过 6 cm。掌握“干不种深，湿不种浅”的原则。

（4）墒情。墒情差或沙性大的上壤，播后要及时镇压以免跑墒、种子落干。

一、常用的花生播种机具分类

1. 播种机　包括人畜力播种机和机引播种机两大类。人畜力播种机比较简单，一般为单行播种机，其主要工作部件基本相同，包括种子箱、排种器、开沟器、覆土器和机架等。排种器主要为组合外槽轮式和内侧充种垂直圆盘式，也有滑板型孔式、水平圆盘型孔式，但应用相对较少。有一些内侧充种式排种器带有鸭嘴，可代替开沟器在铺膜后打孔播种。常见的开沟器为锄铲式、靴式等；人畜力花生播种机一般一次播种 1 行，机引花生播种机一般为 2 行或 4 行，机引播种机排种器除上述形式外，还有气吹式和气吸式等。机引式花生播种机是目前普遍应用的一类花生播种机，可以进行不同程度的花生联合播种作业。

2. 铺膜机　包括人畜力铺膜机和机引铺膜机两大类。人畜力铺膜机比较简单，正逐步被机引铺膜机所代替，而单一功能的铺膜机在花生主产区已逐步被播种铺膜联合作业机所取代。

3. 播种铺膜联合作业机　花生播种铺膜机能够一次作业完成筑垄、播种、覆土、喷药、展膜、压膜、膜上筑土等农艺技术。花生播种铺膜机械是由花生播种机和覆膜机组合而成的，与小四轮拖拉机配套使用，是一种复式作业机械。一般来说，是将铺膜机的机架加强并纵向延长，播种机构安装在铺膜机的机架上，播种开沟器位于铺膜机整形器之后、铺膜机构之前，播种铺膜机一般配有施肥机构和喷药（除草剂）机构，施肥机构与播种机构前后排列，排肥器一般采用外槽轮排肥器，喷药机构为一个金属密封筒及其喷头等，安装在机架上，由拖拉机气泵提供气源，压缩喷雾，一般用于喷洒除草剂。这种机械结构紧凑合理、功能齐全，可将筑垄、施肥、播种、覆土、喷洒除草剂、展膜、压膜、膜上筑土带等作业环节一次完成，除机手外几乎不需要其他人工。由于播种规范，覆土均匀，出苗时间比较集中，且出苗全，因此以其高生产率的明显优势，深受农民欢迎，是目前我国重点推广的机型，并逐步取代单一播种或覆膜作业机械。目前有的花生铺膜播种机可一次完成平畦、开沟、播种、扶土、喷药、切畦边、铺膜、压膜边等多项作业，花生播种机械化水平较高，能够满足种植户的作业要求。

覆膜播种机可以先播种后铺膜，也可以先铺膜后播种。由于先铺膜后播种是在覆盖好地膜的土壤上播种，成穴部件只是在播种位置上将地膜切开并形成穴孔，对土壤的扰动小，因而有利于土壤的保墒和抗旱。但目前国内生产的花生覆膜播种机械基本采用先起垄、开沟、播种，后覆盖地膜（先播种后铺膜）的传统作业方式，此作业方式在出苗前需人工破口或机械打孔放苗，增加了田间管理的作业工序。

播种铺膜联合作业技术注意事项：

（1）地块的选择。地膜覆盖种植花生应选择土层较厚、中等以上肥力的壤土地。

（2）地膜覆盖花生比露天栽培在整地方面要求更高。应冬前深耕，早春顶凌耙地，清明前起垄；播种前施足基肥；墒情不足应开沟浇水，待水渗下后覆土整平，并在喷洒除草剂后进行铺膜。

（3）花生播种铺膜机与小四轮拖拉机配套使用，由于机型不同使用调整略有差异，一般来讲，应注意以下问题：①将整机与小四轮拖拉机悬挂连接，药液筒与拖拉机气泵连接好；②根据种子尺寸，更换排种盘，添加种子，过大和过小的种子应捡出；③按要求兑好药液，倒入药液筒，向筒内充气使气压达到规定值，更换药液时应先拧松筒盖放气，放完气后再打开盖加药；④肥料加入肥料箱前要清除杂物、消除板结；⑤膜卷装入挂膜架上，要调整膜辊转动阻力至适宜；⑥开始作业时，机组要对准、对正作业位置，膜头要用土压住、压紧，起步前打开药液开关；⑦起步、起落应缓慢，前进速度应均匀，作业中不得转弯，不得倒退，随时检查各部位工作状态，发现异常及时处理。要使花生播种铺膜机达到理想的作业效果，必须使各个工作部位调整适当，比如播种深度、行距、株距、施药量、施肥量、起垄高度、地膜的横向和纵向拉紧程度、覆土量等，要结合当地的农艺要求和产品使用说明书认真调整。

二、典型花生播种机械

图 8－2 所示为 2BPD－2B/2C 型多功能花生覆膜播种机，该机结构紧凑合理、功能齐全，主要由机架、筑垄、施肥、播种、喷药、覆膜、压土等结构部分组成。

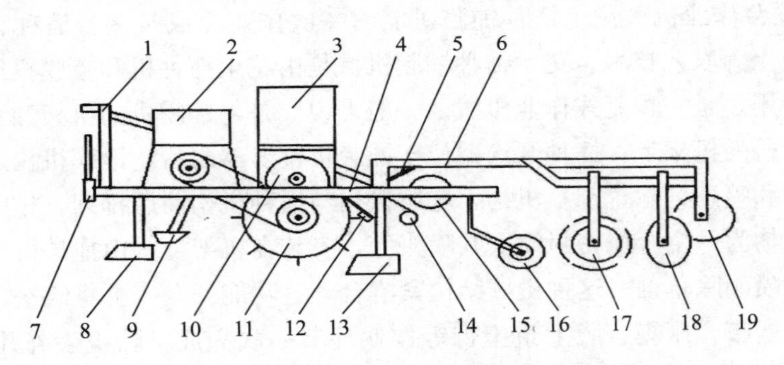

图 8－2　2BPD－2B/2C 型多功能花生覆膜播种机结构

1. 牵引架　2. 化肥箱　3. 种子箱　4. 机架　5. 拉簧　6. 浮动臂　7. 偏置拉杆　8. 起土铲　9. 施肥铲　10. 排种器　11. 驱动轮　12. 覆土板　13. 切边铧　14. 喷雾杆　15. 放膜杆　16. 压膜轮　17. 展膜轮　18. 覆土圆盘　19. 集土滚筒

在作业过程中，播种机前端的起土铲筑出垄，施肥铲将化肥施于两行花生中间的土中，排种机构（2B 型为外槽轮式，2C 型为内置划刀排种盘式）将花生种均匀地播入相应的两条种沟。覆土板将化肥、种子覆土盖妥，并将垄面刮平。喷药系统向垄面喷洒除草剂后，松弛度可调的展膜结构将地膜均匀地平展在垄面，压膜辊及时将地膜压平，覆土盘将所覆的土把地膜压实，集土滚筒在地膜表面筑出两条土带。花生的种芽可自行钻透地膜破土而出，不需要人工打孔、掏苗和压土。根据土壤和地质的不同，可调整垄的宽度和高度，化肥的施肥量也可调。该机将花生覆膜种植中的镇压、筑垄、施肥、播种、覆土、喷药、展膜、压膜、膜上筑土带等农艺技术一次作业完成。用该机种植的花生，由于播种规范，覆土均匀，出苗时间比较集中，出苗全，目前得到较好的推广应用。

1. 作业前的准备　牵引部分：①按农业栽培要求，将覆膜机与配套的小四轮拖拉机悬挂牵引部件连接好，并将限位链接好，作业时一定要用限位链。②将覆膜机放在平整地面上，检查覆膜机是否平整，不平整时调节悬挂机构。如果覆膜机前端高、后端低，会造成作业时筑垄太矮，施肥和播种深度都达不到要求；如果后端高、前端低，作业时筑土铲入土深，拖拉机负荷太大。

播种部分：①检查种箱和排种轮槽内是否有异杂物；②检查传动部件是否灵活，同时调整播种机选用的齿轮搭配，保证播种所需穴距（如果需要）；③将花生分级，分别装入种箱；④调整排种量。

药液部分：①按农艺要求和灭草剂说明书上的比例要求加入灭草剂后，将药桶加满水；②将药桶盖拧紧，打开进气开关向桶内充气，待气压达到 0.2 MPa 时，试喷一下，看喷头有无堵塞；③安全阀调到 0.4 MPa 以内，不准超越；④不作业时严禁向桶内充气，已充上的应及时放掉；⑤更换或加注药液时，先将排气阀打开，待药筒内气体放完后再打开桶盖，以免速度过高，桶内气压太大，发生意外。

施肥部分：①检查传动部件是否正常，必要时加注润滑油；②清除颗粒化肥中的异杂物，将化肥装入化肥箱；③根据需要旋动化肥箱下面传动轴一侧的手轮，调整施肥量。

覆膜部分：①将放膜杆装入地膜纸筒后，将两端螺母拧紧，将左端的调整螺栓紧度调好。注意不得将放膜杆左右颠倒；②用人工将地膜从压膜轮下拉过，然后用土压实，方能起步作业。

筑土带部分：①检查两个集土滚筒的出土口中心是否与两个播种开沟器相称，以保证土带正好压在花生种的正上方；②将两个出口的中心距离调到 270 mm（不同地区数据略有差异）。

花生播种覆膜机作业注意事项：作业时拖拉机应匀速直线行驶，不可忽快忽慢，严禁倒车。辅助人员应密切注视排种、喷药、施肥、覆膜、筑土带的质量，发现问题应及时通知驾驶员停车检查并采取相应的措施。起落机具时，应尽量缓慢，防止冲击损坏机具。长距离转移作业场地时，应将悬挂部件锁定。严禁向药桶内充气，正常工作时，桶内气压不得超过 0.4 MPa。

2. 多功能花生覆膜播种机的调整　垄形的调整：①垄高的调整。调整筑土铲的入土深度及限深滚筒的高度。将筑土铲向下调整时，增加垄的高度，但同时应将播种开沟器向上做相应的调整，反之则相反。②垄面宽度的调整。调整装有切边铲的两个浮动架座之间的距离，距离越大垄面越宽，反之则越窄。垄面上部的宽度不得小于 500 mm，否则影响花生的产量。

排种量的调整：①种箱内加入种子后，慢慢转动驱动轮，观察排种量是否符合农艺要求的单位面积播种量；②若排种量过多或过少，应将排种器外套上的固定螺栓松开，调整排种槽的长短，排种器内槽的长度越长，排种量越多，长度越短，排种量则越少，直至调到合适；③由于花生品种不同，种子的大小也各有差异，在播不同的花生品种时，应根据种子的大小，相应地调整排种器内槽的长短，否则将影响播种质量；④毛刷与排种器的间隙也会影响排种量的大小，间隙太大，排种量就大，间隙过小则容易碎种。因此，在使用中如发现播种量太大，应将毛刷向排种的方向靠近，缩小两者的间隙；发现碎种，应将两者间距离适当加大。

膜纵向拉紧调整：将锁紧螺母松开，调整螺母，在转动膜滚时，觉得松紧度合适即可，然后锁紧螺母。

覆土的调整：①覆土盘与集土滚筒之间的夹角应为36°，夹角越大覆土越多，夹角越小则覆土越少；②覆土盘与集土滚筒端面之间的距离为30 mm左右（未工作时测量）；③覆土盘柄向下放得越长，覆土盘入土就越深，覆土盘柄下端与底边的距离以250 mm左右为宜。

集土滚筒的调整：①集土滚筒与覆土盘内侧边之间的距离为30 mm，距离过大覆土盘所覆的土不容易进入集土滚筒；距离过小，覆土盘容易割破垄两侧的地膜，也易被土块和杂草夹住；②集土滚筒的拉杆应视集土滚筒与覆土盘之间位置而定，覆土盘内侧边与集土滚筒外侧边的距离为50～60 mm；③由于土壤土质不同，上述距离也应做相应调整；④集土滚筒的两个出口的中心必须与播种开沟器的中心相对应，集土滚筒两个出口的中心的距离为300 mm。

展膜轮的调整：①展膜轮与滚筒架（悬架）的夹角为10°左右。夹角越小，对地膜的横向拉力越小，夹角越大则拉力越大。②展膜轮柄下端与滚动架底边的距离为230 mm，距离越大压力越大，并容易拉破地膜。

3. 花生播种覆膜作业安全注意事项

（1）与拖拉机挂接后，必须使用限位链。

（2）非作业行进时切莫高速运行，工作状态时不可退行。

（3）完成作业或往药桶内加注药液时，需慢慢拧开药桶盖，听到放气声音时，停止拧盖，待到桶内气体放尽后，再将桶盖拧下，以防速度过高、桶内压力过大而发生意外。

（4）为了安全，应将进气胶管的一端安装在拖拉机贮气筒上的出气口上，严禁气管与气泵直接连接。正常工作时桶内气压不得超过0.4 MPa。

第三节　花生收获机械

一、花生的生态特性和收获要求

根据花生植株的形态，可分为蔓生型、直生型和半蔓生型三类。蔓生型花生除主茎外的分枝，都铺在地面，两行之间的花生茎叶不易分开，果实分散，生长期较长，收获时容易落果；但是单株产量较高，主要种植在北方丘陵地区的瘠薄沙壤地上。直生型花生的分枝与主茎间的夹角较小，为30°～40°，植株生长紧凑，果实集中，不易落果，收获比较容易；此外它可以密植，单位面积的产量较高，成熟早。半蔓生型花生的形态介于上述两类花生之间，其分枝与主茎间的夹角约为45°。由于直生型和半蔓生型品种适于密植，成熟早，出油率高，便于田间管理和收获，因而有逐步取代蔓生型花生的趋势。

花生的种植有平作和垄作两种，行距一般为40～50 cm。花生果分布在以主茎为中心、半径为20 cm的范围内。花生的收获期应根据花生生育情况和气候条件来确定。当植株呈现老状态，顶端停止生产，上部叶片变黄，基部和中部叶片脱落，大多数荚果成熟，表明花生已到收获期。

从温度看，温度在 12 ℃以下时荚果即停止生长，应及时收获。但各地气候条件差异较大，土质比较复杂，成熟期也不一致，必须因地制宜确定收获期。机械收获花生时，要求损失率小于 3%，按重量计花生中的含土量低于 25%，荚果破碎率不高于 3%。

二、花生的收获工艺和机具

花生收获的工艺过程包括挖掘、分离泥土、铺条晾晒、捡拾摘果和分离清选等作业。

目前花生收获机械按功能的完善程度分类，有花生挖掘犁、花生收获（挖掘）机、花生复收机、花生摘果机和用于联合收获的花生联合收获机等。花生挖掘犁是一种简易花生挖掘装置，结构简单，与小型拖拉机配套使用，两个类似于铧式犁的挖掘铲左右对称地安装在框架上，工作时就像铧式犁那样将花生耕起，不能实现花生与土壤的分离，挖掘后由人工抖土、捡拾。由于造价低，制造容易，在花生产区就地生产，应用数量较大。

花生收获机较花生挖掘犁在功能上有了较大的提高，但仍需人工或机械捡拾、集运、摘果。花生收获机中比较典型的是 4HW 系列花生挖掘机，称为振动链式，一次完成花生的挖掘、抖土、铺放等工序，是目前花生产区正在使用的机型，也是花生分段收获机械的代表。4H－2 型花生收获机是一种新型的振动栅式花生挖掘机，将挖掘与分离两个机构融为一体，与小四轮拖拉机配套，适应花生铺膜播种工艺，能够同时将地膜收起，这是目前推广的主力机型，市场保有量较大。

用于联合收获的有挖掘铲式和拔取式花生联合收获机。我国从 20 世纪 70 年代开始研制花生收获机以来，目前除了捡拾摘果机外，已有多种类型的样机。已经定型的花生收获机有东风－69、4H－2 和 4H－800 等型号。花生联合收获机也在研制中。国外花生收获多采用分段收获法。先用花生挖掘机挖掘、铺条晾晒，然后用捡拾摘果机捡拾摘果，从而使花生收获过程机械化。

三、典型花生收获机具的构造和工作原理

1. 花生挖掘犁　花生挖掘犁结构非常简单，一般与小四轮拖拉机或手扶拖拉机配套使用，工作时只将花生耕起，不能实现花生与土壤的分离，挖掘后由人工抖土、捡拾花生。花生挖掘犁主要包括牵引架、机架和挖掘铲，有一些花生挖掘犁还有抖土栅条。牵引架结构类似于中耕机等机械的牵引架，机架由框形结构的方钢管焊接而成，挖掘犁铲类似于铧式犁，焊接或通过 U 形螺栓连接在框架上。目前花生挖掘犁一般与小四轮拖拉机配套使用，一次挖掘 2 行花生。因此有 2 个挖掘铲左右对称安装在框架上，挖掘铲翻土方向是相反的，均向里翻土，栅条一般为 ϕ12 mm的钢筋，焊接在挖掘铲的翻土板后缘上，一般为 4～5 根，均匀分布。花生挖掘犁工作时就像铧式犁一样将花生耕起，带栅条的挖掘铲，有一定的碎土作用。挖掘后由人工抖土、捡拾花生。

花生挖掘犁的使用、调整十分简单，挖掘犁本身没有可调整部位，只是通过拖拉机纵向拉杆和右拉杆调整深度、前后和左右的水平。山东招远农业机械研究所研制生产的 4HW－60 型花生

挖掘犁，是花生挖掘犁中一种典型代表，如图 8－3 所示。该机结构简单，造价低，作业质量好，地面落果率小于 4%，损失率小于 3%，破伤率小于 1%，是一种性能稳定、经济效益较好的机械。但花生挖掘犁只能实现挖掘这一功能，不能满足花生收获多环节作业机械化的需求，已经基本属于淘汰系列产品。

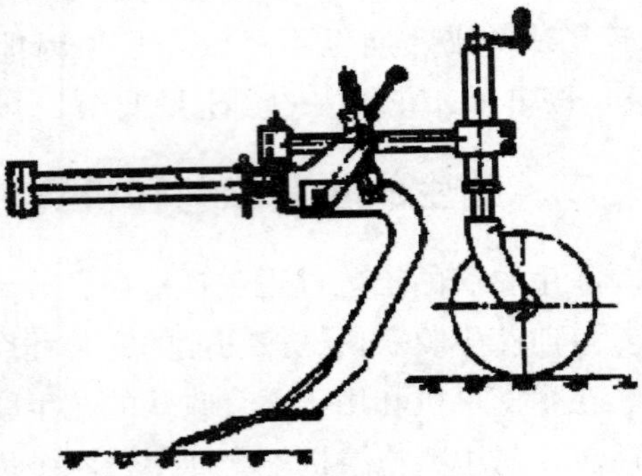

图 8－3　花生挖掘犁

2. 花生挖掘机　花生挖掘机是我国现阶段重点推广的一类花生收获机械，花生挖掘机较花生挖掘犁在功能上有了进一步提高，实现了挖掘和果土分离的功能，但仍需人工或机械捡拾、集运、摘果。

（1）东风－69 型花生挖掘机。由挖掘、喂入、分离、输送和集果等部件组成（图 8－4）。机器工作前需人工割蔓，扫除蔓叶及杂草。工作时，挖掘铲的入土深度为 60～90 mm，将花生和土壤一同挖起。被铲起的土壤及花生果在抛土轮及喂入轮的共同作用下，向后抛至土壤分离装置。土块在抛土轮和分离装置的几个分土轮的齿杆作用下破碎，并从圆弧筛条杆的缝隙中排出。花生果及少量土块被第三分土轮抛至清选筛上时，筛面和其上的压土板将土块及黏附在花生果上的泥土进行最后分离，然后花生果被送入机器两侧的集果箱中。

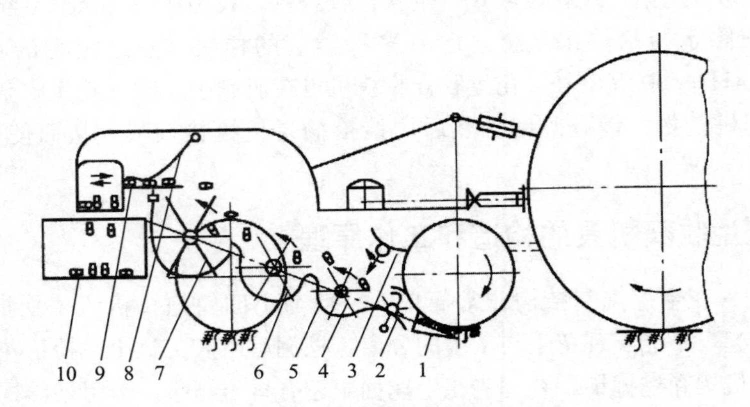

图 8－4　东风－69 型花生挖掘机的工作过程

1. 挖掘铲　2. 抛土轮　3. 喂入轮　4. 第一分土轮　5. 圆弧筛　6. 第二分土轮　7. 第三分土轮　8. 压土板　9. 清选筛　10. 集果箱

（2）4H－800 型花生挖掘机。4H－800 型花生挖掘机由挖掘、输送、分离、铺放等部件组成，如图 8－5 所示，悬挂在 4.7～18.4 kW 的拖拉机上作业。工作时，带蔓的花生果和土壤一同被挖起，沿铲面上升，被送至升运链上，部分土壤在升运过程中被分离掉，然后通过前后分离轮将花生和土块的混合物在弧形筛面上抛扔抖动数次，使土块破碎分离，带蔓的花生最后被抛至横向输送链上，并从机器的一侧成条铺放于地面上。

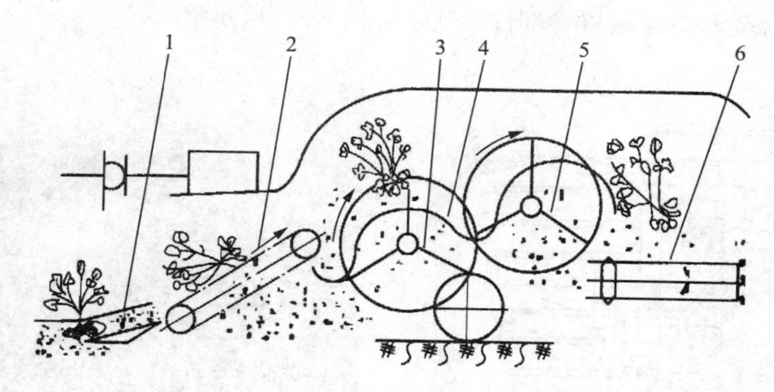

图 8-5　4H-800 型花生挖掘机的工作过程

1. 挖掘铲　2. 升运链　3. 前分土轮　4. 圆弧筛 5. 后分土轮 6. 横向输送链

分离装置是花生挖掘机最关键的工作部件。4H-800 型花生挖掘机的分离装置由分土轮和圆弧筛组成，分土轮的齿杆后弯，其抛扔能力小，打落花生果也较少；圆弧筛的拱形面朝上，并偏置在分土轮轴的上方。分土轮对土块和花生进行自由抛扔，以达到既减少圆弧被石块卡住和堵塞又能使土块细碎的目的，从而提高了分离率。前、后分土轮转速相同并同步转动，两轮齿端有 20 mm 的重叠量。圆弧筛相邻两筛条的间隙通常为 8～9 mm（花生果的宽度一般为 12 mm），圆弧筛的每个筛条间隙中均有一个分土轮齿杆通过，以保证清理筛面，防止堵塞。分土轮齿杆端的圆周速度为 4.7～5.7 m/s，若速度过大，虽使机械摘果率提高，但损失增加。

（3）4H-150 型花生挖掘机。该机采用铲铺式结构，适于花生全根茎分段挖掘，可以一次完成挖掘、秧土分离和铺放等工作（图 8-6）。

4H-150 型花生挖掘机的工作原理：当拖拉机牵引着挖掘机按一定速度前进时，动力输出轴通过万向联轴节、锥齿轮箱、齿轮箱及链传动同时驱动收获机的各工作部件进行工作。收获机工作时，挖掘铲将花生秧、果、土一齐铲起，经过多级非强制式滚轮分离筛的顺时针旋转，分离齿一方面将土垡撕碎，另一方面将秧、果、土向机具后上方输送。在向后输送过程中，靠滚轮的旋转和离心力的作用，在分离齿隙间漏掉大部分土，从而使秧、土分离。分离后带有少量土的秧茎经第七级滚轮的抛送，通过弹性梳齿进入尾筛，一面甩掉剩余的土，一面把带果的秧茎收集铺放于地面，以便在田间晾晒，从而完成了花生的全根茎收获。

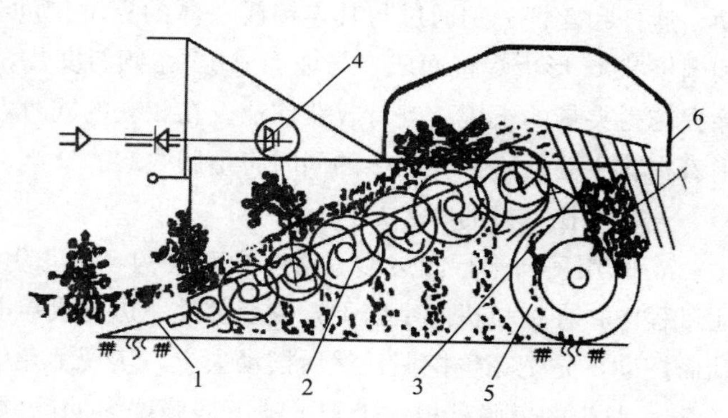

图 8-6　4H-150 型花生挖掘机的工作过程

1. 挖掘铲　2. 多级滚轮分离筛
3. 尾筛　4. 齿轮箱　5. 行走轮　6. 机架

（4）4H-2 型花生挖掘机。该机主要由机架、动力传动系统、收获部件驱动装置、收获部件、破膜圆盘、限深轮和悬挂装置等部件组成，如图 8－7 所示。

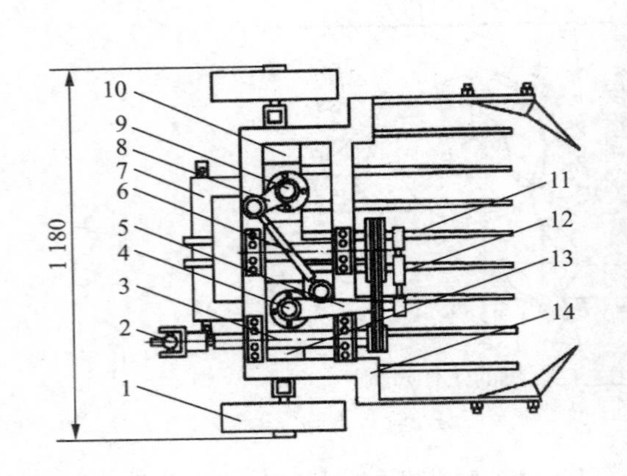

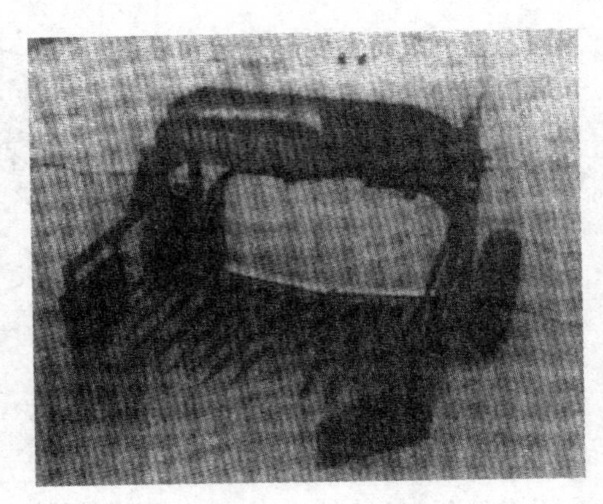

图 8－7　4H－2 型花生挖掘机

1. 限深轮　2. 万向节　3. 传动轴　4. 立轴　5. 摆杆 6. 连杆　7. 悬挂装置　8. 摆杆　9. 立轴　10. 收获部件　11. 偏心传动轮　12. 连杆　13. 收获部件　14. 机架

该机通过悬挂装置与 11 kW 的小四轮拖拉机三点后悬挂组成花生收获机组。其工作过程为：在拖拉机的牵引下进行收获作业，机组一方面前进，另一方面有一部分动力通过动力输出轴、万向节、传动轴，带动偏心盘转动，偏心盘通过连杆带动摆杆摆动，摆杆又通过连杆带动摆杆摆动。连杆和摆杆分别通过与其连接成一体的立轴带动收获部件摆动。收获部件由倒 V 形挖掘铲和栅格状 U 形板焊接而成，与地面成 15°角倾斜安装。收获部件在前进中将花生挖掘，在摆动中除去花生夹带的土壤，进行收获作业。在收获的同时，破膜圆盘滚动前进以将地膜切割，使地膜附着在花生蔓上，在收花生的同时将地膜收起。

该花生挖掘机的特点是：

a. 采用反向平行四边形等角度摆动机构，将花生收获机的挖掘和分离两部件融为一体，作业过程中，在拖拉机的牵引下，收获部件一边随机器前进，一边由反向平行四边形等角度机构驱动而摆动，先把花生挖掘，然后摆动去土，实现了花生挖掘和除土一次完成。

b. 花生的覆膜种植，带来了地下残膜增多的问题，影响后序作业；采用圆盘破膜装置，在挖掘花生前不但将交织在一起的两行花生蔓分开而且还将地膜切割，使地膜附着在花生蔓上，在收花生的同时将地膜收起，经田间试验表明，地下无残膜。

c. 利用反平行四边形机构传动，实现等角度向相反的方向摆动，使机架承受的侧向力相互平衡，机组工作稳定。

d. 收获部件摆动前进，工作阻力小，减少机组功耗。

3. 花生捡拾摘果机　图 8－8 所示，为美国利斯顿 1580 型花生捡拾摘果机工作过程简图。该机由 50～60 kW 拖拉机牵引，由动力输出轴提供动力。该机工作时，捡拾器的弹齿将条铺于地表的带蔓花生挑起，沿弧形板向后输送，由螺旋喂入筒把花生蔓向中间集拢，并拨喂至摘果滚筒组。摘果滚筒组由 4 个滚筒和凹板组成，各滚筒上均安有若干排弹齿，前 3 个摘果滚筒的尺寸大小相同，但弹齿排数不相同。第一滚筒主要起升运和喂送作用，只摘取少量花生果，凹板上也没有弹齿，由细小的凹板筛子漏下部分泥土、碎叶。第二和第三滚筒主要起摘果作用，凹板上均安有数排弹齿，利用篦梳与打击作用，花生果基本被摘干净；但第二滚筒凹板的筛孔较小，只漏下部分泥土碎叶，花生果主要由第三滚筒凹板漏下到清选筛。第四滚筒的作用是摘净花生蔓上残余的花生果，并把花生蔓传送到分离机构。分离机构由 4 个分离轮和分离凹筛组成，4 个分离轮的结构和尺寸均相同，2 排弹齿安装在分离轮的框架上。为使 4 个分离轮能连续协调地向后传送，各轮上弹齿的位置互相错开一个角度。夹带在茎蔓中的花生果经分离轮的翻转和抖动，经分离凹筛漏到清选机构上，花生茎蔓则被排出机外。清选机构由振动筛和风扇组成。振动筛的前部为开孔的阶梯板，接受从摘果滚筒凹板漏下的花生果及其夹杂物。振动筛的中部为无孔的阶梯板，仅起输送作用；振动筛的后段为可调鱼鳞筛，鱼鳞筛的下方有导风板，可使筛面得到均匀的气流。振动筛在风扇气流的配合作用下，碎蔓叶沿筛面向后移动而排出机外，花生果下落至除梗器的上筛，而后进入除梗器。除梗器由 3 排锯齿圆盘组成，通过相互回转将果柄钩除，再经除梗器下筛进入水平搅龙向左侧输送，落入气流输送管道。管道自风扇出风口起，其截面积逐渐减小，使水平搅龙与气流管道衔接处产生真空度，花生果就顺利地被吸送至集果箱。待集果箱装满后，通过油缸将集果箱提升，翻转卸入拖车。

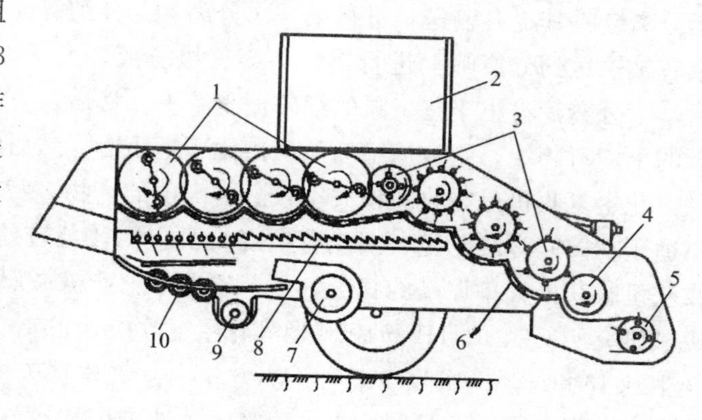

图 8－8　花生捡拾摘果机工作过程

1. 分离机组　2. 集果箱　3. 摘果滚筒组　4. 螺旋喂入筒　5. 捡拾器　6. 摘果滚筒凹板　7. 清选风扇　8. 振动筛　9. 搅龙　10. 除梗器输送器

美国的花生收获机在结构上突出的特点是大量采用弹簧齿，这种齿的优点是强度高、有弹性，如遇有砖石等杂物进入机器时，不会发生断裂或较大的变形。采用篦梳式摘果系统，要求动齿与定齿间有较大的重叠量，弹簧齿可以满足这一要求，而普通钉齿因不能做得太长，无法满足要求。此外，该机设有独特的去梗器，提高了花生果的清洁度。

该机在我国进行田间试验，各项指标均比较好，有许多值得借鉴之处。但该机庞大，结构复杂，成本较高，与我国当前情况不相适应。

4. 花生复收机　花生复收机是在特定的历史条件下产生的。花生人工收获后，一般掉果率在 5%～10%，每公顷掉果 187.5～375 kg。花生复收机的作业是将花生收获、运输过程中遗留在土壤中的花生果从土壤中分离出来，并抛撒在地面上，然后由人工捡拾回收。这是在花生挖掘、铺放及运走花生后接着进行的收获工序。花生复收机一般由挖掘铲、变速箱、机架、升[illegible]离链、往复筛、地轮等部分组成。花生复收机在作业时，挖掘铲将 8～10 cm 厚的[illegible]

运分离链将其提升输送，进行第一次分离，部分细碎泥土通过分离链的横杆间隙漏下落到地面，余者被输送到分离筛上进行第二、第三级分离，大于花生果的土、石碎块，被上分离筛抛到机后，下分离筛将小于花生果的细碎泥土筛下。最后，下分离筛筛面上剩下的花生果及与之尺寸相近的土、石碎块，则被从筛后颠簸抛撒于地表面，然后再由人工捡拾。

花生复收机是在收获损失率较高情况下的产物，我国大部分地区实行一年两作或两年三收，不适于在田间晾晒花生，因此花生复收机应用效益较差。1983 年，根据挖掘铲与抖动链式花生收获机收获损失率偏高的状况，山东省烟台农业机械研究所研制了 4HF－1100 型、胶南县农业机械研究所研制了 4HF－1000 型等花生复收机，主要与泰山－5 型拖拉机配套使用，每小时复收花生 0.16 hm^2，一次收净率为 74%～85%，花生损失每亩可降低到 5 kg 以下。这类花生复收机曾在山东省的临沂、日照、平度、临沭等地推广和示范，效果一般。在机械收获损失率较低的情况下，机械复收效益就显得太差，所以现阶段花生复收机基本上没有得到广泛的推广应用。目前，花生复收机在我国已基本停止研究和生产。

5. 花生联合收获机　花生联合收获机能够一次完成挖掘、输送、除土、摘果、分离、清选、集箱等作业。但到目前国内大部分地区还没有成型的花生联合收获机。

目前，花生联合收获机的工作原理基本相似，主要是机器前部的夹持机构，将花生茎叶梳理扶起，在行走机构的推动下花生被挖掘铲挖出，然后由输送装置送到脱离机构。在输送过程中，由拍土器振动拍土，去除花生上的泥土。脱离机构对花生进行摘果，实现茎果分离。分离后的花生果再经筛选部件进行筛选，最后被输运至贮果箱，花生茎蔓排出机外，如此循环来实现花生的联合收获。

（1）挖掘式花生联合收获机。如图 8－9 所示，挖掘式花生联合收获机悬挂在丰收－37 型拖拉机上。

工作时，非对称三角铲把花生和泥土铲起，经过 5 个分土轮的作用分离出大量的泥土，花生被抛入螺旋输送器，送至机器左侧，由偏心扒杆和刮板式输送器送到摘果滚筒。被滚筒摘下的花生果经凹板及滑板，在气流清选后落入集果箱内。夹杂物被气流吹至右侧，由排草轮排出机外。

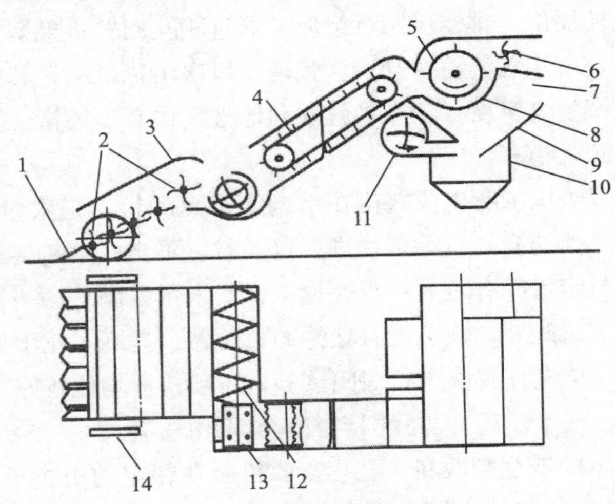

图 8－9　挖掘式花生联合收获机的结构

1. 挖掘铲　2. 分土轮（5 个）　3. 盖罩　4. 刮板输送器　5. 摘果装置　6. 排草轮　7. 排杂器　8. 栅格凹板　9. 滑板　10. 集果箱　11. 风扇　12. 螺旋输送器　13. 偏心扒杆　14. 支撑轮

（2）拔取式花生联合收获机。如图 8－10 所示，工作时，分导器把各行花生植株扶起，导向拔取装置的夹持输送带之间，被拔取的花生植株经横向输送带和刮板输送器送至摘果装置。拔取装置夹持输送带的前面一拔取段，由若干滚轮在弹簧张力作用下以产生一定的拔取力；其后面一段为输送段，在皮带拔取输送花生植株的过程中，可以把土石块抖落，因而可以免除复杂的分离装置，并减少功率的耗用。

采用拔取式花生收获机时，应严格对行作业，才能保证拔取。这种机型一般只适合于南方沙壤土上蔓生型花生的收获，花生茎蔓的高度应在 20 cm 以上，否则会产生漏拔。花生茎蔓抗拉强度较大的部位靠近根部，因此夹持拔取的部位要低。当土壤坚实度较大，拔取力超过茎蔓的抗拉强度时，就容易扯断，造成漏拔。在此情况下，应使用挖掘铲式收获机。在目前的研制中，单行拔取式收获机的工作质量较好。

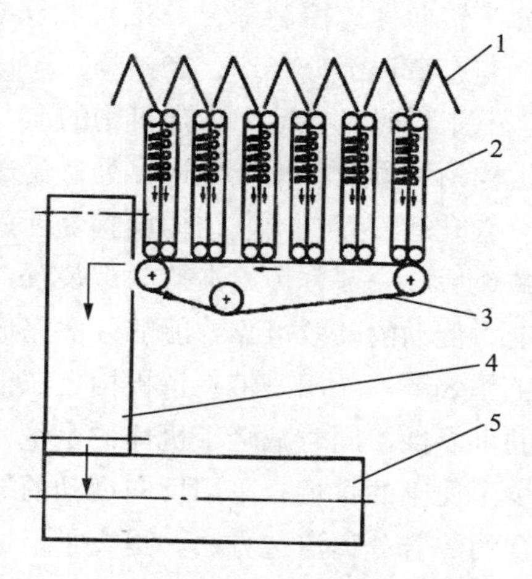

图 8－10　拔取式花生联合收获机的结构

1. 分导器　2. 夹持输送带
3. 横向输送带　4. 刮板输送器　5. 摘果装置

（3）4HQL－2 型自走式花生联合收获机。该机用于田间花生联合收获，一次性完成花生的挖掘、夹持输送、摘果、清选和集果等作业（图 8－11）。

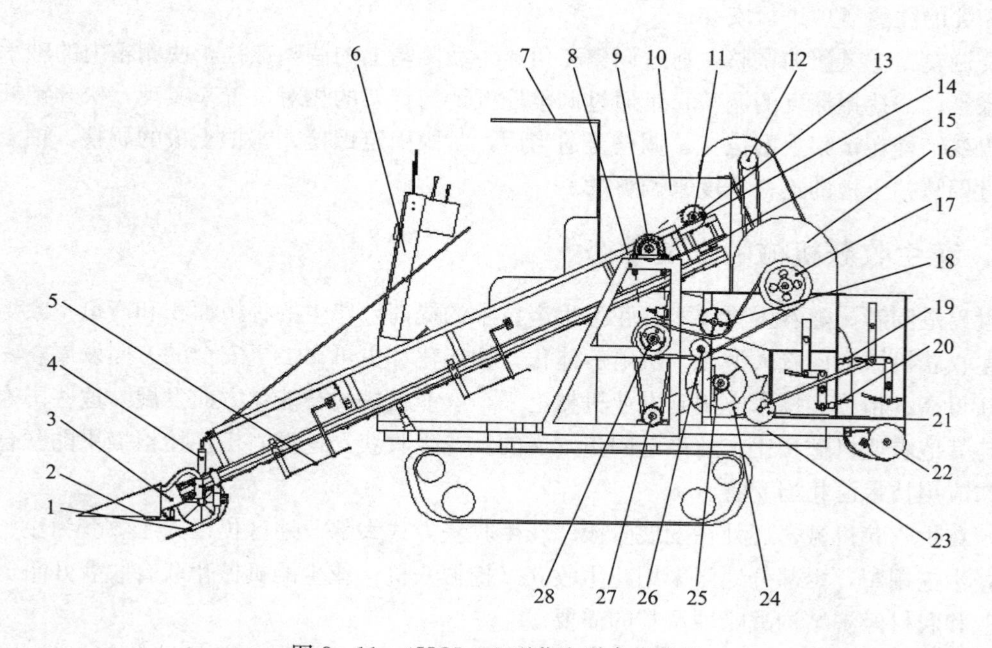

图 8－11　4HQL－2 型花生联合收获机

1. 挖掘铲 2. 扶禾器　3. 滑靴　4. 限深轮　5. 拍土板　6. 驾驶台　7. 驾驶室顶盖　8. 立架　9. 轴承座　10. 集果箱　11. 链轮　12. 升运器带轮　13. 螺栓　14. 螺母　15. 输送立轴　16. 摘果滚筒　17. 滚筒带轮　18. 辅助喂入带轮　19. 逐稿器　20. 振动筛　21. 护板　22. 螺旋输送器带轮　23. 底座　24. 风机外壳　25. 风机叶片　26. 张紧带轮　27. 输出带轮　28. 传送带轮

升运分

a. 主要结构与工作原理。该机有发动机部分、传动变速部分、驱动行走部分土层铲起，升分、转向操作控制部分、挖掘收获总成（1、2、3、4）、夹持输送部分（5、9、11）、摘果部分（15）、清选部分（19、20、25、26）、输送部分（22）、升运部分（11）、集果部分（10）。

工作时，在动力行走机构的前方设置有挖掘机构，挖掘机构与夹持输送机构连接，夹持输送机构的下方设有拍土机构，夹持输送机构的后部是摘果机构，摘果机构的下部是清选机构，一侧设有升运贮存机构，结构设置合理；采用动力行走机构，输出动力通过链轮、驱动轴、带轮，经减速后，一部分传给夹持输送装置，一部分带动高速旋转的风扇，一部分带动摘果滚筒，确保了动力传动的高效可靠，能够一次完成挖掘、夹持输送、拍土、摘果、清选和贮存等作业，提高了工作效率；采用三带夹持机构，三根带的中间设有托带轮，托带轮由弹簧张紧，保证了夹持输送的可靠性，同时减轻了机体的重量，采用由偏心轮带动的二级拍土机构，边夹持输送边去土，减少了泥土的含量；采用反向摆动的振动筛和逐稿器，减轻了机体的惯性力；采用风扇与振动筛配合的综合分离清选方法，提高了清选率。

b. 使用与调整。

安装：安装要由专业技术人员按技术要求进行，要有专用的安装设备；安装前要对主机、生产构件、标准件等进行技术性能的检查，合格后方可安装；安装时严格按照合理的程序、正确的方法、相关的注意事项进行安装。

主要调整：①链条的调整，通过调整三角形传动侧箱上的调整螺栓，使侧箱内的轴承轮压紧链条而张紧；②挖掘深度的调整，是通过调整挖掘铲与铲架的相对位置来实现，松开铲杆的固定螺栓，改变铲杆在铲架上的位置，调整至适当后，紧固固定螺栓；③拍土板的调整，拍土板的调整是通过调整拍土板的连杆长度来调整的。

四、花生收获机械的发展动态

从世界范围看，随着生物技术、花生生产技术的提高，花生的种植面积和产量不断增加。国外的花生收获机械，向着大型化、机电一体化、智能化、更可靠、更安全的方向发展。一些发达国家不断将高、精、尖技术应用到农业机械上来，农业机械向智能化方向发展。这些国家花生收获机械与其他农业机械相比，几乎是同步发展的。花生收获（挖掘）机、捡拾摘果的联合收获机的制造与应用技术已相当完善。

我国花生收获机械，还处在发展阶段。花生收获方式大部分地区仍以人工收获为主，部分地区采用花生挖掘犁，少部分地区采用花生收获（挖掘）机，花生的机械化联合收获几乎为零，不适应农业和农村经济结构战略性调整的需要。

收获机械不能满足花生生产实际的需求，直接影响了花生农户的种植和购买机具的积极性。目前以分段收获为主，联合收获技术还处于研制阶段。我国农村分散经营的生产体制和农民的消费水平，以及中小型拖拉机拥有量大的特点，决定了在今后一段时期，我国仍然要以中小动力的花生收获机为主要的研究和推广对象。花生收获机械大面积的推广还需要一段时间，花生联合收获机械的研制与推广更要结合经济发展的速度和农村产业结构的调整，逐步得到完善和提高。

（1）花生收获机械有着新的发展机遇。国内市场对收获机械的整体需求较大。目前的机收面积与机耕、机播面积相比，绝对值最小，增幅最大。花生生产机械化进程中这一点尤为突出，特别在山东这个农业大省，花生产区收获机械化相对落后。花生的收获主要还是靠人工来完成，耗时、费力、生产成本高。借鉴小麦联合收获机对外服务和跨区作业的成功经验，农民已把花生收获机械当作增加收入的又一个好途径，像诸多质量稳定、技术先进、适销对路的其他农机产品一样已受到广大花生产区农民、农机大户和经销商的青睐，成为他们增收的新亮点。从发展花生收获机械的必要性看，花生收获季节性强、劳动强度大，收早了，造成减产；收晚了，不但影响种麦，而且果柄腐烂，造成自然掉果增多，发芽霉烂，丰产不丰收。可见，发展花生收获机械，对花生的增产增收和种足种好小麦是一项非常重要的技术措施。

（2）中、小型收获机具将有一个较长的发展时期。我国全国综合机械化程度到2010年才达到52.28%，而且各地、各作物间发展极不平衡，如花生生产的耕、种、收分别只有56.56%、32.86%和19.89%。由于我国经济发展的不平衡性，东部、中部和西部地区，对产品、技术的需求存在递进的趋势，在市场开发上有滞后的特点，这决定了经济实用、多功能、回收率高的中小型农机具有较好的发展势头。在一个较长的时期，中小型花生收获机械将是花生收获机市场上的主导产品。由于我国农业机械存在一个较长的调整期，花生的机械化收获也将经历从分段收获到联合收获的发展历程。

（3）加强基础性研究，统一标准，改进制造工艺，提高可靠性和适应性。根据不同地区土壤性质、工作环境以及种植农艺，设计可调性大、适应性强的挖掘、输送、除土、摘果和清选装置，优化机器结构，提高产品的实用性、可靠性和经济性；不断改进制造工艺，提高技术水平，提高零部件工作可靠性，延长使用寿命；同时要重视功能集成，加强对大蒜、生姜、马铃薯等其他作物的适应性研究；做到一机多用扩大收获作业范围。国际上先进的花生联合收获机价格在30万元左右，远超出农民的接受程度，可通过引进消化吸收先进技术，改造和提高我国现有的机械质量。

第四节　花生摘果机械

一、花生摘果的工艺要求

我国北方地区收刨花生一般采取全根茎分段收获的方式。花生经铲刨或挖掘机挖掘后先在田间铺放晾晒，然后集中起来进行人工摘果和清选。花生摘果机是用于从花生植株上摘下花生果、代替人工完成这项工作的机具。最近几十年由于花生生产机械化有了较大的发展，特别是花生联合收获机械的发展，对摘果机械提出了更高的要求，目前花生摘果机既可以摘湿果，也可以摘干果，但摘湿果易造成鲜嫩夹果的破碎，在情况许可的情况下，还应晾晒后摘果，但不宜太干，以防夹果破碎。

摘果机工作时，摘果要求摘净率在98%以上，破碎率不超过3%，清洁度在98%以上。

二、现有摘果机类型及典型摘果部件

花生摘果机是用于将花生果从花生秧上摘下的机械，也属于花生联合收获机的一个组成部分。花生摘果机的结构比较简单，其主要工作部件一般由弹齿滚筒、滚筒筛、固定弹齿、风扇等组成。无论配套什么动力，其工作原理都是相同的，均采用篦梳式摘果原理。花生由喂入口喂入，在滚筒弹齿和滚筒筛的共同作用下，花生果与花生秧分离，花生秧由排杂口排出，花生果通过筛网流下的过程中，杂质被风扇吹走，由接果口排出。目前有一些花生摘果机可以摘湿果，但摘湿果易造成鲜嫩荚果的破碎，在情况许可的情况下，应晾晒后摘果。前几年我国主要是推广应用摘干果机械，近几年根据农艺和农时的要求不少科研和生产单位，研制推广了摘鲜果机械。

花生摘果机包括简单的手摇摘果机、发动机配套的摘果机、拖拉机配套的摘果机和电动机配套的摘果机等。

从喂入方式来看，我国目前生产中使用的花生摘果机，有全喂入（图 8－12）和半喂入（图 8－13）两种。

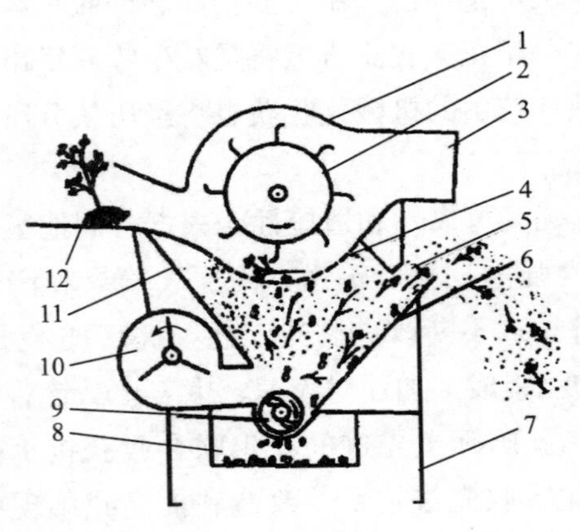

图 8－12　全喂入式花生摘果机工作过程

1. 顶盖　2. 滚筒　3. 蔓叶排出口　4. 凹板筛　5. 杂余出口　6. 后滑板　7. 机架　8. 集果箱　9. 螺旋输送器　10. 风扇　11. 前滑板　12. 喂入口

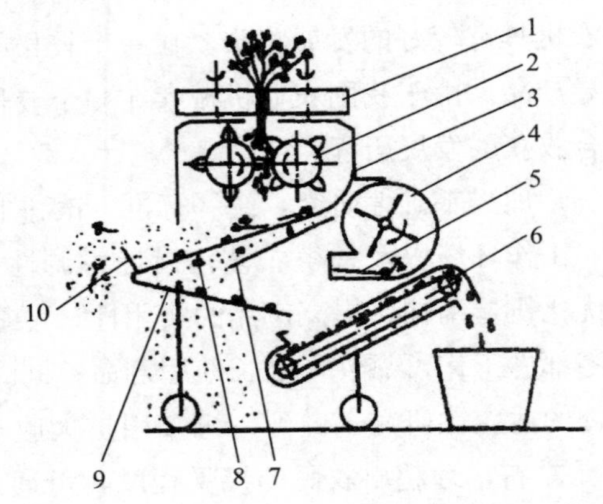

图 8－13　半喂入式花生摘果机工作过程

1. 夹持输送带　2. 摘果滚筒　3. 机架　4. 风扇　5. 风量调节板　6. 刮板输送器　7. 滑板　8、9. 振动筛　10. 挡果板

全喂入式主要用于北方，从晾干后的花生蔓上摘果；半喂入式对干、湿花生蔓都适用，主要用于南方地区。半喂入花生摘果机消耗的动力小，摘果后的花生蔓整齐，便于贮存及综合利用，摘湿果的质量好，破碎率低，并可与手扶拖拉机、联合收获机配套在田间进行作业。但是它的结构和传动比较复杂，制造成本较高，工效比全喂入式要低，目前应用最多的还是全喂入式摘果机。

摘果滚筒的形式比较多，主要有以下几种。

1. 钉齿式滚筒　现有钉齿式滚筒包括三头螺旋钉齿式径流滚筒和锥斜钉齿式轴流滚筒。

三头螺旋钉齿式径流滚筒其摘果形式为径流式，主要用于花生干蔓摘果作业，摘完后茎蔓被打碎，不适用于目前和今后花生湿摘果的要求。

锥斜钉齿式轴流滚筒是通过锥形滚筒的离心作用和钉齿的打击梳理作用，将花生果从茎蔓上摘下，可适用于湿摘。其缺点是：摘净率偏低；虽然输出转速一致，但滚筒前后两端的线速度相差较大，因而对花生果的损伤较大，且易堵塞；又因锥形滚筒尾部粗大，导致整机体积庞大。

此滚筒结构是在数个直径不同的支撑轮上固定着若干齿板，上面依次排列着数个摘果钉齿，按照一定的角度构成多头螺旋曲线。作业时，花生秧被旋转滚筒上的钉齿抓取后，在滚筒罩内做切线运动的同时，还沿着轴向和径向运动，其合成运动轨迹为圆锥螺旋线，钉齿带引花生秧做圆周运动所产生的离心力冲打在凹板筛上摘果，如图 8－14 所示。

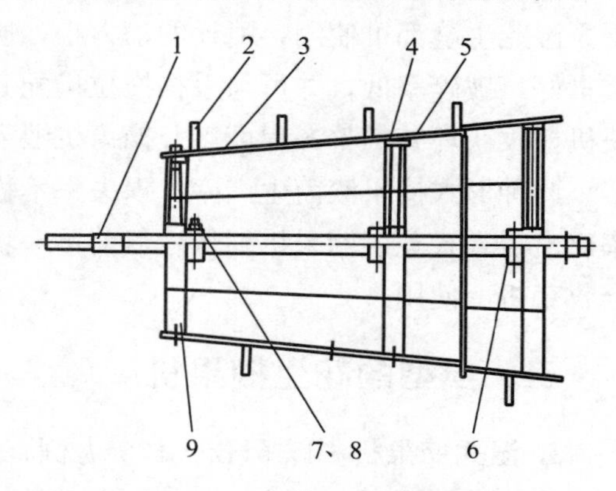

图 8－14　钉齿式锥形滚筒

1. 滚筒轴　2. 钉齿　3. 钉齿板　4. 轮圈　5. 轮辐　6. 轮毂　7. 弹簧垫圈　8. 顶丝　9. 支撑轮

以上两种钉齿式滚筒所用的钉齿均焊接在钉齿杆上，这种钉齿方式加工制造比较麻烦，不耐磨，如遇堵塞可导致钉齿弯曲，而且往往出现因焊接不牢而产生掉齿现象。

2. 篦梳式圆柱形轴流滚筒　此摘果滚筒特别适用于湿摘花生果，且摘果快，质量较好，使用寿命长。湿花生蔓通过滚筒时，由滚筒体上的动齿带动沿轴向前进，前进过程中，通过滚筒体上的动齿和滚筒凹板上固定齿的作用，将花生茎蔓上的花生果梳摘下来，梳摘下来的花生果从凹板筛上的孔中落下。

此滚筒（图 8－15）具有结构合理、体积小、花生蔓进出快、破碎率低、使用寿命长等优点。但采用全喂入篦梳式摘果原理的花生摘果机，都存在摘果不净、分离不清、消耗功率大、收获损失过高的缺点，不适合农村现在的生产形式。

3. 差动式摘果滚筒　摘果部件首次通过传动装置实现了差动式的花生摘果方式，使花生摘果滚筒与花生输送搅龙反方向转动，花生果在这种运动中，垂到摘果滚筒的下面，通过固定的弹性摘果杆将花生摘下，滚筒结构如图 8－16 所示。

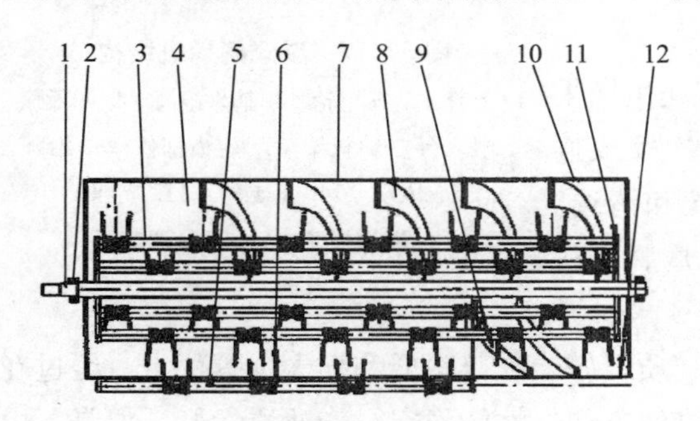

图 8－15　篦梳式圆柱形轴流滚筒

1. 滚筒轴　2. 轴承座　3. 动齿杆　4. 动齿　5. 定齿杆　6. 固定齿　7. 滚筒上盖　8. 上物流导向板　9. 下物流导向板　10. 滚筒上盖壳体　11. 滚筒法兰盘　12. 入料口板

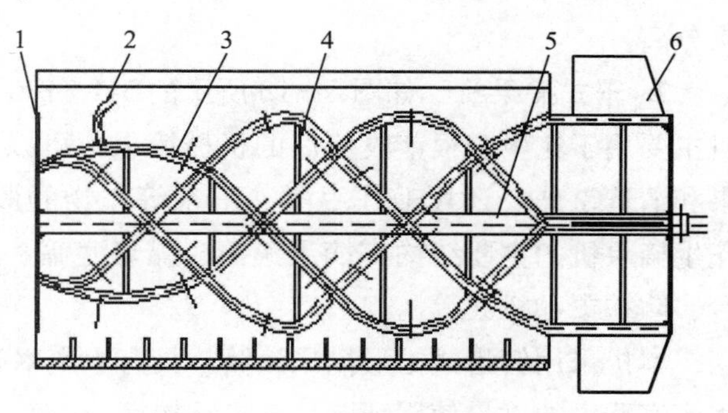

图 8－16　差动式摘果装置

1. 搅龙圆盘　2. 定齿　3. 螺旋杆　4. 支撑杆　5. 传动轴　6. 出料板

此种形式摘果滚筒摘果破碎率较低，生产率较高，但其作业环境差，清洁率及摘净率较差。摘果过程中花生蔓被打碎，易产生堵塞等故障，且不易于花生蔓的贮存及综合利用。

4. 半喂入式摘果滚筒 花生蔓由夹持装置夹持，通过相向滚动的摘果滚筒将花生摘下，对干、湿花生蔓都可使用，消耗的动力小，摘果后的花生蔓整齐，便于贮存及综合利用；摘湿果的质量好，破碎率低，并可与手扶拖拉机配套在田间进行作业。其生产率及损失率与现在的花生收获机械收获环节的整齐程度以及摘果机喂入环节的夹持有很大的影响。

此种形式摘果滚筒生产率、损失率不稳定，并且其结构和传动比较复杂，制造成本高，生产率比全喂入式花生摘果机要低。目前单一功能的半喂入式花生摘果机应用极少，国内外一般在联合收获机上使用。

三、典型的花生摘果机

1. 湿式摘果机 以 5HZ－100 为例，该机主要由机架、排草轮、摘果滚筒、凹板筛、清选风扇、输送搅龙、风扇调节板等主要部件组成。装有行走轮，适合移动作业，见图 8－17。

工作过程：该机的动力由拖拉机或电动机皮带轮提供，工作时将待摘的鲜花生放到喂入台上，靠人工将其喂入滚筒摘果系统，飞速转动的摘果滚筒上的弹簧齿与露出凹板筛的固定弹簧齿形成梳篦和击打，将花生荚果从花生蔓上摘下来。摘果过程中，花生蔓在滚筒的带动下做圆周运动，同时沿着设置在机器盖上的螺旋轴向槽轴向移动，走到机器的尾端由排草轮送出机外；被摘下的花生荚果经凹板筛落下，沿着滑板流向输送搅龙，送出机外；花生荚果在下落过程中，夹杂的花生叶、碎茎秆等杂物被清选风扇吹出机外，使叶、果分离。

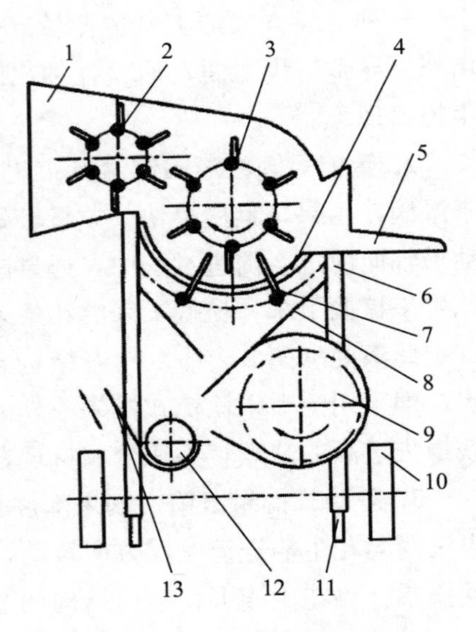

图 8－17 湿式摘果机结构

1. 上盖 2. 排草轮 3. 摘果滚筒 4. 凹板筛 5. 喂入台 6. 机架 7. 定齿部件 8. 滑板 9. 风扇 10. 行走轮 11. 支腿 12. 输送搅龙 13. 风量调节板

2. 干式摘果机 如图 8－18 所示的 5H－100 型花生摘果机主要用于花生全根茎收获后的机械摘果，可以一次完成摘果和清选工作。还可兼作豆类、玉米等作物的脱粒和清选。花生摘果机的主要结构有摘果滚筒、弧形底筛、风扇、入料台、防护罩和机架等。

本机采用钉齿式锥形摘果滚筒，具有生产率高、质量好、破碎率低和损失少等优点。经过在生产实践中的大量使用证明：该机结构简单，使用维修方便，性能稳定，作业质量好。但是，由于该机尚无喂入机构，工作条件比较差，可根据条件和需要进一步改进。

该机配套动力为 4.5 kW 电动机，或 8.8 kW 柴油机。摘果滚筒转速为 400～500 r/min，弧形筛包角为 150°，净重 287 kg，生产率为 800～1 000 kg/h。清洁度在 90%以上，破碎率和夹带损失均在2%以下，吹出损失为1%左右。

工作过程：花生摘果机采用圆柱形钉齿式摘果爪，摘果滚筒为圆锥形滚筒。摘果机工作过程如图8-19所示。工作时，当带果的花生秧茎从入料口送至摘果滚筒与弧形底筛之间时，首先受到摘果爪的打击，并抓取花生秧茎随摘果爪一齐移动。由于摘果爪与弧形底筛的间隙限制，使花生秧茎在摘果滚筒和弧形底筛之间发生摩擦和挤压作用，同时受到振动。花生果柄在摘果滚筒的旋转摔打及擦挤、振动下，秧、果迅速分离。经摘果的花生秧茎靠摘果爪的螺旋推进作用，卷至摘果滚筒大端出口；经摘果后的花生果、叶、土及一部分碎茎，经过弧形底筛筛孔漏下。在漏下的过程中，由于风扇的作用，叶、土及大部分较轻的碎茎被吹出机体外部，花生果由于重量较大被清选后，落入机架下部的溜板上，从而一次完成了机械摘果和清选等工作。

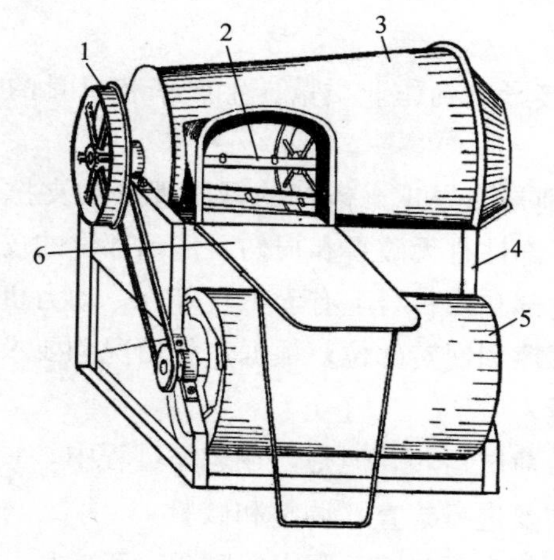

图8-18　5H-100型花生摘果机
1. 双联皮带轮　2. 摘果滚筒　3. 防护罩
4. 机架　5. 风扇　6. 入料台

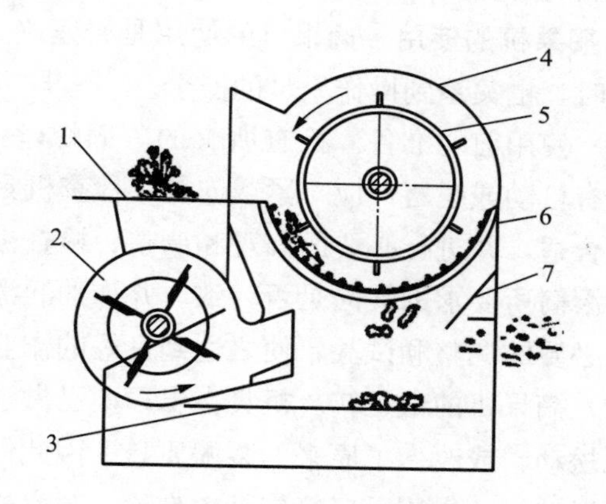

图8-19　摘果机工作过程
1. 入料台　2. 风扇　3. 下溜板　4. 防护罩
5. 摘果滚筒　6. 弧形底筛　7. 侧溜板

由于该机采用圆锥形摘果滚筒和圆柱形摘果爪，其对作物的抓取、旋转摔打能力较强，生产率高，破碎少，并且秧茎比较整齐。

四、摘果机的使用

1. 摘果机的主要调整

（1）滚筒转速的调整。滚筒转速的高低，对摘净率、破碎率和生产率影响很大。因此，根据花生的物理特性按滚筒转速允许值范围，适当选择滚筒转速才能达到良好的效果。对于秧茎和果比较潮湿的，可以选择高一点的转速；对于秧茎和果比较干燥的，可以选择低一点的转速。转速的调整，是通过配备动力机皮带轮来实现的。

（2）摘果间隙的调整。摘果间隙是指摘果滚筒和弧形底筛的间隙，这个间隙的大小，直接影响到摘果质量和生产率。间隙过大，会出现摘不净现象，从而使夹带损失增多；间隙过小，会使破碎增多和生产率降低，从而影响作业质量。根据实验，比较好的间隙值应是：小端 30～50 mm，大端 50～80 mm。这要看秧茎和花生果的干湿程度具体选择。秧茎较干燥应选用较大值，秧茎比较潮湿应选用较小值。

摘果间隙的调整是通过调节弧形底筛的高低位置来实现的，调节方法简便：先松开弧形底筛上调节螺丝在机架下部的螺母，拧紧螺母，使间隙变小；松开螺母，使间隙增大。调整好后，要拧紧机架下部的锁母。调节时，注意螺丝的位置要调整一致。

（3）风扇的调整。风扇的调整分两项。一项是送风方向的调整，另一项是风量大小的调整。风量大小的调整是通过调节进风口处的风量调节插板实现的。当花生果不清洁、夹有叶子和小碎茎时，应适当开大进风口，增加进风量；当吹出的叶、茎中杂有花生果时，应适当关小进风口，减小风量。送风方向是通过调节出风口处的风向调节板来实现的，要根据果、茎的分离程度适当调节送风的角度。

2. 摘果机的使用 摘果机的使用是否正确，直接影响到作业质量、生产率和机具的使用寿命。同时，也关系到操作人员的安全。

（1）使用前的准备。检查所有的紧固螺丝，特别是摘果爪、齿杆的紧固螺丝和支撑圈的顶丝。如有松动或脱落，应拧紧或安装；检查机具各零部件有无破裂和损伤，传动部位的皮带松紧度是否合适，并进行必要的修理和调整；检查机具内部和入料台上有无工具等物，动力机的旋转方向与滚筒所要求的转向是否一致。并加油润滑各摩擦和回转部位；根据作物情况和要求，对机具进行必要的调整和试验，使之达到良好的作业质量。

（2）摘果机的试运转。机具在出厂前已做过无负荷试运转，但是，在运输过程中，紧固件可能出现松动，或改变了原来的装配质量。因此使用前要进行检查、调整和试验。

试运转时，先用手轻轻转动皮带轮，观察机具内部有无碰撞、阻卡等现象。正常后，再挂好动力机皮带，进行无负荷试运转。操作人员应避开滚筒的前后方向，站在侧方，以防发生事故。一般无负荷试运转 10～15 min 后，即可均匀喂入秧茎进行负荷试运转。试车时，要注意观察机具各部件的运转情况，有无强烈震动等异常现象，并检查摘果质量是否符合要求等。运转 20 min 后，要停车进行一次检查，检查紧固件和作业质量等，并进行必要的调整。待一切正常后，方可正式开始工作。

对于长期停放的机具，使用前也必须严格按试运转程序进行试车，不能草率从事，以防发生意外。

（3）操作及注意事项。为保证机具正常作业和安全生产，在摘果机工作时，必须注意以下操作事项。

操作摘果机应有专人负责，并能熟悉机具性能，具备排除临时故障的能力。操作人员应该穿戴利落；喂入花生秧茎时，要均匀、连续。不应喂入过多、过急，以保证滚筒负荷均匀，运转平稳。喂入时，注意不要将铁器、石块等硬物喂入机具内部，以免损坏机具，造成人身伤亡；工作时，要对秧茎、花生果和叶子、杂质等及时进行清理。尽量避免混杂，以免影响分离效果，检查、调整机具和处理故障时，均应在停车后进行。

3. 摘果机的故障与排除　摘果机工作时，操作人员应经常检查机具的运转情况、摘果质量和分离效果。如发现问题，要及时排除。

摘果不净：①喂入量过大。当喂入量突然增大时，摘果机不能适应，而使作物层中部的秧茎所受摘果作用变小，产生摘不净现象。应适当减小喂入量，并要喂入均匀，左右一致。②秧茎过湿。秧茎过湿或刚收获不久的秧茎，其果柄比较结实。当摘果滚筒和摘果爪对花生果柄的打击、挤压和搓擦的力量小于果柄的拉断力时（特别是作物中层受力更差），也容易造成摘不干净的现象。应适当提高滚筒转速或调小摘果滚筒与弧形底筛的间隙。③转速较低，检查摘果滚筒转速与所要求的是否相符。转速较低可能是由于皮带过松和动力机转速不够引起，应进行适当调整。④间隙过大。检查滚筒上摘果爪与弧形底筛的间隙是否超出最大值的要求。间隙过大使得作物在间隙中受搓擦、挤压作用变小，引起摘不干净，应按要求适当调小间隙。

滚筒堵塞：①喂入量过大或秧茎过于潮湿，使滚筒超负荷而出现堵塞，甚至停车。应适当控制或减少喂入量。②动力机功率不足或皮带过松打滑引起。当负荷稍有增加，滚筒转速就会明显下降，造成堵塞或停车。应调紧皮带或打皮带蜡。动力机功率不足，应进行更换。

破碎率高：①转速过高。摘果滚筒的转速超出要求范围的最高值，使摘果爪对花生果的打击过烈引起。应适当降低转速。②间隙过小。摘果滚筒与弧形底筛的间隙小于允许的最小值，使秧、果在间隙中搓擦过急或过紧引起。应适当增大滚筒与弧形底筛的有效间隙。

分离不清：分离不清是指花生果、秧茎、叶等不能分离清楚。其主要原因是风量和风向调节不当。分离出的花生果不清洁、夹杂碎茎过多，是由风量过小或送风角度过大引起，应适当增大风量或减小送风角度。如果吹出的茎、叶和杂质中夹杂花生果过多，是由风量过大或送风角度过小引起，应适当降低风量或增大送风角度。如果秧茎过于干燥，经调整后效果仍不太理想，即花生果中仍夹有碎茎，应用人工甩抛一次。

五、花生摘果机具的发展展望

目前，我国花生收获机械有着新的发展机遇，因为花生是食用植物油和食品加工业的重要原料，是我国特色出口农产品。随着社会经济发展、人们生活水平的提高，国内外市场对花生的需求量越来越大，而且在农村经济产业结构战略性调整稳步推进的形式下，花生生产机械化技术的应用和花生收获机械的市场前景看好，花生摘果机具也将得到进一步发展。

针对现有的花生摘果机普遍存在的问题，在今后的研制中将着重解决摘果机性能和使用可靠性等问题，并进一步提高生产率，降低摘果损失率。

复习思考题

1. 花生机收为什么能增产？

2. 多功能花生覆膜播种机一次进地能完成筑垄、施肥、播种、喷药、覆膜、压土等作业，其各部分功能配合的要点是什么？

3. 覆膜播种花生有先播种后覆膜和先覆膜后播种两种形式，各有何优缺点？有何解决办法？
4. 花生联合收获机的工作原理是什么？实现花生联合收获有什么条件？
5. 花生联合收获有多个关键工位，各关键工位的要点是什么？
6. 花生摘果机如何实现摘果？
7. 如何更好地实现我国花生生产机械化？

知识拓展

花生生产工艺流程图

花生收获机工作原理

我国花生收获机械最新研究进展

第九章　蔬菜生产机械化

蔬菜品种繁多，种植制度复杂，管理工艺精细，生产的季节性强。不同种类的蔬菜和不同栽培方式对机械化作业的要求也不相同。发达国家蔬菜生产机械化水平较高，除某些需要多次收获及鲜售果菜的收获作业外，其他作业都已实现了机械化。我国近20年来，蔬菜机械化的发展取得了很大成绩，许多新的蔬菜生产机械正在推广应用。目前蔬菜生产机械化的发展，一方面是着重解决关键环节如种植、收获作业机械，实现大面积田间生产的机械化；另一方面是应用新技术，研发一些特殊环节的机械装备，如嫁接机械、收获机器人等。

第一节　播种及育苗机械

蔬菜栽培有直接播种和育苗—移栽两种方式。蔬菜种子的粒度小、质量轻、形状复杂，并有浅播要求。有些种子（如番茄、胡萝卜）表面粗糙，带有绒毛，要精确地分成单粒比较困难。有些种子存在高温休眠（莴苣、芹菜）或低温休眠（茄子、番茄）特性，要求在比较理想的条件下发芽后再播种（播芽种）。此外，蔬菜地的复种指数高，春、夏、秋季都有播种作业，由于播种期不同，自然条件也不相同，不同的种子还有特定的农业技术要求，用一般的农用播种机难以满足蔬菜播种的需要，所以蔬菜播种大都采用专用的蔬菜播种机以及相应的育苗机械。

一、播种机械

蔬菜播种机械的特点是机身较小，行距较窄，单组作业多。按播种方式可分为撒播机、条播机、穴播机、起垄播种机和精密播种机等。近年来，精密播种的应用日益广泛，蔬菜精密播种机上的排种装置多为型孔式及气力式。型孔式排种器的作业速度较低，否则充种性能变差；气力式排种器可以进行高速作业。图9-1所示是一种蔬菜精密播种机的播种单组，可以精播圆白菜、胡萝卜、番茄、油菜等。作业时，机架前方的刮土器将种床上的干土层推向两侧，前镇压轮进行播前镇压，铲式开沟器开出V形浅沟，型孔带式排种器按调整好的要求播下种子，种沟镇压轮使种子更好地与土壤接触，覆土器覆上细土后再进行播种后镇压。

20世纪60年代，国外出现了一种新的蔬菜播种方法，即播芽种，又称液体播种法，所用机具为液体播种机。就是将已催芽的蔬菜种子与一种作为播种介质的高黏性液体凝胶混合在一起，再将悬浮有芽种的液体凝胶播入土壤，胶液可以保护芽种不受损伤。这种方法可用于胡萝卜、番茄、莴苣、芹菜、菠菜等蔬菜的播种。液体播种机的排种机构是蠕动泵，主要由软导管和转子组成（图 9-2），转子转动时周期性地挤压软导管，从而不断排出含有芽种的胶液。用光电指示器和微机控制其排种过程，可使芽种的随机输入变成等距排种。

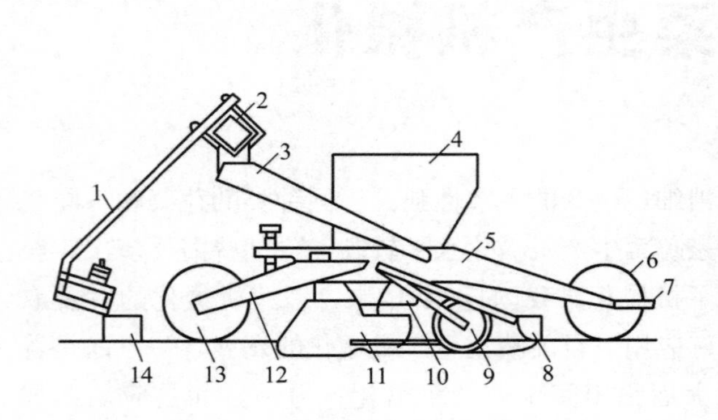

图 9-1　蔬菜精密播种机播种单组

1. 刮土器支架　2. 机架　3. 播种单组牵引杆　4. 种子箱　5. 单组后支架　6. 后镇压轮　7. 后镇压轮刮土板　8. 覆土器　9. 种沟镇压轮　10. 排种器　11. 开沟器　12. 单组前支架　13. 前镇压轮　14. 刮土器

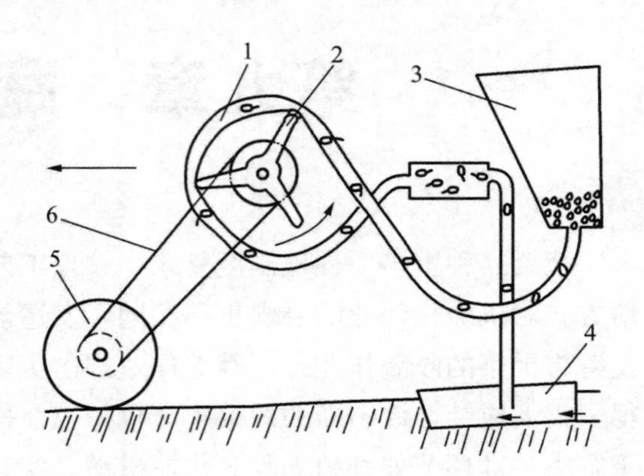

图 9-2　液体播种机

1. 软导管　2. 转子　3. 种子箱　4. 开沟器　5. 地轮　6. 链轮

大田蔬菜全程机械化作业流程

二、床土加工机械

1. 碎土筛土机　蔬菜育苗生产，应将苗床或制钵用土破碎过筛。图 9-3 所示是一种碎土筛土机，该机为旋转碎土刀与振动筛配合的组合式机具。

发动机架用于安装发动机，通过皮带传动，使碎土滚筒旋转，同时通过曲柄摆杆机构带动筛子摆动。土壤经料斗进入粉碎室，在高速旋转的滚筒碎土刀打击下，通过碎土刀与凹板的挤搓后，抛在碎土板上撞击破碎。破碎的土壤，经由振动筛分离，细碎土粒通过筛网落在滑土板上滑出机外，而未碎的较大土块，则经筛面从大土块出口送出。使用中土壤的水分不能过大，不能有砖头、石块及铁器等进入粉碎室。

2. 土壤肥料搅拌机　土肥搅拌机（图 9-4）用于将土壤和肥料搅拌均匀。工作时，电动机通过传动箱内的皮带传动，带动搅拌滚筒回转。搅拌滚筒轴上装有一定数量的交错排列的钩形刀，滚筒在料斗内回转时，可进一步松碎土壤和肥料，并且进行搅拌。混合均匀后，转动料斗，将土肥倒出斗外。

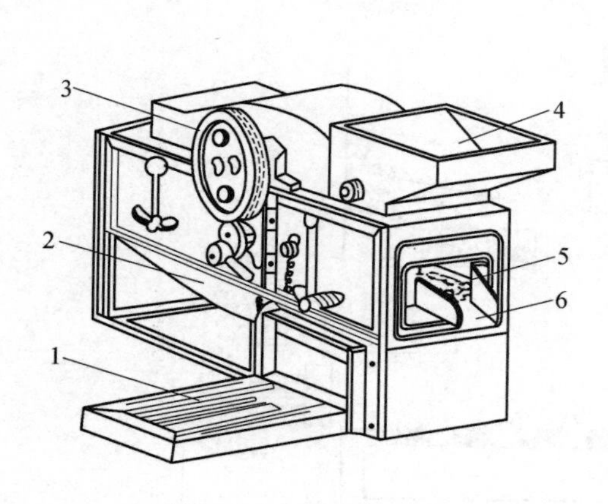

图 9-3　碎土筛土机

1. 发动机架　2. 滑土板　3. 碎土滚筒皮带轮

4. 料斗　5. 方孔筛　6. 大土块出口

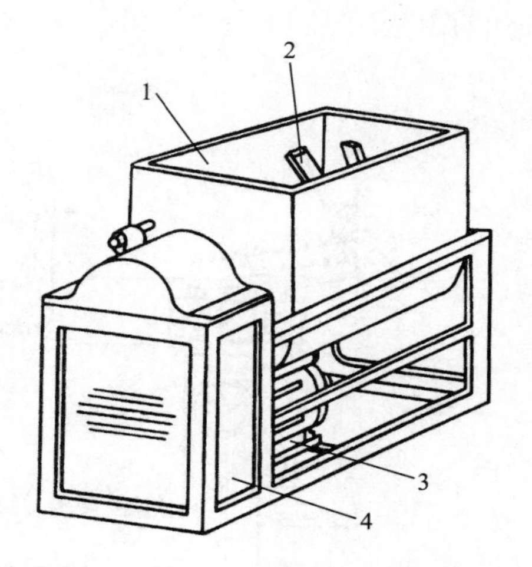

图 9-4　土肥搅拌机

1. 料斗　2. 搅拌滚筒

3. 电动机　4. 传动箱

三、种子丸粒化加工设备

种子丸粒化是种子加工的一项专门技术，它是用利于种子萌芽的药料及对种子无副作用的辅助填料，经过充分混拌后，均匀地包裹在种子的表面，使种子成为外表为圆球形的丸粒。其粒径增大、质量增加，便于精量播种，节省劳力和种子，同时又为种子萌芽生长创造更有利的条件。丸粒化应用最多的是蔬菜种子。蔬菜种子小，有些蔬菜种子粒径大小差异较大，形态不规则，且表面粗糙，这些都给机械播种带来困难。经丸粒化后，有利于播种。种子丸粒化加工的关键技术是选择适宜的黏结剂和包衣材料。

目前，常用的种子丸粒化加工采用以下两种方法：

1. 载锅转动法　这种方法是将种子放进一个圆柱形的载锅中，载锅转动时，种子沿着圆锅内壁做定点滚动。种子在翻滚过程中，将粉状的包衣材料均匀加入载锅，与此同时黏结剂通过高压喷枪均匀地喷洒在种子表面。于是粉状包衣材料被黏着在种子表面，逐渐形成光滑的丸粒小球，通常每个丸粒中只包裹一粒种子。

2. 气流成粒法　这种方法是通过气流作用，使种子在造丸筒中处于飘浮状态，包衣粉料和黏结剂随着气流喷入造丸筒，粉料便吸附在飘浮着的种子表面。种子在气流作用下不停地运动，互相撞击和摩擦，把吸附在表面上的粉料不断压实，在种子表面形成包衣。

丸粒种子的包衣要有一定的强度，在运输、贮存、播种过程中，包衣不能轻易破碎，否则失去了丸粒化的意义。刚刚制得的丸粒种子外包衣是潮湿的，需要进行烘干，因此种子丸粒化加工的配套设备中均有种子烘干机。图 9-5 所示为一种种子丸粒化包衣和烘干设备工艺流程。其工艺流程是：筛选种子—包衣—筛选—加衣—烘干—包装。该设备有两台清选机、两台载锅式包衣机及一台烘干机。

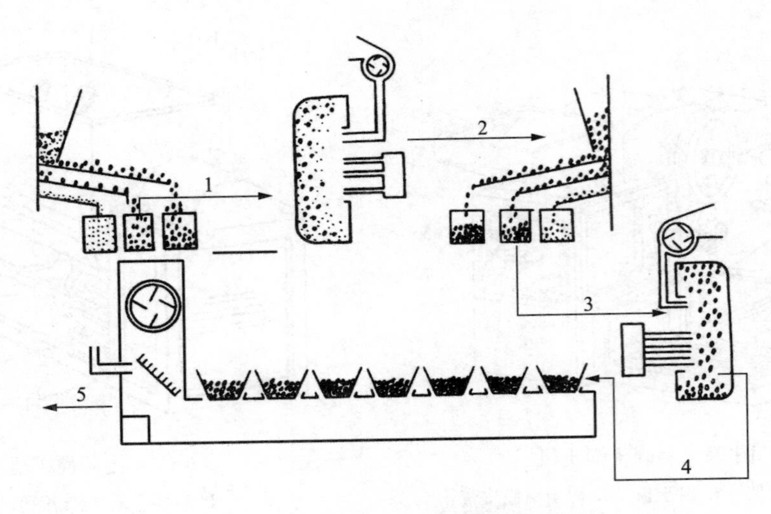

图 9-5　种子丸粒化包衣和烘干工艺流程

1. 种子经筛选机筛选进入包衣机进行初次包衣　2. 初次包衣的种子进入筛选机进行筛选
3. 筛选后的包衣种子进入包衣机直到符合要求　4. 包衣后的种子进行烘干　5. 人工包装

四、制钵机械

营养钵育苗在我国许多地区广泛采用。为了解决机械化制钵问题，人们研制了钵苗制钵机。其型号较多，机型尚不统一，但结构及基本原理大致相同。

钵苗制钵机的构造和工作原理如图 9-6 所示。该机由传动系统、制钵器体和搅拌器等组成。工作时，动力经三角皮带轮和一对圆柱齿轮传至曲柄轴，然后通过一对圆锥齿轮带动搅拌器轴和钵体齿轮转动。搅拌器有刮板，可把土陆续刮入制钵器体的孔内。制钵器体上方有长、短钵冲各一个。制钵器体转动时，短钵冲首先冲入第一孔，将其中填满的营养土冲压成营养钵块。与此同时，长钵冲冲入第三孔，将冲制好的营养钵块推出，使其落到输钵盘上。在搅拌器轴的下部挂有传送平皮带，将冲制好的钵块输送出去。

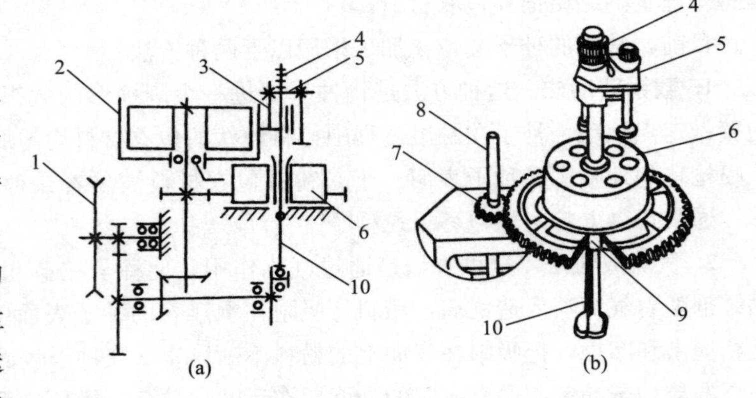

图 9-6　制钵机

1. 三角皮带轮　2. 搅拌器　3. 短钵冲　4. 扭簧　5. 钵冲板
6. 制钵器体　7. 小齿轮　8. 搅拌器轴　9. 滑动轴　10. 连杆

制钵器体转动时，长、短钵冲也随之转一角度，在冲板上方的扭簧和空位滚轮作用下，当钵体拔出后能自动回复原位。钵块的高度和硬度，可通过短钵冲的调整垫来调节。调整垫的厚度和数量，可根据对钵块的高度要求和土壤、肥料情况来决定。营养土的含水率为18%～25%，含水率过高或过低，都影响钵块的形成。

除上述转盘式制钵机外，还有输送带式制钵机。其工作过程是：输送带连续把营养土送入冲压装置，冲压装置把营养土压实，冲出播种孔，然后切刀将已压实的营养土切成营养钵方块，被输送带送出机外，或播完种后再送出机外。这种机器一次可制成多个方形钵块。输送带式制钵机由输送带连续供给营养土，可实现碎土、搅拌、喂入过程的机械化，但苗钵成形率较低。

五、育苗播种机

1. 育苗播种及机具类型 育苗播种有苗床播种、营养钵播种和育苗盘播种等多种方式。苗床播种时，播中、小粒种子的蔬菜如茄果类、叶菜类等，一般采用撒播或窄行条播，要求保证种子分布均匀，有利于幼苗生长和分苗。大粒种子，如瓜、豆类，一般采用点播，不分苗，要求保证不空穴，穴距合理。营养钵育苗播种，要求种子饱满，发芽率高，保证苗齐苗壮。育苗盘播种是一种比较先进的育苗方法，便于管理和机械化作业。

育苗播种机的种类很多，除了一般的农用播种机外，还有：吸嘴式气力播种机，适合于营养钵单粒播种；板式气力播种机，适合于育苗盘播种；磁力播种机，适合于每穴多粒或单粒播种。这些机具的性能特点是对种子的适应性强，不损伤种子，播种均匀可靠。

2. 吸嘴式气力播种机 吸嘴式气力播种机适用于营养钵单粒点播，它由吸嘴、压板、排种板、盛种盒及吸气装置等组成（图9-7）。吸嘴是吸种装置，它与吸气道相通，端部有吸气孔，用以吸附种子，里边装一顶针，平时顶针缩入吸气孔，当压板下压顶针时，顶针自吸气孔伸出将种子排出。该播种机的工作原理是：吸嘴a和b直立时，压板下压，顶针由吸气孔伸出，将原吸附的种子排出，种子a（即a吸嘴吸附的种子）落到电木板上，种子b落入电木板的种孔，此时两吸嘴均卸种。压板上抬，a吸嘴下转，此时电木板右移，当电木板上的种孔与排种管相对时，落入孔内的种子b以自重落入苗钵。在电木板右移时，吸嘴b将种子a吸附，转到下方的吸嘴a自盛种盒内又吸附一粒种子。当再转到上方直立位置时，又重复上述工作过程。该播种机与制钵机配合使用，可实现边制钵边播种，输送带可连续地输送苗钵。由于靠气力吸种，在播种过程中不损伤种子，且对中、小粒种子适应性较强。

3. 板式育苗播种机 板式育苗播种机由带孔的吸种板，吸气装置、漏种板、输种管、育苗盘、输送机构等组成（图9-8）。工作时，种子被快速撒在吸种板上，通过吸气装置使板上每个孔眼吸附一粒种子，剩余种子流回板的下面。将吸种板转动到漏种板处时，通过控制装置，去除真空吸力，种子便自吸种板孔落下，通过漏种板孔及下方的输种管落入各个相对应的育苗钵上，然后覆土和浇水。这种播种机能有效地吸附各种颗粒状的种子，也能吸附非颗粒状的种子，如辣椒子等。可配置各种尺寸的吸种板，以适应各种类型的种子和育苗钵。

上述两种类型的播种机均为吸气式，适用于营养钵或育苗盘的单粒点播，有利于机械化作业，生产率较高。要求种子籽粒饱满，发芽率高，干净；但不能进行一穴多粒播种。

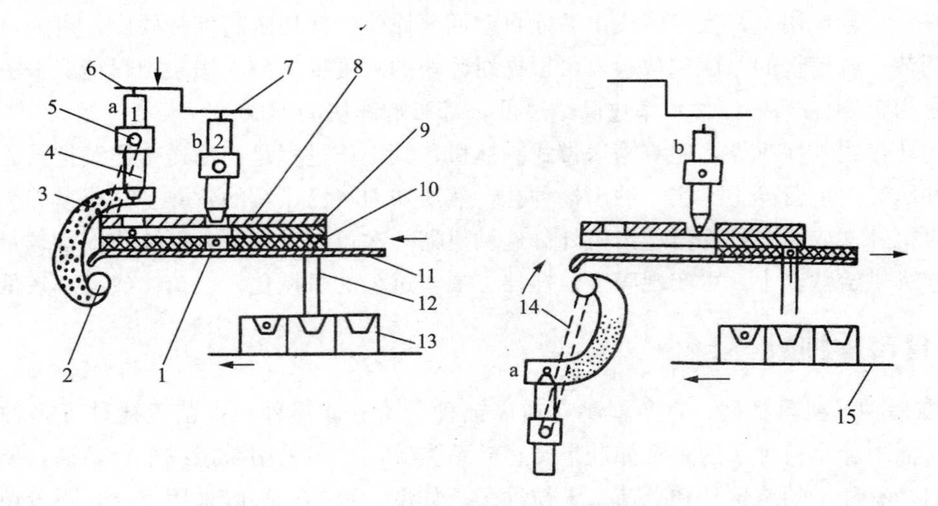

图 9-7　吸嘴式气力播种机工作过程

1. 种子　2. 吸气管　3. 盛种盒　4. 吸嘴　5. 吸气管　6. 压板　7. 顶针　8. 带孔铁板（10 个）
9. 斜槽板　10. 电木板　11. 下挡板　12. 排种管　13. 苗钵　14. 吸气道　15. 苗钵输送带

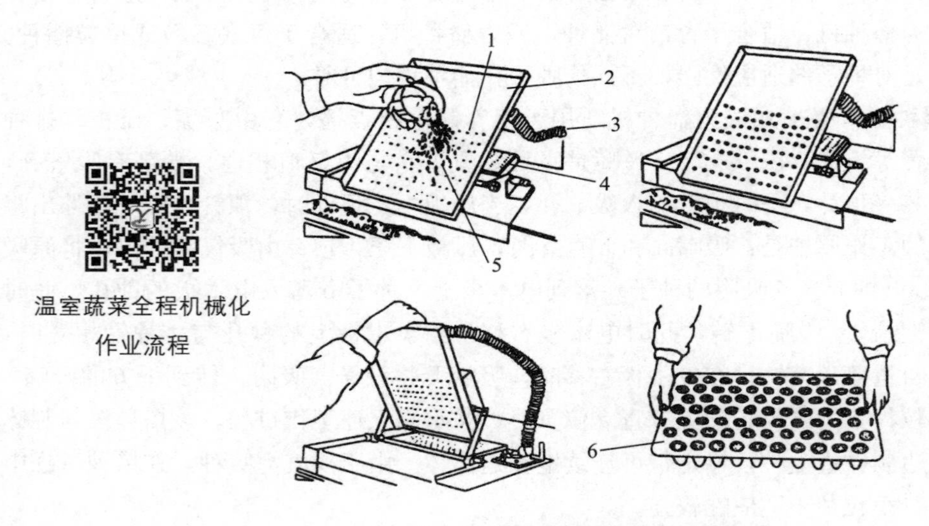

温室蔬菜全程机械化作业流程

图 9-8　板式育苗播种机工作过程

1. 吸孔　2. 吸种板　3. 吸气管　4. 漏种板　5. 种子　6. 育苗盘

六、工厂化育苗成套设备及工艺过程

1. 2BSP-360 型蔬菜育苗播种流水线　这种流水线主要用于番茄、茄子及其他圆粒种子的裸种播种，属于固定作业机组。播种机固定不动，以苗盘做种床，由传送带运送苗盘在机架上通过，完成填土、喷水、播种、覆土等工序。根据种子形状，更换不同厚度和孔径的播种板，可以进行撒播、穴播和精播。该设备主要由排种机构、填土装置、喷水机械、传动机械、机架及辅助设备六部分组成，该流水线还备有碎土筛土机和混土机（图 9-9）。

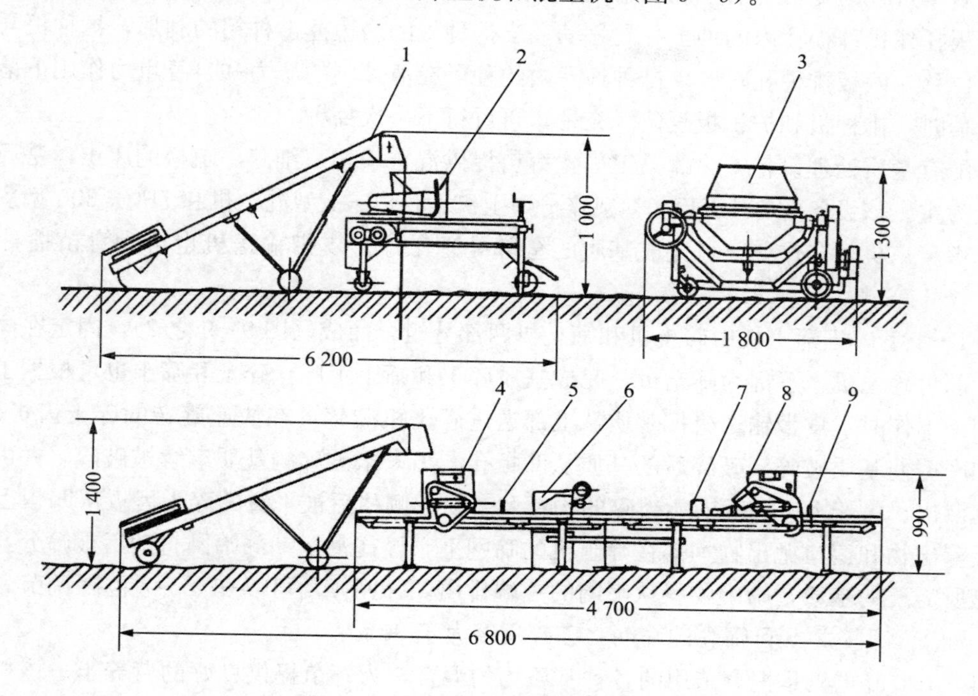

图 9-9　工厂化育苗成套设备（单位：mm）

1. 填土机　2. 筛土机　3. 混土机　4. 填土机构　5. 刮土机构
6. 喷水机构　7. 播种装置　8. 覆土装置　9. 刮土装置

该流水线设备分为前、后两个单组，前机架上装有填土和喷水机构，后机架上装有播种和覆土机构，前后机架以螺栓相连。前、后机架上都装有输送苗盘的皮带传动机构，作业时依靠摩擦作用带动苗盘连续匀速移动。当苗盘通过填土部件下方时，填土机构由平输送带均匀地向盘内填土，然后进入喷水装置的下方。该装置的水泵从机架旁边的水箱中抽水，流经管道，进入喷水管，喷水机构以强力喷射方式，形成水帘喷射在苗盘内。随着苗盘的前进，水渗入基质，当运行到排种部件下方时，基质表面已无明水。这时启动播种和覆土机构，完成播种和覆土作业。最后由人工将苗盘放到运苗车上，送至温室。播种机构是播种机的核心部件，采用抽板式排种机构，由传动机构、排种板组件、清种板组件及种箱四部分组成（图 9-10）。

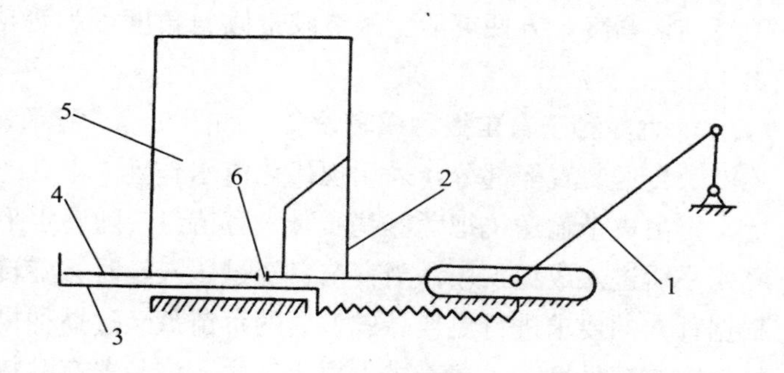

图 9-10　排种机构

1. 传动机构　2. 清种板组合
3. 护种板　4. 排种板　5. 种箱　6. 充种孔

排种机构工作时，由传动机构的曲柄滑块机构带动排种板往复运动，前半行程为播种，后半行程为复位充种。排种板上有排种孔，播种前排种孔充入种子，下部有护种板托住，护种板托住排种板孔内的种子一同移动，当护种板的凸边撞击种箱的刹那，护种板与排种板之间有一位移，两板排种孔对齐，排种板孔内的种子在清种刷的压力和自身重力作用下落入育苗盘。在返程时，排种板和护种板复位、充种，再进行下一次播种。

该机配有基质处理设备，为蔬菜工厂化育苗提供混合均匀、细碎、疏松的床土，基质以沙壤土和草炭为主。该设备配有1SHT-1型碎土筛土机、1HT-1型混土机和7PC-300型皮带输送机三个单机。三机配合作业，可完成基质的全部处理工序。皮带输送机也可为育苗播种流水线上料。

1SHT-1型碎土筛土机由碎土机和筛土机两部分组合而成（图9-9之2），固定在同一个机架上，上部为碎土机，下部为筛土机，完成基质碎土和筛土工序，碎土和筛土也可根据工作需要分开使用。工作时，皮带输送机把基质从上部送进碎土机破碎，在快速旋转的碎土齿板作用下，靠打击和摩擦使基质破碎，破碎后的基质从凹板孔漏出，未破碎的基质继续被破碎，并由中部向两侧移动漏出。大于ϕ16 mm未能破碎的物料及杂物在侧移后被平置的碎土齿板从凹板上窗孔抛出。凹板漏出物和窗口抛出物均落在筛土机的筛网上，经往复运动的筛网抖动后被筛分，筛孔漏下的即是所需要的基质，筛上物料从筛网的一端排出。筛网倾角可以在0°～7°范围调节。根据不同基质，配置4目、2.5目筛孔的筛网，破碎程度大于80%。

1HT-1型混土机是把育苗用的各种基质均匀混合，为育苗提供良好的营养土。该机属于对流混合为主的机型。工作时，接通电源，电机转动，通过二级皮带传动和一级齿轮传动，带动大齿圈转动。由于拌和筒与大齿圈刚性固定在一起，因此拌和筒随着大齿圈一起转动。筒内基质借助与筒内壁的相对运动，在重力、离心力及摩擦力的作用下而混合，混合后的基质不均匀度变异系数为10%～15%。该机主要由动力传动和减速装置、拌和筒、进出料控制机构等组成（图9-9之3）。控制机构包括手轮、箱体、蜗轮蜗杆、传动轴等，摇动手轮可改变拌和筒与地面的倾角，以便于进料和出料。

7PC-300型皮带输送机是利用滚筒和人字花纹胶带的摩擦作用，使胶带运转，输送基质。整机结构紧凑，方便灵活。调节胶带倾斜角度可为育苗播种流水线或碎土筛土机上料（图9-9之1）。

2. 丸粒种子育苗播种成套设备 如图9-11所示，全套设备包括装料、成型、播种、覆土、喷淋及传送装置等部分，采用现代化流水作业。其工艺过程是：育苗盘由人工放到水平输送机上，再由皮带输送机把营养基质装入育苗盘。随着水平输送机的运动，装满基质的育苗盘被尼龙刷刷平后进入成型工序，当育苗盘经过压穴轮时，旋转的压穴轮在基质上压出种穴。压穴轮可以根据种穴的要求进行更换。成型后的育苗盘经过播种机时，播种机将丸粒种子播入种穴，每穴一粒，完成精量播种。接着进入覆土工序，该装置有贮料箱和两个转动方向相同的皮带输送器，当育苗盘经过时，将营养土均匀地撒入育苗盘，完成覆土。皮带输送机再将覆土后的育苗盘继续送到与之相接的链式输送带上，进入喷淋工序，喷淋装置是一个半封闭式的喷洒箱，内装一排微型喷头，当育苗盘进入喷洒箱后，喷头将水以雾状、均匀地喷淋在苗盘中，完成喷淋。

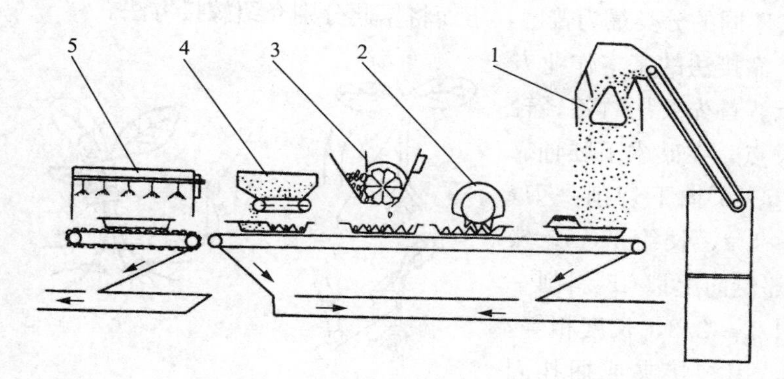

图 9-11　育苗播种自动流水线

1. 装料机　2. 成型器　3. 播种机　4. 覆土装置　5. 喷淋装置

以上各工序均由光电控制器控制自动完成，整套设备长 10.6 m，高 3.5 m，宽 2.1 m。经过各工序作业后的育苗盘被输送到终端时，由人工装车，运往温室或大棚进行苗期管理。

该育苗播种流水线工作可靠、效率高，最大设计生产能力每小时 1 400 盘，一穴一粒的准确率达 95%以上。使用的苗盘尺寸为 270 mm×540 mm，有 72、128、200 个孔几种规格，可根据不同要求选用。其优点是播种后一次成苗，一般 30～60 d 进入成苗期，植株的根系与育苗基质相互缠绕在一起。定植时，轻轻将苗从盘内提起，根系完好无损，定植后不用缓苗。

第二节　嫁接机械

嫁接对植物的品种改良、抗病害和耐低温、提高产量等都起着重要作用。嫁接设备主要指自动嫁接机，它能实现将砧木和接穗接合到一起的自动化嫁接作业。目前，蔬菜嫁接的方法有很多种，根据嫁接方法的不同，自动嫁接机的类型又有很多种形式。

一、蔬菜育苗的嫁接方法

嫁接是将植物的枝或芽连接到另一植物的适当部位，使二者接合成一个新的植物体的技术。嫁接植株中去掉根系被嫁接的枝或芽部分称为接穗，承受接穗带根系的部分称为砧木。嫁接植株砧木构成地下部分，接穗构成地上部分。接穗所需的水分和矿质营养来源于砧木。一般情况下，砧木所需的同化产物由接穗同化器官供给，若砧木留叶，则砧木的同化产物来源于砧木和接穗双方。

1. 嫁接作业方式　蔬菜的嫁接作业方式比较多，分类的方法也多种多样。按照蔬菜在砧木苗茎上嫁接位置的不同，可分为顶端嫁接法和上部嫁接法两种，以顶端嫁接法的应用比较广泛。按照蔬菜嫁接时带根与否，可分为蔬菜断根嫁接法、蔬菜不断根嫁接法以及蔬菜和砧木共同断根嫁接法（也叫砧木去根扦插法）三种。按照接穗与砧木接合方式的不同，还可以分为靠接法、插接法、劈接法、对接法和贴接法等几种，其中常用的是靠接法、插接法和劈接法三种。目前以接穗与砧木接合方式不同的分类最为普遍，下面将据此分别介绍嫁接方法。

（1）靠接法。靠接法的基本作业方法如图 9－12 所示。首先要用竹签轻轻除去砧木苗的生长点，在砧木下胚轴靠近叶节处用刀片呈 45°向下切削一刀，深达胚轴的 2/5～1/2，长约 1 cm，然后在接穗的相应部位向上以 45°斜削一刀，深达胚轴的 1/2～2/3，长度相等，将两者切口嵌入，用嫁接夹或捆扎固定。嫁接后把接穗、砧木同时栽入基质，相距约 1 cm，以便嫁接伤口愈合完成，嫁接苗成活后切除接穗的根，接口距土面约 3 cm，避免接穗在切口处产生自生根。该法接口容易愈合，成苗长势旺，因接穗带自根，管理方便，成活率高；但靠接法嫁接操作麻烦，工效低，不适合大面积生产应用，另外，要求砧木、接穗苗的胚轴径大小相近。此法特点是操作简便，成活率相对较高，但作业管理烦琐。

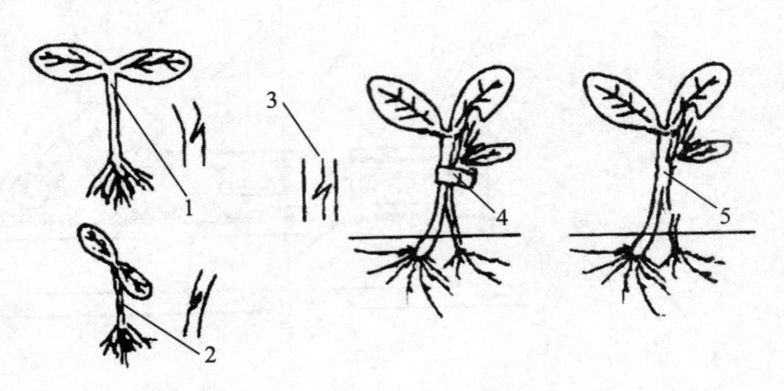

图 9－12　靠接法嫁接示意

1. 切削砧木　2. 切削接穗　3. 砧穗切口嵌入
4. 上夹持物　5. 嫁接苗成活后去夹持物，断接穗根

（2）插接法。插接法作业过程如图 9－13 所示。首先去除砧木苗的生长点，然后用一端渐尖且与接穗下胚轴粗细相适应的竹签或钢丝签，在砧木除去生长点的切口下戳一个深约 1 cm 孔。为了避免插入胚轴髓腔，插孔时稍偏于一侧，深度以不戳破下胚轴表皮、从外面隐约可见竹签为宜。再取接穗，左手握住接穗的两片子叶，右手用刀片在离子叶节 3～5 mm 处，由子叶端向根

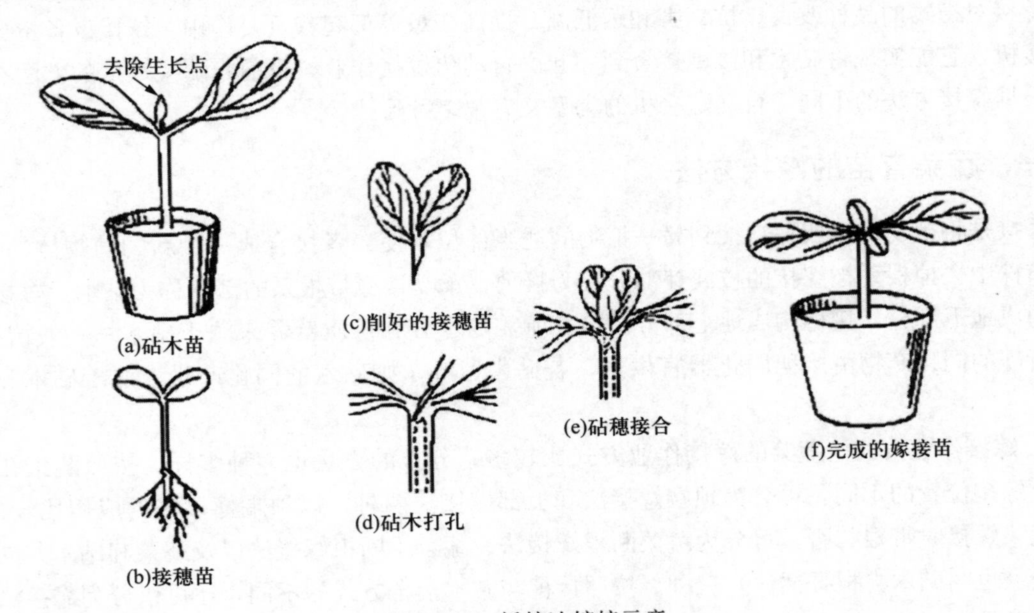

图 9－13　插接法嫁接示意

端削成楔形面，削面长约 1 cm。然后用左手拿砧木，右手取出竹签，并把削好的接穗插入砧木孔，使砧木与接穗切面紧密吻合，同时使砧木与接穗子叶成十字形。若砧木和接穗苗大小适宜，嫁接技术熟练，一般不需固定。插接法嫁接操作简单，嫁接工效高，成活率高，是目前生产上最为常用的嫁接方法。

插接法是目前应用最为普遍的嫁接方法，大部分蔬菜都可以选用此法进行嫁接栽培。与靠接法相比，工序少，无需嫁接夹，可有效防止土传病害的侵害，若精心管理，成活率很高；但操作要求严格，不易掌握，育苗风险大。

（3）劈接法。砧木长到 4～6 片真叶时，保留 2 片真叶，去除砧木的子叶及生长点，从两片子叶中间将幼茎向下劈开，长度为 1～1.5 cm。再把接穗幼苗上部保留 2～3 片真叶，切除下部的根、茎部，断面削成楔形，削面长 1～1.5 cm，长度应和砧木切口相适应。随后将接穗插进砧木的切口中，使砧木与接穗表面平整，用嫁接夹或其他固定物固定砧木和接穗（图 9－14）。劈接的优点是愈合好，成活率高，其后生育良好，缺点是砧木维管束在一侧发育好，另一侧发育较差，容易裂开，嫁接工效不高。图 9－14 所示为劈接法嫁接示意。

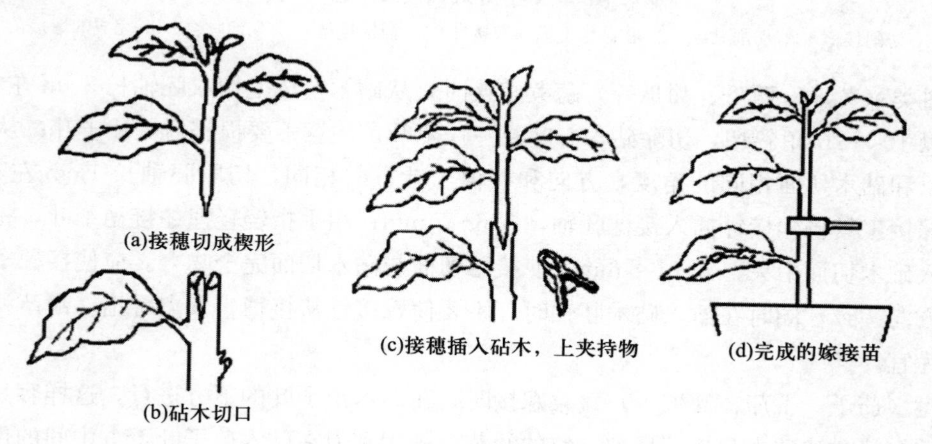

图 9－14　劈接法嫁接示意

（4）贴接法。图 9－15 所示为贴接法嫁接示意。贴接法要求砧木切除子叶节处真叶、一片子叶和生长点，形成椭圆形、长 5～8 mm 的切口；接穗在子叶下 8～10 mm 处向下斜切一刀，切口为斜面，大小应和砧木斜面一致，然后将接穗沿斜面切口贴在砧木切口上，用夹持物固定。这种方法嫁接快，成活率高，接口愈合好，接穗恢复生长快，对蔬菜品种适应广。贴接法有时也将砧木和接穗各削成 30°倾斜角，使削面贴合在一起，对齐后用嫁接夹固定。也就是在接穗上削一斜面，在砧木上削一

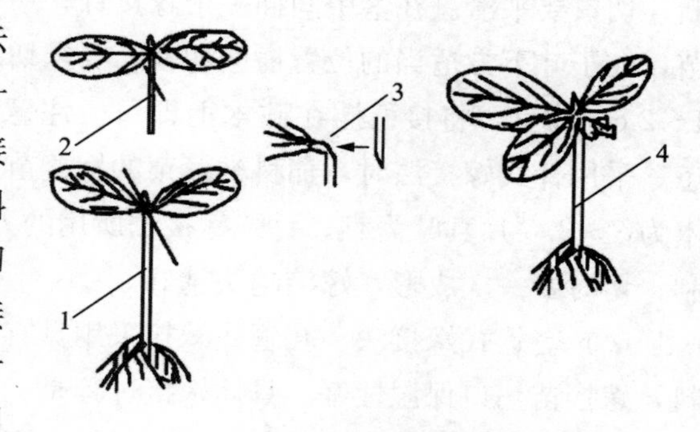

图 9－15　贴接法嫁接示意

1. 切除砧木生长点和一片子叶　2. 切削接穗
3. 砧穗贴合　4. 完成的嫁接苗

斜面，两斜面对齐，用嫁接夹夹住即可的简单方法。采用贴接法，要求砧木和接穗的胚轴径应尽量接近，以利于伤口愈合，嫁接适期为砧木具有一片真叶，接穗子叶展开。

（5）针式嫁接法。针式嫁接法是采用断面为六角形、长 1.5 cm 的针，将接穗和砧木连接起来。嫁接针用陶瓷或硬质塑料制成，在植物体内不影响植物的生长。该嫁接法的作业工具还包括两面刀片和插针器。针式嫁接法与靠接、插接、劈接、贴接等嫁接方法相比，技术环节简单，操作容易，嫁接快、成活率高。图 9－16 所示为针式嫁接示意。

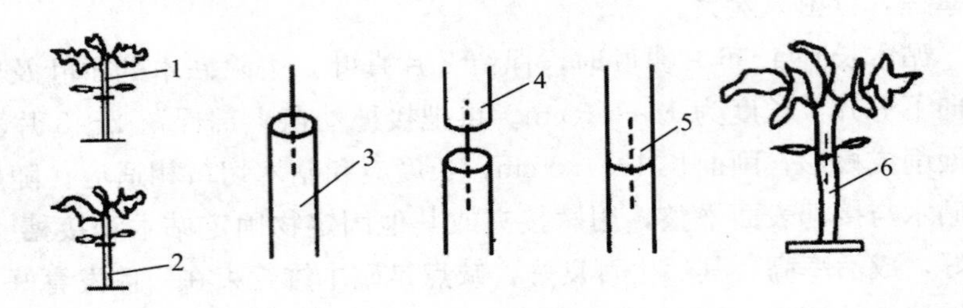

图 9－16　针式嫁接法示意

1. 切削接穗　2. 切削砧木　3. 在砧木上插入嫁接针　4. 插接接穗　5. 切面吻合　6. 完成的嫁接苗

葫芦科类（黄瓜、西瓜、甜瓜等）蔬菜嫁接时，从砧木苗床上切取胚轴长 5 cm 左右的砧木，用嫁接刀以 10°～20°角斜切，切除砧木心叶及一片子叶，注意不要损伤另一片子叶；从接穗苗床上取苗，以和砧木切面相同的角度，方向和接穗子叶方向相同，切取胚轴长 1 cm 左右的接穗，利用特制嫁接工具将嫁接针插入接穗胚轴，深 6～7 mm；用手指轻轻捏住接穗子叶，将嫁接针的另一端插入砧木切面中央，深 7～8 mm，使接穗切面与砧木切面完全吻合。应使接穗子叶方向和砧木子叶方向一致，同时在插入砧木胚轴时，不要使嫁接针从接穗生长点冒出。葫芦科蔬菜嫁接在子叶期为宜。

茄科类（茄子、番茄、辣椒等）蔬菜嫁接时，在砧木苗子叶的下方进行，这样容易操作，且成活率高。嫁接时选砧木与接穗粗细一致的幼苗，先用利刀在砧木苗子叶下方中间的位置横向切断，切口要平滑。在茎中间插一个嫁接针，一半插入，另一半留在外面，用于插接接穗。取接穗苗，在子叶下方适当的位置横向切断，要求切断的轴径和砧木的轴径大致相等，且不宜过长，以 1～2 cm 为宜，将接穗插在砧木上即可。注意砧木和接穗的切面对严，并保持嫁接苗呈直线状态。采用针式嫁接法时，茄科类蔬菜的嫁接苗应稍微大一些，一般按接穗为 2.5 片真叶左右，砧木为 3～3.5 片真叶为宜。针式嫁接法所用的刀片、嫁接针及插针器要严格消毒，刀片要非常锋利，切时要一次成形，嫁接越快越好。

（6）套管式嫁接法。套管式嫁接采用具有良好的扩张弹性的橡胶或塑料软管作为嫁接接合材料，嫁接苗伤口保湿性好。具体嫁接过程是：将砧木的下胚轴斜着切断，在砧木切断处套上专用嫁接支持套管，将接穗的下胚轴对应斜切，把接穗插入支持套管，使砧木与接穗贴合在一起。砧木和接穗的切断角度应尽量成锐角（相对于垂直面 25°），向砧木上套支持套管时应使套管上端的倾斜面与砧木的切断面方向一致。向支持套管内插入接穗时，也要使接穗切断面与支持套管的倾斜面相一致。在不折断、不损伤接穗的前提下，尽量用力向下插接穗，使砧木与接穗的切断面很好地压附在一起。图 9－17 所示为套管式嫁接法示意。采用该方式不仅可以提高嫁接苗的成活率，而且可以降低嫁接苗生产成本。

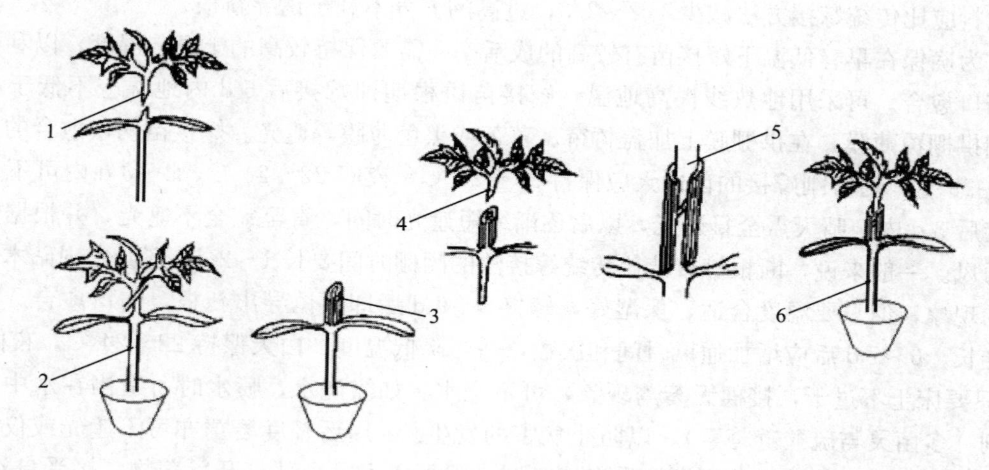

图 9－17　套管式嫁接法示意

1. 切断接穗　2. 切断砧木　3. 向砧木套上套管　4. 向套管内插入接穗　5. 砧穗紧密接触　6. 完成的嫁接苗

2. 断根嫁接育苗　传统嫁接方法均保留砧木原根系，利用砧木原根系使嫁接苗可以抵抗枯萎病、增强耐寒性、提高吸水吸肥能力，减少轮作间隔年限，并可提高产量等。断根嫁接育苗，改变了传统嫁接利用砧木原根系的方式，去掉砧木原根系，在嫁接苗愈合期，同时诱导砧木产生新根。蔬菜断根嫁接育苗是将蔬菜苗从地里拔出，去掉根系，并按要求将蔬菜苗茎切削，然后与砧木进行嫁接。由于嫁接用砧木苗不带根，在嫁接苗成活期间，接穗不能直接从土壤中吸收水分，只能从砧木的切面上吸收水分，而砧木由于不带根也无法从土壤中吸收水分，当环境不良时，容易发生萎蔫，从而降低成活率，故对嫁接苗的管理要求比较严格，嫁接育苗的风险性也比较大。断根嫁接育苗多采用插接和劈接方法嫁接。

与传统的砧木带根嫁接育苗相比较，断根嫁接育苗具有以下优点：①断根嫁接诱导产生的根系无主根，增强了须根的活力，定植后缓苗快。②断根嫁接苗须根长势壮，吸肥吸水能力与抗旱性明显强于传统嫁接苗，后期坐果数比传统嫁接苗多，而且大。③断根嫁接法可提高嫁接苗的成活率；砧木根系被切削，可减少嫁接伤口处的伤流液，嫁接苗愈合效果好。④断根嫁接苗具有良好的一致性，砧木苗扦插时，淘汰小苗或弱苗，对砧木苗的大小进行分类扦插与管理，提高了嫁接苗的一致性与整齐度，有利于嫁接苗的工厂化生产和管理。

断根嫁接育苗技术要点包括以下几方面：

（1）选用合适的砧木品种。断根嫁接砧木品种的选择除了要求与接穗亲和力和共生性好，对品质的影响小，还要求下胚轴易长出不定根，容易诱导新根。

（2）砧木种子直接撒播在苗盘上，不需穴盘或营养钵播种，砧木植株较大可适当稀播，苗盘可装营养土或沙子，如装沙子需喷营养液 1～2 次，待砧木子叶展开时，将接穗催芽播种于苗盘中。由于砧木与接穗均播在苗盘中，不仅减少了冬季温室的育苗面积，而且便于管理，可比传统的插接法提前1周播种。在砧木长出1片子叶时，接穗子叶展开即开始嫁接。

（3）完成嫁接作业的嫁接苗直接扦插到装有浇足底水的营养土穴盘或营养钵中。营养土中的粪肥等肥料应比传统嫁接方法减少1/2～2/3，过高的养分不利于诱导新根。

（4）为确保在早春低温下嫁接苗有较高的成活率，需要保持较高的土温与湿度，以利于砧木发根及伤口愈合。可采用地热线提高地温，嫁接苗诱根期即嫁接后5 d内地温应不低于20 ℃。同时采用拱棚覆薄膜，在拱棚膜上加盖竹帘、草苫或黑色薄膜等遮光。嫁接苗伤口愈合的适宜温度是22～25 ℃，通常刚嫁接的苗白天应保持25～26 ℃，夜间22～24 ℃，2～3 d内可不进行通风。嫁接后3 d内，晴天需全日遮光，以后逐渐缩短遮光时间，直至完全不遮光，并根据天气情况适当通风。一般来说，断根嫁接苗比传统嫁接法的闭棚时间要长1～2 d，还会出现砧木子叶轻度萎蔫的现象，但只要温度合适，保湿好，嫁接5～6 d后即可诱导出新根，伤口愈合。为避免嫁接苗徒长，6～7 d后应增加通风时间和次数，适当降低温度，白天保持22～24 ℃，夜间18～20 ℃。只要床土不过干，接穗无萎蔫现象，可不浇水。如需浇水，喷水时可适当在水中施用一些杀菌剂（多菌灵与硫酸链霉素），以防止病害的发生。1周后轻度萎蔫亦可不遮光或仅在中午强光时遮光1～2 h，使嫁接苗逐渐接受自然光照，晴天白天可全部打开覆盖物，接受自然气温，夜间仍覆盖保温，以达到炼苗的目的。

（5）嫁接后15～20 d，嫁接苗2～3片真叶时为定植适期。砧木子叶间长出的腋芽要及时抹除，以免影响接穗生长，但不可伤及砧木的子叶。嫁接后的嫁接苗如从切口下发出新根，则失去换根的防病作用。为此定植时不宜过深，嫁接的切口不要靠近地面，应高出地面1.5～2.5 cm。

二、蔬菜嫁接机

1. 蔬菜嫁接机的分类　蔬菜嫁接机可以根据嫁接方法、自动化程度及尺寸大小进行分类。根据嫁接方法的不同分为贴接式嫁接机、靠接式嫁接机和插接式嫁接机；根据自动化程度的不同分为全自动嫁接机、半自动嫁接机和手动嫁接机；根据尺寸大小的不同分为大型嫁接机、中型嫁接机和小型嫁接机。

嫁接机的性能评价指标包括嫁接生产能力、嫁接成功率、嫁接成活率和成苗率。

（1）嫁接生产能力。嫁接生产能力说明嫁接机单位时间内可以完成的嫁接苗数，它不涉及嫁接机的嫁接精度，只是反映其生产率。计算公式为

$$\text{嫁接生产能力}=\frac{\text{嫁接作业耗时内可完成的嫁接苗数}}{\text{嫁接作业耗时}}$$

嫁接生产能力的单位为株/min或株/h。

（2）嫁接成功率。嫁接成功率用来评价嫁接机设计、制造、装配等方面的总体状况，说明嫁接机的嫁接作业精度。它以嫁接作业过程中达到标准的嫁接苗或成功完成嫁接作业的次数为计算对象，计算公式为

$$\text{嫁接成功率}=\frac{\text{成功完成嫁接作业的嫁接苗数}}{\text{进行嫁接作业的砧木（接穗）苗数}}\times 100\%$$

(3) 嫁接成活率。嫁接成活率主要考察通过嫁接机嫁接成功的嫁接苗，在后期特定温度和相对湿度等条件下愈合、成活的状况，间接说明嫁接机嫁接作业对嫁接苗成活的影响。计算公式为

$$嫁接成活率=\frac{愈合成活的嫁接苗数}{成功完成嫁接作业的嫁接苗数}\times 100\%$$

(4) 成苗率。成苗率同嫁接成活率类似，它说明通过嫁接机嫁接成功的嫁接苗经过愈合成活后，在炼苗阶段的状况，也说明嫁接机嫁接作业对嫁接苗成苗的影响。计算公式为

$$成苗率=\frac{达到成苗标准的嫁接苗数}{成功完成嫁接作业的嫁接苗数}\times 100\%$$

2. 国内外主要蔬菜嫁接机介绍

(1) 日本第一代原型机 G871。G871 型嫁接装置（图 9－18）是第一台可进行嫁接作业的机械。该装置主要由砧木供给机构、砧木输送机构、砧木切削机构、接穗供给机构、接穗输送机构、接穗切削机构、固定夹供给机构等组成，采用人工单株上苗，砧木和接穗切刀为圆盘旋转切刀，其工作过程如下：

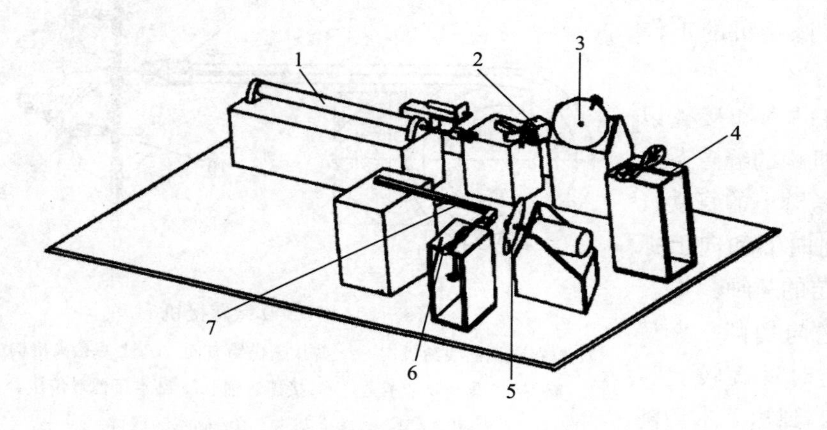

蔬菜机械化移栽技术

图 9－18　G871 嫁接装置

1. 砧木输送机构　2. 固定夹输送机构　3. 砧木切削机构　4. 砧木供给机构
5. 接穗切削机构　6. 接穗供给机构　7. 接穗输送机构

a. 上苗作业。首先将子叶展开的砧木和接穗苗送入各供苗机构的缝隙苗托架，接着将固定夹以张开状态置于固定夹供给机构中。

b. 砧木和接穗苗夹持抓取。开启嫁接机开关，砧木输送机构的直动气缸带动夹持手移向砧木苗，并夹持砧木胚轴；同时接穗输送机构的旋转气缸转到接穗供给机构处，前端的夹持手夹持住接穗的胚轴。

c. 砧木接穗接合。完成砧木和接穗夹持和抓取后，夹持着砧木苗的夹持手在直动气缸带动下回撤，回撤途中砧木切削机构的旋转切刀切去砧木的生长点和一片子叶（切角为 30°），当移动到对位接合处时停止；另一方面，夹持接穗的夹持手在旋转气缸驱动下回转，回转途中接穗的胚轴下段被接穗切削机构的圆盘切刀切除（切角为 10°），接穗夹持手也停止在对位

接合处。

d. 固定嫁接苗。当砧木和接穗被送到对位接合处时，砧木和接穗的切口刚好贴合在一起，这时夹持着张开的固定夹的夹持臂在旋转气缸带动下也转到对位接合处，使砧木和接穗的切口置于张开的固定夹内。接着，夹持臂松开固定夹，使其在切口处固定砧木和接穗，随后，砧木和接穗夹打开，在推苗板的作用下完成嫁接作业的嫁接苗被排出嫁接装置。

整个嫁接作业过程中，不计上苗作业时间，嫁接一株苗耗时 7s。G871 型嫁接装置的研究与试验表明，将贴接法用于机械嫁接切实可行。虽然该装置实际嫁接作业同人工相比还有一定的差距，其嫁接成功率为 82%～85%，嫁接成活率为 76%～81%，都比手工嫁接低，但是其嫁接生产能力是手工作业的 2 倍以上。该装置的研究为后续嫁接机及嫁接机器人的进一步研制奠定了良好的基础。

（2）井关 GR800 型嫁接机。该机采用人工单株形式上苗，砧木和接穗均采用缝隙托架上苗，采用气动作为运动部件的动力（图 9－19）。该嫁接机的工作过程如下：

a. 上苗作业。首先将砧木和接穗以固定的方向送入各自供苗机构的缝隙苗托架。砧木输送臂和接穗输送臂上的直动气缸驱动各自的夹持手分别向下和向上抓取、夹持住砧木苗和接穗苗的胚轴。

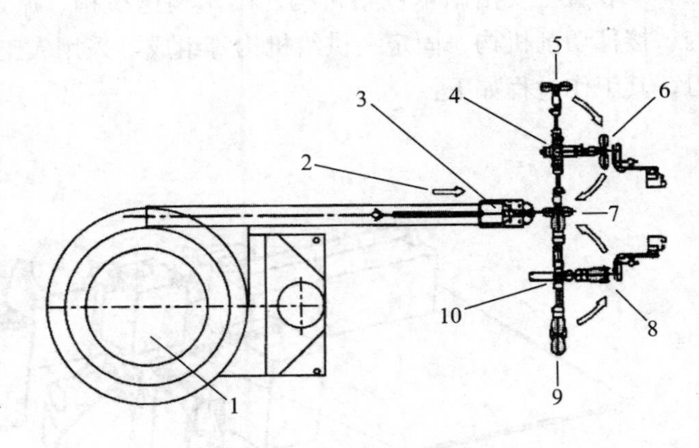

图 9－19 GR800 型嫁接机

1. 嫁接夹调向喂给机构 2. 嫁接夹供给方向 3. 上嫁接夹机构 4. 接穗输送臂 5. 上接穗 6. 接穗切削 7. 砧木接穗对位接合 8. 砧木切削 9. 上砧木 10. 砧木输送臂

b. 砧木和接穗苗输送与切削。夹持着砧木苗的砧木输送臂逆时针旋转 90°，直动气缸驱动夹持手回撤，到达砧木切削位置停止，接着砧木切刀臂带动切削刀片旋转以一定角度切除砧木的一片子叶和生长点。夹持着接穗苗的接穗输送臂顺时针旋转 90°，同样接穗夹持手回撤，到达接穗切削位置停止，接穗切刀以一定角度旋转切除接穗的根部。

c. 砧木和接穗接合。完成砧木和接穗苗的切削后，砧木、接穗输送臂分别逆、顺时针旋转 90°，依次夹持砧木苗和接穗苗到达对位接合位置，随后砧木、接穗输送臂上的直动气缸驱动夹持手外伸，使砧木和接穗的切口贴合到一起。

d. 固定嫁接苗。如图 9－20 所示，在完成砧木与接穗靠近接合的同时，经过调向后，嫁接夹推板将嫁接夹推入嫁接夹定导块上的导向槽，在导向槽的作用下嫁接夹处于张开状态，到达动导块后推板停止，这时嫁接夹刚好将接合在一起的砧木与接穗的切口部位置于夹中，随后，嫁接夹动导块向外张开，使嫁接夹闭合，将砧木和接穗固定在一起。

e. 卸嫁接苗。嫁接夹夹紧嫁接苗后，砧木和接穗苗的夹持手打开，接着夹持手在直动气缸驱动下回撤，然后，嫁接夹推板进一步向右推嫁接夹，最终将完成嫁接作业的嫁接苗推出嫁接

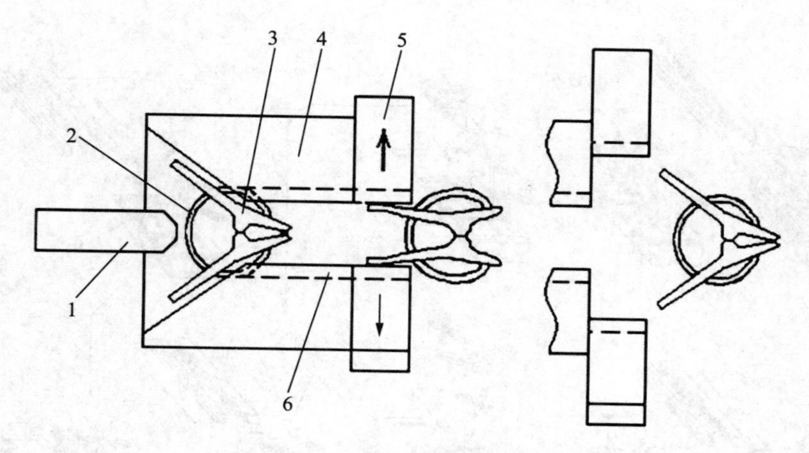

图 9-20　嫁接夹推送原理

1. 嫁接夹推板　2. 嫁接夹臂　3. 嫁接夹　4. 嫁接夹定导块　5. 嫁接夹动导块　6. 导向槽

机。完成一次嫁接作业动作后，砧木输送臂和接穗输送臂在旋转气缸的驱动下分别反向旋转 180°，回到起始位置。

该嫁接机嫁接作业需要 5 人，2 人操作嫁接机嫁接作业，1 人运送嫁接苗，2 人回栽完成嫁接的嫁接苗，嫁接速度可达到人工嫁接的 3 倍左右，嫁接生产能力为 800 株/h，嫁接成功率达到 90%以上。

(3) KGM0128 型全自动嫁接机。该嫁接机采用平接法，嫁接系统由两部分构成，一是砧木预切削装置，二是砧木与接穗嫁接装置。采用标准 128 穴穴盘播种砧木和接穗。

为了保证后续嫁接作业时不妨碍砧木夹持，需要对砧木进行预切削。其过程是将培育在标准 128 穴穴盘内的砧木送入砧木切削装置，预先将砧木苗的上部切除，切除的砧木通过输送带送入外部收集箱。该嫁接机作业过程（图 9-21）如下：

a. 砧木切削。砧木以穴盘形式上苗后，嫁接机以一列 8 株苗一起处理，两片双层砧木导向夹持板插入穴盘苗间，合拢后靠每个苗位处的 V 形导向夹持板将 8 株苗同时夹持在固定位置，然后，砧木切刀紧靠上层导向板的上表面，将 8 株砧木切为平面，随后，上层导向板撤出，这时砧木在下导向板上露出一段以便后续作业。

b. 接穗切削。接穗同砧木一样以穴盘形式上苗后，两片双层接穗导向夹持板插入穴盘苗间，利用 V 形导向夹持板同时夹持住 8 株苗，然后，接穗切刀紧靠下导向板的下表面将 8 株接穗苗的下部切除。

c. 砧木与接穗胶粘接合。接穗导向夹持板将切去下部的 8 株接穗苗与切去上部的 8 株砧木苗一一对应紧密对靠在一起，使砧木和接穗的横断切口紧密地靠合在一起，接着下接穗导向板和上砧木导向板撤出，使砧木和接穗接合切口部位暴露出来，嫁接机分别通过两套 8 个一组的喷管，依次在砧木与接穗切口接合处喷涂专用生物黏合剂和固化剂，黏合剂在 1 s 多的时间内就可固化，完成砧木和接穗固定。

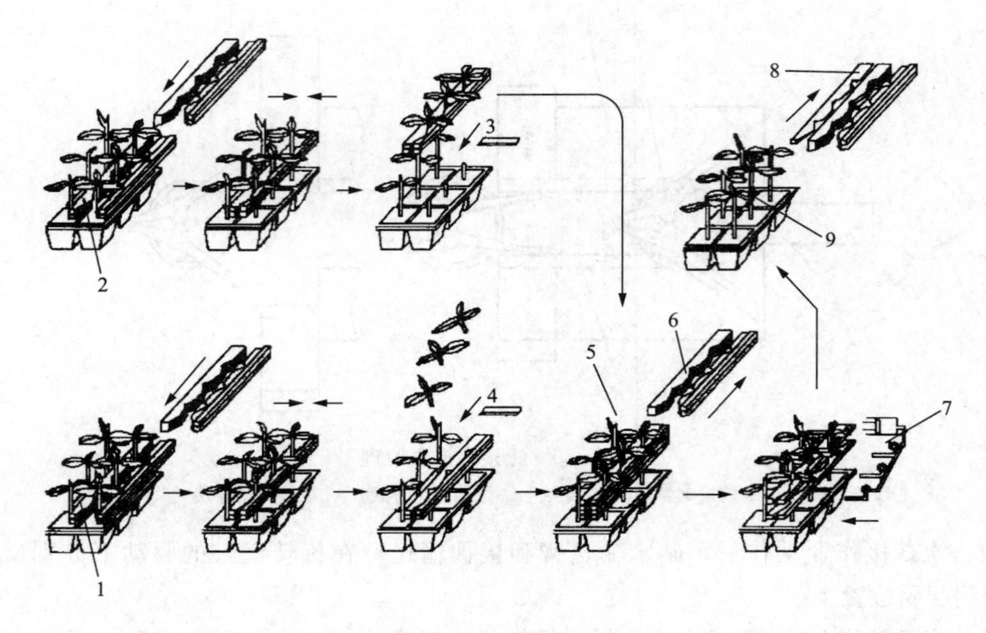

图 9-21　KGM0128 型嫁接机作业过程

1. 双层砧木导向夹持板　2. 双层接穗导向夹持板　3. 接穗切刀　4. 砧木切刀　5. 砧木接穗对位接合
6. 砧木上层夹持板和接穗下层夹持板撤出　7. 砧木和接穗切口接合部位喷涂黏合剂和固化剂
8. 砧木下夹持板和接穗上夹持板撤出　9. 完成嫁接作业的嫁接苗

d. 夹持物撤除。当黏合剂固化后，砧木下导向夹持板和接穗上导向夹持板松开嫁接苗，退出夹持状态，一次完成一列 8 株嫁接苗的嫁接作业。

该嫁接机主要针对大规模蔬菜生产机构研制，自动化程度高，所采用的方法也复杂，所以在中小型蔬菜生产机构中应用不广泛。

（4）洋马 T600 型嫁接机。为降低大型嫁接机的造价，洋马公司于 2003 年推出了体积较小、操作方便的 T600 型半自动嫁接机（图 9-22）。该机采用 V 形平接法，一人操作。操作人员分别将去土砧木和接穗以单株形式送到嫁接机的托苗架上，嫁接机自动完成砧木和接穗的切削、对接和上固定套管作业。该机生产率可达 600 株/h，嫁接成功率为 98%。T600 型嫁接机有四个工作位置：①上砧木和接穗位置；②砧木和接穗切削位置；③砧木和接穗对位接合，上塑料固定套管位置；④卸苗位置。该嫁接机嫁接作业过程如下（图 9-23）：

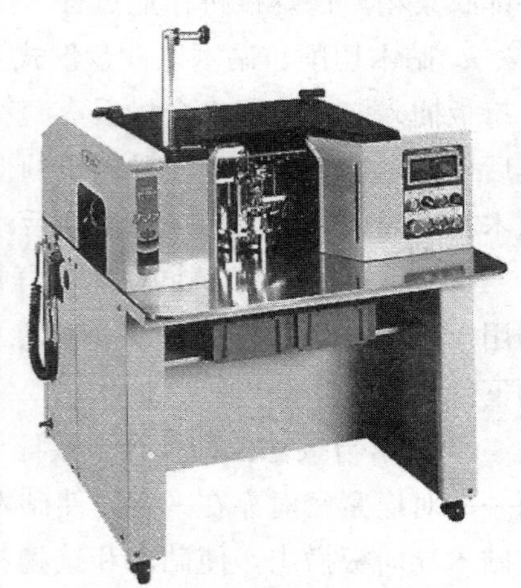

图 9-22　T600 型嫁接机

a. 上砧木和接穗。分别用手将砧木和接穗送入砧木和接穗的托苗架上，砧木在下，接穗在上，嫁接机启动后，砧木夹和接穗夹分别夹持住砧木和接穗由位置 A 旋转到位置 B。

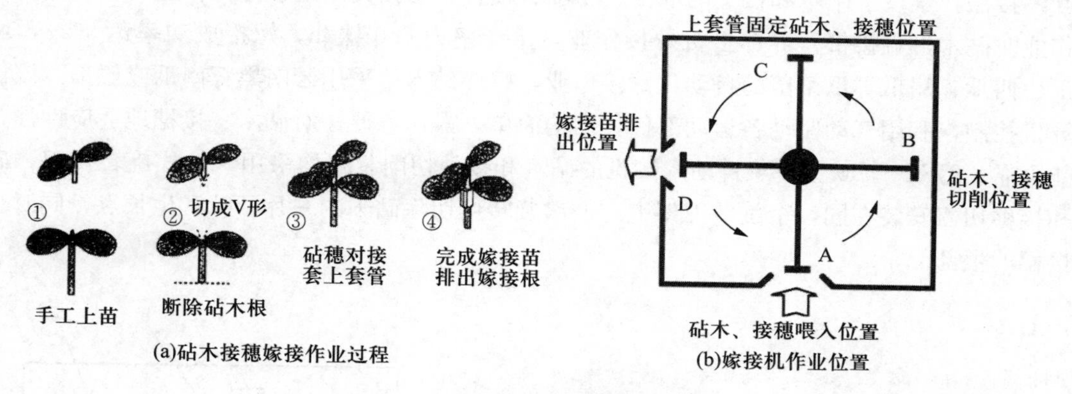

图 9-23　T600 型嫁接机作业过程

b. 砧木和接穗切削。当砧木和接穗到达位置 B 后，砧木和接穗的 V 形切刀分别将砧木的生长点和接穗下部切除，在砧木上切出 V 形槽，同时接穗也切出可相互对接的 V 形。

c. 砧木接穗对接和上固定套管。完成切削的砧木和接穗经过上下对位接合，在位置 C 处套上透明的固定套管。固定套管横断面为一未封闭的环形，依靠透明塑料套管材料的弹性将砧木和接穗紧紧地固定在一起。

d. 卸嫁接苗。松开砧木夹和接穗夹，将完成嫁接作业的嫁接苗卸下，完成一个嫁接作业循环。

（5）针式嫁接机。韩国 Ideal System 公司生产出采用针式嫁接法的全自动嫁接机（图 9-24)。该机所用的嫁接针是陶瓷制 5 角形针，具有防止嫁接部位回转作用，固定性能好，主要用于嫁接茄科类蔬菜，包括番茄、茄子、辣椒，其嫁接作业能力为 1 200 株/h，采用 50 穴穴盘培育砧木和嫁接苗，并直接以穴盘形式整盘上苗，一个嫁接作业循环可同时完成 5 株苗的嫁接作业。

全自动针式嫁接机主要由砧木切削机构、嫁接机构、接穗切削机构、砧木接穗穴盘输送机构和机座等部分组成。完成的主要作业内容包括：定位输送砧木（穴盘）在砧木切削位置切削砧木，将完成切削的砧木定位输送到嫁接位置，在嫁接位置将嫁接针插入砧木，定位输送接穗（穴盘）到切削位置，切削接穗，将完成切削的接穗定位输送到嫁接位置，在嫁接位置将接穗以一列 5 株同时对接到插有嫁接针的 5 株砧木上，将嫁接完的嫁接苗移出。

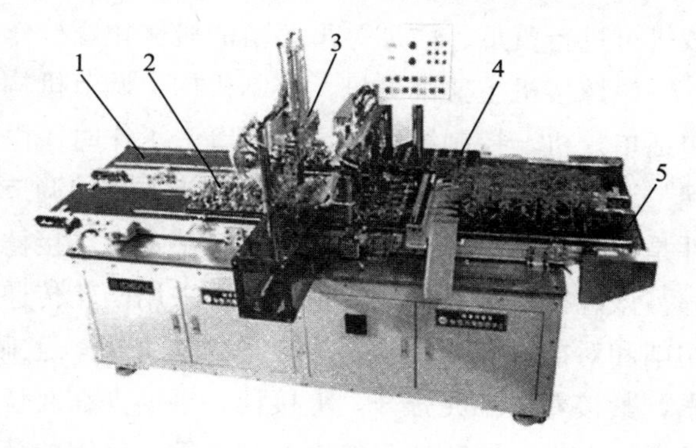

图 9-24　全自动针式嫁接机

1. 接穗穴盘输送带　2. 嫁接位置　3. 接穗切削位置
4. 砧木切削位置　5. 砧木穴盘输送带

（6）2JSZ-600 型蔬菜自动嫁接机。20 世纪 90 年代中期，中国农业大学率先在国内开展蔬菜嫁接机的研究，1998 年成功研制出 2JSZ-600 型蔬菜自动嫁接机（图 9-25)。该嫁接机采用单子叶贴接法，实现了砧木和接穗的取苗、切削、接合、嫁接夹固定、排苗作业的自动化。该机嫁接作业时砧木可直接带营养钵上机嫁接作业，生产率为 600 株/h，嫁接成功率达 95%，可进行黄瓜、西瓜、甜瓜等瓜菜苗的自动化嫁接作业，嫁接砧木可采用云南黑籽南瓜或瓠瓜。该机采用计算机控制，利用气动驱动各运动部件，结构简单，操作方便，对砧木、接穗地适应性强，嫁接性能可靠。2JSZ－600 型蔬菜自动嫁接机的砧木和接穗切削装置均采用一体式旋转切刀，砧木切刀和接穗切刀安装在同一个旋转刀架上，一次旋转可切除砧木的一片子叶和生长点，同时也切除了接穗的根部。

图 9－25　2JSZ－600 型蔬菜自动嫁接机

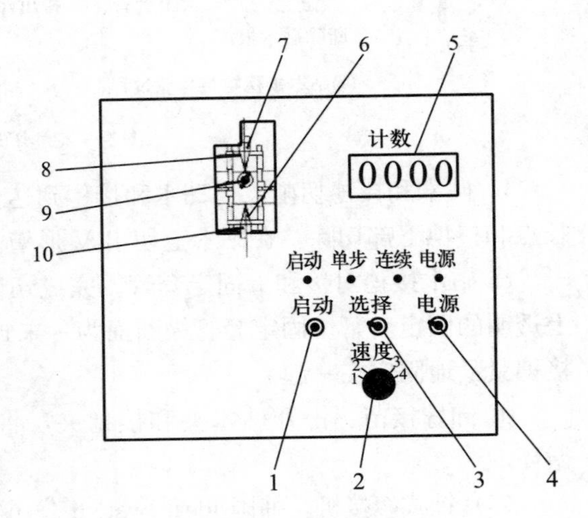

图 9－26　靠接式嫁接机

1. 启动按钮　2. 调速旋钮　3. 选择旋钮　4. 电源开关
5. 计数器　6. 7. 嫁接夹　8. 10. 砧木夹　9. 切刀

（7）靠接式嫁接机。20 世纪 90 年代初，韩国研制出采用靠接法的半自动嫁接机（图 9－26），该机可进行黄瓜、西瓜等瓜菜苗的机械化嫁接作业。

该嫁接机主要由电机、控制机构、调节机构、工作部件等组成。控制机构是嫁接机的核心，包括单片机、控制线路、计数器等，工作时序由单片机发出控制指令控制电机的转速和转向来实现。调节机构可进行嫁接速度和嫁接方式的调节，由装在前面板上的旋钮和开关等组成。工作部件是嫁接机的作业执行机构，包括砧木夹、接穗夹、进退刀杆和刀片等。

该嫁接机由单片机实现控制，采用凸轮传递动力，分别完成砧木夹持、接穗夹持、砧木接穗切削和对插 4 个动作。首先，砧木夹张开，上砧木，砧木夹在复位弹簧的作用下闭合，夹紧砧木，紧接着接穗夹张开，上接穗，接穗夹在复位弹簧的作用下闭合，夹紧接穗。其次，接穗夹带动接穗上提，同时切刀伸出，在接穗与砧木的茎秆上分别切一斜口，但并不将茎秆切断。再次，接穗夹在回位弹簧的作用下向下复位，将接穗的斜切口插入砧木的斜切口，用嫁接夹夹住切口。最后接穗夹和砧木夹同时张开，取下嫁接苗，完成一次嫁接作业循环。

该机可根据需要调节作业速度，进行连续或断续作业，并有电子显示计数等功能，最高生产率为 310 株/h，嫁接成功率为 90%。由于结构简单，操作容易，成本低廉，不仅在韩国，在日本和我国也有一定的销量。但是，由于采用靠接法嫁接，推广使用受到限制。

（8）2JC－350 型插接式嫁接机。2JC－350 型插接式嫁接机是东北农业大学以普通菜农和中小型育苗中心为使用对象开发研制的半自动嫁接机，以葫芦科蔬菜（黄瓜、西瓜和甜瓜等）为嫁接对象。插接式嫁接法具有嫁接作业简便、成活率高、不需夹持物等优点，在嫁接育苗中应用广泛。该机是半自动嫁接机，需人工上砧木、接穗苗和卸取嫁接苗。

2JC－350 型嫁接机的结构如图 9－27 所示，包括以下主要工作部件：①砧木夹和压苗片等组成的砧木夹持机构；②砧木切刀等组成的砧木切削机构；③插签等组成的砧木打孔机构；④接穗夹等组成的接穗夹持机构；⑤接穗切刀等组成的接穗切削机构；⑥主滑动块、下压总成、插签滑块和接穗夹滑块组成的滑动机构；⑦分别固定安装在接穗夹滑块和插签滑块上的对位销和对位座组成的对位机构；⑧电机、凸轮组和传动杆组组成的动力传动机构。

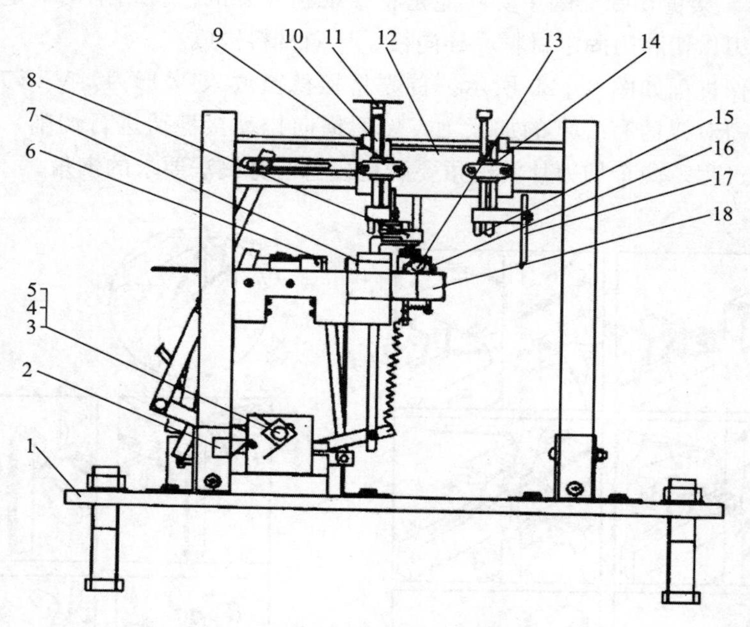

图 9－27　2JC－350 型插接式嫁接机

1. 底座　2. 位移开关　3. 凸轮轴　4. 凸轮组　5. 电机　6. 接穗切刀　7. 对位座　8. 接穗夹　9. 接穗夹滑块　10. 双柱导向杆　11. 压杆　12. 主滑动块　13. 砧木切刀　14. 插签滑块　15. 对位销　16. 压苗片　17. 插签　18. 砧木夹

2JC－350 型插接式嫁接机的工作原理是：通过凸轮组控制工作时序，实现一系列嫁接作业流程。首先，砧木夹将砧木夹紧，压苗片联动下压将砧木子叶压平，砧木切刀切除砧木生长点，主滑动块左行到达左工作位置，压杆下压带动插签滑块下行，打孔后上行；接穗夹和接穗切刀同时动作完成夹持和切削接穗，主滑动块右行到达右工作位置，压杆下压带动接穗夹滑块下行插接，打开接穗夹后上行退苗，完成一个工作循环。

（9）简易嫁接器。1999 年日本大阪府立农林技术中心针对普通菜农开发出手工作业的 TK－WH（TK－WD）型简易嫁接器，采用劈接法，适用于茄子、番茄等蔬菜的嫁接作业。该嫁接器由砧木切削器和接穗切削器两个独立部分构成，完成切削的砧木和接穗用嫁接夹将其固定在一起。这种简易器具实际上只是砧木和接穗切削器，切削后还需人工对插和上嫁接夹。下面分别介绍砧木切削器和接穗切削器两个部分的结构特点和作业过程。

a. 砧木切削器。砧木切削器的主要构成包括十字切刀（横刃和纵刃）、胚轴 V 形槽、胚轴 V 形板、胚轴压板、切刀固定材料等（图 9－28）。

砧木切削作业过程为：将砧木要切断的胚轴部位放置在胚轴 V 形槽内，用拇指按动压板，使胚轴压板与砧木胚轴接触并压紧，然后向前推动十字切刀，直至切刀横刃切断砧木胚轴，这时切刀横刃进入胚轴 V 形板与胚轴 V 形槽的缝隙，继续推动十字切刀，纵刃对胚轴的纵向进行切削，切出一道缝隙。退刀完成一次切削过程。

b. 接穗切断器。接穗切断器的主要功能是将接穗在需要的位置切削出一定角度的楔形，接穗切断装置由切断刃、切断刃固定材料、导向板、导向材料构成。

接穗切断器工作过程如图 9－29 所示。首先将接穗苗放入 V 形刀，V 形刀由两片刀组成，当接穗苗下移时切刀对接穗有一定的加紧力，然后横向拉动接穗苗进行切削，直至将接穗苗切断，完成一次切削过程。两个切刀片的夹角要满足接穗苗劈接法要求的楔角。

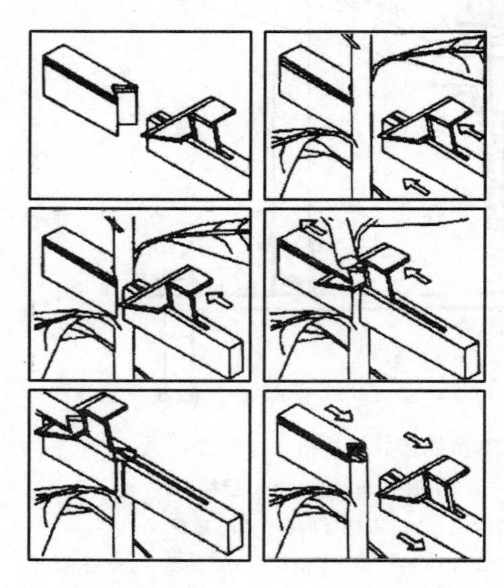

图 9－28　切削砧木的过程

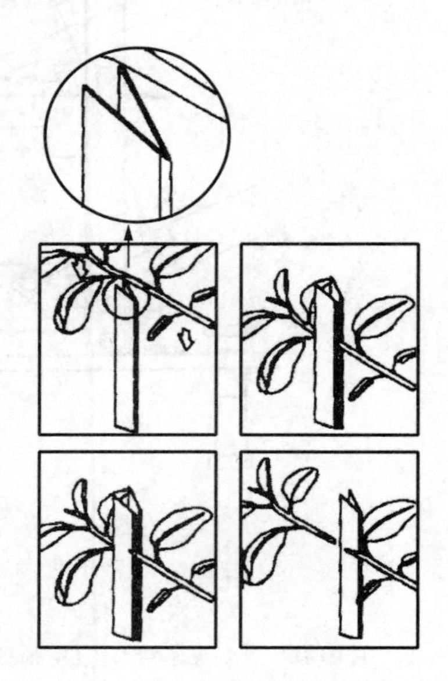

图 9－29　切削接穗的过程

第三节　蔬菜加工机械化

蔬菜的生产已日益发展成为种植业的主导产业，产量已接近 3 亿 t。蔬菜的商品化加工提上了历史日程。

国外的蔬菜商品化加工已有近百年的发展历史，各种加工手段和设备比较完善，并已形成了拥有自己的主导产品、原料生产基地、加工设备制造基地和相对稳定的消费市场的国际化生产行业。

蔬菜加工机械制造业为适应上述要求，其发展趋势具有以下特征：①大型化，在生产中以高生产率和规模效益为代表的机械占主导地位；②自动化，进一步提高劳动生产率和保证产品质量的均衡性；③新技术含量高，提高加工机械的性能和内在质量，降低消耗，减少成本；④专业化，各加工企业努力提高产品质量，争创国际名牌产品。

国内的蔬菜加工机械起步于20世纪70年代，发展于80年代到90年代，发展较迅速。但加工机械整体上存在一些问题：①发展慢，规模小，品种少。自从实行生产责任制以后，农村的产业结构有了很大调整，蔬菜的产量也有了相应的提高，但其价格偏高，加工特性差，造成蔬菜加工行业不能形成一个有一定规模的相对稳定的市场，继而使蔬菜加工机械长时期处于小规模低速发展，除贮藏设备外，加工设备很少，宏观效益更低。②制造水平低，技术落后，产品质量差。加工机械制造企业技术力量薄弱，没有开发新产品的能力，大多是低水平的重复性建设，一些设备仍沿用20世纪50年代的落后技术，能源消耗高，原料浪费严重。③缺少大宗产品的成套设备和有竞争力的产品。成套设备跟不上，就无法生产出能够进入世界市场的产品。在蔬菜加工产品生产线中，其关键工序的核心设备影响着产品的质量、加工成本和生产率，这方面投入性研究较少，也就没有技术含量高的产品，大部分关键设备需要进口，由此可以看出我国蔬菜加工行业与世界水平的差距，以及面临着严重的任务。

一、蔬菜的分选分级

蔬菜不同于工业产品，它们在生产栽培期，由于受到自然和人为各种因素的影响，产量品质差异大，采收时，产品的品质、大小、重量、形状等很难做到整齐划一。为了使出售的商品规格一致，便于包装、运输，又能体现出优质优价，按质论价，需要人为地对蔬菜进行分选和分级。

不同的蔬菜，应根据其特点，制定不同的等级规格标准。各国对等级标准的划分各不相同。我国在制定蔬菜规格标准方面还不健全，除少数出口蔬菜外，内销产品均没有明确的规格标准，因此在市场中很难以质论价。

蔬菜的分级一般按照大小、重量和品质来进行。如番茄按照大小、色泽、形态、重量来进行分级，这样便于机械化操作。

例如，青豌豆是先按照大小进行分级，然后再用不同密度的食盐水进行品质分级，即先用相对密度1.04的食盐水浸泡青豌豆，能浮起者为甲级，下沉者再用相对密度为1.07的食盐水浸泡，能浮起者为乙级，下沉者为丙级。

目前，我国大多数蔬菜的分选与分级，仍依靠手工来进行，随着蔬菜商品化生产的日益扩大，迫切需要蔬菜自动化分级设备。

二、脱水蔬菜

脱水蔬菜便于贮藏和运输，既可调节蔬菜淡季市场的供应，又便于出口创汇。脱水蔬菜的工艺流程包括：

（1）原料整理。叶菜类应挑选鲜嫩的蔬菜，剔除黄叶、老叶、残叶；果菜类、块茎类，要逐个挑选，剔除机械损伤、成熟度不合要求和虫害、畸形的原料。

（2）洗涤。蔬菜必须用洗涤剂，将蔬菜表面的农药、细菌等洗掉，再用清水冲洗干净。

（3）切削。将干净的原料，根据各自的特征，采用相应的设备，切成不同的形状（片、粒、丝、块等）。切削时，投料要均匀，降低损耗，提高原料利用率。

（4）预煮。根据不同的蔬菜、不同品种，对原料进行煮（2～4 min），有些蔬菜不需要煮。

（5）冷却。预煮后的蔬菜，应迅速进行冷却。一般采用冷水冲洗或冰水低温冷却。

（6）沥水。可用离心机甩干，也可用手挤。

（7）摊盘。将半成品摊在竹架或尼龙网上，抖动，使其厚薄均匀。

（8）烘干。烘干是脱水蔬菜的关键。烘房一般有两种结构：第一种是采用空气对流原理，建成两层双隧道、顺逆流相结合的烘房；第二种是简单的逆流鼓风干燥法。烘干的时间根据不同的蔬菜而有所差别。

（9）挑选成品。选择色泽一致的产品，剔除潮湿、焦褐、变灰的次品，保证其内在质量的一致性。

（10）包装。包装物必须严密、坚固、清洁、卫生，包装容器的特色应与产品相协调，适应消费心理，提高产品的市场竞争力。

三、蔬菜纸的加工工艺

蔬菜纸是将新鲜蔬菜加工成糊状，再加入适当的调味料和黏结剂，烘干压制而成。其形状大小与一张普通名片相似，食用时，将两三张“纸”叠放在一起。这种食品不仅保留了原有原料的风味和营养成分，而且具有低糖、低脂、低热量的特点，清脆可口，风味独特，极受消费者的喜爱。

1. 原料　包括菠菜、胡萝卜、食用醋、海藻酸钠、核苷酸、白酱油、砂糖、焙粉。

2. 主要设备　厨房多用机、YXD－12B型红外食品烤箱、JM立体胶体磨。

3. 工艺流程　原料→分选→清洗→切分→软化→冷却→绞碎→拌料→均质→涂布→烘烤→调味→压合→烘烤→冷却→压轧→定量包装。

4. 工艺要点

（1）原料。要求鲜嫩，无老化，无腐烂。

（2）切分。将菠菜切成 10 mm 左右的段，梗与叶分开；将胡萝卜切成 10 mm×10 mm 左右的小块。

（3）软化冷却。将菠菜梗放入沸水中漂烫 2 min，叶漂烫 0.5 min 后迅速放入凉水中冷却凉透；将胡萝卜投入沸水中漂烫 4 min 后投入凉水中冷却。

（4）拌料。按海藻酸钠0.4%、焙粉0.8%的比例分别对绞碎的菠菜和胡萝卜进行均匀配料。

（5）均质。采用JM立体胶体磨可进行二次研磨原料，使添加物充分混合，均匀分布，保证产品口感细腻，入口即化。

（6）涂布烘烤。取下烤箱隔板，倒入约1.5 kg糊料，摊平，厚度约2 mm，将隔板放入烤箱进行烘烤，以防污染变色。菠菜在75 ℃烘烤20 min，胡萝卜在65 ℃烘烤30 min。

（7）调味。将山梨酸钾、核苷酸、白酱油、砂糖、精盐、味精等适量调匀，均匀喷涂在菠菜纸、胡萝卜纸表面，然后压合进行烘烤。

四、蔬菜面条

蔬菜面条因具有外观鲜艳、营养丰富和味美可口的特点而倍受消费者的喜爱。

1. 主要设备　压面机、高速捣碎机、恒温水浴锅、鼓风式干燥箱。

2. 原料　面粉、蔬菜、盐、碱、色素。

3. 工艺流程　蔬菜原料→挑选、清洗→护绿→切碎→高速捣碎→菜泥→过滤→滤汁→加入面粉、辅料进行和面→轧面→烘干→成品。

五、大蒜机械化切脐

大蒜经切脐、脱皮，再切片、脱水加工出的大蒜干是出口创汇的畅销商品。蒜干生产中的去皮、切片、脱水等工艺已实行机械化，唯独大蒜切脐仍靠手工，生产率低，成本高，而且采用普通菜刀平切，大蒜利用率低，最高为80%。

新鲜大蒜经风吹日晒，大蒜脐的粗纤维逐步的木质化，木质部分必须切除干净，否则影响蒜干质量。

手动大蒜切脐机（图9-30）由上下夹模（夹持机构）、切刀、导柱、刀杆、导套、手把和机架组成。导套紧固在上模上，导柱和下模固定在机架上，刀杆在手把上可以摆动和滑动。

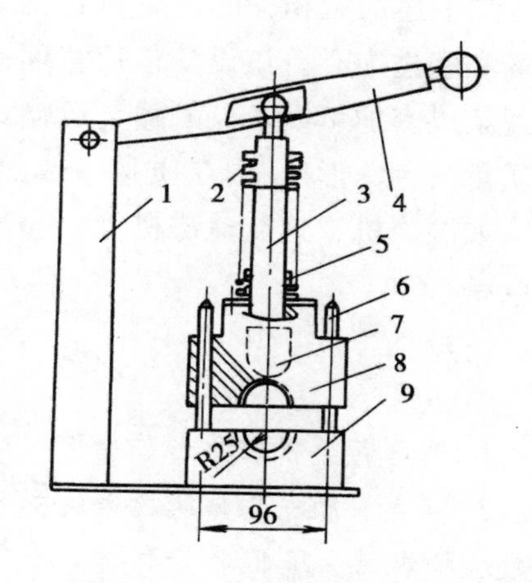

图9-30　手动大蒜切脐机

1. 机架　2. 弹簧　3. 刀杆　4. 手把　5. 导套　6. 导柱　7. 切刀　8. 上模　9. 下模

工作时，掀起手把，刀杆通过导套将上模提起，把蒜头放在下模口上，然后按下手把，刀杆压弹簧，弹簧压上模，从而将蒜头弹性地压紧。继续按手把，刀杆沿导套继续下行，柱形刀头沿着夹模上同弧度的滑道将模中大蒜的蒜脐切掉。滑套与刀杆的配合保证了刀头与夹模的切削间隙；导柱与上模的配合，保证了上、下模口对正。将手把按到底部，蒜脐已经切掉，再提起手把，上、下模张开，将切好的蒜头取出，放上另一个蒜头再切。

该机对直径大小不均的大蒜适应性强，对直径在20～60 mm范围的大蒜，设置两套夹持和切削部件。原料利用率可达 90%，较手工平切利用率提高 10%左右。该机构可进一步改为机动式大蒜切脐机。

六、净菜、半成品菜、速冻菜的加工

蔬菜作为人们一日三餐必不可少的食品，是人们获取维生素的主要来源。随着我国种植业结构调整，蔬菜的季节性和地区性生产格局，逐渐被周年化和跨产地种植所代替，一年四季均有新鲜蔬菜上市，人们对蔬菜的追求也逐步取向新鲜和营养，因此，蔬菜的加工由原来的调剂余缺，如罐藏、干制、腌制，转向保鲜贮藏。蔬菜加工产品将以方便、卫生、新鲜、营养为目的的低度加工为主导，主要产品有：

（1）净菜。将蔬菜采摘后，对蔬菜进行分类、分级，分别定价，为市场提供优质的产品，减少损耗和浪费，提高了价值和利用率。同时，净菜将不可食用部分留在地里，减少了城市垃圾，节约了生活用水，改善了城市环境，是经济发展和社会文明的必然产物，国外许多国家都已普遍实行。我国净菜入市起步晚，但已被政府和消费者所接受。虽然净菜加工企业本大利微，但是是一项总体规模大、总产值高的系统工程。净菜的发展将带动从新品种培育到机械制造各相关行业的发展，是一项具有经济效益、生态效益和社会效益多重效益的产业。因此，它将成为蔬菜加工中的大宗产品。

（2）半成品菜。半成品菜是指将蔬菜加工处理后进行卫生消毒、保鲜和保质包装，可直接入锅烹调的蔬菜制品。它在很大程度上方便人们的食用，节省家庭劳动时间，减少了城市垃圾，随着现代生活节奏的加快和人们消费水平的提高，对这类产品的需求将增加。

（3）速冻蔬菜。是将蔬菜进行整理、清洗、分级等处理后，在强热交换条件下快速冻结的蔬菜制品。这种制品保鲜性好，低温贮藏时间长，解冻后可逆性好。基本保持了新鲜蔬菜所有的营养成分和风味特色，可进行远距离运输，也可作为出口产品。

与上述加工相关的设备有：①工厂化净菜加工成套设备，用于蔬菜集中产地、中心批发市场和配送中心。该设备包括整理、清洗、分级、包装、预冷及售前暂存等工序设备。②速冻蔬菜成套加工设备及贮藏、运输、销售系列设备。③蔬菜分级设备，进行重量、尺寸、外观质量（色、形）、内在质量（成熟度、气味及病害）综合考核分级。④大型连续冷加工设备，如湿冷机、螺旋速冻机等。⑤高压常温灭菌设备。连续式高压常温灭菌设备配合无菌包装设备。

复习思考题

1. 我国蔬菜机械化形势如何？存在哪些主要问题？

2. 蔬菜种植采用地膜覆盖的主要目的是什么？铺膜和相关作业一起进行可以减少机器进地次数、抢农时、降低生产成本，试分析铺膜可以和哪些作业同时完成，并列举出一种联合作业机。

3. 蔬菜嫁接有几种主要形式？如何实现机械化作业？

4. 育苗对蔬菜嫁接有何影响？如何消除嫁接苗的不一致对机械化嫁接的影响？

5. 蔬菜收获机械有哪几种？它们主要是根据什么确定的？

6. 工厂化穴盘播种机的作业过程是什么？可画出框图表示。根据已掌握的知识，这些作业工程如何实现自动化控制？试举两例，画出控制示意图（越详细越好）。

第十章　果园机械化

第一节　概　　述

果树生产是农业生产的重要组成部分，对发展国民经济和改善人民生活有着直接意义。改革开放以后，我国果树产业发展迅速。许多果园在缺少果园专用机械的情况下，借用一般农业机械、农田建设机械和林业机械，完成某些果园农事作业，起到了一定的效果。

随着我国现代农业产业技术体系的发展，果园机械化已成为果树栽培与管理向现代化方向发展中非常重要的一个方面。使用果园机械能增强果树抗御自然灾害的能力，保证果园高产、稳产，对于抢季节、保农时、促进增产发挥重要作用，同时可以减少用工量，减轻劳动强度，提高劳动生产率。

一、果园机械的内容

果树栽培和管理过程中所使用的机械和装备都属于果园机械，主要包括果园动力机械、建园机械、果树苗圃机械、果园农事管理机械、果实采收机械、产后处理机械及果园环境监控设施等。

果园动力机械是果园生产机械化的心脏，一般指履带式、轮式和手扶式拖拉机。国外有不少专用果园拖拉机，其特点是重心低，转弯半径小，操纵简单，在矮化栽培的果园里可以进行乘坐作业。我国目前果园里使用的拖拉机多为一般大田农用拖拉机。

建园机械根据不同建园地区有不同的机械装备，主要有推土机、平地机、撩壕机、挖坑机、拔根机、植树机以及油锯、除灌机等。目前果园则多选用小型工程机械代替。

果树苗圃机械有耕整地机械、播种机、断根施肥机、起苗机和苗木捆扎设备等。其中耕整地机械和播种机与大田用的犁、耙、旋耕机、播种机等相近，附加一些特殊装置。

果园管理机械有中耕除草机、割草机、施肥开沟机、喷灌和滴灌设施、病虫防治喷雾机械、修剪器械和气动修枝剪、防寒防霜设备等。

果实采收机械有气力振摇采果机、机械振摇采果机和机器人采摘装备。这些机器在国内农户果园很少使用，机械振摇不适合苹果采摘，但可以借助升降台辅助作业。

二、国内外果园机械发展概况

在果树栽培管理及果品生产各项作业中使用机械装备已经实现。美、日和欧洲等已将挖苗、耕作、栽种、开沟、施肥、灌溉、修剪、喷药、加工用果实的采收等工序实现机械化。这些国家较早注意抓农艺和农机相结合的工作，为便于实施机械化操作而进行果树矮化密植、支架栽培、篱壁形整枝等栽培管理模式。这不仅可提高果园光能利用，而且使之便于采用跨行机械、隧道喷雾等先进植保机械，实现一机多用。一些果园采用精确定量理念，由计算机分析果园的经济效益，拟定最佳方案，以降低成本，减少劳力，增加收入。

我国果园机械化生产主要是以农户果园为主，由于分散栽培、分户管理，规范、科学的生产管理方法欠缺，机械化程度普遍偏低。从苗圃培育、果园耕作、施肥、灌水、修剪、果实套袋到采摘几乎都要靠人工来完成，果园植保都使用喷雾机械，算是使用机械作业较多的环节。但年喷药 7～10 次，多者达 15 次，多数喷雾机滴、漏现象严重，药液的有效利用率不足 30%，而流失量高达 60%～70%。图 10－1 所示为农户苹果园喷药状况，在这种三轮车载喷雾机、“淋洗式”喷雾作业方式下，渗漏的农药直接伤害操作者，造成皮肤溃烂、头晕恶心的情况时有发生，个别地区造成人员伤亡。在丘陵坡地果园的果品、厩肥等的运送，采用人挑、人推或畜力车运送，平原区则多采用农用三轮车（三轮摩托）。有的购置一些专用栽植机械，但其利用率很低，有条件的租用小型工程机械。从国外引进的气动修枝剪因价格高，果农难以承受。总体来讲，国内果园机械及其设施技术发展水平不高，且各果园发展不均衡。

(a)三轮车载喷雾机

(b)喷药作业

图 10－1　苹果园喷药情况

果园全程机械化作业流程

由国内外情况看，发展果园机械必须有机械园艺技术配套。改造果树栽培和管理模式使之适应机械化作业的要求，同时改造或研制新型果园机械以适应果树栽培生产的要求，二者相互协调、彼此适应、有机结合，才能真正实现果园机械化和省力化，促进产业快速持续发展。

第二节　果树苗圃机械

果树苗圃机械是专门用于果树苗木繁育和生产管理的机械装备的总称。一般包括耕整地机械、播种机、断根施肥机、起苗机和苗木捆扎机等。使用果树苗圃机械可以保证苗木生产的技术指标，实现优质苗木生产标准化。

一、果树苗起苗机

在秋末冬初或春初，对果树苗圃中将出圃或假植的苗木要进行挖苗作业。这是一项很繁重的工序。为了减小劳动强度，提高工作效率，保证果苗及时出圃或假植，在大型苗圃可采用起苗机进行挖苗作业。机械挖苗就是当拖拉机牵引起苗机前进时，起苗铲切入苗床（或苗垄），在切开土垡同时，切断苗根和松碎土垡，然后由人工或机械从松土中捡出苗木。

国内用到的起苗机多是悬挂式，根据所挖果苗的规格不同可分为基苗（小苗）起苗机和成品苗（大苗）起苗机两种。挖苗后的捡苗、分级还需要由人工完成。有的起苗机装有抖动装置或敲打苗根的装置，用以增加苗根与土壤的分离程度。至于挖苗、捡苗、分级、打捆、包装多工序联合作业机，发达国家有研究和应用，但工作可靠、使用最多的还是专用起苗机。

为保证果苗质量，机械挖苗时应满足下述各项技术要求：

（1）挖苗深度应符合苗木生产农艺要求，一般是在 20～35 cm。

（2）保证切口整齐，主根较长、侧根发达，不可有撕裂根系现象。

（3）挖苗时避免土垡位移和翻转以免埋苗，挖后苗木应便于捡拾。

1. 基苗（小苗）**起苗机**　基苗起苗机是苗木培育过程中小苗倒栽时应用的起苗机（图 10－2）。基苗起苗机采用拖拉机三点悬挂作业，主要由机架、起苗铲、限深轮等组成。悬挂点销孔位置可调，起苗铲呈 U 形，通过螺栓连接于机架上，随同机架一起运动，起苗深度靠拖拉机升降机构和限深轮来调节，保持规定的挖掘深度，起苗铲工作隙角和尾板使苗带土垡略有抬起并松动行间土壤，挖掘后的苗木直立在松动的土壤中，以利捡拾。

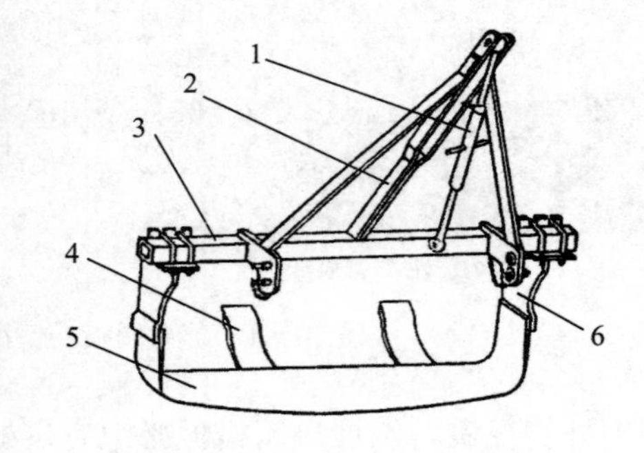

图 10－2　悬挂式小苗起苗机

1. 悬挂架　2. 主梁　3. 碎土板　4. 起苗铲　5. 刀柱　6. 垂直刀

起苗铲是起苗机的主要工作部件，主体呈 U 形，由一个水平刃和两侧垂直刃组成，用于切开土垡、切断根系和松碎土壤。由于三刃对称，挖苗作业时受力较平衡，工作较平稳，不易产生撕断根系现象。

基苗起苗机的适用范围根据具体机型决定，若水平刀刃与主梁间的距离大，其挖苗高度就大些，一般挖苗高度是在 60 cm 左右，所切主根直径在 2 cm 以内。挖苗深度可达 30 cm。

2. 成品苗（大苗）**起苗机**（Ⅰ型）　在标准化大苗生产中，保证园艺要求的挖掘深度和宽度指标，起苗深度稳定，挖掘宽度一致，苗木根系完整，枝干皮层无损伤，保障移栽成活率，提高缓苗和生长发育能力。

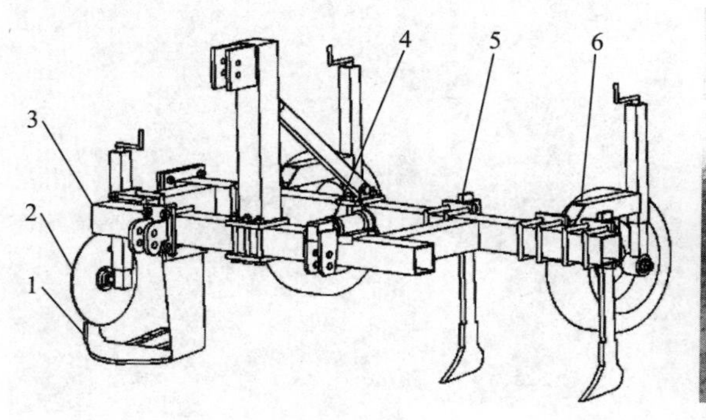

图 10-3　成品苗起苗机（Ⅰ型）

1. 起苗铲　2. 圆犁刀　3. 机架　4. 耕宽调节器　5. 阻力铲　6. 限深轮

成品苗起苗机所挖苗木较高，为保证苗木顺利通过，起苗铲配置在机架的一侧。大苗起苗机与拖拉机配套作业，主要由机架、起苗铲、平衡铲和限深轮等组成（图 10-3）。三点悬挂装置销孔位置可调，平衡铲用来平衡起苗铲工作时产生的侧向扭矩；起苗铲呈 L 形，通过螺栓连接于起苗机机架右侧，随同机架一起运动，入土工作后限深轮触地转动，协助维持机架平衡稳定；起苗深度靠拖拉机悬挂机构、液压缸的限位阀和限深地轮来调节，以保持规定的挖掘深度；起苗铲宽度保证苗带土堡断口，起苗铲工作隙角确保苗带土堡略有抬起并松动行间土壤，挖掘后的苗木直立在松动的土壤中，便于捡拾。

3. 成品苗（大苗）**起苗机**（Ⅱ型，带振动松土装置）在第一代机型的基础上研制开发的第二代苹果苗起苗机。采用现代设计手段优化起苗铲，增加机械传动式振动器筛分土壤，在提高起苗质量前提下，有效减轻苗木捡拾时土壤阻力，提高苗木捡拾率，减轻捡拾环节劳动强度，生产率显著提高。

其他结构和性能特点与第一代机型（Ⅰ型）相同（图 10-4）。

图 10-4　成品苗挖苗机（Ⅱ型）

二、实生苗断根施肥机

实生苗断根施肥机是培育管理基苗幼苗应用的机具。主要由机架、断根铲、限深轮、肥箱、排肥器和地轮等组成，如图 10-5 所示。

机架为整体焊合结构，其可调式悬挂臂与拖拉机悬挂装置连接，断根铲随同机架一起运动，在可调限深轮的支撑下保持规定的切割深度和切割断口。地轮在断根铲入土后着地转动，协助维持机架稳定平衡，并通过链传动驱动肥箱的排肥器，排肥器排出肥料通过导肥管施入土壤。断根铲有 U 形、L 形、双铲翼型三种，其主要功能是切断主根，促发侧根发育，使苗木根系更加发达，提高苗木成活率。另外可以选择不施肥，只进行断根作业。

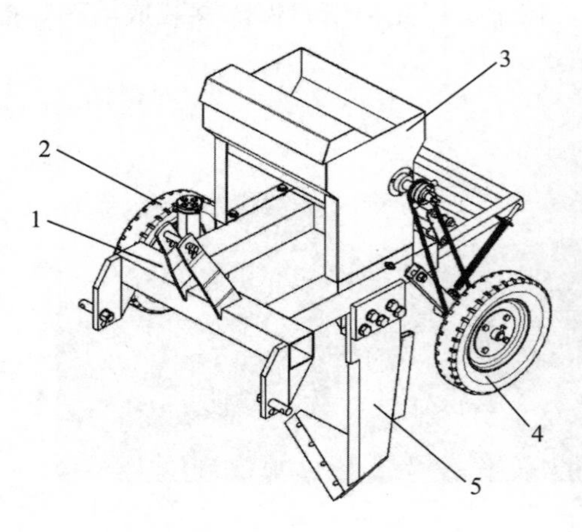

图 10－5　实生苗断根施肥机

1. 机架　2. 限深轮　3. 肥箱　4. 地轮　5. 断根铲

三、实生苗播种机

实生苗播种机（图 10－6）需在深翻施足基肥的平整田地播种，圆盘开沟器开沟，可调型孔轮排种器排种，单粒精密点播或多粒穴播；穴距可调，播深可调，单体仿形播深稳定均匀一致；开沟、播种、施肥、覆土、镇压一次完成；可用于果树苗圃中播海棠籽、山定子等实生苗种子。

四、苗木捆扎机

苗木捆扎机是专门为苹果苗木打捆而设计，以便于成品苗木计数、贮藏和搬运，提高工作效率。该机是卧式打包机的改型产品，有效地避免了在捆扎苗木过程中载苗工作台面上积聚土壤，防止土块、树根进入捆包带导向槽。其结构主要由载苗台、带滚、驱动总成、导向槽和控制面板等组成，如图 10－7 所示。

图 10－6　实生苗播种机

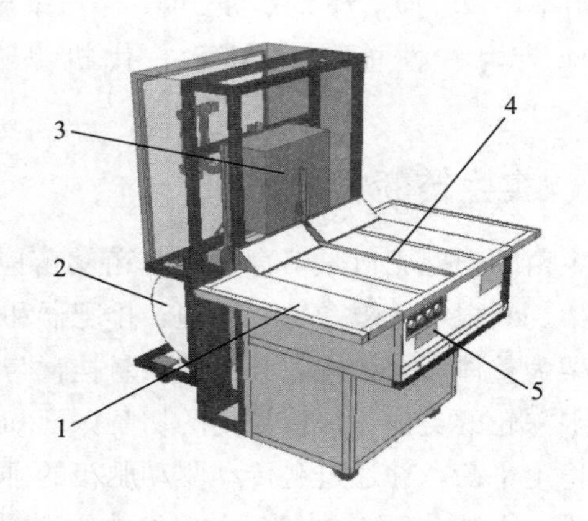

图 10－7　苗木捆扎机

1. 载苗台　2. 带滚　3. 驱动总成　4. 导向槽　5. 控制面板

该机器使用220V交流电源，由控制面板完成苗木打捆作业。工作时，将计数后的成捆苹果苗放在捆扎机的工作台面上，调整适当的供带长度，机器自动供带，操作者将捆包带绕过成束苹果苗，将带头沿着导向槽插入，直至触动微动开关，随后带子被收紧、压紧切断，带表面热熔、粘合，最后将带子释放，前后经过约1.5 s，完成一次捆扎过程。

第三节　果园农事管理机械

果园农事管理项目较多，包括果园土壤耕整、生草管理、开沟或挖坑施肥、浇水灌溉、病虫害防控喷药、修枝疏花等。

一、果园农事管理作业机

果园农事管理作业机是针对果园作业环境而设计的机具，与普通农田用机具有些区别。如进行果园耕作，要求机具配备特殊结构或附加装置，使其工作部件尽量靠近果树树干进行作业。

目前，果农选择田园管理机（也称为万能管理机或微耕机）进行果园土壤耕整等作业。国内生产的田园管理机产品从地域上可分为南方型和北方型。南方机型结构形式以参照欧洲的机型为主，在旋耕刀具方面又吸取了日本产品的特点。北方机型以参照韩国和我国台湾的机型为主。从性能和功能上分为简易型和标准型，如图10-8所示。简易型动力小、配套机具少、手把不能调节、无转向离合器、前进和后退挡位少等，但其价格较低；标准型功能较多，可配套多种作业机具，使用可靠性高，操作方便，但价格较高。

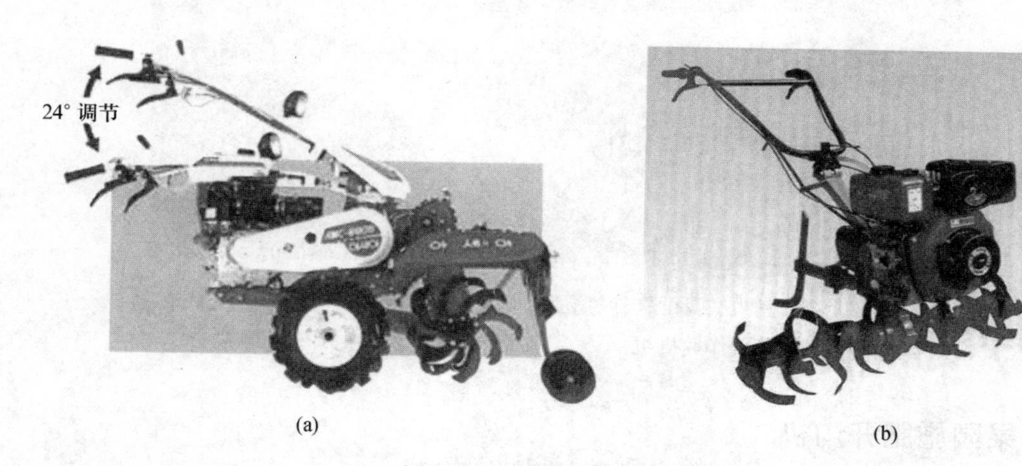

图10-8　果园多功能管理机

因为田园管理机的开发主要是为菜地、温室大棚、丘陵坡地和小块地（水、旱田）作业而设计的农机产品，在果园使用显得动力不足，有些作业项目尚不能完成。真正专门针对果园环境使用的小型农事管理作业机尚很欠缺。国内比较有规模的田园管理机生产企业，其机具多数用在菜地和温室大棚，而果园中的使用尚不普遍。因为动力问题和果园特殊作业要求，建议果农慎重选型。

二、果园动力底盘

果园动力底盘是果园作业机具的通用动力。果园动力底盘的主要结构特点：由驱动电机电力启动柴油机，柴油机动力通过带轮、中间轴和变速箱传到后轮；柴油机偏置固定在大架的右侧，驾驶座和驾驶台偏置固定在大架的左侧；前桥单铰接在大架上；通过悬挂机构和动力后输出机构可配套驱动多种果园作业机具，如图 10－9 所示。

图 10－9　果园通用动力底盘

本果园动力底盘适应果园作业空间环境，可实现地表仿形，重心低，通过性好，驱动力大。适用于矮砧密植园、新建幼龄园和老园间伐提干改造园中作业。可配整地、施肥、割草、打药、作业升降台等多种功能机具，其特有的结构配置特别适合丘陵浅山坡地的应用。操作台侧置，重心低，结构紧凑，液压转向，机动灵活。

动力底盘配置旋耕混肥机作业机组和升降装置如图 10－10 和图 10－11 所示。

图 10－10　动力底盘配置旋耕混肥装置作业机组

图 10－11　动力底盘配置升降装置

三、果园施肥开沟机

开沟机是由动力机驱动的旋转式切土部件，随着机组前进同时将切碎的土壤抛出，形成栽植或施肥用的沟槽。开沟机有多种形式，如螺旋式、链条式、铣刀式等，也有的用工程挖掘机进行开沟，苹果园中要根据不同的作业项目选择试用。图 10－12 所示为专用于果园施肥开沟的链刀式开沟机，主要由机架、支臂、链刀组、清土螺旋、变速器及速度转换机构等组成。开沟链条上装有Γ形或Π形刀齿，刀齿前面开刃。开沟宽度为20～30 cm，开沟深度为30～60 cm，作业速度为120～600 m/h。

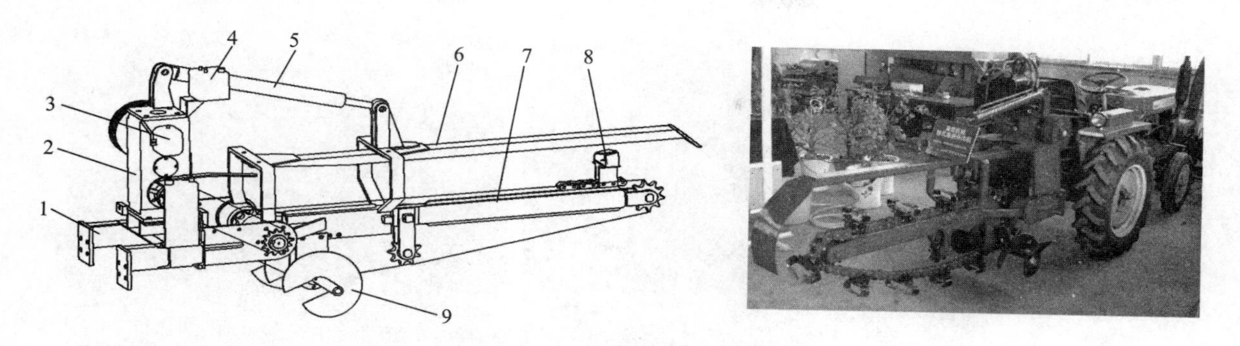

图10-12　开沟机结构示意及实物

1. 机架　2. 变速箱　3. 液压泵　4. 油箱　5. 液压缸　6. 主梁　7. 链条支撑梁　8. 开沟刀　9. 搅龙

四、果园割草机

果园割草技术已成为果园科学化管理的一项基本内容。果园割草，应控制草的长势，适时刈割，注意留茬高度，原则是不影响果树生长，有利于再生，不要齐地面平切，一般以5～10 cm为宜，刈割下的草覆盖于树盘上。果园割草时节恰是果实生长季节，割草时不能挂碰果实或枝叶。随行自走式果园专用割草机及其现场作业效果如图10-13所示。

图10-13　割草机

五、果园喷雾机

果园病虫害防治所用药剂的类型多为液体或药粉。药剂的使用方法多为喷雾、涂抹，有少数采用注射方法。所用打药机械包括手动式、背负式、担架式和机动式喷雾、喷粉机械。喷药时节一般在花后、采前、采后、休眠期等阶段进行。为了减少环境污染，发达国家多应用低药量、控雾滴喷雾、循环喷雾、仿形喷雾、静电喷雾、隧道式喷雾、精确喷雾等一系列新技术、新机具，国内亦有不少相关研究。目前急需开发我国农户或专业合作社适用的高效喷雾机具。图 10－14 所示是风送式果园喷雾机，包括悬挂式和自走式两种。

果园自动对靶喷雾机

图 10－14　风送式果园喷雾机

功能与适应性：果园打药。适用于矮砧密植园、新建幼龄园和老园间伐提干改造园。

特点与技术性能：采用液力雾化风力送雾原理，弥雾滴被气流吹至树冠中，枝叶被气流翻动，极大地提高雾滴的附着率和均匀度，节药、高效。

自走式风送果园喷雾机是将风送果园喷雾系统安装于果园动力底盘上，喷药全程一人操作，劳动强度低，机动灵活，效率高。

第四节　果园环境监控设施与仪器

一、果园环境监控系统

果园环境监控系统，主要包括主控制器、土壤湿度传感器、温度传感器、光照传感器、水流量传感器、电磁阀等，如图 10－15 所示。其中土壤湿度传感器用来测量果园中多点多位土壤湿度；温度传感器可用来监视果园中土壤和大气的温度；光照传感器用来监测果园中的光照度，由获取的监测数据和人机指令，通过电磁阀自动调节灌水设施的灌水量或灌水时间。系统可以连接到计算机将采集的数据通过计算机获得实时监控数据，可以实时查看数据、曲线、存贮历史记录，可以打印报表及因子变化曲线。

二、孢子花粉捕捉器

孢子花粉捕捉器是准确预测果园环境中气传动态孢子或花期花粉的仪器。其结构主要由捕捉盘和吸风器组成，如图 10－16 所示。两者共同固定于捕捉仓内，可以避免气候的影响，实现全天候的工作。孢子花粉捕捉器有机械式、电子式和配太阳能式三种类型，其核心捕捉盘工作性能是一致的，即由卡带紧密咬合捕捉盘，每 7 d 转动 1 圈。机械式由机械钟表驱动，电子式由步进电机驱动，太阳能式主要采用了太阳能电站系统，节能环保，适于野外果园监测。

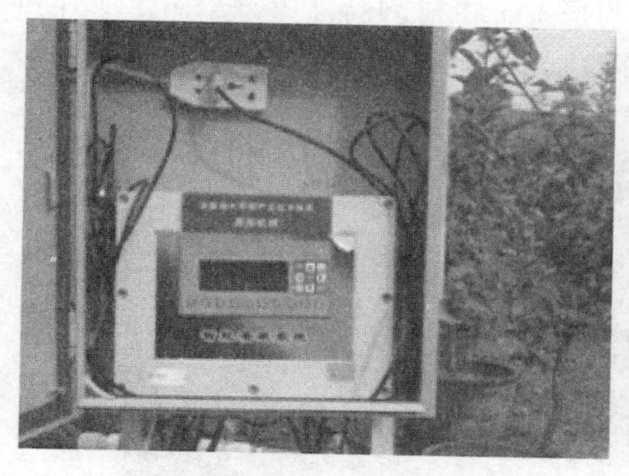

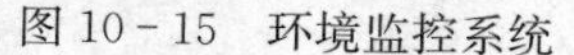
图 10－15　环境监控系统

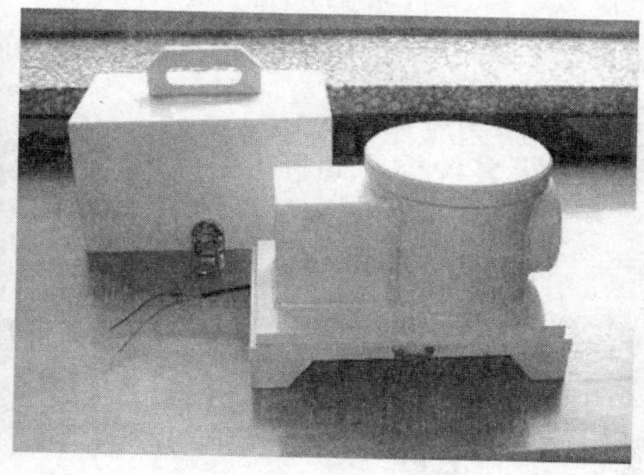

图 10－16　孢子花粉捕捉器

果园环境监测系统

第五节　修剪机具

果树修剪方式主要有两种：一是整株几何修剪，一是单枝选择修剪。在我国主要采用单枝选择修剪，就是根据当地的自然条件和树种等特点，按一定原则进行单枝修剪。这是一件技术性很强的工作，作业条件也比较复杂，目前完全由人工完成。在国外，尤其是在葡萄园和采用篱壁式矮化密植栽培技术的果园，多用整株几何修剪，就是用修剪机对树冠按一定的几何形状进行修剪。这种方式作业快，但是修剪质量比较粗糙。由于几何修剪时，可以除掉阻碍机械通行的枝条，因此修剪后的树形有利于后续作业实现机械化。

由于修剪方式不同，所用的修剪机具也不同。基本上可分为两大类：用于单枝修剪的机具，主要有手动修枝剪和动力锯（包括链式动力锯和圆盘式动力锯），以及将修剪工人升运到一定工位的梯架或自动升降台；用于整株几何修剪的机械，主要有机动的或液力驱动的修剪机。

修枝机具的种类很多，如剪、锯等，应根据果树枝的粗细程度和坚硬程度来选用合适的修枝机具。

在修剪较高的枝条时，可站在能移动的梯架上操作，也可站在升降台架上操作。

一、升降台

升降台的作用是将修枝工人升运到必要的工位。图 10－17 所示是修枝整形机升降台的结构，主要由立柱、伸缩臂、工作台、修枝剪和前支架组成。

立柱安装在机座上，立柱上端与伸缩臂铰接，下端装有摆转机构，可使立柱左右转动，转动范围可达 120°。

伸缩臂由内臂和外臂组成。由控制液缸的作用可使内臂伸缩，其最大伸缩长度是 1.2 m。由控制液缸的作用可以调整伸缩臂的仰角，调节范围为 70°。

修枝工人操纵安装在工作台上的换向阀手柄，就可以调整工作台的位置。改变立柱的摆角就是调整工作台的左右位置。改变伸缩臂的仰角和长短，即调整了工作台的高低位置。由于工作台的下面和立柱的上端各装一个随动液缸，因此当工作台升降时，由随动液缸的作用，可使工作台与地面基本保持垂直。

自动升降台在国外有很多种类，如日本的果园作业平台，如图 10－18 所示。

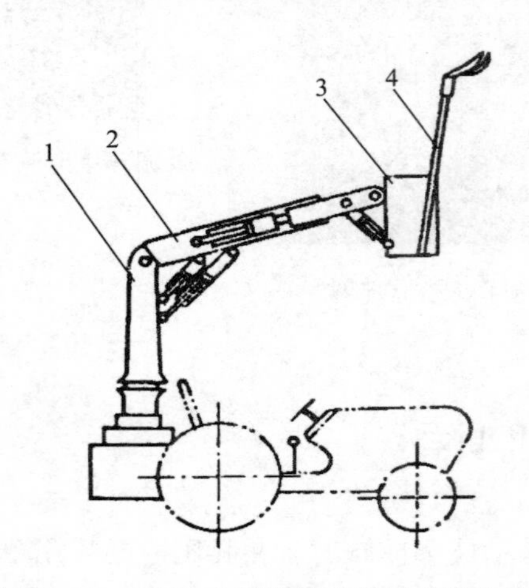

图 10－17　3GS－8 型修枝整形机升降台结构

1. 立柱　2. 伸缩臂　3. 工作台　4. 修枝剪

图 10－18　果园作业平台

二、油锯

油锯可用在果园管理中伐除较粗的树枝，是建园和果园管理机械中的工具之一。前面讲到的割灌机也是一种油锯，是用圆锯片作为锯木的机件，所以是圆锯片式动力锯。但一般所说油锯都是指锯链片锯。

图 10－19 所示为 CY5 型锯链式油锯，系手持动力采伐机具，主要由动力部分、操纵部分和切削部分组成。工作时，汽油机的动力经离合器传至链轮，带动锯链运动，切削木材、树枝。

操纵部分：由前手把、机体上的后手把、扳机、启动限位按钮及停火开关组成。前手把的外面套有橡胶套。扳机用于控制汽化器的节流阀门开度。启动限位按钮安装在后手把上，其作用是当启动时，使油门处于半开位置。停机时按停火开关，使磁电机短路停机。

切削部分：主要由锯链、导板、插木齿和防屑罩组成。

锯链（图 10－20）：是油锯进行锯木的切削部件。锯链的形状与自行车链条相似，是一种板状有活动关节的链条，所有链环具有几种不同的几何形状，按一定次序交替排列起来，铆接在一起，形成一个闭合的链条。在驱动链轮的带动下，沿着锯板的导轨做高速循环运动进行锯木。

CY5 型油锯的锯链是万能锯链，万能锯链也叫刨刀式锯链，只有一种锯齿，叫刨旋齿（或叫 r 形齿），分左刨旋齿和右刨旋齿两种，齿刃的形状是圆形的。其水平部分叫作水平刃，垂直部分叫作垂直刃。万能锯链的节距为 10.26 mm。锯切时，木材在互相垂直的两个方向上都被切断。垂直刃的作用相当于直齿式锯链的切齿，水平刃的作用相当于清理齿。

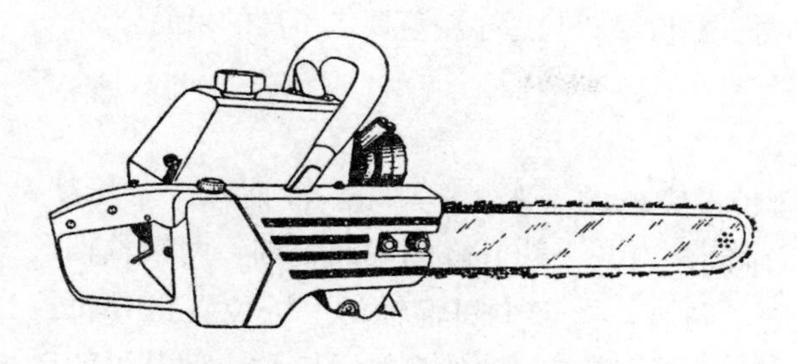

图 10－19　CY5 型油锯外形

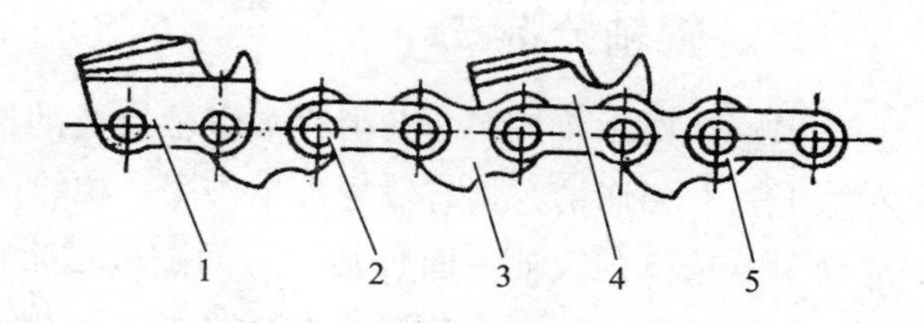

图 10－20　万能锯链

1. 右刨旋齿　2. 链轴　3. 中导齿　4. 左刨旋齿　5. 连接片

离合器：在发动机曲轴的一端，用它将发动机动力直接传递给锯木机构的链轮。

工作时，离合器接合，保证可靠地传递动力，在锯链卡阻时，离合器能自动切断动力，从而保护发动机不致熄火和因过载而损坏。当发动机怠速运转时，离合器自动分离，锯链不运转，从而减少磨损，保证工人安全。因此在油锯上离合器不仅是重要的传动部件，也是重要的安全装置。

第六节　产后分级处理

果品分级是指把清理过的果品按质量不同分离开来，其质量可按照尺寸、形状、密度、结构和颜色来划分。分级方法有手工操作和机械操作两种。

机械分级常与挑选、洗涤、干燥、打蜡和装箱一起进行。由于产品的形状、大小和质地差异很大，难以实现全部过程的自动化，一般采用人工与机械结合进行分选。应用较多的是形状、大小和重量分选机，还有颜色、光电分选机等。

按照物料的形状（直径、长度等）分级，有机械式和电光式等类型。机械式最常见的是回转带分选法、辊轴分选法、滚筒式分选法等。

一、回转带分选法

回转带分选采用的工作原理是将水果置于两条分选带之间，若果径小于两带之间的距离，水果便从中落下。由于两条选果带之间的距离沿水果运行方向不断增大，使不同尺寸的水果落在下方相应的输送带上。

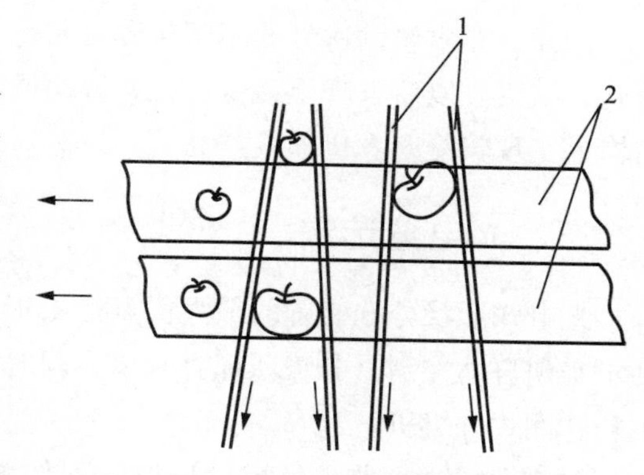

图 10－21　回转带分级原理

1. 分选带　2. 输送带

图 10－21 所示是回转带式的分选装置，它由两条不平行的胶带或罩有塑料的链条组成，两者之间形成逐渐加大的间隙，苹果在带间随带输送，当带间间隙超过苹果最大直径时，苹果就掉在下方相应的挡位中。

回转带分选结构简单、故障少、工效比较高，但分选精度差；只适于精度要求不高的果品分级。

二、辊轴分选法

辊轴分选作业是在一条由许多辊轴组成的输送带上完成的（图 10－22）。辊轴有一定长度，在轴上开有梯形槽，具有输导水果作用。相邻两辊轴间装有一个能升降的中间辊轴，两根辊轴形成两组分选口，辊轴一面自转，一面随输送带前进。同时，由于中间辊轴的上下位置受导轨控制，而不断升起，因而分选口不断增大。进入分选口的水果随着辊轴的自转而转动，使其可能以最小直径对准分选口。当最小直径小于分选口时，水果即由此口落下；不能通过分选口的水果则随输送带继续向前运动，直到中间辊轴上升至分选口大于其最小直径时下落。

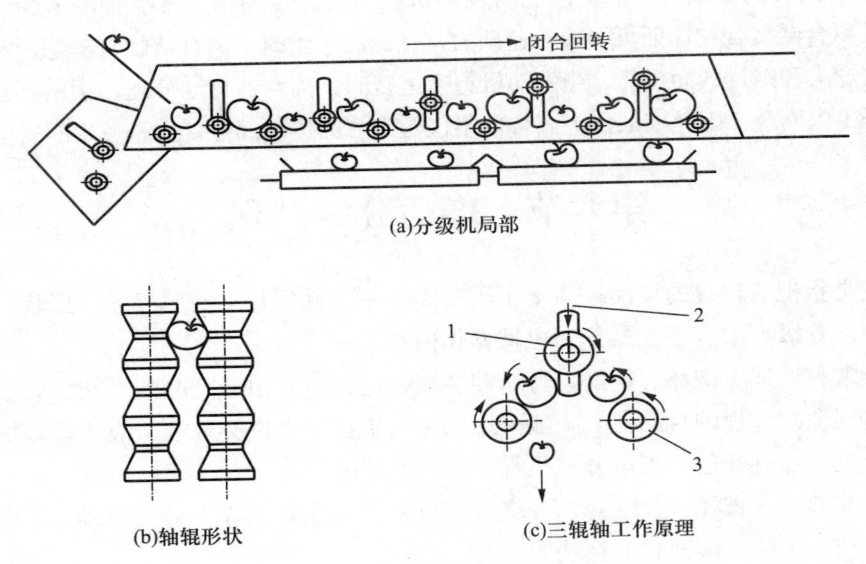

图 10－22　辊轴分级机

这样，在出料输送带的不同位置可获得不同等级的水果。中间辊轴上升到最大位置时，分选便到此结束，以后下降至最低位置，继而回转至进料口再重复上述过程。该法分选较准确，但从结构上实现较复杂，机器成本高。

三、光电分选法

光电式形状分选装置的最大优点是不损伤果品，有利于实现自动控制。分级原理有双单元同时遮光式分级机和脉冲式分级机。

双单元同时遮光式分级机分选原理如图 10－23 所示，当果品直径 $D>d$（d 为两单元内的距离，由要求的分级尺寸定）时，两光线同时被遮住，由电脑记录下

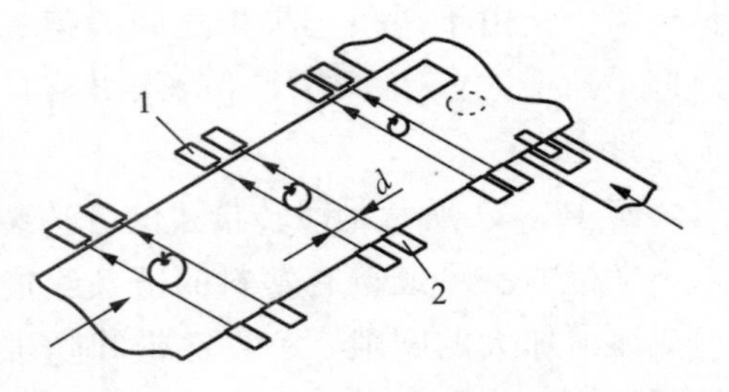

图 10－23　双单元同时遮光式分级机

1. 受光器　2. 射光器

位置，通过光电元件和控制系统，使气流喷嘴工作，将物料送至相应的输送带上，否则，物料继续前进，接受下级分级器的检测。

脉冲式分级原理如图 10－24 所示，果品在传送带上运动，据果品运行过程中遮住光束脉的次数 n，即可求得物料直径 D，$D=a\cdot n$。通过微机处理，将计数值 D 与设定值（要求分级的尺寸）比较，再通过光电元件和气嘴等控制机构，将物料分成不同尺寸的等级。

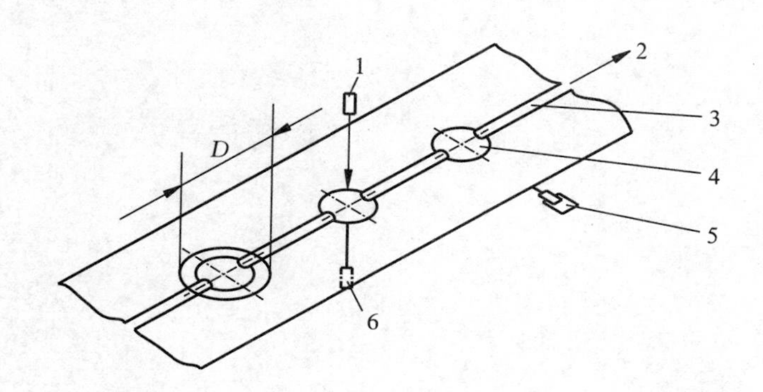

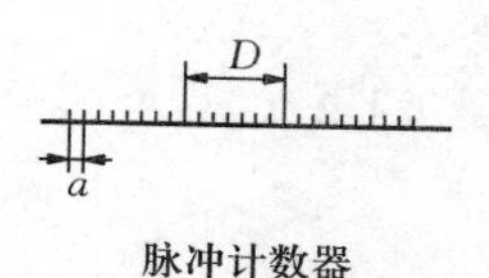

脉冲计数器

a.相邻两次的光束脉冲的间距

图 10－24　脉冲式分级原理

1. L（射光器）　2. 传送带　3. 开槽（让光线透过）　4. 料窝　5. 光电控制与气阻落料　6. R（受光器）

四、重量分级装置

根据果品的重量进行分选，用被选果品的重量与预先设定的重量进行比较分级。重量分级装置有机械秤式和电子秤式。机械秤式是将果实单个放进固定在传送带上可回转的托盘里，当其移动接触到不同重量等级分口处的固定秤时，如果秤上果实的重量达到固定秤设定的重量，托盘翻转，果实即落下，这种方式适用于球形的果品，缺点是产品容易损伤。电子秤式分选的精度较高，一台电子秤可分选各重量等级的产品，使装置简化。

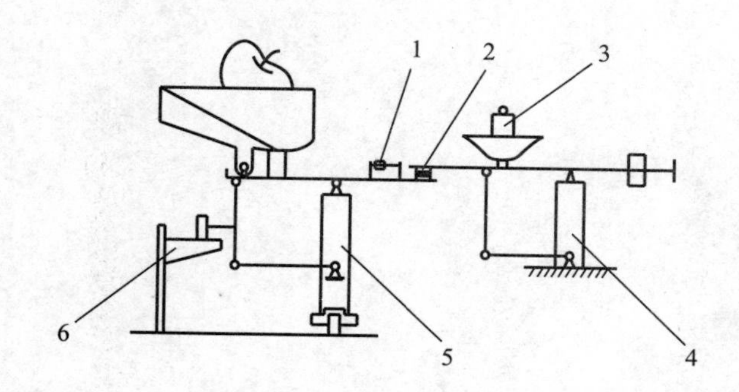

图 10－25　重量分级原理

1. 调整砝码　2. 分离针　3. 砝码
4. 固定秤　5. 移动秤　6. 小导轨

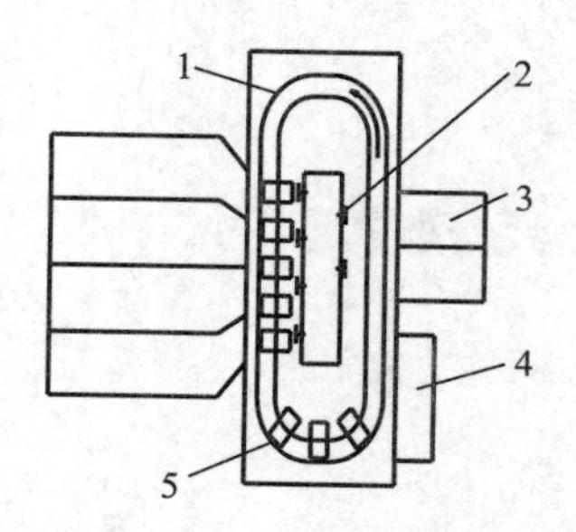

图 10－26　重量分级工作过程

1. 小导轨　2. 固定秤（按分级个数定数量）
3. 接料箱　4. 喂料台　5. 移动标（40～80 个）

复习思考题

1. 与大田用机械相比，果园机械有什么特点?
2. 果园生产机械化在农机农艺融合方面如何体现?
3. 水果分级如何进行?
4. 果园喷药与大田喷药有什么不同?
5. 剪枝如何实现机械化?

第十一章 牧草生产机械化

第一节 牧草生产农艺特点与机械化要求

一、牧草播种农艺特点与机械化要求

1. 牧草播前的土地准备 各种牧草对土壤的要求既有相同之处，又有各自不同的选择。沙打旺在沙性土壤中生长最好，苜蓿最适宜在沙质土壤中生长，红三叶适宜在酸性土壤中生长，串叶松香和鲁梅克斯在肥沃的黏性土壤中栽培效果较好，所以要根据不同草种的生物学特性选择适宜的种植地块。由于牧草种子大多较小，顶土力较差，苗期生长缓慢，极易被杂草覆盖。因此，要对地块进行科学的整理，具体环节包括耕、耙、耢、压。

耕地：亦称犁地，耕地可以用壁犁或者用复式犁进行耕翻，耕地时应遵循的原则是“熟土在上，生土在下，不乱土层”。尽量深耕以扩大土壤溶水量，提高土壤的底墒。

耙地：在刚耕过的土地上，用钉耙耙碎土块，耙出杂草的根茎，使土地平整以便保墒。对来不及耕翻的，可以用圆盘耙耙地，进行保墒抢种。

耢地：使地面平整，耢实土壤，耢碎土块，为播种提供良好条件。

压地：通过镇压使表土变紧平整，压碎大土块。镇压可以减少土壤中的大孔隙，减少气态水的扩散，起到保墒的作用。常用的镇压工具有石碾、镇压器等。

整地的季节可以放在春、夏、秋，但耕、耙、耢、压应连续作业，以利保墒。

2. 牧草种子的播前处理和播种技术

（1）播前处理。要实现播种后种子发芽率高和出土幼苗生长健壮的要求，就必须在播前对牧草种子进行严格选种、浸种、消毒，对禾本科牧草的种子还应当进行去芒，豆科牧草的种子需要去壳，有的种子还需要进行根瘤菌接种等处理。这些处理方法的具体措施包括：

a. 选种。在牧草种子播种前，必须进行严格的选种，将那些不饱满的种子、杂草种子和皮壳杂物去掉。选种常用的方法是：采用清选机清选、人工筛选，或者用泥水、盐水和硫酸铵溶液选种。其原理是大而饱满的种子常沉于溶液下部，而皮壳、瘪粒种子则浮于溶液的上面。

b. 浸种。有些种子有休眠现象，有些则因温度不适而影响发芽。为使种子加快萌发，在播种前可用温水进行浸种。浸种的方法是：豆科牧草种子每 5 kg 加温水 7.5～10 kg 浸泡 12～16 h；

禾本科牧草种子每 5 kg 加水 5～7.5 kg 浸泡 1～2 d，浸泡后可置于阴凉处，每隔数小时对种子要翻动一次，1～2 d 后即可进行播种。如果土壤干旱则不宜浸种处理。

c. 去芒、去壳。带壳的豆科牧草种子发芽率很低，有芒的禾本科牧草种子则影响播种。为此，在播种前必须对种子加以处理，应当除去夹壳和芒。去壳时可采用碾压等方法进行处理。去芒时可用去芒机，然后用风选。

d. 消毒。牧草种子在播种前，应当对种子进行药物浸种或拌种，通过消毒来杜绝种子各种病虫害传播。对牧草的叶斑病、赤霉病、秆黑穗病、散黑穗病等可用 1%的石灰水浸种，对于苜蓿的轮纹病可用 50 倍福尔马林溶液或 1 000 倍的抗生素 401 液浸种，也可用占种子重量 6.5%的菲醌拌种。

e. 豆科硬粒种子的处理。豆科牧草种子中，常含有一定比例的硬实种子，在种皮上有一层角质层，坚韧而致密，水分不能或不易渗入内部，致使种子不能发芽。为此，播种前必须对种子进行处理，常用的方法包括擦破牧草种子的种皮、变温处理法、高温处理法、采用秋冬季播种的方法、根瘤菌接种方法等。

（2）播种技术。播种是牧草生产中的关键性一环，而且具有严格的季节性。为了不误农时，保证苗全、苗壮，必须认真地做好这一工作。

a. 播种方法。牧草种子的播种方法一般分为三种：单播、混播和保护播种。

单播：在一块土地上播种单一的牧草。这种播种方法的优点是播种简单，节省劳力和时间；但产量低，改良土壤效果也差。

混播：两种或两种以上的牧草播种在同一块土地上的同行或间行。混播通常是豆科与禾本科牧草混播，是牧草播种的主要播种方法，是今后我国人工草地的发展方向。

保护播种：在播种多年生牧草时，常与一年生禾谷类作物混播，禾谷类作物对多年生牧草起保护作用，这种方法称保护播种，也叫覆盖播种。与多年生牧草同时播种的作物称为保护作物。保护播种的作用是减少杂草对多年生牧草的危害和防止水土流失，有利于抓苗、保苗，同时也增加播种当年的收益。但是，这种播种方法也有缺点，保护作物在生长后期，与牧草争光、争水、争肥，因而对多年生牧草生长也有一定影响。

b. 播种时期。适时播种不但能够保证种子发芽所需要的温度和水分等条件，而且使幼苗适时生长发育，及时成熟，同时也能避免不良的外界环境条件，如霜冻及病虫害的侵袭。播种期的确定应根据当地的气温、土壤水分以及牧草种类、劳力、机具等情况。一般地说，当春季土壤温度上升到种子发芽所需的最低温度时即可播种。但由于我国各地区自然条件不同，必须因地制宜。我国北方一般采用春播和夏播，南方多采用秋播，但亦可春播和夏播。

c. 播种量。播种量是指单位面积上播种的种子重量。牧草播种量的大小与牧草的生物学特性、种子质量（千粒重、发芽率、净度）以及土壤的肥力、整地质量和利用方式等因素有关。播种量的大小直接影响牧草的产量和品质。一般同一种牧草在干旱地区的播种量要比湿润地区稍多些。这是由于干旱地区水分不足，容易造成出苗不齐，应适当加大播量以弥补其损失。对于飞播牧草播量更应加大。整地精细平整、水分条件充足时，要比整地粗糙、肥力不足的播种量小。分蘖、分枝能力强的禾本科和豆科牧草，在土壤条件适宜时，其播量亦可小些。总之，在一定条件下，只要播种量不是过高或过低，而是按照一定的常用量播种，对牧草产量和品质都是有益的。

3. 覆土深度及播后镇压　覆土深度也称播种深度，是播种牧草成功与失败的重要因素之一。影响覆土深度的因素主要有牧草种类、种子大小、土壤含水率、土壤类型等。一般牧草以浅播为宜，豆科牧草和禾本科牧草相比应更浅些，因为豆科牧草有一些属于双子叶出土的，出苗顶土比禾苗难。牧草种子在沙质土壤下以 2 cm 为宜，大粒种子以 3～4 cm 为宜，黏壤土以 1.5～2.0 cm 为宜。小粒种子可以不覆土，播后镇压即可。播后镇压比播前镇压更重要，特别是在干旱地区。播后镇压的目的在于使种子与土壤紧密接触，有利于种子吸水、萌发、出苗。

4. 牧草混播技术　混播的优越性在于具有比单播高而稳定的产量，使牧草含有更完全的营养成分，具有较强的防除杂草和病虫害的能力，并能恢复土壤结构，提高土壤肥力。但是混播技术要求严格，必须掌握好以下环节。

（1）混合牧草的选择及组合。混播牧草的选择必须适合当地的自然条件，包括该地区的牧草抗逆性（抗旱、抗寒、抗病虫害等），并且必须由不同生物学类群的牧草组成，生物学类群包括分蘖类型（如禾本科牧草的根茎型、疏丛型、密丛型等）、枝条特性（如上繁草、下繁草等）以及寿命长短等方面。根据利用目的、利用年限、利用制度等不同，考虑不同组合。

（2）混合牧草的播种。

a. 播种量的确定。混播牧草的播种量，一般都比单播的播量大，在确定种子量时，要注意以下问题：

考虑各种牧草的生物学特性，各种特性的相互关系：①牧草的适应性，对环境条件的要求（如土壤、肥力、温度等）及其相互之间的影响程度；②牧草种子的品质，如种子的大小、形状、千粒重及种子用价等；③在混播牧草中，根据利用年限，确定豆科牧草及禾本科牧草配合的比例，如表 11－1。

表 11－1　豆科及禾本科牧草配合比例（%）

利用年限	豆科牧草	禾本科牧草	在禾本科牧草中	
			疏丛型	根茎型
短期混合牧草	65～75	35～25	100	0
中期混合牧草	25～30	75～70	90～75	10～25
长期混合牧草	8～10	92～90	75～50	25～50

根据利用方式，确定上繁草与下繁草的配合比例，见表 11－2。

表 11－2　上繁草与下繁草的配合比例（%）

利用方式	上繁草	下繁草
刈割用	90～100	10～0
放牧用	25～30	75～70
兼用	50～70	50～30

按上述比例进行混播牧草播种量的计算。

在生产上通常根据各种牧草单播时的播种量来计算，这种方法比较简单，应用下列公式将各种牧草的播种量计算出来之后，将各种牧草的播种量相加，即为混合牧草的播种量。用公式表示如下：

$$K=\frac{n\times H}{X}$$

式中 K——混播时某种牧草的播种量（kg/hm^2）；

n——该草在混播牧草中所占的比例（%）；

H——该草单播时的播种量（kg/hm^2）；

X——该草的种子用价（%）。

在混播牧草中，由于种间竞争激烈，多种牧草混播时，必须适当增加播种量。当 3～4 种牧草混播时，播种量增加 25%；5～6 种牧草混播时，播种量增加 50%；6 种以上时，播种量增加 75%。

我国在混播牧草的播种量上，目前尚无精确的标准，只是根据牧草的寿命长短大致确定以下标准：短期牧草，每公顷播种量为 16～20 kg；中期牧草，每公顷播种量为 28～30 kg；长期牧草，每公顷播种量为 30～32 kg。

b. 播种期。混播牧草的播种期要考虑当地的自然条件、牧草生物学特性及栽培制度。当牧草混播时，由于牧草种类多，生物学类群复杂，播种时期应根据下列情况而定：

A. 在无保护作物播种时，禾本科与豆科牧草混播，可以在早春、夏末或秋初进行播种。

B. 在有保护作物播种时，播种期应按保护作物的要求来确定，如在北方寒冷地区，用麦类作物作为保护作物时，应在春季播种；而在华北地区，则可在秋季播种，即在秋季先播种保护作物和禾本科牧草，第二年春季再播种豆科牧草。

C. 播种方法。目前混播有五种方法。

撒播：几种牧草种子混合在一起，均匀地播在土壤表面。适宜坡度大的山地，但撒播不易均匀，覆土困难，且抓苗差，浪费种子。

同行播种：几种牧草种子播于同一行内。优点是改土效果良好，便于田间管理，混播作用好。但播种麻烦，不能同机播入。

异行播种：一种或几种牧草种子播于一行，而另一种或几种牧草播于另一行。这种方法混播效果不如单播，但管理方便。

交叉播种：一种或几种牧草播于一行，而另一种或几种与前者呈垂直方向播种。这种方法不便于管理，较少采用。

条播：是最普遍采用的方法。根据条播的行距又可分为窄行条播和宽行条播。在有保护作物播种时，为了降低保护作物的不良影响，保护作物与牧草采取交叉播种、行间播种、隔行播种（半保护播种）和联合播种（图 11-1）。

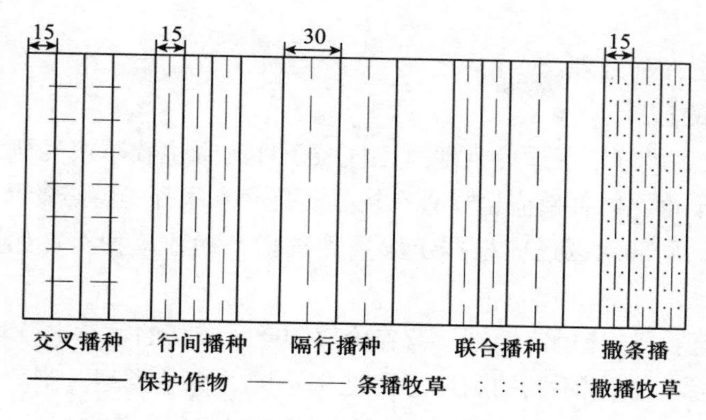

图 11-1　多年生牧草的播种方法示意

5. 牧草补播技术

（1）意义和效果。草地补播是在不破坏或少破坏原有植被的情况下，在草群中播种一些适应当地自然条件的、有价值的优良牧草，以增加草群中优良牧草种类成分和草地的覆盖度，达到提高草地生产力和改善牧草品质的目的。

当草地植被稀疏，产草量过低或草地的草群种类单一，无法提高生产能力或牧草质量低劣时，可以采取这种措施提高草地生产能力。我国 4 亿多 hm^2 草地中可利用草地有 3 亿多 hm^2，普遍存在草地退化问题，已直接影响到畜牧业的发展。所谓草地退化，就是指构成草地的主要植被稀疏，草群的植物成分变劣，优质的牧草减少。改良这样的退化草地有两种方法，即治本改良和治标改良。治本改良是建立人工草地，治标改良是采用一些农业技术措施在原有植被和土壤条件的基础上提高草地的产草量。后者以较少的人工、机械和投资获得较大的收益，是当前提倡并大力推广的一项改良天然草地的重要技术措施。

由于草地补播可显著提高产量和品质，引起了国内外的重视，新西兰、英国早在几百年前就进行过草地补播改良工作。新西兰每年补播改良草地 12 万 hm^2，目前有 2/3 的草地都是经过补播改良的。美国在南达科他州西部和怀俄明州东部短草区，补播草木樨后，产草量增加到 140%。苏联在天然草地上进行补播，干草产量平均可提高 106%。我国不少地区和单位也用天然补播收到良好效果。青海省 1973 年补播天然草地面积达 1 万多 hm^2，产草量成倍增加；甘肃省某马场在 500 多 hm^2 干旱草原上补播后，第二年的产量就提高 40%；黑龙江省某牧场在退化草地上补播紫苜蓿每公顷 9.75 kg、无芒雀麦 5.4 kg 后，当年的干草单产就达到 161 kg/亩，较补播前提高 3 倍多。为了提高草地生产力，促进畜牧业稳定、优质和高效的发展，对退化草地进行人工补播是项重要的改良措施，补播已成为各国更新草场、复壮草群的有效手段。

（2）补播草场的选择。为加速草地的更新和复壮，提高草地生产能力，可选择以下几种退化草场进行补播：①由于放牧不合理，造成草场退化、牧草覆盖度降低的草场；②由于割草、挖药材等人为利用不当和天然灾害（如干旱、风蚀等）等造成植被稀疏、覆盖度小的草场；③需要增加豆科牧草成分的某些禾本科牧草为主的割草场；④某些经过化学除莠或人工挖除毒草、害草和灌木的草场。

（3）补播草种的选择和处理。

a. 补播牧草种类的选择。

A. 牧草的适应性。最好选择适应当地风土气候条件的野生牧草或经驯化栽培的优良牧草进行补播。一般说，在干草原区补播应选择具有抗旱、抗寒和根深等特点的牧草；在沙区应选择超旱生的防风固沙植物；局部地区还应根据土壤条件选择补播牧草种类，如盐渍地应选耐盐碱性牧草。

B. 牧草的饲用价值。选择适口性好、营养价值和产量较高的牧草进行补播。

C. 牧草的株丛类型。根据不同的利用方法选择不同的株丛类型。割草应选上繁草类，放牧应选下繁草类。这是因为各种牧草对不同的利用方式有不同的适应性。

以上对于补播牧草种类应以牧草的适应性最为重要，是决定补播牧草能否在不利条件下生长的关键因素。

b. 补播牧草种子的处理。草地补播的草种应经过长期自然选择，以当地野生或驯化栽培的牧草为主，选择适应性强、生命力旺盛、产量和饲用价值高、萌发快而且抗逆性强的牧草，并且要不断引入外地草种，经过小区试种后再大面积推广。

（4）确定适宜播期。确定补播时期要根据草地原有植被的发育状况和土壤水分条件。原则上应选择原有植被生长发育最弱的时期进行补播，这样可以减少原有植被对补播牧草幼苗的抑制作用，由于在春、秋季牧草生长较弱，所以一般都在春、秋季补播。如新疆北疆地区草地，春季正是积雪融化时，土壤水分状况好，也是原有草地植被生长最弱时期。但我国大多草原地区，冬季降水不多，春季又干旱缺水，风沙大，春季补播有一定困难，从草地植被生长状况和土壤水分状况出发，以初夏补播较适合。因为此时植物没有处于生长旺盛期，雨季又将来临，保证土壤水分充足，补播成功的希望较大。总之，具体补播时期要根据当地的气候、土壤和草地类型而定，可采用早春顶凌播种，夏秋雨季或封冻前“寄籽”播种。

（5）补播方法。草地补播方法一般有条播、撒播两种。条播主要是用机具播种，撒播有人力撒播、畜群撒播、飞机播种等。在北部干旱草原沙化治理区和沙地治理区宜采用以机具条播和飞机播种为主的方法进行补播；在农牧交错带沙化土地治理区和燕山丘陵山地水源保护区，应采取以人工撒播和模拟飞播为主的方法进行补播。

a. 人力补播。在面积较小、地形比较复杂、不能进行机具补播和飞机补播的补播草地，可采取人工徒手撒播或用牧草手摇播种机撒播。

b. 畜力补播。在一些比较偏远的沙地草场常采用家畜补播，即给放牧的羊、骆驼、马、牛等牲畜的脖子挂上内装种子、底部打孔的铁皮罐头盒，家畜吃草活动时，草籽便撒落在草地上。

c. 机具补播。草原沙化治理区和沙地治理区等地势比较平坦、集中连片、便于机械作业的退化草地，常采用松土补播机、圆盘播种机或肥料撒播机等机具补播，土地条件比较好、种子颗粒较大时也可用谷物播种机补播。

d. 飞机补播。播种牧草是大面积改良天然草地的一种非常有效的方法。具有播种快、生产率高、作业范围广、节省人力和物力、效果好等特点，一架5型飞机每天可飞播600～1 000 hm^2，目前应用十分广泛。飞播牧草作业程序可分为播前准备、飞播作业和播后管理三个阶段。用飞机补播应采取以下技术措施：①补播区应选择在沙地、严重退化的大面积草地，做到适地、适草、适时播种；②飞机撒播的种子一定要事先经过种子处理，防止种子位移，最好把小粒种子丸衣化处理，种子外面的丸衣成分由磷肥、微量元素等多种养分组成；③播区要有适于飞播草种发芽成苗和生长的自然条件，降水量最少在250 mm以上，或有灌溉条件，土层厚度不小于20 cm；④飞播后应加强管理，落实承包权，当年禁止利用。

（6）天然草地机械化补播改良后的管理。

禁牧：刚补播的草原，幼苗嫩弱，根系浅，经不起牲畜践踏。因此，在一般情况下，补播地段当年必须禁牧，第二年以后，可以进行秋季打草或放牧。

加覆盖物：在退化草场，往往干旱、风沙大，严重危害补播幼苗的生长。为了保护幼苗，保持土壤水分，可在补播地面覆盖一层枯草或秸秆。

防止鼠害和虫害：在鼠害危害严重的地区，补播前或补播后要进行彻底灭鼠，并同时杀灭害虫。

施肥和灌溉：在有条件的地区，可结合补播进行施肥和灌溉，这是提高天然草地生产力的最有效措施。一般来说，在补播当年进行施肥和灌溉，有利于补播幼苗的生长。

二、牧草收获农艺特点与机械化要求

牧草收获技术包含两部分内容。一是青饲料收获，即青饲收获机械在田间作业时依次完成对青贮作物（如大麦、燕麦、青牧草、玉米和高粱等）的收割、切碎并将碎物料抛送至饲料挂车中。二是干牧草收获，就是利用机器将牧草切割、收集、调制成各种形式的干草的作业过程，简称牧草收获。本节主要介绍干牧草收获机械化技术。

1. 我国牧草收获机械化发展现状　1914年，鄂温克族自治旗牧民开始从国外购入割草机和搂草机，标志着我国牧草收获机械化的开始，而我国生产牧草收获机械始于20世纪50年代初。1953年，我国开始生产割草机、搂草机。到20世纪80年代，已形成一定生产规模。1975—1982年相继投产了旋转式割草机、指盘式和斜角滚筒式侧向搂草机、小方捆和圆捆式捡拾压捆机以及捡拾集垛机等，形成了系列牧草收获系统，相当于国外20世纪70年代水平。随着我国改革开放的不断深入，大量外国公司的产品涌入国内市场，如美国约翰·迪尔、纽荷兰、凯斯、意大利BCS、韩国成元以及德国克拉斯、拉斯佩等公司的产品。一方面，引进国外的先进技术与设备提升了我国牧草收获机械化水平；另一方面，客观上刺激了我国牧草收获技术与设备的迅速发展。通过引进、吸收国外先进技术，填补了一些国内牧草收获机械产品空白，品种显著增加，如割草机、搂草机、割草调质机等；涌现了一批优秀的生产企业，如现代农装科技股份有限公司、海拉尔牧业机械总厂、新疆机械研究院等。但是，我国的牧草收获机械化总体水平还相对较低，我国的草场面积与美国大体相同，但牧草机械保有量较少。

2. 牧草收获机械化的意义　我国牧区地域辽阔、草原资源丰富，饲养占全国50%以上的大牲畜，每年需贮备牧草1亿t以上。但是由于牧草收获机械化水平很低且牧区劳动力不足，每年收获牧草700万t左右，尚不足需要量的1/10，还有大量牧草不能收获，严重限制了我国畜牧业的发展。据统计，内蒙古呼伦贝尔盟四个牧业旗饲养各种牲畜250万头，折合390万只羊单位。如每羊单位日补饲2 kg，年补饲4～5个月，则每年需干草9～12亿kg，该四旗有可利用草原0.013亿hm^2，每年可收获牧草20亿kg，而实际每年才收获3亿kg左右，只能满足1/4～1/3牲畜用，其余大量牲畜靠常年放牧维持生存，一遇灾年，即遭严重损失。另外，据资料介绍，牧草收获实现机械化跟人工及畜力收获相比，可提高生产率25～50倍，降低作业成本40%～60%，减少牧草营养损失68%～80%，并能较充分利用草原资源。

由此可见，迅速实现牧草收获机械化，大幅度提高其生产率，对促进我国畜牧业发展有着重要意义。

3. 牧草收获技术要求 为提高牧草收获质量，改善牧草产品品质，减少牧草损失，牧草收获应满足如下技术要求。

（1）适时收获。大多数牧草的适收期在开花末期到抽穗前期的10～15 d。收获太早产量低，收获太迟由于木质素增加，营养成分严重损失。

（2）适当割茬高度。牧草割茬高度应在不影响次年生长条件下尽量低割。一般天然牧草4～5 cm，人工种植牧草5～6 cm，晚秋收获时6～7 cm。

（3）适宜含水率。在牧草收获过程中，其含水率过大容易腐烂变质，过分干燥又会造成花叶脱落、营养成分变坏的损失。一般牧草适宜含水率为：割草时70%～80%，搂草时40%～50%，垛草时17%～20%，捡拾压捆或集垛时28%以下。同时要避免雨淋和阳光曝晒。

（4）减少损失、保证质量。在牧草收获中应尽量避免机器对牧草打击和碾压，尽量减少泥土和杂物混入牧草。

三、青饲料收获农艺特点与机械化要求

1. 青饲料特点 青贮饲料是指将新鲜饲草、农作物秸秆、野草及各种藤蔓等原料单独或几种混合，切碎后装入青贮塔、窖或塑料袋，隔绝空气，经过乳酸菌的发酵，制成的一种营养丰富的多汁饲料。它基本上保持了青绿饲料的原有特点，有青草“罐头”之称。青贮除具有青绿饲料的特点外，与干草相比还有以下几个优点。

（1）青绿鲜嫩。青贮饲料可以有效地保持青绿植物的青鲜状态，使牛羊在缺乏青绿饲料的漫长枯草季节也能吃到青绿饲料。青贮原料经切碎和填埋后，大部分空气被排除掉，这样就抑制了植物细胞的呼吸作用，为乳酸菌（嫌气性细菌）的生长发育和繁殖创造了适宜的环境。在乳酸菌的作用下，青贮饲料内所含的糖迅速分解并转化为乳酸。青贮饲料内酸度提高，在pH下降到4.0时，可抑制细菌生长和繁殖。青贮饲料不仅可长期保存，而且还能保持它的青鲜状态。

（2）营养价值高。青贮可有效地保存原料中的营养物质，尤其是蛋白质和维生素（胡萝卜素）；可以使粗硬秸秆，如玉米秸、高粱秸、葵花秸及某些野草的茎秆变软变熟；可增加青贮原

料所没有的维生素等营养成分。

(3) 适口性强。青贮饲料含水率在70%左右，而干草的含水率只有约15%，因此，它是反刍家畜在冬春季节良好的多汁饲料。青贮使得植物茎秆变得柔软，且味道芳香，可以刺激家畜的食欲，增加适口性。

(4) 消化率高。青贮饲料中含有丰富的蛋白质、维生素、矿物质，而且纤维含量少，易咀嚼，在家畜胃内停留时间短，减轻了对前胃的压力，加强了肠道对饲料的消化能力，从而提高了饲料的消化率。

(5) 久存不坏、经济安全。青绿植物和秸秆等经过青贮，不仅能够很好地保存，而且不怕火烧、雨淋、虫蚀和鼠咬，方便实用。一次贮存，多年不坏，贮存空间小，安全方便。

2. 青饲料原料　青贮原料来源极广，首先应当无毒、无害、无异味，其次应含有一定的糖分和水分。常见的青贮原料有以下几种。

(1) 禾谷类作物。禾谷类作物是目前我国作为青贮原料的最主要作物，其中玉米和高粱等作物应用最为广泛。它们的干物质含量较高，同时还富含水溶性碳水化合物，而水溶性碳水化合物主要组分为蔗糖、葡萄糖和果糖，很容易为乳酸菌发酵产生乳酸。更可贵的是它们的缓冲能力较弱，因而利用它们制作青贮饲料很容易成功。

(2) 牧草。禾本科牧草富含可溶性糖，易于青贮。用于青贮的禾本科牧草主要有猫尾草、多花黑麦草、多年生黑麦草等。它们除了单独青贮外，常与豆科牧草混合青贮。

作为青贮原料的豆科牧草主要有苜蓿、紫云英、三叶草等。豆科类牧草以往均被认为不适于青贮。原因有二：①干物质含量较低和水溶性糖含量少，多糖以淀粉为主。淀粉不是水溶性糖，大多数乳酸菌不能直接利用。因而，总是梭菌占优势，导致梭菌发酵型发酵；②一般豆科牧草由于蛋白质含量高，缓冲力大，致使用它来青贮时难以成功。现在由于采用了青贮前凋萎、与禾本科植物混贮和使用添加剂等技术，所以豆科牧草难以青贮的缺陷已基本被克服。

(3) 其他青贮原料。很多饲用植物及各种副产品都可用于青贮。如向日葵、马铃薯、甜菜茎叶和制糖后的副产品、甘蓝、瓜果和酒糟等。

目前我国青贮原料绝大部分为各类农作物秸秆和牧草。我国是农作物秸秆资源最为丰富的国家之一。据报道，我国每年生产的各类农作物秸秆总产量达7亿t以上，其中稻草2.3亿t，玉米秸秆2.2亿t，麦、豆、秋粮秸秆1.5亿t，花生和薯类藤蔓、甜菜叶等1.0亿t，其数量之大相当于北方草原每年打草量的50倍之多。但如此丰富的秸秆资源中，每年用作饲料的数量还不到秸秆总量的10%，其他利用如秸秆直接还田、副业加工等少于5%，大部分秸秆资源仍是付之一炬，造成资源的巨大浪费和环境的严重污染。因此，将农作物秸秆青贮作为饲料是目前我国秸秆综合利用的最为有效途径之一。

3. 青贮饲料调制技术

(1) 高水分青贮。高水分青贮是指青贮原料不经过晾晒，不添加其他成分直接进行青贮，青贮原料的含水率高达75%。这种青贮方式的优点是：作物不经晾晒，减少了恶劣天气的影响，同时也减少了田间损失。此外，直接割贮作业简单，生产率很高，缺点是青贮饲料易变质。

（2）半干青贮。半干青贮是将原料晾晒到含水率为40%～55%后进行青贮的一种青贮方式，主要应用于牧草。半干青贮含水率低，腐败微生物、丁酸菌等的活动受到抑制，蛋白质也不会分解。另外，半干青贮所含营养物质也较多，可以提高牲畜对营养的摄入量。

（3）混合青贮。混合青贮又叫复合青贮，是将两种或两种以上青贮原料按一定比例进行青贮。不是所有的饲用植物都能调制成优质的青贮料，例如干物质含量偏低、原料过于干燥或可发酵糖含量少等，把两种或两种以上的青贮原料进行混合青贮，可彼此取长补短，不但青贮容易成功，而且还可以调制成优良的青贮饲料。

混合青贮有三个目的：一是可提高青贮饲料的发酵品质，如豆科牧草与禾本科牧草混合青贮；二是可提高青贮成功率，如低水分原料与高水分原料或难青贮作物与易青贮作物混合青贮；三是可扩大青贮饲料来源，如将鸡粪等家禽粪便与玉米秸秆混合青贮。

（4）添加剂青贮。添加剂青贮又叫外加剂青贮，是为了获得优质青贮料而借助添加剂对青贮发酵过程进行控制的一种保存青绿饲料的措施。添加剂青贮的优势在于一方面可促进乳酸发酵，另一方面可抑制有害微生物活动。青贮中所用添加剂根据作用效果不同一般分为四种：发酵促进剂、发酵抑制剂、营养性添加剂和防腐剂。

a. 发酵促进剂。发酵促进剂主要包括乳酸菌、纤维素酶和碳水化合物。

·乳酸菌。青贮成功与否在很大程度上取决于乳酸菌能否迅速而大量的繁殖，添加乳酸菌菌种，可以促进乳酸菌尽快繁殖，产生大量乳酸，降低pH，从而抑制有害微生物的活动，减少干物质的损失，提高青贮质量。

·纤维素酶。对于秸秆饲料，由于其纤维素含量很高，添加纤维素酶不仅可以把纤维物质分解为单糖，为乳酸菌发酵提供能源，而且还对饲料的消化率有一定改善。

·碳水化合物。可以保证乳酸菌有足够的养分，促进乳酸发酵。

b. 发酵抑制剂。这是最早使用的一种添加剂，最初使用的是无机酸（如硫酸和盐酸），后来使用的是有机酸（如甲酸、丙酸等）和甲醛。加酸后，青贮料马上下沉，易于压实；作物的呼吸作用停止，减少了发热和营养损失；pH下降，杂菌繁殖受到抑制。但是，加酸会增加饲料渗液，也增加了牲畜酸中毒的可能。

c. 营养性添加剂。这类添加剂包括尿素、盐类、碳水化合物等，主要是用来补充青贮饲料营养成分不足，有些可改善发酵过程。

d. 防腐剂。常用的有丙酸、山梨酸、氨、硝酸钠、甲酸等，防腐剂不能改善发酵过程，但能有效防止饲料变质。

第二节　牧草种植机械化

我国改革开放20多年来，国民经济已进入一个平稳、持续、快速发展的时期。随着综合国力逐步增强和经济建设的步伐不断加快，农业产业结构正逐步得到优化调整。畜牧业将成为农业产业化建设中一项重要内容，其在农业经济中的比重越来越大，并且随着西部大开发战略的实施，草原建设、草原改良、退耕还草、生态恢复建设蓬勃兴起，由此形成的牧草产业将成为集生态、经济和社会效益于一体的新型综合性产业。据此，牧草机械将寻找到自我调节、自我发展的最佳融合点和机遇，也必将迎来一个快速有利的发展时期。据统计，全国已有90%的天然草场处在退化之中，严重退化的草地面积达480万 hm^2，解决我国牧草资源可持续发展的有效途径是改良天然草场和建立人工种植草场。

一、牧草播种机械的类型

牧草播种机械可分为补播机械和种植机械两种。前者主要用于退化天然草地的更新和改良，后者主要用于人工草地的播种。

1. 松土补播机

（1）松土补播的技术要求。①松土深度要求要深，目前松土深度为15～25 cm。在松土深度处，其松土范围越大越好，以利保墒。②松土时尽量避免破坏原生牧草植被。③不能有显著的起垡、翻垡、壅土现象，翻到地表面上来的生土应最少，以免造成草场沙化或影响次年割草。④牧草种子播量一般为15～45 kg/hm^2，播种深度为3～5 cm。

（2）松土补播机的基本结构和工作原理。目前我国研制的松土补播机多为松土铲式，而且在构造上也大同小异。一般由机架、松土铲、圆犁刀、播种装置、镇压器、限深轮、传动机构、深浅调节装置等部分组成，如图11-2所示。

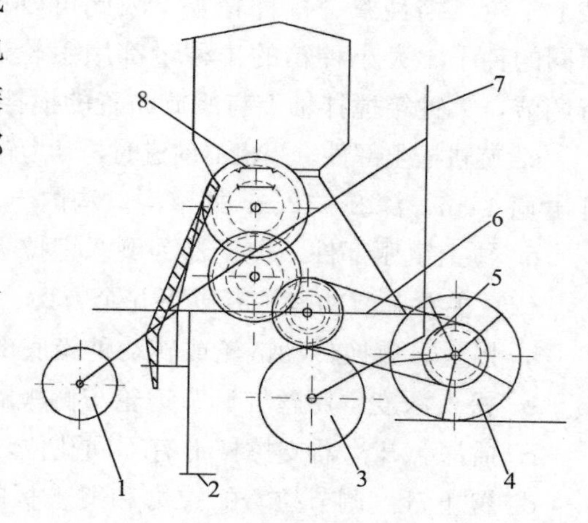

图11-2 松土补播机结构

1. 镇压器 2. 松土铲 3. 圆犁刀 4. 地轮 5. 传动系统 6. 机架 7. 悬挂架 8. 播种装置

工作时，圆犁刀在前面切入泥土，将草根割断。随后松土铲进行开沟、松土。当土壤尚未完全闭合时，牧草种子在排种器作用下播入种沟，由于土壤继续在闭合，将种子覆盖。然后，由镇压器进一步覆土和压平。

松土铲是松土工作部件，包括锄铲和铲柄两部分。锄铲和农业机械中应用的中耕锄类似，有凿形铲、鸭掌铲和双翼铲三种，前者宽度较小，后者较大，后两者较常用。工作时锄铲在地表下松土，为了减少阻力和避免破坏草地植被，铲柄厚度较小，且前方制成刃状。松土铲入土工作时，在入土深度范围内，土壤在被犁铲向前方推动的同时，还向两侧推动。当松土铲犁过后，形成一较大的葫芦形松土区，此区的土壤得到松碎，坚实度变小。

排种装置常采用星轮式或外槽轮式，它和农业播种机的排种器类似。但要求能同时播两样种子，以便进行牧草混播。

（3）作业性能。①能在地表下15～25 cm处松土，改变土壤结构，增强蓄水能力；②切断盘根错节的草根，促进原有牧草的生长发育；③补播优良草种，增加优质牧草的植被成分。

2. 牧草耕播机

（1）基本结构和工作原理。牧草耕播机由传动机构、排种机构、旋耕松土部件、覆土镇压部件等组成，如图 11－3 所示。

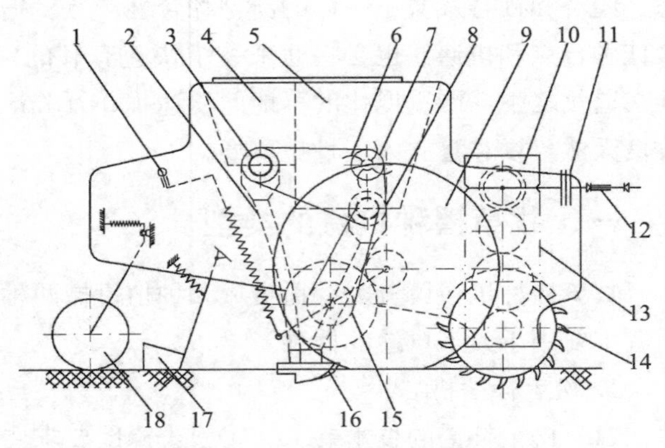

图 11－3　牧草耕播机结构

1. 松土深度调整丝杠　2. 输种管　3. 小种箱排种轮　4. 小种箱　5. 大种箱　6. 大种箱搅拌器　7. 大种箱搅拌器链轮　8. 大种箱排种驱动链轮　9. 右地轮　10. 变速箱　11. 安全离合器　12. 传动轴　13. 传动箱　14. 旋耕刀　15. 驱动轮　16. 开沟器　17. 覆土器　18. 镇压器

a. 传动机构。铣切式旋耕松土部件和排种机构分别由拖拉机动力输出轴和右地轮驱动。传动轴把拖拉机动力输出轴的 33 kW 动力经安全离合器、齿轮箱传至铣切式旋耕松土盘，使之旋耕松土。右地轮通过一对齿轮和相应的链传动机构分别驱动大种箱排种器、搅拌轴和小种箱排种轮工作。

b. 排种机构。种箱由分隔的大小种箱组成，大种箱用于大粒或多芒种子，小种箱用于小粒种子。由于大小种箱各有不同的堵轮、绒毛子轮、挡种罩、排种轮等，因此可以排不同的种子。大小种箱的排种量都用手轮进行调节，大种箱搅拌轴上有螺旋布置的搅拌齿，以防种子架空和堵塞，改善流动性。

c. 旋耕松土部件。当机器前进时，动力输出轴驱动六个铣切式松土盘旋转，其转速为 459 r/min，开出宽 4 cm、深 2～12 cm 的窄沟。沟内土块破碎，草根切断，为播种准备好苗床。

d. 覆土镇压部件。覆土器为倒八字拉板式，有拉簧加压。镇压轮为中开式，靠拉簧加压。

（2）主要调节功能。有以下几个方面：

a. 播量。更换传动链轮或转动种箱底部的手轮，改变槽轮的工作长度，即可调节播量。

b. 松土深度。用丝杠调节地轮与侧板的相对位置，即在 2～12 cm 范围内调节松土深度。

c. 播深。开沟器支撑杆上有不同孔位，可改变覆土板的高度和调节播深。

d. 覆土量。调节拉簧的拉力和覆土板的高度，均可改变覆土量。

（3）作业性能。铣切式松土盘对原植被破坏轻微，无翻垡现象，沟壁整齐，土壤松碎效果比较理想。排种机构调节范围广，适用于不同播量的单播和混播。对带芒和其他表面附生物的种子比其他排种机构适应性好。调整和安全机构比较齐全。

3. 滚筒式条播机

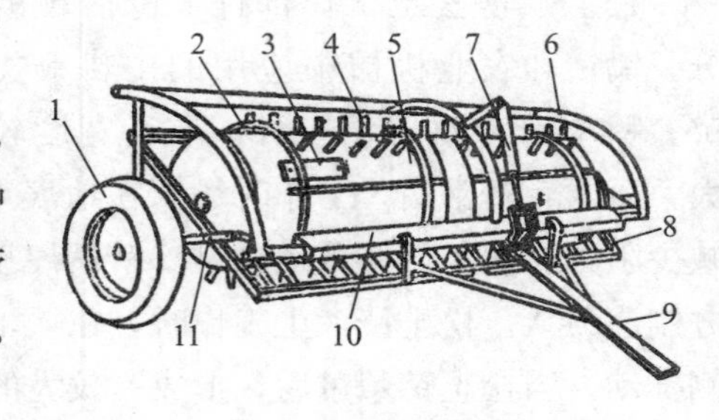

图 11－4　滚筒式条播机结构

1. 行走轮　2. 播深调整环　3. 加种口　4. 落种器　5. 滚筒　6. 机架　7. 油缸　8. 滚筒架　9. 牵引架　10. 矩形套管　11. 连杆机构

（1）基本结构和工作原理。图 11－4 所示是一种用于饲草种植的滚筒式松土条播机。它由机架、排种装置、行走机构和仿形机构等部分组成。机架由一对地轮支撑，后横梁支撑在地轮轴上，前横梁上的套管用连杆与地轮连接。套管的外面又有一个矩形管，它与机架的弧形梁成刚性连接，使整个机架成浮动状态，滚筒的升降由拖拉机液压系统控制。滚筒内有一按一定规则排列的种子漏斗，漏斗的一个室与落种器相通。滚筒旋转时，种子漏斗的两个室靠种子自流充满或倒空，当落种器转到入土位置时，与其相通的排种室内种子进入落种器，然后被播入土壤。

（2）性能特点。滚筒式条播机的最大特点：对原有植被破坏小，落种器仅松动种子萌芽生长所需的周围土壤，更不存在翻垡的有害现象。这些特点适用于牧草补播，但该机要求种子具有良好的流动性，对有芒和表面不光滑的牧草种子适应性很差，因而机器适用范围有很大的局限性。

二、国外牧草播种机具简况

国外机械种植牧草有两种方法：一种是建立人工种植草场，采用与种植农作物相同的工艺，即犁、耙、播、施肥、中耕、浇水种植优良牧草，使草地不断得到更新换代；另一种是通过松土补播，改良天然退化草场，即在不翻动原有植被的天然草地上进行切根、松土、播种、施肥。

1. 美国白利灵 SS 系列保苗播种机　由于人工种植草场与农田的种植工艺基本相同，国外人工种植草场的牧草播种机大多与农用播种机通用，有的农用播种机换上专用的开沟器、排种器就可以播种牧草。这种播种机大都技术先进、制造精良，播种量和播种深度非常精确，能够满足牧草种植的要求。如美国白利灵公司生产的 SS8 型播种机，能播种苜蓿、百脉根等种子，播种量最低 0.6 kg/hm^2，播种深度可精确保持在 1.2 cm。美国白利灵 SS 系列保苗播种机可分为悬挂式和牵引式两种类型，根据作业幅宽分为不同的型号。图 11－5 和图 11－6 分别是 SS10 型和 SSP12 型牧草播种机。主要技术参数见表 11－3。

图 11－5　SS10 型牧草播种机

图 11－6　SSP12 型牧草播种机

表 11－3　美国白利灵 SS 系列保苗播种机主要技术参数

型号	拖带类型	齿轮式种子箱容量/L	搅动式种子箱容量/L	前轮	镇压宽度/m	总宽/m	重量/kg
SS10	悬挂式	154	154	标准型	3.05	3.94	1 037
SSP12	牵引式	185	185	标准型	3.66	4.4	1 081

该系列产品能够将所有种子都播在表土层1.2 cm深度，以确保最高的发芽率。通过对种子的精确定位，播种量通常可以减少至以前所使用的近一半左右。该型机装有前后两个镇压轮，工作过程如图 11－7 所示。前镇压轮压碎土块，压低小石块，压实苗床。精确的播种装置定量地向整好的苗床撒出种子。后镇压轮齿将前镇压轮压出的小垄分开，并柔和地将细小的种子周围的土压实。所有的种子均播在大约指甲的深度，以便获得最高萌发率和最快速出苗。播种后地表均匀紧实，较小的石块被压到地表下面。

图 11－7　镇压轮工作示意

该类型播种机的性能特点：

（1）精确的凹槽供种齿轮。位于量种套中，它能精确地量出所需的播种量。其精确性能按所需的播种量播体积最小的种子，播种量可低至每公顷 0.6 kg 种子。玻璃尼龙量种器面向机手，出种旋出杆上有转数指示标，这些都便于操作。

（2）量种器微调。微调机构采用非格状连续式，它可将微小种子精确量出。根据播种量表来调准螺丝上的刻度，选择播种量的大小。

（3）高强度的镇压轮。能压出完美的苗床并控制播种深度。轮齿在土壤表层形成小洞以便保墒。

（4）浮悬式轮轴。前后轮轴均安装在球铰链上面。使得镇压轮能随地面起伏调整高度并减少轴承和轮轴的磨损，支撑着后镇压轮的支撑臂在终端支架上转动，可使后镇压轮独立地上下浮动。

（5）宽大的下种保护箱。防止风将种子刮走，它引导种子播在前后镇压轮之间，后镇压轮把种子覆盖在表土 1.2 cm 的深度，并能够使种子在整个播种宽度内下种更均匀。

2. 美国约翰迪尔 1590 型免耕播种机（图 11－8）　该机可适用于任何需要条播的耕地，尤其可满足目前国内对于天然草场补播和抢茬播种的需求。该机性能特点：秸秆通过性能好，不会堵塞；排种管直径大，便于种子排出，排种靴为铸铁上下两段式，可单独更换底部易磨损部分；开沟器入土压力大（还可液压调节），破土角度小，对土壤扰动小，对作物生长有利，同时易切割秸秆，不易堵塞；开沟器带有限深轮，可保持播深一致，深度可通过 T 形手柄快速调节；此外，压实轮可使种子与土壤充分接触，出苗更快、更好；前排开沟器可以锁定，相应增加行距；种箱可选配单种箱、种肥混合箱或加配草种箱，可选配种子搅拌器，新设计的种箱清空简易；可选装草籽播种附加装置，高位

图 11－8　约翰迪尔 1590 型免耕播种机

安装，有助于种子顺利流入排种管；种箱容积大，可减少加种次数。

3. 巴西 Jumil 公司 JM2624CR 型牧草播种机（图 11－9） 该机特点：适用于牧草、小麦、大豆、旱稻、燕麦、黑麦等多种作物，适应性强；播种施肥一次性完成，节约劳力。

图 11－9 JM2624CR 型牧草播种机

对于天然退化草场的改良，世界各国一般都采用专用的免耕播种机对草场进行补播，播种量根据退化程度而定。机具作业工艺为：草皮划破—松土—补播—镇压覆土。新西兰艾切森公司生产的 1100D 型牧草播种机，土壤工作部件采用圆盘刀和凿型弹齿，在机具重力作用下，圆盘刀锋利的刀刃切断地表覆盖物和根茬，同时切开土层形成沟壕，再由其后的凿型弹齿开沟器整成种沟，进行播种。该机的圆盘刀单组质量为 200 kg，有足够的切断表土植被和入土能力。贵州省独山草场曾引进该播种机，播种质量好，使用可靠。另外，乌克兰研制了坡地牧草补播机，该机可在坡度小于 35°地上播种。

三、国内牧草播种机具简介

近年来，针对天然草场的退化，我国草原改良建设工作也取得了一些进展，1994—1999 年，“新疆草原改良建设机具推广应用”和“优质、高产、高效草原建设机械化技术推广”两项目在伊犁地区天然退化草场实施松土补播，面积达 9 266 hm^2，产草量提高 2.3 倍。随着我国加入世界贸易组织（WTO）及正在实施的西部大开发战略，我国草原改良建设和人工种植草场工作得到空前的发展机遇。新疆退耕还林还草建设项目，计划五年内每年退耕还草 13.3 万 hm^2，累计建设人工种植草场 66.7 万 hm^2。牧草种植面积的迅速扩大，对牧草播种机的需求剧增。我国牧草播种机具的研究起步较晚，特别是人工种植草场用的牧草播种机，起步更晚，但已涌现了一些新机具。

1. 牧草播种机 同国外一样，建立人工种植草场，必须将原植被全部耕翻，经平整后播种优良牧草。国内用于人工种植草场的牧草播种机种类较少，下面将介绍几种已经用于生产的机型。

（1）9SBY－3.6 型牧草种子撒播镇压联合组机。牧草种子特别是豆科牧草种子的共同特点是籽粒小、比重大，所需的播量小（每亩 1 kg 或小于 1 kg），用我国农业上传统的外槽轮式条播机很难控制其最小播量，并且农业上的条播机生产率很低，很难适应我国大范围、大面积的牧草播种要求。根据以上的情况和背景分析，中国农业科学院草原研究所最新推出的 9SBY－3.6型牧草种子撒播镇压联合机组，基本上满足了牧草种子播种农艺技术要求，提高了牧草播种的工作效率。该机可在整好的地块上进行牧草撒播和覆土镇压作业，适用于中西部荒漠、半荒漠中的平原、丘陵地区和退耕还草地区进行人工牧草撒播和生态建设。主要技术参数见表 11－4。

表 11-4　9SBY-3.6 型牧草种子撒播镇压联合机组主要技术参数

项　目	参　数	项　目	参　数
工作幅宽	3.6 m（撒播幅宽 4～6 m）	撒播圆盘转速	300～400 r/min
镇压器形式	栅条滚动式，一组三节	撒播机配套蓄电池	12 V、105 A·h
配套动力	13.2～18.4 kW 拖拉机	生产率	9.3～18.7 hm^2/班次
撒播机动力	永磁直流电动机 12 V、60 W	配置方式	撒播机前置连接，镇压器后置牵引

（2）9LBZ-2.0 型重型牧草播种机。9LBZ-2.0 重型牧草播种机（图 11-10）是由中国农业机械化科学研究院呼和浩特分院研制，是为保护性耕作系统配套的牧草播种机具，适用于干旱、半干旱地区的牧草耕种作业，但不能用于草原直接补播作业。该机可实现单播、混播、适应各种不带芒的禾本科牧草及豆科牧草的播种，亦可用于条播农作物。该机主要技术参数见 11-5。

图 11-10　9LBZ-2.0 重型牧草播种机

表 11-5　9LBZ-2.0 重型牧草播种机主要技术参数

项　目	参　数	项　目	参　数
播种深度/mm	0～50	工作幅宽/m	2.0
播种行距/mm	200	工作速度/（km/h）	10（最大）
结构质量/kg	1 000	生产率/（hm^2/班）	10～12
配套动力/kW	21～44		

（3）2BMC 系列牧草施肥精量播种机。2BMC 系列牧草施肥精量播种机（图 11-11）是由中国农业机械化科学研究院研究开发的新产品，专门用于播种牧草等小粒种子。该机具吸收国外苜蓿播种机精密排种的优点，结合我国目前生产水平及干旱半干旱地区的实际情况，为 8.8～14.8 kW 和 37～58.8 kW 轮式拖拉机配套。采用微型控制式密齿排种器，精量播种，最少播量（苜蓿）可控制在 6 kg/hm^2以内；9 行播种机采用钝角锚式开沟器，为国内首次在小播种机上应用，播深控制好，且配有防堵装置；20 行播种机上采用曲面单圆盘开沟

图 11-11　2BMC 系列牧草施肥精量播种机

器，保证种子播深一致，且播于湿土中，通过性好，对田地适应性广；橡胶轮镇压，效果好，而且不黏土。该播种机除用于播种牧草、油菜等小粒种子外还可以播种小麦、大豆等作物。其主要技术参数见表 11-6。

表 11-6　2BMC 系列牧草施肥精量播种机主要技术参数

型号	外形尺寸/mm	工作幅宽/m	行距/mm	工作行数/行	播种深度/mm	播量/(kg/hm^2)	配套动力/kW	生产率/(hm^2/h)
2BMC-9	900×1 800×990	1.35	15（最小）	9	15～60	6～90（苜蓿）	8.8～14.8	≥0.5
2BMC-20	1 250×3 200×1 650	3	15（最小）	20	15～60	6～90（苜蓿）	37～58.8	≥1.6

（4）由传统的小麦条播机改装而成的牧草播种机。该播种机是由传统的小麦条播机更换上小槽轮排种器或小窝眼排种器改装而成的牧草播种机，主要用于苜蓿的种植，各项性能指标虽然不能达到牧草播种要求，但使用成本较低。2002 年，仅新疆就改装近 200 台。

2. 牧草补播机　我国用于天然草场改良的松土补播机，大多是引进、消化、吸收国外同类产品研制而成的，基本可满足天然草场改良机械化需求。常见的草地补播机有内蒙古农牧学院等单位研制的 SB-3 型、SB-4 型、SB-5 型草原松土补播机，中国农业科学院草原研究所研制的 9CXB-1.75 型草地补播机和 9WY-4 型压槽播种机。

目前国内外使用的草地补播机种类很多。如美国约翰迪尔公司生产的条播机，可以直接在草地上播种牧草。澳大利亚在弃耕地上补播，常用圆盘播种机和带锄式开沟器的条播机。我国成批生产的牧草补播机有青海生产的 9CSB-S 型草原松土补播机，具有一次同时完成松土、补种、覆土、镇压等工序的特点。还有其他省、区生产的草地补播机如 9MB-7 型牧草补播机、9BC-2.1 型牧草耕播机等。其中技术先进、使用可靠的机型不是太多，下面将介绍几种性能较好的机型以供参考。

（1）91BS-2.4 型草原松土补播机。该机是新疆农业科学院农牧业机械化研究所在 91BS-2.1 型的基础上，进行多项技术改进而研制的新一代产品。它的土壤工作部件采用圆盘切刀及大弹簧直犁刀开沟器，配备两个种箱及两套排种装置。即一套排种装置选用斜外槽轮排种器，用于禾本科牧草种子（如无芒雀麦、老芒麦、披碱草等优良草种）的播种；另一套排种装置选用直外槽轮多功能排种器，用于豆科牧草种子（如苜蓿、草木樨等）的播种。作业时，圆盘切刀靠重力切开草皮，大弹簧直犁刀开沟器在切缝中开出种沟，播种后，大链环覆土链进行覆土，完成播种。该机与 50 kW 拖拉机配套，作业幅宽 2.4 m，作业行数 8 行或 16 行。

图 11-12　9MSB-2.1 型牧草免耕松土补播机

（2）9MSB-2.1 型牧草免耕松土补播机。9MSB-2.1 型牧草免耕松土补播机（图 11-12）由内蒙古农牧业机械化研究所研制，该所试制工厂生产。该机与 47.8～58.8 kW 轮式拖拉机相配套，是完成天然退化草场、人工草场建设的理想机型。采用先进的海绵摩擦盘式排种器，排种量均匀、稳定，能播多种形状的种子，对流动性差的披碱草、老芒麦种子也可顺利播种。同时采用了无级变速箱调节排种量，满足不同种子播种量的要求。设计独特的圆盘切刀，保证了在松土作业时，能有效地切开草皮。松土铲松土深度可达 250 mm，地表开沟小，对原生植被破坏程度小于 15%。采用单体仿形机构，保证了在高低起伏的作业条件下播种量、播种深度、镇压的一致性和均匀性。该机设计合理，结构紧凑，集切草、松土、施肥、播种、镇压为一体，一次完成多项作业，并且消耗动力小、生产率高，适合大面积草原的改良建设。主要技术参数见表 11-7。

表 11-7　9MSB-2.1 型牧草免耕松土补播机主要技术参数

项　目	参　数	项　目	参　数
外形尺寸/mm	2 330×2 530×1 620	工作幅宽/m	2.1
播种行距/mm	300	工作行数/行	7
结构重量/kg	950	松土深度/mm	100～250
生产率/（hm²/h）	0.6～1.0	配套动力/kW	47.7～58.8

3. 9MSB-2.1 型草地免耕松土播种联合机组

9MSB-2.1 型草地免耕松土播种联合机组（图 11-13）采用专用破茬开沟器，能一次完成松土、播种、施肥、覆土镇压等作业，适应于大面积草原改良建设。主要适用于内蒙古及周边干旱、半干旱地区。采用凿形松土铲进行松土，然后由 6 个 10 cm 宽的轮子压出 6 条种床，再由排种管撒播种子，随后由覆土链条埋土。它的排种系统采用外槽轮形式，有大小两种槽轮分别播禾本科和豆科牧草种子。该机具由中国农业科学院草原研究所研制生产，2001 年在内蒙古自治区销售 100 多台。主要技术参数见表 11-8。

图 11-13　9MSB-2.1 型草地免耕松土播种联合机组

表 11-8　9MSB-2.1 型草地免耕松土播种联合机组主要技术参数

项　目	参　数	项　目	参　数
外形尺寸/mm	2 700×1 500×1 450	工作幅宽/m	2.1
行距范围/mm	350	工作行数/行	6
结构重量/kg	820	播量/（kg/hm²）	195
施肥深度/mm	150	播种深度/mm	150
排肥（种）器形式	外槽轮式	生产率/（hm²/h）	1.3～1.6
配套动力		拖拉机功率	40.5 kW 以上

四、几种牧草播种机械的结构和工作原理

1. 91BQ－2.1 型气流式牧草播种机　91BQ－2.1 型气流式牧草播种机主要适用于退化天然草场的牧草补播，也可用于人工种植草场牧草播种和其他作物的播种。该机可一次完成划破、开沟、播种、覆土作业，能满足常用草籽的播种要求，对禾本科及带芒、容重小的牧草种子也有较好的适用性。

（1）结构与工作原理。该机由机架、气流系统、种箱、排种机构、圆盘刀、开沟器、覆土器、开式传动系统、调节机构、地轮及调节丝杆等部件组成。总体结构见图 11－14 所示。作业时，先由被动式圆盘刀划破草皮，切开土层并切断草根，在每组圆盘刀机构上均设有仿形圆锥螺旋弹簧。当圆盘刀在作业中遇到石块或坚硬的障碍物时，弹簧压缩变形，使圆盘刀自动抬起，从而实现了单体仿形。该机采用的窄犁刀式开沟器，开出的沟壁整齐，深度可调，宽度只有 30 mm，这种开沟方式不会造成土壤翻垡。由于开沟器的一端与矩形截面的弹簧相连（弹簧另一端固定在机架上），在碰到较大的偶发性阻力时，弹簧变形，防止开沟器部件损坏。排种机构由地轮驱动，经过链轮、勾式链条带动排种轴、排种槽轮转动。为了使种箱内的种子顺利进入排种器，在种箱内设置了螺旋排列的弧齿搅拌器，可使种箱内的草籽处于膨松运动状态，以防种子架空，另外还起输送种子的作用。排种器的种子通过排种槽轮的转动被输送到排种杯。排种槽轮是排种器的心脏，其参数选择决定排种性能的好坏。该机排种轮参数是经过大量试验后确定的，并配置两套槽形半径不同的排种轮。由于目前使用的牧草种子大都未经处理，如披碱草、老芒草等禾本科牧草种子，质量轻、带芒、流动性差，播种时在排种杯和排种管内容易堵塞，即使加大排种管直径，也不能从根本上解决问题。为此，在机器结构上增加了气流系统，风源来自转速为 1 000 r/min 的离心式风机。风由 ϕ80 mm 的塑料弹簧管送至风量分配器，然后通过 ϕ25 mm 的分支风管送到各排种杯，排种管出口的风速为 4 m/s 左右。种子在气流的强制作用下，经排种管落入种沟。然后由覆土装置覆土。这样保证了排种的均匀、连续以及稳定性，提高了播种机的播种质量。

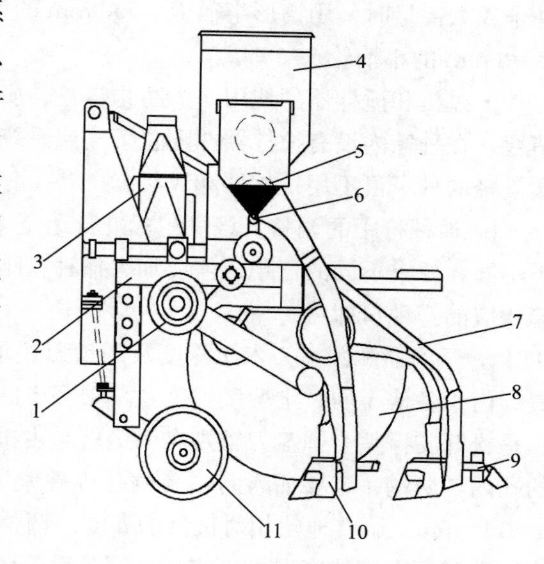

图 11－14　91BQ－2.1 型气流式牧草播种机结构
1. 传动系统　2. 机架　3. 风机　4. 种箱
5. 排种轮　6. 进气管　7. 排种管　8. 地轮
9. 覆土器　10. 开沟器　11. 圆盘刀

（2）播种机的使用与调整。

a. 排种机构的调整。

· 播量的调整。播量调节设计上采用联动形式，在排种轴装有播量控制手柄。播种前手柄处

于最小位置。作业时，搬动手柄改变槽轮伸出长度，就能改变所有播种器排放种子的播量。播种机设有 0.323 5、0.575 2、0.97 三种速比，选用不同齿数的链轮，装配在排种轴上作为被动轮，就可以改变排种轴的转速，转速高播量大，反之播量小。另外在排种盒下部装有调节片，并在排种盒上部装有两个安装孔，此孔是为播不同种子设置的。上孔是用来播带芒及禾本科草籽的，下孔是播光滑豆科草籽的。根据所播种子上下搬动调节片来调节播量。

· 两种排种轮的使用。该机配有两组不同槽形半径的槽轮。在播禾本科牧草种子及豆科大粒种子或大播量时，用槽形半径 $R=5.5$ mm 的大槽轮；播豆科小粒种子或小播量时，用槽形半径 $R=3$ mm 的小槽轮。

· 风机和搅拌器的使用。为防止带芒、质量轻的禾本科牧草种子在种箱内架空及在排种管内堵塞，在种箱内设有搅拌器并配置了气流系统，以解决草籽的架空和播种中断问题。若播光滑、质量轻的种子可不用搅拌器和风机。

b. 播种行距的调整。该机的标准行距是 152 mm。由于各地播种条件以及牧草及其他作物种类不同，要求不同的行距。需要加大播种行距，只要卸下行距内多余开沟器，同时用盖板盖住种箱相应的排种口即可。

c. 开沟器和圆盘刀入土深度及圆盘刀接地压力的调整。该机圆盘刀机构相对机架有三个位置。由于各地土质、土壤坚实度及草根多少的差异，开沟深度要求不一样。可用下面方法调整：一是松开支撑整个圆盘刀轴左右固定板与主机架左右固定架的螺栓，按要求深度将螺栓插入相应的孔内，两端一定要插入同一高度孔内并紧固；二是利用主机架上地轮调节丝杆（调节范围为 0～140 mm）调整地轮相对机器的高度。调整圆盘刀接地压力，可通过改变圆锥螺旋弹簧的松紧度，即弹簧高度的变形量来实现。调整后，各圆盘刀的接地压力应一致。

（3）设计特点。该机总体方案设计新颖，主要技术参数选择合理，结构简单，仿形性好，使用可靠。

播量调节采用联动调节方式，并具有齐全的划破、开沟深度、圆盘刀接地压力、排种轮转速等调节系统，调节方便、准确、可靠。

该机利用气流辅助输种，解决了播禾本科及带芒草籽在排种管内的堵塞问题，具有良好的排种均匀性、连续性和稳定性。

（4）性能特点。在排种性能方面，通过对红豆草、无芒雀麦、包衣的紫花苜蓿的排种量和排种均匀度的测试，该机对流动性较好的豆科草籽播种性能好，播量稳定，各行排种均匀；对质量轻、流动性差的草籽，尤其是禾本科草籽播种性能较差；在开沟及覆土性能方面，该机左右地轮各自随地形变化起伏，结构简单，耕深调整方便，保证机具耕深稳定。圆盘刀入土深度为 60 mm 时，开沟器开出深 30 mm、宽 30 mm 的种沟，不破坏沟槽两边的原生植被，不出现翻垡现象，改变了草场的透气蓄水性，有利于牧草的生长，促进了禾草根茎的再生。但该机的八字拉板覆土效果差，基本靠自然覆土，这种覆土方式很难控制覆土量，对土壤保墒及草籽的发芽不利。并且该机设计只有一个种箱、一套排种器，不便于牧草混播和分施化肥。

（5）主要技术参数。主要技术参数见表 11-9。

表 11-9　91BQ-2.1 型气流式牧草播种机主要技术参数

项　目	参　数	项　目	参　数
外形尺寸/mm	2 980×1 246×1 340	工作幅宽/m	2.1
播种行距/mm	152	工作行数/行	14
结构质量/kg	958	播量/（kg/hm^2）	3.75～150
草皮切深/mm	10～90	开沟深/mm	10～60
作业速度/（km/h）	6～8	生产率/（hm^2/h）	1.3～1.6
配套动力/kW	40～48（式拖拉机）		

2. 牧草压槽播种机　牧草压槽播种法能够促使土壤表层结构稳定，其主要特征是有集水槽，牧草种子在同一土壤截面分层分布，种子与土壤紧密接触。该播种方法有利于保水保墒和抓苗。

（1）牧草压槽播种法的农艺特点。

a. 在原始植被盖度不大于 20%的沙地上直接播种时，可采用播种—压槽播种法。在原始植被盖度较高，且需整地才能播种的土地上作业时，可采用整地—播种—压槽播种法。

b. 牧草种子在土壤中的分布情况。牧草种子被撒播机均匀地撒于土壤表面后，经压槽机镇压，种子被压实于三角形集水槽的两个斜边和两槽间棱上的土壤中。经雨水和风力的作用，分布在棱上的种子和部分土壤进入三角槽，使得种子在土壤中的分布情况见图 11-15 所示。

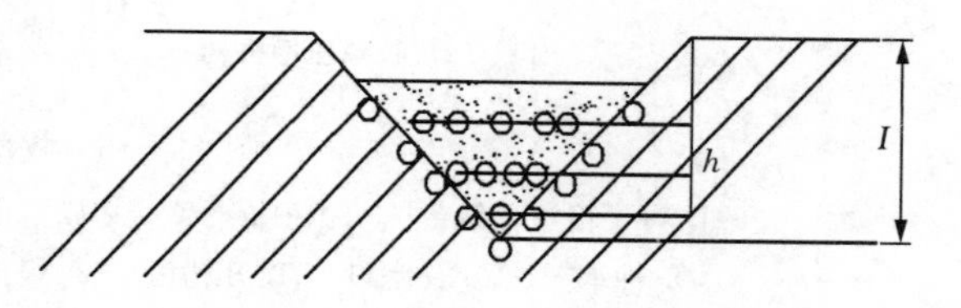

图 11-15　种子在土壤中的分布情况

从图 11-15 中可以看出，在同一土壤截面中的牧草种子是分层分布的，在 h 深度内种子覆土深度是不一致的，分布在不同层次的牧草种子会适应不同的条件，因而能确保全苗。使用压槽播种机作业后，地表压出规则的三角形集水槽，增加了地表粗糙度。尤其在坡度较大的地块作业，更能有效地减少地表径流量，提高雨水渗透率，增加土壤的蓄水能力。而传统的播种方法由于播种机械、土壤条件等因素引起的播深变异，决定了种子在土壤中的分布是一条曲线，这样就往往造成了缺苗断垄，尤其在干旱地区种草更为突出。

（2）牧草压槽播种机的结构特点及工作原理。种子由排种箱自动排出，经撒种板弹落于地表，随即由压槽机将种子直接压入土壤，且在地表压出集水槽，种子在土壤中分层分布。在沙地播种牧草既不损伤原有植被，又能达到播种、集水的双重目的。该机由压槽机构、播种机构、机架和传动等部分组成。其压槽机构、播种机构如图 11-16 所示。

在种子箱底部设有牧草播种机构。播种机构的排种盒 15 内装有用橡胶制成的排种槽轮 13，排种槽轮由排种轴 14 带动做回转运动，排种盒底部设有挡种板 17，用于调节播种量。落种口下方设有撒种板 18，撒种板装在调节轴 19 上。种子箱内部设有钉齿式搅拌器 12，防止种子架空。种子箱 1 固定在机架 7 上，机架与轴承座 9 相连，轴承座与压槽机构 8 的轴头相连。轴头一端设有链轮，该链轮用链条 2 和排种轴、搅拌器轴上的链轮挂接。压槽机构由钢板卷制成圆筒状中空式。一侧设有注水口 10。压槽齿 11 由角钢焊成。机架 7 与牵引架 6 用销钉 5 相连。作业时，在外力作用下，牵引压槽机构在地面上滚动，轴头上的链轮带动链条驱动排种轴和搅拌器转动，装在种箱内的牧草种子由排种槽轮带动，经过排种口时，依重力自然下落，途经撒种板弹落于地表（图 11－17）。随即由压槽机构直接将种子压入土壤并在地表压出集水槽（图 11－18）。种子分布在集水槽的两个斜边上和两槽间的棱上，且自然分成不同层次。经风吹雨打，棱上一部分种子和土壤进入集水槽（图 11－19）。

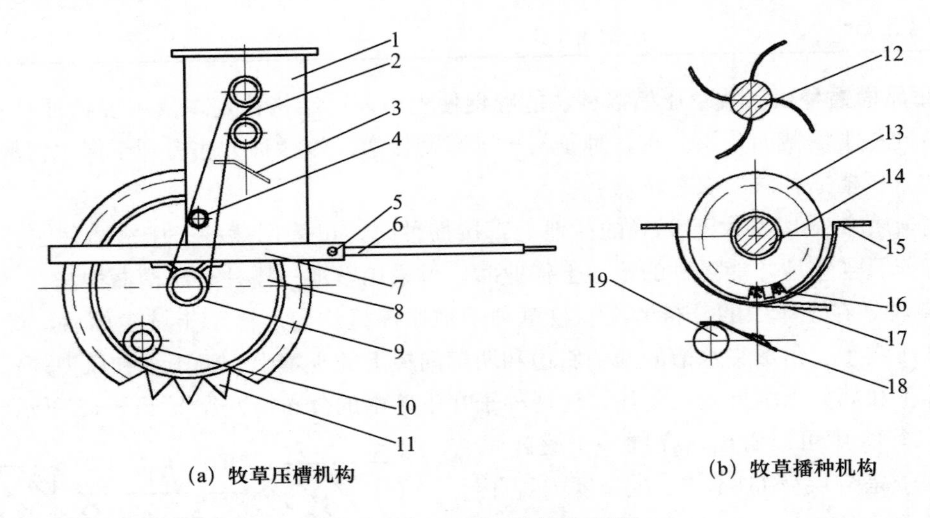

(a) 牧草压槽机构　　(b) 牧草播种机构

图 11－16　牧草压槽播种机构

1. 种子箱　2. 链条　3. 撒种板　4. 链条张紧轮　5. 销钉　6. 牵引架　7. 机架　8. 压槽机构　9. 轴承座　10. 注水口　11. 压槽齿　12. 搅拌器　13. 排种槽轮　14. 排种轴　15. 排种盒　16. 种子　17. 挡种板　18. 撒种板　19. 调节轴

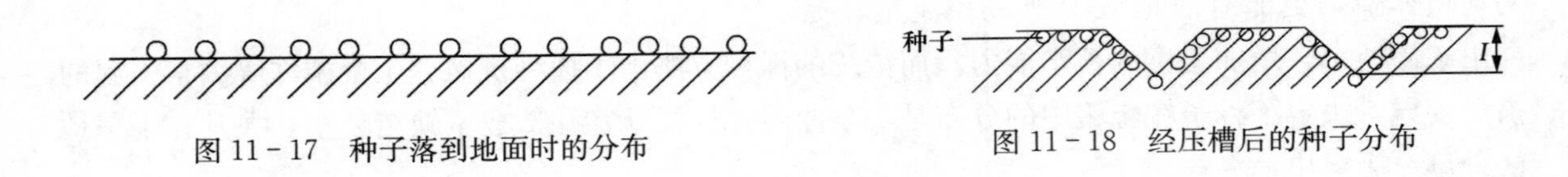

图 11－17　种子落到地面时的分布　　图 11－18　经压槽后的种子分布

图 11－19　种子最终分布

（3）牧草压槽播种机的农艺效果。

a. 抗旱保墒效果显著。压槽播种机与 V 形镇压器和石头滚子进行播后镇压进行对比试验，用压槽播种机播种的地块，比用其他两种镇压的办法土壤含水率均高，尤其在 0～5 cm 深土层内含水率最为明显，比 V 形镇压提高 170%，比石头滚子提高 184%。牧草种子播深在 5 cm 范围就给种子发芽创造了良好的水分条件。

b. 出苗保苗情况。不同播种方法其保苗效果大不一样，虽然因播后连续阴雨，用压槽播种和撒播后耙耱出苗数量差异不大，但由于耙耱只起到给种子覆土的作用，而土壤仍然很虚，种子萌发后其幼根扎不到实土中，无法利用底墒，遇干旱后，易使幼苗吊死。因此，死苗率高达25%。而压槽播种机地表压出了集水槽，又使牧草种子与土壤紧密接触，幼苗的根能扎在实土中，抗旱能力强，大旱时，幼苗死亡率只有4%。

（4）牧草压槽播种机性能特点。牧草压槽播种法与传统播种法的主要区别是牧草种子在同一土壤截面分层分布。在植被盖度不大于20%的沙地上直接播种，不破坏原有植物。

牧草压槽播种的地块在0～5 cm土层内，含水率提高118%～170%，死苗率降低21%，保苗均匀性变异系数为11.6%，增产104%。

牧草压槽播种法具有集水、保墒、抗旱三大功效。该机的系列设计，体现了牧草压槽播种法的农艺思想。

3. 91BZ－2.0重型牧草播种机　91BZ－2.0重型牧草播种机是为保护性耕作系统配备的牧草播种机具，适用于干旱、半干旱地区的牧草播种。可实现单播、混播，适于各种不带芒的禾本科牧草及豆科牧草的播种，无架空、堵塞现象，也可用于条播农作物。主要技术参数见表11－10。

表11－10　91BZ－2.0重型牧草播种机主要技术参数

项　目	参　数	项　目	参　数
外形尺寸/mm	3 168×2 900×1 420	工作幅宽/m	2
播种行距/mm	200	播种深度/mm	0～50
结构质量/kg	1 000	作业速度/（km/h）	≤10
大种箱容积/m³	0.45	小种箱容积/m³	0.2
生产率/（hm²/班）	10～12	配套动力/kW	20.58～40.44

（1）结构与工作原理。该机由机架、底盘、开沟、排种、镇压、液压升降等系统组成（图11－20）。底盘由前导向轮、镇压器、牵引架等组成。其中镇压器兼有支撑、镇压作用。开沟系统由10组双圆盘开沟器组成，开沟器体为中空结构，上部连接在种箱机架上，种子通过导种管输入开沟器，然后排入垄沟。排种系统由液压马达、传动系统及大小排种器组成。大排种器主要用来播禾本科牧草，小排种器主要播豆科及小粒种子。改变液压马达的工作转速即可改变

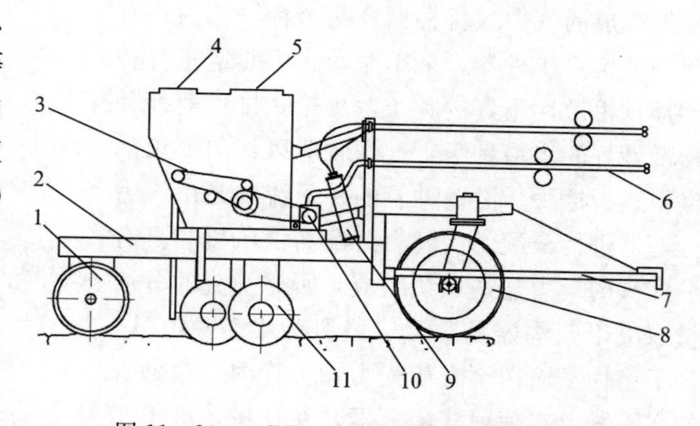

图11－20　91BZ－2.0重型牧草播种机结构

1. 镇压器　2. 主机架　3. 传动系统　4. 小种箱　5. 大种箱　6. 输油管　7. 牵引架　8. 前导向轮　9. 升降油缸　10. 液压马达　11. 开沟器

播种量。通过调节小排种轮的工作长度来调节混播比例。液压马达系统主要由油缸及起落架组成。用来调节开沟播种深度和非播种作业行走时提起种箱及开沟系统，使开沟器离开地面 10～20 cm。作业时，双圆盘开沟器转动开沟。由于该机为整体仿形且可利用液压升降系统调节，故开沟深度可变而且稳定性好。排种机构由液压马达经过链条带动大小排种槽轮转动。为使大种箱中的种子顺利进入排种器，在种箱内设置了波状搅拌器，防止种子架空。大排种器的种子通过排种槽轮被输送到大口径输种管道，解决了种子在排种过程中的堵塞问题；小排种器的种子通过排种槽轮输入导种管。混播作业时，可通过调节小排种轮的工作长度调节混播比，排种完毕后，进行镇压。

（2）使用与调整。

播量的调节：该机构播量调节是靠改变液压马达转速来实现的，转速是通过调速阀来控制的。

搅拌器的使用：为了防止种子在大种箱中堵塞、架空，在大种箱内设有波状搅拌器。若不需要搅拌时，取出搅拌器链轮内的销钉，使链轮空转即可。

（3）性能特点。该机总体方案、技术参数的选择合理，仿形性好，使用可靠。播量为无级调节，方便准确。

该机利用超长型外槽轮式排种器、直通式输种管道、波状搅拌器、重型 V 式镇压器，播禾本科牧草（不带芒或少芒）无架空、堵塞现象，适用范围广，工作安全可靠，调整维修方便，种箱容积大，生产率高。

4. 坡地牧草播种机 在乌克兰，约有 200 万 hm^2 的天然牧场分布在坡地上，自然草层的牧草质量很低。为了彻底改良这些草场，进行多年生禾本科牧草的单播和禾本科牧草与豆科牧草的混播，同时解决禾本科牧草种子松散性不好、容易架空、造成种子落入排种器不均匀、不能保证小粒种子最小播量时的播量稳定性等难题。乌克兰土壤防蚀科学研究所研制了通用牧草播种机。

（1）结构与工作原理。该机主要结构（图 11－21）为两个单独的中心种子箱 4、5 及总分配器组成的气力式排种器。两个种子箱内均有单独的定量排种器，采用振动式中心定量排种器播种松散性不好的种子，槽轮式排种器播种松散性好的小粒种子，这样就能以任何要求的播量进行播种。沿输种管的种子流量是由气力分配器进行分配的。气力分配器由风机和具有分配头的气力输送系统组成，所需气流的分流量取决于开沟器的数量。风机为中压离心式。为了将种子输送至升压气力输种管内，输种管的水平段设有喷射式喂入器，在这里，由于气流被压缩，因而有很高的流速，可攫取种子，并将其送往气力分配器 3 中。振动式定量排种

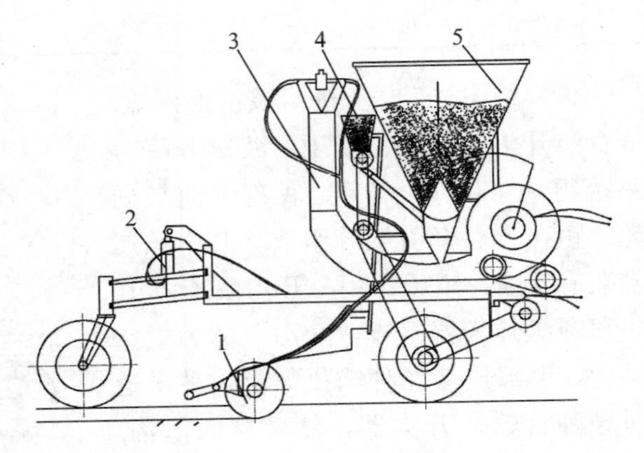

图 11－21　坡地牧草播种机机构

1. 开沟器　2. 后支持轮提升机构　3. 气力式分配器
4. 带有松散性好的小粒牧草种子的排种器的种子箱
5. 带有松散性好的牧草种子的排种器的种子箱

器由左前支持轮通过传动系统来驱动。改变振动板的振幅和排种口的断面尺寸来调节播量，排种口设在振动板和高度调节阀之间。为了消除种子的架空现象，在种子箱侧壁上装有搅动器。用于播种松散性好的小粒种子的排种器是由位于种子箱底部的三个小槽轮排种器组成的。通过改变槽轮工作部分的长度和传动装置与右支持轮的传动比即可调整播量。松散性不好的种子和松散性好的种子由两个单独的排种器排至喷射式喂入器的总漏斗中，在这里进行混合，然后气流将其沿气力输种管输送至分配头。在这里，与气流流向相对的锥体顶部将气流分流。然后，种子沿输种管排入开沟器 1 中。该播种机为半悬挂式，它在坡地上作业机动灵活。其工作幅宽 3.6 m，与牵引力为 13.7 kN（1.4 t）级的拖拉机配套。支持轮的提升机构 2 是由拖拉机液压系统驱动的，风机由拖拉机液压系统的液压马达驱动。

（2）使用与调整。在坡地上作业时，为了使气力排种器能在任何方向都能对物理机械性能不同的牧草种子进行均匀的播种，分配头的排种孔与输种管成对地连接起来，由专用分配器将分配头每个排种孔的种子流分成两个相同的输种支流。其安装方法如下：输种支管的对称轴位于垂直平面上，而输种管的对称轴位于与输种支管相垂直的平面上。输种管的连接处做成曲线形的，其曲率向输种支管方向加大。

第三节　牧草收获机械化

一、割草机械化

割草机是牧草收获机械化的起点，在牧草生产机械化中占有重要位置。目前，各种割草机械已经相当完善，原理、结构成熟，技术经济指标不断提高，是牧草生产过程中不可缺少的作业机具。

1. 对割草机作业要求　现代割草机尽管机型繁多、结构不同、适应性有异，但一般都应满足以下要求：①割幅要合适，拖拉机行走轮或割草机地轮在作业过程中不压草；②传动部件有足够的离地间隙或防护措施，以防堵塞和缠绕；③对地面仿形性好，割茬高度适宜，以便尽可能提高收获量；④挂接迅速，操作方便，安全装置齐全。

2. 割草机分类　按动力分为畜力割草机和动力割草机。动力割草机又分为牵引式、悬挂式、半悬挂式和自走式。

按割刀的传动方式分为机械传动割草机和液压传动割草机。机械传动的方式有长连杆、短连杆、无连杆传动等。

根据用途分为坡地、平地和草坪割草机等。

总之，割草机可以按各种不同的方法进行分类，但是，划分为同一类型的割草机都具有某些方面的共性。

切割器是割草机最重要的工作部件，根据切割器的形式分类更能体现出不同割草机的特点及其作业适应性。割草机按切割器形式分类见图 11－22。

各种割草机中以高割型往复式割草机、上传动和下传动圆盘割草机应用最广。往复式割草机

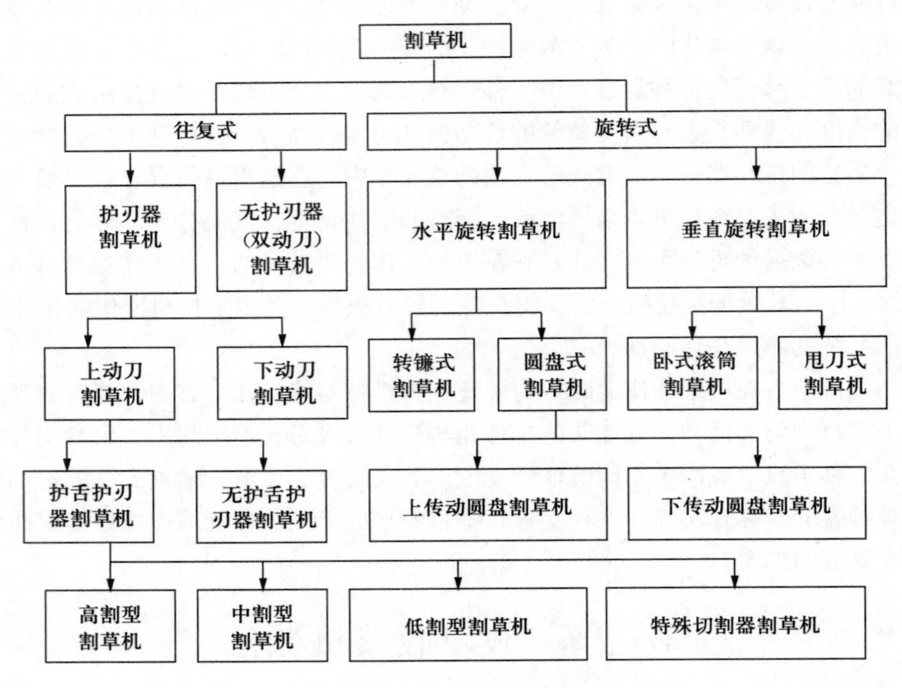

图 11-22　割草机分类

中的下动刀割草机和低割型割草机在牧草收获中已基本淘汰。中割型往复式割草机国外尚有个别厂家生产，使用也已有限。双动刀割草机在一些国家有推广的趋势。旋转式割草机中的转镰式、卧式滚筒和甩刀式割草机在牧草收获中都有一定程度的应用，但均未取得压倒优势的地位，其中以甩刀式割草机使用较为广泛。

3. 往复式割草机

（1）工作原理。往复式割草机都是按剪切原理切割牧草的。一般的往复式割草机由动刀片和护刃器上的定刀片组成切副，定刀片起切割支撑作用，在动刀片平行往复运动时，牧草被切断[图 11-23 (a)、(b)、(c)]。无护刃器（双动刀）割草机由上下同时相反运动的刀片组成切割副，在上下刀片刃口的合拢过程中牧草被切断。各种往复式割草机的切割原理和刀片的配置如图 11-23所示。

（2）一般构造。现以 9GJ-2.1 型机引单刀割草机为例阐述其结构。如图 11-24 所示，该机由切割器、传动机构、起落机构、倾斜调整机构、牵引转向装置、机架等部分构成。由拖拉机牵引。切割器为标Ⅰ型，切割器梁位于拖拉机前进方向的右侧，切割器梁两端的内外滑掌贴地滑行。切割器的割刀由地轮通过传动机构带动，在机器前进的同时进行割草。牧草倒向切割器梁后方，右侧的部分牧草由拨草板向里推动，以避免被下一行程的地轮所滚压。机上有包括手杆和踏板在内的起落机构，进行切割器的起落；有由手杆操纵的倾斜调节机构，用以调节切割器的俯仰。为了便于多台联接，在割草机上还装有包括舵轮在内的操向机构和设在后部的挂钩，操向机构可改变辕杆与割草机在水平面内的倾角，以便单独改变某一割草机的横向位置，使该机能正确地收割。

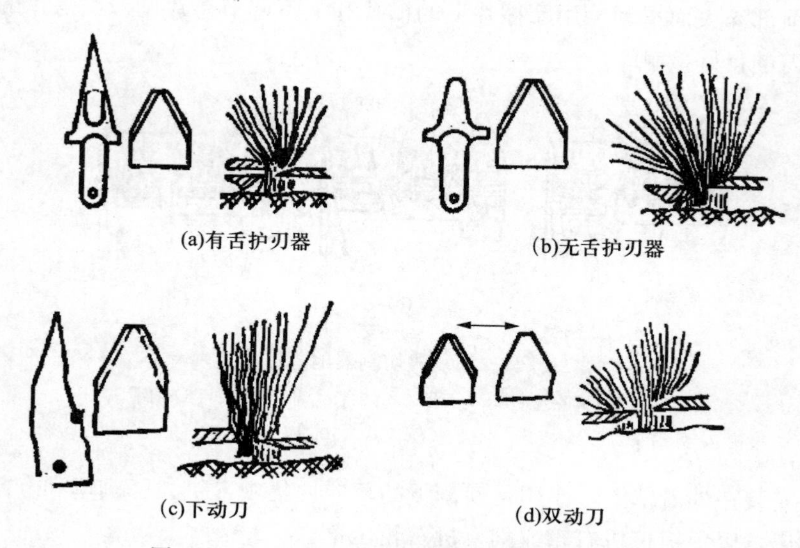

图 11－23　往复式割草机的刀片配置和剪切原理

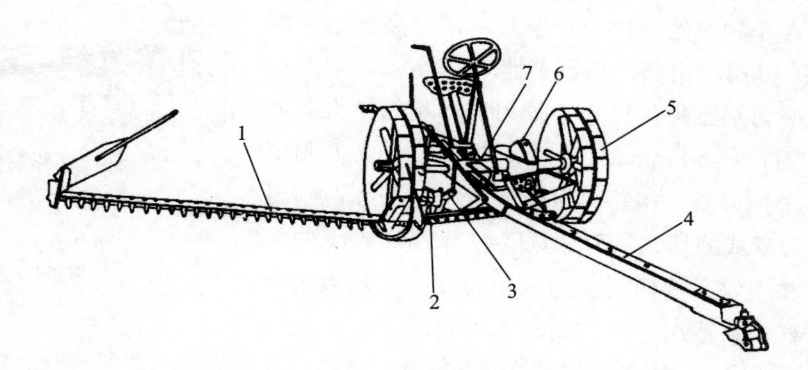

图 11－24　9GJ－2.1 型机引单刀型割草机

1. 切割器　2. 倾斜调整机构　3. 起落机构　4. 牵引装置　5. 行走轮　6. 传动机构　7. 机架

（3）主要工作部件。切割器是割草机的主要工作部件。各生产厂家的切割器，具体结构略有差异，但基本构造相同。典型的切割器总体构造和剖视图，如图 11－25 和图 11－26 所示。它由运动割刀组件、护刃器梁组件、挡草板组件和内外滑掌等组成。

运动割刀组件包括刀杆、铆在刀杆的刀片和清除片以及刀头等。刀头的前后有导向限位。传动机构的传动件与刀头连接，带动割刀做往复运动。压刃器下面割刀往复范围内铆着清除片，对积聚的杂草和其他异物起清理作用。

护刃器梁组件包括护刃器梁、护刃器、压刃器、摩擦片和摩擦片调节垫片等。定刀片铆在护刃器上或与护刃器制成整体。护刃器尖部起分禾作用，以利切割，护舌与定刀片配合，在切割过程中起防止植株顺动刀片运动方向倒伏的作用［图 11－25（a）］；整个护刃器对割刀起保护作用。摩擦片等距离分布在护刃器梁上，对刀杆向下和向后起限位作用。清除片后部的下面和刀杆后面紧靠摩擦片前部淬火面滑动。用摩擦片上的槽孔和上下调节垫片调节摩擦片的上下和前后位置，以保证与割刀的良好接触。

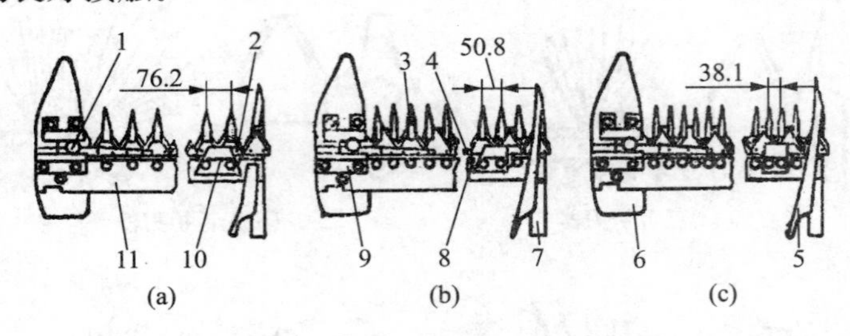

图 11－25　往复式切割器的总体构造

1. 刀头　2. 清除片　3. 护刃器　4. 刀杆　5. 挡草板　6. 内滑掌
7. 外滑掌　8. 摩擦片　9. 加长压刃器　10. 压刃器　11. 护刃器梁

挡草板组件安装在外滑掌上，作用是使割下的草向内集中，扩大已割草和未割草的界限，为下一行程作业开道，以免拖拉机右轮或割草机右轮压草。

护刃器割草机的切割器有高割型、中割型和低割型三种，其主要区别在于相邻的两护刃器节距不同。高割型切割器每英尺* 4 个护刃器，相邻护刃器节距 76.2 mm，割刀行程80 mm；中割型切割器每英尺 6 个护刃器，相邻护刃器节距 50.8 mm，割刀行程 80 mm、104 mm或 110 mm；低割型切割器每英尺 8 个护刃器，相邻护刃器节距 38.1 mm，割刀行程80 mm。三种形式的切割器刀片宽度均为 76.2 mm。

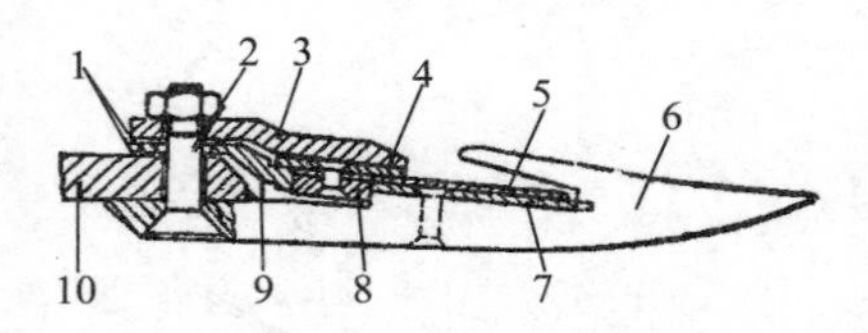

图 11－26　切割器构造剖视图

1. 摩擦片调节垫片　2. 螺栓　3. 压刃器
4. 清除片　5. 动刀片　6. 护刃器　7. 定刀片
8. 刀杆　9. 摩擦片　10. 护刃器梁

上述几何尺寸主要影响切割器的割茬高度。高割型切割器也称标准切割器，它适用于收割高秆禾本科牧草，对豆科牧草和麦类作物留茬较高。中割型切割器割茬较低，适用于收割茎秆下部多枝叶、稠密的牧草。低割型切割器靠地剪切，割茬更低，适用于收割靠地缠结，秸秆细小的牧草。

4. 旋转式割草机　旋转式割草机采用水平或垂直旋转的切割器。水平旋转式割草机包括圆盘式和转镰式两种；垂直旋转式割草机包括甩刀式割草机和卧式滚筒式割草机。

（1）圆盘式割草机。圆盘割草机分上、下传动两种，如图 11－27 所示。上传动圆盘割草机有旋转滚筒，而且相邻两个滚筒与机架形成一个框形空档，所以也称立式滚筒割草机或龙门式割草机。它通常由挂接部分、机架（切割器梁）、切割器和传动装置等构成。挂接部分一般用型钢焊接而成，用来连接拖拉机的三点悬挂系统和割草机的机架或刀梁。由于几个旋转切割器都安装在机架上，皮带或齿轮传动装置都装在机架或空心机梁内，所以机架必须坚固，用钢板焊成。切

* 英尺为非法定计量单位，1 英尺＝0.304 8 m。——编者注

割器包括刀盘、刀盘上方的圆柱形滚筒、刀盘下方的滑盘等。刀盘用于安装割刀，刀盘上的割刀一般不刚性连接，要有一定的摆动量。滚筒主要用于传递动力，它和刀盘成刚体，一起旋转。此外，旋转的滚筒对已割倒的牧草起成条作用，使相邻两滚筒间被割下的牧草铺放成整齐的草条。刀盘下面的滑盘不旋转，它的主要作用是支撑割草机和调节割茬高度。该机通常有 2～3 个或4～6 个旋转切割器，割幅达 2.7 m。下传动圆盘割草机的切割器是一个刀盘组件，没有滚筒和滑盘。刀梁直接由传动箱或滑掌支撑。刀盘成缺口螺旋形，其下有长槽孔刀架，供安装割刀用。相邻的旋转切割器切割范围都有一定的重叠量，但割刀不能相互撞击（用割刀的配置或刀盘的缺口控制，只要切割器保证同步旋转，割刀就不会撞击）。最外侧的刀盘上有一个锥柱旋转体，配合挡草板分离已割牧草，使割倒的牧草相隔铺放，以免下一行程作业时压草。

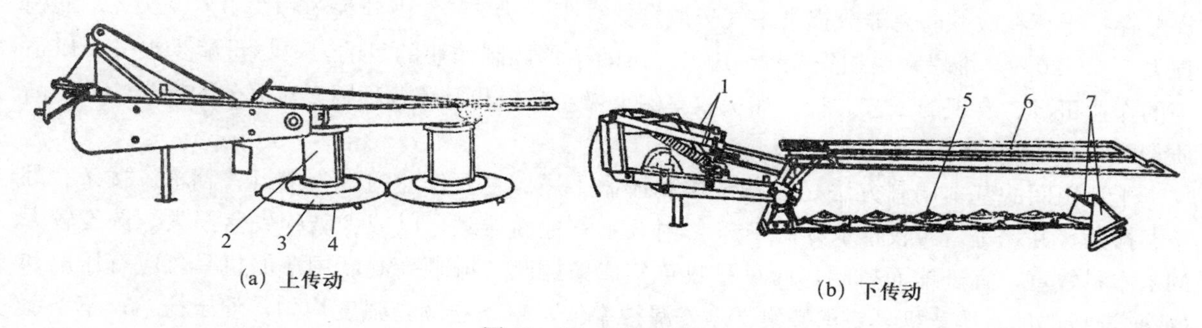

图 11-27　圆盘割草机

1. 液压提升装置　2. 滚筒　3、5. 刀盘　4. 滑盘　6. 挡屏架　7. 分草装置

（2）转镰式割草机。转镰式割草机切割器在垂直轴上安装若干长割刀（镰刀）构成。割刀和立轴为刚性连接，其长度一般为 280～450 mm，切割器直径一般为 0.6～1.0 m。由于切割器直径大，在转速不太高时，割刀外端也可达到很高的圆周线速度。例如，直径为 0.6 m 的切割器转速为 300 r/min 时，其割刀圆周线速度可达 90 m/s。

转镰式割草机由于纵向尺寸较大，一般多采用半悬挂式，靠拖拉机悬挂系统和地轮调节割茬高度。这种割草机在牧草收获中已不多用，主要用于草坪修整。

（3）甩刀式割草机。甩刀式割草机（图 11-28）是一种工作部件垂直旋转的割草机械，基本工作原理和工作过程是靠机罩前沿或专门的部件将未割的牧草推成倒伏状态，随后被旋转的甩刀击断。牧草在机罩内受一定程度的压缩和弯折后，从机器尾部排出。甩刀式切割器的圆周线速度一般为 25～30 m/s，以防草打击过碎。经压缩和弯折后的牧草可缩短风干时间。这类机器适合于收割茂密、植株粗壮和倒状的牧草。根据资料统计，用甩刀式割草机收获不倒伏牧草时，收获量要比传统的割草机减少 5%～

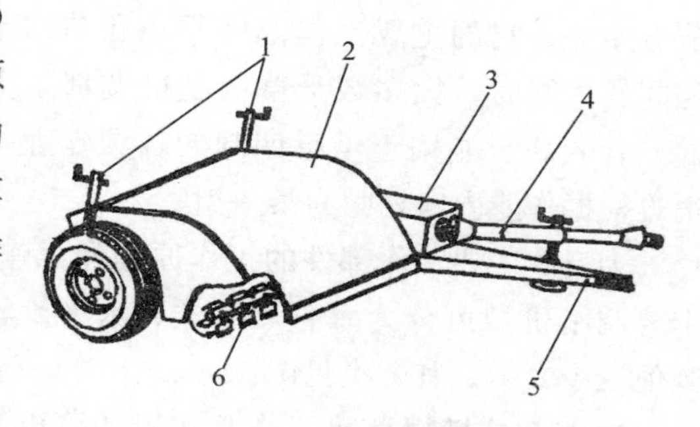

图 11-28　甩刀式割草机

1. 地隙调节丝杆　2. 机罩　3. 传动箱
4. 万向轴　5. 牵引架　6. 甩刀

10%；收获倒伏牧草时，其收获量与传统的割草机相当或稍有提高。把甩刀式切割器换成切碎收获工作部件，再配以装载机具，可用于收获切碎联合收获机排出的草秸、玉米秆、绿肥、块根茎叶和其他多叶牧草。

（4）卧式滚筒割草机。卧式滚筒割草机切割器由滚筒和装在其上的螺旋式割刀构成。切割支撑可以调节。当滚筒旋转时，螺旋式割刀利用滑切的原理切割牧草。它适用于收获细小、质轻的牧草。多数采用地轮驱动，割幅较宽时用动力输出轴或液压马达驱动。

二、搂草机械化

牧草适时收割的湿度较高，可达70%～85%，而干草的水分必须降到18%～20%，才能堆垛贮存。干草在收贮时总养分损失中气味散发损失平均为5%，破碎失落损失3%～20%，冲刷损失5%～20%，堆垛霉腐损失5%～10%。田间干草调制作业的目的，要尽量减少损失，以适当的作业机具、合理的工艺过程，加快牧草的干燥，减轻和避免各种因素对养分的损失，获得高质量的干草。

干草田间的基本调制方法是成条干燥和摊撒干燥。主要作业内容为摊行、翻草、搂条、翻条、摊条、并条等。当牧草水分低于35%时，不宜地面摊晒，以减少破碎失落损失。湿度较大的禾本科牧草，宜于地面摊晒，而豆科牧草宜成条摊晒。摊晒高湿度饲草的机具，应有压扁和（或）弯折部件。搂草机具要求搂集干净，漏搂率低；草条连续，强度均匀，便于捡拾；草条蓬松，便于干燥。机具调节适当，牧草受泥土污染轻，含杂物少。

1. 机具分类 干草调制机械可按动力来源分为人力、畜力和动力。按作业项目分为摊晒机械和搂草机械。摊晒机械中又分为摊行机、翻草机、摊条机、翻条机。搂草机分为横向搂草机和侧向搂草机，侧向搂草机还可细分。但这些分类都难以概括机器的工作原理和结构特点。例如，用于相同作业的畜力和动力机械，除生产率不同、调节方便外，它的主要工作部件原理和结构基本是相同的。同时，大多数干草调制机械都是多用途的，有的甚至能用于干草调制的各项作业，所以很难根据作业内容划归为某一类。

为反映主要工作部件的工作原理和工作方式，干草调制机械可分为垂直旋转式、水平旋转式和其他三个大类。其分类见图11-29。

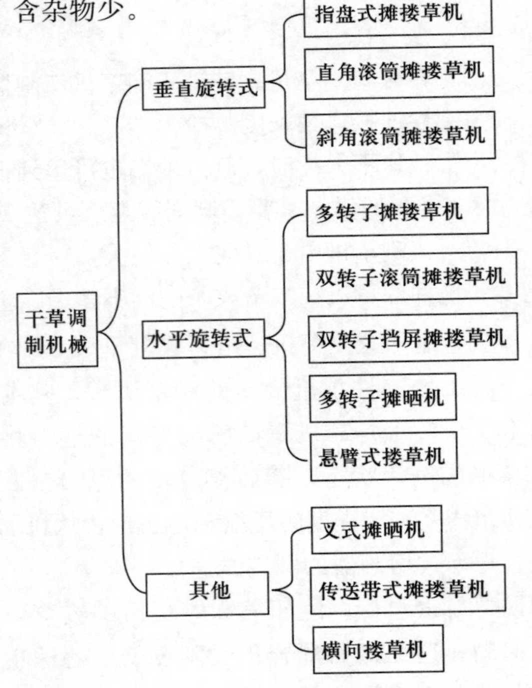

图11-29 干草调制机械分类

2. 指盘式摊搂草机 指盘式摊搂草机简称指盘式搂草机，分牵引式和悬挂式。现以牵引式为例简要说明其构造。

牵引式指盘摊搂草机如图 11－30 所示。由机架、指盘、地轮等部分构成。机架一般用钢管、角钢或其他型钢焊接而成，它的形状和尺寸取决于指盘的布置方式和指盘数，每台机具通常有 4～6 个指盘。指盘是摊搂草的工作部件，由圆盘、弹齿和轴套孔构成，通过曲拐轴与机梁连接。曲拐轴的一头装在指盘的轴套孔内，另一端装在机梁上的轴承孔内。这样，指盘既能绕自身中心旋转，又能绕机梁上的轴承孔摆动，在地面呈浮动状态。当机器前进时，指盘平面与前进方向间有一定的夹角，由于弹齿尖与地面接触，所以在指盘平面内产生一个分力，驱动指盘旋转。前一个指盘把草拨向下一个指盘的作用范围内，依次拨向最后一个指盘，在最后一个指盘的内侧形成草条。改变指盘与前进方向的夹角，使上一个指盘拨动的草不能到达下一个指盘的作用范围，机器便处于摊草工作状态。

图 11－30　指盘搂草机

3. 滚筒式摊搂草机　滚筒式摊搂草机简称滚筒式搂草机，分直角滚筒式和斜角滚筒式两种。斜角滚筒式也叫平行齿杆式。滚筒式摊搂草机通常由机架、滚筒、传动机构和地轮等部分构成（图 11－31 和图 11－32）。

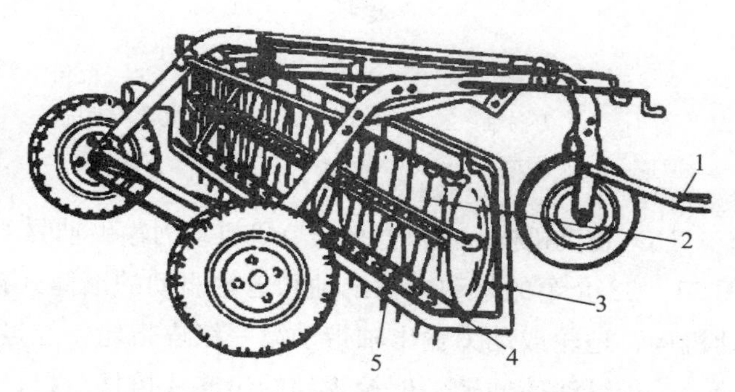

图 11－31　滚筒式搂草机结构

1. 牵引杆　2. 搂草弹齿　3. 滚筒端面　4. 齿杆　5. 搂草滚筒

（1）机架。一般用钢管、型钢或异型钢焊、铆或螺钉连接而成。牵引式机架由 2～3 个地轮支撑，半牵引机架用拖拉机悬挂系统和地轮共同支撑。除草杆装在框形刚性机架（直角滚筒式）或滚筒架上（斜角滚筒式）。除草杆的作用，防止作业过程中滚筒被草缠绕。机架上还装有地隙调节手柄和滚筒倾斜度调节机构或机件。

（2）滚筒。滚筒是主要工作部件，它由两端的幅盘、齿杆和弹齿等零部件组成。滚筒通常有 4～6 根齿杆，弹齿等距离安装在齿杆上。齿杆的一端装在一个幅盘的普通轴随孔内，可自由转动，另一端用连杆机构、行星齿轮机构、凸轮机构或专用轴承与幅盘相连。这些机构控制着齿杆转动，使弹齿始终朝下。幅盘外有轴颈，装在机架或悬吊架的轴承座内。弹齿的上部呈蜗圈形或带橡胶托座，以增强弹性，防止损坏。幅盘的动平衡要良好，以保证滚筒能平稳工作。

直角滚筒和斜角滚筒的主要差别是，直角滚筒的齿杆虽能在幅盘上转动，但与幅盘保持垂直，弹齿尖的回转平面垂直于滚筒轴线。斜角滚筒的齿杆不仅在幅盘的轴承座内能转动，而且与幅盘成小于90°或大于90°的变化夹角，即滚筒的假想轴线与幅盘成倾斜状态。这样，弹齿尖就有一个既包括回转运动又包括往复运动的轨迹，因而改善了其作业性能。

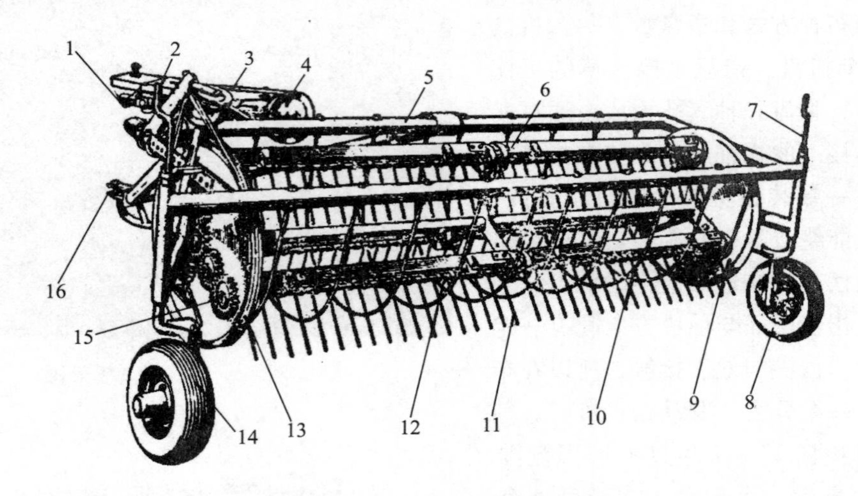

图 11-32 直角滚筒摊搂草机

1. 万向轴 2、7. 地隙调节手柄 3. 皮带传动机构 4. 皮带轮 5. 机架 6. 滚筒 8、14. 地轮 9. 滚筒幅盘 10. 除草杆 11. 弹齿 12. 齿杆 13. 梯形皮带 15. 星形齿轮机构 16. 牵引架

(3) 传动机构。滚筒式摊搂草机有动力输出轴驱动、地轮驱动和液压驱动等形式。图 11-31 和图 11-32 介绍的是动力输出轴和地轮驱动的滚筒式摊搂草机。这样的机器一般采用梯形皮带传动机构。地轮或动力输出轴带动第一级皮带轮，经过中间皮带传动装置把动力传至滚筒幅盘皮带轮上，带动滚筒回转。地轮驱动的滚筒式摊搂草机，有的还用万向轴传动，万向轴一端用万向节与右地轮外轴端相连，另一端用万向节与幅盘相连，当地轮行走时便驱动滚筒回转。国产 9LC-2.8 型斜角滚筒摊搂草机采用了这种传动机构。

液压传动机构用得还不普遍。液压传动的基本方式是由拖拉机液压系统供给液压动力，驱动直接装在幅盘外侧机架或悬吊架上的液压马达，从而带动滚筒回转。

(4) 地轮。滚筒式摊搂草机都采用充气地轮。动力输出轴驱动时用游动地轮，地轮驱动时由于机架倾斜，行走轮前后错位布置。

4. 多转子水平旋转摊搂草机 多转子水平旋转摊搂草机是综合水平旋转摊晒机和搂草机特点发展而成的一种干草调制机械。动力输出轴通过中央锥齿轮传动机构驱动空心机架内的万向传动轴，万向传动轴再通过每个转子的锥齿轮传动机构驱动转子旋转。机架可绕万向节弯曲，使转子成搂草、摊晒或运输状态（图 11-33）。搂草时最外侧的两个转子都向内旋转，把草拨向中间两个也向内旋转的转子，在两个挡草屏间形成草条。摊晒时各转子排列成直线，相邻的转子反方向旋转，去掉挡草板。运输时两外侧的转子向前或向后折回。转子由圆盘、弹齿臂和弹齿构成。每个转子有4～6 个弹齿臂，每个弹齿臂的外端安装一副弹齿。

多转子水平旋转摊搂草机作业速度为 15 km/h 左右，幅宽约 6 m，是一种高效干草调制机械。搂草时草从两侧向中央集中，草移动距离短，破碎损失小，沾污轻。每个转子的工作幅有一定重叠，弹齿臂交错（图 11－34），草受一定程度的弯折，有利于加速干燥。它适用于各种类型的草地调制干草。

图 11－33　多转子水平旋转摊晒机（搂草状态）

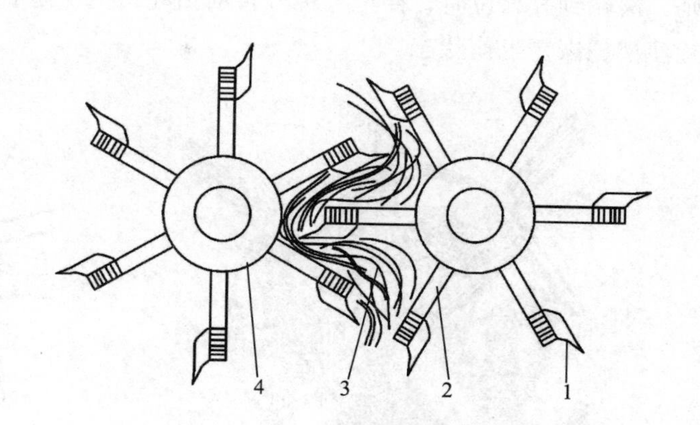

图 11－34　转子工作示意

1. 弹齿　2. 弹齿臂　3. 牧草流向　4. 圆盘

5. 双转子水平旋转摊搂草机　双转子水平旋转摊搂草机的工作原理与前述水平旋转干草调制机械相同。两个转子都向内旋转，草由外向内移动，靠挡草部件在机具的后方形成草条。草被抛起的高度很小，主要是在地面移动。折起或卸去挡草部件即可进行摊晒，不需要进行其他调节。

这种机器能以 15～20 km/h 的速度作业，但幅宽较小，生产率较低，适用于小面积草地调制干草作业。

6. 悬臂式水平旋转搂草机　悬臂式水平旋转搂草机由机架、传动机构、控制机构、搂草器等组成（图 11－35）。

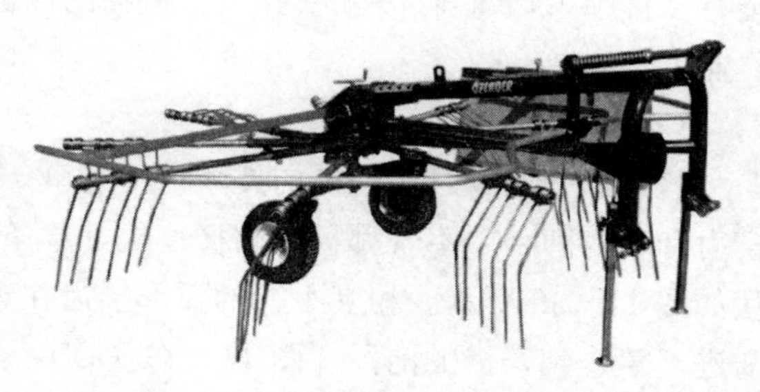

图 11－35　悬臂式水平旋转搂草机

机架一般比较简单，由地轮轴及装在其上的立轴或连杆支架构成。传动和控制机构装在机架中央。传动机构一般是一对改变传动比的锥齿轮或一个小的主动锥齿轮和一个大的端面齿轮。传动机构密封在齿轮箱内，它的功能是把动力输出轴动力变为搂草器的回转运动。传动机构的下面是可装搂耙臂的转盘，转盘与传动箱的输出端连接，一起转动。搂耙臂套装在转盘上的空心套管内。有的机器采用螺钉连接。转盘的下面是控制机构，它的功能是控制搂耙的升降。控制机构由凸轮导轨和滚轮组成。凸轮导轨控制机构有两种，即拉簧凸轮机构（图 11－36）和双限位凸轮机构（图 11－37）。双限位凸轮机构的凸轮上下都有凸缘，滚轮上下受限位。拉簧凸轮机构中滚轮靠拉簧的拉力靠紧凸轮导轨运动。搂草器由耙杆和搂耙构成。耙杆用管材或角钢制成，外端安装搂耙。搂耙由 2～3 副双联弹齿组成，齿尖部成直线。弹齿的下部成弧形，以便牧草沿曲面升起，减少破碎损失和泥土沾污。

悬臂式水平旋转搂草机搂耙一方面前进，一方面旋转工作。控制机构的凸轮形状有一定的规则，滚轮到其高位时，搂耙靠耙杆转动抬起，把草抛放成草条，越过草条后，又靠滚轮所处的位置使搂耙恢复工作状态。

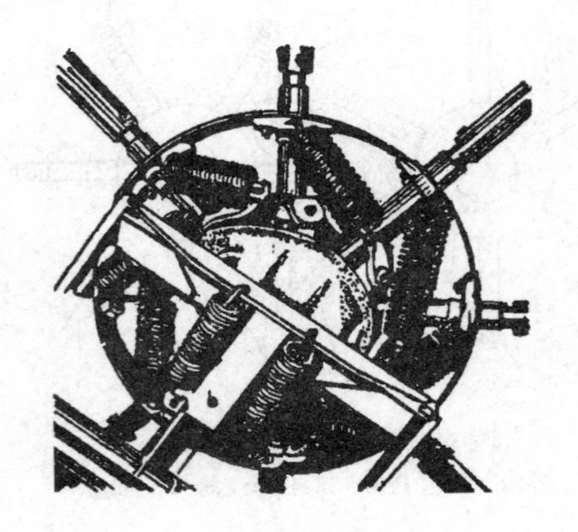

图 11-36　拉簧凸控制机构

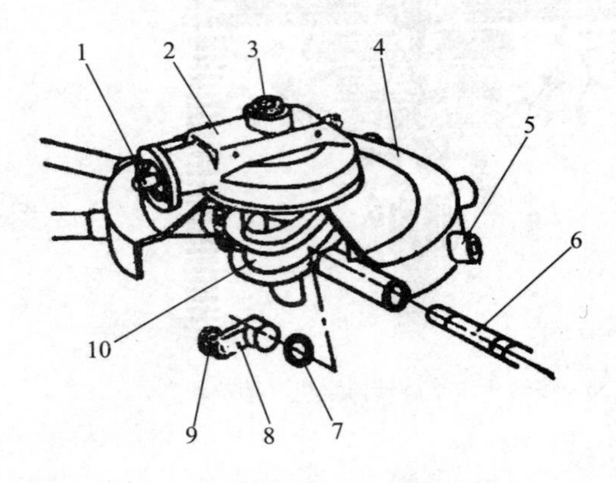

图 11-37　双限位凸轮机构

1. 传动轴　2. 传动箱　3. 立主轴　4. 转盘　5. 套管
6. 搂耙臂　7. 垫圈　8. 曲拐　9. 导轮　10. 凸轮

7. 传送带式摊搂草机　传送带式摊搂草机（图 11-38）由机架、传动机构、弹齿传送带和地轮等构成。机架通常用型钢及钢板焊接而成。传动机构的功能是把动力由动力输出轴，经万向轴传给弹齿传送带。传动一般采用梯形皮带传动机构。弹齿传送带有链条式和皮带式两种，上面装有多排弹齿，每排 4～6 根弹齿。机器的两侧有大皮带轮或链轮。传送带绕皮带轮或链轮回转作业。

8. 横向搂草机

（1）草条形成过程。横向搂草机由于草条与机器的作业行驶方向垂直而得名。横向搂草机分畜力和动力两种。不管哪种横向搂草机，草条在其搂草器内的形成过程都是相同的。它的理想过程如图 11-39 所示。相互平行的弧形搂齿在整个搂幅内构成一个弧形的曲面。作业时，搂草机前进，草进到搂齿的前段［图 11-39（a）］，然后沿曲面上升［图 11-39（b）］，当达到极限高度后，在后续牧草的推动下而降落［图 11-39（c）］，先落下的草向中心卷入，后续草依次卷在外层［图 11-39（d）］。机器行驶到放草位置时搂草器升起，放草成条。

横向搂草机的理想成条过程能否实现，取决于搂齿形状设计参数的选择正确与否。只有搂齿各段的曲率和上升极限位置选择正确，才能保证草条的理想形成。

在实际作业中，由于搂齿变形、草与搂齿间摩擦不均匀、地面不平等影响，不可能像图 11-39 所示的过程形成整齐成卷的草条。另外，由于搂齿下降时的时间延滞，不仅使草条的形状不规整，而且在草条前进方向的一侧还留下一定距离的漏搂段。

图 11-38　传送带式摊搂草机

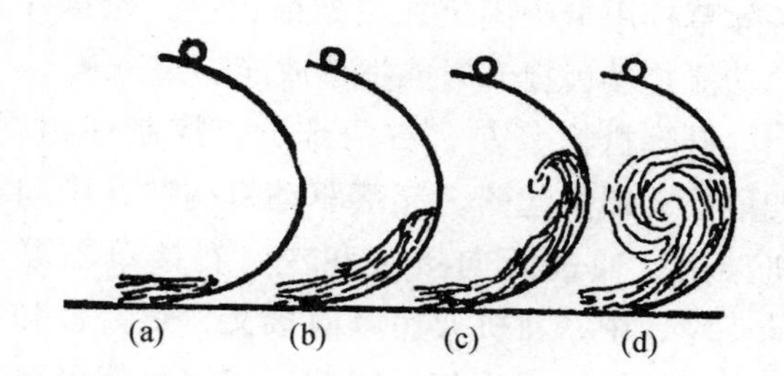

图 11-39　草条形成过程

（a）进入搂草器　（b）沿曲面上升

（c）脱离上升极限高度　（d）回转成卷

（2）横向搂草机基本构造及工作原理。畜力、动力横向搂草机，它们的基本结构和工作原理都是相同的。我国在 9L-2.1 型畜力横向搂草机和 9L-6 型动力横向搂草机基础上发展的 9L-9 型动力横向搂草机，幅宽为 9 m，是一种高效作业机具，目前是我国牧草收获中特别是天然牧草收获中的主要搂草机具。

9L-9 型动力横向搂草机由中间机架、左右机架、地轮等构成（图 11-40）。在机器的前端装有机手坐位、扶手、踏板、操纵手柄。机架由角钢、槽钢焊接而成。角钢牵引架及连接架等均可拆卸。搂草器由左、中、右三部分组成。各个搂草器都用销轴分别与各自机架上的支架相连（图 11-41）。

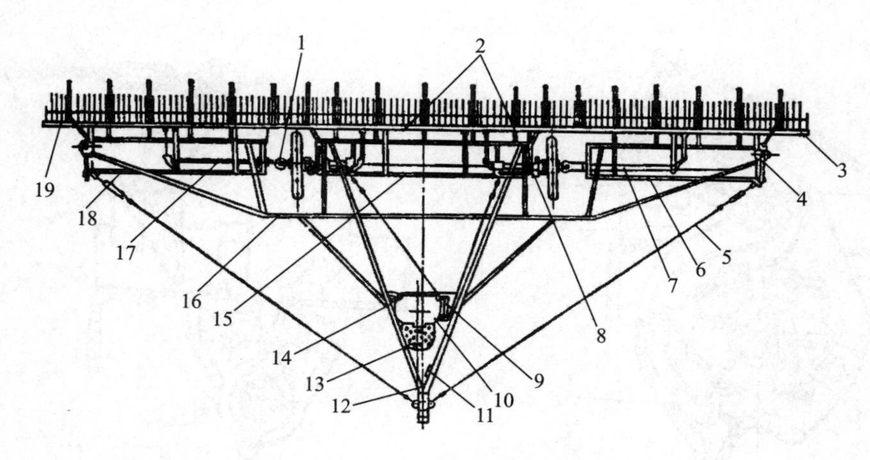

图 11-40　9L-9 型动力横向搂草机

1. 万向接叉　2. 中间搂草器　3. 右搂草器　4. 地轮　5. 拉筋　6. 右机架　7. 右升降机构　8. 中间升降机构　9. 操纵手柄　10. 踏板　11. 工具箱　12. 支撑架　13. 坐位　14. 扶手　15. 中间机架　16. 螺钉轴　17. 左升降机构　18. 左机架　19. 左搂草器

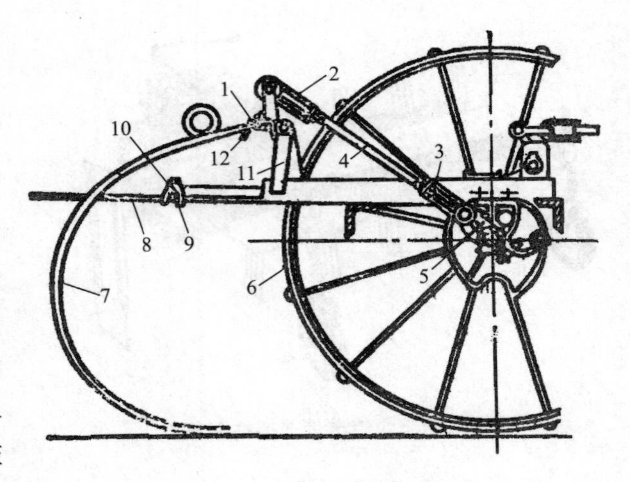

图 11-41　搂草器与升降机构的连接

1. 搂齿压板　2. 连杆上套　3. 连杆下套　4. 连杆　5. 曲柄　6. 驱动轮　7. 搂齿　8. 除草杆　9. 除草杆轴　10. 除草杆卡头　11. 支架　12. 销轴

搂齿的升降由安装在升降机构传动轴端的4个连杆传递。连杆的长短可调，以改变搂齿的离地间隙。机器的后部装有除草杆。各除草杆用卡头固定在机架横梁上。除草杆的功能是搂齿提升时能把草放净。

升降机构分左、右两部分，控制三组、四段搂草器的起落。起落驱动机构装在中间机架上，通过万向接叉和左、右搂草器联动。左、中、右机架用万向接叉、螺钉轴和拉盘成铰接方式连接。因此，三组机架可单独仿形。各升降机构都用一个操纵手柄控制。两个操纵拉杆可以调节，以保证各搂草器起落一致。

升降机构的驱动如图 11-42 所示。当拉动手柄时，操纵杠杆链使杆转动到其下臂，放在控制闸的伸缩闸杆上。这时，与杠杆同轴转动的控制杠杆及其上的滚轮便从凸轮盘的凹口处抬起，棘爪尾部失去压力，头部的钩在小拉簧的作用下与装在驱动轮上棘轮的棘齿接合，车轴上的驱动轮滑套就与轴上的凸轮盘成为一体，各传动轴与驱动轮一起转动。装在传动轴端的曲柄通过连杆带动搂齿梁，使搂草器升起。当驱动轮转过大约 210°时，固定在车轴上的拨杆（图 11-43）拨动控制闸的拨爪，使闸杆退缩，

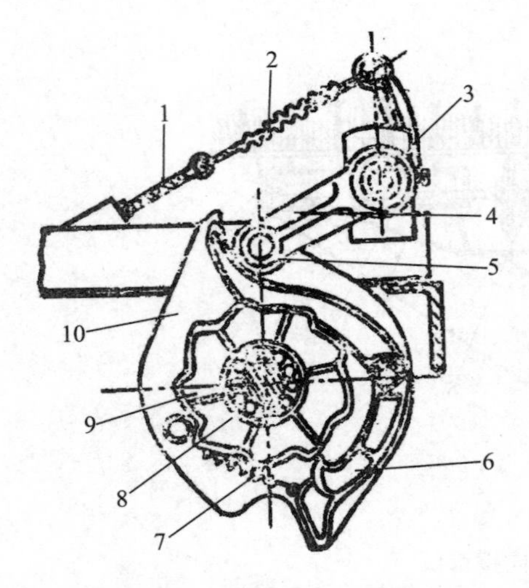

图 11-42　搂草器升降驱动机构

1. 拉钩　2. 大拉簧　3. 操纵轴　4. 控制杠杆　5. 滚轮　6. 棘爪　7. 小拉簧　8. 车轴　9. 棘轮　10. 凸轮盘

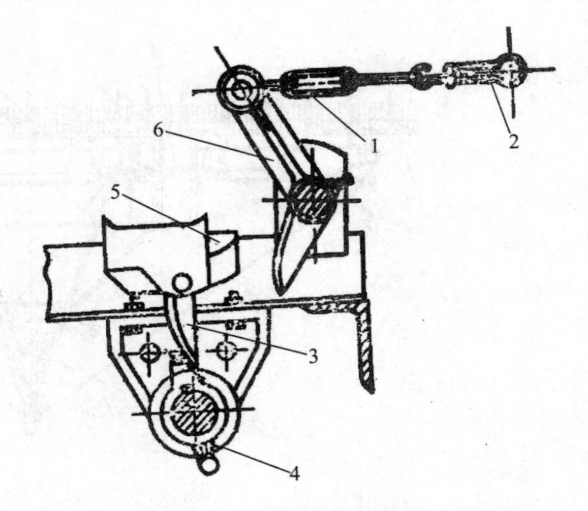

图 11-43　搂草器升降控制机构

1. 操纵链　2. 接叉　3. 拨爪　4. 拨杆　5. 闸杆　6. 杠杆

杠杆失去支撑，并在大拉簧作用下转到原来的位置。控制杠杆的滚轮与凸轮盘的凸缘接触。这时曲柄也转过大约210°，越过其死点位置，于是搂草器靠自重转动，降落到原工作状态。搂草器下落的同时，通过连杆、曲柄带动车轴与各传动轴超越驱动轮加速传动。驱动轴带着凸轮盘继续转动，直到控制杠杆的滚轮落入凸轮盘原来的凹口内，推开棘爪，使驱动轮与车轴的接合脱开，车轴与传动轴停止转动。搂草器即完成一个升降过程。当搂草机由工作状态转变为运输状态时，拉动操纵手柄，使控制杠杆的滚轮离开凸轮盘的缺口。但杠杆的下臂并不放在控制闸的闸杆上，这时棘爪与棘轮接合，随着驱动轮的转动，搂草器升起，滚轮落入凸轮盘的另一缺口，推开棘爪，使驱动轮与车轴脱开，搂草器固定在升起位置（即运输状态）。由运输变为工作状态时，再拉动一下操纵手柄即可。

三、集草机械化

1. 集草机的作用和机具类型　集草机是饲草分段收获中不可缺少的机具。它的主要用途是把搂草机搂集成的草条堆集成草堆，并送往堆垛地点。集草机也可直接用来堆集比较厚实的草条及摊晒于地面的作物茎秆。

集草机有畜力和动力两类。畜力集草机在我国已不再生产，饲草收获中使用也很罕见。动力集草机有前悬挂式和后悬挂式两种。国产农用拖拉机多数没有前悬挂系统，一般都增设挂接装置，正面挂接集草机。这种方式克服了集草机直接后悬挂的缺点，在我国天然牧草收获中使用广泛。直接后悬挂的缺点是集草时拖拉机倒退，运输时前进，操作人员观察作业情况很都不方便。与后悬挂集草机相比，前悬挂集草机具有操作人员观察方便、减轻劳动强度等优点。

2. 集草机基本构造　以国产9JX-3.0型前悬挂集草机为例，一般构造如图11-44所示。它由集草台、左右推杆、支架和滑轮架等构成。

集草台是集草机的最主要部分，它由11根平排的集草齿左右各两根侧挡杆和后挡板构成。集草齿根部用螺栓固定在机架上的套管中。左右各两根侧挡杆防止饲草从集草台上滑出。左右推杆一端与拖拉机铰接，另一端与集草台底架铰接。缓冲弹簧一头挂在调节螺栓上，另一头挂在集草台底架的孔中，控制集草齿尖端集草时与地面贴紧。钢丝绳通过滑轮架上的滑轮，一端接在拖拉机液压提升油缸的转臂上，另一端连在推杆上，控制集草台升降。当集草器工作时，集草齿与地面成5°～7°的夹角，靠缓冲弹簧的拉力齿尖贴地面滑行，草条被铲在集草台上。集草台装满后，液压升降臂转动，通过

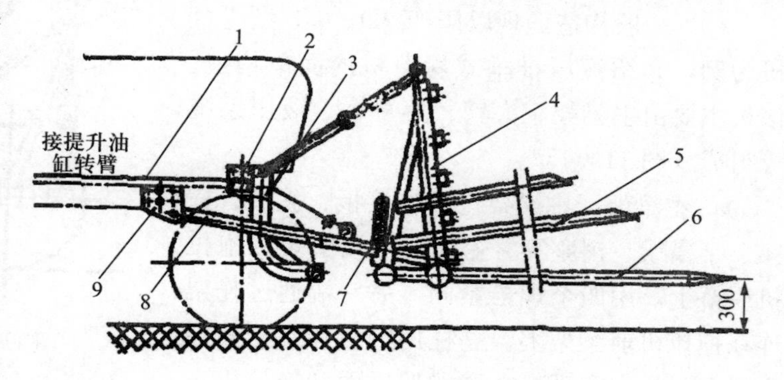

图11-44　9JX-3.0型集草机

1. 钢丝绳　2. 滑轮架　3. 支架　4. 后挡板架　5. 侧挡杆　6. 集草齿　7. 缓冲弹簧　8. 推杆　9. 推杆架

钢丝绳把集草台提起 30 cm 左右，就地放小草堆或运往堆垛点。放草时集草台落地，拖拉机倒退即可。

9JX－3.0 型集草机与增设挂接装置的东方红－28 拖拉机配套，工作幅宽 3 m，每次集草重量约 300 kg，生产率约 10 t/h。该机结构简单，易于维护保养，是当前天然牧草收获中的主要集草机具。

四、堆垛机械化

1. 垛草机

（1）作业用途与机具类型。集草机集成的小草堆松散，占地面积大，所以不利于长期贮存。为减少草的养分损失，便于贮存管理，集草机集成的小草堆还需要垛成大草堆。垛草机就是用来完成垛草作业项目的作业机具。随着饲草收获工艺的改善，垛草机和集草机一样，在国外已很少使用。但我国目前仍以散草分段收获为主，垛草机仍然是不可缺少的重要机具。

垛草机有输送带、抓举、气力输送和液压推举等形式。输送带式垛草机以畜力或拖拉机为动力，驱动倾斜的输送带回转，人工向输送带加草堆成草垛。抓举式垛草机悬挂在拖拉机上，用开合的抓齿抓取牧草举到一定高度进行堆垛。这两种机具在我国都有过研制，但均未推广。前一种机具的缺点是辅助劳动强度大，草垛密度小，转移作业不方便。后一种机具的主要缺点是，每次抓草量有限，一般只能抓 100 kg 左右，油缸推举高度大。气力输送式垛草机，一般用于草库，不适于田间作业。液压推举式垛草机举起高度和推举重量适宜，机动性强，在我国饲草收获中应用比较广泛，是目前垛草机的主要定型产品。

（2）一般构造。现以国产 9D－0.3 型垛草机为例，介绍液压推举式垛草机的简单构造。该机主要由主梁架、大臂、集草台、液压系统等组成（图 11－45）。

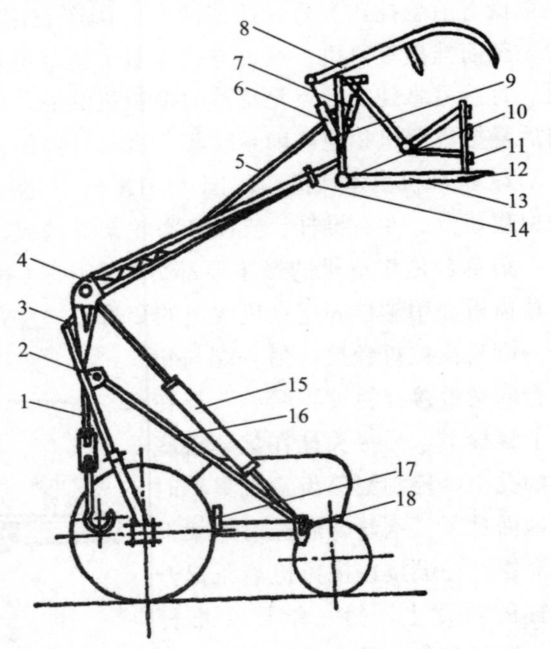

图 11－45　液压推举式垛草机构造

1. 后拉筋　2. 斜撑杆销座　3. 主梁架　4. 大臂　5. 主拉筋　6. 披罩油缸　7. 推草板油缸　8. 披罩　9. 主臂　10. 支撑钢管　11. 推草板　12. 钢齿　13. 集草器　14. U形卡　15. 提升油缸　16. 斜撑杆　17. 分配器　18. 托架

a. 主梁架。主梁架包括连接板、立柱、横梁、半横梁、销座等。主梁架一端安装在拖拉机后桥上，用四个螺栓紧固，另一端通过托架连在拖拉机前梁架上。立柱用钢板和螺栓连在主梁上，受力合理，在主梁架后面和拖拉机牵引架上装有后拉筋。

b. 大臂。大臂由四根无缝钢管、四块扇形板、提升横梁、轴套等组成。大臂用销轴与立柱连接，提升横梁装在大臂扇形板的孔内。提升油缸的一端与提升横梁铰接，另一端固定在托架的销轴上。油缸驱动大臂升降。

c. 集草台。集草台由披罩、推草板和钢齿组成。披罩的作用是压实集草台上的饲草，尽可能多装，并在短距离移动时防止饲草撒落。推草板的功能是，大臂升起、披罩张开后，把草从集草台上推到草垛上。披罩和推草板的动作分别由各自的油缸控制。

d. 液压系统。由拖拉机油泵、分配器、高压软管、高压钢管和油缸等组成。

2. 捡拾压垛机　捡拾压垛机是20世纪60年代末70年代初发展起来的一种高效、大型饲草收获机械，现已在美国、加拿大等国家推广使用。这种机器可以由一人操作，半小时左右即可捡拾集压6～7 t的干草垛。草垛密度在70～120 kg/m³范围，相当于低压草捆的密度。垛形整齐，顶呈拱形，防雨性强，适用于田间或场院贮存。草不易变质，养分保持良好。

我国从20世纪70年代末开始研究和发展捡拾压垛机，并在对国外样机进行适应性试验的基础上改进提高，现已有定型产品。

（1）机具构造和作业性能。现以国产9JD-3.6型捡拾压垛机为例，说明这类机具的一般构造和性能。该机由传动装置、捡拾输送装置、压实机构和车体组成（图11-46）。

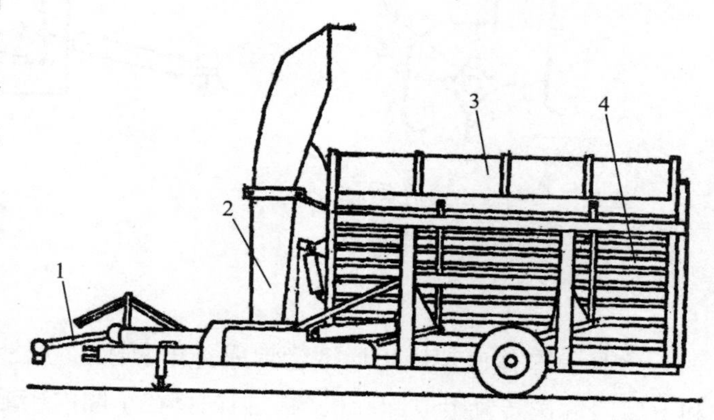

图11-46　9JD-3.6型捡拾压垛机

1. 动力传动轴　2. 捡拾输送装置　3. 压缩罩　4. 车体

a. 传动装置。捡拾压垛机需要的传动装置包括齿轮传动、皮带传动和链传动等，其传动系统如图11-47所示。动力输出轴的动力经变速箱后分成两支，一支经安全离合器、皮带轮驱动捡拾器；另一支通过大皮带轮、卸载离合器、齿轮及链轮传动系统驱动车底卸草链条，完成卸垛动作。

b. 捡拾输送装置。如图11-48所示，由捡拾器和输送筒组成。捡拾器是一个链节式滚筒，以1 430 r/min转速旋转捡拾收获物，并通过输送筒把饲草送入车厢。捡拾器由筒体、支架、链节、叶片等构成。叶片是铰接的，捡拾饲草的同时依靠离心力作用形成气流输送。输送筒上端饲草的出口处有调节挡板，控制饲草抛送到车厢内的落点，保证均匀装载。

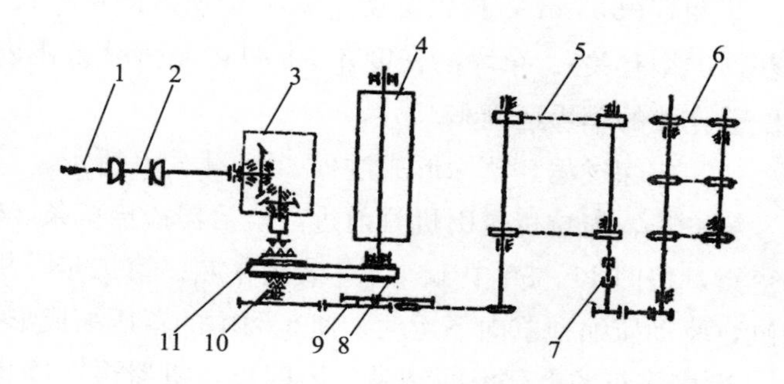

图11-47　传动系统示意

1. 动力输出轴　2. 万向轴　3. 变速箱　4. 捡拾滚筒　5. 卸垛机构　6. 后门机构　7. 传动轴　8. 皮带轮　9. 侧传动　10. 卸垛机构离合器　11. 安全离合器

c. 压实机构。压实机构用液压驱动，它由两个串联的油缸、两组曲柄、平行四连杆和压缩罩组成（如图 11－49）。压缩罩的两侧有导铁，以保证竖直方向运动。油缸后腔进入压力油（100 kg/cm^2）时，活塞杆推动曲柄连杆机构，使压缩罩上升。油缸前腔进入压力油时，压缩罩下降，压实车厢内的饲草。

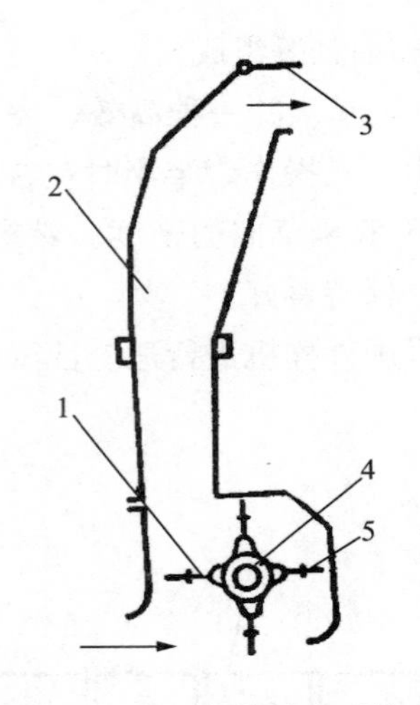

图 11－48 捡拾输送系统
1. 链节 2. 输送筒 3. 调节挡板
4. 筒体 5. 叶片

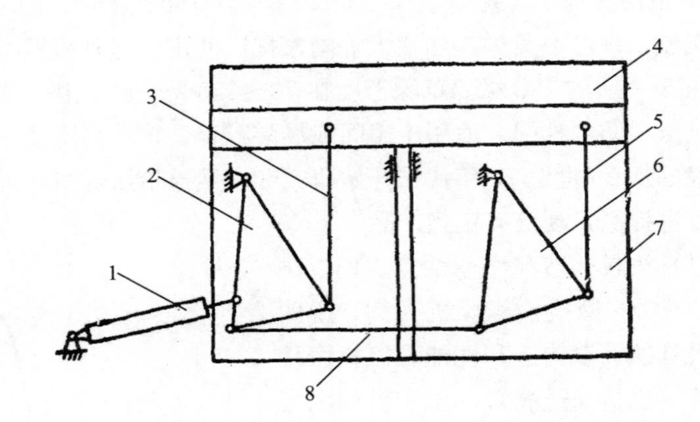

图 11－49 压缩机构示意
1. 油缸 2、6. 曲柄机构
3、5、8. 连杆 4. 压缩罩 7. 车体

d. 车体。车体底架用矩形钢管焊成。车厢体由立柱和厢壁构成，车厢底有卸草输送链，该链和下后门输送装置组成卸垛机构。当饲草在车厢内压缩成垛后，上下后门打开，接通卸草输送链动力，草垛卸在地面。

9JD－3.6 型捡拾压垛机主要用于捡拾牧草草条，并压缩成垛。也适用于稻麦茎秆的捡拾成垛。车厢容积 33 m^3，捡拾宽度 1.98 m，所成的草垛长 4.3 m、宽 2.6 m、高 3 m，重 2～3 t（与收获物类型有关）。草垛的密度在 70～110 kg/m^3 范围内。每 20 min 可成形一个草垛。该机有专门配套作业的草垛运输车。

（2）成垛过程。草垛形成过程如图 11－50 所示。

第一步，拖拉机牵引机具前进，捡拾器捡拾草条，输送筒上端的调节挡板控制饲草在车厢内的落点，按图 11－50 中 1、2、3 装满车厢。第二步，机器停止前进，拖拉机驾驶员用手柄操纵油缸，驱动压缩顶罩向下运动，使车厢中的草压缩成形 4。第三步，机器继续前进捡拾装车，按 5、6 顺序将车厢上部空间装满。第四步，机器再次停止前进，按第二步将车厢内饲草压缩成形 7。第五步，压缩罩升起，车厢上下后门打开，接通卸垛输送链动力，草垛向后移动触地，机具前进，使整个草垛落在地面。草垛全部落地后，车厢上下后门关闭，机具前进，开始下一个成垛过程。

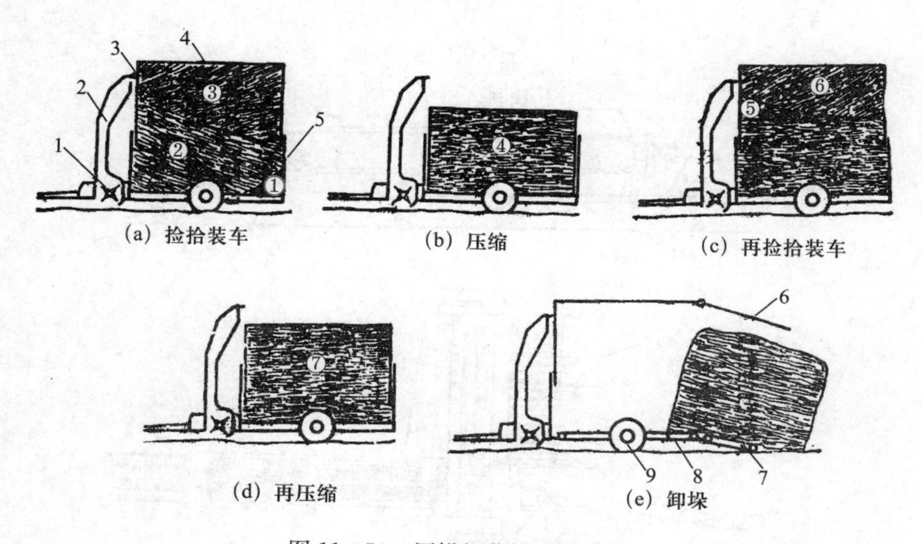

图 11-50　压垛机草垛成形步骤

1. 捡拾器　2. 输送筒　3. 调节挡板　4. 压缩罩
5. 车体　6. 上后门　7. 下后门　8. 卸垛输送链　9. 地轮

五、捆草机械化

将散乱的饲草压成捆，便于饲草的运输和贮存，进而使之能够以商品的形式进入市场。

压捆机分为固定式压捆机和捡拾压捆机两类。根据压成的草捆形状又可分为方捆机和圆捆机。根据草捆密度还可分为高密度（200～350 kg/m³）、中密度（100～200 kg/m³）和低密度（<100 kg/m³）压捆机。

1. 方捆捡拾压捆机　现以 9KJ-1.4A 型方捆捡拾压捆机（图 11-51）为例说明其构造和作用。

该机为活塞式压捆机，适合于捡拾收获机留下的牧草条铺。它主要由捡拾器、输送喂入装置、压缩室、草捆密度调节装置、草捆长度控制装置、打捆机构、曲柄连杆机构、传动机构和牵引装置等组成。

作业时，由拖拉机牵引并通过动力输出轴提供动力，机器沿着牧草条铺前进，捡拾器 14 的弹齿将牧草捡拾起来，并连续地导向输送喂入装置 3。输送喂入装置在活塞 2 回行时把牧草从侧面喂入压缩室 6。在曲柄连杆机构的作用下，活塞做往复运动，把压缩室内的牧草压成草捆。根据所要求的草捆长度，打结机构 9 定时起作用，自动用捆绳捆绑草捆。捆好的草捆被后面陆续成捆的草捆不断地推向压缩室出口，经过放捆板落在地面上。

2. 圆捆机　圆捆机是一种新型捡拾压捆机，草捆呈圆形，直径可达 2 m 左右。它的结构简单，使用调节方便，草捆便于饲喂，耐雨淋，适于露天存放，捆绳用量少，因此近年来应用日益增多。

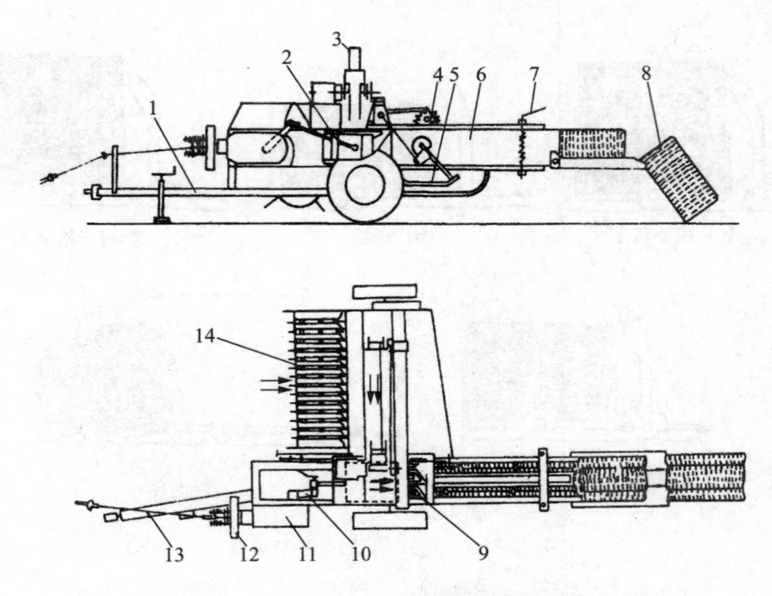

图 11－51 6KJ－1.4A 压捆机构造及工作过程

1. 牵引梁 2. 活塞 3. 输送喂入装置 4. 草捆长度控制装置 5. 穿针 6. 压缩室 7. 草捆密度调节装置 8. 草捆 9. 打结机构 10. 曲柄 11. 主传动箱 12. 飞轮 13. 万向节传动轴 14. 捡拾器

圆捆机按工作部件形式可分为长胶带式、短胶带式、链式和辊子式等，按工作原理可分为内卷绕式和外卷绕式。其中长胶带式、链式为内卷绕式，短胶带式和辊子式为外卷绕式。

图 11－52 所示为一种皮带式内卷绕捡拾压捆机。它主要由捡拾器、输送喂入装置、卷压机构、卸草后门、传动机构和液压操纵机构所组成。其工作过程如图 11－53 所示。

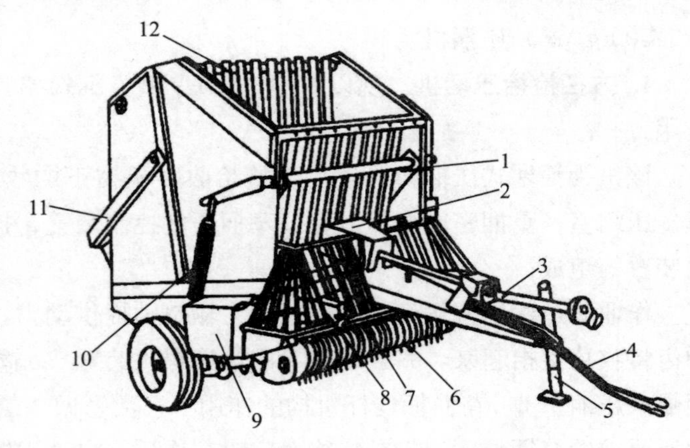

图 11－52 皮带式内卷绕捡拾压捆机

1. 摇臂 2. 传动箱 3. 传动轴 4. 油管 5. 支架 6. 捡拾器 7. 送绳导管 8. 割绳机构 9. 绳箱 10. 张紧弹簧 11. 卸草后门 12. 卷压室皮带

由捡拾器 4 将牧草捡起，输送喂入经过两个光辊子，牧草被压成扁平的草层进入卷压室。随着上皮带旋转，牧草靠摩擦上升到一定高度后，因重量滚落到下皮带上形成草芯，草芯继续滚卷直径逐渐扩大，到一定尺寸后离开下皮带形成一个圆形大草捆。位于卷压室两侧摇臂上的弹簧，用于保持皮带下表面对草捆施加一定压力。随着草捆增大，压力不断增强，最后造成草捆中心密度较低，外层密度较高。内卷绕是指卷绕室容积由小变大，对牧草始终保持一定压力，它比卷绕室容积不变的外卷式形成的草捆密度高，长期存放不易变形，但其构造也相对复杂。当草捆达到预定大小时，草捆尺寸指示器被推出，指示拖拉机手操纵液压分配器，使送绳导管在输送喂入装置前面来回摆动一次，让绳子随同牧草一起喂入卷压室，成螺旋线形缠绕在草捆表面上，然后由刀片割断绳索。之后，通过液压控制机构，升起卸草后门，草捆便自动滚落在地面上。

除内卷压式外，还有外卷压式。

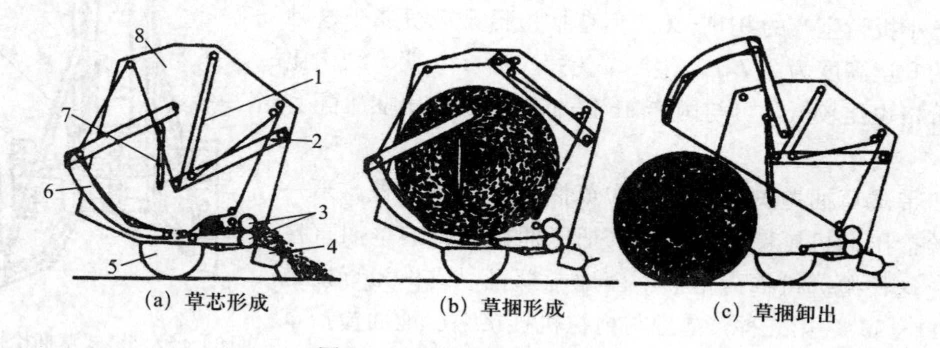

图 11－53　卷压机构工作过程

1. 上皮带　2. 摇臂　3. 光棍　4. 捡拾器　5. 行走轮　6. 卸草后门　7. 油缸　8. 侧壁

六、其他

1. 小方草捆捡拾装运机械

(1) 捡拾抛捆叉。捡拾抛捆叉是一种简易的小方草捆捡拾装载机具（图 11－54），由机梁、油缸和草叉等构成。机梁横装在拖拉机三点悬挂的下拉杆上，安装抛捆草叉的一端装有油缸传动装置，油缸和拖拉机液压系统用高压油管接通。草叉的中齿平直而略短，两边齿略长并向上弯曲，以防草捆从叉上滑掉。当机器前进时，草捆被铲入叉，用拖拉机上的液压控制手柄向抛捆叉的油缸供油，草叉举起，把草捆抛入拖车。

图 11－54　抛捆叉

液压抛捆叉每分钟可捡拾装载 15～20 个 20 kg 左右的小方草捆，机重不超过 100 kg，结构简单，挂接方便。抛掷距离可用液压调节阀控制。它的缺点是对机器前进方向和草捆在田间的停置状态要求比较严；草捆在拖车上杂乱堆放，卸草时劳动消耗大。

(2) 链式捡拾升运机。链式捡拾升运机（图 11－55）由机架、升运、平台及地轮等构成。机架多用角钢或管材焊接而成，前方呈八字形，便于草捆喂入。升运部分由升运架、压捆板和带抓齿的升运链组成。升运链靠地轮驱动，由拖拉机牵引作业。当草捆进入八字形喂入口，与升运链抓齿接触后，抓齿插入草捆，草捆便随链条回转，沿升运架上升。升到极限高度后，由于限升弧板作用，草捆倒落在平台上。草捆平台可调成水平或倾斜状态，水平状态时，可由人工从平台上把草捆搬下，在拖车上码垛；成倾斜状态时，草捆可靠自重从平台上滑落到拖车上。我国已小批量生产的9JK－2.7型草捆捡拾升运机属于这种类型，它的升运高度为2.7 m，生产率为每小时250捆。结构比较简单，价格也比较低，可与国产9KJ－1.4型捡拾压捆机配套作业。

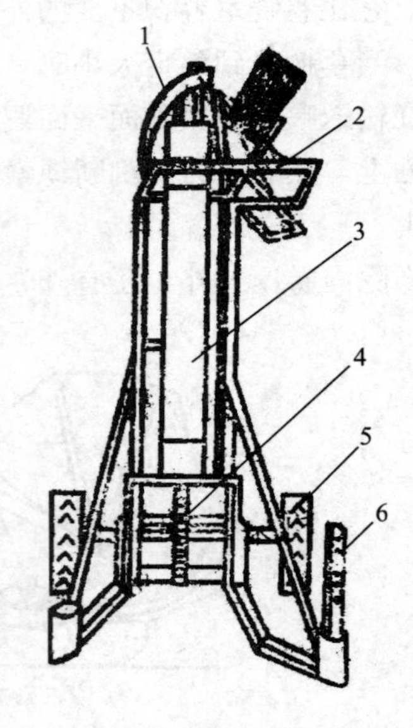

图11－55　链式草捆捡拾升运机

1. 限位弧板　2. 平台　3. 压捆板　4. 升运链　5. 地轮　6. 挂接杆

（3）皮带式草捆抛掷机。皮带式草捆抛掷机有两种。第一种，装在捡拾压捆机尾部通道末端，把压捆机排出的草捆直接抛入拖车，这种抛掷机称为草捆不落地抛掷机，或称为直接抛掷机（图11－56）。第二种，单独与拖拉机挂接，从地面捡拾草捆并抛掷入车，称为捡拾抛掷机（图11－57）。它利用上下高速回转的两组皮带，使草捆以10 m/s左右的速度脱离机器，借惯性抛入拖车。

图11－56　皮带式草捆直接抛掷机

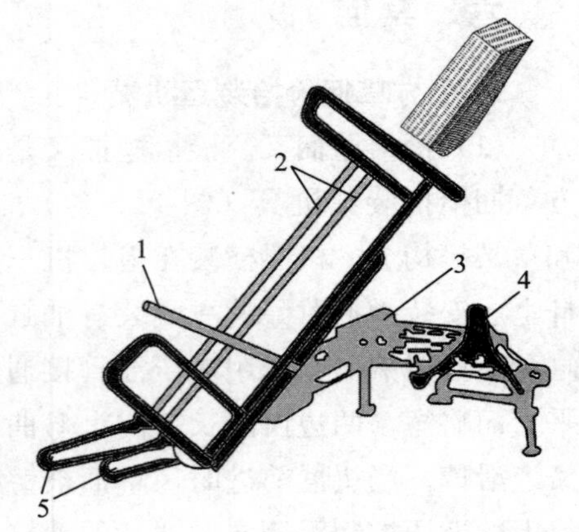

图11－57　皮带式草捆捡拾抛掷机

1. 调节杆　2. 皮带　3. 机架 4. 挂接装置　5. 收捆器

装在捡拾压捆机上的直接抛掷机有液压式和机械式两种。液压式抛掷机的液压系统一般由三个液压件组成，即液压泵、液压马达和调节阀。液压泵以38 L/min左右的流量向装在回转皮带轴端的液压马达供油，液压马达直接驱动上下皮带回转。调节阀由驾驶员操纵，用流量控制皮带速度，以调节草捆的抛掷距离。机械式抛掷机，一般由压捆机的大飞轮带动抛掷机的皮带轮，使上下皮带产生回转运动。草捆从压捆机中排出，当与抛掷机的回转皮带接触时，被上下皮带夹持，从机器中迅速抛出。为增加草捆与皮带间的摩擦，皮带的表面成粗糙凸纹状。该抛掷机的功率消耗一般为5.9～7.4 kW。

直接挂接在拖拉机三点悬挂机构上的捡拾抛掷机，其工作原理和基本构造，与不落地抛掷机基本相同，只是回转皮带由拖拉机的动力输出轴驱动，抛掷距离和高度由机械变速机构调节。该机每分钟可捡拾装载小方草捆34～38个。最大抛掷高度为8 m，最远抛掷距离为14 m。可以和串联牵引的两辆拖车配套作业。因为抛掷高度和距离比较大，所以需要22 kW左右的配套动力。

（4）集捆装载机。小方草捆的集捆装载，由集捆机和装载机配套作业，集捆机［图11－58（a)］挂接在捡拾压捆机的后面，草捆由捡拾压捆机排出后，先在集捆机平台上按8×2、12×2或12×3等方式排列成16、24或36等不同捆数的草捆层。平台排满后，由液压或机械式机构把草捆（保持平台上的排列顺序）放在田间地面。

与集捆机配套的装载机一般都是前置液压推举式。它的挂接、提升结构和工作过程与液压推举垛草机基本相同，只是草捆抓持机构代替了集草台。草捆抓持机构如图11－58（b）所示，由框架、抓齿轴、抓齿及油缸等组成。框架的尺寸根据草捆数目而定，与集捆机的平台尺寸配合。当框架落在草捆上后，拖拉机驾驶员用手柄操纵框架上的油缸动作，使抓捆齿回转，插入草捆，把草捆抓住。驾驶员再操纵推举油缸，把整个草捆举起装车，或短距离运输码垛。

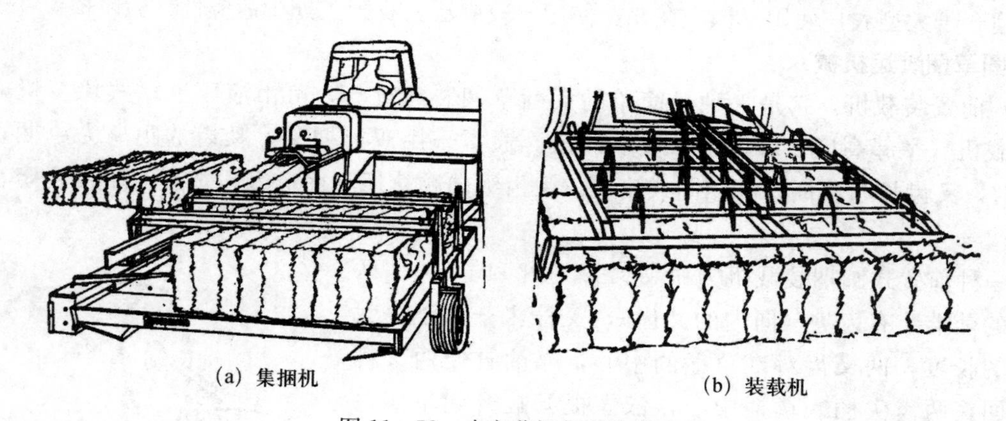

(a) 集捆机　　(b) 装载机

图11－58　小方草捆集捆装载机

该机的特点是，草捆可以在拖车上整齐码垛；在运输过程中拖车上的垛形保持不变，还可用该机依次卸车，并码成可以长时间贮存的草捆垛。

（5）自动草捆车。自动草捆车有牵引式和自走式两种，是目前小方草捆捡拾装运机械中自动化程度和生产率较高的机具。根据机型的大小每车可装运草捆40～160个，最大载重量可达6 t。一个人操纵可以完成捡拾草捆、运输、卸车码垛全作业过程。它的基本构造如图11－59所示。由捡拾、输送、第一平台、第二平台、第三平台及液压系统构成。工作过程分为捡拾、输送、排层、码垛、卸垛。

在机器前进过程中，草捆进入收捆器，即从地面捡拾草捆，送到输送器。输送器的功能是向第一平台输送草捆，并控制草捆在第一平台上的位置，当草捆排满一行后，接触液压控制杆，把成行的草捆送往第二平台。草捆在第二平台上逐行排列成草捆层，当草捆层排满后，另一个液压触杆接触控制油缸动作，使第二平台回转，向后立起。平置的草捆层立起，草捆壁立在第三平台四个稍后倾的挡柱上。这四个挡柱随草捆壁层数的增加而后移，直到与最后面的固定挡柱重合在一个平面内，第三平台装满成垛的草捆。当草捆垛运到贮存地点后，用液压系统驱动第三平台向后翻转（草捆垛向后翻 90°），后挡柱着地，机器向前开动，成垛卸在地面。

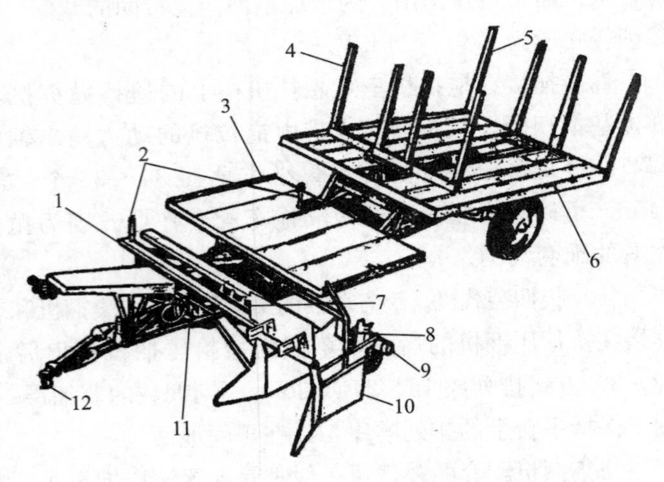

图 11 - 59　自动草捆车构造

1. 第一平台　2. 液压控制杆　3. 第二平台　4. 活动挡柱　5. 固定挡柱　6. 第三平台　7. 链齿输送器　8. 链式升运机构　9. 液压马达　10. 收捆器　11. 液压泵　12. 传动轴

自动草捆车生产率高，年纯作业时间短，适合于大型农户使用。该车在北美使用比较广泛，我国正处于适应性试验阶段。

2. 圆草捆装运机械

（1）前置装载机。它是一种最简单的大圆草捆装载机具，可由液压推举式垛草机或其他前置装载机（举起高度 2 m 以上）改装而成。通常采用双齿捆叉，叉齿的距离为草捆直径的 2/3 左右，叉齿长与草捆长度相同或略短。叉齿纵向顺草捆下面插入，举起时草捆稳定在两叉齿之间。

另一种前置式圆捆装载机为钳夹叉式（图 11 - 60）。两个叉杆的前端装有齿尖（向内的叉齿），叉杆张开的距离大于草捆的长度，两叉齿对准草捆的中心，靠油缸使两叉杆向内收回，两齿尖插入草捆中心，依靠提升缸升起草捆并装到车上。

钳夹叉式圆草捆装载机除完成装载作业外，还可用于拆捆。将草捆升起，抽去捆绳，使草捆与成捆时卷压方向相反转动，圆草捆便很容易分层脱散（图 11 - 60）。

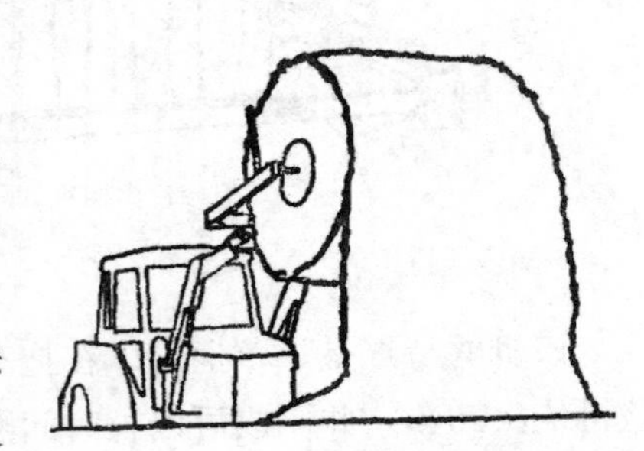
图 11 - 60　钳夹叉式圆草捆装载机

（2）圆草捆装运车。圆草捆一般都在 300 kg 以上，人工难以装运。因此，用户购置圆草捆机具同时必须考虑装载运输机具。

生产中常见的装载运输机具有两种形式，即立装式和平装式。立装式和平装式是指草捆在运输车上的停放方式而言，立装式草捆端面与装载面接触，垂直排放在车底板上；平装式草捆成水平状态，横向或纵向依次排放在车底板上。

立装式圆草捆装运车由捡拾装置、车架和液压系统等部分构成（图 11-61）。捡拾装置挂接在拖拉机的液压系统上，作业时，由液压缸驱动，捡拾装置与前进方向摆成一定的夹角，叉齿顺草捆纵向捡拾。当草捆捡拾后，捡拾装置再恢复正常行驶方向，并依靠油缸向上倾转 90°，把草捆立在车架上。有的车架由液压马达驱动链式传送装置，把直立的草捆输向后部，依次装满 4～5 个草捆后，运往贮存地点。

平装式圆草捆装运车有纵向平装和横向平装两种形式。纵向平装是指草捆的轴线与前进方向一致，在车上依次排列；横向平装是指草捆轴线与前进方向垂直前后排列。纵向平装和立装式草捆装运车一样，草捆从地面捡拾后，需要车架上的传送机构输送排列。横向平装圆草捆装运车（图 11-62）的构造比较简单，捡拾部分和车身可制成一体。捡拾草捆时，整个机具与前进方向摆成一定角度。草捆被捡拾后，拖拉机液压提升机构把草捆装运车的前端升起，草捆靠自重在倾斜的车架上滚向后方。车上有简单的绳索控制机构，在捡拾下一个草捆时，防止车上的草捆向前滚动。该机利用圆草捆在斜面上滚动的特点，只有车体摆动和捡拾需要液压油缸，减少了车上草捆移动所需的液压马达和链传送机构。

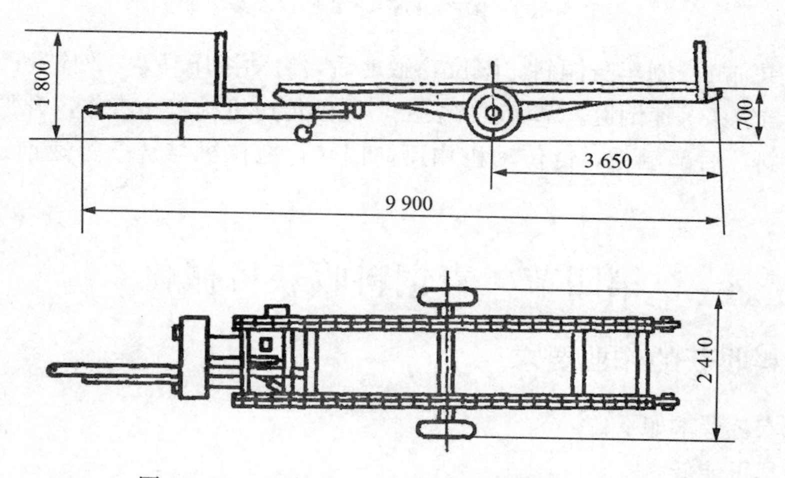

图 11-61　国产 7KY-4 型立装式圆草捆装运车

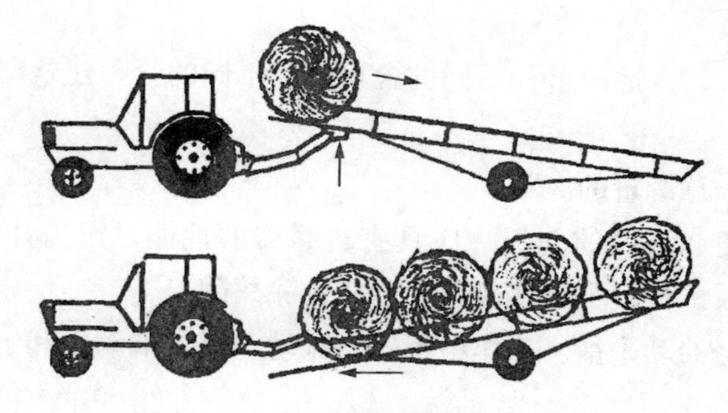
图 11-62　横向平装式圆草捆装运车

（3）草垛装运车。草垛装运车是和捡拾压垛机配套的一种快速装载运输专用机具。它由车身、液压系统、行走系统、捡拾传送机构等构成（图 11－63）。

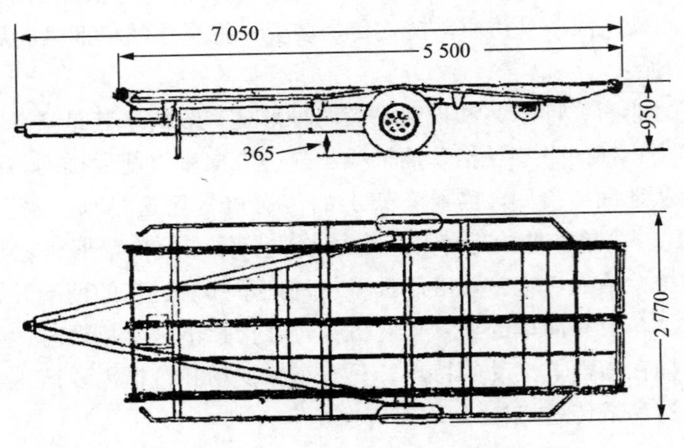

图 11－63　国产 7DY－3.6 型草垛装运车

装垛时，液压油缸控制车身倾斜。限位轮触地后，启动液压马达，使链条传动机构向前回转。同时拖拉机与链条等速倒退。草垛全部装上，链条传送机构停止工作，升平车身即可运输。卸垛时，车身倾斜，后部触地，链传动机构反向回转，拖拉机与链条等速前进，将草垛卸在地面。

第四节　青饲料收获机械化

一、青饲料收获的作业要求

青饲收获的农艺要求如下：

（1）割茬要尽可能低。

（2）生产率要高。青贮玉米的适宜收获期一般是 8～12 d，最多不超过两周，延长收获期将降低青贮质量。

（3）切碎长度可调节。以适应茎秆不同的含水率和不同的青贮建筑物形式对切碎段长度的要求，一般为 30～40 mm。

（4）总损失不应大于总产量的 3%。

（5）使用、维修方便。滚筒的动刀片应具有自磨刃的性能，定刀片和动刀片调节、更换方便。另外，在滚筒和喂入机构发生堵塞时，能迅速排除故障。

（6）切碎滚筒有良好的动平衡。工作中不发生振动，以保证动刀和定刀间隙一定，获得良好的切碎质量。

（7）适应性好。要求机具能收获倒伏作物，防陷能力强。

二、青饲料收获作业工艺与机械化

通用型青饲收获机因其适应性广，切碎质量较好，因此应用日益广泛。

1. 结构特点和工作过程 通用型青饲收获机可用来收获各种青饲料和青贮料。有牵引式、悬挂式和自走式三种。它一般由三个附件和一个机身组成：

（1）全幅割台。用来收割细茎秆牧草和平播的饲料作物。这一附件包括往复式切割器、拨禾轮和两端向中央输送的搅龙。切割器也有采用回转式，它不用拨禾轮，因为回转式切割器本身有向后拨草的作用。工作时作物由切割器后拨，由搅龙向中央集中，然后被喂入机身。全幅割台工作幅度多为 1.5～2 m，大型的可达 3.3～4.2 m。

（2）中耕作物割台。用来收割青玉米。行数多为 2 行，大型的可达 3～4 行。这一附件由切割器和夹持机构组成。工作时青贮玉米由切割器割下后被夹持机构输送至机身。

（3）捡拾机构。用来捡拾草条，用于低水分青贮等。这一附件包括捡拾器和两端向中央输送的搅龙，工作时，草条被捡拾器拾取后由搅龙集向中央，再被喂入机身。捡拾器的结构和牧草捡拾压捆机的类似。

（4）机身。主要工作部件是喂入装置和切碎抛送装置。机身和任一附件组合，可将喂入的各种青饲料和青贮料切成碎段，然后抛入挂在后面的挂车。在机身上还有机架、行走轮、传动部分等。自走式收获机在机身上还安有发动机和操纵部分。

工作时，切割器首先把青玉米割断，同时由夹持机构夹住向后输送。夹持机构由前到后逐渐向中央、向上倾斜，因此，玉米在向后输送时，数行玉米秆向中央集中并同时向上提升。但由于靠上方有一横梁挡住，最后玉米秆从根部向后平卧，被喂入装置压紧和卷入，由切割器切成碎段并向后抛向拖车。

2. 主要工作部件

（1）切割器。中耕作物收割台使用的切割器有三种型式。第一种为双圆盘式，由固定底刃和两个刀盘组成，两盘相对回转和固定底刃构成切割幅。它是一种有支撑切割的回转式切割器，线速度为 6～16 m/s。动刀有 5～6 片。这种切割器结构稍复杂，但切割幅较宽，切割时茎秆弯斜小。第二种切割器为单椭圆盘式，每转切割两次，结构简单，但切割幅较窄。第三种切割器为摆动式，动力由曲柄连杆机构带动，它可用一个曲柄轴来带动两行切割器，结构较简单。

（2）夹持机构。用来定向输送茎秆，常用的有链板式和链条波形皮带式。后者结构简单，工作也较可靠，目前应用较多。它是将夹线橡皮带固定在带耳底链节上，链条节距为 19.05 mm，链轮中心距为 760 mm，皮带呈波形。两条波形皮带交叉配置，波峰与波谷互相协调吻合，以便夹持并输送被切割的玉米茎秆。该机构结构紧凑，夹持牢固，输送平稳，链节用量少。

（3）喂入装置。喂入装置的功用与铡草机的相同，它能均匀地喂入饲料并对饲料有一定的压紧作用，以便于切割。

青饲收获机的喂入装置通常由一对或两对上下喂入辊组成，有时下喂入辊由输送链代替或由2～3个小直径圆辊组成。

喂入辊的外形呈多角形（8～12个角），角的凸棱处有齿，一般为钢板焊合而成，也有星轮形或光滑的圆辊。为使喂入机构工作可靠，增强对青饲料的抓取和喂入能力，一般前上喂入辊直径均较大，外缘突棱齿较多。为了适应喂入量的变化和对青饲作物有一定压紧力的要求，上喂入辊通过两侧的摆臂和拉伸弹簧使其保持浮动状态。下喂入辊直径一般比上喂入辊小。后下喂入辊为光滑辊，以防止刮带和缠绕饲料茎秆而造成喂入口堵塞。

（4）切碎抛送装置。青饲料收获机的切碎装置与铡草机切碎装置基本相同。

3. 主要机型简介

（1）牵引式青饲收获机。9QS-10型牵引式青饲收获机（图11-64）是内蒙古赤峰鑫秋农牧机械制造有限公司生产的，由主机、矮秆青饲作物割台和高秆青饲作物割台三部分组成。可收获大麦、燕麦、苜蓿、玉米、高粱等饲料作物。作业时由拖拉机牵引，后方挂拖车，可一次完成饲料作物的收割、切碎、抛送作业。

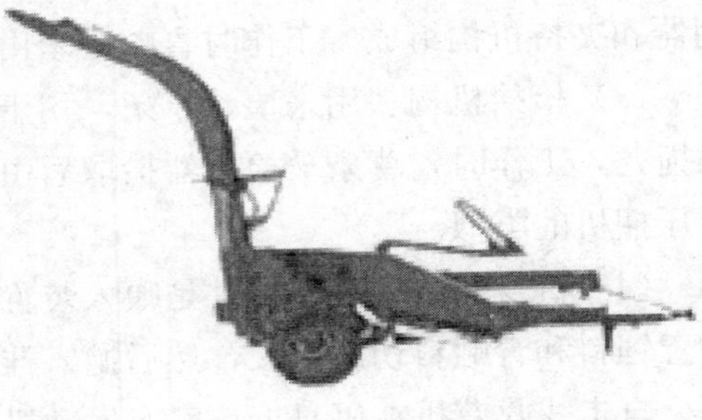

图11-64　9QS-10型牵引式青饲收获机

该机主要技术参数如下：

工作行距：600～700 mm（收获2行玉米）；

配套动力：36.8～58.8 kW拖拉机；

生产率：15～25 t/h（8～12亩/h）。

由美国纽荷兰公司生产的牵引式青饲收获机（图11-65）主要有三种型号，分别为790型、FP230型、FP240型。它们的主要技术参数见表11-11。

图11-65　美国纽荷兰公司生产的牵引式青饲收获机

表 11-11　纽荷兰牵引式青贮收获机技术参数

技术参数	型号		
	790	FP230	FP240
质量/kg	1 411	1 905	1 905
长×宽×高/m	4.98×3.2×2.79	5.97×3.2×3.18	5.97×3.2×3.18
刀片数/个	12	12	12
切碎滚筒转速/（r/min）	850	850	850
喂入口面积/（mm^2）	482×117	558.8×167.7	619.76×167.6
切割长度/mm	3.2～38.1	76.2～177.8	76.2～177.8
送料风机速度/（r/min）	1 000 或 750	1 000	1 000
推荐拖拉机动力输出轴功率范围/kW	55～110	110～165	132～221

（2）悬挂式青饲收获机。牧神 S-900 型悬挂式青饲收获机（图 11-66）是由新疆机械研究院研制的。

该机主要技术参数如下：

工作行距：900 mm；

作业方式：侧悬挂；

作业速度：≤13 km/h；

生产率：15～35 t/h；

外形尺寸（长×宽×高）：1 800 mm×2 700 mm×3 600 mm；

配套动力：≥40 kW；

整机质量：800 kg。

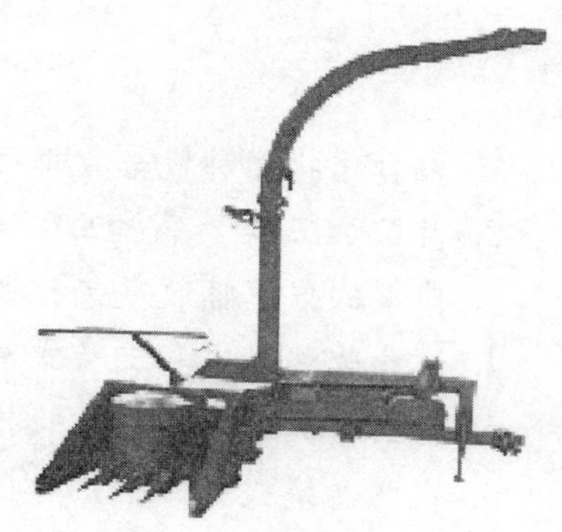

图 11-66　牧神 S-900 型悬挂式青饲收获机

（3）自走式青饲收获机。XDNZ-2008 型自走式青饲收获机（图 11-67）由中国农业机械化科学研究院、现代农装科技股份有限公司研制。主要技术参数如下：

发动机功率：150 kW；

生产率：≥8 kg/s；

割台幅宽：3 000 mm；

饲料切段长度：10 mm，15 mm，20 mm，30 mm；

收获损失率：≤3%；

留茬高度：≤150 mm；

整机质量：8 800 kg。

FX 系列青贮收获机（图 11-68）是纽荷兰公司研制的新一代自走式青贮饲料收获机械，它是不同于以往的全新设计。该系列有 FX28 型、FX38 型、FX58 型三种机型（发动机功率为

263～387 kW)，可用于收获青贮玉米和牧草等。青贮玉米割台有 2.8 m 和 3.3 m 两种。

图 11－67　XDNZ－2008 型自走式青贮收获机

图 11－68　FX 系列青贮收获机

复习思考题

1. 粮食作物播种机与牧草播种机是否能通用？请简述二者的区别和共同点。
2. 青贮加工和干草加工在技术工艺上有何不同？请简述其各自最适应用范围。
3. 典型的方草捆收获包括哪几个工艺环节？需要哪些类型的机具？
4. 试比较往复式和旋转式割草机各自的优缺点与适用范围。
5. 什么情况下需要进行捡拾压捆？捡拾捆草机的主要技术要求有哪些？
6. 说明卷绕式圆草捆捡拾压捆机的工作原理及其优缺点。
7. 对机械化青饲收获作业的要求是什么？我国有哪些形式的青饲收获机？
8. 试述牧草收获与粮食收获的区别和对牧草收获的要求。

知识拓展

认识牧草

牧草的种植区域

牧草生产全程机械化过程

主要参考文献 MAIN REFERENCES

陈济勤，1995. 农业机器运用管理学［M］. 2 版. 北京：中国农业出版社.

何雄奎，严苛荣，储金宇，等，2003. 果园自动对靶静电喷雾机设计与试验研究［J］. 农业工程学报，19（6）：78－80.

李洪民，2010. 国内外甘薯机械化产业发展现状［J］. 江苏农机化，2：40－42.

农业部农业机械化管理司，2008. 中国保护性耕作［M］. 北京：中国农业出版社.

尚书旗，刘曙光，王方艳，等，2005. 花生生产机械的研究现状与进展分析［J］. 农业机械学报（3）：143－147.

宋建农，2007. 农业机械与设备［M］. 北京：中国农业出版社.

汪懋华，2 000. 农业机械化工程技术［M］. 郑州：河南科学技术出版社.

中国科学院地理研究所经济地理研究室，1983. 中国农业生产布局［M］. 北京：中国农业出版社.

中国农业机械化科学研究院，2007. 农业机械设计手册：上册［M］. 北京：中国农业科学技术出版社.

中国农业机械化科学研究院，2007. 农业机械设计手册：下册［M］. 北京：中国农业科学技术出版社.

Degre A，Mostate O，Huyghebaert B，et al，2001. Comparison by image processing of target support of spray drop lets［J］. Journal of Terra Mechanics，44（2）：217－222.

Gillis K P，Giles D K，Slaughter D C，et al，2003. Distance based control system for machine vision2 based selective spraying［J］. Transactions of the ASAE，45（5）：1255－1262.

Greenlees W J，Hanna H M，Shinners K J，et al，2000. A comparison of four mower conditioners on drying rate and leaf loss in alfalfa and grass［J］. Applied engineering in agriculture，16（1）：15－21.

Hellwig R E，Butler J L，Monson W G，et al，1977. A Tandem Roll Mower－Conditioner［J］. Transactions of the ASAE（7）：1029－1032.

Klinner W E，1976. A Mowing and Crop Conditioning System for Temperate Climates［J］. Transactions of the ASAE（1）：237－241.

Kraus T J，Shinners K J，Koegel R G，et al，1993. Evaluation of a crushing－impact forage macerator［J］. Transactions of the ASAE，36（6）：1541－1545.

Lei Tian，John F Reid，John W Hummel，2000. Development of a precision sprayer for site－specific weed management［J］. Transactions of the ASAE，40（6）：1761－176.

S H Jansky，L P Jin，K Y Xie，et al，2009. Potato Production and Breeding in China［J］. Potato Research，52：57 － 65.

Schoney R A，Mcguclin J T，1983. Economics of the Wet Fractionation System in Alfalfa Harvest［J］. American Journal of Agricultural Economics，65（1）：38－44.

Shinners K J，Herzmann M E，Binversie B N，et al，2007. Harvest fractionation of alfalfa［J］. Transactions of the ASABE，50（3）：713－718.

Undersander D，Saxe C，2013. Field drying forage for hay and haylage［J］. Focus on Forage，12（5）：1－2.

图书在版编目（CIP）数据

农业机械化生产学．上册／李洪文主编．—2版．—北京：中国农业出版社，2018.2（2021.11重印）
普通高等教育农业部“十二五”规划教材　全国高等农林院校“十二五”规划教材　全国高等农林院校教材名家系列
ISBN 978-7-109-23617-2

Ⅰ.①农…　Ⅱ.①李…　Ⅲ.①农业机械化-高等学校-教材　Ⅳ.①S233

中国版本图书馆CIP数据核字（2017）第294928号

中国农业出版社出版
（北京市朝阳区麦子店街18号楼）
（邮政编码100125）
责任编辑　薛　波　张柳茵
文字编辑　李兴旺

中农印务有限公司印刷　新华书店北京发行所发行
2002年7月第1版　2018年2月第2版
2021年11月第2版北京第2次印刷

开本：889mm×1194mm　1/16　印张：24.5
字数：548千字
定价：55.00元